“十二五”普通高等教育本科国家级规划教材

国家级精品课程教材

Engineering Mechanics

工程力学

秦世伦　主编

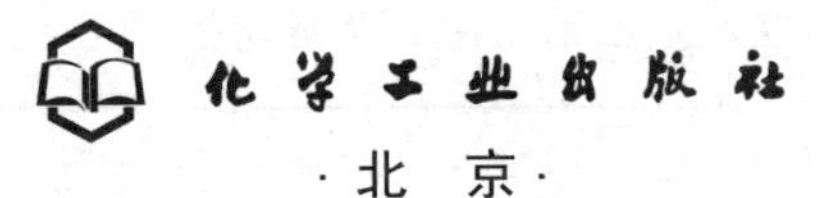

·北　京·

本书是“十二五”普通高等教育本科国家级规划教材，国家级精品课程的配套教材。

书中系统介绍了刚体静力学的基本概念、汇交力系、力偶系、任意力系、杆件的内力、变形固体的基本概念、杆件的拉伸与压缩、轴的扭转、梁的弯曲应力、梁的弯曲变形、复杂应力状态分析及其应用、弹性压杆稳定等内容。教材努力与工程实际和生活实际紧密结合，把工程实际问题简化为力学模型作为学生结合工程的切入口，以此引导学生理解工程问题。与此同时，教材加大了非工程类实践与课程结合的力度并提供数量较多的例题与习题。

本书适合于工科类如土木工程、工程管理、工程造价、食品工程、化学工程、纺织、材料、地质、建筑环境与设备、市政工程、机械工程等专业的本科生作为教材使用，同时适合于准备参加国家注册考试的有关工程技术人员作为参考书阅读学习，本书也可作为高等学校工科专业理论力学、材料力学的参考书目。

图书在版编目（CIP）数据

工程力学/秦世伦主编. 一北京：化学工业出版社，2011.12
（2024.2 重印）
国家级精品课程教材 普通高等教育“十二五”规划教材
ISBN 978-7-122-12876-8

Ⅰ. 工… Ⅱ. 秦… Ⅲ. 工程力学-高等学校-教材 Ⅳ. TB12

中国版本图书馆 CIP 数据核字（2011）第 242882 号

责任编辑：满悦芝　　文字编辑：张绪瑞
责任校对：陈　静　　装帧设计：尹琳琳

出版发行：化学工业出版社（北京市东城区青年湖南街 13 号　邮政编码 100011）
印　　装：北京七彩京通数码快印有限公司
787mm×1092mm　1/16　印张 21¼　字数 529 千字　2024 年 2 月北京第 1 版第 9 次印刷

购书咨询：010-64518888　售后服务：010-64518899
网　　址：http://www.cip.com.cn
凡购买本书，如有缺损质量问题，本社销售中心负责调换。

定　　价：48.00 元

前　言

这部教材是国家级精品课程“工程力学”的建设项目之一，其内容包含理论力学中的静力学部分和材料力学的主要部分。

四川大学的工程力学课程在近十余年中经历了一个着重于外延调整转化到着重于内涵深入的发展过程。这门课程传统定位于为工业工程类专业服务的技术基础课，但这一定位在近年有所改变。四川大学的办学定位是创办一流的研究型综合大学，这就要求本科的基础性课程应该在培养研究型人才和复合型人才方面做出贡献。同时，学习本课程的学生有了很大变化，他们的专业对力学的专门知识要求不高，工程力学是本科阶段唯一的力学课程。随着本校文、理、工、医的学科融合，一些非工业工程专业（如生物医学工程、管理工程、化工安全工程等）也将本课程列为必修课程，某些理科专业（如应用物理等），甚至医科、文科专业的学生也在选修本课程。比较起力学专门知识，这些专业更看重的是力学的思维方式和研究方法。针对这些情况，我们把课程重新定位为“应用科学基础课”。在课程目标方面，把培养学生的创新精神和科学素质作为课程改革的出发点，并把“工程力学，我们身边的科学”作为课程的基本理念；在课程内容和体系方面，在强调课程的应用性的同时，把课程的基础性放到重要位置。

为了实现上述设想，这部教材在以下几方面做出了努力：

（1）重视学生对知识的积累、发展和创新过程的体验和理解。对于基本概念、基本原理和基本方法的引入、证明和应用，不仅讲“怎么做”，而且讲“为什么要这么做”，还要引导学生思考“怎么会想到要这样做”。同时辅之以图形，引导学生的思维从形象到逻辑，从具体到抽象的转化。让学生从知识的琢磨、讨论和研究的过程中领悟知识的发展和创新，从而培养学生的创新精神和能力。

（2）重视方法论的启迪。教材中把力学分析、物理分析和几何分析作为核心思想贯穿始终，强化分析问题的总体思路分析，增加了对一些例题结果的评估和延伸。努力提高学生在总体上把握力学问题的能力。

（3）重视知识的综合应用，有意识地加大了对综合问题分析的力度和深度。

在内容的编写方面也有较大的改进。在“变形固体的基本概念”、“梁的弯曲变形”、“复杂应力状态分析及其应用”等章节与国内同类教材相比有明显的变化，出现了一些新的提法和处理方式。这些变化一方面来源于对国外教材的借鉴，一方面也来源于编者对于若干问题的研究体会。

本教材重视对学生认知规律的研究、适应和利用。内容的安排方面力求深度适宜，难点分散，在循序渐进的同时适当增大梯度；语言叙述方面力求在准确的同时做到流畅通俗，易于理解和自学。尽管这部教材是新的，但其体系、内容和方法在近几年的教学实践中已经得到了体现，并已取得了较好的效果。因此，本教材应该说是近几年教学改革及实践的一个反映和总结。

本书的另一个特点，就是提供了较多的思考题和习题。这一方面是让学生有充分思考和练习的机会，另一方面也为教师因材施教提供了一个平台。对于部分较深入内容的拓展就是以习题的形式出现的。习题和思考题充分注意了多样性与新颖性。其中有许多非工业工程类的题目，这是为了强调课程的基本理念而设置的。

根据我们的经验，讲授本书内容需要 64～80 学时。书中带“*”的章节可以根据情况选讲，跳过这些章节不会影响到后续的内容。

本书是我校工程力学教学团队编写的。参与本书编写的人员如下：

主编：秦世伦

筹划与审稿：王清远，蒋文涛，魏泳涛

编写人员：徐双武（第 1、5、6 章），董世明（第 2、4 章），李亚兰（第 3、10 章），石秋英（第 8、9 章），秦世伦（其余各章及最后统稿）

由于我们的水平和经验的限制，也由于教学改革是一个不断探索和创新的过程，因此恳请有关专家、同行以及使用本书的同学们提出批评、指正和建议。编者的电邮地址是 qinshilun@tom.com。

编者

于四川大学

2011 年 12 月

目录

第1章　绪　　论

1.1　工程与力学的关系

什么是工程？这要从它的早期含义说起。古代作战用到了一些如石弩和攻城槌之类的军事器材，掌管设计及操作这些器材的军人被称作工程特种兵。随着武器和战争形式的发展，他们又要负责堡垒、桥梁、道路的修建。18 世纪中叶，出现了一些不在军中服役而从事道路、桥梁、运河建造工作的人，他们从事的工作被称为土木工程。随着采矿、冶金、机械、电子等这些专业性较强的行业相继兴起，形成了一些新的工程门类。今天，工程的含义既包括研究、设计、制造、维修各种人造产品的领域，以及那些合理利用自然资源为人类造福的领域，又包括这些领域中所积累起来的知识体系，还包括体现这些领域中各种成果的艺术等表现形式。总之，工程是一种基于应用的科学与技术。

什么是力学？力学是研究物质机械运动规律的科学。力学所研究的物质，主要指宏观物质；而运动的含义则是广义的，它包含移动、转动、流动、变形、振动、波动、扩散等。一旦理解了力学这个术语，那么工程力学，即力学在工程中的应用，其含义就容易理解了。

力学与工程是紧密相连的。这里仅以力学与土木工程为例，作一个简单的回顾。

人类最初居无定所，利用天然掩蔽物作为安身之处。农业出现以后需要定居，出现了原始村落，土木工程开始了它的萌芽时期。由于受到社会经济条件的制约，古代的土木工程实践依靠手工劳动，只能应用简单的工具，并没有系统的理论。但随着文明的发展和社会的进步，通过经验的积累，逐步形成了指导工程实践的一些通行的规则和方法。

17 世纪到 18 世纪下半叶，伽利略、牛顿等所阐述的力学原理是近代土木工程发展的起点。伽利略在 1638 年出版的著作《关于两门新科学的对话》中，论述了材料的力学性质和梁的强度，首次用公式表达了梁的设计理论。这本书是材料力学领域中的第一本著作，也是弹性体力学史的开端。1687 年牛顿总结的力学运动三大定律是自然科学发展史的一个里程碑，直到现在还是土木工程设计理论的基础。瑞士学者欧拉在 1744 年出版的《寻求具有某种极大或极小性质的曲线的方法》中建立了柱的压屈公式，算出了柱的临界压曲荷载，这个公式在分析工程构筑物的弹性稳定方面得到了广泛的应用。法国学者库伦 1773 年写的著名论文《论极大极小法则对建筑有关的静力学问题的应用》，说明了材料的强度理论、梁的弯曲理论、挡土墙上的土压力理论及拱的计算理论。随后，在材料力学、弹性力学和材料强度理论的基础上，法国学者纳维尔于 1825 年建立了土木工程中结构设计的容许应力法。从此，土木工程的结构设计有了比较系统的理论指导。

在这些理论的指导下，产生了很多具有历史意义的土木工程项目。如 1883 年美国芝加哥在世界上第一个采用了钢铁框架作为承重结构，建造了一幢 11 层的保险公司大楼，被誉为现代高层建筑的开端。1889 年法国建成了高达 300m 的埃菲尔铁塔。该塔已成为巴黎乃至法国的标志性建筑，至今观光者络绎不绝。在第一次世界大战后，许多大跨度、高耸和宏大的土木工程相继建成。其中典型的工程有 1937 年美国旧金山建成的金门大桥和 1931 年美国纽约建成的帝国大厦。帝国大厦共 102 层，高 378m。这一建筑高度的世界纪录保持达 40 年之久。

第二次世界大战后，力学在非线性研究等方面有了长足的进步；同时，借助于计算机科学的发展，出现了计算力学这一崭新的领域，并形成了以有限元为代表的新型计算理论和方法。这些成就极大地推动了土木工程领域的飞速发展，使土木工程领域出现了崭新的面貌。这一时期，出现了斜拉桥、网壳网架结构、索膜结构、地下工程等新的结构形式；出现了以流体模拟为基础的现代道路交通理论。土木工程在材料、施工、理论三个方面也出现了新趋势，即材料轻质高强化、施工过程工业化和理论研究精密化。这些新趋势又给力学在材料的本构理论、流变学等多方面提出了新的研究课题。

由此可见，土木工程与力学始终是相互支撑而又相互推动的。

土木工程是这样，机械工程、化学工程、能源工程等也是这样。航空航天工程更是与力学的发展休戚相关，它的每一个重大进展都依赖于力学的新突破。力学在研究自然界物质运动普遍规律的同时，不断地应用其成果，服务于工程，促进工程技术的进步。同时，工程技术进步的要求，不断地向力学工作者提出新的课题。在解决这些问题的同时，力学自身也不断地得到丰富和发展，新的分枝层出不穷。力学与工程的紧密联系，使它成为一门既古老又有永恒活力的学科。

本世纪初，美国工程院历时半年、与 30 多家美国专业工程协会一起评出的 20 世纪对人类社会生活影响最大的 20 项工程技术成就，这些成就展示了工程技术对改变人类生产和生活方式、提高生活质量所产生的巨大影响。而力学在其中多项技术的发展中起着重要的、甚至是关键的作用，如电力系统技术、汽车制造技术、航空技术、航天技术、农业机械化、保健技术、高性能材料、高速公路等。

对工程力学所发挥的重大作用，著名的力学家、航空专家与火箭专家钱学森在 1997 年说："工程力学走过了从工程设计的辅助手段到中心主要手段的过程，不是唱配角而是唱主角了。"

1.2 工程力学的主要内容

本书所涉及的"工程力学"是一门研究工程构件和机械元件的强度、刚度、稳定性理论的基础性课程，也是固体力学中具有入门性质的课程。它以一维构件作为基本研究对象，定量地研究构件内部在各类变形形式下的力学规律。

所谓**强度** (strength)，是指构件抵抗破坏的能力。在一定的外荷载的作用下，某些构件可能会在局部产生裂纹。裂纹的扩展可能最终导致构件的断裂。还有些构件虽然没有裂纹产生，但可能会在局部产生较大的不可恢复的变形，导致整个构件失去承载能力。这些现象都是工程构件应该避免的。容易想到，将构件换用另一类更加结实耐用的材料，就能够提高构件的强度，这的确是问题的一个方面。正因为如此，这就需要对各类工程材料的力学性能加以研究、分析和比较，把一定的材料应用于最适合的场合。但是问题并非如此简单，因为更加结实耐用的材料往往意味着构件成本的提高。另外一方面，不换用材料，不增加材料用量，而采用更加合理的结构形式，也能提高结构的强度。例如图 1.1 的矩形截面悬臂梁，仅仅将构件的放置方向改变一下，就提高了构件抵抗破坏的能力。因此，在本课程中，将全面地考虑影响构件强度的因素，并予以定量分析，从而使人们能够采取更为合理而可靠的措施提高构件的强度。

所谓**刚度**(stiffness)，是指构件抵抗变形的能力。许多构件都需要满足一定的变形要求。例如在精密仪器中，结构的布置往往都十分紧凑。构件变形过大，会使构件之间产生摩擦而妨碍正常运转。如果摩天大楼在风荷载作用之下发生相当大的变形而摇晃，难免会使位于高层的人们惊惶失措。这些情况都希望提高结构的刚度。另一方面，跳水运动员往往希望跳板有足够的弹性和适当的变形量，以便能发挥出更高的水平，这就要求构件的刚度要与使用要求相适应。针对这些实际要求，本课程中将研究构件的变形的形式和机理，研究控制构件变形的措施。

一个容易让初学者混淆的问题就是把强度和刚度混为一谈，认为提高强度的同时也必然提高了刚度。的确，有些措施在提高强度的同时也提高了刚度。但即使是这样，它们在数量关系上也是不一样的。在今后的章节中读者会看到，当把梁由图 1.1(b) 的形式变为图 1.1(c) 的形式时，若截面宽度为b，高度为h，则在同样的强度条件要求下，允许施加的荷载提高到$\dfrac{h}{b}$倍；而在同样的刚度条件要求下，允许施加的荷载提高到$\left(\dfrac{h}{b}\right)^2$倍。况且，还存在着另外的情况。例如，在以后的学习中可以获知，在不改变其他条件的前提下，仅用高强度的合金钢材代替普通钢材，的确能够提高强度，却不能明显提高刚度。因此，强度和刚度是完全不同的两个概念。

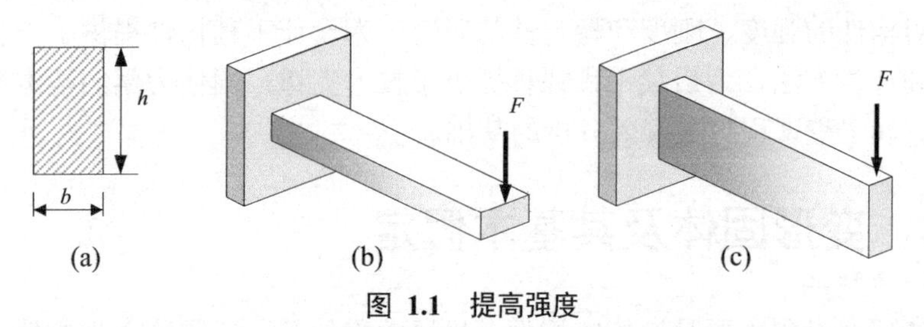

图 1.1 提高强度

从图 1.1 可看出，如果荷载沿竖直方向作用，提高构件截面的高宽比有助于提高强度和刚度。但是，过大的高宽比却可能产生如图 1.2 的另外一类情况。当外荷载不是很大时，梁保持着仅在竖直平面内发生弯曲的平衡状态，如图 1.2(a) 的左图。但是当荷载逐渐增大，原有的平衡状态变得很不稳定了，很容易转为图 1.2(a) 右图的平衡状态。这种情况称作失稳。图 1.2(b) 的压杆也存在着类似的情况。工程结构应该有足够的保持原有平衡状态的能力，这就是结构的**稳定性**(stability)。本课程将以图 1.2(b) 一类的压杆为例研究多大的荷载会使它失稳，研究哪些因素在影响压杆的稳定性。

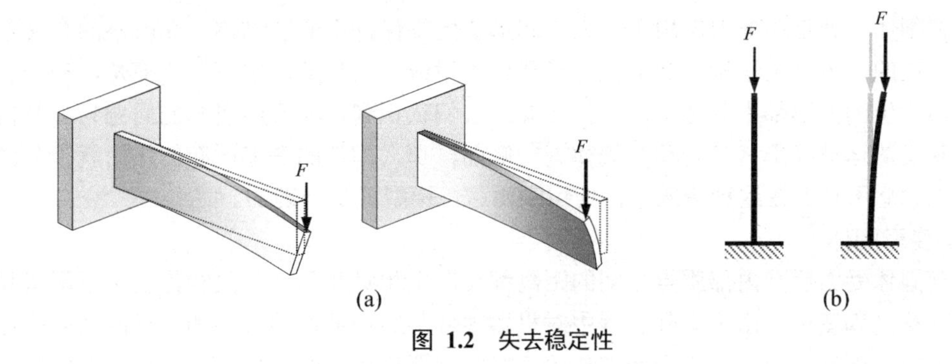

图 1.2 失去稳定性

工程构件要能够正常工作，应能满足强度、刚度和稳定性三个方面的要求。

为了研究构件的强度、刚度和稳定性，必须借助于固体力学中所使用的一系列基本概念；其中最重要的概念是应力、应变和本构关系。

变形体在外荷载的作用下，内部将产生力学的响应。但是，这种内部的力将以什么样的形式出现？外力可以用矢量来描述，变形体中某点处的内力也可以用矢量来描述吗？这种内部的力如何与外荷载相联系？如何与构件的强度相联系？回答这些问题需要使用**应力** (stress) 这一概念。

变形体对外荷载的另一类响应是几何响应，这就是变形。当外荷载作用在物体上时，物体将发生怎样的变形？变形有哪些基本形式？它们该如何描述？如何度量？又如何与刚度相联系？解决这些问题要用到**应变** (strain) 的概念。

一般地讲（尤其是弹性构件），只要约束允许，变形体内部的力学响应越强烈，它的变形也越大。因此，变形体的力学和几何两类响应应该是彼此相关的。另一方面，由不同材料制成的构件，在相同的荷载作用之下其变形是不一样的，这就意味着力学和几何这两类响应之间的关系与材料特性有关。反映材料特性的关系泛称**本构关系** （constitutive relation）。

应力、应变、本构关系及其所衍生的一系列概念的研究，构成本课程主要内容的又一个方面。

工程力学对构件的强度、刚度和稳定性的研究，为设计工程构件提供了一套行之有效的基础理论分析和计算方法，为后续工程课程提供了技术支撑；固体力学的基本概念，则将为后续的力学课程和工程课程打下深入分析的基础。

1.3 刚体、变形固体及其基本假定

工程力学的研究对象主要是结构的构件、机器的零件等，通常称之为构件。在对构件进行力学分析时，首先需要把实际问题理想化。也就是说，合理地去掉一些次要因素，将实际问题抽象为力学模型，然后利用这种模型去进行分析和计算。最后，还需要将计算结果与实验结果或工程实践相比较。如果误差符合需求，说明力学模型的建立与实际问题相符合，反之，应重新修改力学模型。这是解决实际工程问题的一般分析程序。它充分说明了力学模型的合理性对实际工程计算的直接影响。

工程力学课程的学习也必须从力学模型的建立开始。对于一般的工程构件，人们经常采用刚体和变形固体这两种模型。

(1) 刚体

所谓刚体，就是在外力作用下，大小和形状始终保持不变的物体。在严格的意义上，刚体是不存在的。各类工程构件都会在外荷载作用下或多或少地产生变形。但是，相当多的工程构件所产生的变形都十分微小。不仅如此，人们认识到，如果所研究的问题只涉及构件的平衡和狭义的运动（平移和转动）规律这一侧面，那么构件的变形所起的作用就十分微小，因而可以忽略不计。在这种情况下，使用刚体这一模型就是合理的。

(2) 变形固体

任何固体受力后其内部质点之间的距离都会产生相对变动，导致物体发生了形状和尺寸的改变，称之为变形。由于实际工程中对机器零件和结构部件的安装和运行的精度往往都有明确的要求，而这些要求与变形密切相关。有时，即使微小的变形也会对构件的安全性造成

明显的影响。在这种情况下，刚体这种模型就不再适用了，而必须采用变形固体的模型。

由于工程中绝大部分构件在使用中所产生的都是弹性变形，因此，如果没有特别的说明，本书所讨论的变形固体都是指弹性体。

(3) 基本假定

工程力学作为一门基础性学科，将研究工程构件中普遍存在的力学问题。因此，有必要摈弃个别构件中存在的局部现象，而抓住各类构件普遍存在着的带有共性的本质特征，这就要求把这种共性特征作为研究的基本前提，从而形成这门学科的基本假定。对于所研究的对象，工程力学采用了连续、均匀和各向同性的基本假定。

所谓**连续性**(continuity)，是指在物体所占据的空间中，物质是无间隙地连续地分布的。所谓**均匀性**(uniformity)，是指物体的各部分的力学性能是相同的。显然，连续均匀是一种理想化的模型。根据这一模型，连续体中的物理量（如密度、温度等），以及描述物体变形和运动的几何量（如位移、速度等），都假定为空间位置的连续函数。这样，便可以使用无穷小、极限等一系列数学概念。

近代物理学关于物质结构的理论指出，世间一切物体都是由基本粒子构成的。从这个意义上来讲，物体构成的模型应该是分离的，物体各部分的组成也是有差异的。但是，如果所研究的对象不是少数粒子的微观的行为，而是大量物质微粒集合的宏观的行为，就可以采用连续均匀模型。

人们之所以能够把事实上分离的物质微粒的集合简化为连续体，其原因在于，单个物质微粒的具体运动对物体的宏观行为影响不大；同时，个体性质相差甚远的物质微粒所构成的物体（例如铸铁和陶瓷），其宏观的力学性质却有可能是很相似的。另一方面，若从单个的物质微粒的运动规律出发去寻求大量物质微粒集合的宏观的运动规律，至少在目前还存在着巨大的数学和物理学的困难，因此，从连续体假定出发直接研究物体宏观的运动规律，在许多情况下仍然是十分必要的。

由于现代工业化生产流程的规范性，把研究对象的材料简化为均匀体也是符合客观实际的。当然，由于科学技术的发展，满足某些特殊要求的非均匀材料也逐渐进入人们的视野。关于非均匀材料的力学特性和机理的研究，是固体力学研究的前沿领域之一。

如果材料的力学性能与空间方向无关，这种材料就称为**各向同性**(isotropy)的，否则就称为**各向异性**(anisotropy)的。钢材是一种典型的各向同性材料。如果在一块钢锭中沿不同方向取材制成相同规格的试件进行试验，那么各个试件将显示出相同的力学性能。这就是各向同性的含义。一般的金属材料，如铝、铜等，许多非金属材料，如陶瓷、玻璃、混凝土等，都可以视为各向同性材料。在本书中，除了特别声明的个别情况，总是假定所研究材料都是各向同性的。

工程力学假定，所研究的构件在外荷载作用下发生的变形都是微小的，在很多情况下都是需要用仪器才能观察到的。比如结构工程中的梁，它在荷载作用下整个跨度上所产生的最大位移，也比梁横截面的尺寸小很多。这就是所谓**小变形假定**。

绝大多数工程构件在实际工作状态所发生的变形，都是这样的小变形。这正是采用小变形假定的合理之处。

采用了小变形假定，可以使分析过程得以简化。

第一个简化之处，是使得分析和计算可以在未变形的形态（形状和尺寸）上进行。这可以从图 1.3 加以说明。图 1.3(a) 是一个简单桁架，其中一根杆件是竖直的，另一根是倾斜的。现在欲在下部结点作用一个竖向作用力。根

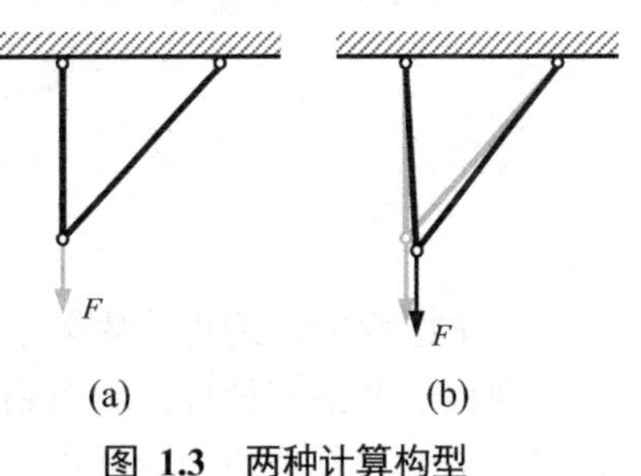

图 1.3 两种计算构型

据中学物理的知识可以知道，斜杆内部没有作用力存在。但是当作用力实际作用而使杆件变形后，平衡的形态将如图 1.3(b) 所示。在严格的意义上，斜杆不是完全没有作用力，因而两杆内部的力及变形都不再如图 1.3(a) 的分析那么简单。但是，严密的分析指出，由于杆件发生的是小变形，图 1.3(b) 计算的结果与图 1.3(a) 的计算结果的差别是比杆件内所发生的小变形还要小一阶的微量，因此完全可以忽略不计，斜杆仍然可认为是没有作用力的。因此，除了特别需要并加以声明之处，本书总是在未变形的初始形态上进行分析研究和计算的。

第二个简化之处，便是对高阶小量的处理。在这里，首先应该明确什么是小量。一般说来，量的大小是相对，例如伸长量 1mm 对原长为 1m 的杆件来讲就是小量；而对原长为 10mm 的杆件来讲就不再是小量了。因此，一般应在无量纲的意义上讨论一个量是否是小量。在许多分析过程中，如果能够确定某些无量纲量是高阶小量，本书都将适时地将其舍去，从而使分析的方程线性化。

与此相联系的是常用函数的近似处理。例如，在已经确认 x 是小量的前提下，$\sin x$ 和 $\tan x$ 都可以简化为 x，而 $\cos x$ 则可以简化为 1。诸如此类的处理将在本书中经常出现，这可以使分析计算容易得多。

1.4 杆件及其基本变形形式

工程结构是工程中各种结构的统称，包括机械结构、土木结构、水利结构、电站结构、核反应堆结构、航空航天结构、船舶结构、电器电子元件结构等。工程结构的组成部分统称为结构构件，简称为构件。构件是构成工程结构的最小单元。本课程的研究就从这个最小单元开始。

工程构件的形式千差万别，但仍然可以根据其形状尺寸的特点划分为杆、板、壳、体四种类型，如图 1.4(a)、(b)、(c)、(d) 分别所表示。其中，“杆”在某一个方向上的尺寸显著地大于其他两个方向上的尺寸。“板”在某一个方向上的尺寸显著地小于其他两个方向上的尺寸，而且板面曲率为零。若构件在某一个方向上的尺寸显著地小于其他两个方向上的尺寸，同时板面曲率不为零，则构成“壳”。而“体”则在三个方向上的尺寸相差不大。

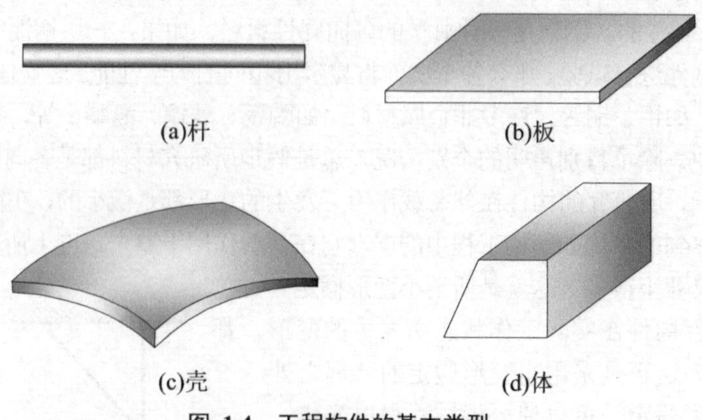

图 1.4 工程构件的基本类型

在本课程中，尤其是从第 8 章到第 13 章，将以杆件作为研究的基本对象。应当指出，虽然本课程主要研究杆件，但分析杆件所使用的一系列概念，如应力、应变、本构关系等，却是固体力学乃至其他力学分支所共有的基本概念；同时也是对其他类型（板、壳、体）构件进行力学分析的基础。

杆件的各截面的形心的连线形成轴线。根据轴线的形状，杆件可分为直杆和曲杆。垂直于轴线的截面称为横截面。根据横截面的变化情况，杆件可分为等截面杆（或分段等截面杆）和变截面杆。

杆件在外荷载作用下将发生变形。其基本的变形形式分为四种。

如果外力作用在轴线上，杆件将会发生拉伸（tension）或压缩（compression）的变形，如图 1.5(a) 所示。在拉压变形中，杆件的两个相邻的横截面的距离会增加或缩短。桁架的各部件、吊索、千斤顶螺杆等构件在受力时就将发生这种变形。拉压构件一般就直接称为杆（bar），有时候也把竖直方向上承受压缩荷载的构件叫**柱**（column）。

如果垂直于杆件轴线方向作用着一对反向的外力，且这一对反向力之间的距离相距很近，杆件就会产生**剪切**（shearing）变形，如图 1.5(b) 所示。在剪切变形中，两个相邻的横截面将会发生平行错动。销钉、螺栓、键等连接件中在受力时就将发生这种剪切变形。

扭转（torsion）是又一类常见的变形，如图 1.5(c) 所示。通常把这种发生扭转变形的杆件称为**轴**（shaft）。在扭转中，两个相邻的横截面会绕着轴线发生相对的转动。机械中的传动轴、汽车方向盘传动杆、钻杆等构件在工作状态就会发生扭转变形。

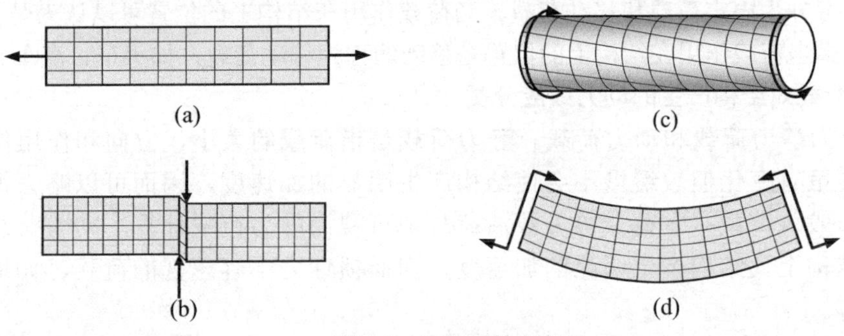

图 1.5　杆件的基本变形

还有一类变形称为弯曲（bending），如图 1.5(d) 所示。通常把这种发生弯曲变形的杆件称为**梁**（beam）。在弯曲变形中，两个相邻的横截面会绕着垂直于轴线的一条线发生相对的转动。结构工程中的横梁、桥式起重机的大梁、火车的轮轴等所发生的变形就是弯曲的例子。

实际工程结构中的杆件，有的只发生一种基本变形，有的则会同时发生几种基本变形，这类变形称为组合变形。例如图 1.6 所示的夹紧装置，当它被使用时，上方的弯臂部分就发生了拉伸和弯曲的组合变形。图 1.7 所示的直升机中连接螺旋桨与机体的主轴，在飞行过程中则发生了扭转、拉伸的组合变形；如果机体的重心不在主轴所在的直线上，则变形还包括弯曲。

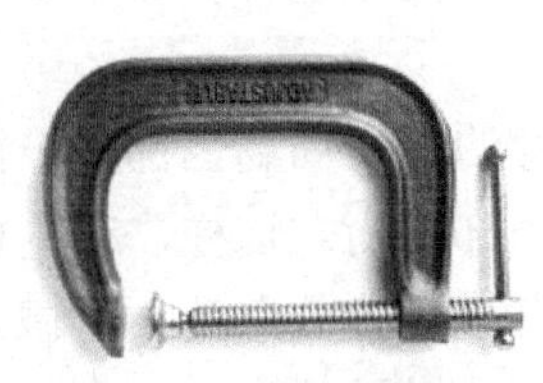

图 1.6　夹紧装置

图 1.7　直升机

1.5 荷载的分类

荷载（load），也经常写为载荷，是作用在结构上的外力中的主动力。荷载有几种不同的分类方法。

(1) 按荷载作用的状况分类

可以分为集中荷载和分布荷载。当作用在结构上的荷载的分布面积远小于结构的尺寸时，可认为荷载是作用在结构上的一个点上，将该荷载视为集中荷载，如火车和汽车的轮压、次梁传给主梁的荷载等。当作用在结构上的荷载的分布面积不是远小于结构的尺寸时，则为分布荷载，如静水压力、土压力、作用在楼板上的人群荷载等。分布荷载的大小用单位面积或长度上的作用力——荷载集度来表示。当分布荷载的集度为定值时，称为均布荷载。

(2) 按荷载作用的时间分类

可以分为恒载和活载。恒载是指长期作用在结构上不随时间变化的荷载，如结构的自重等。活载是指作用在结构上随时间变化的荷载，如人群、吊车等荷载。

活载又可分为固定荷载和移动荷载。当荷载作用在结构上的位置可以认为是不变动的称为固定荷载。当荷载作用在结构上的位置是移动的称为移动荷载，如火车、汽车、吊车等。

(3) 按荷载对结构产生的动力效应分类

可以分为静力荷载和动力荷载。静力荷载是指荷载的大小、方向和作用位置不随时间变化，或虽有变化但较缓慢不会使结构产生明显的加速度，因而可以略去惯性力影响的荷载。一般风荷载、雪荷载等多数活荷载都可视为静力荷载计算。动力荷载是指当荷载作用在结构上使结构产生明显的加速度，因而惯性力不容忽视的荷载，如地震、机械振动荷载等。

结构主要是由荷载作用而产生内力、变形、位移。除荷载外还有一些因素也可使结构产生内力和位移，如温度变化、支座沉陷、材料松弛、蠕变等。

1.6 工程力学的研究方法

工程力学整个研究领域都贯穿着对杆件及结构三个方面问题的研究，这就是力学分析、物理分析和几何分析。

(1) 力学分析

力学分析就是要研究构件中的各个力学要素（包括外力和内力，包括力和力偶矩）之间的关系。由于工程力学大部分内容属于静力学，因此，特别关注上述各类力学要素之间的平衡关系。

需要注意的一个事实是：当构件整体平衡时，它的任意的一个局部也都是平衡的。在工程力学中，不仅关注构件的整体平衡，同时还关注构件的局部平衡。这样，在分析过程中，往往会截取平衡构件的一个部分，甚至截取其一个微元长度，或者截取其一个微元体来进行研究。由于这根杆件总体是平衡的，那么它的一个部分、一个微元长度、一个微元体自然也都是平衡的。从而人们就可以用平衡条件来研究内力和外力的关系，来研究内力各要素之间的关系等。

(2) 物理分析

由于工程材料的力学性能显著地影响构件的强度、刚度和稳定性，因此工程力学中必定要研究工程材料的力学性能，研究构件的力学要素（有时还包括热学要素）与几何要素之间的关系。其中包括荷载与变形量之间的关系；构件内部应力与应变之间的关系；以及温度变化与应力、变形量之间的关系等。

除了理论分析，实验是研究工程材料的力学性能的重要手段。实验可以提供最基本的物理事实，可以提供指定材料有关强度、刚度和稳定性的基本数据，从而为模型的提炼和抽象提供线索，同时也能为验证模型的正确性提供最直接的证据。

(3) 几何分析

几何分析将研究构件和结构中各几何要素之间的关系，包括构件中应变和变形量之间的关系，结构中各构件变形量之间的关系等。

在几何分析中需要注意的是，工程力学只研究处于完好状态的构件和结构，而不研究它们在发生破坏以后的行为。这就要求几何变形具有协调性。

对于构件而言，例如图 1.8(a) 所示的矩形，如果发生了如图 1.8(b) 所示那样的变形，则称变形是协调的；而图 1.8(c) 所示的变形，由于出现了裂纹，因而是不协调的；图 1.8(d) 所示的变形，由于出现了物质的重叠，因而也是不协调的。在固体介质中，一部分物质与另一部分物质在不改变自身组分的情况下相互浸入在技术上难度很高，却有可能虚拟地出现在不正确的计算中。

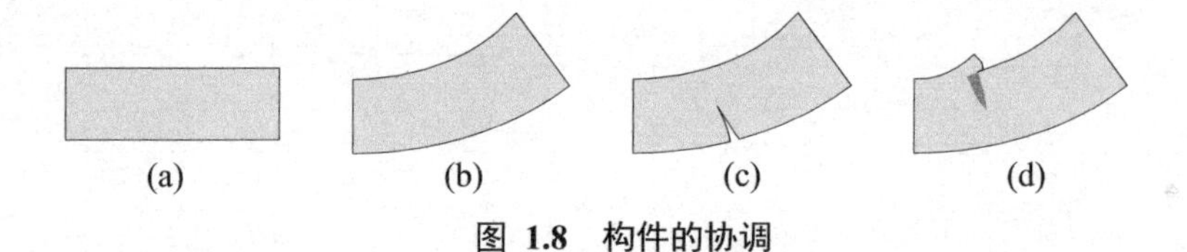

图 1.8 构件的协调

对于结构而言，例如图 1.9(a) 所示的桁架，其下端结点有竖直向下的力作用。如果发生了如图 1.9(b) 所示那样的变形，则称变形是协调的；而图 1.9(c) 所示的变形和图 1.9(d) 所示的变形，都因为三杆的伸长量之间没有满足一定的关系，下端结点由此而解体，因而也都是不协调的。

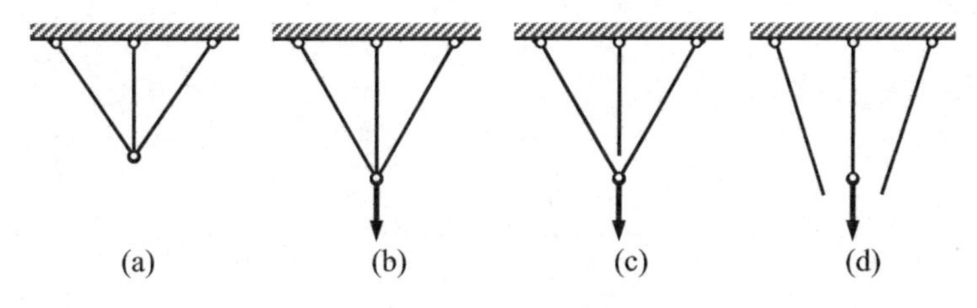

图 1.9 结构的协调

力学分析、物理分析和几何分析三种思路的综合，构成了工程力学研究方法的主体。

工程力学有较强的系统性，各部分内容之间联系较紧密，学习中要循序渐进，要认真理解基本概念、基本理论和基本方法。要注意所学概念的来源、含义、力学意义及其应用，要注意有关公式的根据、适用条件。要注意分析问题的思路，解决问题的方法。在学习中，一定要认真研究，独立完成一定数量的思考题和习题，以巩固和加深对所学概念、理论、公式的理解、记忆和应用。

要学好工程力学，应该注意与工程实践的结合，这一点应该特别予以重视。由于现代生活已经离不开社会的现代化生产，工业化的产品已经包围了我们并渗透到人们生活的各个方面，而力学往往是各类工业产品设计和生产的技术基础，因此，在我们周围出现的许多事物都体现着各类力学概念、原理和方法。即使是纯天然的东西，例如常见的植物、动物，由于千百万年的自然淘汰，它们的许多方面都体现了力学的合理性，甚至某些方面还值得人们研究和借鉴。上述这些东西都需要我们认真体会、总结和学习。另一方面，我们周围的事物仍然存在着许多尚未解决的力学问题，新技术、新材料的出现，也会带来许多新的力学问题。所以，在学习本课程的过程中，应该更加细致地观察自己周围的事物，把课程知识与观察联系起来，并试着提出若干问题，努力地用课程的知识对它们进行分析。如果真的这样做了，才会真正掌握这门课程的精髓，也就会深切地体会到：工程力学，是我们身边的科学。

第 2 章　刚体静力学的基本概念

刚体静力学（statics of rigid bodies）研究刚体在力系的作用下相对于惯性系静止的力学规律。

在工程结构零部件的受力分析和设计中，静力学有着广泛的应用。此外，它也是一系列后续课程的基础，例如结构力学、弹性力学、机械设计等，都要应用静力学的理论和方法。

刚体静力学主要研究以下三个基本问题：

① 物体的受力分析；

② 力系的等效替换及简化；

③ 力系的平衡条件及其应用。

本章在回顾矢量的基本知识的基础上介绍刚体、平衡、力和力系等静力学基本概念及静力学公理，然后介绍几种常见的约束类型及其对应的约束力，最后介绍绘制受力图的方法和步骤。

2.1　矢量知识回顾

2.1.1　矢量的概念

随着人们对客观世界认识的逐渐深入，关于物理量的度量方式也在逐渐发展。人们认识到，某些物理量与方向无关，如质量、温度、能量等，这些量称为**标量**（scalar quantity），也称数量。但另一些量则与方向有关，例如，对一个物体在同一点上施加向左方的力和施加向右方的力，尽量力的大小一样，所引起的运动或变形的效果是不一样的。这一类具有方向的量称为**矢量**（vector）。力、速度、加速度等，都是矢量的例子。

人们常用几何的方法来表达矢量及其运算。在图形中，一般用带有箭头的有向线段来表示矢量。这个线段的长度表示矢量的大小，线段箭头的指向表示矢量的作用方向。在文字叙述和数学表达式中，矢量可用多种方式来区别于标量。在下面的叙述中，将用粗斜体字母来表示矢量，例如 $\boldsymbol{F}$、$\boldsymbol{G}$、$\boldsymbol{r}$ 等。

在直角坐标系中，选取三个坐标轴上的单位长度为度量矢量的基准。这三个单位长度是有固定方向的，因而自身就是矢量，称它们为各个坐标轴的**基矢量**（base vector），一般按 x、y、z 的次序分别记之为 $\boldsymbol{i}$、$\boldsymbol{j}$、$\boldsymbol{k}$。这样，任意的一个矢量 $\boldsymbol{a}$ 在这个坐标系中就可以表达为

$$\boldsymbol{a}=a_x\boldsymbol{i}+a_y\boldsymbol{j}+a_z\boldsymbol{k} \tag{2.1}$$

式中，a_x、a_y 和 a_z 分别表示 $\boldsymbol{a}$ 在各个坐标轴上的投影，如图 2.1 所示。

由图 2.1 可以看出，矢量 $\boldsymbol{a}$ 的长度

$$\|\boldsymbol{a}\|=\sqrt{a_x^2+a_y^2+a_z^2} \tag{2.2}$$

一般也把 $\|\boldsymbol{a}\|$ 称为矢量 $\boldsymbol{a}$ 的**模**（mode）。

在图 2.1 中，矢量 $\boldsymbol{a}$ 的起始点是原点。但就实际存在的各种矢量而言，其起始点并不总

是原点。如果对某些矢量而言，起始点的具体位置并不重要，则可称这些矢量为自由矢量；而对另外一些矢量而言，起始点不同，矢量所引起的效应就不同，则这些矢量称为定位矢量。显然，力就是一种定位矢量。

2.1.2 矢量的运算

对于矢量，人们定义了如下的运算。

(1) 加法

两个任意的矢量 $\boldsymbol{a}$ 和 $\boldsymbol{b}$ 可以进行加法运算，其结果是一个矢量 $\boldsymbol{c}$，表示为

$$\boldsymbol{c}=\boldsymbol{a}+\boldsymbol{b} \tag{2.3a}$$

若 $\boldsymbol{a}$ 和 $\boldsymbol{b}$ 不在同一直线上，则 $\boldsymbol{a}$ 和 $\boldsymbol{b}$ 形成一个平行四边形，$\boldsymbol{c}$ 就是这个平行四边形中 $\boldsymbol{a}$ 和 $\boldsymbol{b}$ 所夹的对角线，如图 2.2 所示。这就是所谓的平行四边形法则。

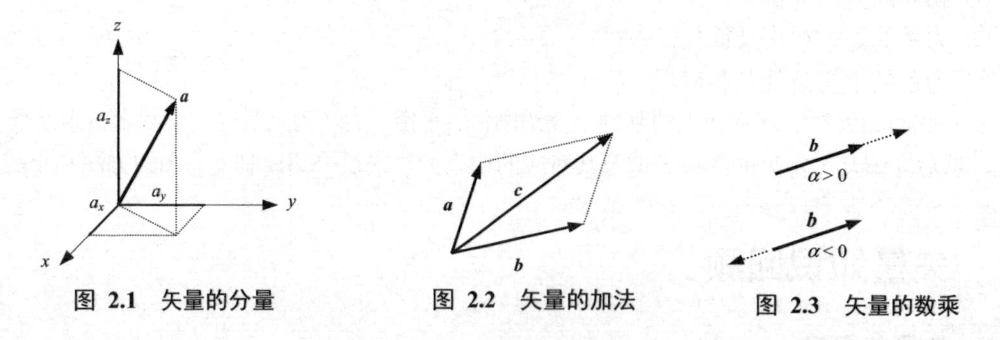

图 2.1 矢量的分量　　图 2.2 矢量的加法　　图 2.3 矢量的数乘

矢量加法在直角坐标系中的表达式是

$$\boldsymbol{c}=c_x\boldsymbol{i}+c_y\boldsymbol{j}+c_z\boldsymbol{k}=(a_x+b_x)\boldsymbol{i}+(a_y+b_y)\boldsymbol{j}+(a_z+b_z)\boldsymbol{k} \tag{2.3b}$$

(2) 数乘

一个任意的矢量 $\boldsymbol{b}$ 可以对一个数 α 进行数乘运算，记为 $\alpha\boldsymbol{b}$，其结果仍是一个矢量 $\boldsymbol{a}$，如图 2.3 所示。就长度而言

$$\|\boldsymbol{a}\|=|\alpha|\cdot\|\boldsymbol{b}\| \tag{2.4}$$

就方向而言，若 $\alpha>0$，则 $\boldsymbol{a}$ 与 $\boldsymbol{b}$ 同向，若 $\alpha<0$，则 $\boldsymbol{a}$ 与 $\boldsymbol{b}$ 反向。

(3) 数积

两个任意的矢量 $\boldsymbol{a}$ 和 $\boldsymbol{b}$ 之间可以进行数积（也称点积、内积）运算，记为 $\boldsymbol{a}\cdot\boldsymbol{b}$，其结果是一个标量 φ

$$\varphi=\boldsymbol{a}\cdot\boldsymbol{b}=\|\boldsymbol{a}\|\cdot\|\boldsymbol{b}\|\cdot\cos\theta \qquad (0\leqslant\theta\leqslant\pi) \tag{2.5a}$$

式中，θ 是 $\boldsymbol{a}$ 和 $\boldsymbol{b}$ 之间的夹角。

在直角坐标系中

$$\varphi=\boldsymbol{a}\cdot\boldsymbol{b}=a_xb_x+a_yb_y+a_zb_z \tag{2.5b}$$

易于看出

$$\boldsymbol{a}\cdot\boldsymbol{b}=\boldsymbol{b}\cdot\boldsymbol{a} \tag{2.6}$$

利用数积，矢量 $\boldsymbol{a}$ 的模可以表示为

$$\|\boldsymbol{a}\|=\sqrt{\boldsymbol{a}\cdot\boldsymbol{a}} \tag{2.7}$$

根据式（2.5a）可知，若 $\boldsymbol{n}$ 是沿某一方向的单位矢量，则 $\boldsymbol{a}\cdot\boldsymbol{n}$ 称为矢量 $\boldsymbol{a}$ 在 $\boldsymbol{n}$ 方向上的投影。

这样，矢量 $\boldsymbol{a}$ 在矢量 $\boldsymbol{b}$ 方向上的投影便可表示为

$$a_b = \boldsymbol{a}\cdot\frac{\boldsymbol{b}}{\|\boldsymbol{b}\|} \tag{2.8}$$

特别地，若单位矢量 $\boldsymbol{n}$ 分别取 $\boldsymbol{i}$、$\boldsymbol{j}$、$\boldsymbol{k}$，那么矢量 $\boldsymbol{a}$ 的分量可写为

$$\left.\begin{aligned} a_x &= \boldsymbol{a}\cdot\boldsymbol{i} = \|\boldsymbol{a}\|\cos(\boldsymbol{a},\boldsymbol{i}) = \|\boldsymbol{a}\|\cos\alpha \\ a_y &= \boldsymbol{a}\cdot\boldsymbol{j} = \|\boldsymbol{a}\|\cos(\boldsymbol{a},\boldsymbol{j}) = \|\boldsymbol{a}\|\cos\beta \\ a_x &= \boldsymbol{a}\cdot\boldsymbol{k} = \|\boldsymbol{a}\|\cos(\boldsymbol{a},\boldsymbol{k}) = \|\boldsymbol{a}\|\cos\gamma \end{aligned}\right\} \tag{2.9}$$

式中，$(\boldsymbol{a},\boldsymbol{i})$ 表示矢量 $\boldsymbol{a}$ 与单位方向矢量 $\boldsymbol{i}$ 之间的夹角，因此，α、β、γ 分别是矢量 $\boldsymbol{a}$ 与 x、y、z 轴的夹角。集合 $(\cos\alpha,\ \cos\beta,\ \cos\gamma)$ 称为矢量 $\boldsymbol{a}$ 的方向余弦。应该注意，α、β、γ 并不是三个独立的量，因为显然有

$$\cos^2\alpha + \cos^2\beta + \cos^2\gamma = 1 \tag{2.10}$$

(4) 矢积

两个任意的矢量 $\boldsymbol{a}$、$\boldsymbol{b}$ 间可以进行**矢积**（也称叉积、外积）的运算，记为 $\boldsymbol{a}\times\boldsymbol{b}$，其结果是一个矢量 $\boldsymbol{c}$，$\boldsymbol{c}$ 的方向是由 $\boldsymbol{a}$ 到 $\boldsymbol{b}$ 按右手螺旋法则所确定的，如图 2.4(a) 所示。

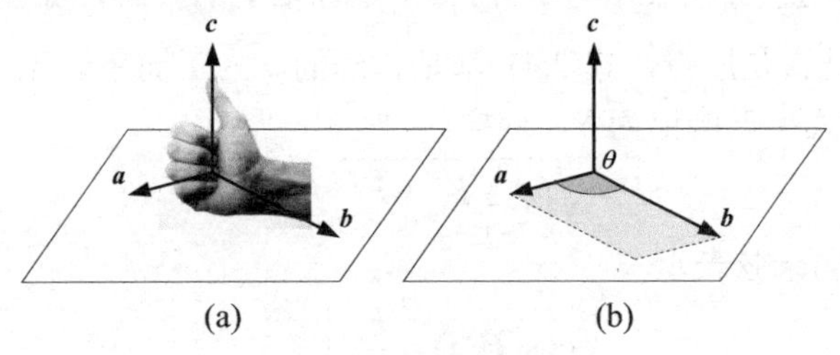

图 2.4　两个矢量的矢积

$\boldsymbol{c}$ 的模为

$$\|\boldsymbol{c}\| = \|\boldsymbol{a}\|\cdot\|\boldsymbol{b}\|\cdot\sin\theta \tag{2.11}$$

式中，θ 为 $\boldsymbol{a}$ 和 $\boldsymbol{b}$ 所夹的角，式(2.11) 表明，$\boldsymbol{c}$ 的模就是 $\boldsymbol{a}$ 和 $\boldsymbol{b}$ 所张成的平行四边形的面积，如图 2.4(b) 所示的灰色区域。在直角坐标系中，$\boldsymbol{c}$ 的分量表达式为

$$\begin{aligned} \boldsymbol{c} = \boldsymbol{a}\times\boldsymbol{b} &= \begin{vmatrix} \boldsymbol{i} & \boldsymbol{j} & \boldsymbol{k} \\ a_x & a_y & a_z \\ b_x & b_y & b_z \end{vmatrix} \\ &= (a_y b_z - a_z b_y)\boldsymbol{i} + (a_z b_x - a_x b_z)\boldsymbol{j} + (a_x b_y - a_y b_x)\boldsymbol{k} \end{aligned} \tag{2.12}$$

由矢积的定义（右手螺旋法则）可看出

$$\boldsymbol{a}\times\boldsymbol{b} = -\boldsymbol{b}\times\boldsymbol{a} \tag{2.13}$$

2.2　静力学基本概念

2.2.1　刚体、平衡和力的概念

在力的作用下不变形的物体称为**刚体**，因此，刚体内部任意两点之间的距离始终保持不变。在实际生活中，完全不变形的物体并不存在，刚体只不过是实际物体和构件的抽象和简

化。实际物体能否简化为刚体，除了要求物体的变形不大之外，更重要的是这种变形对我们所研究的问题的结果产生的影响要足够小。

若物体相对于某惯性参考系保持静止或作匀速直线运动，则称该物体处于平衡状态或**平衡**（equilibrium）。在一般的工程技术问题中，常把固结于地球上的参考系视为惯性参考系。这样，平衡就是指物体相对地球处于静止或作匀速直线运动的状态。

力是物体间的相互作用，作用的结果是使物体的运动状态发生改变，或者使物体产生变形。对刚体而言，力的作用只改变其运动状态。

(1) 力的要素

力对物体的作用效果取决于力的大小、方向和作用点，称为**力的三要素**。由于力具有方向性，因而力是矢量。考虑到力的作用效果与其作用点的位置有关，故力是定位矢量。在图形中通常用有向线段来表示力，箭头表示力的方向，线段的起点或终点为力的作用点，线段所在的直线称为力的作用线。

在国际单位制（SI）中，力的单位是牛顿（N）或千牛顿（kN）。

在直角坐标系中，力矢量 $\boldsymbol{F}$ 的表达式为

$$\boldsymbol{F}=F_x\,\boldsymbol{i}+F_y\,\boldsymbol{j}+F_z\,\boldsymbol{k} \tag{2.14}$$

式中，F_x、F_y 和 F_z 分别表示力 $\boldsymbol{F}$ 在各个坐标轴上的投影，如图 2.5 所示。应该注意，无论力矢量的作用点是否是原点，式(2.4) 都是正确的。为了简单起见，在下文中，常把力矢量 $\boldsymbol{F}$ 的模，即力 $\boldsymbol{F}$ 的大小直接记为 F，这样

$$F=\sqrt{F_x^2+F_y^2+F_z^2} \tag{2.15}$$

力 $\boldsymbol{F}$ 的方位用它的方向余弦表示

$$\left.\begin{aligned}\cos(\boldsymbol{F},\boldsymbol{i})&=\frac{F_x}{F}\\ \cos(\boldsymbol{F},\boldsymbol{j})&=\frac{F_y}{F}\\ \cos(\boldsymbol{F},\boldsymbol{k})&=\frac{F_z}{F}\end{aligned}\right\} \tag{2.16}$$

【例 2.1】如图 2.6(a) 所示，车床在车削一根圆轴时，由测力计测得刀具承受的力 $\boldsymbol{F}$ 的三个正交分量 F_x、F_y、F_z 的大小各为 4.5 kN，6.3 kN，18 kN，如图 2.6(b)所示，试求力 $\boldsymbol{F}$ 的大小和方向。

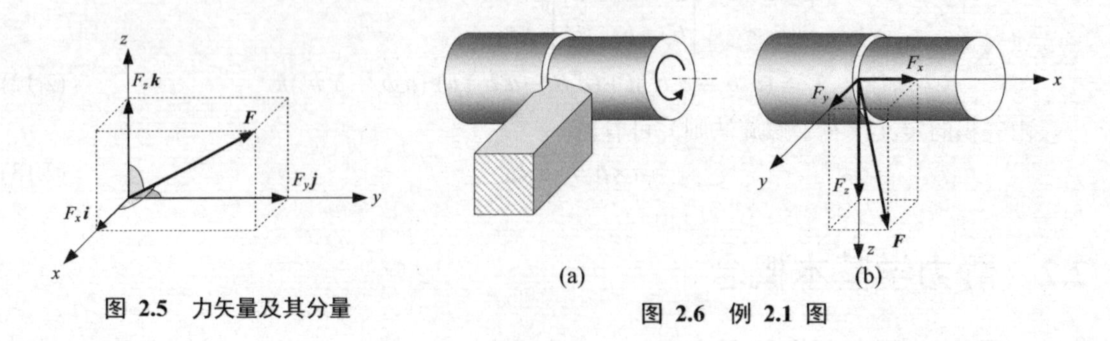

图 2.5 力矢量及其分量

图 2.6 例 2.1 图

解：力 $\boldsymbol{F}$ 的大小

$$F=\sqrt{F_x^2+F_y^2+F_z^2}=19.6\ \text{kN}$$

力 $\boldsymbol{F}$ 的方向用它与 x、y、z 轴的夹角 α、β、γ 来表示

$$\alpha = \arccos\frac{F_x}{F} = \arccos\frac{4.5}{19.6} = 76.7^\circ$$

$$\beta = \arccos\frac{F_y}{F} = \arccos\frac{6.3}{19.6} = 71.3^\circ$$

$$\gamma = \arccos\frac{F_z}{F} = \arccos\frac{18}{19.6} = 23.3^\circ$$

(2) 力的作用形式

上面所提到的力是物体之间的相互作用的一种类型，即**集中力**（concentrated force）。物体之间的相互作用还有另一种类型，即**分布力**（distributed force）。

分布力的一种常见形式是**表面力**（surface forces）。表面力连续地作用于物体的某一面积上。例如，建筑物外墙所受的风压力就是一种表面力。在立方体水池中，水的压力也构成分布力。水池的底面所受的水压力是均匀分布的，而侧壁所受的水压力与深度成正比，是非均匀分布的。表面力的量纲是 [力•长度$^{-2}$]。在杆件中，由于杆长方向上的尺寸远大于横截面的尺寸，因而常把作用于杆件侧面的表面力进一步简化为沿杆长方向上的分布力，常记为 q，其量纲是 [力•长度$^{-1}$]。

分布力的另一种常见形式是**体积力**（body forces）。体积力连续地作用于物体的体积上。体积力的量纲是 [力•长度$^{-3}$]。物体的重力就是一种体积力。在一般工程技术问题中，均匀物体的重力处理为一种均布力。

作用于物体上一点的力称为集中力。在严格的意义上，这种集中力并不存在。要经一个没有大小的几何点来传递作用力是不可能的，真实存在的力都是分布力。但是，如果分布力作用的区域（或面积、长度）比起构件的尺寸来讲是相当小的，那么就可以将其简化为集中力。因此，集中力只是分布力在一定条件下的理想化模型，能否进行这种简化主要取决于我们所研究的问题的范围、尺度以及性质。

2.2.2 力系的概念

作用于同一刚体的一组力称为**力系**（force system）。使刚体的原有运动状态不发生改变的力系称为**平衡力系**，平衡力系所要满足的条件称为**平衡条件**。如果两个不同的力系对同一刚体产生相同的作用，则称这两个力系互为**等效力系**。与某个力系等效的力称为该力系的**合力**，该力系中的每个力就是这个合力的分力。

按照力系中各个力的作用线在空间的分布状况，可以将力系进行如下的分类：各个力的作用线都在同一平面内的力系称为**平面力系**，否则称为**空间力系**；如果各力作用线汇交于一点，则称为**汇交力系**；各力作用线彼此平行的称为**平行力系**；各力作用线任意分布的称为**任意力系**。

2.2.3 静力学公理

公理是人们在生活和实践中长期积累的经验总结，又经过实践反复检验，被确认是符合客观实际的最普遍、最一般的规律。

静力学公理是关于力的基本性质的概括和总结，是静力学理论的基础。

公理 1 力的平行四边形法则

作用在物体上同一点 A 的两个力 $\boldsymbol{F}_1$ 和 $\boldsymbol{F}_2$，如图 2.7 所示，可以合成为一个合力 $\boldsymbol{F}_{\mathrm{R}}$。合力的作用点仍在 A 点，合力的大小和方向，由这两个力为邻边构成的平行四边形的对角线

确定。写成矢量表达式为

$$F_R = F_1 + F_2 \tag{2.17}$$

力的平行四边形法则是最简单的力系简化规律，是复杂力系简化的基础；同时也是力的分解的依据。如果没有指定的方向，将一个力分解成两个力的方法有无穷多个，最常用的分解方式是力向两个相互垂直方向上的分解，称之为正交分解。

根据力的平行四边形法则可以得到力的三角形法则。将矢量线段 $\boldsymbol{F}_2$ 的起点置于 $\boldsymbol{F}_1$ 的终点，则连接 $\boldsymbol{F}_1$ 的起点和 $\boldsymbol{F}_2$ 的终点的矢量线段 $\boldsymbol{F}_R$ 就代表了 $\boldsymbol{F}_1$ 和 $\boldsymbol{F}_2$ 的合力，如图 2.8 所示。

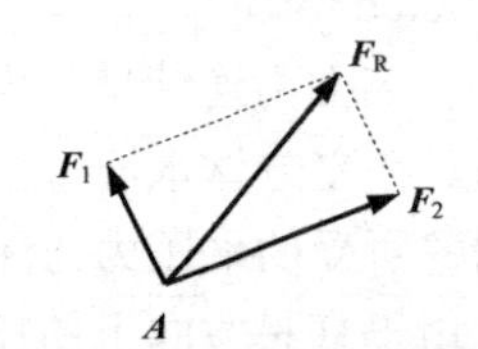

图 2.7 力的平行四边形法则

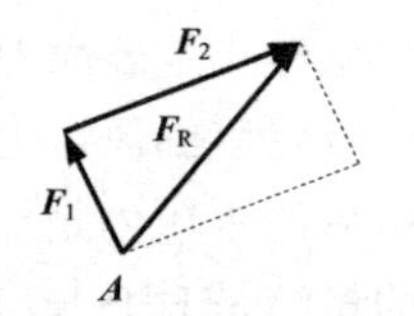

图 2.8 力的三角形法则

公理 2 二力平衡公理

作用在同一刚体上有两个力 $\boldsymbol{F}_1$ 和 $\boldsymbol{F}_2$，如图 2.9 所示，使刚体保持平衡的必要和充分条件是这两个力的大小相等、方向相反、且作用在同一直线上。写成矢量表达式即为

$$F_1 + F_2 = 0 \tag{2.18}$$

请读者注意二力平衡公理的两个先决条件：第一，这两个力必须是作用于同一个物体上的；第二，这个物体必须是刚体。

二力平衡公理所述力系是一个最简单的平衡力系。工程上常遇到只受两个力作用而平衡的构件，这类构件称为二力构件，如图 2.10 所示。二力构件不一定是杆件，它可以是刚架或曲杆，如图 2.10(a) 所示。特别地，当一根杆件只受两个力作用而平衡，则称其为二力杆，如图 2.10(b) 所示。

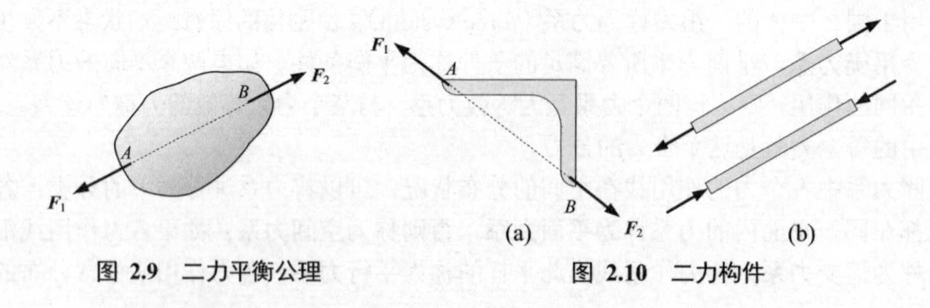

图 2.9 二力平衡公理　　图 2.10 二力构件

应该指出，二力平衡公理对于变形体而言只是必要条件而非充分条件，变形体的平衡还需要满足某些附加条件。例如一段绳索在两端作用拉力时平衡，则两端的拉力一定满足二力平衡公理所指出的等值、反向、共线的条件，如图 2.11(a) 所示。但将满足上述条件的两端拉力改为压力，则绳索将会产生很大的变形而很难平衡，如图 2.11(b) 所示。

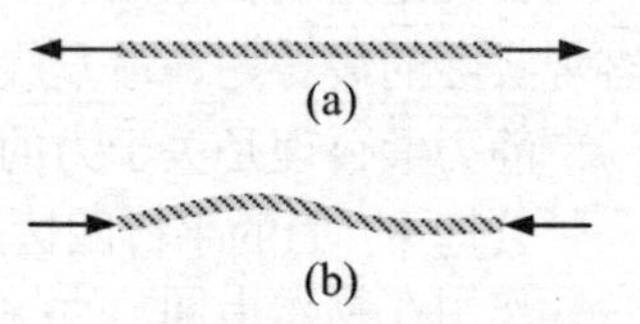

图 2.11 绳的拉和压

公理 3 加减平衡力系原理

在作用于刚体的任一力系上加上或减去任意的平衡力系，并不改变原力系对刚体的作用。加减平衡力系原理是力系简化的重

要理论依据和主要手段，但它只适用于刚体，不适用于变形体。

根据加减平衡力系原理可以得到如下两个重要推论。

推论 1　力的可传性原理：作用于刚体上某点的力可沿其作用线移至刚体内任一点而不改变该力对刚体的作用。这一推论可由图 2.12 来说明。在图 2.12(a) 上，力 $\boldsymbol{F}$ 作用于 A 点处。在其作用线上的任意一点 B，可加上一对平衡力 $\boldsymbol{F}$，如图 2.12(b) 的虚线所示。由于这三个力作用在同一直线上，故图 2.12(c) 中虚线的一对力 $\boldsymbol{F}$ 必定构成平衡力系，它可以从刚体中去除而不会改变原力系对刚体的作用。这样，作用于 A 点处的力 $\boldsymbol{F}$ 与作用于 B 点处的 $\boldsymbol{F}$ 对刚体而言就是等效的。

根据力的可传性原理，作用于刚体的力由定位矢量转化为**滑动矢量**（sliding vector），而刚体是这种转化的必要条件。

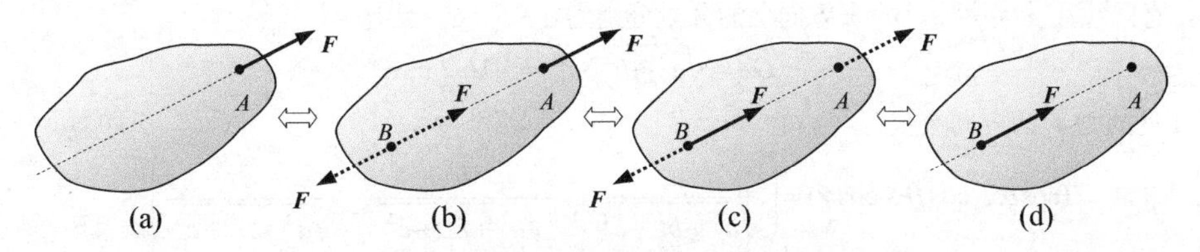

图 2.12　作用力沿其作用线平移

推论 2　三力平衡汇交定理：作用于刚体上的三个力，若其中两个力的作用线汇交于一点，且三力相互平衡，则第三个力的作用线必定通过此汇交点，且三个力共面，如图 2.13(a) 所示。读者可通过图 2.13(b) 的提示，利用力的可传性原理来完成这一推论的证明。

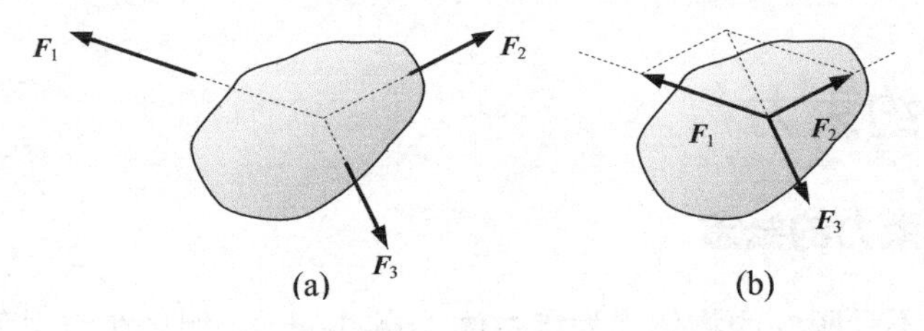

图 2.13　三力汇交

三力平衡汇交定理说明了不平行的三个力平衡的必要条件，可以用来确定第三个力的作用线的方位。但应注意，三力汇交于一点仅是刚体平衡的必要条件而非充分条件。刚体要平衡，还得补充三力的大小应该满足一定的数量关系的条件。

公理 4　作用和反作用定律（牛顿第三定律）

作用力和反作用力总是同时存在的，作用力和反作用力的大小相等、方向相反、沿着同一直线，而且是分别作用在两个相互作用的物体上。该定律概括了物体间相互作用的关系。

应该注意将作用和反作用定律与二力平衡公理相区别。前者中的两个力是分别作用在两个物体上的，因此根本谈不上构成平衡力系的问题；而后者中的两个力则是作用在同一物体上的。前者只要是两个物体相互作用就一定成立，与两个物体（或其中任意一个物体）是否平衡无关；后者则是物体平衡的必要条件。

公理 5　刚化原理

变形体在某一力系作用下处于平衡，如果将此变形体刚化为刚体，则平衡状态保持不变。刚化原理表明，变形体平衡时，作用于其上的力系一定满足刚体静力学的平衡条件。

刚化原理建立了刚体静力学与变形体静力学之间的联系，变形体的平衡条件必然包括刚体的平衡条件，二力平衡公理、加减平衡力系原理等原理及其推论可以有条件地应用于变形体，这就是刚化原理的意义之所在。

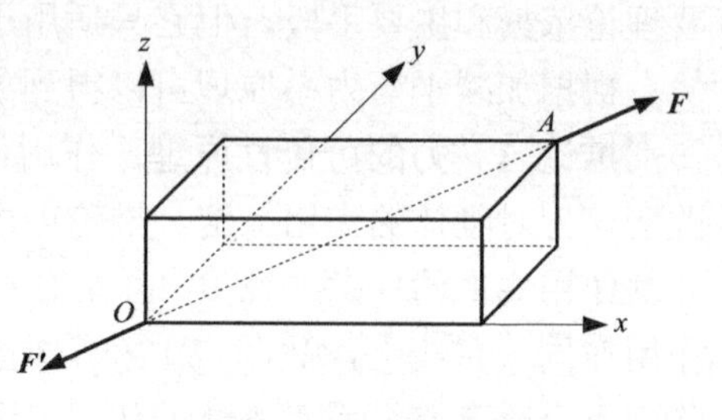

图 2.14 例 2.2 图

【例 2.2】 如图 2.14 的立方体的棱边沿坐标轴方向放置，立方体沿 x、y、z 方向上的长度分别为 a=400mm, b=100mm, c=60mm。在它的两个对角顶点 O 和 A 作用了一对大小相等的力 $\boldsymbol{F}'$和 $\boldsymbol{F}$，且有 F=500N。立方体处于平衡状态。试求两个力沿 x、y、z 方向上的分量大小[1]。

解： 根据二力平衡公理，两个力的方向必定沿着对角线。这样，图 2.14 中 A 处的力 $\boldsymbol{F}$ 必定与对角线 $\overline{OA}$ 同向。因此只需计算 $\overline{OA}$ 的方向即可。

显然，有向线段 $\overline{OA}$ 沿 x、y、z 方向上的分量分别为 a、b、c。且有

$$\overline{OA} = \sqrt{a^2+b^2+c^2} = 416.7\ \text{mm}$$

故作用于 A 处的力 $\boldsymbol{F}$ 的方向余弦

$$(\cos\alpha,\ \cos\beta,\ \cos\gamma) = \left(\frac{a}{\sqrt{a^2+b^2+c^2}},\ \frac{b}{\sqrt{a^2+b^2+c^2}},\ \frac{c}{\sqrt{a^2+b^2+c^2}}\right)$$
$$= (0.9600,\ \ 0.2400,\ \ 0.1440)$$

故作用于 A 处的力 $\boldsymbol{F}$ 沿 x、y、z 方向上的分量大小为

$$(F\cos\alpha,\ F\cos\beta,\ F\cos\gamma) = (480,\ \ 120,\ \ 72)\ \text{N}$$

显然，作用于 O 处的力 $\boldsymbol{F}'$ 沿 x、y、z 方向上的分量大小为

$$(-480,\ \ -120,\ \ -72)\ \text{N}$$

2.3 约束和约束力

2.3.1 约束和约束力的概念

在空间的位移不受限制的物体称为**自由体**（free body），例如在空中飞行的飞机、卫星等；而其位移受到某些预加限制的物体称为**非自由体**（constrained body），例如沿轨道行驶的火车，转动中的飞轮等。对物体运动施加限制的周围物体称为**约束**（constraint）。约束既然限制了物体的运动，那么约束与被约束物体之间必然存在力的相互作用。将约束施于被约束物体的力称为**约束力**。由于约束力阻止物体运动是通过约束与被约束物体之间的接触来实现的，因此约束力是一种接触力。

静力学中常常把外力区分为主动力和约束力，主动力是指除约束力之外的一切力。如重力、风力、水压力、切削力、电磁力等。工程中也把主动力称为荷载。刚体静力学问题往往表现为如何运用平衡条件，根据已知荷载去求未知的约束力，以此作为工程设计和校核的依据。为此目的，需将工程中常见的约束理想化，归纳为几种基本类型，再分别表明其约束力的特征。

---

[1] 按照国际单位制及相关规定，长度的单位应为米（m），压强（包含后面讲到的应力和弹性模量等）单位为帕（Pa），力的单位为牛（N），并应在每个式子中的每一项中标示出来。照顾到实际使用和阅读的方便，在本书以下的例题计算中，除了特别说明之外，长度的单位取毫米（mm），压强（也包含应力、弹性模量等）的单位取兆帕（MPa），力的单位仍然取牛（N），并只在计算式的最后一式标示出来。

2.3.2　约束的一些基本类型

(1) 柔索

工程中的绳索、链条、皮带等物体可简化为**柔索**。理想化的柔索不可伸长，不计自重，且完全不能抵抗弯曲。因此，柔索的约束力总是沿绳向的拉力。图 2.15 就是将皮带轮简化为柔索的例子。在图示的皮带转动中，为了增加皮带与轮子之间的摩擦作用的长度，总是把皮带的下边处理为紧边，上边处理为松边。由于皮带是预先拉紧再装上去的，因此无论是紧边或是松边，其作用力都是拉力，如图 2.15(b) 所示。

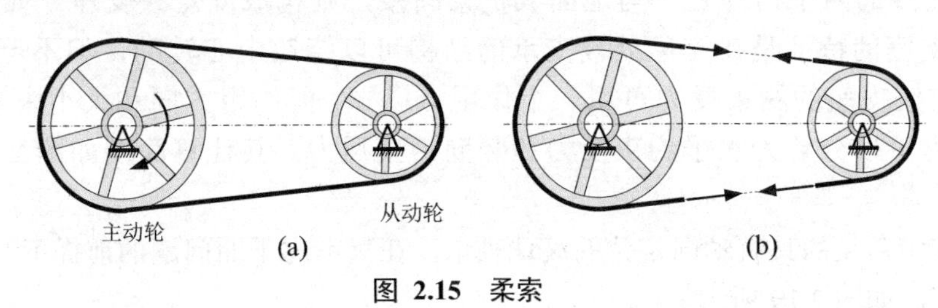

图 2.15　柔索

(2) 光滑接触面

若两物体的接触面上摩擦力很小而可忽略不计时，就可简化为**光滑接触面**（smooth surface）。这类约束只能阻碍物体沿接触处的公法线方向往约束内部运动，而不能阻碍它在切线方向的运动，也不能阻碍它脱离约束。因此，光滑接触面的约束力沿接触处的公法线方向，作用于接触点，且为压力。在图 2.16(a) 中，两个物体之间的约束力必定沿着 n 的方向。在图 2.16(b) 中，杆件承受竖直方向的重力 $\boldsymbol{G}$，以及约束反力 $\boldsymbol{F}_A$ 、$\boldsymbol{F}_B$ 和 $\boldsymbol{F}_C$ 。这些力的方向如图所示意。

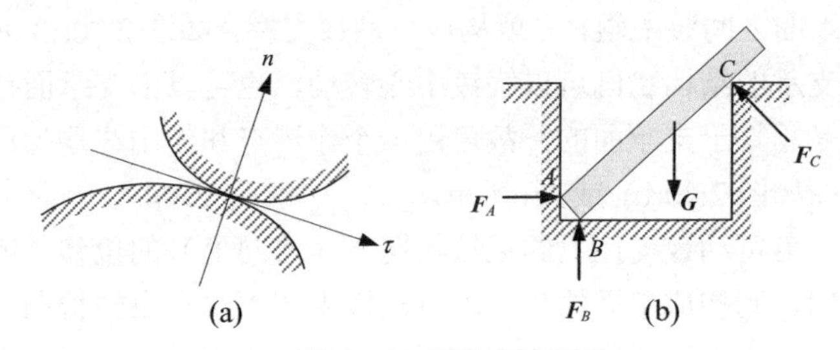

图 2.16　光滑接触面约束

(3) 光滑圆柱铰链

用圆柱销钉将两个零件连接在一起，如图 2.17(a) 所示可以假设接触面是光滑的，这样构成的约束称为**光滑圆柱铰链**（smooth cylindrical pin），简称**铰链**。被连接的构件可绕销钉轴作相对转动，但沿径向的相对移动则被限制。

尽管图 2.17(a) 所示的光滑圆柱铰链是由三个零件组成，但通常并不需要单独分析销钉的受力。为不失一般性，可以认为销钉与被它连接的其中一个零件是固接在一起的，而只考虑两个零件之间的相互作用。由于销钉与圆柱孔是光滑曲面接触，故约束力应沿接触处的公法线方向，即在接触点与圆柱中心的连线方向上，如图 2.17(b)所示。但因为接触点的位置不可预知，约束力的方向也就无法预先确定。因此，光滑圆柱铰链的约束力是一个大小和方向都未知的二维矢量 $\boldsymbol{F}$ 。在受力分析时，为了方便起见，常常用两个大小未知的正交分力 $\boldsymbol{F}_x$ 和 $\boldsymbol{F}_y$ 来表示它。

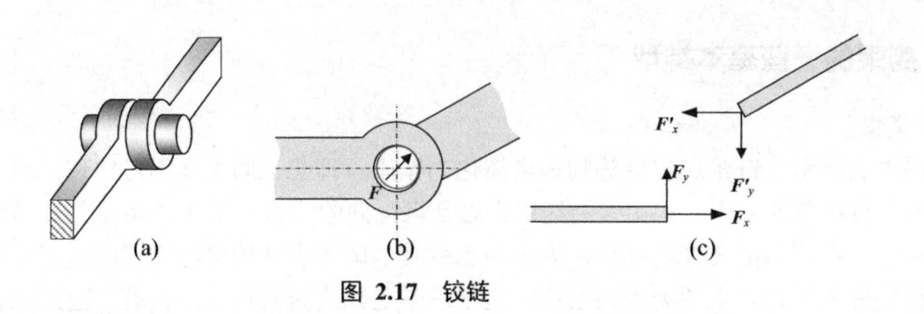

图 2.17 铰链

当铰链连接的两个构件之一与地面或机架固接，则构成固定铰支座。如图 2.18(a)所示，固定铰支座的特征是在支座处被支承的结构可以绕铰中心转动，但不可以沿任何方向移动。固定铰支座的约束反力可用一个作用点已知、但作用方向和大小未知的力表示，通常该作用力可以分解为水平约束反力和竖向约束反力。其计算简图如图 2.18(b) 或 (c) 所示。

机械工程中常见的具有轴向定位的滚珠轴承，在只考虑平面问题的前提下，也可以简化为固定铰支座，如图 2.19 所示。

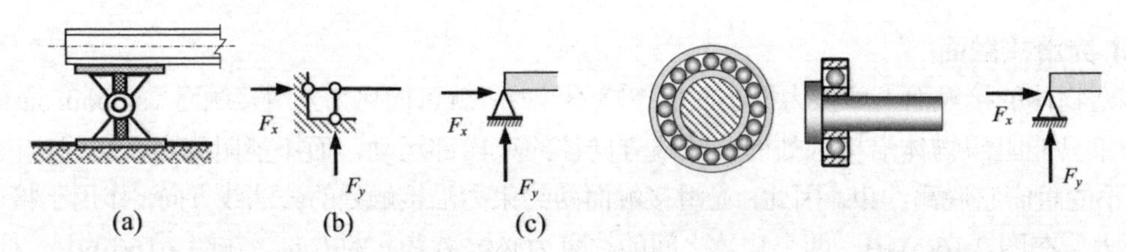

图 2.18 固定铰支座　　图 2.19 滚珠轴承及简图

在铰链支座与支承面之间装上辊轴，就构成可动铰支座，如图 2.20(a) 所示。可动铰支座的特征是在支承处被支承的结构物既可以绕铰中心转动，也可以沿支承面移动。可动铰支座的约束反力的方向总是垂直于支承面的，故可用一个作用点和作用线均为已知、而大小未知的力表示。其计算简图如图 2.20(b) 或 (c) 所示。

在严格的意义上，若可动铰支座只约束结构向下（或向上）的位移，所提供的约束力仅为向上（或向下）方向，则构成单面约束。若可动铰支座不仅约束结构向下的位移，也约束向上的位移，所提供的约束力可以是向上和向下的，则构成双面约束。在本书中，若没有特别提示，图 2.20(b) 和 (c) 所表示的约束都是双面的，这一点请读者注意。

(4) 光滑球形铰链

固连于构件端部的球体嵌入另一构件上的球窝内，如图 2.21(a) 所示，若接触面的摩擦可以忽略不计，则构成光滑球形铰链，简称**球铰**。例如某些汽车变速箱的操纵杆及机床上的工作灯就是用球铰支承的。与铰链相似，球铰提供的约束力是一个作用线通过球心，大小和方向都未知的三维空间矢量 $\boldsymbol{F}$，常用三个大小未知的正交分力 $\boldsymbol{F}_x$、$\boldsymbol{F}_y$ 和 $\boldsymbol{F}_z$ 来表示它，其简图和约束力如图 2.21(b) 所示。

(5) 链杆

两端用光滑铰链与其他构件连接且中间不受力的刚性轻杆（自重可忽略不计）称为**链杆**。工程中常见的拉杆或撑杆多为链杆约束，如图 2.22(a) 中的 AB 杆。由于链杆为二力杆，根据二力平衡定理，链杆的约束力必然沿其两端铰链中心的连线，如图 2.22(c) 所示。

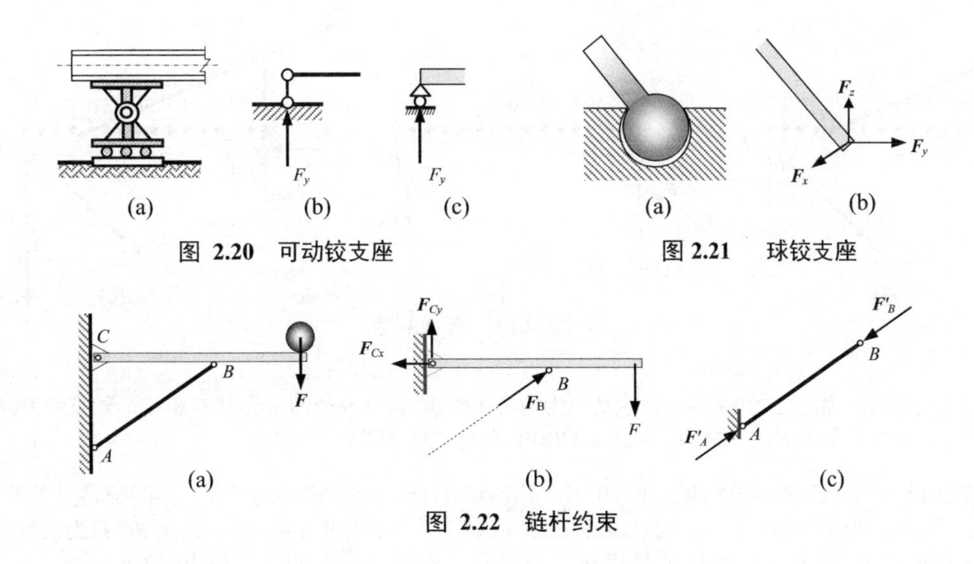

图 2.20 可动铰支座

图 2.21 球铰支座

图 2.22 链杆约束

2.4 受力图

研究静力学问题时，根据问题的不同要求，首先要选取适当的研究对象。为了弄清它的受力情况，不仅要明确它所受的主动力，而且还必须把它从周围的物体中分离出来，将周围物体对它的作用用相应的约束力来代替。这个过程就是物体的受力分析。受力分析是力学所特有的研究方法，是解决许多力学问题的重要的基础性步骤。

被选取作为研究对象，并已解除约束的物体称为**分离体**（isolated body），亦称脱离体。当研究对象包括几个物体组成的系统时，解除约束是指解除周围物体对系统的全部约束，但不包括系统内部各个物体相互之间的联系和约束。具有分离体及其所受的全部主动力和约束力的图形称为受力图。画受力图的步骤如下：

① 根据问题的要求选取研究对象，画出分离体简图。

② 画出分离体所受的全部主动力，一般情况下不要对已知载荷用等效力系代换。

③ 在分离体上每一解除约束的地方，根据约束的类型逐一画出约束力。

当选取由几个物体所组成的系统作为研究对象时，系统内部的物体之间的相互作用力，以及物体内部的作用力统称为**内力**（internal force），系统之外的物体对系统内部的物体的作用力称为**外力**（external force）。应当注意，外力和内力是相对的概念，是对一定的考察对象而言的，例如图 2.22 所示结构中，在铰 *B* 处梁和撑杆相互作用力，对结构的整体来说，就是内力，而对梁或撑杆来说，就成为外力了。根据作用与反作用定律，内力总是成对出现，且彼此等值、反向、共线。因此内力系是作用在系统内的一个平衡力系，去掉它并不改变原力系对整个系统的作用。因此，在画受力图时不必画出内力。

对研究对象进行受力分析看似简单，但它却是研究力学问题的关键步骤之一。只有准确地掌握了基本概念，才有可能正确地进行受力分析。对此，初学者一定要予以足够的重视。

【例 2.3】 图 2.23(a) 所示的结构为一提升重物的装置，试画出 *AB* 梁和整体的受力图。

解：结构包含了梁、拉杆和滑轮三个构件。除了 *A* 处之外，其他构件对 *AB* 梁的作用也视为约束，这样 *AB* 梁的主动力只有均布载荷 *q*。注意一般不要将均布载荷 *q* 简化为一个集中力。在 *A*、*B* 和 *D* 处解除约束，*A* 处为铰链约束，其约束力方向未定，一般可以将其分解为水平分量 $\boldsymbol{F}_{Ax}$ 和竖直分量 $\boldsymbol{F}_{Ay}$ 。*B* 处也为铰链约束，其约束力可记为 $\boldsymbol{F}_{Bx}$ 、 $\boldsymbol{F}_{By}$ 。*D* 处为链杆约束，其约束力为 $\boldsymbol{F}_{D}$ ，其方向是确定的，即沿着 *CD* 杆的方向，如图 2.23(b) 所示。

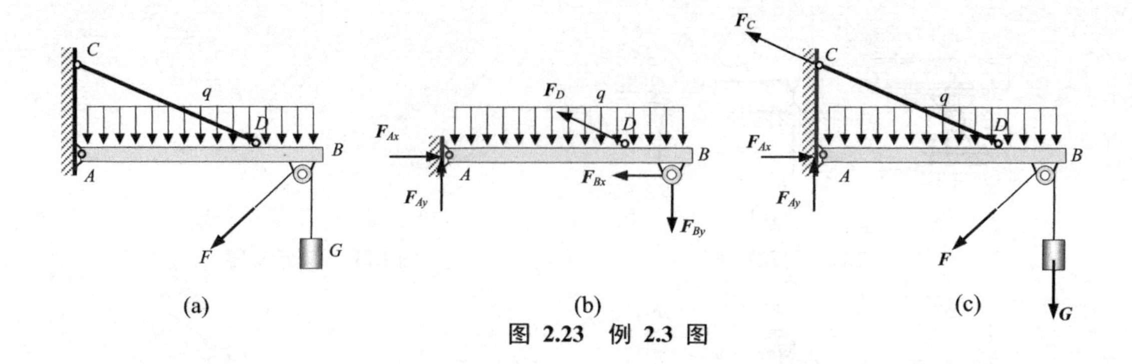

图 2.23 例 2.3 图

对于整个结构，如图 2.23(c) 所示，主动力为均布载荷 q，以及 B 处的吊装力 $\boldsymbol{F}$ 和 $\boldsymbol{G}$。约束力为 A 处的 $\boldsymbol{F}_{Ax}$、$\boldsymbol{F}_{Ay}$，以及 C 处的 $\boldsymbol{F}_C$，注意 $\boldsymbol{F}_C$ 与图 2.23(b)中的 $\boldsymbol{F}_D$ 大小相等。

【例 2.4】 三铰拱结构简图如图 2.24(a) 所示，不计拱的自重。试分别作出右半拱、左半拱和整体的受力图。

解： ① 由于拱的自重不计，右半拱仅在铰链 B 和 C 各受一个集中力的作用，因此 BC 拱为二力构件。根据二力平衡定理，约束力 $\boldsymbol{F}_B$ 和 $\boldsymbol{F}_C$ 沿连线 BC，且等值、反向、共线，如图 2. 24 (b) 所示。

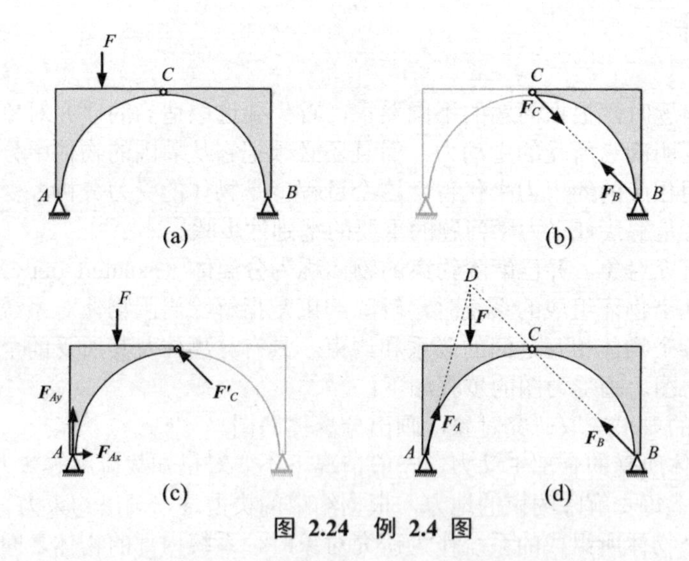

图 2.24 例 2.4 图

② 左半拱的主动力只有荷载 $\boldsymbol{F}$。在铰链 C 处作用有 $\boldsymbol{F}_C$ 的反作用力 $\boldsymbol{F}'_C$，根据作用和反作用定律，$\boldsymbol{F}_C$ 和 $\boldsymbol{F}'_C$ 是等值、反向、共线的。固定铰链支座 A 的约束力可用水平分力 $\boldsymbol{F}_{Ax}$ 和竖直分力 $\boldsymbol{F}_{Ay}$ 表示，如图 2. 24 (c) 所示。

③ 整体的受力图如图 2.24(d) 所示。对整个结构而言，在铰链 C 处两个半拱之间的相互作用力 $\boldsymbol{F}_C$ 和 $\boldsymbol{F}'_C$ 为内力，对系统的作用效果相互抵消，因此不必在受力图中画出。

此外，有时也可用三力平衡汇交定理来确定未知约束力的方向。如图 2.24(d) 所示，图中，固定铰链支座 A 的约束力 $\boldsymbol{F}_{Ax}$ 和 $\boldsymbol{F}_{Ay}$ 已经用其合力 $\boldsymbol{F}_A$ 来代替。当整个结构平衡时，$\boldsymbol{F}_A$ 的作用线必然要通过 $\boldsymbol{F}$ 和 $\boldsymbol{F}_B$ 的作用线的交点 D。但是，今后将会看到，在很多情况下这样做并不一定比将 $\boldsymbol{F}_A$ 表示成两个分力 $\boldsymbol{F}_{Ax}$ 和 $\boldsymbol{F}_{Ay}$ 来得方便。

【例 2.5】 组合梁如图 2.25(a) 所示，试分别画出梁 AB、BC 和整体的受力图。

解： 在画组合梁结构的受力图时，先画出约束较少的构件的受力图往往更方便。

梁 BC 的受力图如 2.25(b) 所示。梁 BC 的主动力只有均布荷载 q。其约束力出现在 B 处和 C 处，其中 B 处约束力用水平分力 $\boldsymbol{F}_{Bx}$ 和竖直分力 $\boldsymbol{F}_{By}$ 表示；注意 C 处的铰是可移动铰，约束力 $\boldsymbol{F}_C$ 与支承面垂直，即方向是确定的。

梁 AB 和整体的受力图分别如图 2.25(c) 和 (d) 所示。

从上面的例子可看出，画受力图时应注意如下的事项：

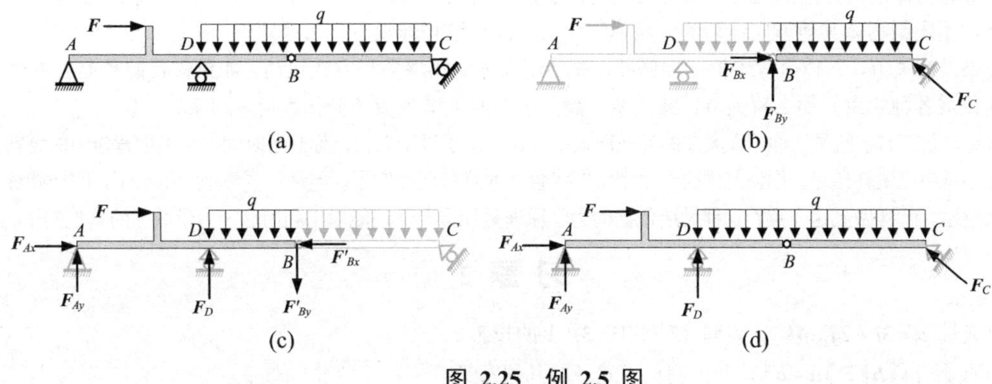

图 2.25　例 2.5 图

① 正确判断约束的形式，从而确定约束力的个数、方向和类型，解除约束与约束力一一对应；
② 正确判断出二力构件，一般应将其优先画出；
③ 作用力与反作用力配对；
④ 在画整个系统的受力图时，不要画出系统中构件与构件之间的内力；
⑤ 三力平衡可用也可不用。

思考题 2[1]

2.1　下面的说法正确吗？
(a) 力 $\boldsymbol{F}$ 在某轴上的投影为零，则该力一定为零。
(b) 力在平面上的投影是代数值。
(c) $\boldsymbol{F}_1$、$\boldsymbol{F}_2$ 在同一轴上的投影相等，则这两个力一定相等。
(d) 一个物体在两个力的作用下处于平衡的充分必要条件是这两个力等值、反向、共线。
(e) 若作用在刚体上的三个力的作用线汇交于一点，则该刚体必处于平衡状态。
(f) 若处于平衡状态的刚体只承受了三个力的作用，则此三力的作用线必定汇交于一点。
(g) 凡是受到两个力作用的刚体都是二力构件。
(h) 合力一定比分力大。
(i) 约束力的方向总是与约束所能阻止的被约束的物体运动方向一致的。
(j) 齿轮传动中，主动轮与从动轮在啮合点处的相互作用在匀速转动时是相等，在非匀速转动时就不相等了。
(k) 根据力的可传性原理，作用于物体中的力可以在其作用线上自由滑动而不会改变对物体的作用。

2.2　长度为 L 的细长梁一端固定且处于水平位置，其横截面是宽为 b、高为 h 的矩形。在下面两种情况下将主动力简化为沿梁的轴线的分布荷载 q：
(a) 梁的上顶面承受均匀的压力 p，不计自重；
(b) 只考虑自重，材料的密度为 ρ。

2.3　在二力平衡公理、力的平行四边形法则、作用与反作用定律、加减平衡力系原理这四个定律之中，哪些只适用于刚体？哪些只适用于平衡物体？哪些可用于一般的物体？

2.4　在画出分离体所受的全部主动力时，为什么一般不要对已知载荷用等效力系代换？

2.5　图示的楔形块不考虑自重，两者在光滑的平面相接触，两端分别作用有等值、反向、共线的两个力 $\boldsymbol{F}$。有人认为，既然两个块之间的作用构成平衡力系，在画受力图时就可以不画出来，这样这两个刚体就一定平衡。他的看法对吗？为什么？

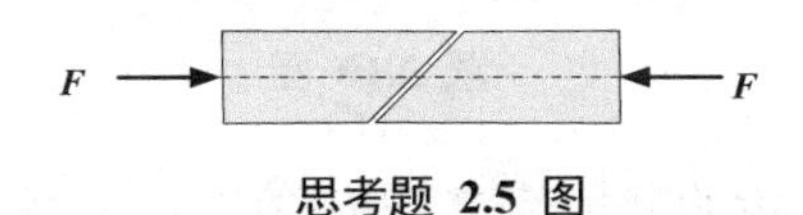

思考题 2.5 图

[1] 在本书各章的思考题和习题中所涉及到的各类杆件，只要未加说明，均指等截面杆，而且不考虑自重。

2.6 只限制物体任何方向的运动，而不限制物体转动的支座称为什么？只限制物体垂直于支承面方向的移动，不限制物体其他方向运动的支座称为什么？圆柱铰与球铰有什么区别？

2.7 如果没有关节，人体会像木板一样僵硬，关节使人体能实现多种方式运动。如果将我们身上各主要关节简化成各种约束，那么肩关节、膝关节、髋关节、肘关节各应该简化为何种约束？

2.8 试想你是一名宇航员，你正在太空站外面做太空行走。由于过于兴奋，你忘了时间，结果你背包中的燃料在不知不觉中已消耗殆尽。你将怎样回到太空站？尽管你的背包已经空了，但是只要你把它给扔了，照样能够回到太空站。怎样做到这一点？这样做所依据的力学原理是什么？你还能举出利用这一力学原理的其他例子吗？

习 题 2

2.1 求矢量 $\boldsymbol{a}=3\boldsymbol{i}+2\boldsymbol{j}-4\boldsymbol{k}$ 在方向 (2, −1, 3) 上的投影 s。

2.2 证明 $\|\boldsymbol{a}\|+\|\boldsymbol{b}\|\geqslant\|\boldsymbol{a}+\boldsymbol{b}\|$，并说明这一式子的几何意义。

2.3 平面由两个矢量 $\boldsymbol{a}=3\boldsymbol{i}-2\boldsymbol{j}+\boldsymbol{k}$ 和 $\boldsymbol{b}=\boldsymbol{i}-\boldsymbol{k}$ 所确定，求该平面的单位法线矢量 $\boldsymbol{n}$。

2.4 举例说明由 $\boldsymbol{F}_1\cdot\boldsymbol{r}=\boldsymbol{F}_2\cdot\boldsymbol{r}$，或者由 $\boldsymbol{F}_1\times\boldsymbol{r}=\boldsymbol{F}_2\times\boldsymbol{r}$，不能断定 $\boldsymbol{F}_1=\boldsymbol{F}_2$。

2.5 已知力在直角坐标系中的解析式为 $\boldsymbol{F}=(3\boldsymbol{i}+4\boldsymbol{j}-5\boldsymbol{k})\,\text{kN}$，试求这个力的大小和方向。

2.6 如题图所示，圆柱轴线在 z 轴上，力 $\boldsymbol{F}$ 的作用点 A 位于圆柱的横截面上，且沿着横截面的半径方向。若已知力 $\boldsymbol{F}$ 与平面 Oxz 的夹角为 φ，试求力 $\boldsymbol{F}$ 的方向余弦。

2.7 如题图所示，球体的大圆弧线 BC 与 z 轴构成与 x 轴成夹角 φ 的平面。力 $\boldsymbol{F}$ 的作用点 A 位于这个平面内，而且力 $\boldsymbol{F}$ 沿着球体的半径方向。若 OA 与 z 轴的夹角为 θ，试用 φ 和 θ 表示力 $\boldsymbol{F}$ 的方向余弦。

2.8 单位矢量分别为 $\boldsymbol{e}_1$ 和 $\boldsymbol{e}_2$ 的两相交轴的夹角为 θ，$\boldsymbol{e}_1$ 和 $\boldsymbol{e}_2$ 均在 Oxy 平面中，其中，$\boldsymbol{e}_1=\boldsymbol{i}$，处于两轴所在平面内的力 $\boldsymbol{F}$ 在这两轴上的投影分别为 F_1 和 F_2，试求力 $\boldsymbol{F}$ 在以 $\boldsymbol{e}_1$ 和 $\boldsymbol{e}_2$ 为基矢量的坐标系中的矢量表达式。

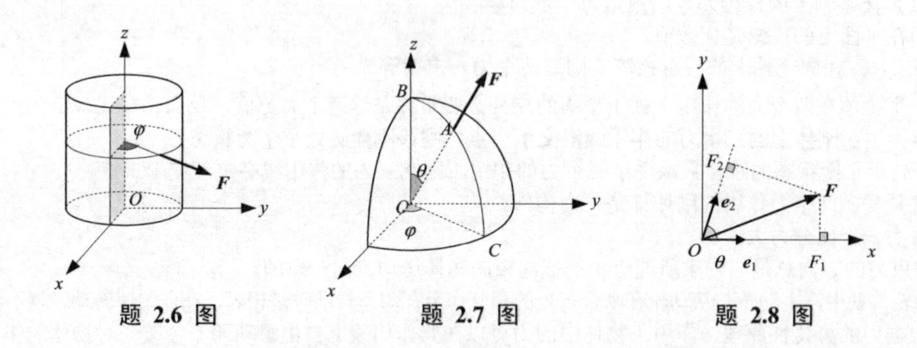

题 2.6 图　　题 2.7 图　　题 2.8 图

2.9 试证明三力平衡汇交定理：刚体受不平行三力作用而平衡时，此三力的作用线必汇交于一点（提示：首先证明此三力共面）。

2.10 试画出下列图示物体的受力图，不考虑摩擦。

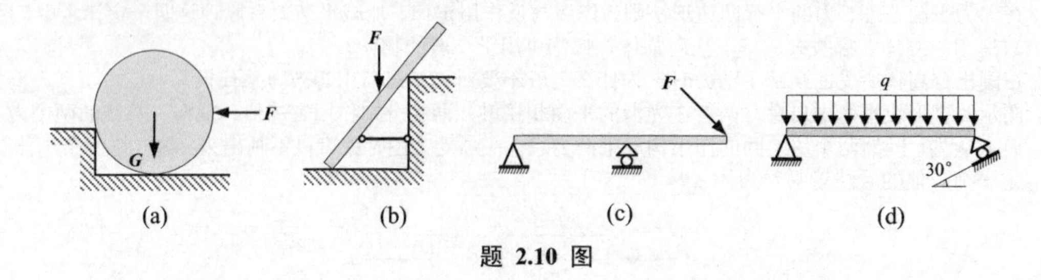

题 2.10 图

2.11 不考虑摩擦，试画出下列图示结构中指定构件或结构的受力图，其中：

(a) 杆 AB，构件 BCD；　　(b) 两圆柱；

(c) 杆 AB、DH；　　(d) 杆 AB、AC；

(e) 杆 OA、BD 和整体；　(f) 两圆柱；
(g) 杆 OA、AB 和滑块 B；　(h) 梁 AC、BC 和整体；
(i) 杆 AB、滑轮 C 和整体；　(j) 杆 OA、AB (含滑块)；
(k) 构件 AB、CD 和整体；　(l) 杆 AC、BC 和整体；
(m) 杆 AC、BC、DE；　(n) 刚架 AB、CD、DE 和整体。

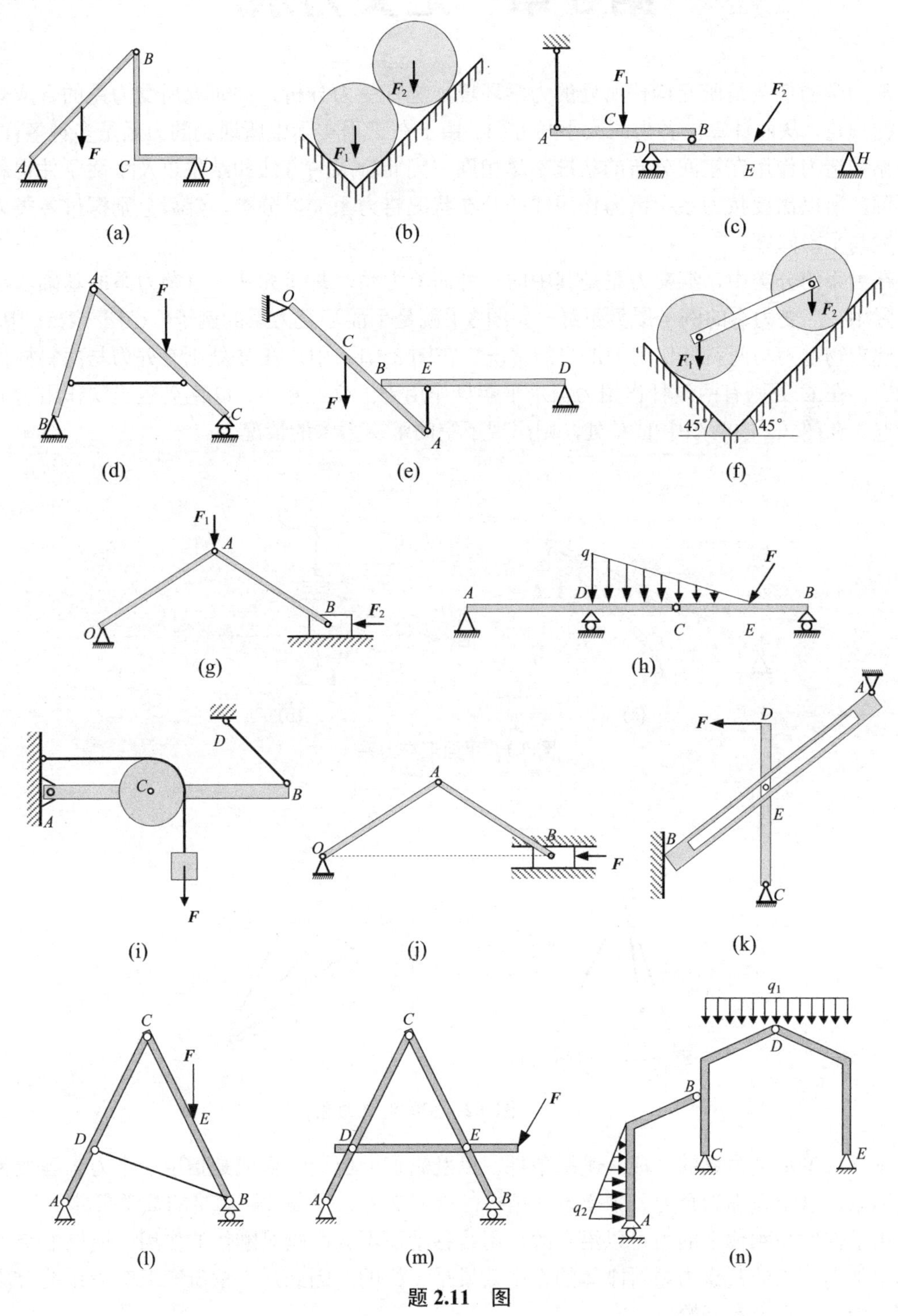

题 2.11　图

第3章　汇交力系

静力学的任务是研究构件所处的力学环境，进行受力分析，并研究所受力系的合成规律与平衡理论，从而计算出各力的大小与方向。由于在工程实际中所遇到的力系是多种多样的，而力系中诸力作用在空间分布的状况不尽相同，因此合成的方法和结果以及平衡条件也就有所不同，所以需要按力系中诸力作用线的分布状况将力系加以分类，然后分别探讨各类力系的合成与平衡问题。

在力系的分类中，汇交力系是其中的一种简单力系，是研究其他复杂力系的基础。在工程实际中，汇交力系的例子屡见不鲜。如图 3.1 就是平面汇交力系的例子。在图 3.1(a) 中，B 处出现重物重力与两斜杆作用力汇交的情况。在图 3.1(b) 中，在 A 处则有外力与两斜杆作用力汇交，在 C 处则有两斜杆作用力与水平螺杆作用力汇交。在 B、O 两处也出现作用力汇交的情况。在图 3.2 的两图中的 K 处，则出现了空间汇交力系的情况。

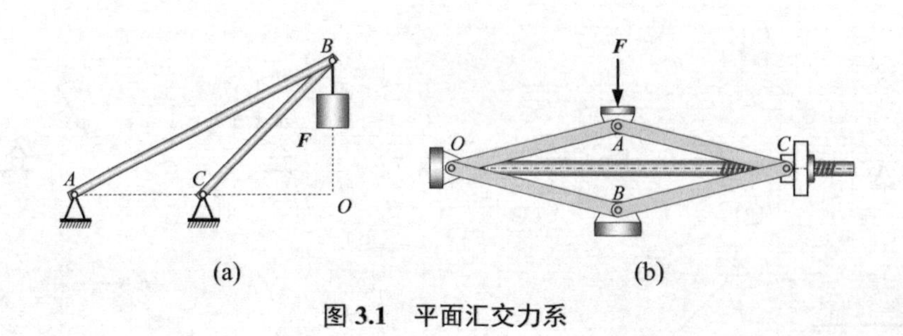

(a)　　(b)

图 3.1　平面汇交力系

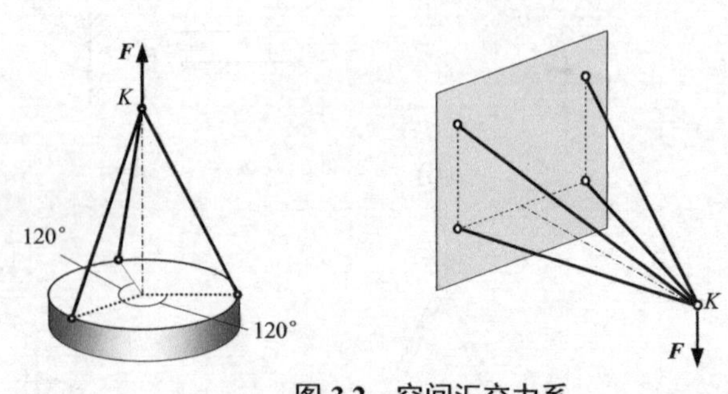

图 3.2　空间汇交力系

本章讨论汇交力系的合成、平衡条件，以及它们的应用。合成是指用一个力来等效替换汇交力系，这个力称为合力。平衡条件是指讨论汇交力系平衡时应满足的数学条件。

由于作用在刚体上的力可以沿它的作用线移动而不会影响对刚体的作用，所以汇交力系与作用于同一点的共点力系对刚体的作用效果是一样的。因此，本章研究汇交力系的合成与平衡，均从共点力系开始。

3.1 汇交力系的简化与合成

3.1.1 汇交力系合成的几何法

若刚体承受汇交力系（$\boldsymbol{F}_1, \boldsymbol{F}_2, \cdots, \boldsymbol{F}_n$）的作用，为了求出这个力系的合力，可以用矢量的平行四边形法则先求出 $\boldsymbol{F}_1$ 和 $\boldsymbol{F}_2$ 的合力，再求出这个合力与 $\boldsymbol{F}_3$ 的合力。将这样的过程一直进行到合力包含了力系中所有的力为止。可以看出，最后简化的结果为一个通过汇交点的合力，将这个合力记为 $\boldsymbol{F}_{\mathrm{R}}$，并有

$$\boldsymbol{F}_{\mathrm{R}} = \sum_{i=1}^{n} \boldsymbol{F}_i \tag{3.1}$$

上述力的平行四边形法则的一系列使用可以用更简便的多边形法则来代替。力的多边形法则的过程如下：先将力系中的各力在图形中用矢量表示出来，然后将各个矢量首尾相接。最后，将第一个力矢量的起点与最后一个力矢量的终点用一个矢量连接起来，使这个力的多边形封闭，如图 3.3 所示。最后的这个矢量就确定了合力的大小和方向。

在力多边形法则中，合力与各个力矢量的顺序无关。力多边形可从任意一个分力开始，因而力多边形的形状可以是不同的。如图 3.4(a) 所示的汇交力系中的四个分力，画力多边形时，可以依次取 $\boldsymbol{F}_1$、$\boldsymbol{F}_2$、$\boldsymbol{F}_3$、$\boldsymbol{F}_4$，如图 3.4(b) 所示。也可以依次取 $\boldsymbol{F}_2$、$\boldsymbol{F}_1$、$\boldsymbol{F}_4$、$\boldsymbol{F}_3$，如图 3.4(c) 所示。但是，最后所求得的合力 $\boldsymbol{F}_{\mathrm{R}}$ 应该是完全一样的。

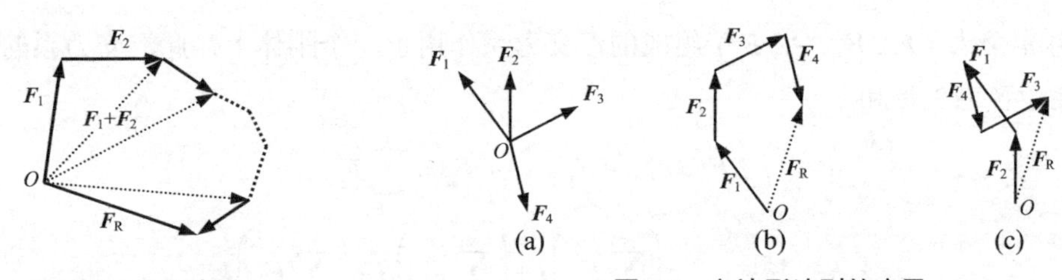

图 3.3 力多边形

图 3.4 多边形法则的应用

在作力多边形时应注意，当第二个力矢量的起点放到第一个力矢量的终点处时，这仅仅是一种几何作图方法，决不意味着将第二个力矢量平移并使第一个力矢量的终点处成为第二个力矢量的作用点。在汇交力系中，所有力都作用于汇交点 O；或者更准确地说，所有力的作用线都穿过汇交点 O。

从理论上讲，平面汇交力系合成所使用的力多边形法则对空间汇交力系也适用，但就实际应用而言，空间力系使用这一方法并不很方便。空间汇交力系采用下一小节所讲的解析法则更为合适。

【例 3.1】 如图 3.5(a) 中的固定板上，力 $\boldsymbol{F}_1$ 和 $\boldsymbol{F}_2$ 是通过牢固焊接在板上的拉杆作用在板上的，它们的方位如图所示。力 $\boldsymbol{F}_3$ 是通过圆柱销作用在板上的，而且其方位角 φ 是可以任意变动的。三个力汇交于圆柱销截面的圆心 O。三个力的大小均为 F。力 $\boldsymbol{F}_3$ 作用在什么方位上时，三个力的合力达到最大？这个最大的合力的数值为多大？

解：三个力的简化模型如图 3.5(b) 所示。由于力 $\boldsymbol{F}_1$ 和 $\boldsymbol{F}_2$ 的方向是固定的，因此可以先求出其合力。易于从图 3.5(c) 看出，它们的合力 $\boldsymbol{F}_{1+2}$ 与 x 轴的夹角为 15°，且有

$$F_{1+2} = \sqrt{2}F$$

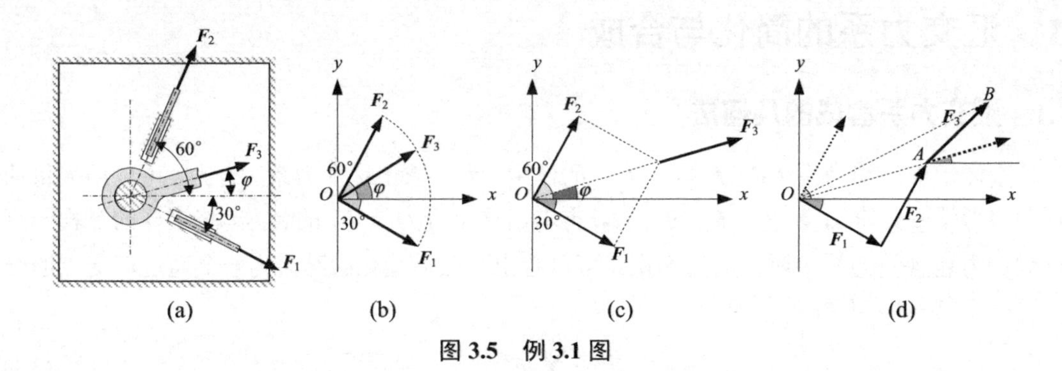

(a)　(b)　(c)　(d)

图 3.5　例 3.1 图

这样，如果力 $\boldsymbol{F}_3$ 与合力 $\boldsymbol{F}_{1+2}$ 同向，则可使三力的合力为最大。因此有

$$\varphi = 15^\circ$$

显然，三个力合力 $\boldsymbol{F}_{1+2+3}$ 的大小

$$F_{1+2+3} = (1+\sqrt{2})F$$

上面的结论也可由力的多边形法则导出。如图 3.5(d) 所示，三力合力取决于线段 $\overline{OB}$，而

$$\overline{OB} = \overline{OA} + \overline{AB}$$

式中，$\overline{OA}$ 是不可变动的。原则上，三角形 OAB 的两边 $\overline{OA}$ 和 $\overline{AB}$ 之和总是大于第三边 $\overline{OB}$ 的。但是，当 B 点位于 OA 的延长线上时，线段 $\overline{OB}$ 的长度等于 $\overline{OA}$ 和 $\overline{AB}$ 长度之和，此时 $\overline{OB}$ 为最长。这样即可得到与上面相同的结论。

3.1.2　汇交力系合成的解析法

设由 n 个力 $(\boldsymbol{F}_1, \boldsymbol{F}_2, \cdots, \boldsymbol{F}_n)$ 组成的汇交力系作用于一个刚体上，此汇交力系的合力 $\boldsymbol{F}_{\mathrm{R}}$ 等于力系中各力矢量和

$$\begin{aligned}\boldsymbol{F}_{\mathrm{R}} &= \boldsymbol{F}_1 + \boldsymbol{F}_2 + \cdots + \boldsymbol{F}_n = \sum_{i=1}^{n} \boldsymbol{F}_i \\ &= \left(\sum_{i=1}^{n} F_{xi}\right)\boldsymbol{i} + \left(\sum_{i=1}^{n} F_{yi}\right)\boldsymbol{j} + \left(\sum_{i=1}^{n} F_{zi}\right)\boldsymbol{k}\end{aligned} \tag{3.2}$$

合力 $\boldsymbol{F}_{\mathrm{R}}$ 的大小为

$$F_{\mathrm{R}} = \sqrt{F_{\mathrm{R}x}^2 + F_{\mathrm{R}y}^2 + F_{\mathrm{R}z}^2} \tag{3.3}$$

其中 $F_{\mathrm{R}x}$、$F_{\mathrm{R}y}$、$F_{\mathrm{R}z}$ 分别表示合力在 x、y、z 轴上的投影

$$F_{\mathrm{R}x} = \sum_{i=1}^{n} F_{xi}，\ F_{\mathrm{R}y} = \sum_{i=1}^{n} F_{yi}，\ F_{\mathrm{R}z} = \sum_{i=1}^{n} F_{zi}$$

合力 $\boldsymbol{F}_{\mathrm{R}}$ 与 x、y、z 轴的方向余弦分别为

$$\cos(\boldsymbol{F}_{\mathrm{R}}, \boldsymbol{i}) = \frac{F_{\mathrm{R}x}}{F_{\mathrm{R}}}，\ \cos(\boldsymbol{F}_{\mathrm{R}}, \boldsymbol{j}) = \frac{F_{\mathrm{R}y}}{F_{\mathrm{R}}}，\ \cos(\boldsymbol{F}_{\mathrm{R}}, \boldsymbol{k}) = \frac{F_{\mathrm{R}z}}{F_{\mathrm{R}}} \tag{3.4}$$

下面通过几个实例来说明上述一系列公式的应用。

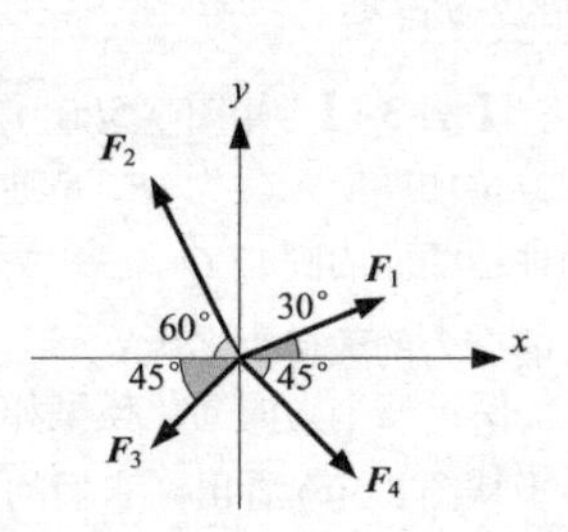

图 3.6　例 3.2 图

【例 3.2】 求如图 3.6 所示的平面共点力系的合力。其中：$F_1 = 200\ \mathrm{N}$，$F_2 = 300\ \mathrm{N}$，$F_3 = 100\ \mathrm{N}$，$F_4 = 250\ \mathrm{N}$。

解：根据合力投影定理，得合力在轴 x，y 上的投影分别为

$$F_{\mathrm{R}x} = F_1\cos30^\circ - F_2\cos60^\circ - F_3\cos45^\circ + F_4\cos45^\circ = 129.3\ \mathrm{N}$$

$$F_{\mathrm{R}y} = F_1\sin30^\circ - F_2\sin60^\circ - F_3\sin45^\circ + F_4\sin45^\circ = 112.3\ \mathrm{N}$$

合力的大小

$$F_{\mathrm{R}}=\sqrt{F_{\mathrm{R}x}^2+F_{\mathrm{R}y}^2}=171.3\ \mathrm{N}$$

合力与轴 x、y 夹角的方向余弦为

$$\cos\alpha=\frac{F_{\mathrm{R}x}}{F_{\mathrm{R}}}=0.7548，\quad \cos\beta=\frac{F_{\mathrm{R}y}}{F_{\mathrm{R}}}=0.6556$$

故有 $\alpha=41.0^\circ$，$\beta=49.0^\circ$。

【例 3.3】 如图 3.7(a) 的平板吊装时，由于结构的限制，吊装绳只能按图示尺寸布置。现已测得 OA 和 OD 中的拉力均为1000 N，且已知四绳中拉力的合力沿竖直方向，求吊绳 OB 和 OC 中的拉力以及四绳中拉力的合力。

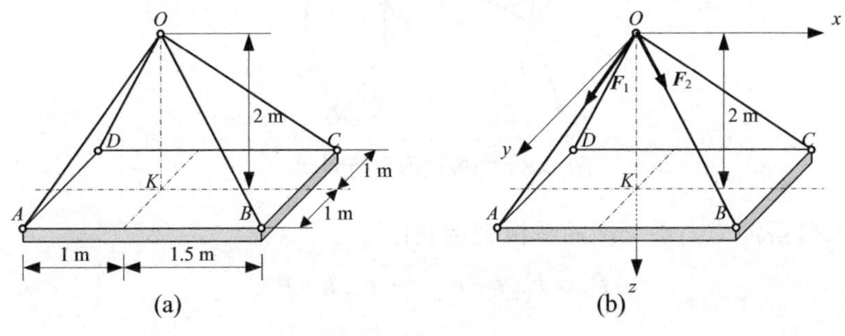

图 3.7 例 3.3 图

解： 建立如图 3.7(b) 所示的坐标系。根据图示几何尺寸和已知条件可知，四绳中的拉力关于平面 Oxz 对称，故 OB 和 OC 中的拉力相等。

显然，四绳中的拉力均沿着绳的方向。由图示几何尺寸可得（为简单起见，本题的长度单位取 m）

$$\overline{OA}=\overline{OD}=\sqrt{1^2+1^2+2^2}=2.449\ \mathrm{m}$$

$$\overline{OB}=\overline{OC}=\sqrt{1.5^2+1^2+2^2}=2.694\ \mathrm{m}$$

因此 O 点所承受的 OA 中拉力 $\boldsymbol{F}_1$ 的方向余弦

$$\cos\alpha_1=-\frac{1}{2.449}=-0.4083，\quad \cos\beta_1=\frac{1}{2.449}=0.4083，\quad \cos\gamma_1=\frac{2}{2.449}=0.8167$$

而 OB 中的拉力 $\boldsymbol{F}_2$ 的方向余弦

$$\cos\alpha_2=\frac{1.5}{2.694}=0.5568，\quad \cos\beta_2=\frac{1}{2.694}=0.3712，\quad \cos\gamma_2=\frac{2}{2.694}=0.7424$$

由于四绳中拉力的合力沿竖直方向，故四绳拉力的合力在 x 方向上和 y 方向上的分量均应为零。由于 OA 和 OD 中的拉力相等，OB 和 OC 中的拉力相等，故四绳拉力的 y 方向分量之和为零的条件已经满足。容易看出，要使四绳拉力的 x 方向分量之和为零，只需

$$F_1\cos\alpha_1+F_2\cos\alpha_2=0$$

故 OB 和 OC 中的拉力

$$F_2=-F_1\frac{\cos\alpha_1}{\cos\alpha_2}=1000\times\frac{0.4083}{0.5568}=733.3\ \mathrm{N}$$

四绳中拉力的合力

$$F=2(F_1\cos\gamma_1+F_2\cos\gamma_2)=2\times(1000\times0.8167+733.3\times0.7424)=2722.2\ \mathrm{N}$$

3.2 汇交力系的平衡条件

由于汇交力系可用其合力来代替，因此，汇交力系平衡的充分必要条件是力系的合力 $\boldsymbol{F}_{\mathrm{R}}$

等于零，即

$$F_R = \sum_{i=1}^{n} F_i = 0 \tag{3.5}$$

因此，当用力的多边形法则来处理汇交力系时，最终的合力应该是一个零矢量，这意味着，力多边形中最后一个力矢量的终点应回到第一个力矢量的起点。所以，汇交力系平衡的几何条件是**力多边形自行封闭**，如图 3.8 所示。

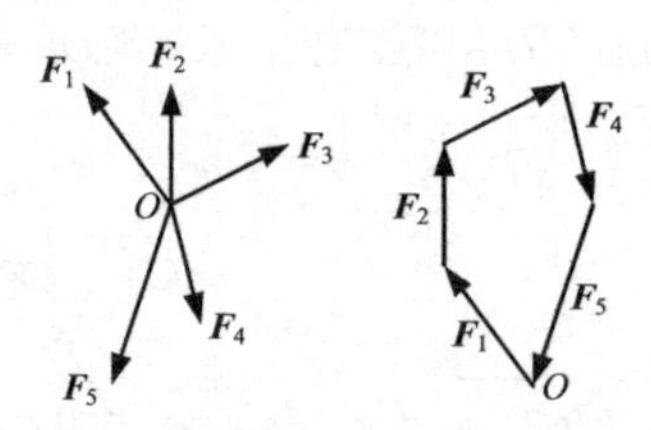

图 3.8 力多边形自行封闭

由式（3.5）可得汇交力系平衡的解析表达式：

$$\boldsymbol{F}_R = F_{Rx}\boldsymbol{i} + F_{Ry}\boldsymbol{j} + F_{Rz}\boldsymbol{k} = \boldsymbol{0} \tag{3.6}$$

$$F_{Rx} = \sum_{i=1}^{n} F_{ix} = 0, \quad F_{Ry} = \sum_{i=1}^{n} F_{iy} = 0, \quad F_{Rz} = \sum_{i=1}^{n} F_{iz} = 0 \tag{3.7}$$

由于直角坐标是正交坐标，因此，式（3.7）中的 3 个平衡方程是独立的。在空间汇交力系中，这 3 个平衡方程都将得到应用。平面汇交力系是空间汇交力系的特殊情况，只使用了式（3.7）中的 2 个平衡方程，在二维直角坐标系 (x, y) 下，它们是

$$F_{Rx} = \sum_{i=1}^{n} F_{ix} = 0, \quad F_{Ry} = \sum_{i=1}^{n} F_{iy} = 0 \tag{3.8}$$

求解平面汇交力系的平衡问题也可用图解法，即按比例先画出封闭的力多边形，然后量出所要求的未知量；在更多的情况下，可以根据图形的几何关系，用三角公式或其他数学公式计算出所要求的未知量。

【例 3.4】 图 3.9(a) 所示是汽车制动机构的一部分。司机踩到制动蹬上的力 $F = 212\text{ N}$，方向与水平面成α=45° 角。当平衡时，*AED* 处于铅直位置，*BEC* 处于水平位置。*B*、*C*、*D* 都是光滑铰链，机构的自重不计，试求拉杆 *BC* 所受的力。

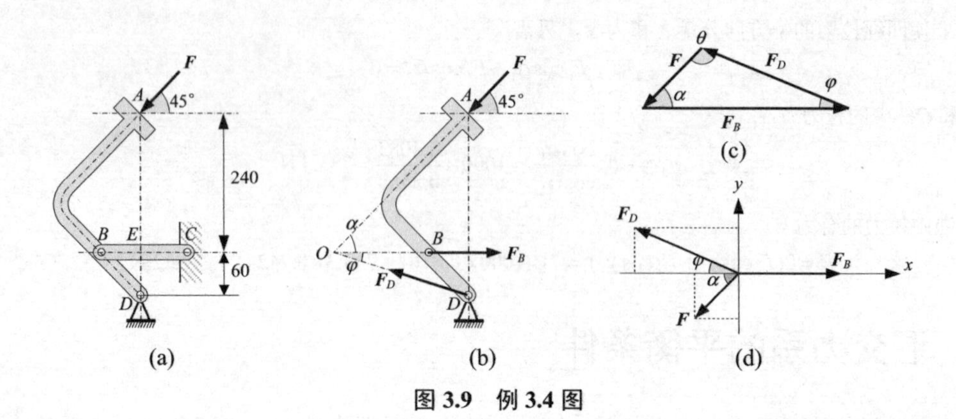

图 3.9 例 3.4 图

解：(1) 几何法

取制动蹬 ABD 作为研究对象。首先注意到水平杆 BC 为二力杆，因此水平杆对制动蹬的作用 $\boldsymbol{F}_B$ 必定沿着水平方向，并与外力 $\boldsymbol{F}$ 的作用线相交于 O 点。根据平衡条件可知，D 处约束力 $\boldsymbol{F}_D$ 的方向必定沿着 OD 方向，由此可画出受力图如图 3.9(b) 所示，其中 α 和 φ 分别为 $\boldsymbol{F}$ 和 $\boldsymbol{F}_D$ 的作用线与水平线的夹角。根据受力图可画出力的多边形（三角形）如图 3.9(c) 所示。

在力三角形中，$\alpha = 45^\circ$。由图 3.9(a) 和 (b) 可得

$$\tan\varphi = \frac{60}{240} = 0.25\text{，}\quad \text{故}\quad \varphi = 14.04^\circ$$

故

$$\theta = 180^\circ - 45^\circ - 14.04^\circ = 120.96^\circ$$

根据三角关系可得

$$F_B = \frac{\sin\theta}{\sin\varphi}F = \frac{\sin 120.96^\circ}{\sin 14.04^\circ} \times 212 = 749.4\ \text{N}$$

(2) 解析法

如图 3.9(d)，由坐标轴方向上的力平衡，有

$$\sum F_y = 0\text{，}\quad F_D \sin\varphi = F\sin\alpha$$

$$\sum F_x = 0\text{，}\quad F_B = F_D\cos\varphi + F\cos\alpha$$

可得

$$F_B = F(\sin\alpha\cot\varphi + \cos\alpha)$$

式中

$$\sin\alpha = \cos\alpha = \frac{\sqrt{2}}{2}\text{，}\quad \cot\varphi = \frac{240}{60} = 4$$

故有

$$F_B = 212 \times \frac{\sqrt{2}}{2} \times (1+4) = 749.5\ \text{N}$$

在上面的演算中，原则上应该是依次列出 x、y 方向上的平衡方程然后联立求解。但上面的过程中，先列出 y 方向的平衡方程，即可求出 F_D。再列出 x 方向的平衡方程，即可求出 F_B。在手算过程中，这样的计算方案更显简单。

【例 3.5】 利用铰车绕过无摩擦的定滑轮 B 的绳子吊起的货物重 G=20kN，滑轮由两端铰接的水平杆 AB 和斜杆 BC 支持于点 B，如图 3.10(a) 所示。不计铰车的自重及滑轮的尺寸，试求杆 AB 和 BC 所受的力。

解：取滑轮 B 轴销作为研究对象，由于不考虑滑轮的尺寸，可认为重物重力 $\boldsymbol{G}$，绳子拉力 $\boldsymbol{F}$（其数值等于 G），AB 杆拉力 $\boldsymbol{F}_A$，BC 杆压力 $\boldsymbol{F}_C$ 在 B 点处汇交，如图 3.10(b) 所示。

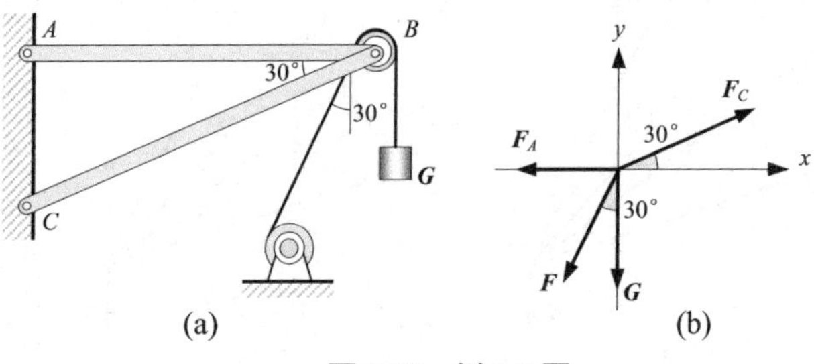

图 3.10 例 3.5 图

根据图 3.10(b) 可列出平衡方程并可解得：

$$\sum F_y = 0\text{，}\quad F_C\sin 30^\circ - G\cos 30^\circ - G = 0\text{，}\quad F_C = (2+\sqrt{3})G = 74.6\ \text{kN}$$

$$\sum F_x = 0\text{，}\quad F_C\cos 30^\circ - F_A - G\sin 30^\circ = 0\text{，}\quad F_A = (1+\sqrt{3})G = 54.6\ \text{kN}$$

【例 3.6】 两端光滑的均匀玻璃棒 AB 支在一个同样光滑的斜槽两边，斜槽 AC 边为竖直边，另一边 BC 与水平面成 $\theta = 30^\circ$ 的角度。如果玻璃棒的方位是任意的，则玻璃棒会顺着 AC 边或 BC 边滑倒。如果玻璃棒的方位恰当，则可以如图 3.11(a) 所示的那样静止不动。求玻璃棒静止时与水平线的夹角 φ。

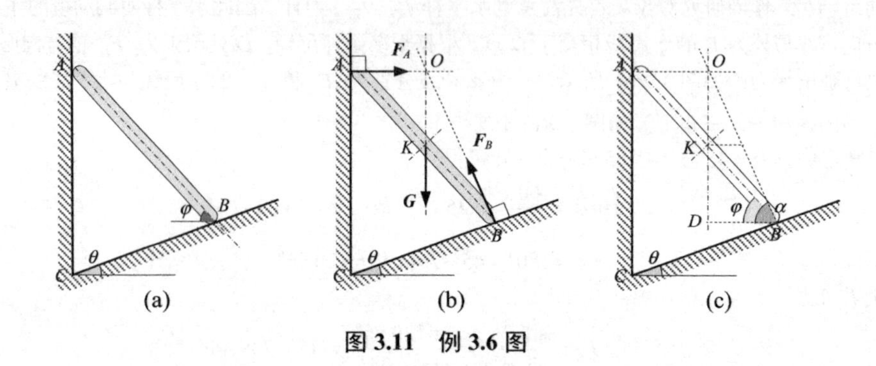

(a) (b) (c)

图 3.11 例 3.6 图

解：由于斜槽的两边都是光滑的，因此玻璃棒两端所受的约束力 $\boldsymbol{F}_A$ 和 $\boldsymbol{F}_B$ 分别垂直于 AC 和 BC。$\boldsymbol{F}_A$ 和 $\boldsymbol{F}_B$ 的作用线交于 O。此外，玻璃棒承受重力。在将玻璃棒视为刚体时，可将重力简化为通过其中点 K 的集中力 $\boldsymbol{G}$。如果重力 $\boldsymbol{G}$ 的作用线恰好也穿过 O 点，则玻璃棒处于平衡状态，如图 3.11(b) 所示；否则玻璃棒将滑倒。

考虑如图 3.11(c) 的几何图形。因为 $AK = KB$，故 $OK = KD$，故 $OD = 2KD$。可以看出，在直角三角形 ODB 中，$\alpha = 60^\circ$，故有

$$\overline{OD} = \overline{DB}\tan\alpha$$

同时，在直角三角形 KDB 中

$$\overline{KD} = \overline{DB}\tan\varphi$$

故有 $\tan\alpha = 2\tan\varphi$，即 $\varphi = \arctan\left(\dfrac{1}{2}\sqrt{3}\right) = 40.9^\circ$。

【例 3.7】 竖直墙平面上 A、B、C、D 处均为固定铰支座，且四个铰位于矩形的四个顶点。$\overline{AB} = \overline{CD} = 1\,\text{m}$ 且位于铅垂位置，$\overline{AC} = \overline{BD} = 2\,\text{m}$ 且位于水平位置。四根直杆一端分别在 A、B、C、D 处与墙面铰接，另一端一起铰接于 O 处。$\overline{OB} = \overline{OD} = 1.8\,\text{m}$，$\overline{AO} = \overline{CO}$，平面 OBD 位于水平位置。在 O 处悬挂有重物 $F = 50\,\text{kN}$，如图 3.12(a) 所示，试求各杆中的作用力。

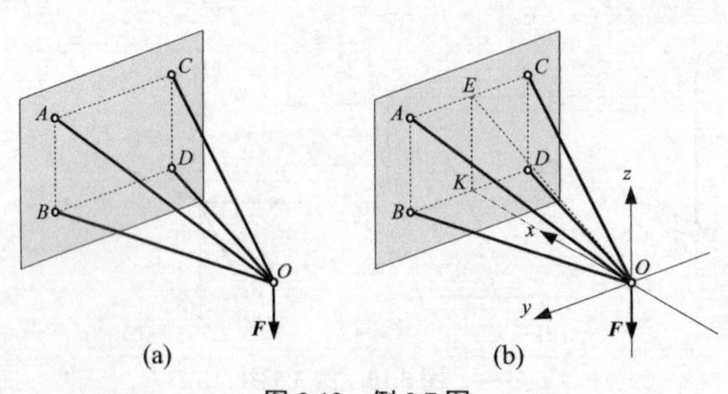

(a) (b)

图 3.12 例 3.7 图

解：① 建立如图 3.12(b) 所示的坐标系。可以看出，结构及受力均关于 Oxz 平面对称。显然，四根杆中的力都沿着杆长方向。从图 3.12(b) 中易得（为简单起见，本题的长度单位取 m，力取 kN）

$$\overline{OK} = \sqrt{\overline{OB}^2 - \overline{BK}^2} = 1.50\,\text{m}，\quad \overline{OA} = \sqrt{\overline{AB}^2 + \overline{OB}^2} = 2.06\,\text{m}$$

以铰 O 为研究对象，记 OA 和 OC 对 O 的拉力为 $\boldsymbol{F}_A$，则 OA 上拉力 $\boldsymbol{F}_A$ 的方向余弦

$$\cos\alpha_1 = \frac{\overline{OK}}{\overline{OA}} = \frac{1.50}{2.06}，\quad \cos\beta_1 = \frac{\overline{BK}}{\overline{OA}} = \frac{1}{2.06}，\quad \cos\gamma_1 = \frac{\overline{EK}}{\overline{OA}} = \frac{1}{2.06}$$

记 OB 和 OD 对 O 的拉力为 $\boldsymbol{F}_B$，则 OB 上拉力 $\boldsymbol{F}_B$ 的方向余弦

$$\cos\alpha_2 = \frac{\overline{OK}}{\overline{OB}} = \frac{1.50}{1.8}，\ \cos\beta_2 = \frac{\overline{BK}}{\overline{OB}} = \frac{1}{1.8}，\ \cos\gamma_2 = 0$$

② 建立平衡方程：

$$\sum F_z = 0，\ 2F_A\cos\gamma_1 - F = 0$$

可得
$$F_A = \frac{F}{2\cos\gamma_1} = \frac{2.06F}{2} = 51.5\ \text{kN}$$

$$\sum F_x = 0，\quad 2F_A\cos\alpha_1 + 2F_B\cos\alpha_2 = 0$$

可得
$$F_B = -F_A\frac{\cos\alpha_1}{\cos\alpha_2} = -\frac{F\cos\alpha_1}{2\cos\gamma_1\cos\alpha_2} = -\frac{F}{2}\times\frac{1.5}{2.06}\times\frac{2.06}{1}\times\frac{1.8}{1.5} = -45\ \text{kN}$$

负号表明 OB 杆为压力。

由此可得：OB 和 OD 承受压力 $45\ \text{kN}$，OC 和 OA 承受拉力 $51.5\ \text{kN}$。

思考题 3

3.1　题图所示的两个多边形意义相同吗？如果不同。它们各表示的是什么？

3.2　有人认为，如题图所示，力 $\boldsymbol{F}$ 往图中的 x 轴方向和 y' 轴分解，应该过矢量 $\boldsymbol{F}$ 的终点向 x 轴和 y' 轴作垂线，从而得到两个分力 $\boldsymbol{F}_1$ 和 $\boldsymbol{F}_2$，则有 $\boldsymbol{F}=\boldsymbol{F}_1+\boldsymbol{F}_2$。这样作对吗？如果不对，正确的分解方式是什么？由此，你能说出力在某个方向上的分量和力在这个方向上的投影之间的区别吗？

3.3　作用在刚体上的三个力构成的力三角形封闭，这个刚体平衡吗？为什么？

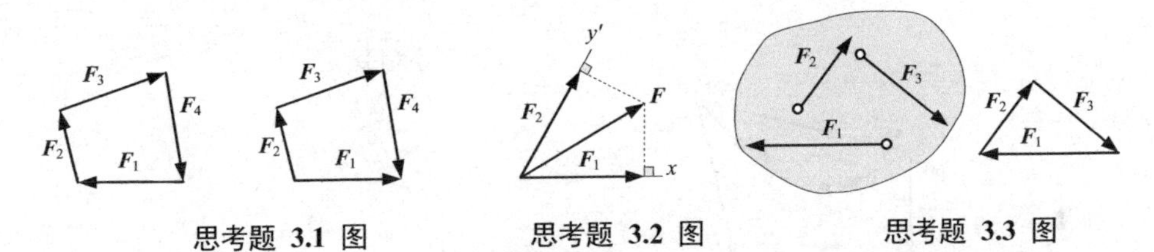

思考题 3.1 图　　思考题 3.2 图　　思考题 3.3 图

3.4　用解析法求平面汇交力系的合力时，若取不同的直角坐标轴，所求得的合力是否相同？

3.5　用解析法求解平面汇交力系的平衡问题时，x 与 y 两轴是否一定要相互垂直？当 x 与 y 不垂直时，建立的平衡方程 $\sum F_x = 0$，$\sum F_y = 0$ 能否认为是独立的平衡条件吗？为什么？

3.6　用解析法求解汇交力系的平衡问题时，有些什么方法使计算量更小？

习　题 3

3.1　铆接薄板在孔心 A、B 和 C 处受三力作用，如图所示。$F_1 = 100\ \text{N}$，沿铅垂方向；$F_3 = 50\ \text{N}$，沿水平方向，作用线通过点 A；$F_2 = 50\ \text{N}$，作用线也通过点 A，尺寸如图所示。求此力系的合力。

3.2　火箭沿与水平面成 $\beta = 25^\circ$ 角的方向作匀速直线运动，如图所示。火箭的推力 $F_1 = 100\ \text{kN}$，与运动方向成 $\theta = 5^\circ$ 角。如火箭重 $G = 200\ \text{kN}$，求空气动力 $\boldsymbol{F}_2$ 和它与飞行方向的交角 γ。

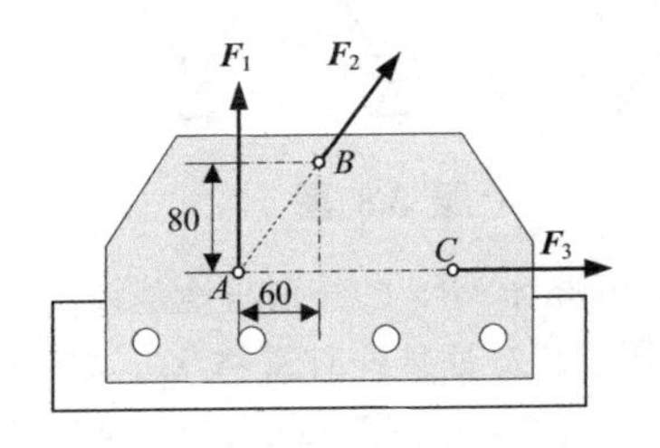

题 3.1 图

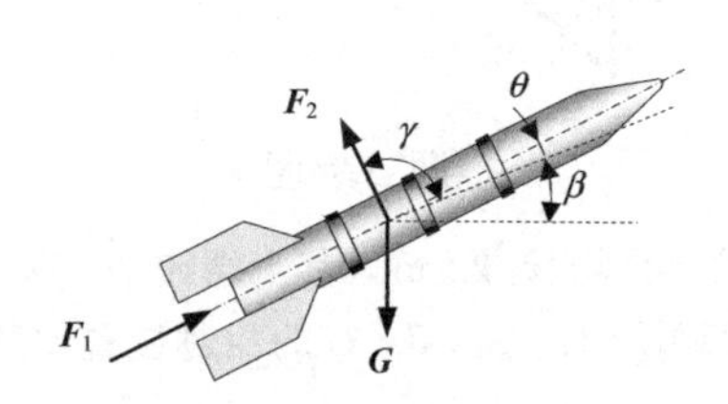

题 3.2 图

3.3 在题图所示刚架的点 B 作用一个水平力 $\boldsymbol{F}$，刚架重量略去不计。求支座 A、D 的约束力 $\boldsymbol{F}_A$ 和 $\boldsymbol{F}_D$。

3.4 题图为一个拔桩装置。在木桩的点 A 上系一绳，将绳的另一端固定在点 C，在绳的点 B 系另一绳 BE，将它的另一端固定在点 E。然后在绳的点 D 处用力向下拉，并使绳的 BD 段水平，AB 段铅直，DE 段与水平线、CB 段与铅直线间成等角 $\theta = 10^{\circ}$。如向下的拉力 $F = 800\ \text{N}$，求绳 AB 作用于桩上的拉力。

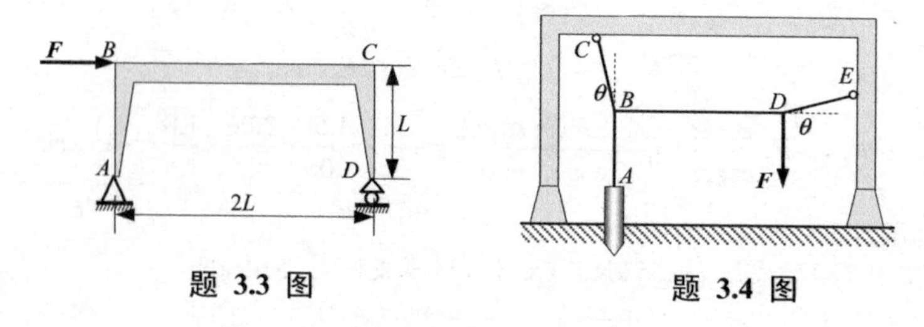

题 3.3 图　　题 3.4 图

3.5 铰链四杆机构 $CABD$ 的 CD 边固定，在铰链 A、B 处有力 $\boldsymbol{F}_1$、$\boldsymbol{F}_2$ 作用，如题图所示。该机构在图示位置平衡，杆重略去不计。求力 $\boldsymbol{F}_1$ 和力 $\boldsymbol{F}_2$ 的关系。

3.6 支架由杆件 AB、CD 用销钉 O 铰接而成。现将支架对称地置于倾角为 β 的斜面上，支起重量为 G 的圆柱，如题图所示。已知圆柱与构件接触点到 O 点的距离 $\overline{EO} = \overline{FO} = \dfrac{1}{2}\overline{AO} = \dfrac{1}{2}\overline{CO}$，各构件的自重和各接触处的摩擦忽略不计，求平衡时斜面的倾角 β 与支架两杆件间夹角 2α 的关系。

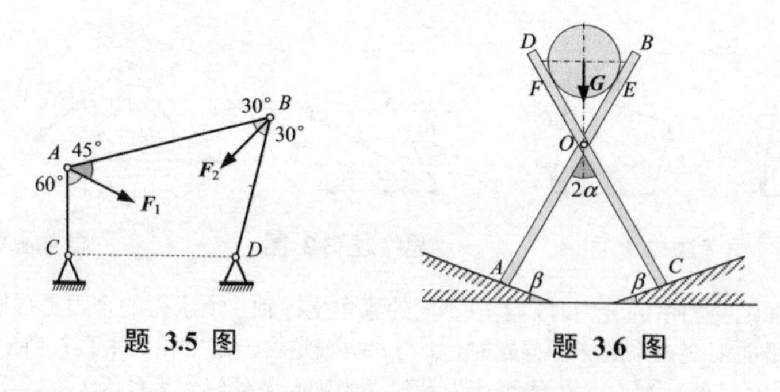

题 3.5 图　　题 3.6 图

3.7 支架的横梁 AB 与斜杆 DC 彼此以铰链 C 相连接，并各以铰链 A、D 连接于铅直墙上。如题图所示。已知 $AC = CB$；杆 DC 与水平线成 45° 角；荷载 $F = 10\ \text{kN}$，作用于 B 处。求铰链 A 的约束力和杆 DC 所受的力。

3.8 5 根杆件组成的结构在 A、B 点受力，且 CA 平行于 DB，$\overline{DB} = \overline{BE} = \overline{DE} = \overline{CA}$，如题图所示。$F = 20\ \text{kN}$，$P = 12\ \text{kN}$。求 BE 杆的受力。

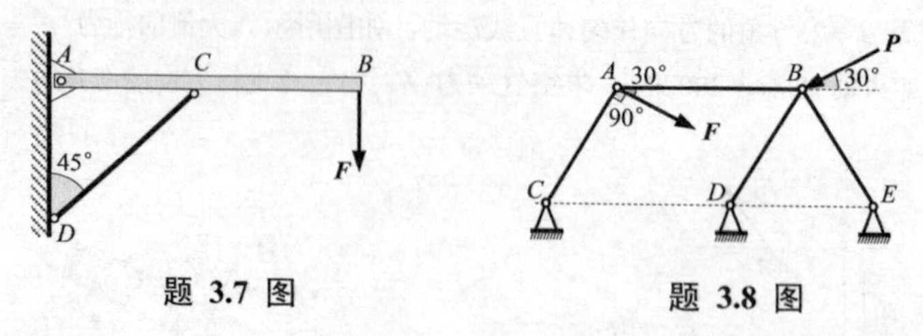

题 3.7 图　　题 3.8 图

3.9 题图所示的三杆均长 2.5 m，其上端铰结于 K 处，下端 A、B、C 分别与地基铰接，且分布在半径 $r = 1.5\ \text{m}$ 的圆周上，A、B、C 的相对位置如题图所示。K 处悬挂有重物 $G = 20\ \text{kN}$，试求各杆中所受的力。

3.10 竖直立桩下端固定，上部于 A 处由三根钢绳拉紧。钢绳 AB、AC、AD 与地平面的夹角分别为 45°、60°、30°。C 位于 y 轴上，D 位于 x 轴上，OB 与 x 轴的夹角为 60°，如题图所示。若已知 AB、AC、AD 与的拉力分别为 8 kN、6 kN、4 kN，试求 A 点处所受的三绳拉力合力的大小和方向。

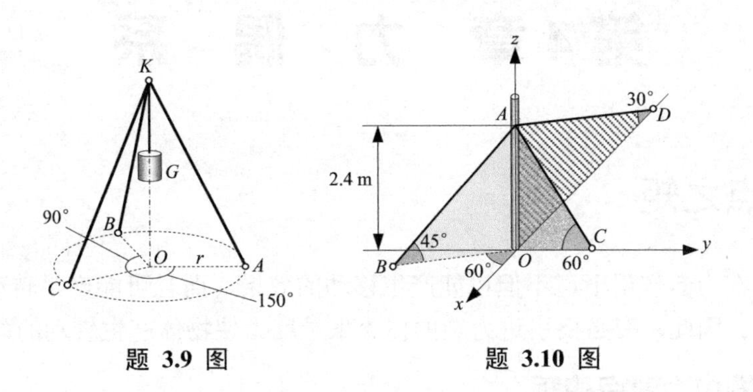

题 3.9 图　　题 3.10 图

第4章 力 偶 系

4.1 力对点之矩

静止的刚体在力的作用下，不但可能产生移动的效果，而且可能产生转动的效果，或同时产生两种效果。因此，有必要引进力矩的概念来量度力使物体产生转动的效应。

4.1.1 平面问题中力对点的矩

在平面中，若某点 O 与力 $\boldsymbol{F}$ 作用线之间的垂直距离为 h，如图 4.1 所示，则 F 与 h 的乘积称为力对点 O 的矩，简称为**力矩**（moment of a force），用符号 $m_O(F)$ 表示。O 点称为**矩心**（center of moment），h 称为**力臂**（moment arm）。力矩用来衡量力 $\boldsymbol{F}$ 使物体绕矩心转动的效应。

在平面问题中，力 F 对点 O 的矩可表示为

$$m_O(F) = \pm Fh \tag{4.1}$$

人们约定，使物体产生逆时针转动（或转动趋势）的力矩为正，如图 4.1(a) 所示，上式右端取正号；使物体产生顺时针转动（或转动趋势）的力矩为负，如图 4.1(b) 所示，上式右端取负号。

力矩的单位在国际单位制（SI）中为牛顿·米（N·m）。

4.1.2 空间问题中力对点的矩

(1) 力对点的矩的概念

如图 4.2 所示，杆 OA 可绕固定点 O 在空间自由转动。当杆的 A 端受到力 $\boldsymbol{F}$ 作用时，原来处于静止的杆将产生绕 ON 的转动，ON 是由 O 点与力 $\boldsymbol{F}$ 的作用线所确定的平面在点 O 处的法线。转动效应的大小不仅与力 $\boldsymbol{F}$ 的大小有关，而且也与 O 点到 $\boldsymbol{F}$ 的作用线的距离有关。

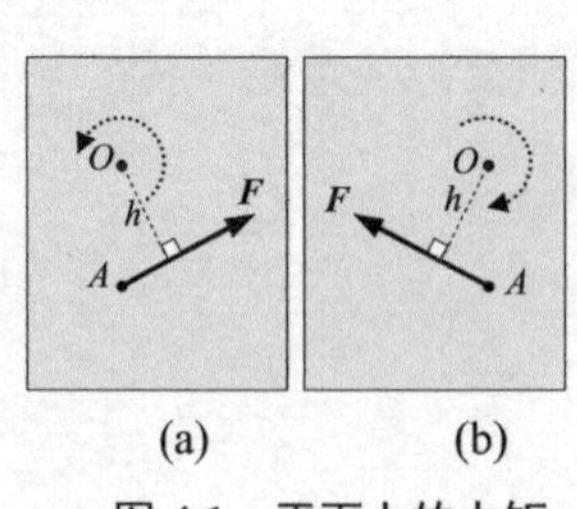

图 4.1 平面上的力矩

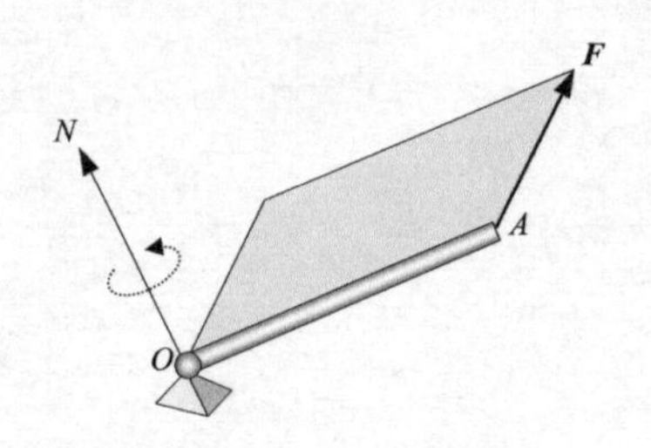

图 4.2 杆件的转动

一般地，如图 4.3 所示，作用于刚体的力 $\boldsymbol{F}$ 对空间任意一点 O 的力矩定义为

$$\boldsymbol{M}_O(\boldsymbol{F}) = \boldsymbol{r} \times \boldsymbol{F} \tag{4.2}$$

式中，O 点为矩心，$\boldsymbol{r}$ 为矩心 O 引向力 $\boldsymbol{F}$ 的作用点 A 的矢径，这样，力对点的矩就定义为矩心到该力作用点的矢径与力矢量的叉积。

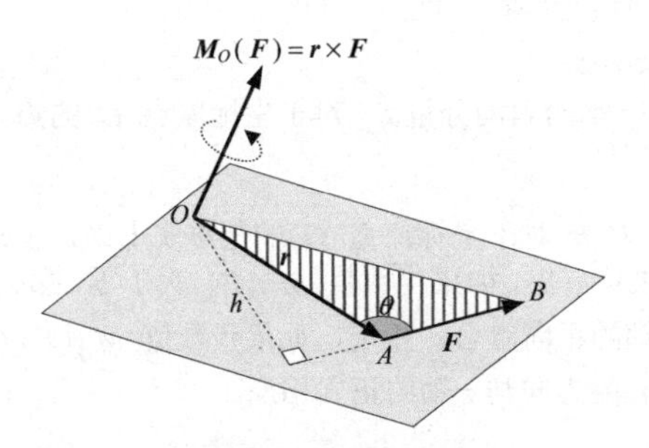

图 4.3　力对点的矩

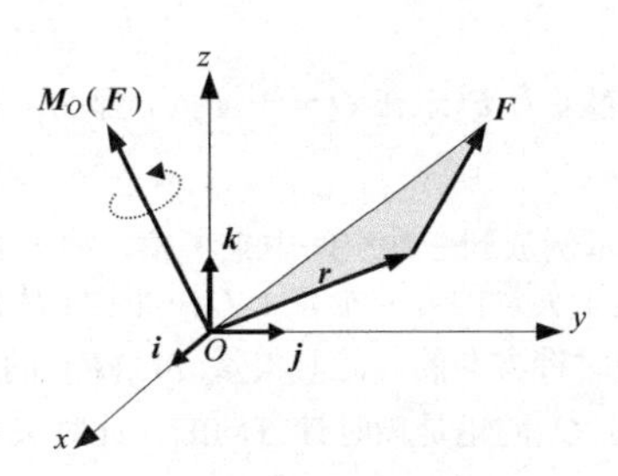

图 4.4　直角坐标中力对点的矩

$\boldsymbol{M}_O(\boldsymbol{F})$通常被看作为一个定位矢量，习惯上总是将它的起点画在矩心O处。力矩矢量的三要素为大小、方向和矩心。$\boldsymbol{M}_O(\boldsymbol{F})$的大小即它的模

$$\|\boldsymbol{M}_O(\boldsymbol{F})\|=\|\boldsymbol{r}\times\boldsymbol{F}\|=Fr\sin\theta=Fh \tag{4.3}$$

式中，$\theta\,(0\leqslant\theta\leqslant\pi)$为$\boldsymbol{r}$和$\boldsymbol{F}$正方向间的夹角，$h$为矩心到力作用线的垂直距离，即力臂。显然，$\boldsymbol{M}_O(\boldsymbol{F})$的大小等于图4.3中三角形$OAB$面积的两倍。$\boldsymbol{M}_O(\boldsymbol{F})$的方向垂直于$\boldsymbol{r}$和$\boldsymbol{F}$所确定的平面，指向由右手定则确定，如图4.3所示。

(2) 力对点的矩在坐标轴上的投影

为了计算力矩矢在坐标轴上的投影，以矩心O为原点引进直角坐标系$Oxyz$，如图4.4所示。则有

$$\boldsymbol{F}=F_x\boldsymbol{i}+F_y\boldsymbol{j}+F_z\boldsymbol{k}$$
$$\boldsymbol{r}=x\boldsymbol{i}+y\boldsymbol{j}+z\boldsymbol{k}$$

于是

$$\boldsymbol{M}_O(\boldsymbol{F})=\boldsymbol{r}\times\boldsymbol{F}=\begin{vmatrix}\boldsymbol{i} & \boldsymbol{j} & \boldsymbol{k}\\ x & y & z\\ F_x & F_y & F_z\end{vmatrix}$$
$$=(yF_z-zF_y)\boldsymbol{i}+(zF_x-xF_z)\boldsymbol{j}+(xF_y-yF_x)\boldsymbol{k} \tag{4.4}$$

或写成

$$\boldsymbol{M}_O(\boldsymbol{F})=M_{Ox}(\boldsymbol{F})\boldsymbol{i}+M_{Oy}(\boldsymbol{F})\boldsymbol{j}+M_{Oz}(\boldsymbol{F})\boldsymbol{k} \tag{4.5}$$

其中力矩矢量$\boldsymbol{M}_O(\boldsymbol{F})$在三个坐标轴上的投影分别为

$$\left.\begin{aligned}M_{Ox}(F)&=yF_z-zF_y\\ M_{Oy}(F)&=zF_x-xF_z\\ M_{Oz}(F)&=xF_y-yF_x\end{aligned}\right\} \tag{4.6}$$

(3)力对点的矩的基本性质

① 力矩必须与矩心相对应，矩心位置不同，力矩也就随之而改变；

② 力对点之矩矢服从矢量的合成法则。假设有n个力矢量$\boldsymbol{F}_1$，$\boldsymbol{F}_2$，…，$\boldsymbol{F}_n$，它们对O点之矩的矢量和为

$$\boldsymbol{M}_O=\boldsymbol{M}_O(\boldsymbol{F}_1)+\boldsymbol{M}_O(\boldsymbol{F}_2)+\cdots+\boldsymbol{M}_O(\boldsymbol{F}_n) \tag{4.7}$$

【例 4.1】 如图4.5所示，在Oxy平面内，已知力$\boldsymbol{F}$的作用点A的坐标为x和y，试计算力$\boldsymbol{F}$对于坐标原点O的矩。

解： 因为力$\boldsymbol{F}$是在Oxy平面内，故有

$$M_O(\boldsymbol{F})=M_O(F_x)+M_O(F_y)=xF_y-yF_x$$
$$=Fx\sin\alpha-Fy\cos\alpha$$

显然，如果力 $\boldsymbol{F}$ 未在 Oxy 平面内，那么，力 $\boldsymbol{F}$ 在 Oxy 平面内的分量 $\boldsymbol{F}_{xy}$ 对于坐标原点 O 的矩与上述表达式相同。

如果把本例放到三维空间中来考察，根据式（4.2），力 $\boldsymbol{F}$ 对于坐标原点 O 的矩事实上确定了一个矢量 $\boldsymbol{M}_O(\boldsymbol{F})$，这个矢量的方向垂直于 Oxy 平面。从上面的结果可看出，如果代数值 $M_O(\boldsymbol{F})$ 大于零，那么力 $\boldsymbol{F}$ 对 O 的矩是逆时针方向的，此时矢量 $\boldsymbol{M}_O(\boldsymbol{F})$ 的方向与 z 轴的正向重合；相反，如果代数值 $M_O(\boldsymbol{F})$ 小于零，那么力 $\boldsymbol{F}$ 对 O 的矩是顺时针方向的，此时矢量 $\boldsymbol{M}_O(\boldsymbol{F})$ 的方向与 z 轴的正向相反。

【例 4.2】 如图 4.6 所示，长方体的上、下底面是边长为 $\sqrt{3}a$ 的正方形，长方体的高为 a，求图中所示的力 $\boldsymbol{F}$ 对顶点 O 之矩。

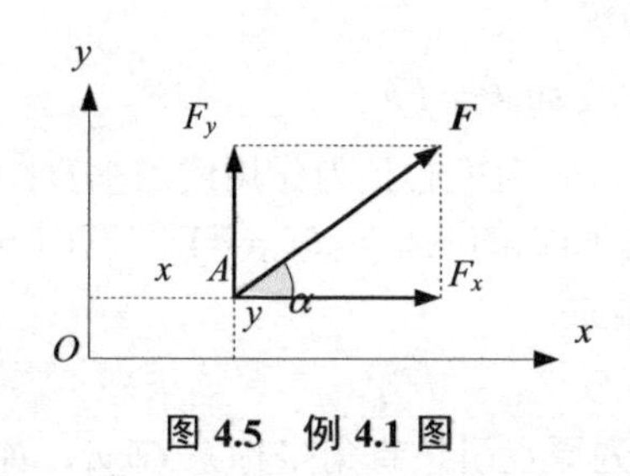

图 4.5 例 4.1 图

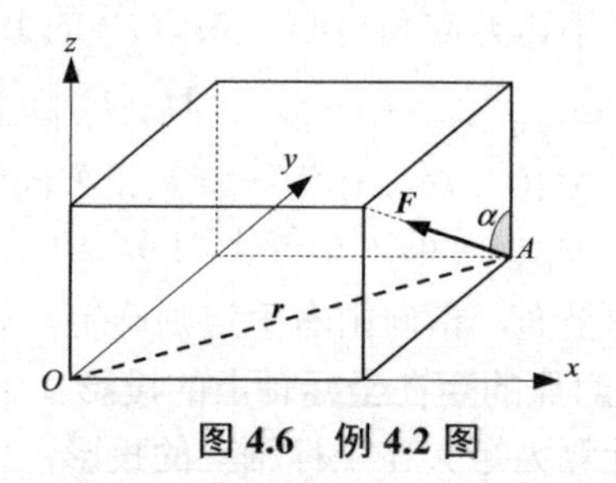

图 4.6 例 4.2 图

解： 以 O 为原点建立直角坐标系 $Oxyz$，如图所示，则 $\boldsymbol{F}$ 的作用点 A 的矢径为

$$\boldsymbol{r}=\sqrt{3}a(\boldsymbol{i}+\boldsymbol{j})$$

易知力 $\boldsymbol{F}$ 与 z 轴的夹角 $\alpha=60°$，故力 $\boldsymbol{F}$ 在坐标轴上的投影为

$$F_x=0\text{，}\quad F_y=-F\sin\alpha=-\frac{\sqrt{3}}{2}F\text{，}\quad F_z=F\cos\alpha=\frac{1}{2}F$$

故

$$\boldsymbol{F}=\frac{1}{2}F(-\sqrt{3}\boldsymbol{j}+\boldsymbol{k})$$

因此 $\boldsymbol{F}$ 对 O 点之矩为

$$\boldsymbol{M}_O(\boldsymbol{F})=\boldsymbol{r}\times\boldsymbol{F}=\begin{vmatrix}\boldsymbol{i} & \boldsymbol{j} & \boldsymbol{k}\\ \sqrt{3}a & \sqrt{3}a & 0\\ 0 & -\sqrt{3}F/2 & F/2\end{vmatrix}=\frac{\sqrt{3}}{2}Fa(\boldsymbol{i}-\boldsymbol{j}-\sqrt{3}\boldsymbol{k})$$

4.2 力对轴之矩

当人们为进入房间而推开房门时，门扇绕着一根竖直轴旋转。由此，可以引出力对轴之矩的概念，来一般地量度力对其所作用的刚体绕某固定轴转动的效应。

4.2.1 力对轴之矩的概念

设力 $\boldsymbol{F}$ 作用于可绕 z 轴转动的刚体上的 A 点，如图 4.7 所示。过 A 点且垂直于 z 轴的 xy 平面交 z 轴于 O 点，将 $\boldsymbol{F}$ 分解为平行于 z 轴的 $\boldsymbol{F}_z$ 和 Oxy 平面内的 $\boldsymbol{F}_{xy}$。由于 $\boldsymbol{F}_z$ 不会产生使刚体绕 z 轴转动的效应，于是可将力 $\boldsymbol{F}$ 对 z 轴的矩定义为

$$\boldsymbol{M}_z(\boldsymbol{F})=\boldsymbol{M}_O(\boldsymbol{F}_{xy})\tag{4.8}$$

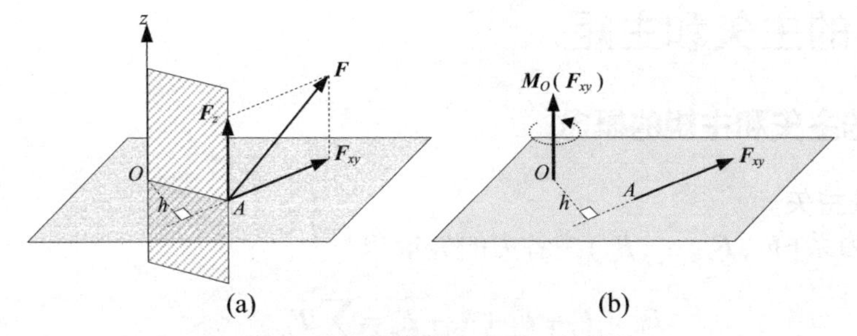

图 4.7 直角坐标中力对 z 轴的矩

这样，空间力对轴之矩归结为平面上的力对点之矩，即力 $\boldsymbol{F}$ 对任一轴 z 之矩，等于 $\boldsymbol{F}$ 在垂直于 z 轴的平面内的分量 $\boldsymbol{F}_{xy}$ 对该平面和 z 轴交点之矩。根据例 4.1 的结论，这个矩可表示为

$$\boldsymbol{M}_z(\boldsymbol{F})=\boldsymbol{M}_O(\boldsymbol{F}_{xy})=(xF_y-yF_x)\boldsymbol{k} \tag{4.9}$$

z 轴称为**矩轴**（axis of moment），在更一般的意义上，它可能不是刚体上的实际转轴，而可以是空间中任何一条设想的直线。容易看出，当力的作用线与 z 轴平行（$\boldsymbol{F}_{xy}=\boldsymbol{0}$）或相交（$h=0$）时，力对轴的矩等于零。总之，**当力与轴共面时，力对轴的矩等于零**。

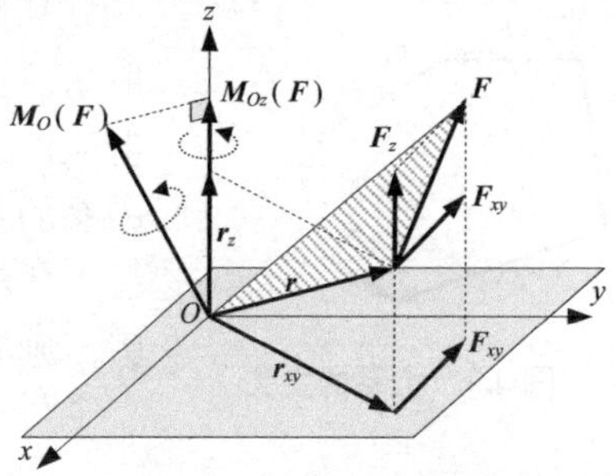

4.2.2 力对点之矩与力对轴之矩的关系

根据式（4.2），力 $\boldsymbol{F}$ 对空间某点 O 的力矩定义为

$$\boldsymbol{M}_O(\boldsymbol{F})=\boldsymbol{r}\times\boldsymbol{F}$$

图 4.8 力对直角坐标轴的矩

以 O 为原点建立直角坐标系 $Oxyz$。先考虑力 $\boldsymbol{F}$ 对 z 轴的矩。为此，将 $\boldsymbol{F}$ 分解为沿 z 轴方向的分量 $\boldsymbol{F}_z$ 和垂直于 z 轴方向的分量 $\boldsymbol{F}_{xy}$。同时，将矢径 $\boldsymbol{r}$ 也分解为 $\boldsymbol{r}_z$ 和 $\boldsymbol{r}_{xy}$，如图 4.8 所示。显然有

$$\boldsymbol{F}_{xy}=F_x\boldsymbol{i}+F_y\boldsymbol{j}, \qquad \boldsymbol{r}_{xy}=x\boldsymbol{i}+y\boldsymbol{j}$$

这样，根据上小节的结论，力 $\boldsymbol{F}$ 对 z 轴的矩

$$\boldsymbol{M}_z(\boldsymbol{F})=\boldsymbol{M}_O(\boldsymbol{F}_{xy})=(xF_y-yF_x)\boldsymbol{k} \tag{4.10}$$

易于看出，$\boldsymbol{M}_z(\boldsymbol{F})$ 与 $\boldsymbol{F}_z$ 和 $\boldsymbol{r}_z$ 无关。

将关于力 $\boldsymbol{F}$ 对 z 轴的矩的表达式（4.10）推广到 x 轴和 y 轴，即可得到

$$\left.\begin{aligned}\boldsymbol{M}_{Ox}(\boldsymbol{F})&=(yF_z-zF_y)\boldsymbol{i}\\ \boldsymbol{M}_{Oy}(\boldsymbol{F})&=(zF_x-xF_z)\boldsymbol{j}\\ \boldsymbol{M}_{Oz}(\boldsymbol{F})&=(xF_y-yF_x)\boldsymbol{k}\end{aligned}\right\} \tag{4.11}$$

将式（4.11）与式（4.6）相对照就可以得到如下的结论：力 $\boldsymbol{F}$ 对空间某点 O 的力矩在过 O 点的坐标轴上的投影等于力 $\boldsymbol{F}$ 对该轴的矩。

由于矩心 O 是可以任意选择的，因此可以把上述结论推广到更一般的情况，即：**力对任意轴之矩等于该力对轴上任一点之力矩矢在该轴上的投影。**

4.3 力系的主矢和主矩

4.3.1 力系的主矢和主矩的概念

(1) 力系的主矢

空间任意力系($\boldsymbol{F}_1, \boldsymbol{F}_2, \cdots, \boldsymbol{F}_n$)中各力的矢量和

$$\boldsymbol{F}_{\mathrm{R}}' = \boldsymbol{F}_1 + \boldsymbol{F}_2 + \cdots + \boldsymbol{F}_n = \sum_{i=1}^{n} \boldsymbol{F}_i \tag{4.12}$$

称为该力系的**主矢量**(principal vector),简称**主矢**。

需要注意,主矢 $\boldsymbol{F}_{\mathrm{R}}'$ 和合力 $\boldsymbol{F}_{\mathrm{R}}$ 是两个不同的概念。主矢只有大小和方向两个要素,不涉及作用点的问题,可以在任意点画出,故力系的主矢是一个**自由矢量**(free vector)。而合力有三要素,除了大小、方向之外,还必须指明其作用点。任何力系都有主矢,尽管它可能等于零。但今后我们将会看到,并不是任何力系都有合力。仅仅是在力系有合力的情况下,合力矢才等于该力系的主矢。

求解力系主矢的方法有几何法与解析法两种。

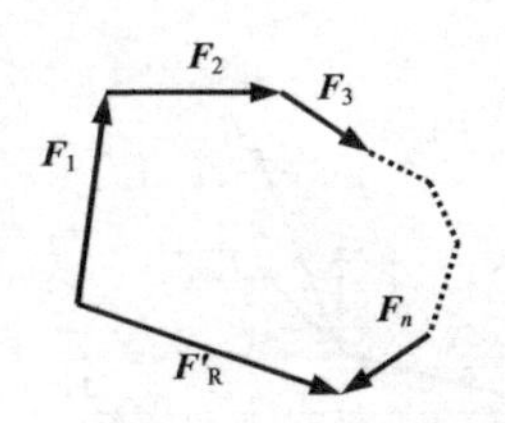

图 4.9 力系的主矢

几何法求力系的主矢,就是力的多边形法则的应用,如图 4.9 所示。虽然这一方法与汇交力系中求合力的力多边形法则相同,但应注意,汇交力系中合力的作用点就是诸力线的汇交点;而求力系的主矢时,没有作用点问题。

在用解析法求解力系的主矢时,将 $\boldsymbol{F}_{\mathrm{R}}'$ 和 $\boldsymbol{F}_i$ 分别向坐标轴投影,则有

$$\boldsymbol{F}_{\mathrm{R}}' = F_{\mathrm{R}x}\,\boldsymbol{i} + F_{\mathrm{R}y}\,\boldsymbol{j} + F_{\mathrm{R}z}\,\boldsymbol{k}, \quad \boldsymbol{F}_i = F_{ix}\,\boldsymbol{i} + F_{iy}\,\boldsymbol{j} + F_{iz}\,\boldsymbol{k}$$

将它们代入式(4.12)中,可以得到

$$F_{\mathrm{R}x}' = \sum F_{ix}, \quad F_{\mathrm{R}y}' = \sum F_{iy}, \quad F_{\mathrm{R}z}' = \sum F_{iz} \tag{4.13}$$

即**力系的主矢在坐标轴上的投影等于力系中各力在相应轴上投影的代数和**。这一方法与汇交力系中求合力的解析法相同。

主矢 $\boldsymbol{F}_{\mathrm{R}}'$ 的大小为

$$F_{\mathrm{R}}' = \sqrt{F_{\mathrm{R}x}'^2 + F_{\mathrm{R}y}'^2 + F_{\mathrm{R}z}'^2} \tag{4.14}$$

主矢 $\boldsymbol{F}_{\mathrm{R}}'$ 的方向余弦

$$\cos(\boldsymbol{F}_{\mathrm{R}}', \boldsymbol{i}) = \frac{F_{\mathrm{R}x}}{F_{\mathrm{R}}'}, \quad \cos(\boldsymbol{F}_{\mathrm{R}}', \boldsymbol{j}) = \frac{F_{\mathrm{R}y}}{F_{\mathrm{R}}'}, \quad \cos(\boldsymbol{F}_{\mathrm{R}}', \boldsymbol{k}) = \frac{F_{\mathrm{R}z}}{F_{\mathrm{R}}'} \tag{4.15}$$

(2) 力系的主矩

若空间任意力系($\boldsymbol{F}_1, \boldsymbol{F}_2, \cdots, \boldsymbol{F}_n$)中各力对某点 O 的矩为

$$\boldsymbol{M}_O(\boldsymbol{F}_i) = \boldsymbol{r}_i \times \boldsymbol{F}_i \quad (i = 1, 2, \cdots, n)$$

则矢量和

$$\boldsymbol{M}_O = \sum_{i=1}^{n} \boldsymbol{M}_O(\boldsymbol{F}_i) = \sum_{i=1}^{n} \boldsymbol{r}_i \times \boldsymbol{F}_i \tag{4.16}$$

称为该**力系对于矩心 O 的主矩**（principal moment），式中，$\boldsymbol{r}_i$ 是由矩心 O 引向力 $\boldsymbol{F}_i$ 的作用点的矢径。

原则上，作为 n 个矢量的和，主矩 $\boldsymbol{M}_O$ 也可以用几何方法求出，即将各个矢量通过多边形法则合成起来。

对于空间力系，利用解析的方式则更为便捷。引入以矩心 O 为原点的任意直角坐标系 $Oxyz$，由式（4.16），并注意到式（4.11），可得主矩 $\boldsymbol{M}_O$ 在各坐标轴上的投影表达式

$$\left.\begin{aligned} M_{Ox} &= \sum_{i=1}^{n} M_{Ox}(\boldsymbol{F}_i) = \sum_{i=1}^{n} M_x(\boldsymbol{F}_i) \\ M_{Oy} &= \sum_{i=1}^{n} M_{Oy}(\boldsymbol{F}_i) = \sum_{i=1}^{n} M_y(\boldsymbol{F}_i) \\ M_{Oz} &= \sum_{i=1}^{n} M_{Oz}(\boldsymbol{F}_i) = \sum_{i=1}^{n} M_z(\boldsymbol{F}_i) \end{aligned}\right\} \tag{4.17}$$

即**力系的主矩在通过矩心的任意轴上的投影等于该力系中各力对同一轴的矩的代数和**。

主矢 M_O 的大小为

$$M_O = \sqrt{M_{Ox}^2 + M_{Oy}^2 + M_{Oz}^2} \tag{4.18}$$

主矩 $\boldsymbol{M}_O$ 的方向余弦

$$\cos(\boldsymbol{M}_O, \boldsymbol{i}) = \frac{M_{Ox}}{M_O}, \quad \cos(\boldsymbol{M}_O, \boldsymbol{j}) = \frac{M_{Oy}}{M_O}, \quad \cos(\boldsymbol{M}_O, \boldsymbol{k}) = \frac{M_{Oz}}{M_O} \tag{4.19}$$

力系的主矩 $\boldsymbol{M}_O$ 是位于矩心 O 处的定位矢量。与力系的主矢不同，主矩与矩心的位置有关。因此，说到“力系的主矩”时，一定要指明是对哪一点的主矩，否则就没有意义。

【例 4.3】 正方体的边长为 a，力 $\boldsymbol{F}_1$、$\boldsymbol{F}_2$ 和 $\boldsymbol{F}_3$ 分别作用于立方体的三个顶点 A、B 和 C，它们的方位如图 4.10 所示。若 $F_1 = F$，$F_2 = \sqrt{3}F$，$F_3 = \sqrt{2}F$，试求力系 $(\boldsymbol{F}_1, \boldsymbol{F}_2, \boldsymbol{F}_3)$ 的主矢，以及对点 O 的主矩和对点 A 的主矩。

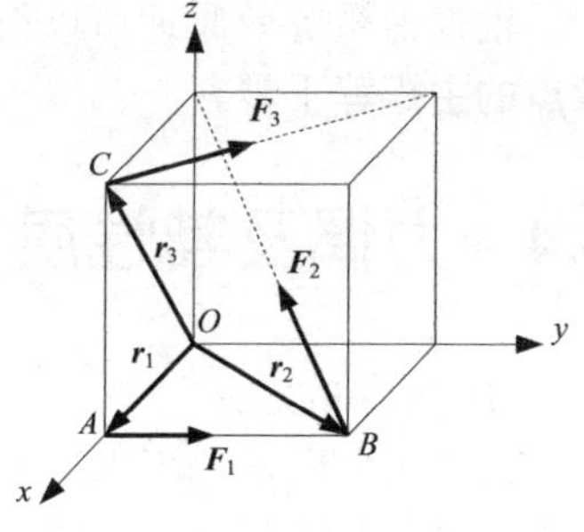

图 4.10　例 4.3 图

解：以 O 为原点建立直角坐标系 $Oxyz$，如图 4.10 所示，根据三个力的大小和方位可得

$$\boldsymbol{F}_1 = F\boldsymbol{j}, \quad \boldsymbol{F}_2 = F(-\boldsymbol{i} - \boldsymbol{j} + \boldsymbol{k}), \quad \boldsymbol{F}_3 = F(-\boldsymbol{i} + \boldsymbol{j})$$

故力系的主矢为

$$\boldsymbol{F}_{\mathrm{R}}' = \sum_{i=1}^{3} \boldsymbol{F}_i = F(-2\boldsymbol{i} + \boldsymbol{j} + \boldsymbol{k})$$

各力的作用点相对于 O 点的矢径分别为

$$\boldsymbol{r}_1 = a\boldsymbol{i}, \qquad \boldsymbol{r}_2 = a(\boldsymbol{i} + \boldsymbol{j}), \qquad \boldsymbol{r}_3 = a(\boldsymbol{i} + \boldsymbol{k})$$

$$\boldsymbol{M}_O(\boldsymbol{F}_1) = \boldsymbol{r}_1 \times \boldsymbol{F}_1 = \begin{vmatrix} \boldsymbol{i} & \boldsymbol{j} & \boldsymbol{k} \\ a & 0 & 0 \\ 0 & F & 0 \end{vmatrix} = Fa\boldsymbol{k}$$

$$\boldsymbol{M}_O(\boldsymbol{F}_2) = \boldsymbol{r}_2 \times \boldsymbol{F}_2 = \begin{vmatrix} \boldsymbol{i} & \boldsymbol{j} & \boldsymbol{k} \\ a & a & 0 \\ -F & -F & F \end{vmatrix} = Fa(\boldsymbol{i} - \boldsymbol{j})$$

$$\boldsymbol{M}_O(\boldsymbol{F}_3) = \boldsymbol{r}_3 \times \boldsymbol{F}_3 = \begin{vmatrix} \boldsymbol{i} & \boldsymbol{j} & \boldsymbol{k} \\ a & 0 & a \\ -F & F & 0 \end{vmatrix} = Fa(-\boldsymbol{i} - \boldsymbol{j} + \boldsymbol{k})$$

故力系对点 O 的主矩为

$$\boldsymbol{M}_O=\sum_{i=1}^{3}\boldsymbol{M}_O(\boldsymbol{F}_i)=\sum_{i=1}^{3}\boldsymbol{r}_i\times\boldsymbol{F}_i=2Fa(-\boldsymbol{j}+\boldsymbol{k})$$

各力的作用点相对于 A 点的矢径分别为

$$\boldsymbol{r}_{1A}=0,\qquad \boldsymbol{r}_{2A}=a\boldsymbol{j},\qquad \boldsymbol{r}_{3A}=a\boldsymbol{k}$$

用上面相同的方法可得力系对点 A 的主矩

$$\boldsymbol{M}_A=\sum_{i=1}^{3}\boldsymbol{M}_A(\boldsymbol{F}_i)=Fa(-\boldsymbol{j}+\boldsymbol{k})$$

上例的计算结果又一次说明，力系的主矩与矩心的位置有关，同一力系对不同点的主矩一般并不相等。

4.3.2 力系等效定理

在刚体静力学问题的分析中，人们总是希望用最简单的等效力系来代替作用于刚体的已知力系，以便使问题得到简化。这里，首要的问题是，如何利用一个简单的准则来判断两个力系是否等效。

判断两个力系是否等效的准则是力系等效原理：**两个力系等效的充分必要条件是主矢相等，以及对同一点的主矩相等。**

力系等效原理的证明需要用到动量定理和动量矩定理，可参见参考文献 [2]。

应该注意，上述等效原理是针对力系的运动效应而言的，力系的变形效应一般不遵从这一等效原理。

力系等效原理是刚体静力学理论体系的基础，无论在理论上还是在实际应用中都具有重要意义。力系等效原理表明，力系对刚体的作用完全取决于它的主矢和主矩，因此主矢和主矩是力系的最重要的基本特征量。

根据力系等效原理可以得到如下推论：**力系平衡的充分必要条件是主矢等于零，且对任意点的主矩等于零。**

4.4 力偶及其性质

(1) 力偶的定义

两个大小相等，作用线不重合的反向平行力所组成的力系，称为**力偶**。汽车司机双手转动汽车的方向盘［图 4.11(a)］，钳工用丝锥攻螺纹［图 4.11(b)］，以及工人双手转动阀门等，都是力偶作用于被转动物体的例子。力偶中二力作用线之间的垂直距离 d 称为**力偶臂**（couple arm），两个力的作用线所确定的平面称为**力偶的作用面**（acting plane of a couple），如图 4.12 所示。

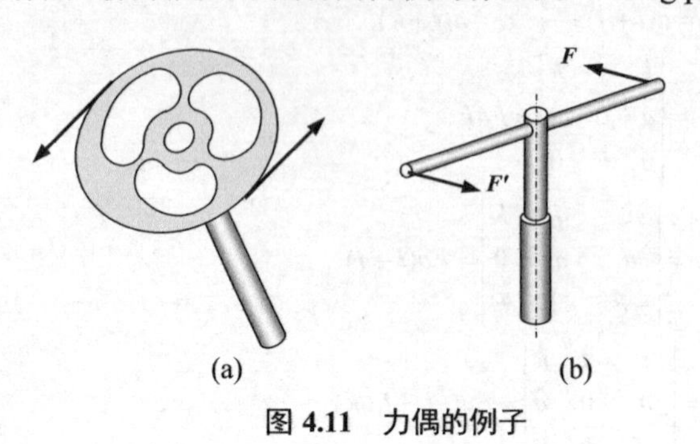

图 4.11 力偶的例子

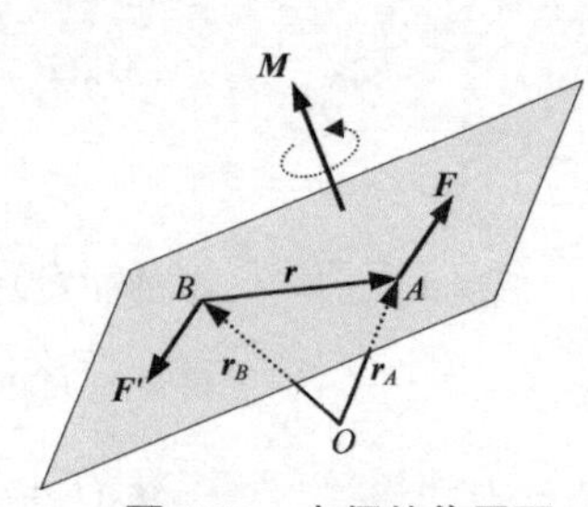

图 4.12 力偶的作用面

(2) 力偶的基本性质

① 力偶的主矢恒等于零。由于 $\boldsymbol{F}'=-\boldsymbol{F}$，故主矢 $\boldsymbol{F}_{\mathrm{R}}'=\boldsymbol{F}+\boldsymbol{F}'=\boldsymbol{0}$。

② 力偶对刚体的作用是使刚体转动，这一作用效应与力不同。因此，力偶是除了力之外的又一种基本的机械作用要素，力和力偶是两个彼此独立的且最简单的基本力系单元。力偶不能与一个力等效，或者说，力偶没有合力，因此也不能与一个力平衡。

③ 力偶对任意点 O 之主矩恒等于矢量积 $\boldsymbol{r}\times\boldsymbol{F}$，其中 $\boldsymbol{r}$ 是构成力偶的两个力 $\boldsymbol{F}$ 和 $\boldsymbol{F}'$ 的作用点 A 和 B 之间的从 B 到 A 的矢径（注意 $\boldsymbol{r}$ 与点 O 无关），主矩 $\boldsymbol{r}\times\boldsymbol{F}$ 与矩心 O 的位置无关。证明如下：

如图 4.12 所示，$\boldsymbol{r}_A$ 和 $\boldsymbol{r}_B$ 分别表示力偶中两个力 $\boldsymbol{F}$ 和 $\boldsymbol{F}'$ 的作用点 A 和 B 对于任意指定的矩心 O 的矢径，$\boldsymbol{r}$ 表示由 B 到 A 的矢径，则有

$$\boldsymbol{M}_O=\boldsymbol{M}_O(F)+\boldsymbol{M}_O(F')=\boldsymbol{r}_A\times\boldsymbol{F}+\boldsymbol{r}_B\times\boldsymbol{F}'=(\boldsymbol{r}_A-\boldsymbol{r}_B)\times\boldsymbol{F}=\boldsymbol{r}\times\boldsymbol{F}$$

(3) 力偶矩矢量

因为力偶的主矢恒等于零，根据力系等效原理，则它对刚体的作用仅取决于它的主矩。而力偶的主矩又与矩心的位置无关，且恒等于 $\boldsymbol{r}\times\boldsymbol{F}$。于是可定义（图 4.12）

$$\boldsymbol{M}=\boldsymbol{r}\times\boldsymbol{F} \tag{4.20}$$

称 $\boldsymbol{M}$ 为**力偶矩矢量**（vector of the moment of a couple），用来量度力偶对刚体的作用效果。力偶矩矢的三要素为大小、转向和作用面。力偶矩矢的大小即 $\boldsymbol{M}$ 的模

$$M=\|\boldsymbol{M}\|=\|\boldsymbol{r}\times\boldsymbol{F}\|=Fr\sin(\boldsymbol{r},\boldsymbol{F})=Fd \tag{4.21}$$

式中，d 为力偶臂，它显然等于力 $\boldsymbol{F}$ 和 $\boldsymbol{F}'$ 的作用线之间的距离。$\boldsymbol{M}$ 的方向按右手定则与力偶的作用面垂直。由于力偶对刚体的作用效果与矩心无关，位于某个刚体上不同位置的同一力偶矩矢量对该刚体的作用效果相同，故**力偶矩矢量是自由矢量**。

对于平面力系，由于力偶的作用面总是与力系所在的平面重合，力偶矩由矢量变成代数量，且有

$$M=\pm Fd \tag{4.22}$$

正负号用来区别转向，通常规定逆时针为正，顺时针为负。

(4) 力偶等效变换的性质

由于力偶矩矢量是自由矢量，因此作用于刚体的力偶具有如下等效变换的性质：

① 力偶可在其作用面内任意转动和移动，如图 4.13(a) 所示；

② 力偶的作用面可任意平行移动，如图 4.13(b) 所示；

③ 只要保持力偶矩不变，可任意同时改变力偶中力的大小和力偶臂的长短。

概括起来说，作用于刚体的力偶等效替换的条件是其力偶矩矢量保持不变。

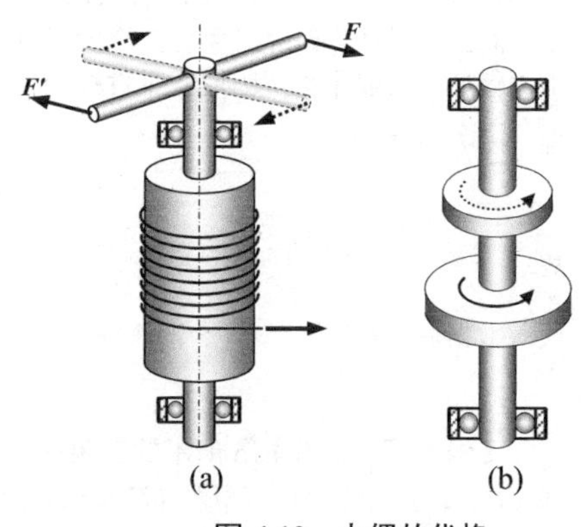

图 4.13　力偶的代换

4.5 力偶系的合成与平衡

因为力偶的主矢恒等于零，它对刚体的作用仅取决于它的力偶矩矢量，因此，**若两个力偶的力偶矩矢相等，则两力偶等效**。

同时作用于同一物体上的若干个力偶构成力偶系。若力偶系中各力偶均位于同一平面内，则称为平面力偶系。

力偶系的合成结果为一个合力偶，记为$\boldsymbol{M}_{\mathrm{R}}$，其力偶矩矢等于力偶系中各个力偶矩矢的矢量和，即

$$\boldsymbol{M}_{\mathrm{R}}=\sum \boldsymbol{M}, \quad \boldsymbol{F}_{\mathrm{R}}'=\boldsymbol{0} \tag{4.23}$$

对于平面力偶系所得的合力偶，其力偶矩等于力偶系各力偶力偶矩的代数和，即

$$M_{\mathrm{R}}=\sum M \tag{4.24}$$

空间力偶系平衡的必要充分条件是**合力偶矩矢等于零**，即力偶系各力偶矩矢的矢量和等于零。表示为

$$\boldsymbol{M}_{\mathrm{R}}=\sum \boldsymbol{M}=\boldsymbol{0} \tag{4.25}$$

写成分量的形式，则有

$$\left.\begin{array}{l}\sum M_x=0\\ \sum M_y=0\\ \sum M_z=0\end{array}\right\} \tag{4.26}$$

即力偶系各力偶矩矢分别在三个坐标轴投影的代数和等于零。这组方程也是空间力偶系作用于刚体的平衡方程。这组方程是相互独立的，可用于求解三个未知量。

平面力偶系作用下刚体的平衡方程只有一个，即

$$\sum M=0 \tag{4.27}$$

即力偶系各力偶力偶矩的代数和等于零。由于只有一个独立的平衡方程，故只能求解一个未知量。

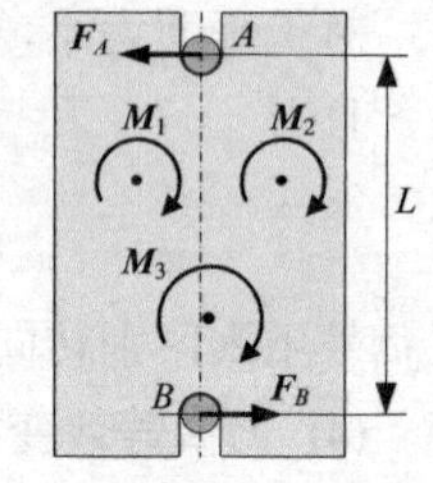

图 4.14 例 4.4 图

【例 4.4】 如图 4.14 所示的工件上作用有三个力偶。已知三个力偶的矩分别为：$M_1=M_2=10^4\ \mathrm{N\cdot mm}$，$M_2=2\times10^4\ \mathrm{N\cdot mm}$；固定螺柱 A 和 B 的距离 L=200 mm。求两个光滑螺柱所受的水平力。

解：取工件为研究对象。三个顺时针方向的力偶的合成仍构成一个力偶。由于力偶应与力偶平衡，因此，工件在 A 和 B 所受的约束力 $\boldsymbol{F}_A$ 和 $\boldsymbol{F}_B$ 也构成力偶，方向如图所示。由平衡方程 $\sum M=0$ 可得

$$F_A L-M_1-M_2-M_3=0$$

故

$$F_A=F_B=\frac{1}{L}(M_1+M_2+M_3)$$

代入数据后可得

$$F_A=F_B=200\ \mathrm{N}$$

【例 4.5】 如图 4.15 所示的三角柱刚体是正方体的一半。在其中三个侧面各自作用着一个力偶。已知力偶（$\boldsymbol{F}_1$, $\boldsymbol{F}_1'$）的矩 $\boldsymbol{M}_1$、力偶（$\boldsymbol{F}_2$, $\boldsymbol{F}_2'$）的矩 $\boldsymbol{M}_2$、力偶（$\boldsymbol{F}_3$, $\boldsymbol{F}_3'$）的矩 $\boldsymbol{M}_3$ 的大小均为 $2\times10^4\ \mathrm{N\cdot mm}$。试求合力偶矩矢 $\boldsymbol{M}_{\mathrm{R}}$。如果要使这个刚体平衡，还需要施加怎样一个力偶？

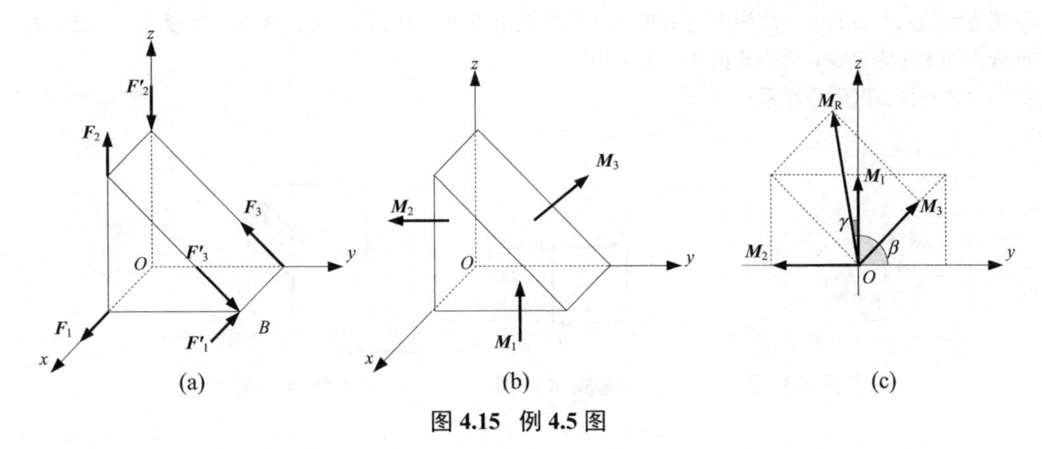

图 4.15　例 4.5 图

解：画出各力偶矩矢如图 4.15(b) 所示。记 $M=2\times10^4\ \mathrm{N\cdot mm}$，那么由图可知

$$\boldsymbol{M}_1=M\boldsymbol{k}\,,\qquad \boldsymbol{M}_2=-M\boldsymbol{j}\,,\qquad \boldsymbol{M}_3=\frac{1}{2}\sqrt{2}M(\boldsymbol{j}+\boldsymbol{k})$$

因此其合力偶矢

$$\boldsymbol{M}_\mathrm{R}=\boldsymbol{M}_1+\boldsymbol{M}_2+\boldsymbol{M}_3=\left(\frac{1}{2}\sqrt{2}-1\right)M\boldsymbol{j}+\left(\frac{1}{2}\sqrt{2}+1\right)M\boldsymbol{k}$$

由上式可知

$$\|\boldsymbol{M}_\mathrm{R}\|=\sqrt{\left(\frac{\sqrt{2}}{2}-1\right)^2+\left(\frac{\sqrt{2}}{2}+1\right)^2}\,M=\sqrt{3}M=34.641\ \mathrm{N\cdot m}$$

$\boldsymbol{M}_\mathrm{R}$ 的方向余弦 ($\cos\alpha$， $\cos\beta$， $\cos\gamma$) 表达式中，如图 4.15(c)所示

$$\alpha=0\,,\quad \beta=\arccos\left[\frac{\sqrt{3}}{3}\left(\frac{\sqrt{2}}{2}-1\right)\right]=99.7^\circ\,,\quad \gamma=\arccos\left[\frac{\sqrt{3}}{3}\left(\frac{\sqrt{2}}{2}+1\right)\right]=9.7^\circ$$

欲使刚体平衡，需加一个和力偶矩矢 $\boldsymbol{M}_\mathrm{R}$ 大小相等、方向相反的力偶矩矢 $\boldsymbol{M}'_\mathrm{R}$，即

$$\boldsymbol{M}'_\mathrm{R}=\left(1-\frac{1}{2}\sqrt{2}\right)M\boldsymbol{j}-\left(\frac{1}{2}\sqrt{2}+1\right)M\boldsymbol{k}=5858\boldsymbol{j}-34142\boldsymbol{k}\ \mathrm{N\cdot mm}$$

思 考 题 4

4.1　建立力对点的矩的概念时，是否考虑了加力时物体的运动状态？是否考虑了加力时物体上有无其他力的作用？若在图中所示的圆轮上点 A 作用有一力 $\boldsymbol{F}$，试问在这下述三种情况中，力 $\boldsymbol{F}$ 对转轴 O 的矩是否相同？

(a) 加力时圆轮静止；

(b) 加力时圆轮以角速度 ω 转动；

(c) 加力时 B 点还受到另一水平力 $\boldsymbol{F}'$ 的作用。

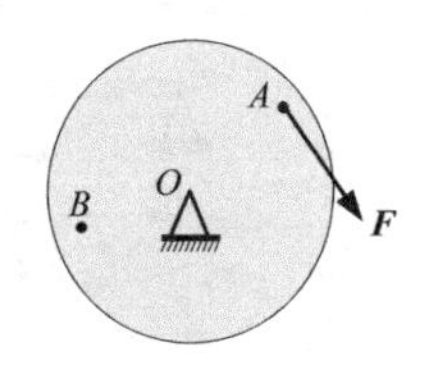

思考题 4.1 图

4.2　上题图中所示的圆轮只能绕轴 O 转动，试问可以计算力 $\boldsymbol{F}$ 对轮上任意点 B 的矩吗？它的意义是什么？

4.3　半径为 R 的圆轮可以绕轴 O 转动。轮上作用一个力偶矩为 $\boldsymbol{M}$ 的力偶和一个与轮缘相切的力 $\boldsymbol{F}$（如图所示）。在力偶和力的作用下，圆轮处于平衡状态。

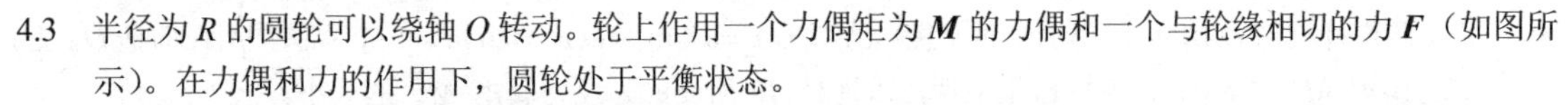

(1) 这是否可以说明力偶可以用一力来与之平衡？

(2) 试求轴 O 的反力的大小和方向。

4.4　某个刚体承受如题图所示的四个力 $\boldsymbol{F}_1$、$\boldsymbol{F}_2$、$\boldsymbol{F}_3$ 和 $\boldsymbol{F}_4$ 的作用。它们在同一平面内，且力矢量首尾相

接构成一个封闭的正方形。这个刚体是否平衡？

4.5 如题图所示的六个力的大小均为 F，并顺次作用在图示的边长为 a 的正立方体的六条棱边上。这个力系的合力的大小为多少？合力矩的大小为多少？

4.6 力矩和力偶有什么区别与联系？

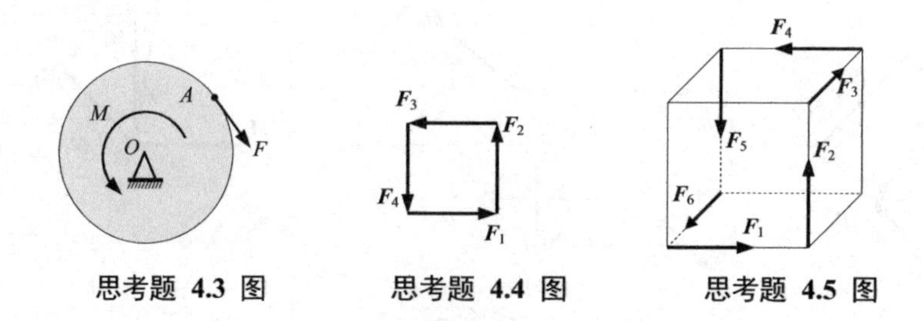

思考题 4.3 图　　思考题 4.4 图　　思考题 4.5 图

习 题 4

4.1 试计算下列各图中力 $\boldsymbol{F}$ 对 O 点之矩。

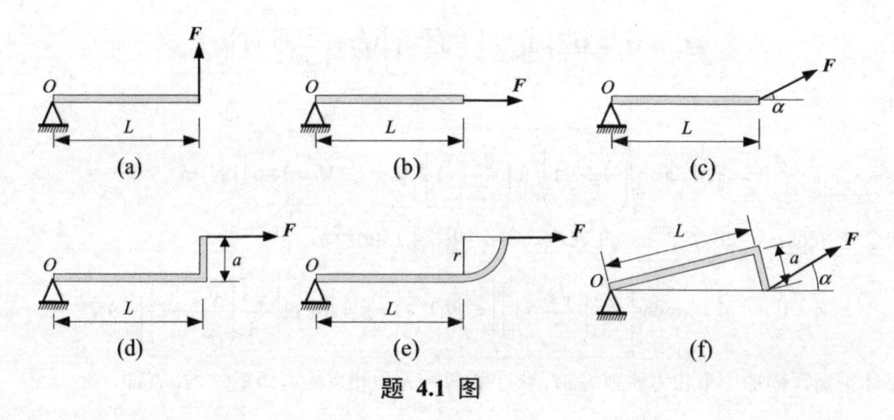

题 4.1 图

4.2 已知梁 AB 上作用一个力偶，力偶矩为 M，梁长为 L，梁重不计。试求在下列各图情况下，支座 A 和 B 的约束力。

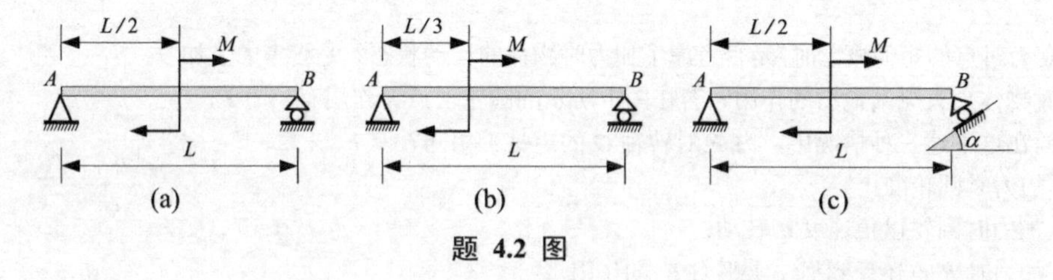

题 4.2 图

4.3 简支梁 AB 跨度 $L=6\,\mathrm{m}$，梁上作用两个力偶，其力偶矩 $M_1=15\,\mathrm{kN\cdot m}$，$M_2=24\,\mathrm{kN\cdot m}$，转向如图所示，试求支座 A、B 处的约束力。

4.4 铰接四连杆机构 $OABO_1$ 在图示位置平衡，已知 $OA=0.4\,\mathrm{m}$，$O_1B=0.6\,\mathrm{m}$，一个力偶作用在曲柄 OA 上，其力偶矩 $M_1=1\,\mathrm{N\cdot m}$，各杆自重不计，求连杆 AB 所受的力及力偶矩 M_2 的大小。

4.5 在图示结构中，各构件的自重略去不计。在构件 AB 上作用一力偶矩为 M 的力偶，各尺寸如图。求支座 A 和 C 的约束力。

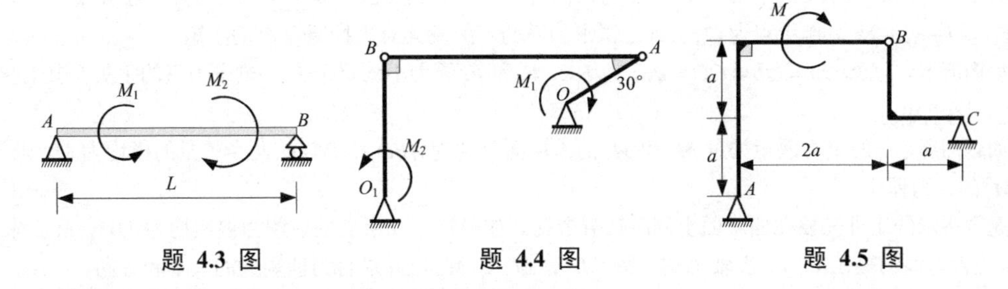

题 4.3 图　　题 4.4 图　　题 4.5 图

4.6　已知某个力 $\boldsymbol{F}=\sqrt{3}(-\boldsymbol{i}+2\boldsymbol{j}+3\boldsymbol{k})$，其作用点的坐标为 $(-3,-4,-6)$。已知某个轴 OE 上的单位矢量 $\boldsymbol{e}=\dfrac{\sqrt{3}}{3}(\boldsymbol{i}+\boldsymbol{j}+\boldsymbol{k})$，试求力 $\boldsymbol{F}$ 在 OE 轴上的投影以及对 OE 轴之矩。

4.7　长方体的长、宽和高分别为 $a=80\,\text{mm}$、$b=40\,\text{mm}$、$h=30\,\text{mm}$，力 $\boldsymbol{F}_1$ 和 $\boldsymbol{F}_2$ 分别作用于棱角 A 和 B，方向如图示，且 $F_1=10\,\text{N}$，$F_2=5\,\text{N}$。试求 $\boldsymbol{F}_1$ 在图示各坐标轴上的投影和 $\boldsymbol{F}_2$ 对各坐标轴之矩。

4.8　轴 AB 在 Ayz 平面内，与铅垂的 Az 轴成 α 角。悬臂 CD 垂直地固定在 AB 轴上，与 Ayz 平面成 θ 角，如图所示。如在 D 点作用铅直向下的力 $\boldsymbol{F}$。并设 $CD=a$，$AC=h$，试求力 $\boldsymbol{F}$ 对 A 点之矩及对 AB 轴之矩。

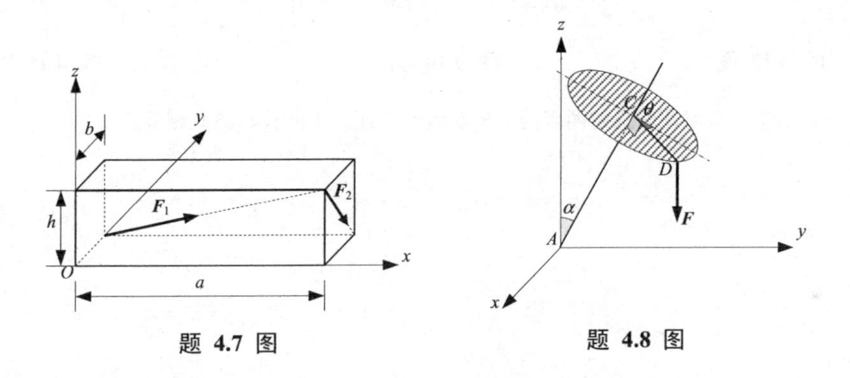

题 4.7 图　　题 4.8 图

4.9　边长为 $b\times h$ 的矩形框架重量为 $\boldsymbol{G}$，试求图中重力 $\boldsymbol{G}$ 和拉力 $\boldsymbol{F}$ 对 A 点的矩。

4.10　正三棱柱 $OABCDE$ 的高为 $100\sqrt{2}\,\text{mm}$，底面正三角形的边长为 $100\,\text{mm}$。大小为 10N 的力 $\boldsymbol{F}$ 作用于棱角 D，力的作用线沿侧面的对角线 DB，如图示。设沿图示各坐标轴的基矢量为 $\boldsymbol{i}$、$\boldsymbol{j}$ 和 $\boldsymbol{k}$，试求力 $\boldsymbol{F}$ 的矢量表示，以及力 $\boldsymbol{F}$ 对 O 点之矩和对 CE 轴之矩。

4.11　图示的曲拐是由三根长度为 L、直径为 d 的圆杆制成，其中，$\angle OBC$ 是竖直平面内的直角，$\angle BCD$ 是水平平面内的直角。C 处有沿着 DC 轴线作用的水平力 F_1，D 处有竖直向下的力 F_2，D 处有平行于平面 Oxz 的力 F_3，且 F_3 与 x 轴正向成 30° 角。三个力的大小均为 F，求力系的主矢和关于 O 点的主矩。

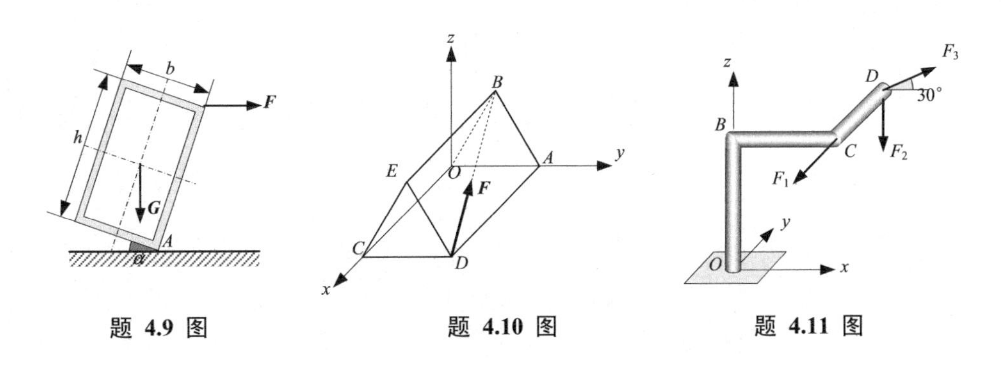

题 4.9 图　　题 4.10 图　　题 4.11 图

4.12 给定三力：$\boldsymbol{F}_1=3\boldsymbol{i}+4\boldsymbol{j}+5\boldsymbol{k}$，作用点为$(0,2,1)$；$\boldsymbol{F}_2=-2\boldsymbol{i}+2\boldsymbol{j}-6\boldsymbol{k}$，作用点为$(1,-1,4)$；$\boldsymbol{F}_3=-\boldsymbol{i}-3\boldsymbol{j}+2\boldsymbol{k}$，作用点为$(2,3,1)$。试求力系的主矢及其对坐标原点$O$的主矩。

4.13 如图所示，已知$OA=OB=OC=a$，力$\boldsymbol{F}_1$、$\boldsymbol{F}_2$和$\boldsymbol{F}_3$的大小均等于F。试求力系的主矢及其对坐标原点O的主矩。

4.14 如题图所示，两个力偶矩矢量$\boldsymbol{M}_1$和$\boldsymbol{M}_1$的作用面分别为ABD和BCD，两个矢量的模均为M，求$\boldsymbol{M}_1$和$\boldsymbol{M}_1$的合力偶。

4.15 题图所示的工件需要在四个面上同时钻五个孔。如果每个孔所受的切削力偶矩均为$80\ \mathrm{N\cdot m}$。求工件所受合力偶的矩在x、y、z轴上的投影M_x、M_y、M_z，并求合力偶矩矢的大小和方向。

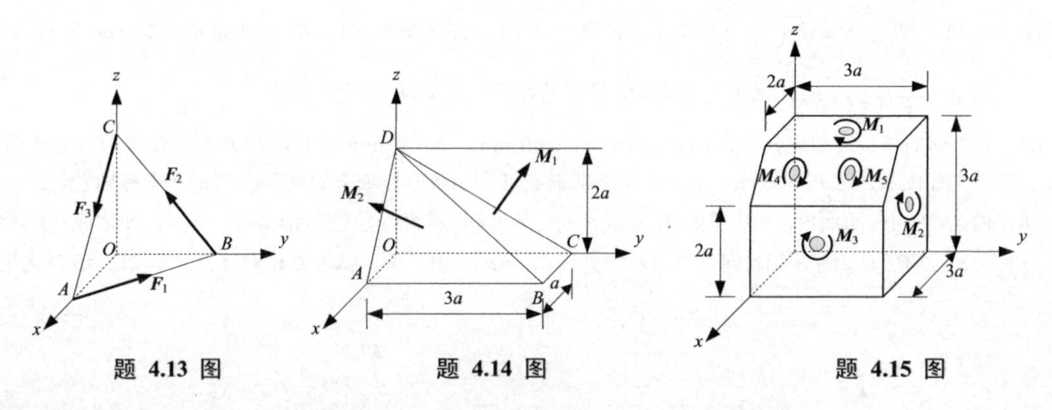

题 4.13 图　　题 4.14 图　　题 4.15 图

4.16 证明：任意给定力系对空间任意两点的主矩在这两点连线上的投影彼此相等。

第5章 任意力系

在工程实际问题中，物体的受力情况往往比较复杂，经常遇到任意力系的问题，即作用在物体上的力的作用线的分布是任意的，既不相交于一点，也不都相互平行。

根据任意力系中诸力的作用线在空间的分布情况，可将任意力系进行分类。力的作用线均在同一平面内的任意力系称为平面任意力系，力的作用线为空间分布的任意力系称为空间任意力系。

本章重点研究任意力系对物体的作用效应，讨论任意力系的简化结果。从平行力系的简化结果出发，导出物体重心的计算公式。根据任意力系的简化结果，导出平衡条件，进而得到任意力系的平衡方程，并应用平衡方程求解物体与物体系的平衡问题。

5.1 力系的简化

为了研究任意力系（以下简称力系）对物体的作用效应，或讨论物体在力系作用下的平衡规律，需要将力系进行等效简化。所谓力系的简化，就是将由若干力和力偶所组成的任意力系，变换为最简单的，同时又是等效的情形。变换的结果可能是一个力，或者是一个力偶，或者是一个力和一个力偶。这一过程称为力系的简化。力系简化也是静力学的重要内容。

力系简化的理论基础是力线平移定理。利用这一定理，力系可向任意一点简化，力系的简化结果可以进一步导出力系平衡条件。为此，首先介绍力线平移定理。

5.1.1 力线平移定理

作用于刚体上的力可以沿着作用线滑移而不会改变对刚体的作用效应。如果力不是在作用线上滑移而是平行移动，可以想见，它对刚体的作用效应就改变了。如果要使力平行移动的同时又不改变对刚体的作用效应，那么就应该附加上其他的作用。应该加上什么样的作用，这种作用如何度量，就是力线平移定理所阐述的内容。

力线平移定理：可以把作用在刚体上的力 $\boldsymbol{F}$ 平移到任一点而不改变对刚体的作用效应，但必须同时附加一个力偶，这个附加力偶的力偶矩矢等于原来的力对新作用点的力矩矢量。

下面对这一定理加以证明。如图 5.1(a) 所示，$\boldsymbol{F}_A$ 为作用于刚体上 A 点的力。在刚体上任取一点 O，为使这一力等效地从 A 点平移至 O 点，先在 O 点施加平行于力 $\boldsymbol{F}_A$ 的一对大小相等、方向相反、沿同一直线作用的平衡力 $\boldsymbol{F}_A'$ 和 $\boldsymbol{F}_A''$，即 $\boldsymbol{F}_A'=\boldsymbol{F}_A=-\boldsymbol{F}_A''$，如图 5.1(b) 所示。根据加减平衡力系公理可知，由 $\boldsymbol{F}_A$、$\boldsymbol{F}_A'$ 和 $\boldsymbol{F}_A''$ 三个力组成的新的力系与原来作用在 A 点的一个力 $\boldsymbol{F}_A$ 等效。

图 5.1(b) 中所示力系中，力 $\boldsymbol{F}_A'$ 与 $\boldsymbol{F}_A$ 等值、同向，作用在 A 点的力 $\boldsymbol{F}_A$ 与作用在 O 点的力 $\boldsymbol{F}_A''$ 组成一个力偶。其力偶矩矢量为 $\boldsymbol{M}_O=\boldsymbol{r}_{OA}\times\boldsymbol{F}_A$，如图 5.1(c) 所示。于是，作用在 O 点的力 $\boldsymbol{F}_A'$ 和力偶 $\boldsymbol{M}_O$ 与原来作用在 A 点的一个力 $\boldsymbol{F}_A$ 等效。这样，将力 $\boldsymbol{F}_A$ 由作用点 A 平移到新作用点 O，在平移的同时，附加了力偶矩矢量为 $\boldsymbol{M}_O=\boldsymbol{M}_O(\boldsymbol{F})$ 的附加力偶，如图 5.1(c) 所示。

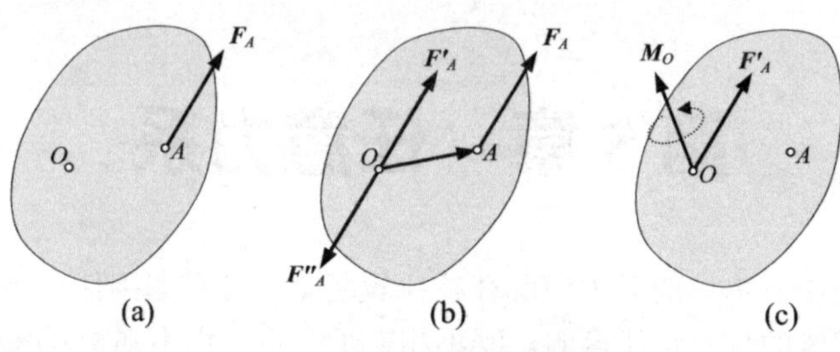

(a) (b) (c)

图 5.1 力线平移定理

力线平移定理是力系简化的一个普遍的方法，是力系向一点简化的理论基础，也是分析力对物体作用效应的重要方法。同时，日常生活和工程实际中很多现象都可以用力线平移定理来解释。如乒乓球、网球、足球等球类运动中弧线球的产生，撑杆跳高中的撑杆的偏心受压而发生的弯曲变形，齿轮受周向力作用使齿轮轴发生弯曲和扭转的组合变形等情况下的力学分析，都可以用到力线平移定理。

在使用力线平移定理时应注意以下几点：

① 力线平移定理的前提是：物体是刚体，平移在刚体内部进行。

② 力 $\boldsymbol{F}$ 无论平移到刚体内的何处，其大小和方向都不变；但是，附加力偶矩矢的大小会随着平移情况的改变而发生变化。

③ 将力线平移定理逆向使用即可知，当一个力偶矩矢量和一个力矢量垂直时，它们可以用一个力来等效地代换。

5.1.2 空间任意力系向一点的简化

设某个空间任意力系是由作用于同一刚体中的点 A_i 上的力 $\boldsymbol{F}_i\ (i=1,2,\cdots,n)$ 组成，简化这个力系最常用的方法就是向一个点简化。在刚体上任取一点，例如 O 点，通常称为力系的简化中心。各力作用点相对于该点的矢径为 $\overline{OA_i}=\boldsymbol{r}_i\ (i=1,2,\cdots,n)$，如图 5.2(a) 所示。应用力线平移定理，把力系中所有的力 $\boldsymbol{F}_i\ (i=1,2,\cdots,n)$ 逐个向简化中心 O 点平行移动。最后得到汇交于 O 点的，由 $\boldsymbol{F}_i\ (i=1,2,\cdots,n)$ 组成的汇交力系，以及由所有附加力偶 $\boldsymbol{M}_i=\boldsymbol{r}_i\times\boldsymbol{F}_i\ (i=1,2,\cdots,n)$ 组成的力偶系，如图 5.2(b) 所示。

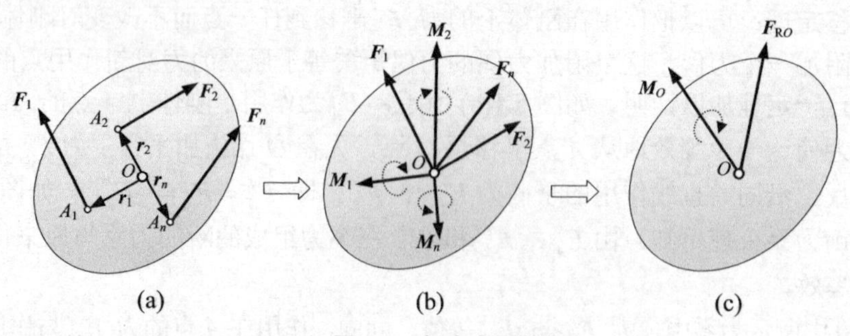

(a) (b) (c)

图 5.2 任意力系简化

平移后得到的汇交力系和力偶系，可以分别合成一个通过简化中心 O 的合力 $\boldsymbol{F}_{RO}$，以及作用于 O 点的主矩 $\boldsymbol{M}_O$，如图 5.2(c) 所示。其中

$$\left.\begin{aligned} \boldsymbol{F}_{\mathrm{R}O} &= \sum_{i=1}^{n} \boldsymbol{F}_i \\ \boldsymbol{M}_O &= \sum_{i=1}^{n} \boldsymbol{M}_i = \sum_{i=1}^{n} \boldsymbol{M}_O(\boldsymbol{F}_i) \end{aligned}\right\} \tag{5.1}$$

式中，$\boldsymbol{M}_O(\boldsymbol{F}_i)$ 为平移前力 $\boldsymbol{F}_i$ 对简化中心 O 点之矩。

同理，将这个力系向刚体上另一任意确定点 B 简化，得到过点 B 的一个合力 $\boldsymbol{F}_{\mathrm{R}B}$ 和力偶矩为 $\boldsymbol{M}_B$ 的一个力偶。

$$\left.\begin{aligned} \boldsymbol{F}_{\mathrm{R}B} &= \sum_{i=1}^{n} \boldsymbol{F}_i \\ \boldsymbol{M}_B &= \sum_{i=1}^{n} \boldsymbol{M}_B(\boldsymbol{F}_i) \end{aligned}\right\} \tag{5.2}$$

由式(5.1) 和式(5.2) 可知，力系的简化结果中，合力的大小和方向与简化中心的位置选择无关，因此，简化的合力就是原力系的主矢 $\boldsymbol{F}'_{\mathrm{R}}$，称为力系的第一不变量。简化所得到的力偶矩矢 $\boldsymbol{M}_O$ 等于力系中所有的力对简化中心 O 点之矩的矢量和。因此，$\boldsymbol{M}_O$ 就是原力系对简化中心 O 点的主矩。由力系对不同两点的主矩关系可知

$$\boldsymbol{M}_B = \boldsymbol{M}_O + \boldsymbol{r}_{BO} \times \boldsymbol{F}'_{\mathrm{R}} \tag{5.3}$$

可见，主矩与简化中心的位置有关。如果将上式两边同时与 $\boldsymbol{F}'_{\mathrm{R}}$ 作数积（点积），注意到 $(\boldsymbol{r}_{BO} \times \boldsymbol{F}'_{\mathrm{R}}) \cdot \boldsymbol{F}'_{\mathrm{R}} = 0$，故有：

$$\boldsymbol{F}'_{\mathrm{R}} \cdot \boldsymbol{M}_B = \boldsymbol{F}'_{\mathrm{R}} \cdot \boldsymbol{M}_O \tag{5.4}$$

因为 B 为任意点，这说明力系的主矢与主矩的数积 $\boldsymbol{F}'_{\mathrm{R}} \cdot \boldsymbol{M}$ 是不会随着简化中心的不同而发生改变的。数积 $\boldsymbol{F}'_{\mathrm{R}} \cdot \boldsymbol{M}$ 称为力系的第二不变量。

力系向一点简化的方法，是适用于任何复杂力系的普遍方法。力系的简化不局限于静力学，对动力学也是有效的。例如，飞行中的飞机受到升力、牵引力、重力、空气阻力等分布在飞机不同部位力的作用，为确定飞机运动规律可以先进行任意力系的简化。因此，力系简化也是动力学分析的基础。

作为任意力系向某点简化理论的应用，可以说明另一类约束，即固定端的约束力的表示方法。当工程中物体一端受到另一个物体的固结作用时，或物体的一部分牢固地镶嵌于另一物体上时，就形成了固定端约束。夹紧在车床刀架上的车刀、固定在车床卡盘上的工件、焊接在机架上的悬臂梁、深埋的电线杆等，都是固定端约束的例子。固定端约束的特点是既限制物体的移动又限制物体的转动，即约束与被约束物体之间被认为是完全刚性连接的。一般来说，固定端对构件的作用是复杂的分布力系。但这个力系可以简化为作用在该处的一个约束力和一个约束力偶。在平面问题中，可用约束力的两个分量和一个约束力偶表示，如图 5.3(a) 所示；在空间问题中，用约束力的三个分量和约束力偶矩的三个分量表示，如图 5.3(b) 所示。

在实际的分析计算中，力系向一点的简化常采用解析法进行。主矢 $\boldsymbol{F}'_{\mathrm{R}}$ 等于力系中各力矢量和。有

$$\begin{aligned} \boldsymbol{F}'_{\mathrm{R}} &= \boldsymbol{F}_1 + \boldsymbol{F}_2 + \cdots + \boldsymbol{F}_n = \sum_{i=1}^{n} \boldsymbol{F}_i \\ &= \left(\sum_{i=1}^{n} F_{xi}\right)\boldsymbol{i} + \left(\sum_{i=1}^{n} F_{yi}\right)\boldsymbol{j} + \left(\sum_{i=1}^{n} F_{zi}\right)\boldsymbol{k} \end{aligned} \tag{5.5}$$

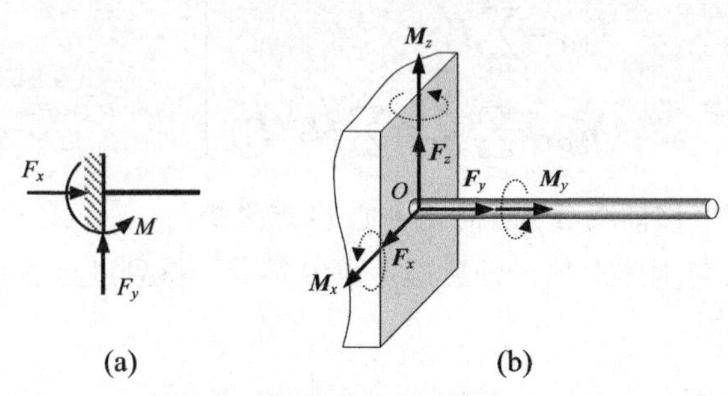

图 5.3 固定端的约束力

主矩 $\boldsymbol{M}_O$ 的力偶矩矢为原力系对简化中心 O 点的主矩，等于力系中各力矢量对简化中心取矩的矢量和。

$$\boldsymbol{M}_O=\boldsymbol{M}_1+\boldsymbol{M}_2+\cdots+\boldsymbol{M}_n=\sum_{i=1}^{n}\boldsymbol{M}_O(\boldsymbol{F}_i)$$

$$=\left(\sum_{i=1}^{n}M_{xi}\right)\boldsymbol{i}+\left(\sum_{i=1}^{n}M_{yi}\right)\boldsymbol{j}+\left(\sum_{i=1}^{n}M_{zi}\right)\boldsymbol{k} \tag{5.6}$$

主矢和主矩的其他计算式可参见式(4.13)～式(4.20)。

5.1.3 空间任意力系的简化结果

空间任意力系向点 O 简化后，得到一个主矢 $\boldsymbol{F}_{\mathrm{R}}'$ 与一个主矩 $\boldsymbol{M}_O$，但在某些情况下，这并不是力系简化的最后结果。力系在向另一个确定点 O' 简化所得到结果可能会更加简单。如果力系在向某点简化所得到结果不能用更为简单的结果代替，才可以称得上是简化的最后结果。空间任意力系简化的最后结果有以下四种情形。

(1) 简化为一个合力偶

当空间力系向点 O 简化时，若主矢 $\boldsymbol{F}_{\mathrm{R}}'=\mathbf{0}$，主矩 $\boldsymbol{M}_O\neq\mathbf{0}$，这时得到一个与原力系等效的合力偶，其合力偶矩矢等于原力系对简化中心的主矩。由于力偶矩矢是自由矢量，与矩心的位置无关，因此，在这种情况下，主矩与简化中心的位置无关。

(2) 简化为一个合力

当空间力系向点 O 简化时，若主矢 $\boldsymbol{F}_{\mathrm{R}}'\neq\mathbf{0}$，主矩 $\boldsymbol{M}_O=\mathbf{0}$，这时得到一个与原任意力系等效的合力 $\boldsymbol{F}_{\mathrm{R}}$，合力 $\boldsymbol{F}_{\mathrm{R}}$ 的作用线通过简化中心 O，其大小和方向与原力系的主矢相同。

容易看出，汇交力系就是上述情况的一种实例，简化中心就是各力作用线的汇交点。

当空间力系向点 O 简化时，若主矢 $\boldsymbol{F}_{\mathrm{R}}'\neq\mathbf{0}$，主矩 $\boldsymbol{M}_O\neq\mathbf{0}$，且 $\boldsymbol{F}_{\mathrm{R}}'\perp\boldsymbol{M}_O$，这时仍然可以得到一个与原任意力系等效的合力 $\boldsymbol{F}_{\mathrm{R}}$。如图 5.4(a) 所示，根据力向一点平移定理的逆推理，$\boldsymbol{F}_{\mathrm{R}}'$ 和 $\boldsymbol{M}_O$ 最终可简化为一个合力 $\boldsymbol{F}_{\mathrm{R}}$，其大小和方向与原力系的主矢相同，即

$$\boldsymbol{F}_{\mathrm{R}}=\boldsymbol{F}_{\mathrm{R}}'=\sum_{i=1}^{n}\boldsymbol{F}_i \tag{5.7}$$

合力的作用线通过另一简化中心 O'。$\boldsymbol{F}_{\mathrm{R}}'$ 和 $\boldsymbol{F}_{\mathrm{R}}$ 是平行的，这两条平行线的距离

$$d=\frac{M_O}{F_{\mathrm{R}}'} \tag{5.8}$$

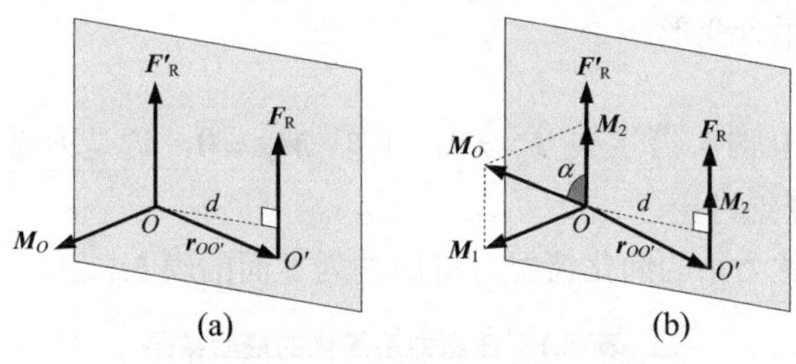

(a)　(b)

图 5.4　力系简化的最后结果

当某个力系可以简化为一个合力 $\boldsymbol{F}_R$ 时，$\boldsymbol{F}_R$ 就与这个力系等效。根据力系等效原理，$\boldsymbol{F}_R$ 对任意一点 O 的矩就等于力系中各个力 $\boldsymbol{F}_i$ 对 O 点的矩，即

$$\boldsymbol{M}_O(\boldsymbol{F}_R)=\sum \boldsymbol{M}_O(\boldsymbol{F}_i) \tag{5.9}$$

同样可以得到，合力 $\boldsymbol{F}_R$ 对任意一个轴 N 的矩就等于力系中各个力 $\boldsymbol{F}_i$ 对该轴的矩，即

$$\boldsymbol{M}_N(\boldsymbol{F}_R)=\sum \boldsymbol{M}_N(\boldsymbol{F}_i) \tag{5.10a}$$

在直角坐标系中，有

$$\left.\begin{aligned} M_x(\boldsymbol{F}_R)&=\sum M_x(\boldsymbol{F}_i)\\ M_y(\boldsymbol{F}_R)&=\sum M_y(\boldsymbol{F}_i)\\ M_z(\boldsymbol{F}_R)&=\sum M_z(\boldsymbol{F}_i)\end{aligned}\right\} \tag{5.10b}$$

上述式(5.9) 和式(5.10) 称为**合力矩定理**。

(3) 简化为力螺旋

如果空间力系向点 O 简化后，主矢 $\boldsymbol{F}'_R\neq\boldsymbol{0}$，主矩 $\boldsymbol{M}_O\neq\boldsymbol{0}$，记 $\boldsymbol{F}'_R$ 和 $\boldsymbol{M}_O$ 之间的夹角为 α。此时可将主矩 $\boldsymbol{M}_O$ 分解为垂直于主矢作用线方向的 $\boldsymbol{M}_1$ 和沿着主矢作用线方向的 $\boldsymbol{M}_2$，如图 5.4(b)所示。显然有 $M_1=M_O\sin\alpha$。

对于 $\boldsymbol{M}_1$，利用 (2) 的结论，可以将 $\boldsymbol{M}_1$ 和 $\boldsymbol{F}'_R$ 简化为作用线通过 O' 的合力 $\boldsymbol{F}_R$。$\boldsymbol{F}'_R$ 和 $\boldsymbol{F}_R$ 两条力作用的距离

$$d=\frac{M_O\sin\alpha}{F'_R} \tag{5.11}$$

对于 $\boldsymbol{M}_2$，由于力偶矩矢量是自由矢量，可将 $\boldsymbol{M}_2$ 平移至 $\boldsymbol{F}_R$ 作用线上，最终，将原力系简化为一个合力 $\boldsymbol{F}_R$ 和与这个合力共线的力偶 $\boldsymbol{M}_2$。如图 5.4(b) 所示。

一般地，如果力矢量 $\boldsymbol{F}$ 垂直于力偶矩矢量 $\boldsymbol{M}$ 的作用面，则这种情况称为**力螺旋**，如图 5.5 所示。力螺旋是由力与力偶这两个基本要素组成的简单的力系，不能再进一步简化。力偶矩矢的方向与力矢量方向相同的情况称为右螺旋，如图 5.5(a) 所示；两个矢量方向相反的情况称为左螺旋，如图 5.5(b) 所示。力螺旋的力作用线称为该力螺旋的中心轴。

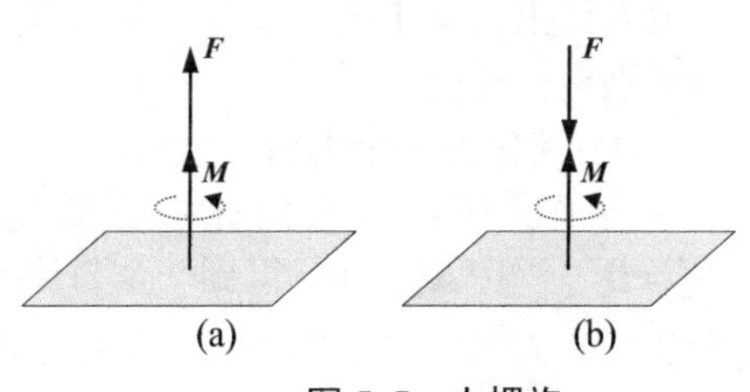

(a)　(b)

图 5.5　力螺旋

用螺丝刀拧螺钉时，手对螺丝刀的作用既有沿着轴线方向上的压紧力的作用，又有转动的力偶矩作用，并且力矢量与力偶矢量平行，这就是一种力螺旋。当用螺丝刀把螺钉往工件里面拧时，手对螺丝刀的作用就是右螺旋。当用螺丝刀把螺钉往外卸出时，为了避免螺丝刀口打滑，必须保持一定的压力，此时手对螺丝刀的作用就是左螺旋。承受力螺旋作用的变形体轴

将发生拉压和扭转的组合变形。

(4) 力系平衡

当力系向 O 点简化时，若主矢 $\boldsymbol{F}_R'=\boldsymbol{0}$，主矩 $\boldsymbol{M}_O=\boldsymbol{0}$，这是力系平衡的情况。这一情况将在 5.2 节中再进行详细讨论。

综合上述空间任意力系的简化情况，可归纳为下面的表 5.1。

表 5.1　任意力系简化的最后结果

<table>
<tr><th>主矢</th><th colspan="2">主　矩</th><th>结果类型</th><th>说　明</th></tr>
<tr><td rowspan="2">$F_R'=0$</td><td colspan="2">$\boldsymbol{M}_O=0$</td><td>平衡</td><td>平衡力系</td></tr>
<tr><td colspan="2">$\boldsymbol{M}_O\neq 0$</td><td>合力偶</td><td>力矩与简化中心无关</td></tr>
<tr><td rowspan="4">$F_R'\neq 0$</td><td colspan="2">$\boldsymbol{M}_O=0$</td><td rowspan="2">合力</td><td>合力作用线通过简化中心</td></tr>
<tr><td rowspan="3">$\boldsymbol{M}_O\neq 0$</td><td>$F_R'\perp \boldsymbol{M}_O$</td><td>合力作用线与简化中心相距 $d=\dfrac{M_O}{F_R'}$</td></tr>
<tr><td>$F_R'\parallel \boldsymbol{M}_O$</td><td rowspan="2">力螺旋</td><td>中心轴通过简化中心</td></tr>
<tr><td>F_R' 与 $\boldsymbol{M}_O$ 成 α 角</td><td>中心轴与简化中心相距 $d=\dfrac{M_O\sin\alpha}{F_R'}$</td></tr>
</table>

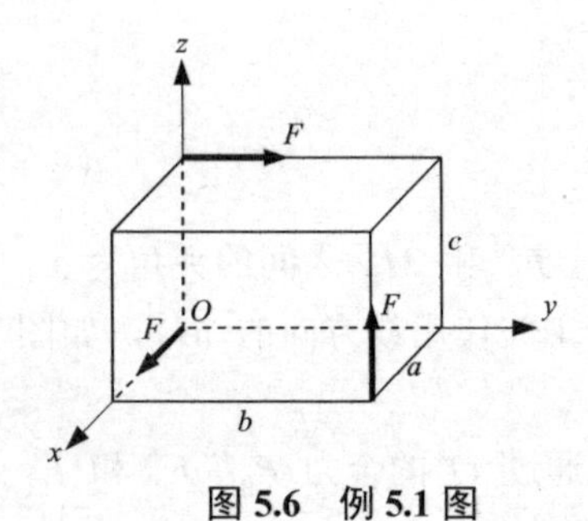

图 5.6　例 5.1 图

【例 5.1】 三个大小相等的力沿图 5.6 所示的长方体的三个不相交且不平行的棱作用。棱的长度 a、b 和 c 满足什么关系时这三个力能够简化为合力？

解： 建立图示直角坐标系。i，j 和 k 为沿坐标轴方向的单位矢量。选点 O 为简化中心，力系的主矢和主矩分别为

$$\left.\begin{aligned}\boldsymbol{F}_R'&=F(\boldsymbol{i}+\boldsymbol{j}+\boldsymbol{k})\\ \boldsymbol{M}_O&=F(b-c)\boldsymbol{i}-Fa\boldsymbol{j}\end{aligned}\right\}$$

当 $\boldsymbol{F}_R'\perp\boldsymbol{M}_O$ 时，力系就可以进一步简化为一个力。而当 $\boldsymbol{F}_R'\perp\boldsymbol{M}_O$ 时，$\boldsymbol{F}_R'$ 和 $\boldsymbol{M}_O$ 的数积为零，即

$$\boldsymbol{F}_R'\cdot\boldsymbol{M}_O=F^2(b-c)-F^2a=0$$

使上式成立的条件是 $a=b-c$。

由此可知，当长方体的棱边长度满足 $a=b-c$ 时，力系就能够简化为一个合力。

5.1.4　平面任意力系的简化结果

空间任意力系向某个指定点 O 简化，总可以得到主矢 $\boldsymbol{F}_R'$ 与主矩 $\boldsymbol{M}_O$。平面力系是空间力系的特例。如果用三维观点考察平面力系就容易看出，平面力系中所有的力矢量都在此平面内，而所有的力偶矩矢量都垂直于这个平面。因此，主矢必定在此平面内，主矩必定垂直于这个平面，主矢主矩的方向不可能平行，故不可能产生力螺旋。所以，平面任意力系简化的最后结果只有平衡、合力、合力偶三种情形。下面分别进行讨论。

(1) 简化为一个力偶

当平面任意力系向任一点简化时，若主矢 $\boldsymbol{F}_R'=\boldsymbol{0}$，主矩 $\boldsymbol{M}_O\neq\boldsymbol{0}$，得到一个与原力系等效的合力偶，其力偶矩等于原力系对简化中心的主矩，且此时主矩与简化中心的位置无关。

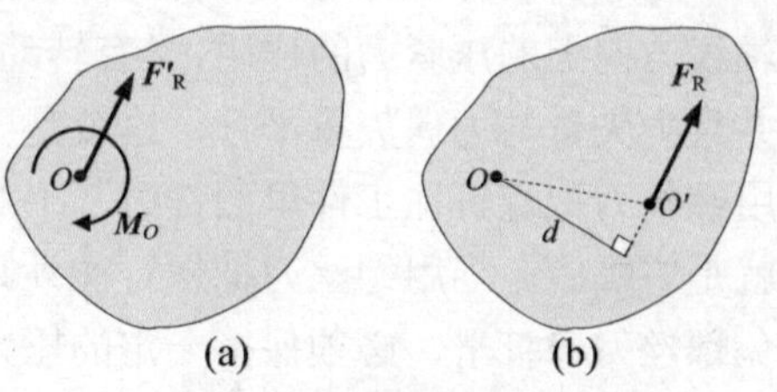

图 5.7　平面任意力系的简化

(2) 简化为一个合力

当平面力系向点O简化时，若主矢 $\boldsymbol{F}'_{\mathrm{R}} \neq \mathbf{0}$，主矩 $\boldsymbol{M}_O \neq \mathbf{0}$，如图 5.7(a) 所示，力系可进一步简化。与空间力系情况相同，$\boldsymbol{F}'_{\mathrm{R}}$ 和 $\boldsymbol{M}_O$ 最终可简化为一个合力 $\boldsymbol{F}_{\mathrm{R}}$，其大小和方向与原力系的主矢相同,合力的作用线通过另一简化中心 O',如图 5.7(b) 所示。合力作用线到点 O 的距离d，可按下式算得

$$d = \frac{M_O}{F_{\mathrm{R}}} \tag{5.12}$$

(3) 平面力系平衡

当平面任意力系向任一点简化时，若主矢 $\boldsymbol{F}'_{\mathrm{R}} = \mathbf{0}$，主矩 $\boldsymbol{M}_O = \mathbf{0}$，此时力系平衡，将在 5.2 节详细讨论。

【例 5.2】 已知 $F_1 = F$，$F_2 = 2F$，$F_3 = 5F$，三力分别作用在边长为 a 的正方形 $OABC$ 的 C、O、B 三点上，$\cos\alpha = 0.6$，如图 5.8(a) 所示，求此力系的简化结果。

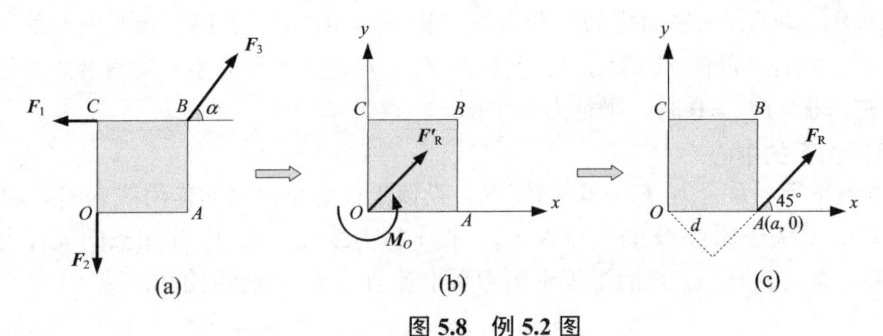

图 5.8 例 5.2 图

解：易于得到，$\sin\alpha = 0.8$。取 O 点为简化中心，建立图示坐标系 Oxy。力系的主矢

$$\boldsymbol{F}'_{\mathrm{R}} = \sum_{i=1}^{3} \boldsymbol{F}_i = (\sum_{i=1}^{3} F_{ix})\boldsymbol{i} + (\sum_{i=1}^{3} F_{iy})\boldsymbol{j}$$

$$= (-F_1 + F_3\cos\alpha)\boldsymbol{i} + (-F_2 + F_3\sin\alpha)\boldsymbol{j} = 2F(\boldsymbol{i} + \boldsymbol{j})$$

力系对 O 点的主矩

$$M_O = \sum M_O(\boldsymbol{F}_i) = F_1 a + F_3 a\sin\alpha - F_3 a\cos\alpha = Fa + 4Fa - 3Fa = 2Fa$$

力系向 O 点简化的结果为作用线通过该点的一个力 $\boldsymbol{F}'_{\mathrm{R}}$ 和力偶矩为 M_O 的一个力偶，如图 5.8(b) 所示。力系还可进一步简化为合力，其大、小方向与 $\boldsymbol{F}'_{\mathrm{R}}$ 相同

$$F'_{\mathrm{R}} = 2\sqrt{2}F$$

合力作用线离简化中心 O 点的距离

$$d = \frac{M_O}{F'_{\mathrm{R}}} = \frac{2Fa}{2\sqrt{2}F} = \frac{\sqrt{2}}{2}a$$

力系简化最后结果如图 5.8(c)所示。

5.1.5 平行力系及物体的形心

(1) 平行力系的简化

各力作用线相互平行的力系，称为平行力系。平行力系是任意力系的一种特殊情形，其简化结果可以从任意力系的简化结果直接得到。

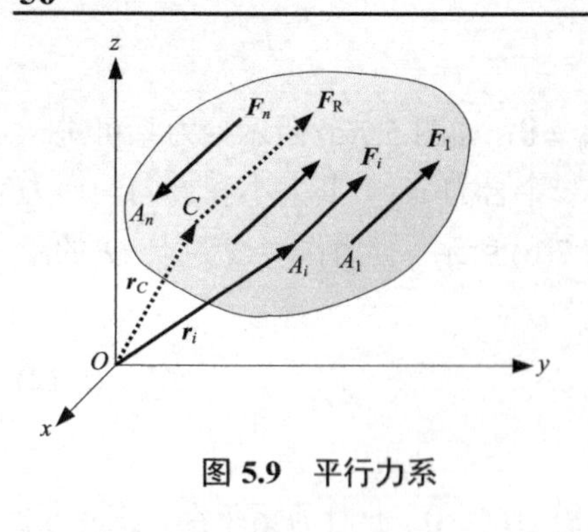

图 5.9 平行力系

设刚体上作用有平行力系 $\boldsymbol{F}_i\ (i=1,2,\cdots,n)$，第 i 个力 $\boldsymbol{F}_i$ 的作用点 A_i 相对 O 点的矢径为 $\boldsymbol{r}_i\ (i=1,2,\cdots,n)$，如图 5.9 所示。根据力线平移定理，平行力系向任一点 O 简化时，由于附加力偶总是与力垂直，因此，平行力系向一点 O 简化时，主矢 $\boldsymbol{F}'_\mathrm{R}$ 与主矩 $\boldsymbol{M}_O$ 必然是互相垂直的，即 $\boldsymbol{F}'_\mathrm{R}\cdot\boldsymbol{M}_O=0$，所以，平行力系简化的最后结果只有平衡、合力偶和合力三种情形。该力系的主矢和关于 O 点的主矩分别为

$$\left.\begin{aligned}\boldsymbol{F}'_\mathrm{R}&=\sum_{i=1}^{n}\boldsymbol{F}_i\\ \boldsymbol{M}_O&=\sum_{i=1}^{n}\boldsymbol{M}_O(\boldsymbol{F}_i)\end{aligned}\right\}\tag{5.13}$$

若 $\boldsymbol{F}'_\mathrm{R}=\boldsymbol{0}$，该平行力系简化为一合力偶。若 $\boldsymbol{F}'_\mathrm{R}\neq\boldsymbol{0}$，式（5.13）表明该力系向 O 点简化的主矩与主矢垂直，可进一步简化为一个合力 $\boldsymbol{F}_\mathrm{R}$。这样，平行力系一定有合力，且与各力线平行。若 $\boldsymbol{F}'_\mathrm{R}=\boldsymbol{0}$，$\boldsymbol{M}_O=\boldsymbol{0}$ 时，平行力系平衡。

(2) 平行力系的中心

下面考虑平行力系合力 $\boldsymbol{F}_\mathrm{R}\neq\boldsymbol{0}$ 的情况。设该平行力系合力的作用线为 L_1，对于 L_1 上的任意一点 C_1，其关于原点 O 的矢径为 $\boldsymbol{r}_{C1}$，设平行力系任一力 $\boldsymbol{F}_i$ 作用点的矢径为 $\boldsymbol{r}_i$，根据合力矩定理，合力 $\boldsymbol{F}_\mathrm{R}$ 对 O 点的矩等于该力系中各力对 O 点的矩的和，即

$$\boldsymbol{r}_{C1}\times\boldsymbol{F}_\mathrm{R}=\sum_{i=1}^{n}(\boldsymbol{r}_i\times\boldsymbol{F}_i)\tag{a}$$

记合力作用线的方向为正向，其单位矢量为 $\boldsymbol{e}_1$，即有

$$\boldsymbol{F}_i=F_i\boldsymbol{e}_1,\quad \boldsymbol{F}_\mathrm{R}=F_\mathrm{R}\boldsymbol{e}_1$$

由于单位矢量 $\boldsymbol{e}_1$ 的方向与合力方向相同，与所有分力的方向相同或相反，故有

$$\left(F_\mathrm{R}\boldsymbol{r}_{C1}-\sum_{i=1}^{n}F_i\boldsymbol{r}_i\right)\times\boldsymbol{e}_1=\boldsymbol{0}\tag{b}$$

如果保持平行力系中各力作用点和大小不变，而将各个作用线同时转过任意的一个角度 φ，则又得到一条平行力系的合力作用线 L_2，而且 L_2 将与直线 L_1 相交。记 L_2 方向上的单位矢量为 $\boldsymbol{e}_2$，这样，对于 L_2 上的任意一点 C_2，同样有

$$\left(F_\mathrm{R}\boldsymbol{r}_{C2}-\sum_{i=1}^{n}F_i\boldsymbol{r}_i\right)\times\boldsymbol{e}_2=\boldsymbol{0}\tag{c}$$

这样，对于 L_1 和 L_2 的交点 C，则有

$$\left(F_\mathrm{R}\boldsymbol{r}_C-\sum_{i=1}^{n}F_i\boldsymbol{r}_i\right)\times\boldsymbol{e}=\boldsymbol{0}\tag{d}$$

式中，$\boldsymbol{e}$ 可以是 $\boldsymbol{e}_1$，也可以是 $\boldsymbol{e}_2$，还可以是其他任意方向上的单位矢量；也就是说，$\boldsymbol{e}$ 可以是任意的。这样，

$$F_\mathrm{R}\boldsymbol{r}_C-\sum_{i=1}^{n}F_i\boldsymbol{r}_i=\boldsymbol{0}\tag{e}$$

所以

$$r_C = \frac{\sum_{i=1}^{n} F_i r_i}{F_R} = \frac{\sum_{i=1}^{n} F_i r_i}{\sum_{i=1}^{n} F_i} \tag{5.14}$$

式（5.14）在坐标轴上投影为

$$x_C = \frac{\sum_{i=1}^{n} F_i x_i}{\sum_{i=1}^{n} F_i}，\quad y_C = \frac{\sum_{i=1}^{n} F_i y_i}{\sum_{i=1}^{n} F_i}，\quad z_C = \frac{\sum_{i=1}^{n} F_i z_i}{\sum_{i=1}^{n} F_i} \tag{5.15}$$

由式(5.14) 和 式(5.15) 可知，C 的位置与平行力系中各力的方向无关，只取决于各力的代数值和作用点的位置，这个位置称为**平行力系中心**。平行力系中心是平行力系的特征，由此可引出物体重心的概念与重心坐标公式。

(3) 重心、质心、形心及其确定方法

在工程技术和日常生活中，空间分布的平行力系是经常遇到的，例如物体所受的重力等。物体受到的重力是一种体积力，就一般工程和生活问题的尺度而言，可以认为体积力是平行力系。在研究这种力系对于物体的作用时，不但应知道力系合力的大小，而且还应求出合力的作用点，这个作用点就是平行力系中心。物体的重心是平行力系中心的一个很重要的特例。重力是地球对于物体的引力，如果将物体视为由无数个质点组成，那么质点的重力便组成空间平行力系，这力系的合力就是物体的重量。不论物体如何放置，其重力的合力作用线相对于物体总是通过一个确定的点，这个点称为物体的重心。

重心的位置在工程中有重要意义，例如要使起重机保持稳定，其重心的位置应满足一定的条件；飞行器、轮船及车辆等运动稳定性也与质心或重心的位置有密切的关系。

将连续的物体离散化为有限个微元体，每个微元体的重量为 $\Delta W_i\ (i=1,2,\cdots,n)$，其中任一点 p_i 在任意选定的直角坐标系中的坐标为 $(x_i，\ y_i，\ z_i)$，按式（5.15）

$$x_C = \frac{1}{W}\sum_{i=1}^{n}\Delta W_i x_i，\quad y_C = \frac{1}{W}\sum_{i=1}^{n}\Delta W_i y_i，\quad z_C = \frac{1}{W}\sum_{i=1}^{n}\Delta W_i z_i \tag{5.16}$$

式中，$W=\sum_{i=1}^{n}\Delta W_i$ 为物体的总重量。按式（5.16）计算重心的位置依赖于所划分的微元体的 ΔW_i 体积大小和总数 n 。体积愈小总数愈大，则重心位置愈精确。令微元体的体积趋于零，而其总数趋于无穷，式（5.16）可表达为三重积分

$$x_C = \frac{\int_V \rho g x\,\mathrm{d}V}{\int_V \rho g\,\mathrm{d}V}，\quad y_C = \frac{\int_V \rho g y\,\mathrm{d}V}{\int_V \rho g\,\mathrm{d}V}，\quad z_C = \frac{\int_V \rho g z\,\mathrm{d}V}{\int_V \rho g\,\mathrm{d}V} \tag{5.17}$$

式中，ρ 为物体的密度；g 为重力加速度；$\mathrm{d}V$ 为体积微元。

对于均匀重力场，重力加速度为常数，从式（5.17）中消去 g，即可导出物体质心的计算公式

$$x_C = \frac{\int_V \rho x\,\mathrm{d}V}{\int_V \rho\,\mathrm{d}V}，\quad y_C = \frac{\int_V \rho y\,\mathrm{d}V}{\int_V \rho\,\mathrm{d}V}，\quad z_C = \frac{\int_V \rho z\,\mathrm{d}V}{\int_V \rho\,\mathrm{d}V} \tag{5.18}$$

它是物体的质量中心。对于密度ρ为常值的均质物体，从式（5.18）中消去ρ，则有

$$x_C = \frac{\int_V x\,\mathrm{d}V}{\int_V \mathrm{d}V}, \quad y_C = \frac{\int_V y\,\mathrm{d}V}{\int_V \mathrm{d}V}, \quad z_C = \frac{\int_V z\,\mathrm{d}V}{\int_V \mathrm{d}V} \tag{5.19}$$

式中，V是物体的体积。由上式可知，均质物体的重心位置完全取决于物体的几何形状，而与物体的重量无关。这时物体的重心就是物体几何形状的中心——形心。

由于定积分在其积分区域上具有可加性，如果积分区域V划分成彼此不相交的子集V_i $(i=1,2,\cdots,n)$，其形心分别为(x_i，y_i，z_i)，则由

$$\int_V x\mathrm{d}V = \sum_{i=1}^{n} V_i x_i \tag{5.20}$$

和式（5.19）可导出

$$x_C = \frac{1}{V}\sum_{i=1}^{n} V_i x_i, \quad y_C = \frac{1}{V}\sum_{i=1}^{n} V_i y_i, \quad z_C = \frac{1}{V}\sum_{i=1}^{n} V_i z_i \tag{5.21}$$

现代工程结构中常用等厚度薄壳以节约材料，减轻结构重量；飞机机翼和厂房屋顶等早已采用薄壳结构，农业建筑和农业机械也逐渐采用。薄壳的特点是厚度较其他的尺寸小得多，所以可将它作为曲面来处理，其形心公式为

$$x_C = \frac{\int_S x\,\mathrm{d}s}{\int_S \mathrm{d}s}, \quad y_C = \frac{\int_S y\,\mathrm{d}s}{\int_S \mathrm{d}s}, \quad z_C = \frac{\int_S z\,\mathrm{d}s}{\int_S \mathrm{d}s} \tag{5.22}$$

式中，S为整个薄壳的面积。注意薄壳的形心常常不在薄壳上。

均质简单几何形状物体的形心一般可通过积分求得。工程上常见形状的形心位置均可通过工程手册查出。

如果物体的形状比较复杂，可用组合法求其形心。此法将复杂形状物体分割成几个形状简单的物体，每个简单形状物体的形心是已知的，可由形心坐标公式（5.19）求出整个物体的形心为

$$x_C = \frac{\sum_{i=1}^{n} V_i x_{Ci}}{\sum_{i=1}^{n} V_i}, \quad y_C = \frac{\sum_{i=1}^{n} V_i y_{Ci}}{\sum_{i=1}^{n} V_i}, \quad z_C = \frac{\sum_{i=1}^{n} V_i z_{Ci}}{\sum_{i=1}^{n} V_i} \tag{5.23}$$

式中，x_{Ci}、y_{Ci}、z_{Ci}是第i个体积V_i的形心坐标。

如果物体可以视为一个大物体挖去一个小物体而构成，那么上式中的小物体体积应该取负值，这种方法称为负体积法。

对于形状更为复杂物体的重心位置，常用实验方法测定。

悬挂法是一种常用的实验方法。例如对一个具有复杂形状的平面图形，可以按一定比例将图形画在一块均匀的薄板上再将其切割下来。在图形边沿处的任意一点A用细绳将薄板悬挂起来。通过点A的铅垂线必定通过薄板重心。再另外选择一点B作一条铅垂线，则两条铅垂线的交点即为薄板重心的位置。由此便可确定平面图形的形心。

用多次称重的方法可以用来确定复杂且不均质物体的重心位置。读者可自行设计称重方案（留作习题）。

平面图形的形心的进一步分析和计算参见附录Ⅰ。

【例5.3】 如图5.10所示，若圆锥高度为H，试求圆锥的形心位置。

解：圆锥是轴对称物体，容易看出，其形心位于轴线上。取如图的坐标系，在距原点z处取一个厚度为dz的微元薄片，薄片面积为A。根据式（5.21），圆锥形心坐标

$$z_C=\frac{1}{V}\int_V z\,\mathrm{d}V=\frac{1}{V}\int_0^H Az\,\mathrm{d}z$$

容易看出，若圆锥底面积为A_0，则有$\frac{A}{A_0}=\frac{z^2}{H^2}$，即$A=\frac{z^2A_0}{H^2}$。同时注意到圆锥的体积$V=\frac{1}{3}A_0H$，将这此结果代入上述形心表达式即可得

$$z_C=\frac{3}{A_0H}\times\frac{A_0}{H^2}\int_0^H z^3\,\mathrm{d}z=\frac{3}{4}H$$

因此圆锥形心位于轴线上距底面$\frac{H}{4}$处。

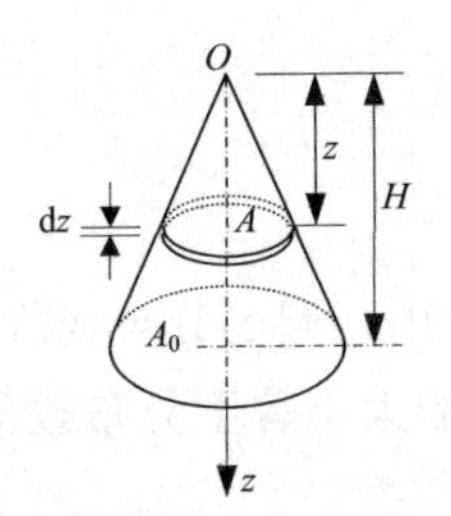

图5.10 圆锥的形心

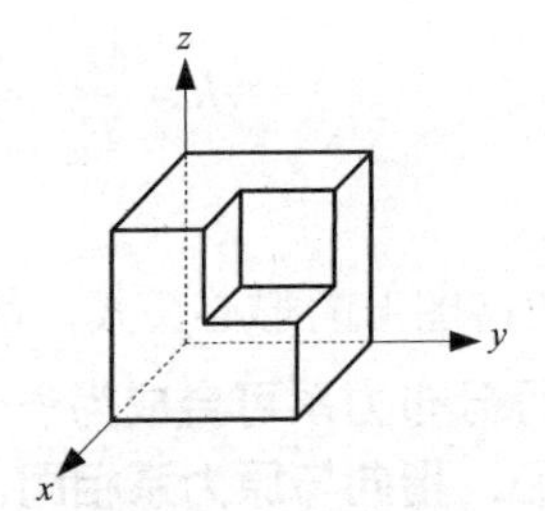

图5.11 几何体的形心

【例5.4】如图5.11所示，一个边长为$2a$的正立方体在其一个角顶处挖去了一个边长为a的正立方体，求该物体的形心坐标。

解：可以看出，原正立方体的形心x坐标为$x_{C1}=a$，体积为$V_1=8a^3$。所挖去的小正立方体的形心x坐标为$x_{C2}=\frac{3}{2}a$，体积为$V_2=a^3$。这样，这个物体的形心x坐标为

$$\begin{aligned}x_C&=\frac{V_1x_{C1}-V_2x_{C2}}{V_1-V_2}\\&=\left(8a^3\times a-a^3\times\frac{3}{2}a\right)\div(8a^3-a^3)=\frac{13}{14}a\end{aligned}$$

这样，根据物体的几何特性可得其形心坐标为

$$x_C=y_C=z_C=\frac{13}{14}a$$

(4) 平行分布载荷

平行分布载荷是指平行分布的表面力或体积力，通常是一个连续分布的平行力系，在工程中极为常见。

某些平行分布载荷可简化为沿直线分布的平行力，称为线载荷。线载荷的大小以某处单位长度上所受的力来表示，称为线载荷在该处的集度，常用q表示，单位为N/m或kN/m。

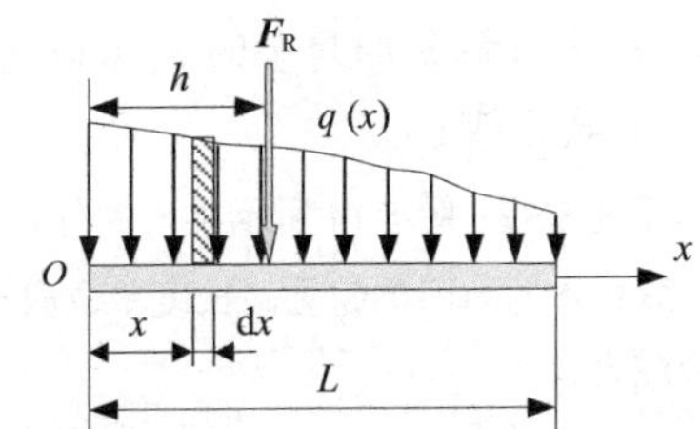

图5.12 平行分布力系的合成

图5.12即为作用在梁上的同向分布平行力系。

为求同向平行分布力系的合力，在距O点x处取微段

dx，作用在该微段上的力为$q(x)dx$。以O点为简化中心，将各微段上的力均平移至O点，得到

主矢 $$F'_R = \sum q(x)dx = \int_0^L q(x)dx$$

主矩 $$M_O = \sum xq(x)dx = \int_0^L xq(x)dx$$

因为主矢 $\boldsymbol{F}'_R \neq \boldsymbol{0}$，主矩 $\boldsymbol{M}_O \neq \boldsymbol{0}$，故同向平行分布力系可合成为一个合力$\boldsymbol{F}_R$，且合力$\boldsymbol{F}_R$的大小为

$$F_R = F'_R = \int_0^L q(x)dx \tag{5.24}$$

式（5.24）表示合力$\boldsymbol{F}_R$的大小等于分布载荷图形的面积。

合力 $\boldsymbol{F}_R$ 的作用线到O点的距离为

$$h = \frac{M_O}{F'_R} = \frac{\int_0^L xq(x)dx}{\int_0^L q(x)dx} \tag{5.25}$$

式（5.25）是分布载荷图形的形心公式，故合力 $\boldsymbol{F}_R$ 的作用线通过分布载荷图形的形心。

因此，**同向平行分布力系可合成为一个合力，合力的大小等于分布载荷图形的面积，作用线通过图形的形心，指向与原力系相同。**

图 5.13 给出了常见同向平行分布力系的合成结果。其中，图 5.13(a) 是均匀分布载荷，其合力在数值上等于载荷图形（矩形）的面积（qL），作用线通过载荷图形的形心，距两端均为$\frac{L}{2}$。

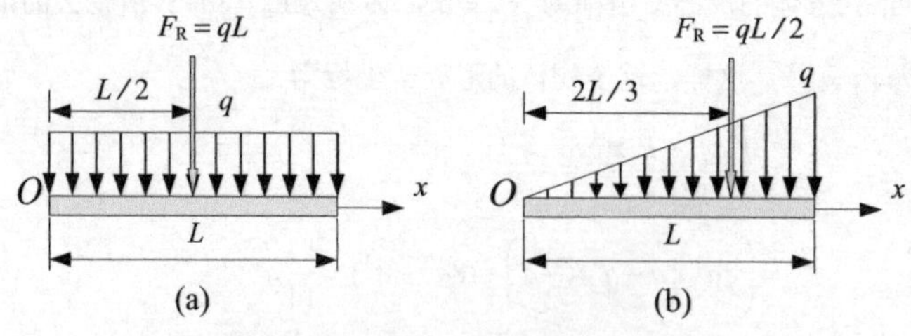

图 5.13 平行分布力系的合成

图 5.13(b) 是线性分布载荷，其合力在数值上等于载荷图形（三角形）的面积$\left(\frac{1}{2}qL\right)$，作用线通过载荷图形的形心，即距右端为$\frac{L}{3}$。

分布力系图形复杂时，可以先分成若干个简单的部分，各个部分分别计算形心位置，然后再将其合成。

【例 5.5】 图 5.14 所示梁上的分布载荷 $q_1 = 0.8$ kN/m，$q_2 = 0.2$ kN/m，求作用在梁上的合力。

解：本题为简单起见，长度单位取 m，力的单位取 kN。将载荷图形分为如图 5.14(b)所示的三部分。各自合成为：

$F_{R1} = 0.8 \times 2 = 1.6$ kN，作用线距 O 点 1 m；

$F_{R2} = 0.2 \times 3 = 0.6$ kN，作用线距 O 点 3.5 m；

$$F_{R3}=0.6\times3/2=0.9\text{ kN}$$，作用线距 O 点 3 m。

合力的大小为

$$F_R=F_{R1}+F_{R2}+F_{R3}=3.1\text{ kN}$$

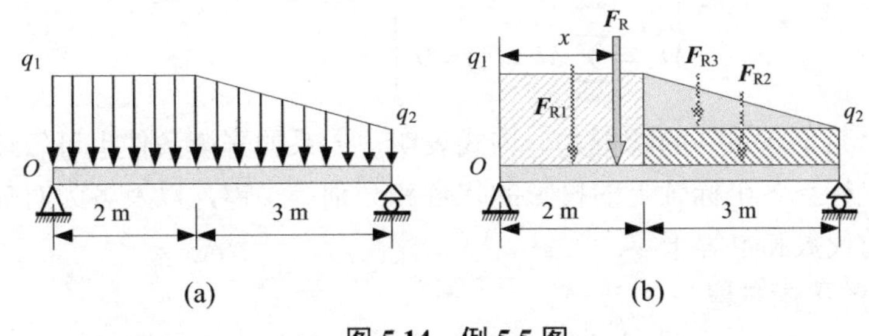

图 5.14　例 5.5 图

合力的指向与分布载荷相同。

设合力 F_R 距 O 点为 x，由合力矩定理有

$$-F_Rx=-F_{R1}\times1-F_{R2}\times3.5-F_{R3}\times3=-6.4\text{ kN}\cdot\text{m}$$

可得 $x=2.06\text{ m}$。

故合力为 $F_R=3.1\text{ kN}$，作用在距 O 点 2.06 m 处，方向向下，如图 5.14(b) 所示。

5.2　任意力系的平衡条件

平衡是相对于确定的参考系而言的。例如，地球上平衡的物体是相对于地球上固定参考系的，相对于其他的参考系可能是不平衡的。本书所讨论的平衡问题都是以地球作为固定参考系的。本书所讨论的平衡问题，可以是单个物体，也可能是由若干个物体组成的结构，这种结构称为物体系统。任意力系的平衡条件及其应用是刚体静力学研究的重点内容，在工程实践中有广泛的应用。本节首先介绍各种力系的平衡方程，然后应用平衡方程研究物体的平衡问题。至于物体系统平衡问题将在 5.3 节中详细介绍。

5.2.1　平衡条件与平衡方程

物体或物体系统平衡与否，取决于作用在其上面的力系。力系的平衡是物体和物体系统平衡的必要条件。力系平衡的条件是，力系的主矢和力系对任一点 O 的主矩都等于零，即

$$\boldsymbol{F}'_R=\sum_{i=1}^{n}\boldsymbol{F}_i=\boldsymbol{0} \tag{5.26}$$

$$\boldsymbol{M}_O=\sum_{i=1}^{n}\boldsymbol{M}_O(\boldsymbol{F}_i)=\boldsymbol{0} \tag{5.27}$$

式（5.26）的分量形式为

$$\left.\begin{aligned}F'_{Rx}=\sum_{i=1}^{n}F_{ix}=0\\F'_{Ry}=\sum_{i=1}^{n}F_{iy}=0\\F'_{Rz}=\sum_{i=1}^{n}F_{iz}=0\end{aligned}\right\} \tag{5.28}$$

式（5.27）的分量形式为：

$$\left.\begin{aligned} M_x &= \sum_{i=1}^{n} M_x(F_i) = 0 \\ M_y &= \sum_{i=1}^{n} M_y(F_i) = 0 \\ M_z &= \sum_{i=1}^{n} M_z(F_i) = 0 \end{aligned}\right\} \tag{5.29}$$

上述方程为力系平衡条件的解析式。该式表明，力系的平衡条件也可叙述为：力系中各力在任选的直角坐标系各坐标轴上的投影的代数和分别等于零，以及各力对任选的直角坐标系各坐标轴的矩的代数和也等于零。

(1) 空间力系的平衡方程

在式（5.28）与式（5.29）中略去所有表达式中的下标 i，可以简写为

$$\left.\begin{aligned} \sum F_x = 0 \\ \sum F_y = 0 \\ \sum F_z = 0 \end{aligned}\right\}, \qquad \left.\begin{aligned} \sum M_x(F) = 0 \\ \sum M_y(F) = 0 \\ \sum M_z(F) = 0 \end{aligned}\right\} \tag{5.30}$$

这就是空间力系平衡方程的基本形式。上式表明：在空间任意力系作用下刚体平衡的充要条件是，力系中所有各力在三个坐标轴上投影的代数和均等于零，力系中各力对此三轴之矩的代数和也分别等于零。

上述 6 个平衡方程是互相独立的，它可以求解 6 个未知量。应当指出，列平衡方程时投影轴和力矩轴可以任意选取，在解决实际问题时适当选择力矩轴和投影轴可以简化计算，尤其是研究复杂系统的平衡问题时，往往要解多个联立方程。但必须注意每取一个研究对象，方程的总数不能超出 6 个，所列方程必须是相互独立的平衡方程。

这些平衡方程适用于任意力系。在一些特殊情形下，例如平面力系、力偶系以及其他特殊力系，其中某些平衡方程是自然满足的，独立的平衡方程数目会有所不同。

(2) 空间特殊力系的平衡方程

① 空间汇交力系的平衡方程

对于所有力的作用线都相交于一点的空间汇交力系，将简化中心 O 选在力系的汇交点上。上述平衡方程中三个力矩方程将恒等于零，于是，平衡方程数目仅为三个，即

$$\left.\begin{aligned} \sum F_x = 0 \\ \sum F_y = 0 \\ \sum F_z = 0 \end{aligned}\right\} \tag{5.31}$$

② 空间力偶系的平衡方程

对于力偶作用面位于不同平面的空间力偶系，平衡方程中的三个力的投影式自然满足，其平衡方程为

$$\left.\begin{aligned} \sum M_x(F) = 0 \\ \sum M_y(F) = 0 \\ \sum M_z(F) = 0 \end{aligned}\right\} \tag{5.32}$$

③ 空间平行力系的平衡方程

设力系平行于 z 轴，如图 5.15 所示，则上述 6 个平衡方程中，$\sum F_x=0$，$\sum F_y=0$，$\sum M_z(F)=0$ 自然满足，于是，则得到 3 个独立的平衡方程为

$$\left.\begin{aligned}\sum F_z=0\\ \sum M_x(F)=0\\ \sum M_y(F)=0\end{aligned}\right\}\tag{5.33}$$

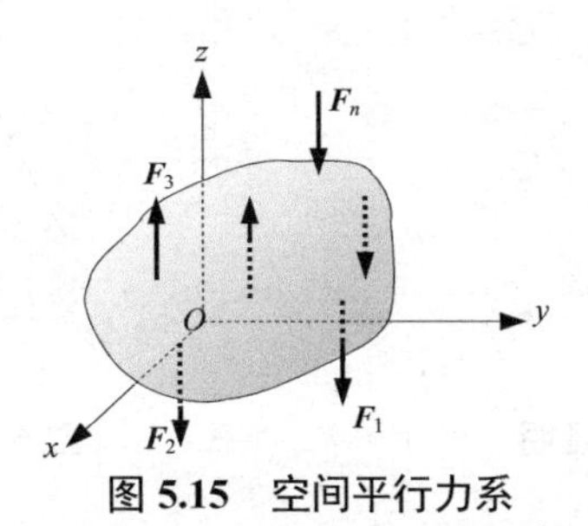

图 5.15　空间平行力系

(3) 平面力系的平衡方程

所有力的作用线都位于同一平面的力系称为平面任意力系。假设 Oxy 坐标平面与力系的作用面相一致，则任意力系的 6 个平衡方程中，有

$$\sum F_z=0,\quad \sum M_x(F)=0,\quad \sum M_y(F)=0$$

自然满足，于是，平面力系平衡方程的一般形式为

$$\left.\begin{aligned}\sum F_x=0\\ \sum F_y=0\\ \sum M_O(F)=0\end{aligned}\right\}\tag{5.34}$$

式（5.34）中有 3 个独立的平衡方程，其中只有一个力矩方程，这种形式的平衡方程称为一矩式。由于投影轴和矩心 O 是在力系作用面内可以任意选取的。因此，在实际解题时，为了简化计算，平衡方程组中的力的投影方程可以部分或全部地用力矩方程替代，从而得到平面任意力系平衡方程的二矩式、三矩式。但所选的投影轴与取矩点之间应满足一定的条件。

① 二矩式

平面任意力系的二力矩形式的平衡方程为

$$\left.\begin{aligned}\sum M_A(F)=0\\ \sum M_B(F)=0\\ \sum F_x=0\end{aligned}\right\}\tag{5.35}$$

其中点 A 和点 B 是平面内任意两点，但是 A、B 两点的连线不能与 x 轴垂直，如图 5.16 所示。这是因为，当上述 3 个方程中的第一式和第二式同时满足时，力系不可能简化为一力偶，只可能简化为通过 AB 两点的一个合力或者是平衡力系。但是，当第三式同时成立时，而且 AB 与 x 轴不垂直，力系便不可能简化为一合力 $\boldsymbol{F}_{\mathrm{R}}$，否则，力系中所有的力在 x 轴上投影的代数和不可能等于零。因此原力系必然为平衡力系。

② 三矩式

平面任意力系的三力矩形式的平衡方程为

$$\left.\begin{array}{l}\sum M_A(F)=0\\ \sum M_B(F)=0\\ \sum M_C(F)=0\end{array}\right\} \tag{5.36}$$

但是 A、B 、C 三点不能共线，如图 5.17 所示。由上述三个方程可知，力系不可能简化成为力偶，若简化为合力，则合力要过 A、B 、C 三点，但由于此三点不共线，故力系不可能有合力，只能保持平衡。

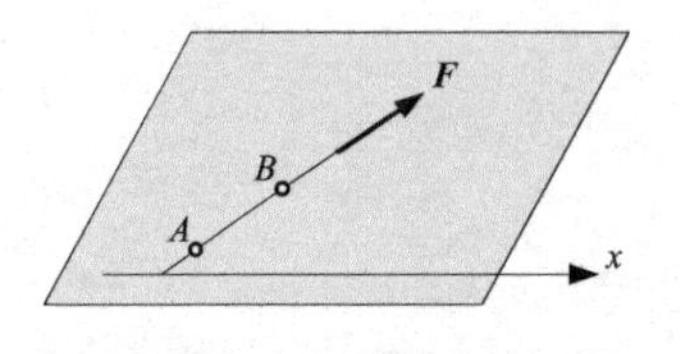

图 5.16 式（5.35）证明

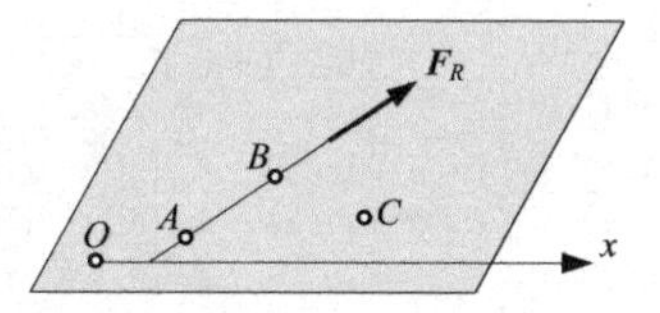

图 5.17 式（5.36）证明

需要指出的是：

a. 上述平衡方程式中所提及的坐标轴和矩心皆可任意选择，但为了避免解联立方程，应使所选坐标轴尽量垂直于未知力，所选矩心位于未知力的交点上；在某些情况下，矩心可能在研究对象之外。

b. 平面任意力系的平衡方程虽然有三种不同的形式，但一个任意的平面平衡力系只能有三个独立的平衡方程。若所列出平衡方程多于三个，则一定有方程不是独立的；这是力系平衡必然的结果。在实际应用中，可根据具体情况选择适当形式的平衡方程。为计算方便，应尽量使一个方程中只包含一个未知量。

(4) 平面特殊力系的平衡方程

其他平面力系可视为平面任意力系的特例，其平衡方程可由平面任意力系的平衡方程得到。

① 平面汇交力系

对汇交点 O 建立力矩方程，$\sum M_O(F)=0$，则平面汇交力系有 2 个独立的平衡方程

$$\left.\begin{array}{l}\sum F_x=0\\ \sum F_y=0\end{array}\right\} \tag{5.37}$$

上述结论在 3.3 节中已经导出。在 3.3 节中同时还导出，平面汇交力系平衡的充要条件的几何表述形式是：力系中由力矢构成的多边形自行封闭。

② 平面力偶系

平面力偶系平衡的必要与充分条件是：力偶中各力偶矩的代数和等于零，即只有 1 个独立的平衡方程

$$\sum M_i=0 \tag{5.38}$$

③ 平面平行力系

当平面平行力系的主矢和主矩同时等于零时，该力系处于平衡。选 x 轴与力系平行，则得到 2 个独立的平衡方程为

$$\left.\begin{aligned}\sum F_x = 0 \\ \sum M_O(F) = 0\end{aligned}\right\} \tag{5.39}$$

平面平行力系只有两个独立的平衡方程，除上面的一矩式外，还可写成如下的二力矩形式，即

$$\left.\begin{aligned}\sum M_A(F) = 0 \\ \sum M_B(F) = 0\end{aligned}\right\} \tag{5.40}$$

其中 A、B 两点的连线不能与各力的作用线平行。

5.2.2 平衡方程的应用

任意力系的平衡问题包括单个物体和由若干个物体组成的物体系统的平衡问题。下面先讨论单个物体的平衡问题，它是求解物体系统平衡问题的基础，必须熟练掌握，而物体系统的平衡问题将在后面讨论。

求解单个物体平衡问题的步骤为：

① 选取研究对象，取隔离体，画受力图。

② 根据受力图中力系的特点，灵活地选取投影轴和矩心。所列出的方程个数不能多于该种力系的独立平衡方程个数。投影轴和矩心的选取原则是：使尽可能多的未知力与投影轴垂直，使尽可能多的未知力作用线通过矩心，以求做到列出一个平衡方程，就能求解一个未知量，避免解联立方程组。

③ 列平衡方程解出所需的未知量。若所得结果为负，则说明负号的含义，而不必去改变受力图中原来假设的方向。

④ 校核所得到的结果。

下面举例说明。

【例 5.6】 图 5.18(a) 所示结构中，A、C、D 三处均为铰链约束。横杆 AB 在 B 处承受竖直方向的集中力 F。结构各部分尺寸均示于图中，试求撑杆 CD 的受力以及 A 处的约束力。

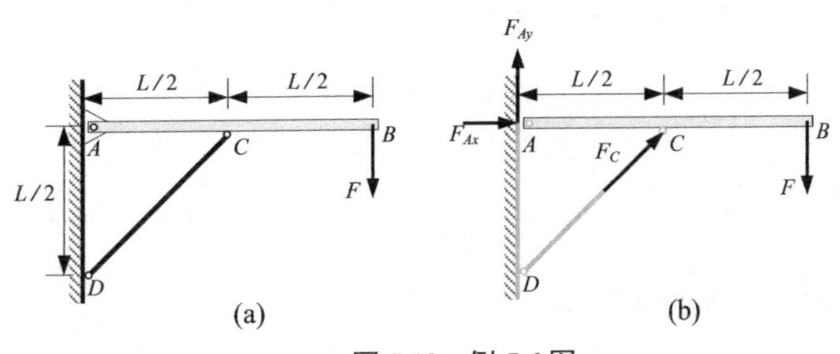

图 5.18 例 5.6 图

解：(1) 选择平衡对象。

本例所要求的是 CD 杆的受力和 A 处的约束力，若以撑杆 CD 杆为平衡对象，其两端均为铰链约束，中间无其他力作用，故为二力杆。据此，只能确定两端约束力大小相等、方向相反，不能得到所要求的结果。

考虑到横梁 ACB 上既作用有已知载荷，又在 A、C 二处作用有所要求的未知约束力，因此，本例应以横梁 ACB 作为平衡对象。

(2) 受力分析

因为 CD 为二力杆，横杆 AB 在 C 处的约束力与撑杆在 C 处的受力互为作用与反作用力，其方向已确定。

此外，横杆在 A 处为固定铰支座，可提供一个大小和方向均未知的约束力。于是横杆 AB 承受 3 个力作用。根据三力平衡条件，用汇交力系平衡方程不难确定 A、C 两处的约束力。

为了应用平面力系的平衡方程，现将 A 处的约束力分解为相互垂直的两个分力 F_{Ax} 和 F_{Ay}。C 处的约束力 F_C 沿着 CD 杆的方向。于是，横杆的受力如图 5.18(b) 所示。此处应注意，C 处的约束已经由约束力所代替，故不必画出。

(3) 对平衡对象应用平衡方程，求解所要求的未知量。

横梁 AB 上作用有已知力 F 和未知力 F_{Ax}、F_{Ay}、F_C。应用平面力系的 3 个独立平衡方程可以求得全部未知量。为了避免求解联立方程，应该采用关于 A、C、D 三点的力矩平衡方程，使每个平衡方程只包含一个未知量：

$\sum M_A(F)=0$，即 $-FL+F_C\times\dfrac{L}{2}\sin 45^\circ=0$，可得 $F_C=2\sqrt{2}F$；

$\sum M_C(F)=0$，即 $-F\times\dfrac{L}{2}-F_{Ay}\times\dfrac{L}{2}=0$； 可得 $F_{Ay}=-F$；

$\sum M_D(F)=0$，即 $-FL-F_{Ax}\cdot\dfrac{L}{2}=0$， 可得 $F_{Ax}=-2F$。

负值表示实际方向与图设方向相反。

有兴趣的读者，不妨采用汇交力系平衡方程或平面力系平衡方程其余两种形式重解本例，并对上述各种方法加以比较。

【例 5.7】 简支梁受力如图 5.19 所示。求支座 A、B 的约束力。

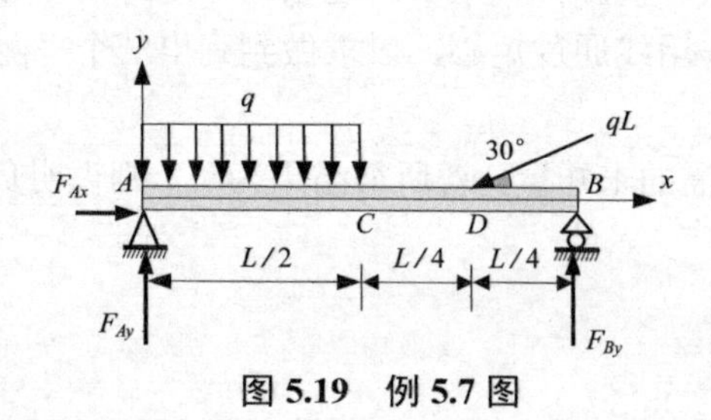

图 5.19 例 5.7 图

解：① 选取研究对象，画受力图。以梁 AB 为研究对象。铰支座 A 的约束力通过铰链中心，方向未知，故用通过铰链中心 A 的两个相互垂直的分力即水平分力 F_{Ax} 和竖向分力 F_{Ay} 表示。辊轴支座 B 的约束力 F_{By} 通过铰链中心 B，沿竖直方向。F_{Ax}、F_{Ay}、F_B 的方向分别假设如图 5.19 所示，显然所有作用在梁上的力组成了一个平面任意力系。

② 列平衡方程，求约束力。取直角坐标系如图 5.19 所示。

$$\sum F_x=0,\qquad F_{Ax}-qL\cos 30^\circ=0$$

可得 $F_{Ax}=0.886qL$。

$$\sum M_A(F)=0$$

$$F_{By}L-q\times\frac{L}{2}\times\frac{L}{4}-qL\sin 30^\circ\times\frac{3}{4}L=0$$

可得 $F_{By}=0.5qL$。

$$\sum M_B(F)=0,\quad F_{Ay}L-q\times\frac{L}{2}\times\frac{3}{4}L-qL\sin 30^\circ\times\frac{L}{4}=0$$

可得 $F_{Ay}=0.5qL$。

③ 分析讨论。根据平面任意力系的平衡条件，只能列出三个独立的平衡方程，其他再列出的平衡方程是不独立的，但它们能起校核作用。如本例中可以利用 $\sum F_y=0$ 校核以上计算结果的正确性：

$$\sum F_y=F_{Ay}-q\times\frac{L}{2}-qL\sin 30^\circ+F_{By}=0.5qL-0.5qL-0.5qL+0.5qL=0$$

上式说明计算结果正确。

【例5.8】 如图5.20所示的三轮车，前后轮距为2m，自重 $G=5\,\text{kN}$，作用在E点，载重 $F=10\,\text{kN}$，作用在C点，设三轮车为静止状态，试求地面对车轮的约束力。

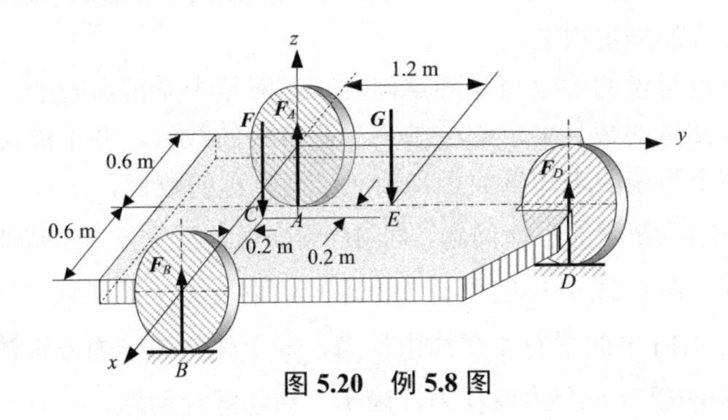

图5.20　例5.8图

解：① 选小车为研究对象，画受力图如图5.20所示。其中F和G为主动力，F_A、F_B、F_D为地面的约束反力，此五个力相互平行，组成空间平行力系。

② 取坐标轴如图所示，列出平衡方程求解（本题为简单起见，长度单位取m，力的单位取kN）。

$$\sum M_x=0,\quad 2F_D-0.2F-1.2G=0,\quad F_D=4\,\text{kN}$$

$$\sum M_y=0,\quad -0.6F_D-1.2F_B+0.8F+0.6G=0,\quad F_B=9\,\text{kN}$$

$$\sum F_z=0,\quad -F-G+F_A+F_B+F_D=0,\quad F_A=2\,\text{kN}$$

5.3　物系平衡

5.3.1　物体系统平衡问题

前面研究了任意力系单个物体的平衡问题，但是在工程结构中往往是由若干个物体通过一定的约束来组成一个系统，这种系统称为**物体系统**。物体系统平衡问题的特点是：仅仅考察系统的整体或某个局部（单个物体或局部物体系统），不能确定全部未知力。

在一个物体系统中，一个物体的受力与其他物体是紧密相关的，整体受力又与局部紧密相关。在研究物体系统的平衡问题时，不仅要知道外界物体对这个系统的作用力，即外力；同时还应分析系统内部物体之间的相互作用力，即内力。

当物体系统平衡时，组成该系统的每个物体或每一个局部都处于平衡状态，因而，对于每一个物体一般可写出6个独立的平衡方程。如果该物体系统有n个物体，而每个物体又都在空间任意力系作用下，则就有$6n$个独立的平衡方程，可以求出$6n$个未知量。但是，如果作用在系统中的力系具有一定的特征或规律，例如空间汇交力系、空间平行力系、平面任意力系、平面汇交力系或平面平行力系等，则独立的平衡方程将相应减少，而所能求的未知量数目也相应减少。

5.3.2　静定和超静定问题的概念

如前所述，当物系平衡时，作用于其上的力系的独立平衡方程数目是一定的，可求解的未知量的个数也是一定的。当系统中的未知量的数目等于独立平衡方程的数目时，则所有的未知量都能由平衡方程求出，这样的问题称为**静定问题**（statically determinate problem）。在工程结构中，有时为了提高结构的刚度和可靠性，常常增加多余的约束，使得结构中未知量的数目多于独立平衡方程的数目，仅通过静力学平衡方程不能完全确定这些未知量，这种问题称为**超静定问题**（statically indeterminate problem），或称**静不定问题**。系统未知量数目与独立平衡方程数目的差称为超静定次数。

应当指出的是，这里说的静定与超静定问题，是对整个系统而言的。若从该系统中取出一个分离体，它的未知量的数目多于它的独立平衡方程的数目，并不能说明该系统就是超静定问题，而要分析整个系统的未知量数目和独立平衡方程的数目。

图 5.21 是单个物体 *AB* 梁的平衡问题，对 *AB* 梁来说，所受各力组成平面任意力系，可列三个独立的平衡方程。图 5.21(a) 中的梁有 3 个未知约束反力，等于独立的平衡方程的数目，属于静定问题；图 5.21(b) 中的梁有 4 个约束反力，多于独立的平衡方程数目，属于一次超静定问题。图 5.21(c) 中的梁有 5 个约束反力，属于二次超静定问题。

超静定问题，需要综合考虑结构的静力平衡关系、变形关系和材料力学性能才能求解。单靠静力平衡方程，只能求解静定问题。

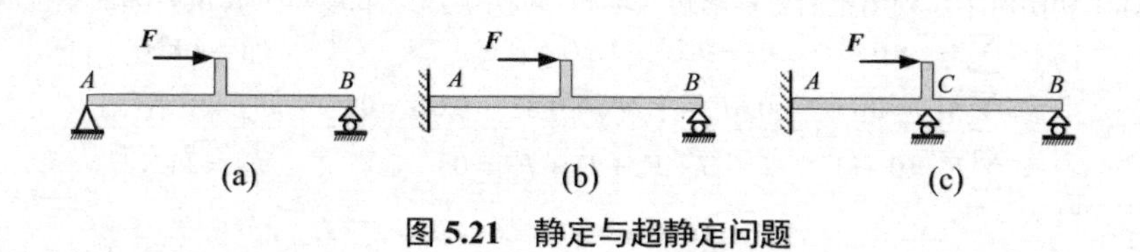

图 5.21　静定与超静定问题

在解答物体系统的平衡问题时，可以选取整个物体系统作为研究对象，也可以选取物体系统中某部分物体（一个物体或几个物体组合）作为研究对象，以建立平衡方程。由于物体系统的未知量较多，应尽量避免列出所有的方程联立求解。在有的情况下，可选取整个系统为研究对象，看能否从中解出一个或两个未知量，然后再分析每个物体的受力情况。而在另一些情况下，首先选取受力简单的物体进行分析则可能更简单一些。总之，应根据系统的具体情况灵活分析，使每次所建立的平衡方程中包含的未知量尽可能地少，以简化计算。

对于物系平衡问题的求解，原则上都要首先分析问题是否静定。对于静定问题，可列出每个物体的平衡方程并联立求解。但这样势必导致所有的内部约束力也出现在平衡方程中，增加了求解的工作量与难度。由于许多工程实际问题往往只需求出系统的部分约束力，因此需要灵活选择研究对象，以便通过最简捷的途径求出所要求的未知量。

一般来讲，研究对象的选择大体可遵循以下几个原则。

① 如果系统的外部约束力的全部或部分能通过对系统的整体分析而求出，则可先取整体为研究研究对象。

② 选择受力情形最简单，且未知约束力数最少的某个刚体或子系统为研究对象。

③ 选择合适的坐标系和矩心，力求一个方程只包含一个未知的要素。尽量避免求解联立的平衡方程。

④ 对于由圆柱铰链连接的多个刚体，可将销钉处理成依附于某一个刚体上；也可以单独取销钉为研究对象。通常采用前者。

求解物系平衡问题的步骤如下。

① 适当选择研究对象，画出各研究对象的分离体的受力图（研究对象可以是物系整体、

单个物体，也可以是物系中几个物体的组合）。

② 分析各受力图，确定求解顺序。研究对象的受力图可分为两类：一类是未知量数等于独立平衡方程的数目，称为是可解的；另一类是未知量数超过独立平衡方程的数目，称为暂不可解的。若是可解的，应先取其为研究对象，求出某些未知量，再利用作用与反作用关系，扩大求解范围。有时也可利用其受力特点，列出平衡方程，解出某些未知量。如某物体受平面一般力系作用，有四个未知量，但有三个未知量汇交于一点，则可取该三力汇交点为矩心，列方程解出不汇交于该点的那个未知力。这便是解题的突破口，因为由于某些未知量的求出，其他不可解的研究对象也可以成为可解了。这样便可确定求解顺序。

③ 根据确定的求解顺序，逐个列出平衡方程求解。由于同一问题中有几个受力图，所以在列出平衡方程前应加上受力图号，以示区别。

下面举例说明求解物体系统平衡问题的方法。

【例 5.9】 如图 5.22 所示的结构由杆 AB 与 BC 在 B 处铰接而成。结构 A 处为固定端，C 处为辊轴支座。结构在 DE 段承受均布载荷作用，载荷集度为 q；E 处作用有外加力偶，其力偶矩为 $\boldsymbol{M}$。若 q、M、L 等均为已知，试求 A、C 二处的约束力。

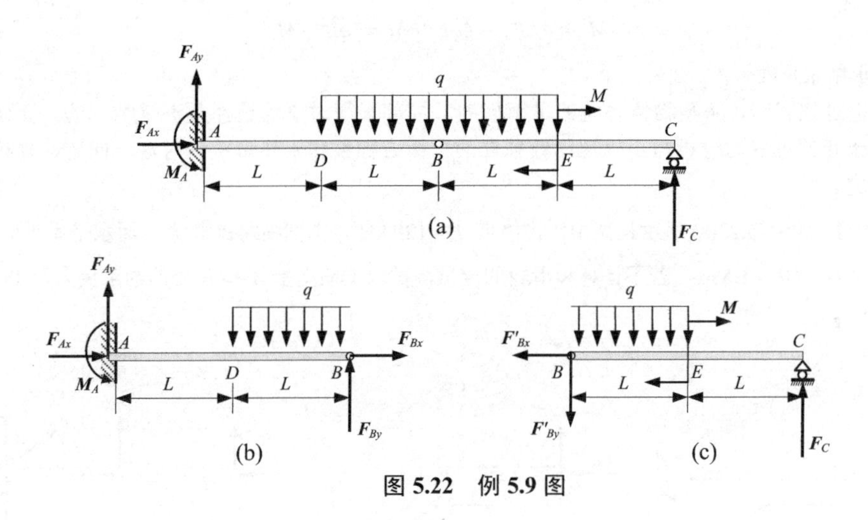

图 5.22　例 5.9 图

解：① 受力分析，选择平衡对象

考察结构整体，在固定端 A 处有 3 个约束力，记为 $\boldsymbol{F}_{Ax}$、$\boldsymbol{F}_{Ay}$ 和 $\boldsymbol{M}_A$；在辊轴支座 C 处有 1 个竖直方向的约束力 $\boldsymbol{F}_C$。这些约束力称为系统的**外约束力**。仅仅根据系统整体的 3 个平衡方程，无法确定所要求的 4 个未知约束力。因而，除了以系统整体外，还需要其他的平衡对象。为此，必须将系统拆开。

B 处的铰链，是系统内部的约束，称为**内约束**。

将结构从 B 处拆开，则铰链 B 处的约束力可以用相互垂直的两个分量表示，但作用在两个刚体 AB 和 BC 上同一处 B 的约束力，互为作用与反作用力。这种约束力称为系统的**内约束力**。内约束力在考察结构整体平衡时并不出现。

因此，系统整体受力如图 5.22(a) 所示；刚体 AB 和 BC 的受力如图 5.22(b) 和(c) 所示。

② 整体平衡

根据整体结构的受力图，如图 5.22(a) 所示。为了简便起见，当取整体为研究对象时，可以在原图上画受力图。由平衡方程 $\sum F_x = 0$，可得 $F_{Ax} = 0$。

③ 局部平衡

杆 AB 的 A、B 二处作用有 5 个约束力，其中已求得 $F_{Ax} = 0$，尚有 4 个未知，故杆 AB 不宜最先选作平衡对象。杆 BC 的 B、C 二处共有 3 个未知约束力，可由 3 个独立平衡方程确定。因此，先以杆 BC 为平衡对象，如图 5.22(c) 所示，求得其上的约束力后，再应用 B 处两部分约束力互为作用与反作用关系，考察杆 AB 的平衡，如图 5.22(b) 所示，即可求得 A 处的约束力。也可以在确定了 C 处的约束力之后再考察整体平衡，这样也可以求得 A 处的约束力。

④ 以 BC 段为研究对象，

$$\sum M_B=0\text{，}\quad F_C\times 2L-M-qL\times\frac{L}{2}=0$$

可得

$$F_C=\frac{M}{2L}+\frac{qL}{4}$$

⑤ 再以整体为研究对象，

$$\sum F_y=0\text{，}\quad F_{Ay}-2qL+F_C=0$$

可得

$$F_{Ay}=-\frac{M}{2L}+\frac{7qL}{4}$$

$$\sum M_A=0\text{，}\quad F_C\times 4L-M-2qL\times 2L+M_A=0$$

可得

$$M_A=3qL^2-M$$

⑥ 校核：

$$\sum M_C=0\text{，}\quad M_A-4LF_{Ay}+2qL\times 2L-M=0$$

$$M_A=4LF_{Ay}-4qL^2+M=3qL^2-M$$

上式说明所求结果正确。

上述分析过程表明，考察物体系统的平衡问题，局部平衡对象的选择并不是唯一的。正确选择平衡对象，取决于正确的受力分析与正确地比较独立的平衡方程数和未知量数。对这一问题，建议读者结合本例自行研究。

【例 5.10】 如图 5.23(a) 所示构架中，物体重 $P=120\,\text{kN}$，由细绳跨过滑轮 E 而水平系于墙上，$AD=DB=2\,\text{m}$，$CD=DE=1.5\,\text{m}$，若不计杆和滑轮的重量，试求支座支承 A 和 B 处的约束反力及 BC 杆所受的力 $\boldsymbol{F}_{BC}$。

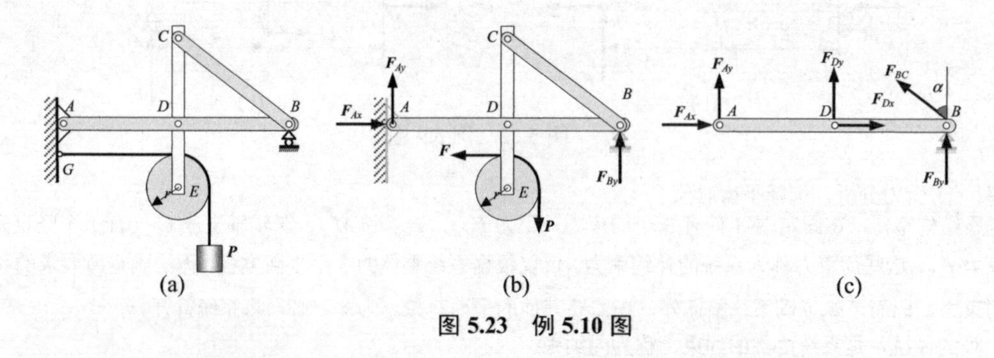

图 5.23　例 5.10 图

解： ① 取系统整体为研究对象，画出受力如图 5.23(b) 所示。显然，$F=P$。

列平衡方程并求出相应约束力（本题为简单起见，长度单位取 m，力的单位取 kN）

$$\sum M_A=0\text{，}\quad F_{By}\times\overline{AD}-F\times(\overline{DE}-r)-P\times(\overline{AD}+r)=0\text{，}\quad F_{By}=105\,\text{kN}$$

$$\sum F_x=0\text{，}\quad F_{Ax}-F=0\text{，}\quad F_{Ax}=F=P=120\,\text{kN}$$

$$\sum F_y=0\text{，}\quad F_{Ay}-P+F_{By}=0\text{，}\quad F_{Ay}=P-F_{By}=15\,\text{kN}$$

② 为了求得 BC 杆所受的力，以 ADB 杆为研究对象，画出受力如图 5.23(c) 所示。列平衡方程

$$\sum M_D(F)=0\text{，}\quad -F_{Ay}\times\overline{AD}+F_{By}\times\overline{DB}+F_{BC}\cos\alpha\times\overline{DB}=0$$

式中，$\cos\alpha=\dfrac{1.5}{\sqrt{2^2+1.5^2}}=0.6$，故有

$$F_{BC}=-150\ \text{kN}$$

这就是二力杆 *BC* 杆所受的力，负值说明 *BC* 杆受压。

5.3.3　平面桁架

桁架是一种由直杆彼此在两端焊接、铆接、榫接或用螺丝连接而成的几何形状不变的稳定结构，具有用料省、结构轻、可以充分发挥材料的作用等优点，广泛应用于工程中。如屋架结构、场馆的网状结构、桥梁以及电视塔架等。图 5.24(a)、(b)所示分别为屋顶桁架和桥梁桁架。所有杆件轴线位于同一平面的桁架称为平面桁架，杆件轴线不在同一平面内的桁架称为空间桁架，各杆轴线的交点称为结点。本节仅限于研究平面桁架。

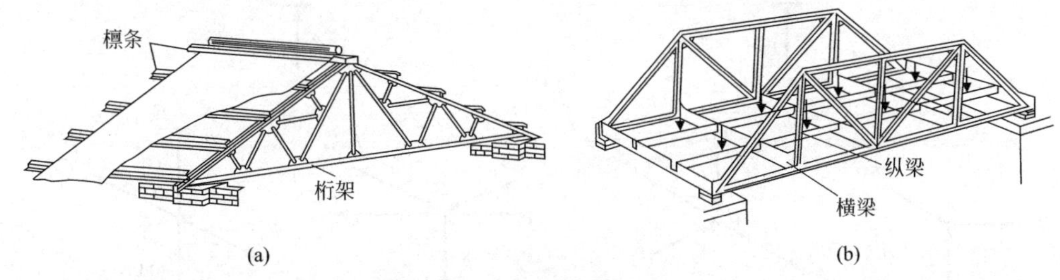

图 5.24　屋架桁架与桥梁桁架

(1) 理想桁架及其基本假设

研究桁架的目的在于计算各杆件的内力，把它作为设计桁架或校核桁架的依据。实际的桁架杆件端部并不能完全自由转动，因此每根杆的杆端均作用有约束力偶。这将使桁架分析过程复杂化。为了简化计算，同时使计算结果安全可靠，工程中常对平面桁架作如下基本假设：

① 所有载荷都作用在桁架平面内，且作用于结点上；

② 杆件自重不计。如果需要考虑杆件自重时，将其均分等效加于两端结点上；

③ 桁架中的结点抽象化为光滑铰链连接；

④ 桁架中的杆件是直杆，主要承受拉力或压力。

满足以上四点假设的桁架称为理想桁架。理想桁架的每根杆件都是二力杆。在计算桁架各杆受力时，一般假设各杆都受拉，然后根据平衡方程求出它们的代数值，当其值为正时，说明为拉杆，为负则为压杆。

实践证明，基于以上理想模型的计算结果与实际情况相差较小，可以满足工程设计的一般要求。

平面简单静定桁架的内力计算有两种方法：结点法和截面法。

(2) 结点法

以每个结点为研究对象，构成平面汇交力系，列两个平衡方程。计算时应从两个杆件连接的结点进行求解，每次只能求解两个未知力，逐一结点求解，直到全部杆件内力求解完毕，此法称结点法。结点法适用于求解全部杆件内力的情况。

结点法的解题步骤一般为：先取桁架整体为研究对象，求出支座反力；再从只连接两根杆的结点入手，求出每根杆的内力；然后依次取其他结点为研究对象（最好只有两个未知力），求出各杆内力。

【例 5.11】 桁架如图 5.25(a) 所示，桁架左右对称，*AC*、*CE*、*EF*、*CD*、*DE* 相等，*AD*、*DF* 相等。求

各杆的内力。

解：本桁架结构对称，外力也对称，这种情况下构件与构件之间的作用力也对称。根据已知的尺寸条件，可算出图 5.25(b)、(c)、(d) 中灰色的角度均为 30°。为简单起见，本题中力的单位取 kN。

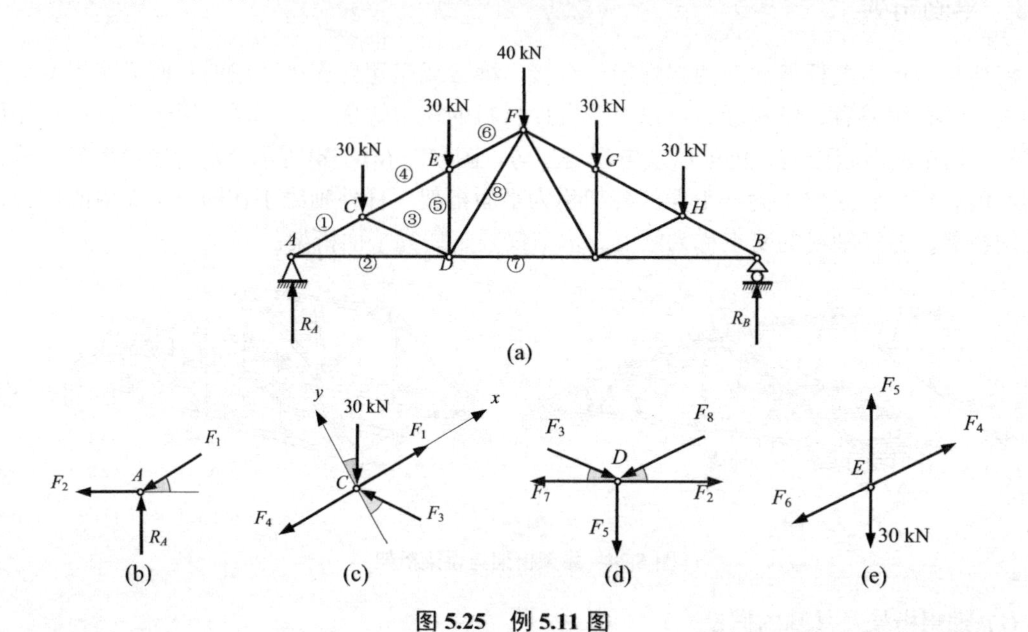

图 5.25　例 5.11 图

① 取整体为研究对象，求支座约束反力。由于支座反力对称，应有 $R_A = R_B$。而外荷载总量为

$$30\times4+40=160\text{ kN}$$

故有

$$R_A = R_B = 80\text{ kN}$$

由整体平衡易于看出，A 处水平方向约束力为零。

② 取结点 A 为研究对象，如图 5.25(b) 所示，有

$$\sum F_y = 0,\quad R_A - F_1\sin30^\circ = 0,\quad F_1 = -160\text{ kN}$$

$$\sum F_x = 0,\quad F_2 - F_1\cos30^\circ = 0,\quad F_2 = 80\sqrt{3}\text{ kN}$$

③ 取 C 点为研究对象，如图 5.25(c) 所示，特别地取图示的局部坐标

$$\sum F_y = 0,\quad F_3\cos30^\circ - 30\cos30^\circ = 0,\quad F_3 = 30\text{ kN}$$

$$\sum F_x = 0,\quad F_1 - F_4 - 30\sin30^\circ - F_3\sin30^\circ = 0,\quad F_4 = -130\text{ kN}$$

④ 依次再取 E、D 点为研究对象，如图 5.25(d)、(e)所示，可得

$$F_5 = 30\text{ kN},\quad F_6 = -130\text{ kN},\quad F_7 = 119\text{ kN},\quad F_8 = 23\text{ kN}$$

根据对称性依次可得出其他各杆内力，计算时均假设各杆受拉，计算结果中负号表示杆受压，正号表示杆受拉。

由上面例子可见，桁架中可能存在着内力为零的杆，通常将内力为零的杆称为**零力杆**。如果在进行内力计算之前根据结点平衡的一些特点，将桁架中零力杆找出来，便可以节省这部分计算工作量。下面给出一些特殊情况下判断零力杆的方法：

① 一个结点连着两个杆，当该结点无荷载作用时，这两个杆的内力均为零。

② 三个杆汇交的结点上，当该结点无荷载作用时，且其中两个杆在一条直线上，则第三个杆的内力为零，在一条直线上的两个杆内力大小相同，符号相同。

③ 四个杆汇交的结点上无荷载作用时，且其中两个杆在一条直线上，另外两个杆在另一条直线上，则共线的两杆内力大小相同，符号相同。

(3) 截面法

如果只要求桁架中的部分杆件的内力时，选择一截面假想地将要求的杆件截开，使桁架成为两部分，并选其中一部分作为研究对象，所受力一般为平面任意力系，列相应的平衡方程求解，此法称截面法。

当只需求桁架指定杆件的内力，而不需求全部杆件内力时，应用截面法比较方便。由于平面一般力系只有三个独立平衡方程，因此截断杆件的数目一般不要超过 3 根。同时还应注意截面不能截在结点上，否则，结点的一部分对另一部分的作用力不好表示。

在桁架计算中，有时结点法和截面法的联合应用，计算将会更方便。

【例 5.12】 试用截面法求图 5.26(a) 中杆 ④、⑤、⑥ 的内力。

解：① 首先，考虑整体的平衡，可得 A、B 两处的约束反力分别为

$$F_A = \frac{F}{3}, \qquad F_B = \frac{2F}{3}$$

② 用图 5.26(a) 所示的假想截面将桁架截为两部分，假设截开的所有杆件均受拉力。考察左边部分的受力与平衡。写出平面力系的 3 个平衡方程，有

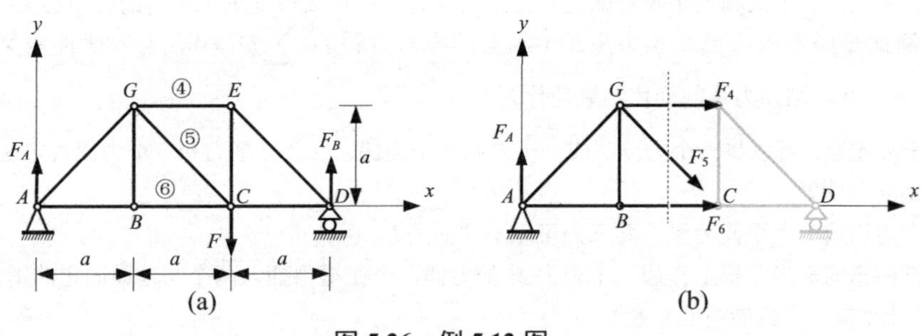

图 5.26 例 5.12 图

$$\sum M_G = 0, \quad F_A a - F_6 a = 0, \qquad F_6 = F_A = \frac{F}{3}$$

$$\sum M_C = 0, \quad F_A \times 2a + F_4 a = 0, \qquad F_4 = -2F_A = -\frac{2F}{3}$$

$$\sum F_y = 0, \quad F_A - F_5 \times \frac{\sqrt{2}}{2} = 0, \qquad F_5 = \sqrt{2}F_A = \frac{\sqrt{2}F}{3}$$

【例 5.13】 平面桁架力受力及几何尺寸如图 5.27(a) 所示，试求 ①、②、③、④ 号杆的内力。

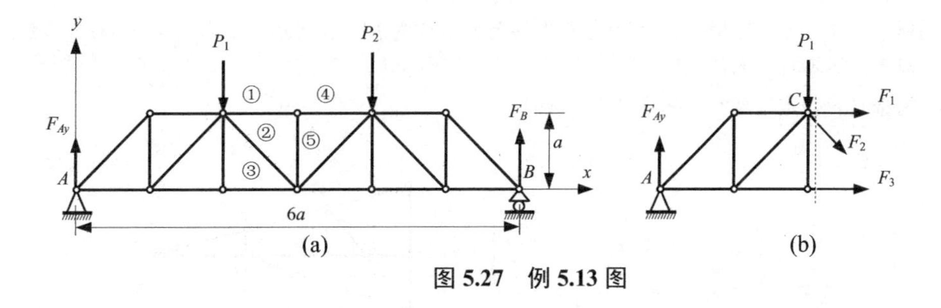

图 5.27 例 5.13 图

解：① 求平面桁架的支座约束力，受力如图 5.27(a) 所示。列平衡方程，得

$$\sum M_A = 0, \qquad 6aF_B - 2aP_1 - 4aP_2 = 0, \qquad F_B = \frac{P_1 + 2P_2}{3}$$

$$\sum F_x = 0, \qquad F_{Ax} = 0$$

$$\sum F_y = 0\,,\qquad F_{Ay} + F_B - P_1 - P_2 = 0\,,\qquad F_{Ay} = \frac{2P_1 + P_2}{3}$$

② 求 ①、②、③ 号杆的内力。假想用一个截面将 ①、②、③ 号杆截开，取其中一部分，如图 5.27(b) 所示。列平衡方程，得

$$\sum M_C = 0\,,\qquad -2aF_{Ay} + aF_3 = 0\,,\qquad F_3 = \frac{4P_1 + 2P_2}{3}$$

$$\sum F_y = 0\,,\qquad F_{Ay} - P_1 - F_2\cos 45^\circ = 0\,,\qquad F_2 = \frac{\sqrt{2}(P_2 - P_1)}{3}$$

$$\sum F_x = 0\,,\qquad F_1 + F_3 + F_2\cos 45^\circ = 0\,,\qquad F_1 = -(P_1 + P_2)$$

③ 求 ④ 号杆的内力，用结点法即可求出：

$$F_4 = F_1 = -(P_1 + P_2)$$

思考题 5

5.1 任意力系平衡的充分与必要条件是什么？

5.2 什么叫主矢和主矩？主矢和主矩是否就是原力系的合力？在什么情况下主矩与简化中心无关，为什么？

5.3 一个不平衡的平面力系，已知该力系在 x 轴上的投影方程为 $\sum F_x = 0$，且对平面内某一点 A 之矩 $\sum M_A(\boldsymbol{F}) = 0$。则该力系的简化结果是什么？

5.4 根据力线平移定理，可以将一个力分解成一个力和一个力偶，反之一个力和一个力偶肯定能合成为一个力。这句话正确吗？

5.5 空间中三个力构成一个平衡力系，此三力可以不共面吗？

5.6 带有不平行两槽的矩形平板上作用一个矩为 M 的力偶，今在槽内插入两个与地面固定的销钉（如图所示），若不计摩擦，平板能不能平衡？

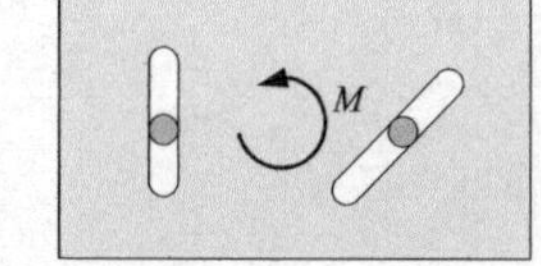

思考题 5.6 图

5.7 任意力系的平衡方程有哪些形式？应用这些方程应注意些什么？试分别导出空间汇交力系、空间力偶系、空间平行力系的平衡方程来。

5.8 为什么平面汇交力系的平衡方程可以取两个力矩方程或者是一个投影方程和一个力矩方程？矩心和投影轴的选择有什么条件？

5.9 何谓重心、质心、形心？它们之间有何区别与联系？

5.10 不平行的平面力系，已知该力系在 y 轴上投影的代数和等于零，且对平面内某一点之矩的代数和等于零。问此力系的简化结果是什么？

5.11 分析物体系统平衡问题的方法与分析单个物体平衡问题的方法有哪些差别？

5.12 如何理解桁架求解的两个方法？其平衡方程如何选取？

5.13 如图所示的梁，先将作用于 D 点的力 F 平移至 E 点成为 F'，并附加一个力偶 $m = -3Fa$，然后求铰的约束反力，对不对，为什么？

5.14 图示桁架是否静定桁架？哪些杆是零力杆？

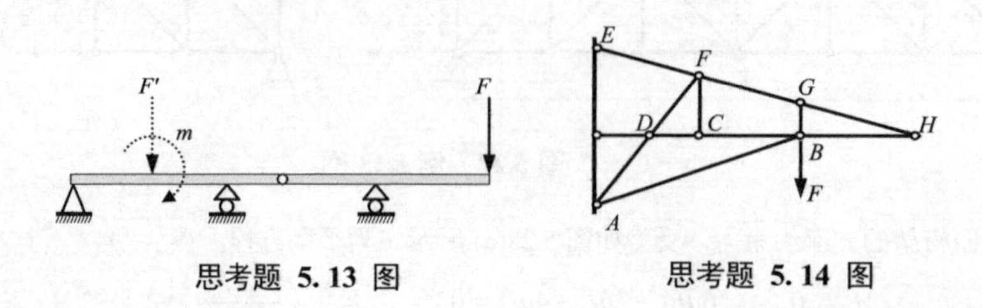

思考题 5.13 图　　思考题 5.14 图

习 题 5

5.1 在下列各图中，已知载荷集度 q 和长度 L，试求梁所受的约束力。

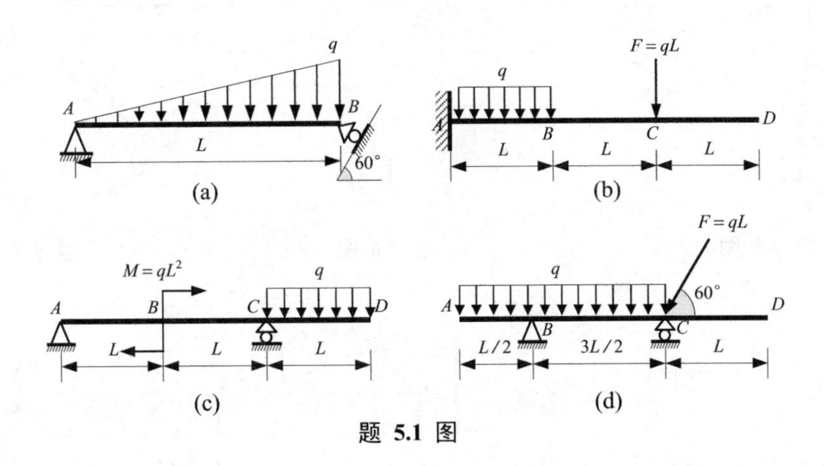

题 5.1 图

5.2 在图示结构中，二直角杆的自重略去不计，已知力偶矩 M 和长度 a，求支座 A 和 C 的约束力。

5.3 重 $\boldsymbol{F}$ 的均质杆 AB 的两端分别放在两个固定的光滑斜面上，如图所示，已知二斜面的倾角分别为 α 和 β，求杆平衡时的 φ 角以及 A、B 处的约束反力。

5.4 边长为 L 的正方形薄板 $ABCD$ 的顶点 A 靠在铅直的光滑墙面上，B 点用一长为 L 的柔绳拉住，如图所示。求平衡时绳与墙面的夹角 θ。

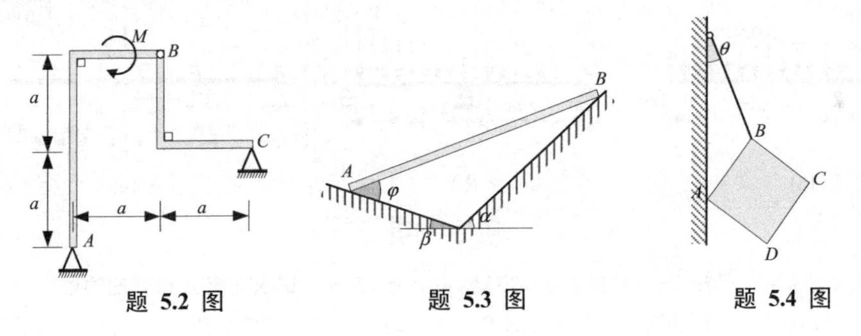

题 5.2 图　　题 5.3 图　　题 5.4 图

5.5 可沿轨道移动的塔式起重机如图所示。机身重 $G = 500\text{kN}$，最大起重重量为 $F = 250\ \text{kN}$。在左侧距左轨 x 处附加一个平衡重物 P，试确定 P 和 x 之值，使起重机在满载和空载时均不致翻倒。

5.6 挂物架如图所示，三杆的自重略去不计，用球铰链链接于 A 点，$ABOC$ 在水平面内成一矩形。已知 $F = 5\ \text{kN}$，$AB = 4a$，$AC = 3a$，$\theta = 30^\circ$。试求各杆的内力。

5.7 图示三圆盘 A、B 和 C 的半径分别为 150 mm、100 mm 和 50 mm。三轴 OA、OB 和 OC 在同一平面内。分别作用于三圆盘的各力偶的作用面与盘面重合，组成各力偶的力作用在轮缘上。若此构件是自由的，且不计其自重，求使构件平衡的力 $\boldsymbol{F}$ 的大小和角 φ。

5.8 如图所示，重 200N 的均质长方形薄板用球铰和蝶铰 B 固定在墙上，并用柔绳 CE 将其维持在水平位置。已知 $\theta = 60^\circ$，$\varphi = 30^\circ$。求绳的拉力和支座反力。

5.9 三脚圆桌的半径 $r = 500\ \text{mm}$，自重 $G = 600\ \text{N}$。圆桌的三脚 A、B 和 C 成一等边三角形。若在中线 CO 上距圆心 O 为 a 的点 E 作用一个铅垂力 $F = 1500\ \text{N}$，如图所示。试求使圆桌不致翻倒的最大 a 值。

5.10 如图所示，六杆支撑一水平面矩形板，在板角处受铅垂力 F 的作用，杆 ①、③ 和 ⑤ 铅直。设板和杆的自重不计，试求各杆的内力。

5.11 组合梁如下列各图所示，试求支座反力及中间铰的约束力。

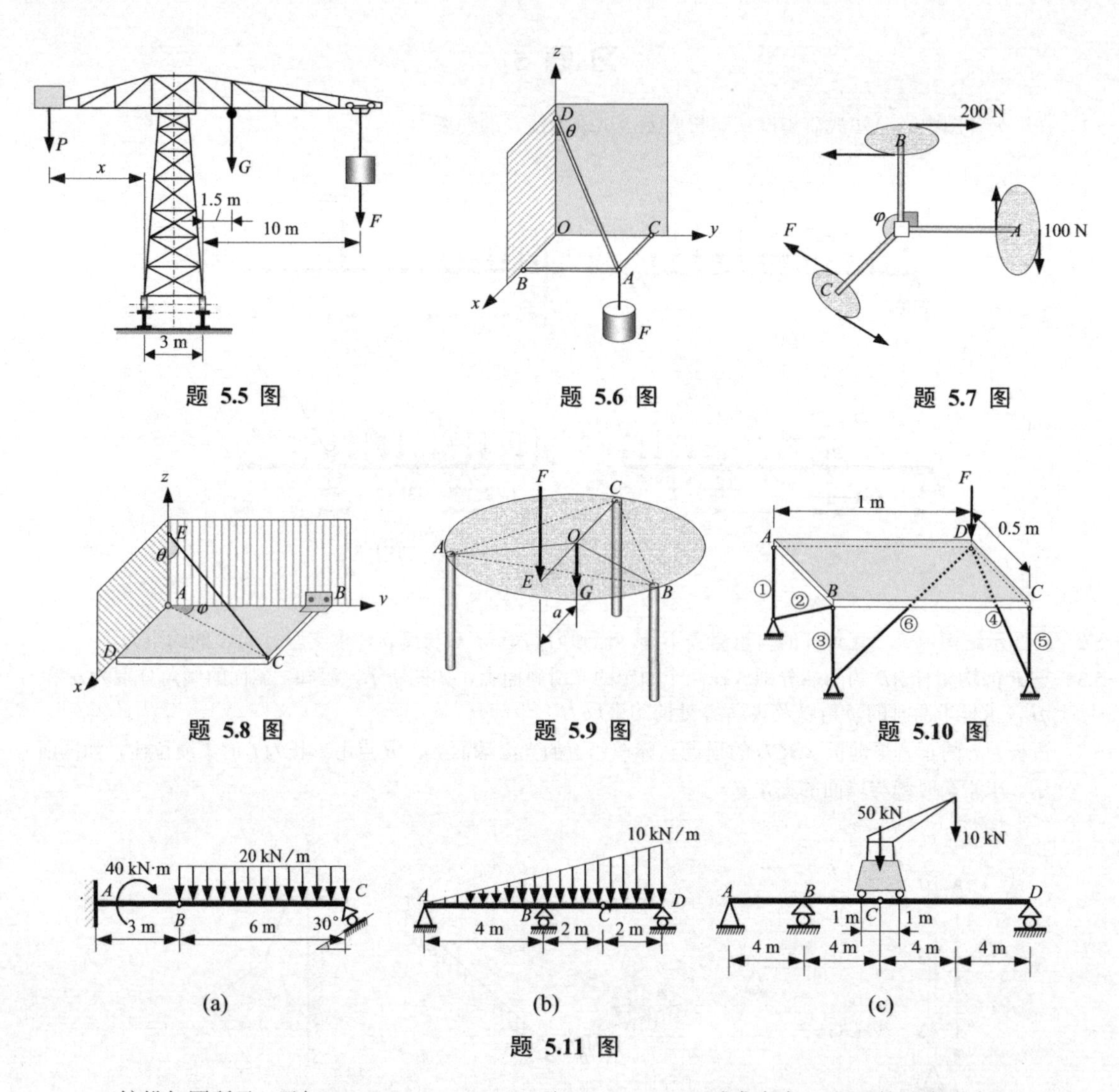

题 5.5 图　　题 5.6 图　　题 5.7 图

题 5.8 图　　题 5.9 图　　题 5.10 图

题 5.11 图

5.12　三铰拱如图所示。已知 $F=50\,\text{kN}$，$q=20\,\text{kN/m}$，$a=5\,\text{m}$。试求支座 A 和 B 的约束反力。

5.13　两等长轻杆在点 B 用铰链连接，又在杆的 D、E 两点之间连一刚性系数为 k 的弹簧，如图所示。已知 $AB=BC=L$，$BD=BE=b$，且当 $AC=a$ 时，弹簧内拉力为零。若在点 C 作用一水平力 $\boldsymbol{F}$，试求平衡时 A、C 两点之间的距离。

5.14　在杆 AB 两端用光滑圆柱铰链与两轮中心 A、B 连接，并将它们置于互相垂直的两光滑斜面上，如图所示。已知轮重 $F_2=F_1$，杆重不计。求平衡时的 θ 角。

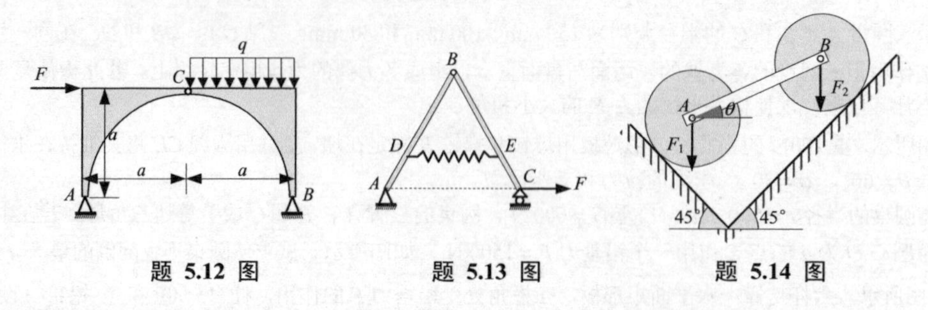

题 5.12 图　　题 5.13 图　　题 5.14 图

5.15　图示传动机构，已知左右皮带轮半径 r_1、r_2 和重物提升处半径 R，两轮的重心均位于转轴上，被提升的重物重 F。试求匀速提升重物时在左侧轮上施加的力偶矩 M 的大小。

5.16 如图所示，汽车停在长 L 的水平桥面上，前轮和后轮的压力分别为 F_1 和 F_2。汽车前后两轮间的距离为 a。试问汽车后轮到支座 A 的距离 x 为多大时，方能使支座 A 和 B 的压力相等。

5.17 半径为 R 的圆形玻璃杯将两个半径为 r ($r<R<2r$)，重 F 的小球扣在光滑的水平桌面上，如图所示意。求玻璃杯不致翻倒的最小重量 G。

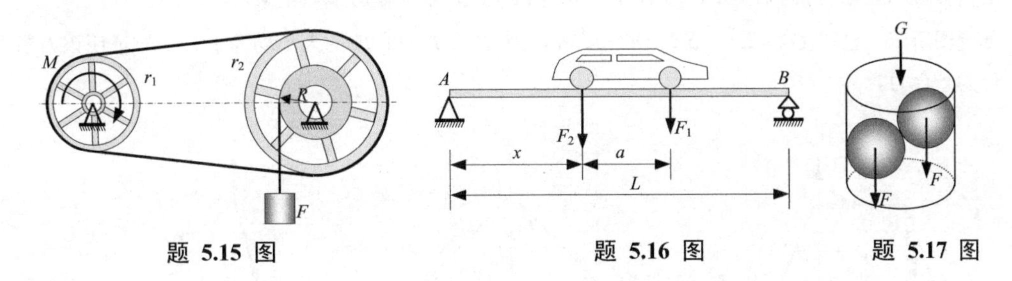

题 5.15 图　　题 5.16 图　　题 5.17 图

5.18 图示构架由 AB、CD 和 DE 三根杆组成。杆 AB 和 CD 在中点 O 用铰链链接，DE 杆的 E 端作用有一铅直力 F，B 处为光滑接触。不计杆的自重，试求铰链 O 的约束反力。

5.19 直杆 AC、DE 和直角杆 BH 铰接成图示构架。已知水平力 $F=1.2\text{kN}$，杆的自重不计，H 点支持在光滑的水平面上。不计杆的自重，试求铰链 B 的约束反力。

5.20 图示机构由两个重 50 N 的集中质量(几何尺寸忽略不计)，四根等长轻杆及刚度系数 $k=8\ \text{N/mm}$ 的弹簧组成，已知 $a=200\ \text{mm}$，弹簧未变形时，$\theta=45^\circ$。不计算摩擦，试求机构平衡时的 θ 角。

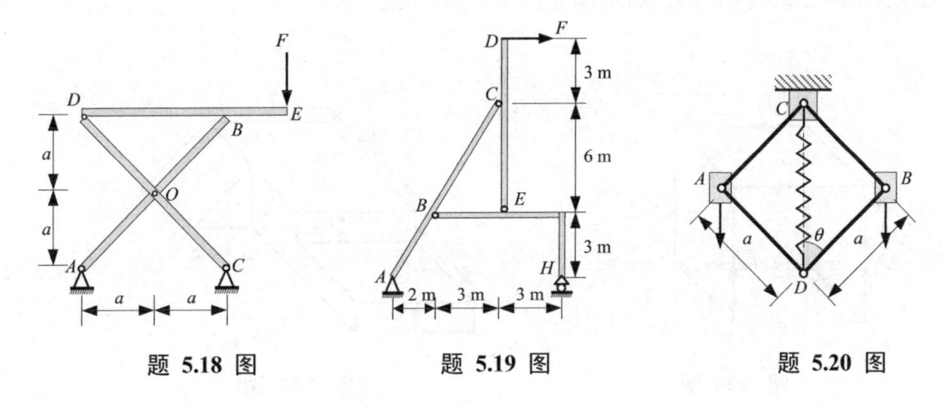

题 5.18 图　　题 5.19 图　　题 5.20 图

5.21 构架由直杆 BC、CD 和直角杆 AB 组成，如图所示。在铰链 B 的销钉上作用有铅垂力 F。已知 q、a，且 $M=qa^2$，求固定端 A 的约束反力及销钉 B 对 BC 杆、AB 杆的作用力。

5.22 静定刚架如图所示。已知 $q_1=2\text{kN/m}$，$q_2=4\text{kN/m}$。试求支座 A、C 和 E 的约束反力。

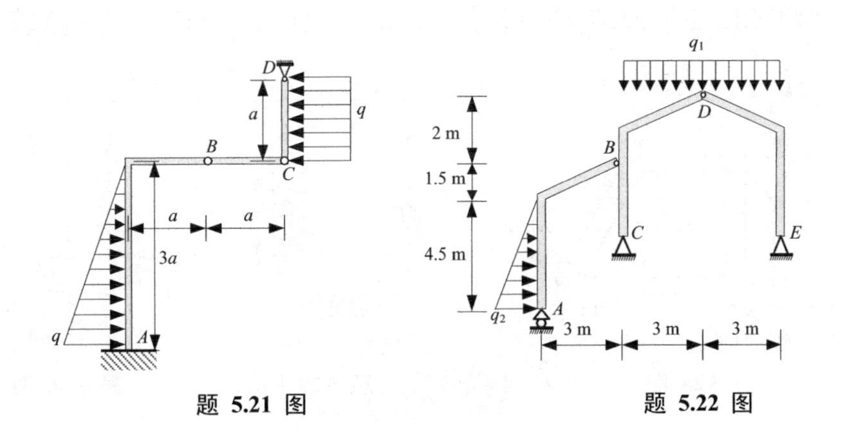

题 5.21 图　　题 5.22 图

5.23 考虑一个小型砌石坝的 1 m 长坝段，将所受的重力和静水压力简化到中央对称平面内，得到重力 $\boldsymbol{F}_1$、$\boldsymbol{F}_2$ 和三角形分布的静水压力，如题图所示。已知 $h=8\ \mathrm{m}$，$a=1.5\ \mathrm{m}$，$b=1\ \mathrm{m}$，$F_1=594\ \mathrm{kN}$，$F_2=297\ \mathrm{kN}$。单位体积的水重 $\gamma=9.8\ \mathrm{kN\cdot m^{-3}}$。试将重力和水压力向坐标原点 O 简化，然后再求简化的最后结果。

5.24 如题图所示，三棱柱的高为 b，底面为等腰直角三角形，直角边长也为 b。力 $\boldsymbol{F}_1$ 作用于 A 点，力 $\boldsymbol{F}_2$ 和 $\boldsymbol{F}_3$ 作用于 O 点，方向如图示，且有 $F_1=F_2=F_3=F$，求简化的最后结果。

5.25 如题图所示，已知 $OA=OB=a$，$OC=\sqrt{3}a$，力 $\boldsymbol{F}_1$、$\boldsymbol{F}_2$ 和 $\boldsymbol{F}_3$ 的大小均等于 F。试证明该力系可简化为一合力。

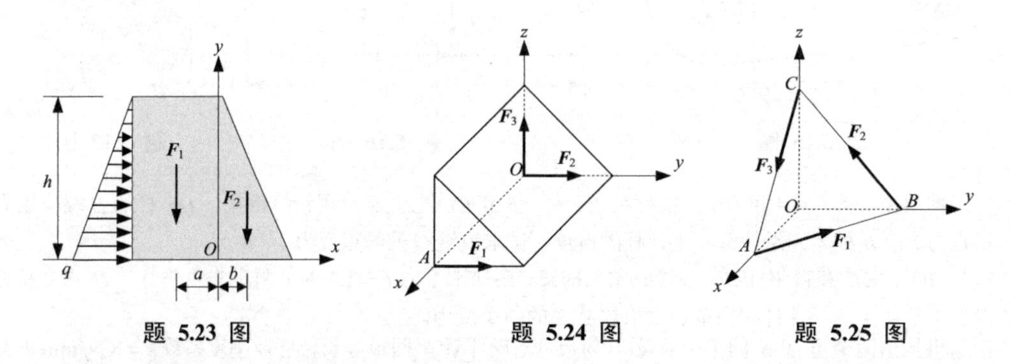

题 5.23 图　　题 5.24 图　　题 5.25 图

5.26 如题图所示，底面为正方形的长方体棱边上作用有 8 个大小均等于 F 的力。试求该力系的简化结果。

5.27 求题图所示的均质混凝土基础重心的位置，图中长度单位为 m。

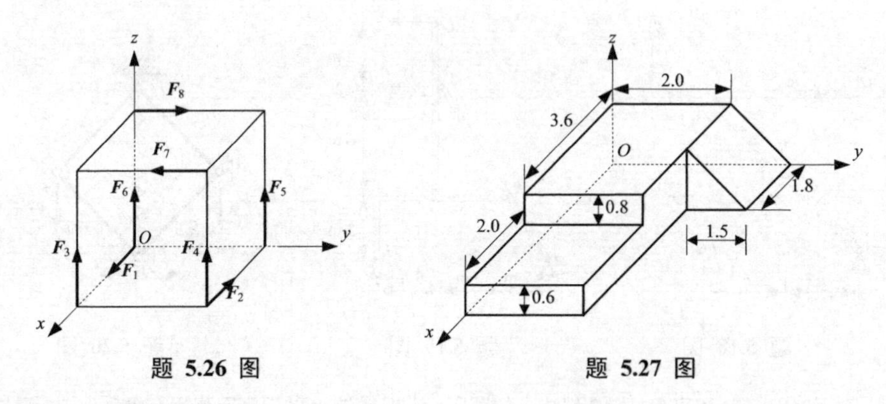

题 5.26 图　　题 5.27 图

5.28 求题图所示的均匀几何体的形心坐标。

5.29 题图所示的几何体由一个直径为 $2r$ 的圆柱体和一个半径为 r 的半球组合而成。要使形心位于圆柱体和半球的交界面处，圆柱体的高 a 应为多少？

5.30 题图所示的几何体上下部分的直径为 50 mm，中间部分的直径为 150 mm，求其形心位置。

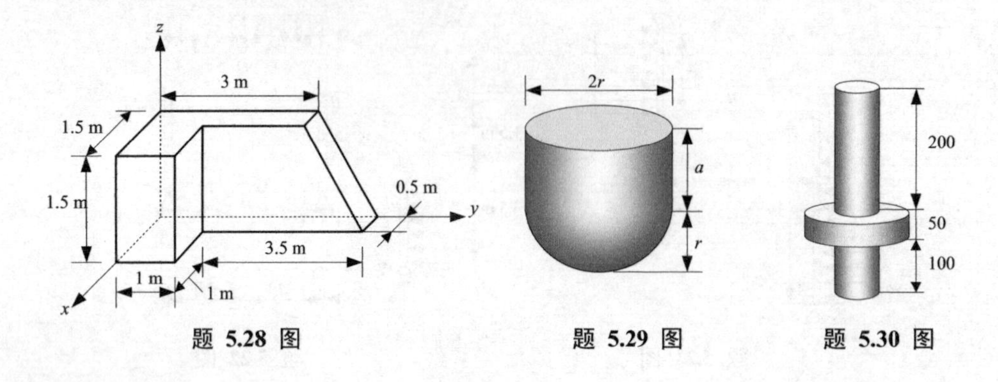

题 5.28 图　　题 5.29 图　　题 5.30 图

5.31　利用一个称重装置可以经过若干次称重来确定汽车的重心位置。该称重装置既可以称量整个汽车的重量，也可以单独称量四轮处的承重，还可以在汽车倾斜状态下进行称量。试根据这些条件设计确定汽车重心位置的方法和相应的计算方法。

5.32　组合结构如图所示，试求在载荷 F 作用下，杆 ①、② 和 ③ 所受的力。

5.33　试用结点法计算图示桁架各杆的内力。

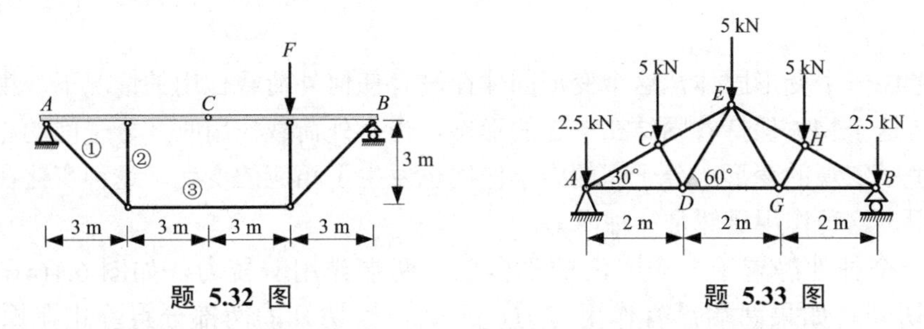

题 5.32 图　　题 5.33 图

5.34　平面桁架受力如图示，已知 $F_1 = 10\,\text{kN}$，$F_2 = F_3 = 20\,\text{kN}$，试求桁架 ①、②、③ 和 ④ 杆的内力。

5.35　试求图示桁架 ①、②、③ 和 ④ 杆的内力。

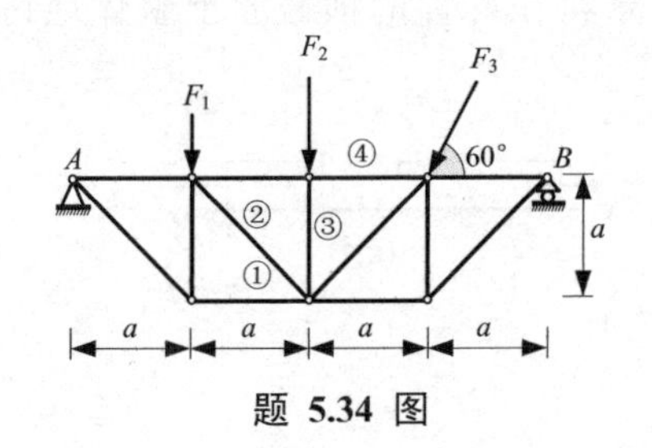

题 5.34 图

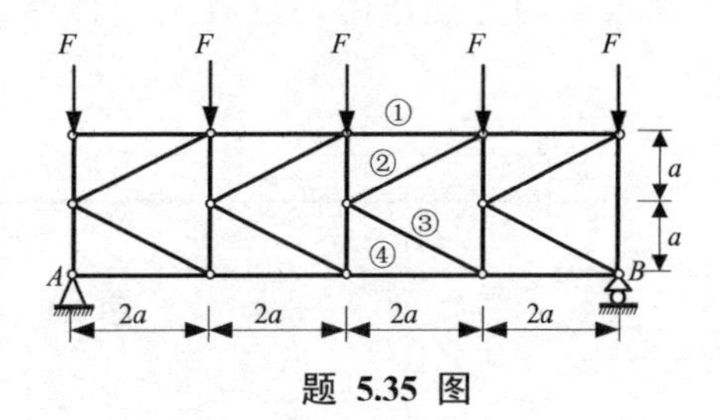

题 5.35 图

5.36　平面桁架如图所示。ABC 为等边三角形，D、E 和 G 分别为三条边的中点，在结点 E 上作用有水平力 F。试求 CD 杆的内力。

5.37　试求图示桁架 ①、②、③ 杆的内力，桁架中 G 点承受竖直方向的力 F。

5.38　试求图示桁架 AB 杆的内力，桁架中 G 点承受竖直方向的力 F。

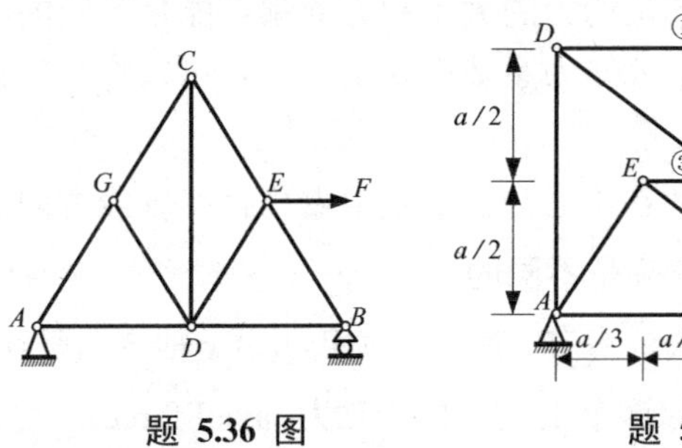

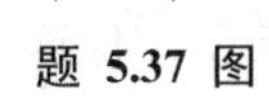

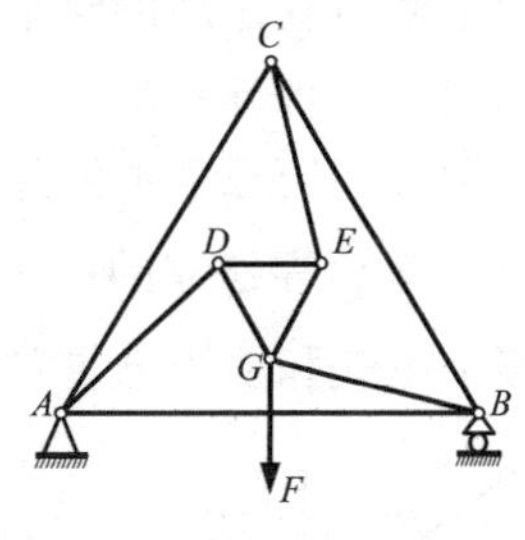

题 5.36 图　　题 5.37 图　　题 5.38 图

5.39　利用一张较大的中国地图和一些你认为必要的辅助材料和工具：

(1) 试确定大陆部分（不包括所有的海岛）的形心位置；

(2) 试确定上述大陆部分以及台湾省、海南省这三部分合成的形心位置。

第 6 章　杆件的内力

一般地考虑一个变形固体，这个变形固体在没有任何外荷载作用的情况下，由于分子间的相互作用，这个物体保持着固结在一起的形态。当有外荷载作用时，分子间的相对距离有所改变而产生了宏观的变形。分子间的力学作用也发生了相应的变化，这种变化在宏观上体现为力学作用，这种作用显然是一种内力。

例如，一个杆件静置于一个光滑的平台上，两端作用着拉力，如图 6.1(a) 所示。用工具将杆件切开。如果两端没有作用拉力，那么，被切开的两部分将静止在原地，如图 6.1(b) 所示；但是，如果杆件两端存在着轴向拉力，则切开的两部分将彼此远离而去，如图 6.1(c) 所示。这就说明，由于外荷载的作用，未切开的杆件内部就比没有外荷载作用多出一种张紧的力学作用，这就是一种内力。本章将在杆件的横截面上整体地讨论这种内力。

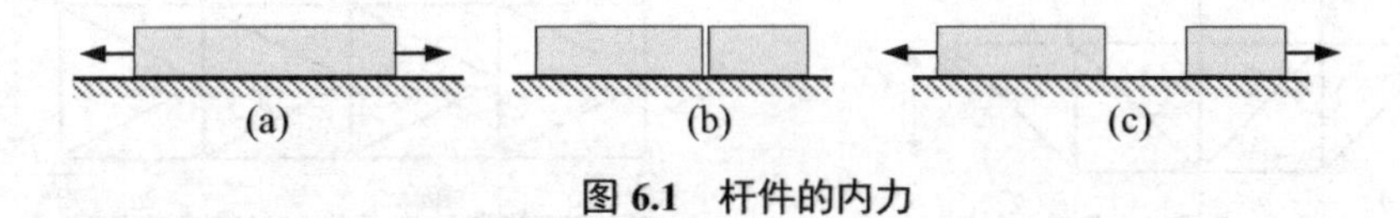

图 6.1　杆件的内力

6.1　内力的定义及其符号规定

如何考察承受外荷载的杆件中的内力呢？可以想象用一个横截面将杆件截开，移走一部分，留下一部分作为考察对象，如图 6.2 所示。那么，移走部分对留下部分一定存在着力学作用。由于外荷载作用的复杂性，截面上各部位的力的大小和方向都可能是不同的，因而这种力学作用是一种分布力系。但是，无论这个分布力系多么复杂，总是可以将其简化为形心上沿坐标轴方向的三个主矢分量和三个主矩分量。

坐标系是这样建立的：坐标系的原点就放在形心处，x 轴沿着杆件的轴线方向。可以看出，这三个主矢和主矩分量对横截面的作用效应是不同的。

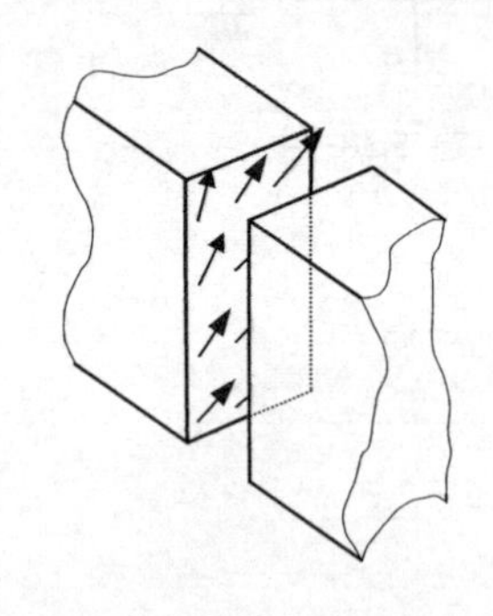

图 6.2　截面上的分布力

沿着 x 轴的主矢分量 F_x 有着使横截面沿 x 轴方向平移的趋势，如图 6.3(a) 所示。称这个主矢分量为**轴力** (axial force)，记为 F_N 。

沿着 y 轴的主矢分量 F_y, 有着使横截面沿 y 轴方向错切的趋势，如图 6.3(b) 所示，称这样的主矢分量为**剪力** (shearing force)，记为 F_S。沿着 y 方向的剪力记为 F_{Sy}。容易看出，沿着 z 轴的主矢分量 F_z 也是一种剪力，如图 6.3(c)，因而记为 F_{Sz}。

矢量方向沿着 x 轴的主矩分量 M_x 有着使横截面绕着 x 轴旋转的趋势。如图 6.4(a) 所示，称这个主矩分量为**扭矩** (torque)，记为 T。

矢量方向沿着 y 轴的主矩分量有着使横截面绕着 y 轴转动的趋

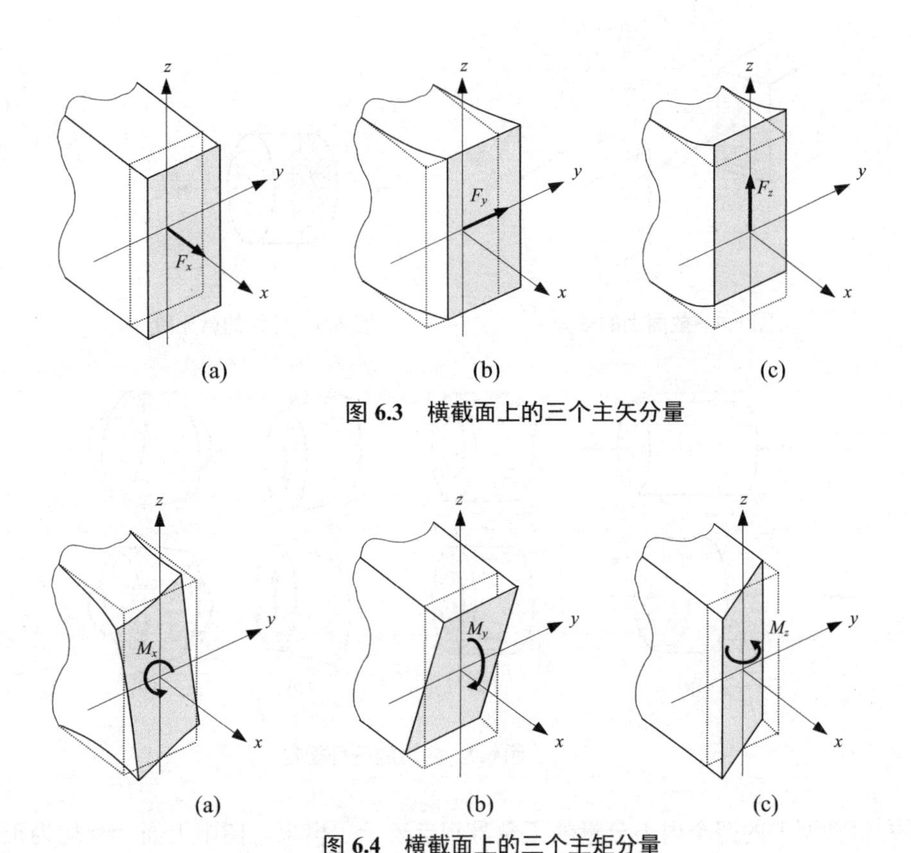

图 6.3　横截面上的三个主矢分量

图 6.4　横截面上的三个主矩分量

势，如图 6.4(b) 所示，称这样的主矩分量为**弯矩** (bending moment)，记为 M。矢量方向沿着 y 轴的弯矩记为 M_y。容易看出，矢量方向沿着 z 轴的主矩分量也是一种弯矩，如图 6.4(c) 所示，因而记为 M_z。

这样，横截面形心处的三个主矢和三个主矩分量便可以按照它们对横截面及其附近区域变形的影响划分为轴力、剪力、扭矩和弯矩四种类型。这四种类型的作用统称为杆件横截面上的内力。

容易看出，对于承受外荷载作用的直杆，如果发生拉伸或压缩变形，横截面上一般都存在着轴力。如果发生扭转变形，则存在着扭矩。当杆件发生弯曲变形时，一般都存在着弯矩；在相当多的情况下，还存在着剪力。

应该注意，在上面图中，内力不仅仅是作用在图中所标示出的断面上的，而且也是作用在被移走部分的断面上的，如图 6.5 中的轴力。这“两个”轴力事实上是同一个横截面上的轴力。虽然人们在这两个断面上观察这同一个轴力有相反的方向，但是它们使断面连同邻近区段的伸长变形趋势是相同的。这样，人们在定义某种内力的符号时，在同一个截面只定义一个符号。同时，该符号是根据它所引起的截面附近微元区段的变形趋势而确定的。注意这种方式与外力的符号定义方式是不同的。

在横截面处取杆件的一个微元长度区段，如图 6.6 所示。图中的 A、B 两面与图 6.5 中的 A、B 面相对应。如果把这个微元区段看成一个实体，那么图中的 n 方向就是这个区段两个端面的外法线方向。

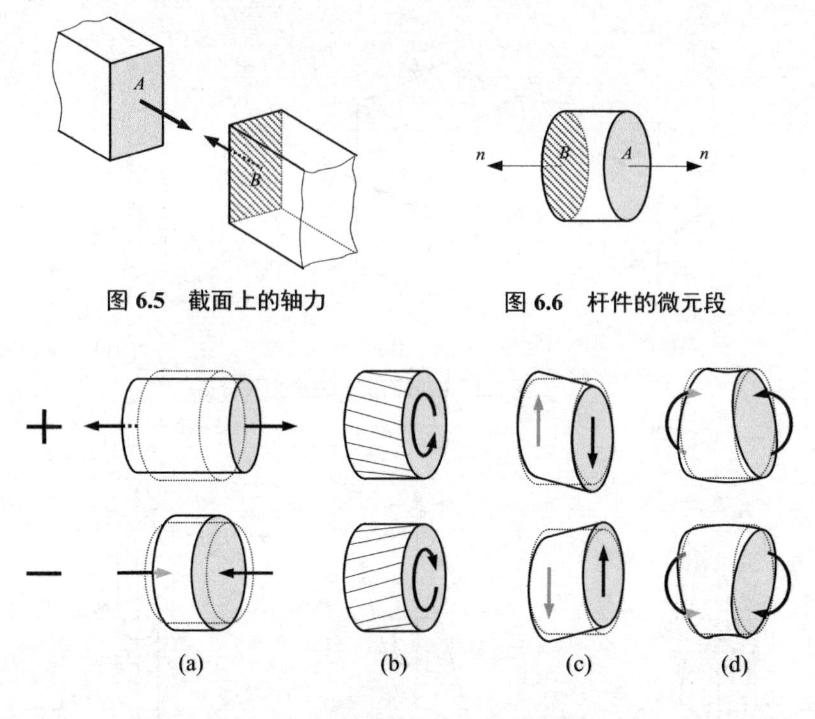

图 6.5 截面上的轴力

图 6.6 杆件的微元段

图 6.7 内力的符号规定

图 6.7 将截面上的四个内力分量的正负号规定表示了出来。图中上面一行均为正内力，下面一行均为负内力。

人们规定，使微元区段有伸长趋势的轴力为正，使微元区段有缩短趋势的轴力为负，即拉为正，压为负，如图 6.7(a) 所示。这一规定也可以用数学的形式表示为：与微元区段两端面的外法线方向相同的轴力为正，与外法线方向相反的轴力为负。

使微元区段侧面母线有变为右手螺旋线趋势的扭矩为正；反之，变为左手螺旋线的趋势为负，如图 6.7(b) 所示。扭矩的正负号规定还可表述为：按矩的矢量方向考虑，与微元区段两端面的外法线方向相同的扭矩为正，与外法线方向相反的扭矩为负。

使微元区段有左上右下错动趋势的剪力为正；反之，使微元区段有左下右上错动趋势的剪力为负，如图 6.7(c) 所示。这一规定也可以表述为：对微元区段内任意点有顺时针方向矩的剪力为正，有逆时针方向矩的剪力为负。

使微元区段有变凹趋势的弯矩为正，使微元区段有变凸趋势的弯矩为负，如图 6.7(d) 所示。

应当指出，上述剪力和弯矩的正负规定与观察者的方位有关。

6.2 内力方程与内力图

在一个杆件处于平衡状态时，它的任意一个区段都处于平衡状态。根据这一点，可以利用**截面法**来求出任意指定截面的内力。

例如，图 6.8(a) 所示的圆轴在轴向承受着分布荷载，在横向（注意：本书中杆件的“横向”固定地指垂直于杆件的轴线方向，而不是指水平方向；与此类似，杆件的“纵向”固定地表示沿着杆件的轴线方向，而不是指竖直方向）承受着集中力、分布荷载和集中力偶矩，此外，圆轴还承受使轴产生扭转趋势的转矩。

另外一方面，轴的两端存在着支承。它们对轴的支反力或支反力偶矩对轴而言仍然是一种外力。

如果希望求出 A 截面处的内力，那么，就可以想象用一个截面在 A 处将轴切开，将其中一部分移走，留下另一部分。留下作为研究对象的这一部分称为脱离体，也称自由体。显然，移走部分对脱离体的作用就体现为 A 截面上的内力，如图 6.8(b) 所示。

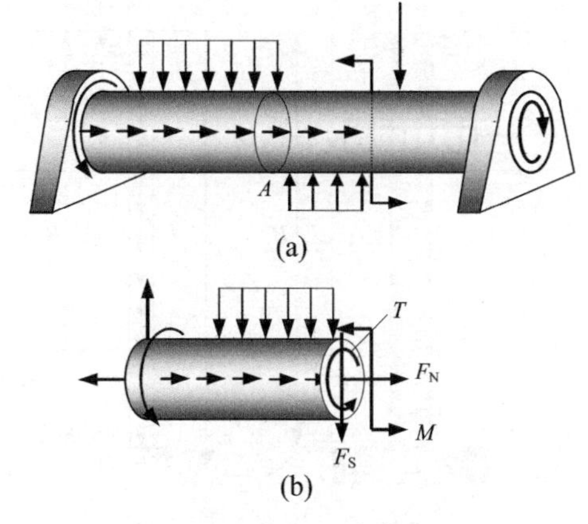

图 6.8 截面法求内力

脱离体的所有外力和内力一起构成平衡力系，即有

$$\sum F_x = 0，\sum F_y = 0，\sum F_z = 0 \tag{6.1a}$$

$$\sum M_x = 0，\quad \sum M_y = 0，\sum M_z = 0 \tag{6.1b}$$

利用上述平衡方程，便可求解出相应的内力。一般地，对于直杆，总是将杆件的轴线方向确定为 x 方向，内力表达为坐标 x 的函数，这就是内力方程。

显然，保留杆件左边部分所得出的内力与保留右边部分所得出的内力，各对应项应是大小相等、符号相同的。如果所保留的部分包含约束（铰、固定端等），必须在用截面截开之前先求出约束反力，并将其作为外力的一个组成部分。

在许多情况下，可能无法预见内力的实际符号，这时不妨按照 6.2 节所建立的内力符号规定预先假定这些内力都是正的。例如，图 6.8(b) 中剪力 F_S 就假定为箭头向下。

建立平衡式时，所有的外力和内力则应按照统一的符号规定写进方程之中。例如，在建立平衡方程 $\sum F_y = 0$ 时，如果遵循作用力向上为正向下为负的规定，上一段落提到的剪力 F_S 项前面的符号就应为负。

通过平衡方程式的求解，即可得到所求的内力。当然，如果方程解答的结果中内力为负值，那就表明截面的内力的实际作用方向与假设相反。

根据内力方程，便可以画出相应的内力与杆件轴向坐标之间关系的图形，这就是内力图。下面举例说明内力方程的建立和相应内力图的绘制。

【例 6.1】 如图 6.9 的圆柱形等截面空心塔的材料密度为ρ，塔中瞭望台总重为 P，塔体外径为 D，内径为 d，求横截面上的内力。

解：塔体可视为杆件。塔体是等截面的，因此，塔体的自重可简化为轴线方向上的均布荷载，这个均布荷载的大小 $q = \dfrac{1}{4}\rho g\pi(D^2 - d^2)$。而瞭望台的重量可认为是在距上端 h 处加在轴线上的集中力。这样，塔体可简化为图 6.9(b) 所示的力学模型。同时可以确认，横截面上只存在着轴力。

以塔顶处为原点，坐标 x 以竖直向下为正，建立如图 6.9(b) 的坐标系。用截面法求解此问题时，可选择截面上方塔体为脱离体。注意到在离坐标原点 h 处即瞭望台处有一集中力 P，因此截面取在瞭望台上方时脱离体将不包含 P，而截面取在瞭望台下方时脱离体将包含 P。因此，应该分段建立轴力方程。

第一步，先将截面取在瞭望台上方，如图 6.9(c) 所示。设轴力 F_{N1} 为正，故方向向下。根据竖直方向上的力平衡，可得

$$F_{N1} + \frac{1}{4}(D^2 - d^2)\pi\rho g x = 0$$

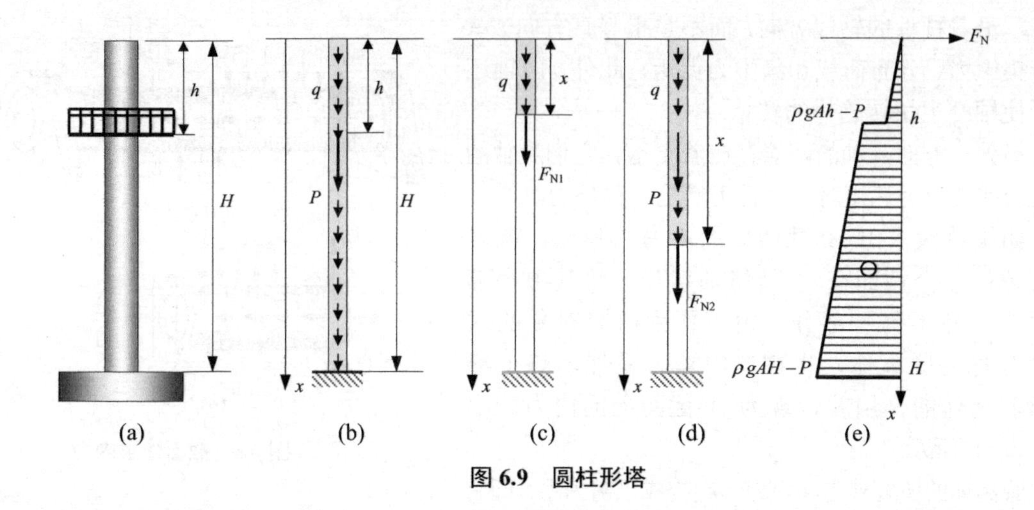

图 6.9 圆柱形塔

由此可得

$$F_{N1}=-\frac{1}{4}(D^2-d^2)\pi\rho gx \qquad (0\leqslant x<h)$$

第二步，将截面取在瞭望台下方，如图 6.9(d) 所示。此时轴力记为 F_{N2}，并有力平衡方程

$$F_{N2}+\frac{1}{4}(D^2-d^2)\pi\rho gx+P=0$$

故有

$$F_{N2}=-\frac{1}{4}(D^2-d^2)\pi\rho gx-P \qquad (h<x\leqslant H)$$

上面所得到的 F_{N1} 和 F_{N2} 表达式便是本例的轴力方程。根据这两个方程，可以画出相应的轴力图，如图 6.9(e) 所示。轴力图的 x 轴沿着塔体轴向，另一个与之垂直的轴用以表示轴力。

注意到在坐标 h 处，即瞭望台位置处，轴力有一个突变，即集中力加载位置之前与之后轴力的绝对值增加了，增加的幅度就是集中力 P 的大小。

【例 6.2】 如图 6.10(a) 所示，使用丝锥时每手用力 10 N，假定各锥齿上受力相等，尺寸如图。试画出丝锥的扭矩图。

解： 丝锥承受纯扭转作用，横截面上的内力只有扭矩。两手通过把手对丝锥的扭转作用可视为集中力偶矩的作用。由于锥齿上所受的阻力可以视为均匀分布的，因此加工件对丝锥的作用可视为均布力偶矩的作用。这样，丝锥可简化为如图 6.10(b) 所示的力学模型。

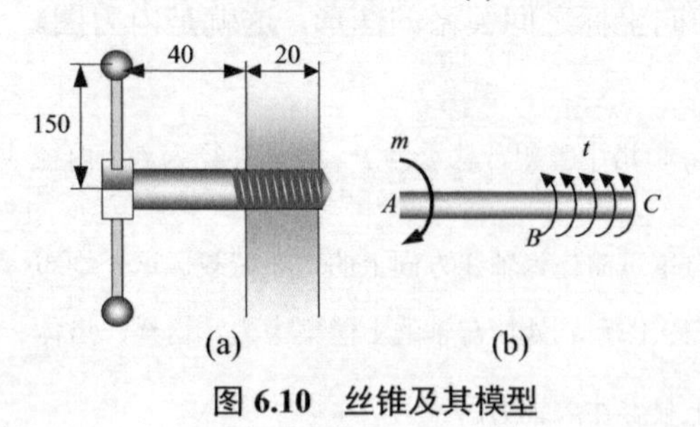

图 6.10 丝锥及其模型

作用在丝锥顶部的力偶矩

$$m=2\times150\times10=3000\ \text{N}\cdot\text{mm}$$

由于丝锥所受的全部外荷载构成平衡力系，所以作用在齿部的分布力偶矩

$$t=\frac{3000}{20}=150\ \text{N}\cdot\text{mm/mm}$$

可以根据上述数据列出扭矩方程，再画出扭矩图，也可以直接考虑扭矩图。先在 AB 区间内任意取一个截面，取左边部分为脱离体，那么这个截面上的扭矩 T 都与 m 平衡，因此，在这个区段内的扭矩是常数。对应的扭矩图轮廓线是平行于横轴的直线。而且，截面上的扭矩的旋向与左端 m 的旋向相反，因此其扭矩为负值。从 B 到 C 的区间内，仍取左边部分为脱离体，随着反向的均布力偶矩的逐渐加入，扭矩绝对值必定会逐渐地成比例地减小，因而相应的扭矩图必定是斜直线。在丝锥右端 C 截面处，全部外力已构成平衡力系，因而扭矩为零。由此，便可画出构件的扭矩图，如图 6.11 所示。

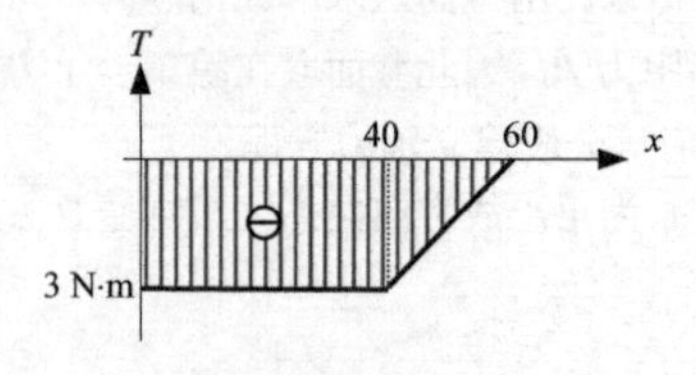

图 6.11 丝锥扭矩图

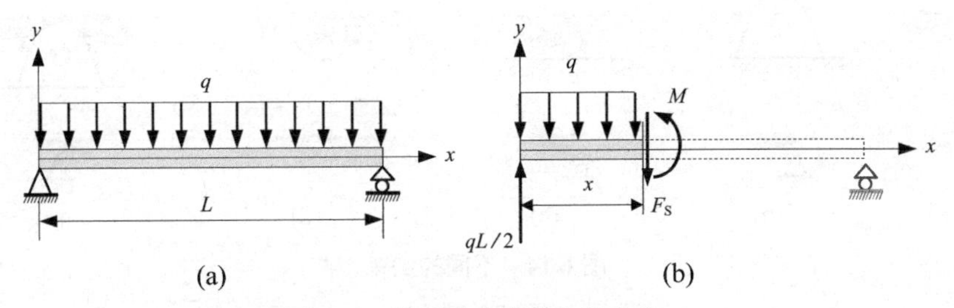

图 6.12　承受均布荷载的简支梁

【例 6.3】 求图 6.12(a) 所示的承受均布荷载的简支梁内力方程，并画出相应的剪力图和弯矩图。

解： 把坐标系原点取在梁的左端。

先求出支反力，易于看出，左右两端铰处的支反力均为 $\frac{1}{2}qL$。

在坐标为 x 处作截面，取左段为脱离体。在截面处，假设有正的剪力 F_S 和正的弯矩 M，如图 6.12(b) 所示，然后建立平衡方程。

由 $\sum F_y=0$ 可得

$$\frac{1}{2}qL-qx-F_S(x)=0$$

即可得剪力方程

$$F_S(x)=\frac{1}{2}qL-qx \qquad ①$$

对截面取矩，由 $\sum m=0$ 可得

$$\frac{1}{2}qx^2-\frac{1}{2}qLx+M(x)=0$$

即可得弯矩方程

$$M(x)=\frac{1}{2}qx(L-x) \qquad ②$$

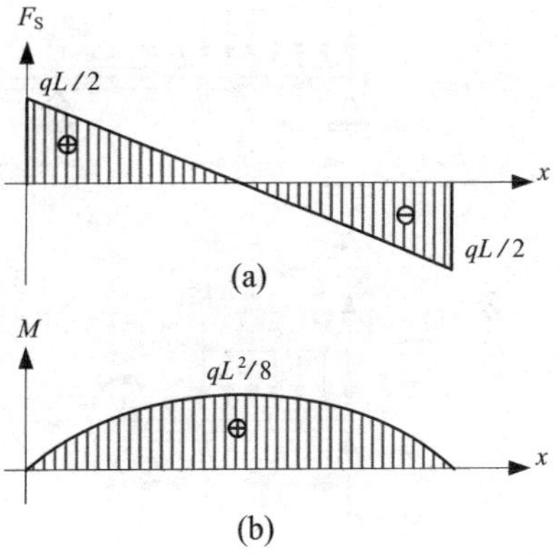

注意到剪力方程 ① 中，剪力是坐标 x 的线性函数，因此相应的剪力曲线是一条直线。在这种情况下，可以由两点来确定这条直线。例如，在 $x=0$ 处 $F_S=\frac{1}{2}qL$；在 $x=L$ 处 $F_S=-\frac{1}{2}qL$；由此即可画出相应的剪力图，如图 6.13(a) 所示。

F_S　qL/2　⊕　x　⊖　qL/2　(a)

M　$qL^2/8$　⊕　x　(b)

图 6.13　剪力与弯矩图

在弯矩方程 ② 中，弯矩 M 是坐标 x 的二次函数，因此弯矩曲线是一条抛物线。此时可由两端和中点这三点的弯矩值来确定这条曲线，如图 6.13(b) 所示。

从上例可以得出这样的结论：直梁某截面上的剪力在数值上等于该截面左端（如果脱离体取为左端部分）或者右端（如果脱离体取为右端部分）所有横向力（包括支反力）的代数和。代数和中各项的符号可以这样确定：与所求剪力方向相同的横向力取负，方向相反的横向力取正。

与此类似，直梁某截面上的弯矩在数值上等于该截面左端（如果脱离体取为左端部分）或者右端（如果脱离体取为右端部分）所有横向力（包括支反力）对于该截面的矩，以及所有力偶矩的代数和。代数和中各项的符号可以这样确定：与所求弯矩方向相同的矩取负，方向相反的矩取正。

利用上述性质，可以很快地确定梁中某指定截面的剪力和弯矩。

应充分重视和熟悉约束处内力的性质。图 6.14 中画出了一些常见的约束情况（上一排）

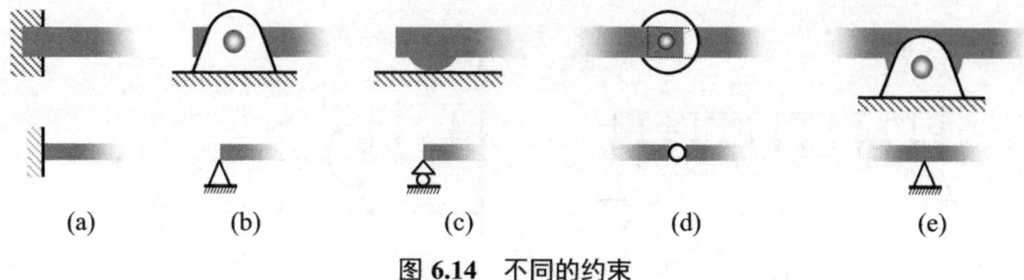

图 6.14 不同的约束

及其相应的简化图形（下一排）。读者可自行对这些约束处的内力特点进行分析。例如，在图 6.14(b)、(c)、(d)中，如果铰附近没有集中力偶矩作用，则该处弯矩为零。

在例 6.3 中，分别用了一个式子，就表示了全梁的剪力方程和弯矩方程。但是，梁弯曲的绝大多数情况并非如此简单。例如图 6.15(a) 所表示的外伸梁，如果在图 6.15(b) 和图 6.15(c) 这两种不同位置取截面，可以看出，图 6.15(c) 的脱离体多出一个集中力作用；同时，在 B 截面右面，不再有均布荷载作用，因此，AB 区段和 BC 区段的剪力弯矩方程必定是不同的。同理，BC 区段和 CD 区段的剪力弯矩方程也是不同的，所以，这个梁的方程应分三个区段建立。其脱离体一般可以按图 6.15(b)、(c)、(d) 三种情况截取。

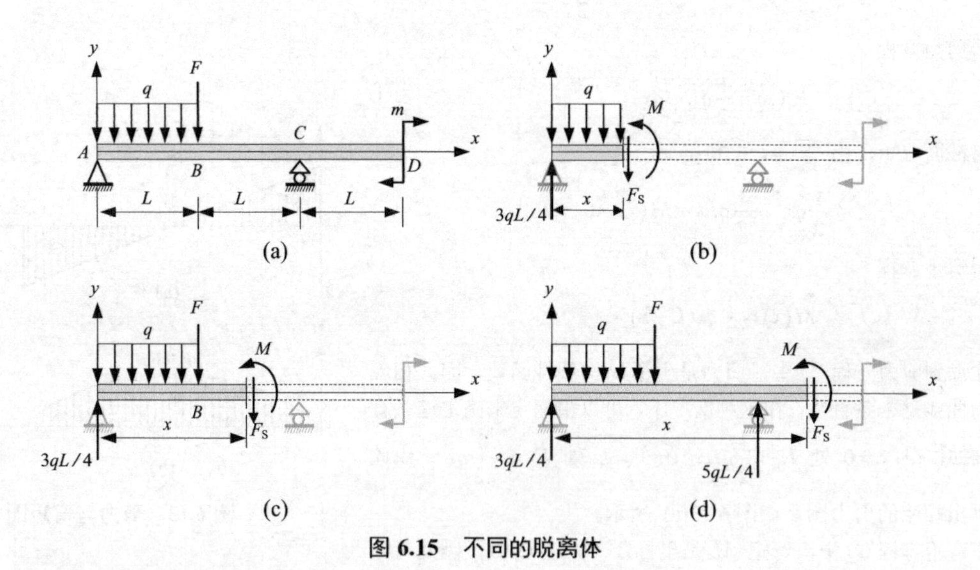

图 6.15 不同的脱离体

【例 6.4】 如图 6.16(a) 所示的曲梁是四分之一圆，求这个曲梁的内力。

解：对于曲梁，把截面形心处的主矢和主矩按照截面的法线方向和切面方向定义为轴力、剪力、扭矩和弯矩。在本例的曲梁中，外力 F 就作用在曲梁所在的平面中，因此截面上的内力应该包含轴力、剪力和弯矩这三种。

同样可用截面法求解这一问题。如图 6.16(b) 所示，在与过圆心 O 的竖直线成 α 角的方位上取截面，把截下的右上部作为脱离体。在截面上，分别假设轴力（沿截面法向）、剪力（沿截面切向）和弯矩的作用方向如图 6.16(b) 所示，然后将轴力、剪力和弯矩分别表示为 α 的函数，即内力方程。

根据脱离体的平衡可得

轴力： $F_N = F\cos\alpha$

剪力： $F_S = F\sin\alpha$

弯矩： $M = -FR(1-\cos\alpha)$

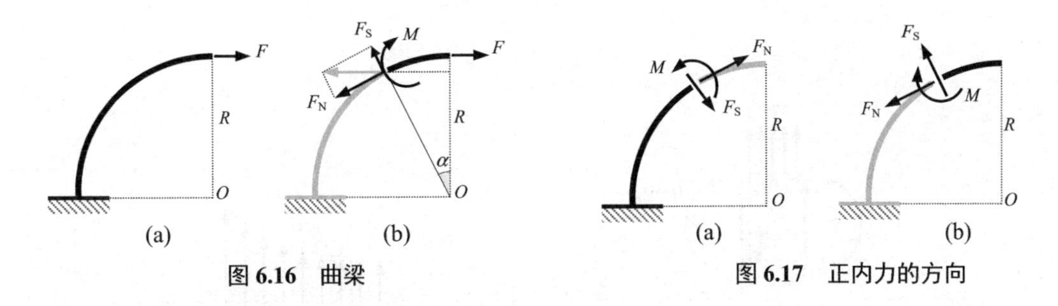

图 6.16　曲梁

图 6.17　正内力的方向

上面式中各内力的符号可采用与直梁类似的规定，只不过观察者应进入曲梁所包围的区域之内。在曲梁中任取一个截面，保留左边部分，在截面上均为正号的轴力、剪力、弯矩如图 6.17(a) 所示。图 6.17(b) 则表示了保留右边部分均取正号的各内力方向。

6.3　梁的平衡微分方程及其应用

由于梁弯曲问题的重要性，在本小节中，将专门讨论梁的弯曲内力，即剪力和弯矩。在上小节中，用截面法可以建立剪力和弯矩的方程，由此可以画出剪力图和弯矩图，并可以进一步确定人们所关心的关键截面上的剪力和弯矩值。但是，如果梁中存在着不同荷载形式时，必须分段讨论建立方程，这是比较繁琐的。有没有可能更快速便捷地画出内力图，得到关键截面的内力值呢？这便是本小节要解决的主要问题。显然，当梁承受横向荷载产生弯曲变形时，其内力是由外荷载引起的，因此剪力和弯矩必定与外荷载之间存在着某种函数关系。本小节将分别讨论几种典型荷载作用下的这种关系，然后再利用这种关系，根据外荷载直接画出剪力弯矩图。

6.3.1　梁的平衡微分方程

首先考虑在分布力作用的情况下，荷载 q、剪力 F_S 和弯矩 M 之间存在的关系。

在有分布力 $q(x)$ 作用的梁上取出一个微元长度区段，其长度为 dx，如图 6.18 所示。坐标系 x 轴正向水平向右，y 轴竖直向上。荷载 q 向上为正。由于 dx 很小，故可认为在微元区段内 q 为常数。微元段左侧面有剪力 F_S 和弯矩 M。在右侧面，由于所在的坐标比左侧面多出 dx，因而剪力弯矩都有了增量而分别成为 $F_S + \mathrm{d}F_S$ 和 $M + \mathrm{d}M$。由 y 方向上力的平衡可得

$$F_S + q\mathrm{d}x - (F_S + \mathrm{d}F_S) = 0$$

由之即可得

$$q = \frac{\mathrm{d}F_S}{\mathrm{d}x} \tag{6.2a}$$

再对微元区段右截面中点取矩可得

$$M + \mathrm{d}M - M - F_S\mathrm{d}x - \frac{1}{2}q(\mathrm{d}x)^2 = 0$$

注意到上式中的 $(\mathrm{d}x)^2$ 是二阶微量，因而可以忽略不计，由此可得

$$F_S = \frac{\mathrm{d}M}{\mathrm{d}x} \tag{6.2b}$$

式（6.2a）和式（6.2b）称作梁的**平衡微分方程**（differential equations of equilibrium）。

由梁的平衡微分方程可以导出，在梁的 A 截面到 B 截面之间（B 截面在 A 截面右方），如果只有分布力作用（见图 6.19），那么便有

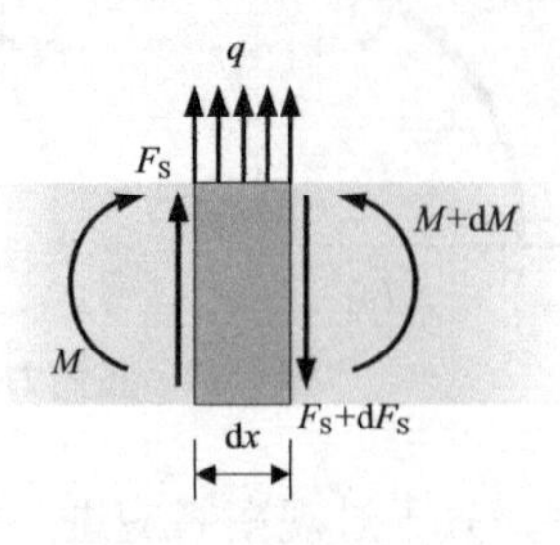

图 6.18 微元段的平衡

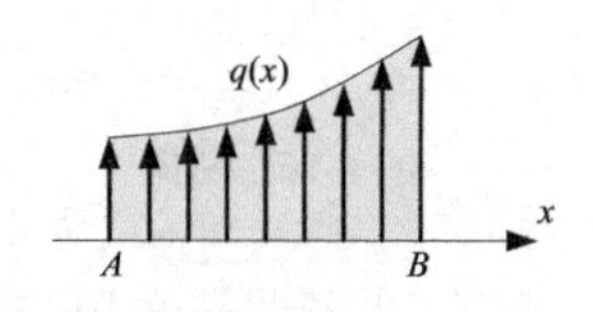

图 6.19 分布力

$$F_S(B)=F_S(A)+\int_A^B q(x)\,\mathrm{d}x \tag{6.3a}$$

$$M(B)=M(A)+\int_A^B F_S(x)\,\mathrm{d}x \tag{6.3b}$$

由式（6.3a）可知，从 A 截面到 B 截面剪力的增量等于 AB 区段内横向分布力的总量。或者说，等于 AB 区段内分布荷载图的面积，即图 6.19 中灰色区域的面积。显然，如果在 AB 区段内 q 是常数，式（6.3a）便可进一步简化为

$$F_B=F_A+q\times\overline{AB} \tag{6.3c}$$

同样，由式（6.3b）可知，从 A 截面到 B 截面弯矩的增量等于 AB 区段内剪力图的面积。此处应注意，剪力图在横轴下方的部分，其“面积”应是负数。

由式（6.2）和式（6.3），还可以得到一系列有意义的结论。

如果在 AB 区段内没有任何荷载作用，那么剪力在此区段内必定是常数，因而相应的剪力图线必定是平行于 x 轴的直线；而弯矩必然是 x 的线性函数，弯矩图线必定是斜直线。进一步地，如果这个区段内剪力图线位于横轴上方，即剪力为正，则对应的弯矩图线向右上倾斜；反之，如果剪力图线位于横轴下方，即剪力为负，则弯矩图线向右下倾斜；如果剪力在此区段内恒等于零，则对应的弯矩图转化为平直线了，如图 6.20 所示。

如果从 A 截面到 B 截面有均布荷载 q 的作用，那么剪力函数必定是 x 的线性函数，因而

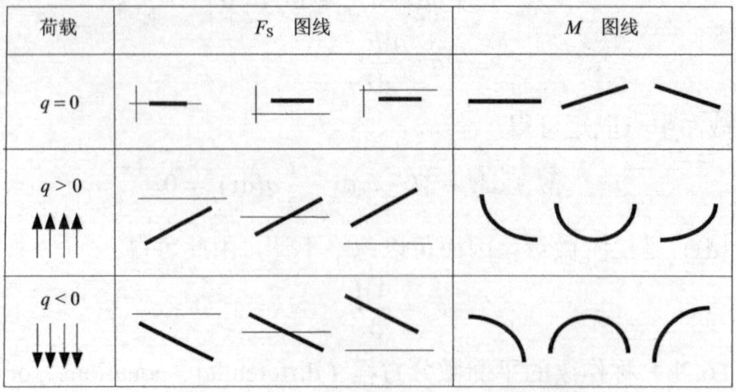

荷载	F_S 图线	M 图线
$q=0$		
$q>0$		
$q<0$		

图 6.20 均布力、剪力、弯矩间的图形关系

相应的剪力图线必定是斜直线。如果 q 向上，那么剪力图线便向右上方倾斜；而如果 q 向下，则剪力图线向右下方倾斜。此时弯矩必然是 x 的二次函数，弯矩图线必定是抛物线。如果这个区段内剪力图线向右上倾斜，则抛物线是凹曲线；反之，如果剪力图线向右下倾斜，则抛物线是凸曲线。

同时还应注意，如果剪力图穿过横轴，相应的弯矩曲线必定会出现局部的极值，如图 6.20 所示。

6.3.2　梁承受集中荷载的情况

应该注意，梁的平衡微分方程只是在梁的微元长度段上承受分布力的情况下导出的。如果出现其他形式的荷载，则可以根据微元的力平衡和力矩平衡推导出其他形式的方程。

集中力和集中力偶矩作用，是梁中经常出现的情况。下面将考虑它们对剪力和弯矩的影响。如图 6.21(a) 所示，梁中 A 处有集中力 F 的作用。在 A 处取微元区段 Δx，将集中力作用点的左侧面的剪力记为 F_S^-，右侧面的剪力记为 F_S^+。根据力平衡即可得

$$F_S^+ = F_S^- + F \tag{6.4}$$

这就是说，集中力 F 的作用使剪力在其作用处产生一个大小为 F 的增量。因此，如果从左到右地考虑集中力作用处剪力图的变化，那么剪力图在此处将会产生一个跃变，跃变的方向与作用力方向相同，跃变的幅度就是作用力的大小，如图 6.21(b) 所示。

另一方面，由于在集中力作用点以前和以后的区段内剪力数值有了差异，也就是作为弯矩导数的数值有了差异，因而弯矩图线在该点处的斜率有了差异。这样，弯矩图线在该处必定会出现一个不光滑点，即尖角。尖角的朝向与集中力方向相反，如图 6.21(c) 所示。

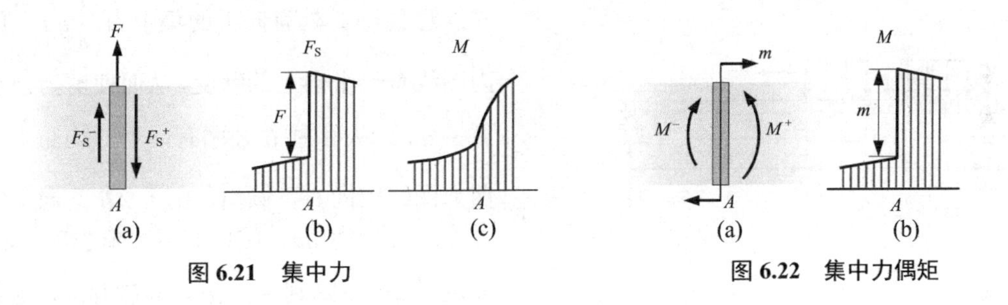

图 6.21　集中力　　图 6.22　集中力偶矩

用同样的方式考察集中力偶矩对弯矩的影响，如图 6.22(a) 所示。设在 A 处有顺时针方向作用的集中力偶矩 m，而把 A 偏左截面的弯矩记为 M^-，偏右截面的弯矩记为 M^+，根据矩的平衡可得

$$M^+ = M^- + m \tag{6.5}$$

这说明，集中力偶矩 m 使得其作用点处的弯矩产生了一个大小为 m 的增量。如果从左到右地观察相应弯矩图的变化就会发现，若力偶矩作用是顺时针方向的，弯矩图则向上跃变，如图 6.22(b) 所示；若力偶矩作用是逆时针方向，弯矩图则向下跃变；跃变的幅度就是 m。

由于力偶矩的作用不直接影响作用点处微元段处力的平衡，因此作用点处左右两侧面的剪力值不会因为力偶矩的作用而产生差异。

要注意上述规律是与一定的坐标系相对应的。这个坐标系就是：x 轴正向水平向右，纵轴剪力和弯矩都取向上为正。有的教材和文献规定弯矩图纵轴正向朝下，那么上述有关弯矩图

的规律便刚好相反，这一点请读者注意。同时，上面所叙述的规律都是按图形从左到右的顺序得到的，如果从右到左地观察图形，这些规律也应相应地予以修正。

6.3.3 根据外荷载画剪力弯矩图

利用上两小节所得到的一系列结论，便可以根据外荷载直接画出梁的剪力弯矩图。一般总是把坐标原点放在梁的最左端。在画图时应注意以下的要点。

① 首先求出约束处的支反力及支反力偶矩。求出之后，支反力及支反力偶矩便与其他外荷载同等看待。

② 根据各个荷载作用的位置将梁划分为若干个区段，从左到右依次画出连续的图线。

③ 应根据荷载、剪力、弯矩之间的微分关系明确图线的走向，并根据式 (6.3)～式(6.5) 确定各荷载作用处剪力和弯矩的数值。

④ 图形最左端应从原点开始，右端的结束点应该在横轴上。

⑤ 注意标出图形转折点和局部极值点的数值。

下面便用一个实例来说明剪力弯矩图的画法。

图 6.23(a) 是一个长度为 $2a$ 的简支梁，前半段承受向下的均布荷载 q，中点处承受顺时针方向的集中力偶矩 qa^2。

先求支反力。对左端铰 A 取矩，即可求出 C 处的支反力为向上作用的 $\frac{3}{4}qa$。对右端铰 C 取矩，即可求出 A 处的支反力为向上作用的 $\frac{1}{4}qa$。这两个支反力已用虚线标注在图 6.23(a) 中了。

画出剪力图的坐标系后即可开始画剪力图，如图 6.23(b) 所示。原点对应着左端面 A。首先注意到，A 处有向上的集中力 $\frac{1}{4}qa$，因此剪力图线有一个向上的跃变，从而使剪力值从零升至 $\frac{1}{4}qa$。从 A 到 B 之间有向下的均布力，因而剪力图线应向右下倾斜。由于 AB 间向下的均布力作用总量为 qa，因此其剪力值也应下降 qa，即从 $\frac{1}{4}qa$ 下降到 $-\frac{3}{4}qa$。容易看出，这条倾斜的剪力图线在离 A 点 $\frac{1}{4}a$ 处穿越了横轴。

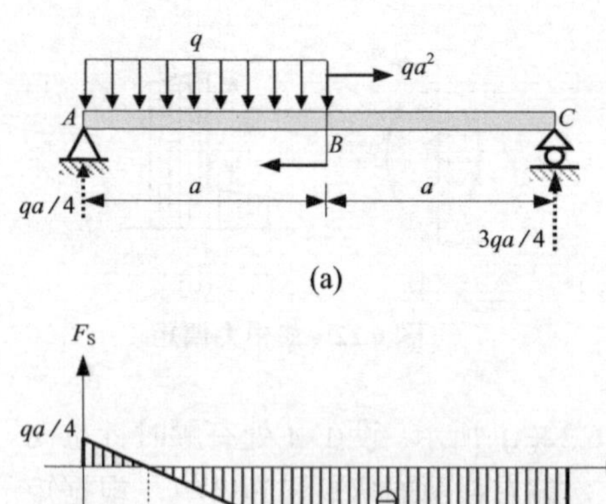

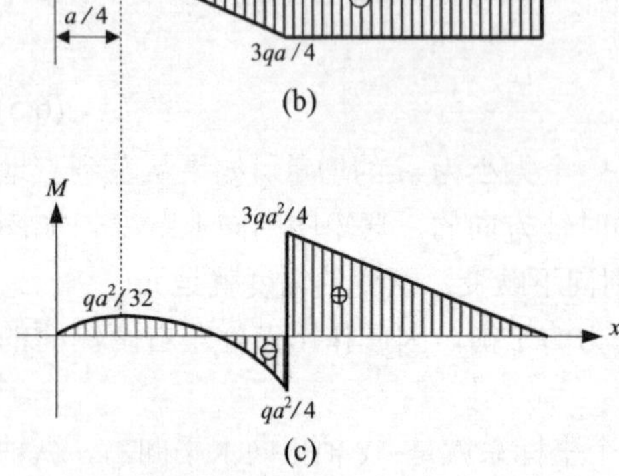

图 6.23 梁的剪力弯矩图

在 B 处有一个集中力偶矩的作用，但它并不直接影响剪力图的走势。从 B 到 C 之间没有任何荷载作用，因此剪力图线保持水平直线直到 C。

在 C 处有一个向上的集中力 $\frac{3}{4}qa$，因此剪力图线向上跃变 $\frac{3}{4}qa$，刚好到达横轴，从而使横轴和剪力图线一起构成一个闭合的剪力图。此处应注意，如果利用右端处的支反力画出剪力图线的跃变后结束点不在横轴上，那么整个作图过程中肯定存在错误；或者，在开始时支反力的求解就有错误。

建立弯矩图的坐标系后即可开始画弯矩图，如图 6.23(c) 所示。在左端 A 处结构为铰，而且没有集中力偶矩作用，因此 A 处弯矩是零。从 A 到 B 之间剪力图向右下倾斜，故弯矩图线为凸的抛物线。由于 A 点偏右处剪力值为正数 qa，因而弯矩图线从 A 处开始时应向着右上方倾斜延伸。

注意到剪力图在距左端 $\frac{1}{4}a$ 处穿越横轴，因此抛物线将在该处达到局部极大值之后转而向右下倾斜延伸。由于左端铰处弯矩为零，这个局部极大值就等于零到 $\frac{1}{4}a$ 处剪力图的面积，也就是 $\frac{1}{32}qa^2$。

B 处的弯矩值应为 AB 之间剪力图面积的代数和，注意横轴下方的面积为负值，因而 B 处的弯矩值是 $-\frac{1}{4}qa^2$。抛物线在这个位置上达到了它的终点。

由于 B 处有一个顺时针方向的集中力偶矩，因而该处弯矩图线有一个向上的跃变。跃变的幅度即力偶矩的大小 qa^2，因此弯矩数值从 $-\frac{1}{4}qa^2$ 升至 $\frac{3}{4}qa^2$。

从 B 到 C，由于相应区段的剪力图线是横轴下方的一条平直线，因而弯矩图线应该是向右下方倾斜的直线。在此区间，弯矩值下降的幅度等于此区间内剪力图的面积，即 $\frac{3}{4}qa^2$。这使得弯矩图线结束在横轴上。由于 C 处梁为铰支承，而且没有集中力偶矩作用，因而弯矩应该是零，这一点印证了所画出的弯矩图的正确性。

上面的例子详细地说明了剪力弯矩图的作法。在计算各处剪力弯矩值时，上面用到了式（6.3）所表述的“几何”的方法；同时，计算也可以采用上节中所表述的“力学”的方法（即“直梁某截面上的剪力在数值上等于该截面左端所有横向力的代数和”等）。这两类方法可以视情况灵活地交替使用。

在实际作图过程中，除了熟练地应用上两小节所叙述的一系列图线走向的规律之外，还应熟练掌握梁的支承处的剪力弯矩特点。

同时，还应观察结构及其受力特点。例如在图 6.24(a) 中，形成了对称结构承受对称荷载的情况。画出内力图后就会发现，它的剪力图是关于中点反对称的，而弯矩图则是关于中点对称的。这一特点可以这样定性地说明：如果荷载是关于中点对称的，那么，若以中点为原点，荷载便可以表达为一个偶函数。通过式（6.3a）和式（6.3b）的积分，剪力便是奇函数，弯矩便是偶函数。这样，剪力图便关于中点反对称，弯矩图便关于中点对称。

根据同样的理由，如图 6.24(b) 所表示的那样，对称结构承受反对称荷载，其剪力图对称而弯矩图反对称。

6.3.4　弯矩的峰值

由于弯矩在梁的强度计算中将起到很重要的作用，因此本小节将特别讨论弯矩的局部极值，也就是弯矩的峰值。在弯矩图中，这些峰值应特别地标示出其数值，如图 6.23(c) 中的三个弯矩值。

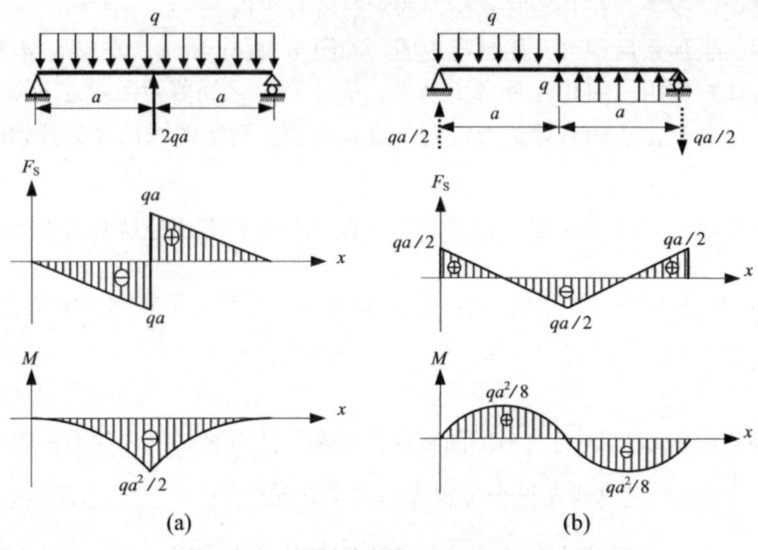

图 6.24　对称结构的对称和反对称荷载

容易看出，弯矩的峰值一般会出现在下面几种情况下：在有分布荷载作用的区段，若某截面的剪力为零，则该截面处就会出现弯矩的局部极值，如图 6.23 中距左端 $\dfrac{a}{4}$ 处，就有弯矩峰值 $\dfrac{qa^2}{32}$；在集中力作用处（包括支座），弯矩图会出现尖点，这些尖点就可能构成弯矩的峰值；同时，在集中力偶矩作用处，弯矩会产生跃变，跃变前后的弯矩值也都会成为弯矩的峰值。

在全梁上考虑绝对值最大的弯矩时，梁的端点处也是值得注意的地方，例如图 6.25 中承受均布荷载的简支梁，由于其两端作用有集中力偶矩，其绝对值最大的弯矩并没有出现在剪力为零处，而是出现在左端面，如图 6.26 所示。

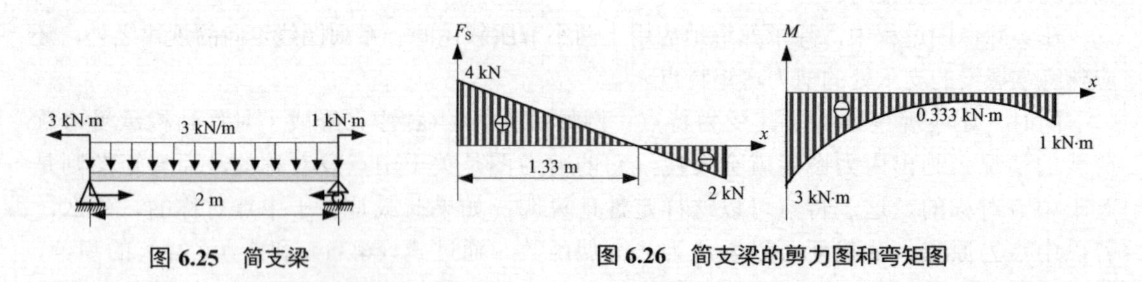

图 6.25　简支梁　　　图 6.26　简支梁的剪力图和弯矩图

对于更为复杂的问题，则需要将各方面的因素综合加以考虑。下面用两个例子来说明。

【例 6.5】 如图 6.27 所示的承受均布荷载的简支梁长度为 L，为了提高它的承载能力，可以考虑它的两个支座关于中截面对称地向中点移动，记移动的距离为图中的 a。欲使梁中绝对值最大的弯矩为最小，求 a 与 L 之比；并求这样移动后，梁中绝对值最大的弯矩所下降的百分数。

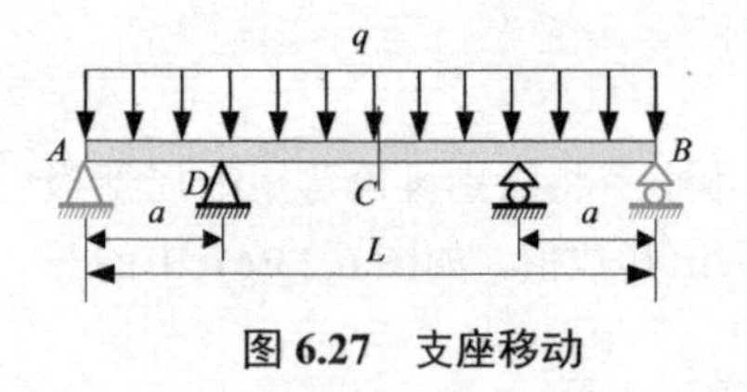

图 6.27　支座移动

解：由于结构关于中点对称，因此两个支座的支反力均为 $\dfrac{qL}{2}$。只要两个支座不靠近中点，梁的弯矩图就具有图 6.28(a) 的形式。其中在 D 截面具有最大的负弯矩 M_D，中截面 C 处具有最大的正弯矩 M_C。它们构成两个弯矩峰值。

D 截面的弯矩就是 AD 长度上均布荷载对 D 截面的矩，故有

$$M_D=-\frac{1}{2}qa^2$$

而 C 截面的弯矩是 AC 长度上均布荷载 q 对 C 截面的矩与支座反力对 C 截面矩的代数和，因而有

$$M_C=\frac{1}{2}qL\left(\frac{L}{2}-a\right)-\frac{1}{2}q\left(\frac{L}{2}\right)^2=\frac{1}{8}qL(L-4a)$$

显然，M_C 和 M_D 的数值随着 a 的变化而变化。为了了解这两个弯矩峰值关于 a 的变化规律，图 6.28(b) 中画出了它们关于 a 的函数图像。从图中可以看出，随着 a 的增加，M_D 的绝对值趋于增加，而 M_C 趋于减小。因此，要使梁中绝对值最大的弯矩为最小，应取两条弯矩曲线的交点处的弯矩，即两个弯矩峰值的绝对值应该相等，故取

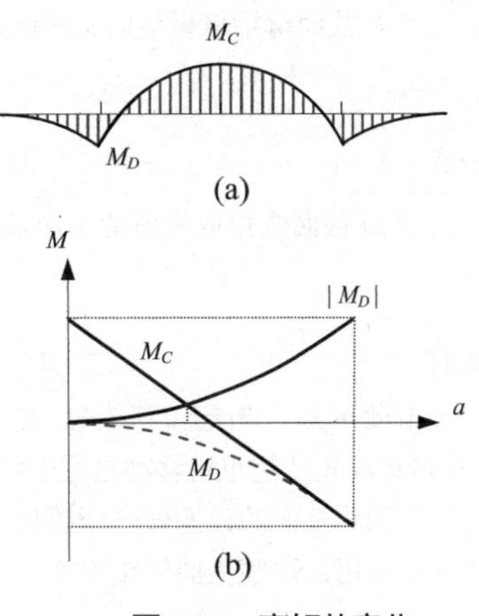

图 6.28　弯矩的变化

$$\frac{1}{2}qa^2=\frac{1}{8}qL(L-4a)$$

由之可解出

$$a=\frac{1}{2}\left(\sqrt{2}-1\right)L\approx 0.207L\text{，即}\quad \frac{a}{L}=0.207$$

支座移动前，其最大弯矩为 $M_{\max}=\dfrac{1}{8}qL^2$。按上述比例移动后，最大弯矩

$$M'_{\max}=\frac{1}{2}qa^2=\frac{1}{8}qL^2(3-2\sqrt{2})\approx\frac{1}{8}qL^2\times 0.172$$

故弯矩降低的比例

$$\frac{M_{\max}-M'_{\max}}{M_{\max}}\times 100\,\%=82.8\,\%$$

这一个降低的百分比是很高的。

【例 6.6】 如图 6.29 所示，自重 $W=20\text{ kN}$ 的简易起重机两轮间距为 1.6 m，起重机自身重心位于两轮中点。起重机可在跨度为 5 m 的简支梁上来回运行，求起吊重量 $F=5\text{ kN}$ 时梁中的最大弯矩。

解：起重机与起吊重物对横梁的作用体现为两轮 C 和 D 处对横梁的集中力 P_1 和 P_2，如图 6.30(a) 所示。

以起重机为研究对象，分别对 C 和 D 取矩可得（为方便计算，本题中长度的单位取 m，力的单位取 kN）

$$P_1=6.25\text{ kN}\text{，}\quad P_2=18.75\text{ kN}$$

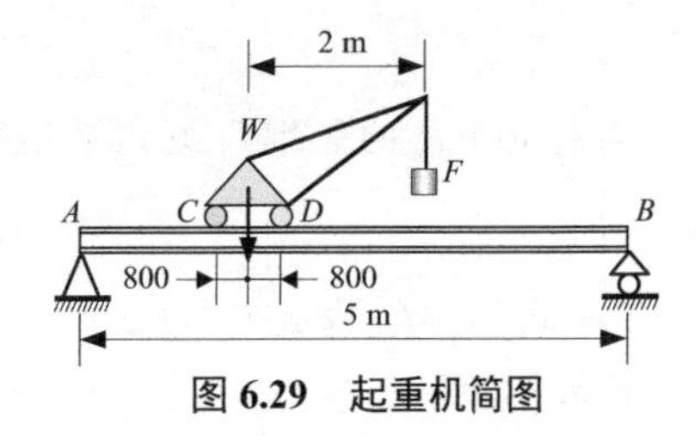

图 6.29　起重机简图

由于横梁上只有集中力 P_1 和 P_2 作用，因而其弯矩图必定为图 6.30(b) 所示的形状，且峰值一定出现在 C、D 两个截面处。

由于起重机可移动，因此梁中的弯矩将随着起重机的移动而发生连续的变化。针对这种情况，可引入一个表示起重机位置的参量，并将弯矩峰值表达为该参量的函数。假定起重机左轮 C 处与梁左端铰的距离为 x，如图 6.30(a) 所示。对 B 取矩，便可得左端铰处的支反力

$$R_A=\frac{1}{5}\left[6.25\times(5-x)+18.75\times(5-x-1.6)\right]$$

即　　$$R_A=19-5x\ (\text{kN})$$

由此可得 C、D 两个截面处的弯矩

$$M_C=R_Ax=19x-5x^2\ \ (\text{kN}\cdot\text{m})$$

$$M_D=R_A(x+1.6)-1.6P_1=20.4+11x-5x^2\ \ (\text{kN}\cdot\text{m})$$

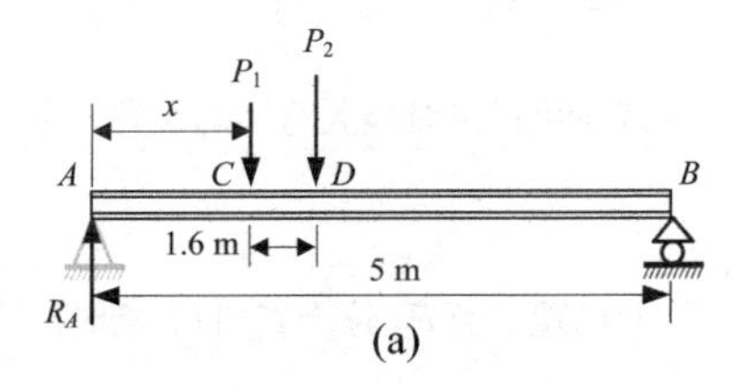

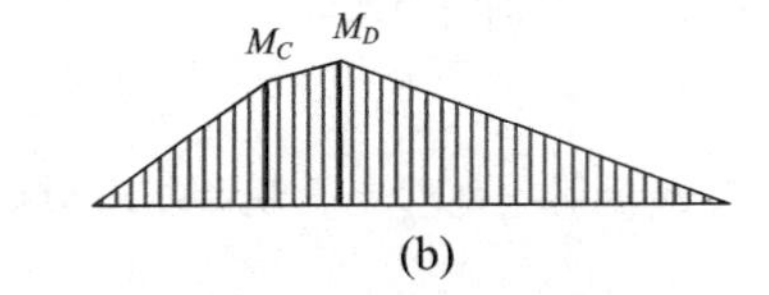

图 6.30　梁中的弯矩

使 C 截面弯矩取极值的 x 应满足

$$\frac{\mathrm{d}M_C}{\mathrm{d}x}=19-10x=0\text{，}\quad 即\quad x=1.9\ \mathrm{m}$$

故有

$$M_{C\max}=19\times1.9-5\times1.9^2=18.05\ \mathrm{kN\cdot m}$$

使 D 截面弯矩取极值的 x 应满足

$$\frac{\mathrm{d}M_D}{\mathrm{d}x}=11-10x=0\text{，}\quad 即\quad x=1.1\ \mathrm{m}$$

故有

$$M_{D\max}=20.4+11\times1.1-5\times1.1^2=26.45\ \mathrm{kN\cdot m}$$

由此可知，当起重机左轮 C 与简支梁左端铰的距离为 1.1 m 时，起重机右轮 D 处截面的弯矩值 26.45 kN·m 是起重机移动过程中梁中产生的最大弯矩。

下面将上面的问题做一个更加一般性的讨论。如图 6.31 所示，简支梁承受一组集中移动荷载 (F_1，F_2，…，F_n) 的作用，这些力的间距不变。求这个梁的绝对值最大的弯矩。

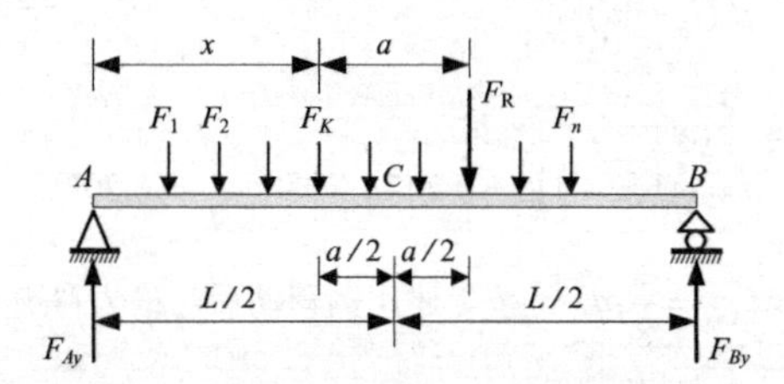

图 6.31　移动荷载作用

在 (F_1，F_2，…，F_n) 作用下，无论荷载在梁上的任何位置，弯矩图的峰值点总是发生在集中荷载的作用点，由此可以认为绝对最大弯矩一定发生在某一荷载作用截面。下面先任选某一个集中荷载，来讨论移动荷载处于什么位置时，该荷载的作用截面的弯矩达到最大值。由于移动荷载个数是有限的，就可求出各荷载作用截面的最大弯矩，从而确定绝对最大弯矩。设 F_K 与 A 点的距离为 x，梁上荷载的合力 F_R 与 F_K 的作用线之间的距离为 a。

由 $\sum M_B=0$ 得

$$F_{Ay}=F_R\frac{L-x-a}{L}$$

当 F_K 位于 F_R 的左侧时，则 F_K 作用截面的弯矩为

$$M=F_{Ay}x-M_K=\frac{F_R(L-x-a)}{L}x-M_K$$

式中，M_K 表示 F_K 以左梁上的所有荷载对 F_K 作用点的力矩总和，它是一个与 x 无关的常数。根据极值条件，有

$$\frac{\mathrm{d}M}{\mathrm{d}x}=\frac{F_R(L-2x-a)}{L}=0 \qquad ①$$

由式①可得绝对最大弯矩的位置，即

$$x=\frac{L}{2}-\frac{a}{2} \qquad ②$$

同理，当 F_K 位于 F_R 的右侧时，可求得 $x=\frac{L}{2}+\frac{a}{2}$ 为发生绝对最大弯矩的位置。故简支梁发生绝对最大弯矩所在截面由下式确定

$$x=\frac{L}{2}\mp\frac{a}{2} \qquad ③$$

式③表明，当 F_K 与荷载合力 F_R 对称于跨中截面时，F_K 作用点的截面上弯矩为最大值，其值为

$$M_{x\max}=\frac{F_R}{4L}(L\mp a)^2-M_K \qquad ④$$

在应用式 ③ 和式 ④ 计算荷载作用处截面最大弯矩时，应该注意的是：

① F_R 在 F_K 右方时，a 取正值；F_R 在 F_K 左方时，a 取负值。

② F_R 是实际荷载的合力。在 F_K 和 F_R 对称于跨中截面时，可能有的荷载不再位于梁上，或有新的荷载进入梁上，这时应重新计算合力和作用位置。

按上述方法可算出每一个荷载作用处截面的最大弯矩，并加以比较，其中最大者就是绝对最大弯矩。

6.4　简单刚架的内力图

如图 6.32 所示一类的结构称为刚架，它是若干个梁的组合结构。与桁架不同的是，它的单个部件可能不仅承受轴向拉压变形，还要承受弯曲变形。因此，组成刚架的构件的内力不仅可能有轴力，而且还可能有剪力和弯矩。这样，平面刚架的内力图就应该包含轴力图、剪力图和弯矩图这三种图形。

刚架中相邻两个构件的连接方式有两种。一种如同图 6.32(a) 和(b) 中左上方的连接方式，称为刚结点。刚结点处的刚度一般比较大，因此在结构受外荷载作用而变形时，刚结点所连接的两个杆件的夹角是不会改变的。另一种连接方式就是铰，如同图 6.32(b) 右上角所表示的那样。易于理解，这种铰附近如果没有集中力偶矩作用的话，其弯矩应为零。

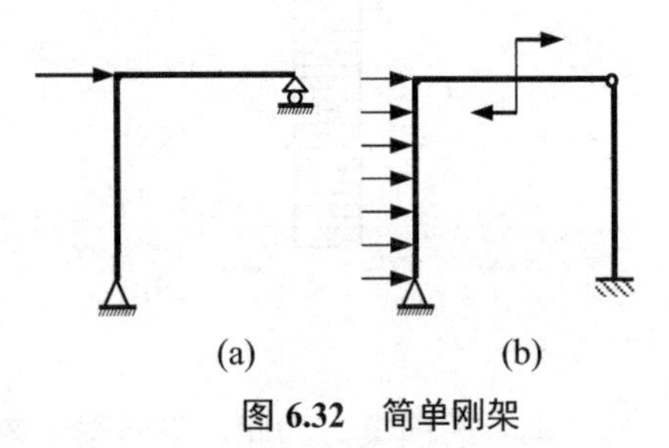

图 6.32　简单刚架

在画简单刚架的内力图时，一般以刚架轴线作为基本轮廓，它们相当于每个构件图形的横轴，轴力图、剪力图和弯矩图就直接画在这个轮廓之上。其正负图像的放置方法一般是这样规定的：走进刚架之中，以刚架轮廓外侧为正，内侧为负。

可以按照以下步骤画内力图：首先，求出支承处的支反力及支反力偶矩。然后进入刚架之中，从左到右地逐个杆件画出其内力图。在画各个杆件内力图时，如果有必要（对初学者往往是这样），可将这个杆件左端面以外的所有外荷载（包括支反力）按规定平移到左端；而将这个杆件右端面以外的所有外荷载（包括支反力）按规定平移到右端。但应注意，这个杆件两端点之间所承受的外荷载是不能变更的。

下面用图 6.33(a) 的例子来说明这种画法。

在图 6.33(a) 中容易求得，在左下方的固定铰处有水平向左的支反力和竖直向下的支反力。在右上方的移动铰处有竖直向上的支反力。

根据刚架的轮廓，先画出轴力图、剪力图和弯矩图的坐标线框架。

先考虑竖梁的内力图。如图 6.33(b) 所示，竖梁下方有两个支反力，上方有水平方向外荷载 F，以及右端移动铰处的支反力平移到此处的竖直向上的力 F，还有平移 F 所附加的力偶矩 Fa。这样，图 6.33(b) 表示了竖梁的全部外荷载。

对应于竖梁两端的竖直方向的作用力，竖梁中存在着不变的正轴力 F，因此在轴力图的竖梁外侧画出高度为 F 的矩形。对应于两端水平方向上的作用力，竖梁中存在着不变的正剪力 F，因此可在剪力图中竖梁的外侧将其表示出来。由于剪力图线是“平”直线，因此弯矩图应为斜直线。因为剪力图线位于轮廓外侧，所以弯矩图应从下端开始向外侧倾斜。这条倾斜线的终点处的弯矩值等于竖梁剪力图的面积 Fa。竖梁上端的逆时针方向的集中力偶矩 Fa 刚好能使弯矩图线返回到竖梁上部端点处。

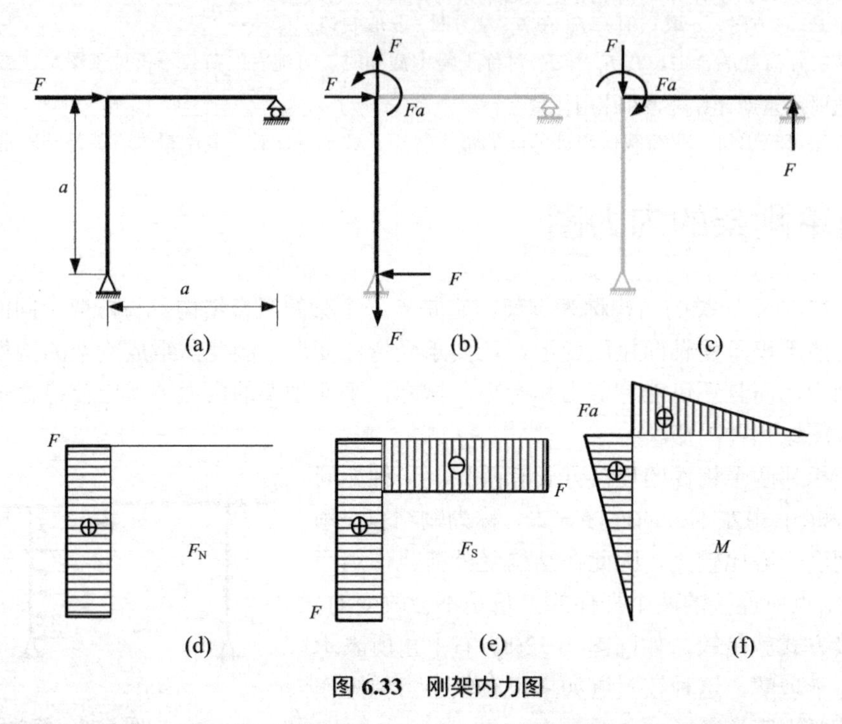

图 6.33 刚架内力图

再考虑横梁。为此，将竖梁下部的两个支反力平移到横梁左端。图 6.33(c) 表现了横梁的全部外荷载。

由于横梁没有轴向荷载作用，因此没有轴力。对应于左右两端的竖直方向的力 F，横梁存在着负的剪力，其值恒为 F，这一结果画在剪力图横梁下侧。由于横梁左端存在着顺时针方向的集中力偶矩 Fa，因此左端处弯矩图有一个向上的跃变 Fa。在横梁中，由于剪力为负的常数值，因此弯矩图是向下倾斜的直线。弯矩值下降的幅度为 Fa，使斜直线在右端处归零。这刚好与铰处的弯矩值吻合。

从上面的例子中可以看到，在刚结点处内力的平衡有着与直梁不同的特点。

如图 6.34(a) 所示，在直角刚结点处，如果没有集中力作用，一侧的轴力与另一侧的剪力平衡。

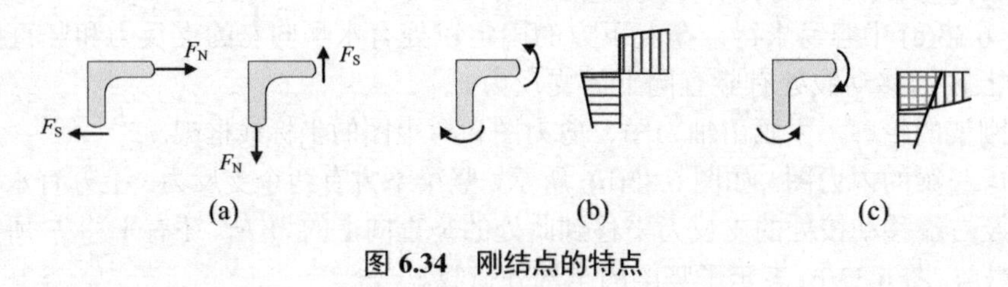

图 6.34 刚结点的特点

考虑刚结点处弯矩的平衡就可以看出，如图 6.34(b) 和 (c)所示，如果刚结点处没有集中力偶矩作用，那么刚结点两边的弯矩图必定在轮廓线的同侧；要么同在外侧，如图 6.34(b) 所示；要么同在内侧，如图 6.34(c) 所示。同时，相应的值应该相等。也就是说，在遵循从左到右的画图方法的前提下，竖杆结束点处的弯矩等于横杆开始点处的弯矩。

利用刚结点的这些特点，可以提高画刚架内力图的速度。

思考题 6

6.1　杆件内力符号规定的原则与外力符号规定的原则有什么不同？

6.2　想象用一个截面把杆件切开为左右两部分，关于这左右两部分的截面上内力的下述提法中，哪一个是正确的？

(a) 左右两面内力大小相等，方向相反，符号相反；

(b) 左右两面内力大小相等，方向相反，符号相同；

(c) 左右两面内力大小相等，方向相同，符号相反；

(d) 左右两面内力大小相等，方向相同，符号相同。

6.3　平衡微分方程 $\dfrac{\mathrm{d}M}{\mathrm{d}x}=F_{\mathrm{S}}$，$\dfrac{\mathrm{d}F_{\mathrm{S}}}{\mathrm{d}x}=q$ 是在考虑什么外荷载的前提下导出的？如果有其他类型的外荷载该如何处理？

6.4　梁的弯矩峰值一般会产生在什么位置？

6.5　在集中力和集中力偶矩处，梁的剪力图和弯矩图各有什么特点？

6.6　某梁的弯矩图如图所示。如果将支反力也视为一种外荷载，那么，梁承受了哪些荷载？这些荷载各作用于什么位置？

6.7　某个梁分别承受 A、B 两组荷载，A 组荷载只比 B 组荷载多一个集中的力偶矩。有人认为，由于画剪力图时，集中力偶矩不影响剪力，因此，对应于这两组荷载的剪力图是完全一样的。这种看法对吗？为什么？

6.8　如图的简支梁上有一副梁。集中力 F 作用于副梁上。在求简支梁 A、B 处的支反力时，可以将 F 沿其作用线平移至梁上 D 处吗？在求简支梁中的剪力和弯矩时，是否可以将 F 平移至 D 处？

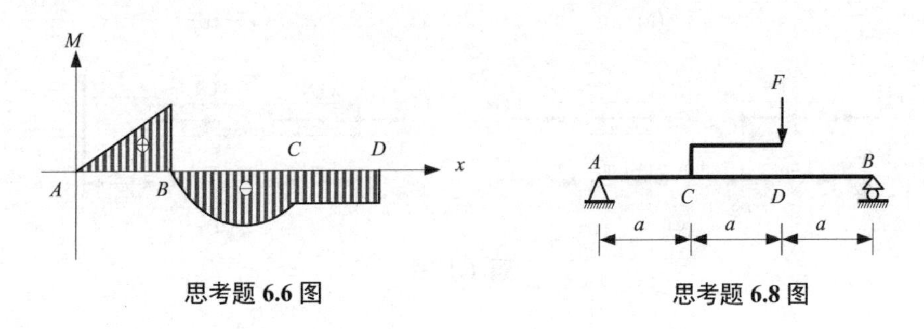

思考题 6.6 图　　　　思考题 6.8 图

6.9　若结构对称，荷载对称或反对称，其剪力图和弯矩图各有什么特性？

6.10　图示的结构是对称的，其中点作用有一个集中力偶矩。这种情况荷载是对称的或是反对称的？或是既不对称又不反对称？

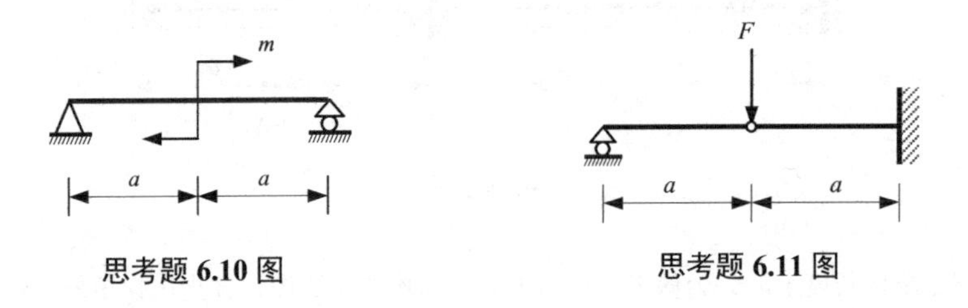

思考题 6.10 图　　　　思考题 6.11 图

6.11　如图，荷载作用在中间铰处，在左端铰处引起支反力吗？在左半部引起内力吗？引起变形吗？引起位移吗？

6.12　在上题同样的结构中，若荷载作用在中间铰偏左处，上题的结论仍然正确吗？偏右处呢？

6.13　图示的两种情况下，左半部的内力相同吗？

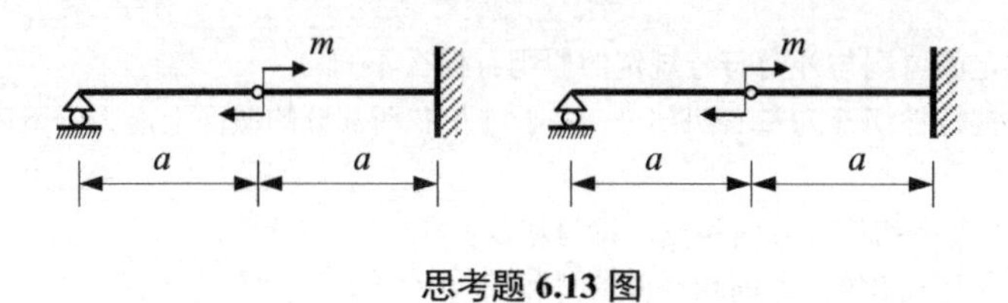

思考题 6.13 图

6.14 如果已知剪力图，可以完全确定弯矩图吗？在把约束视为外荷载的前提下，已知剪力图，可以完全确定荷载图吗？

6.15 如果已知弯矩图，可以完全确定剪力图吗？在把约束视为外荷载的前提下，已知弯矩图，可以完全确定荷载图吗？

6.16 刚架刚结点处力的平衡有什么特点？弯矩图有什么特点？

习 题 6

6.1 试画出如图结构的轴力图，并指出轴力最大值。

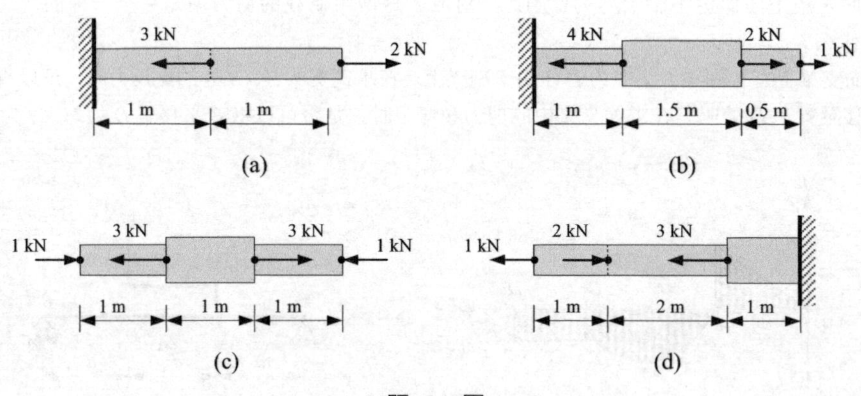

题 6.1 图

6.2 试画出如图结构的轴力图，并指出轴力最大值。

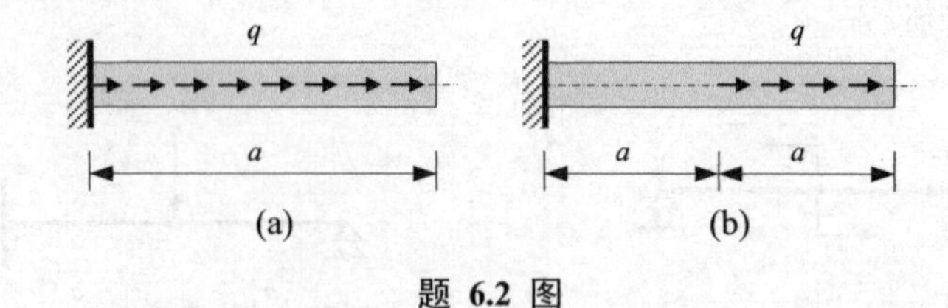

题 6.2 图

6.3 下列图中的 t 是单位长度上的外力偶矩。试画出如图结构的扭矩图，并指出扭矩最大值。

6.4 求下列结构中指定的 1、2、3 截面的内力。

6.5 求下列结构中指定的 1、2 截面的内力。

6.6 求下列结构中指定的 1、2、3 截面的内力。

6.7 用截面法建立图示梁的剪力和弯矩方程，并指出绝对值最大的剪力和弯矩。

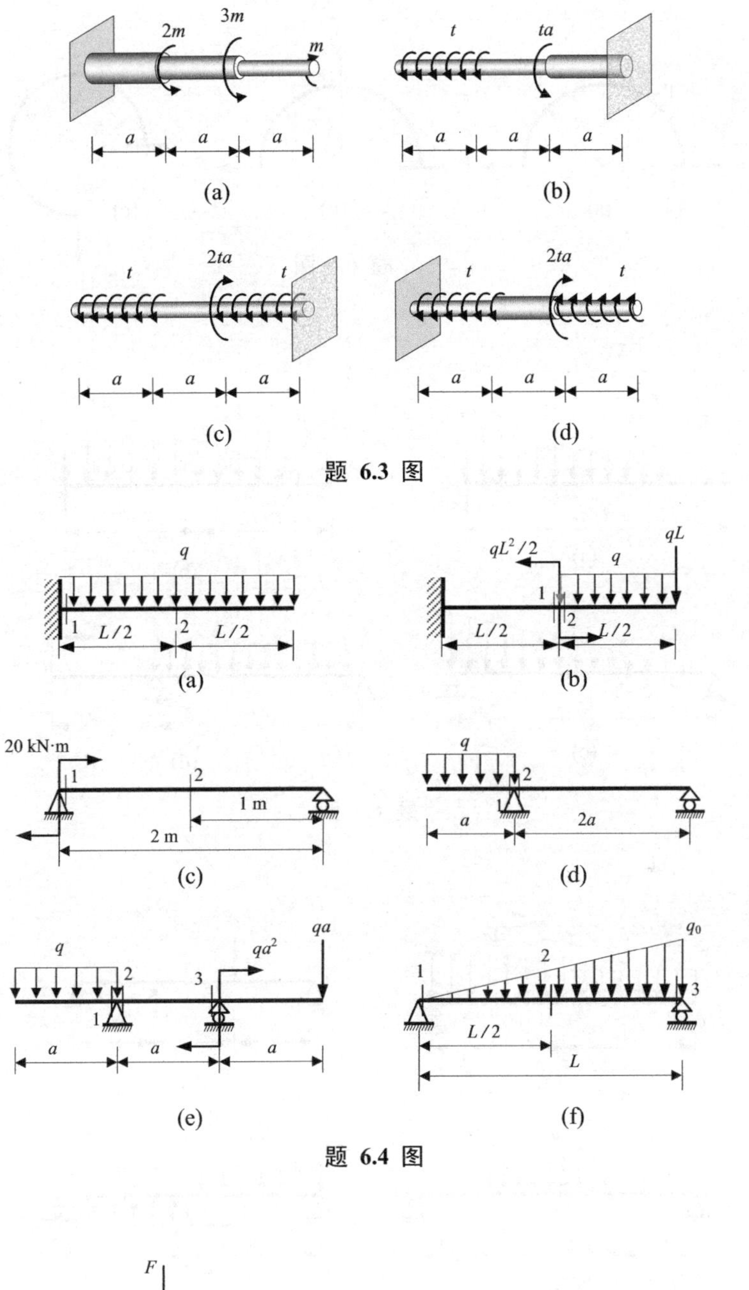

题 6.3 图

题 6.4 图

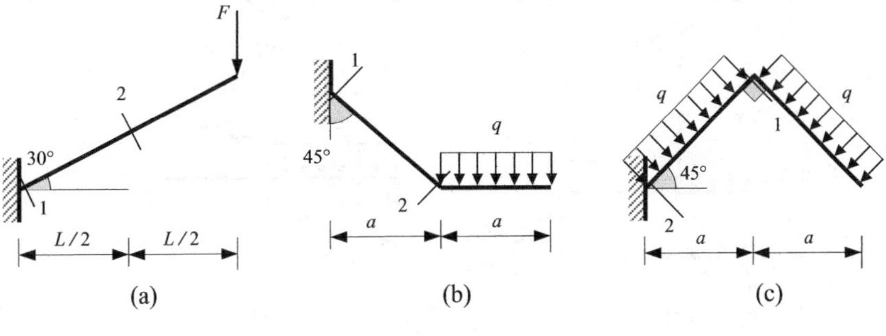

题 6.5 图

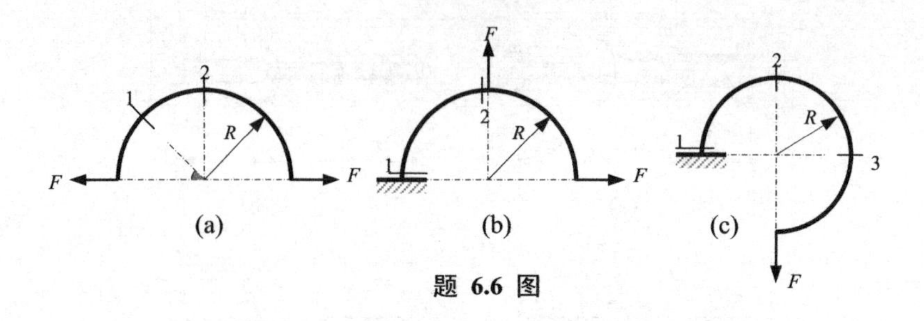

F
1
2
R
F
(a)
F
2
R
1
F
(b)
2
R
1
3
F
(c)

题 6.6 图

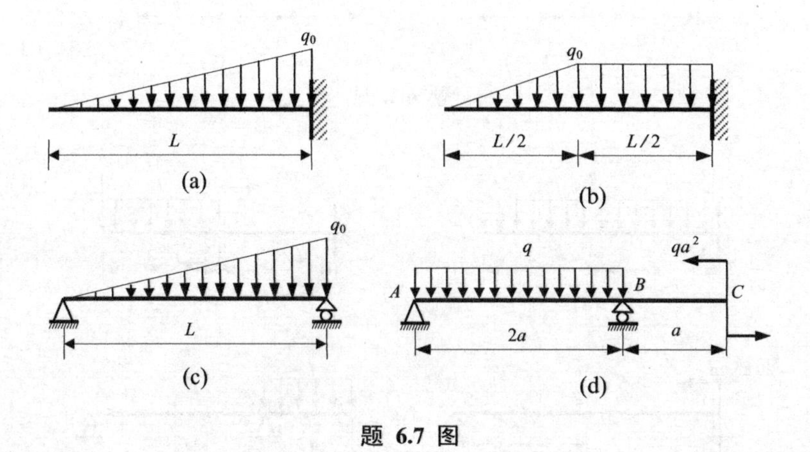

q_0
L
(a)
q_0
L/2
L/2
(b)
q_0
L
(c)
q
qa^2
A
B
C
2a
a
(d)

题 6.7 图

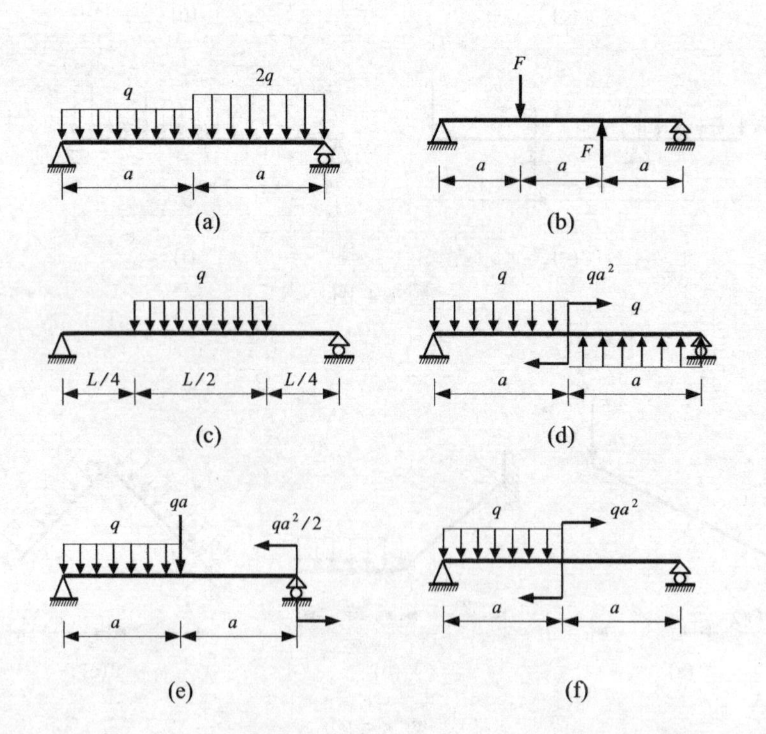

q
2q
a
a
(a)
F
F
a
a
a
(b)
q
L/4
L/2
L/4
(c)
q
qa^2
q
a
a
(d)
q
qa
$qa^2/2$
a
a
(e)
q
qa^2
a
a
(f)

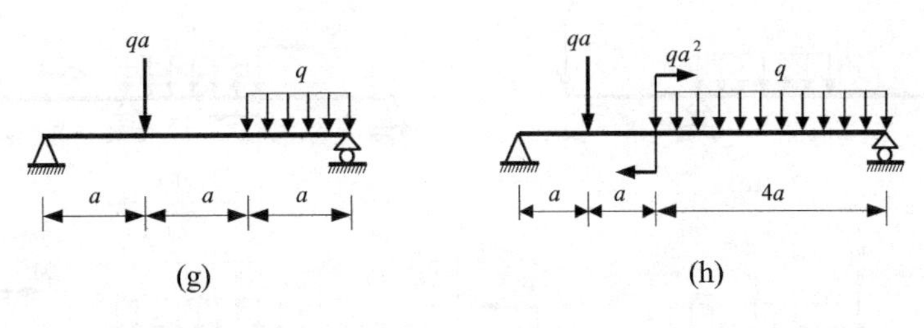

题 6.8 图

6.8 试画出图示简支梁的剪力、弯矩图，并指出绝对值最大的剪力和弯矩。

6.9 试画出图示悬臂梁的剪力、弯矩图，并指出绝对值最大的剪力和弯矩。

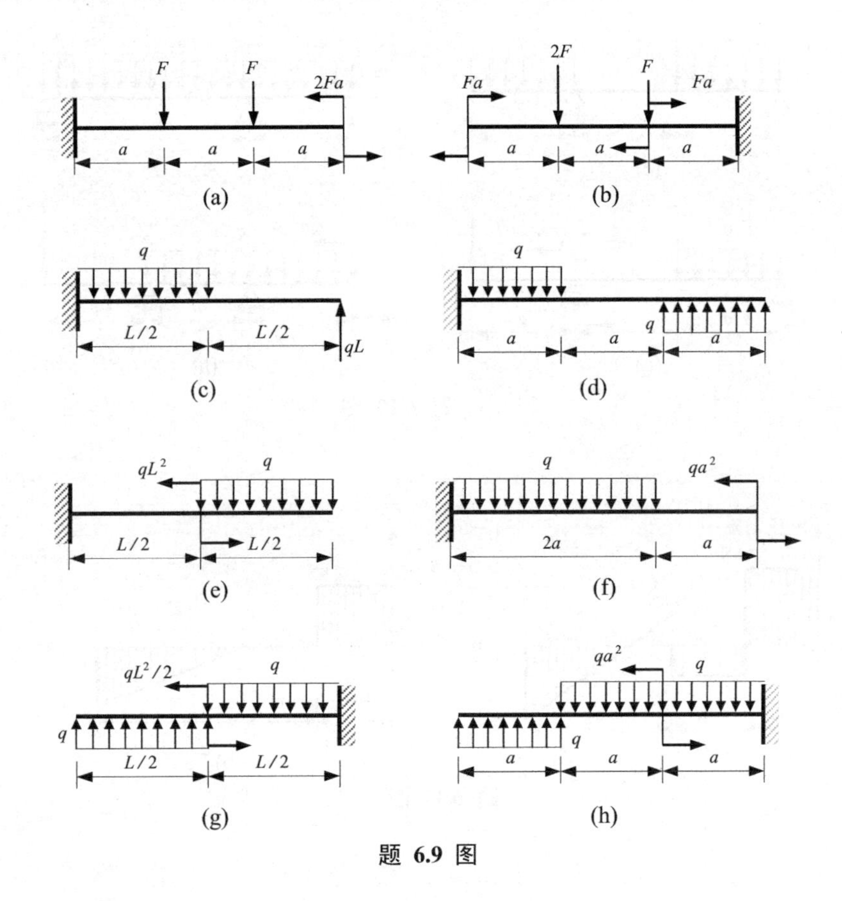

题 6.9 图

6.10 试画出图示外伸梁的剪力、弯矩图，并指出绝对值最大的剪力和弯矩。

6.11 设梁的剪力图如图所示，试作梁的弯矩图和荷载图。已知梁上没有集中外力偶作用。

6.12 已知梁的弯矩图如图所示，作梁的荷载图和剪力图。

6.13 试画出图示结构的剪力、弯矩图，并指出绝对值最大的剪力和弯矩。

6.14 以杆件左端为原点，x 轴正向向右，试建立下列各种情况的内力平衡微分方程。其中，在图 (a) 中作用着使杆件产生弯曲变形的分布力偶矩 m_0；在图 (b) 中作用着使杆件产生扭转变形的分布力偶矩 t 。

6.15 试画出图示刚架的内力图，并指出绝对值最大的轴力、剪力和弯矩。

6.16 试画出图示结构的内力图，并指出绝对值最大的轴力、剪力和弯矩。

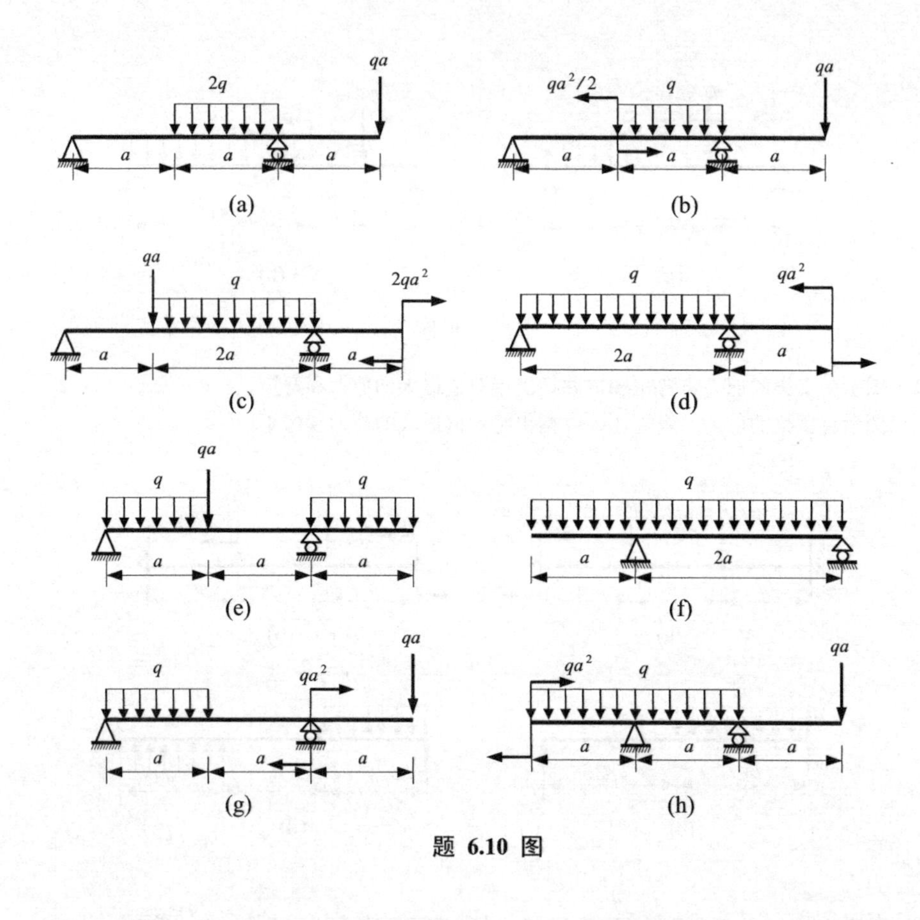

题 6.10 图

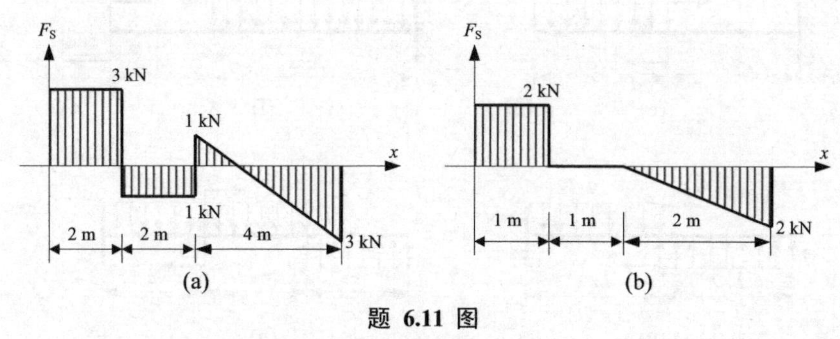

题 6.11 图

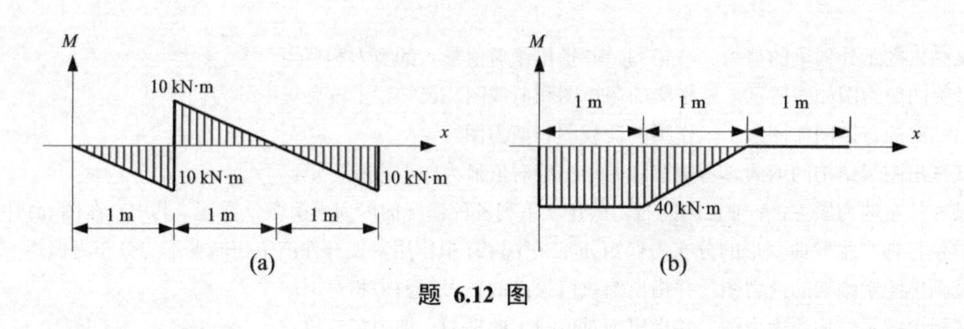

题 6.12 图

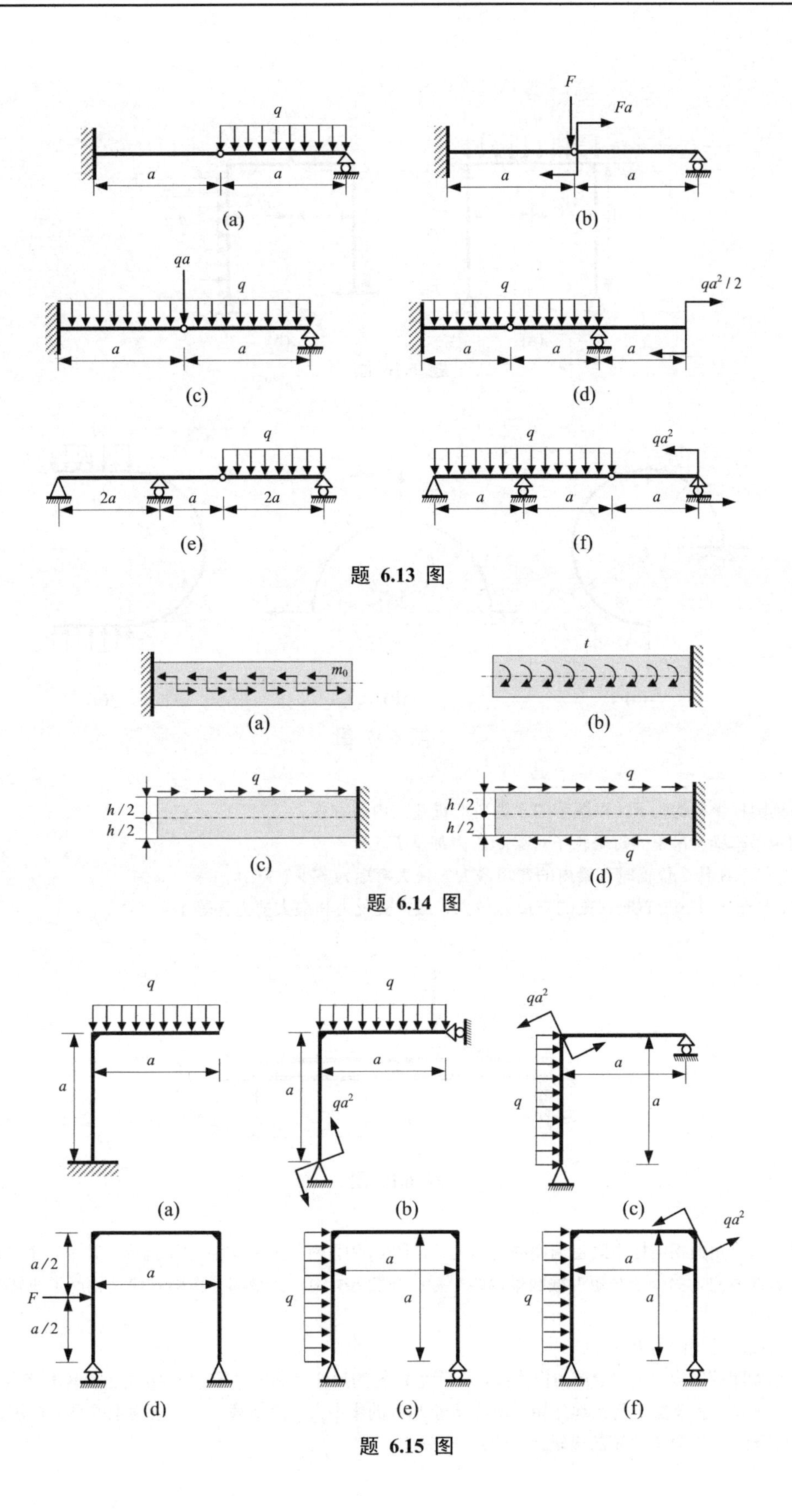

题 6.13 图

题 6.14 图

题 6.15 图

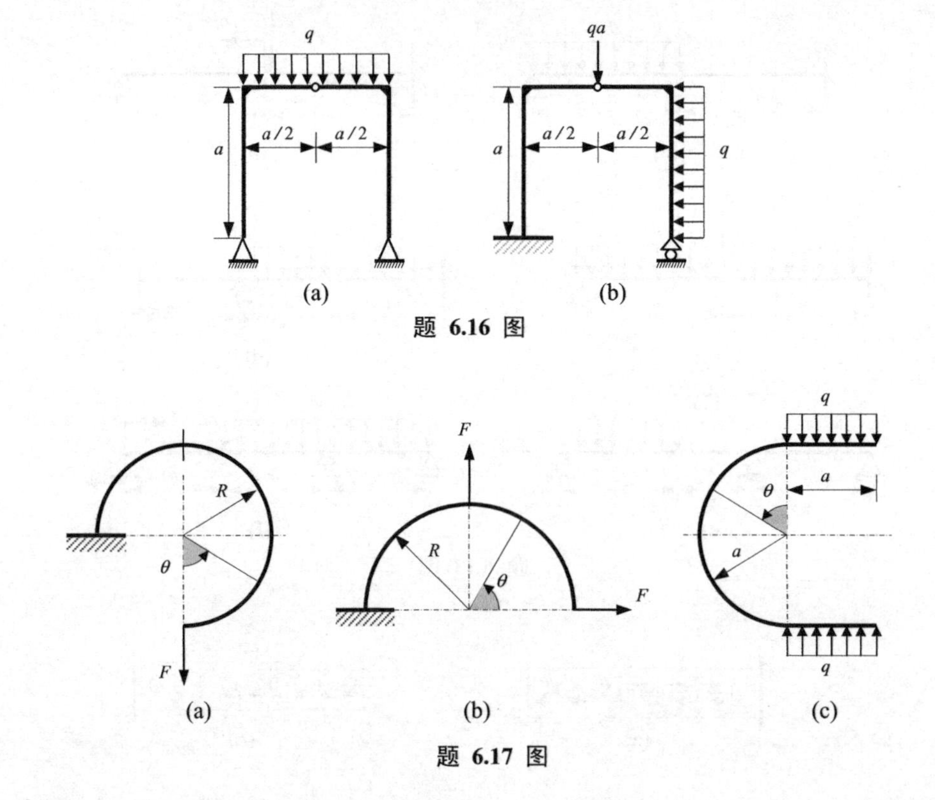

题 6.16 图

题 6.17 图

6.17　下列圆杆半径均为 R，以图示的 θ 为自变量建立内力方程。

6.18　图示吊车梁，吊车的每个轮子对梁的压力都是 F。

(1) 吊车在什么位置时，梁内的弯矩最大？最大弯矩为多少？

(2) 吊车在什么位置时，梁的支反力最大？最大支反力和最大剪力各等于多少？

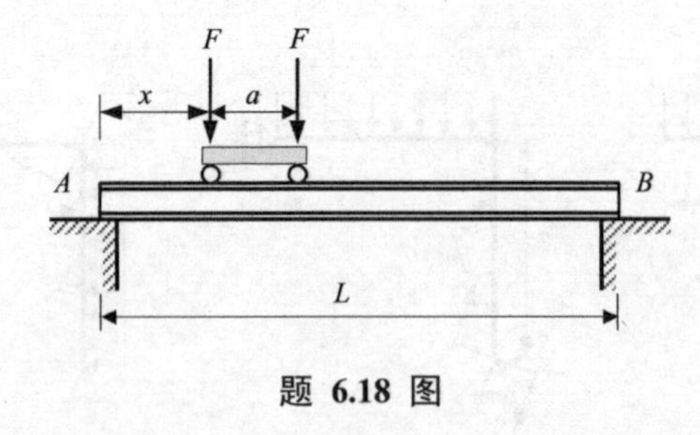

题 6.18 图

6.19　求下列直角曲拐结构中固定端面处的内力。在图(c) 中，两个力 F 均在水平面内，其中一个与矩形截面梁轴线垂直，另一个与矩形截面梁轴线平行；在图 (d) 中，圆轴部分作用着使圆轴产生扭转变形的分布力偶矩。

6.20　画出图示结构的内力图。

6.21　画出如图的结构中主梁 AB 的内力图，不考虑滑轮的尺寸及摩擦，EC 与 AB 之间为刚性连接。

6.22　如图所示，简支梁上等距地作用着 n 个大小相等的集中力，总荷载为 F，求梁中的最大弯矩，并求 n 趋于无穷多时最大弯矩的极限。

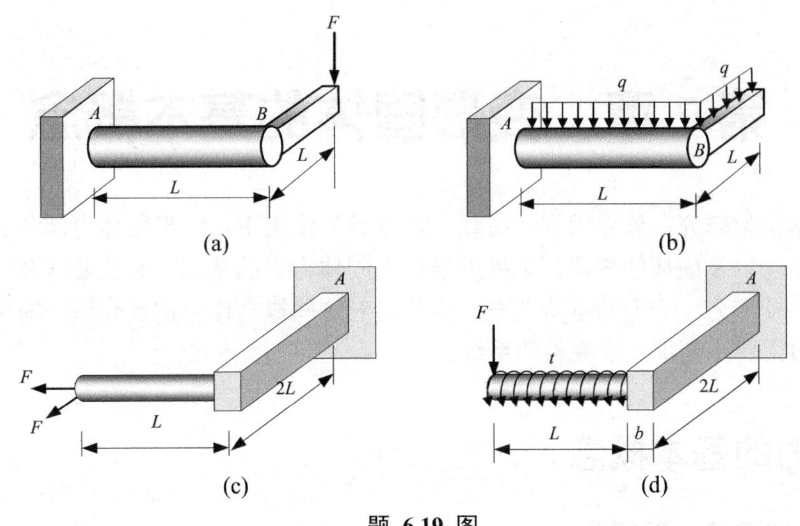

题 6.19 图

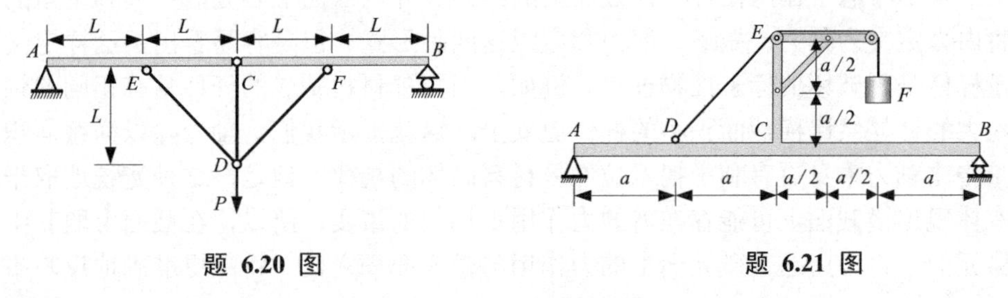

题 6.20 图　　题 6.21 图

6.23　图示简支梁承受两个集中力 F 的作用，由于弯矩最大绝对值过大，可在其中央加上一个向上的集中力 P。要使梁中弯矩最大绝对值为最小，P 应为多大？加上了这样的 P 后，梁中弯矩最大绝对值减小的百分数为多少？

6.24　如图所示，简易书架 AB 上均匀地码放着总重量为 F 的书。如果拉杆 BC 中的拉力 P 可以调节，为使 AB 梁上的最大弯矩尽可能地小，拉杆中的拉力应为多大？与没有拉杆 BC 相比，加上了这种恰当的拉力后，梁中弯矩最大绝对值减小的百分数为多少？

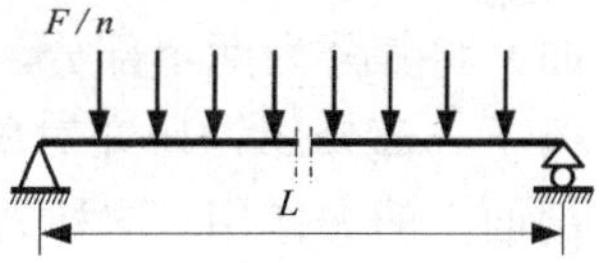

F/n

L

题 6.22 图

6.25　如题图所示，一条 4 m 宽的水沟上放置一块木板可以让人通过，但木板横截面上的最大弯矩达到 0.7 kN·m 时木板便会断裂。现有一个体重为 800 N 的人想从木板上走过，他可以安全过沟吗？如果不能，他缓慢行走到什么位置木板就会断裂？

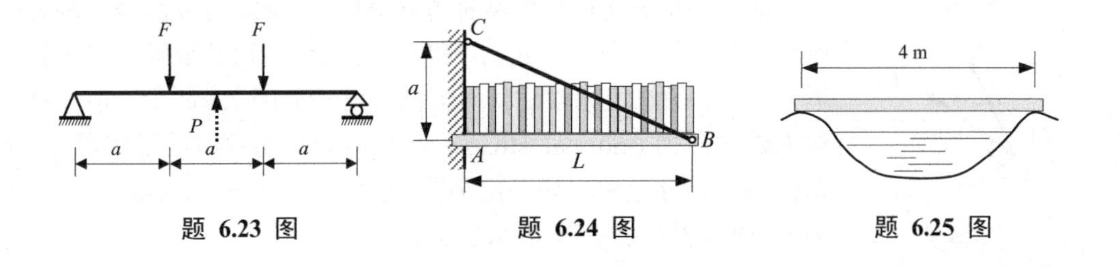

题 6.23 图　　题 6.24 图　　题 6.25 图

第7章　变形固体的基本概念

固体力学主要研究在外界因素（荷载、温度等）作用下，变形固体内部各点所产生的位移、变形、运动以及破坏的规律。工程力学作为固体力学的基础，必然要涉及固体力学中最基本的概念，即应力、应变和本构关系。本章将对这些概念作一初步介绍。随着课程内容的深入，这些概念将不断地趋于完整和系统。

7.1　应力的基本概念

7.1.1　应力矢量的一般概念

在上一章中考虑了作用在杆件横截面上的内力，并以截面形心处的主矢和主矩的形式整体性地将内力定义为轴力、扭矩、剪力和弯矩这四种形式。但是容易看出，这样定义的内力不是衡量杆件是否破坏的标志性物理量。例如，当同种材料制成的杆件具有相同的轴力时，横截面积大的杆显然比横截面积小的杆件更安全。这就提示我们，轴力除以横截面积而得到的物理量将比轴力本身更有利于揭示拉伸杆材料破坏的规律。但是，这种笼统地取平均值的方法没有体现出横截面上可能存在着的力作用不均匀的事实，所以，在截面上取其中的任意的一个微元面，再考虑这个微元面上的力作用与微元面积之比，将能更准确地反映事物的真实情况。

一般地考虑某个承受荷载的物体，想象有一个剖面（这个剖面可以是平面，也可以是曲面）将其分为两个部分。由于外荷载的存在，这两个部分之间一定相应地存在着相互作用。留下一部分作为研究对象而舍去另一部分，那么，舍去部分对于留下部分的作用就体现为剖面上的力作用。这种力作用应该是分布在剖面上的各处的。在剖面上考虑某个点K，在K点处取一个微元面 ΔA，这个分布力系在这个微元面上表现为作用力 $\Delta \boldsymbol{F}$，如图 7.1，定义极限

$$\boldsymbol{p}=\lim_{\Delta A\to 0}\frac{\Delta \boldsymbol{F}}{\Delta A}=\frac{\mathrm{d}\boldsymbol{F}}{\mathrm{d}A} \tag{7.1}$$

为物体中K点处在ΔA上的**应力矢量**(stress vector)。

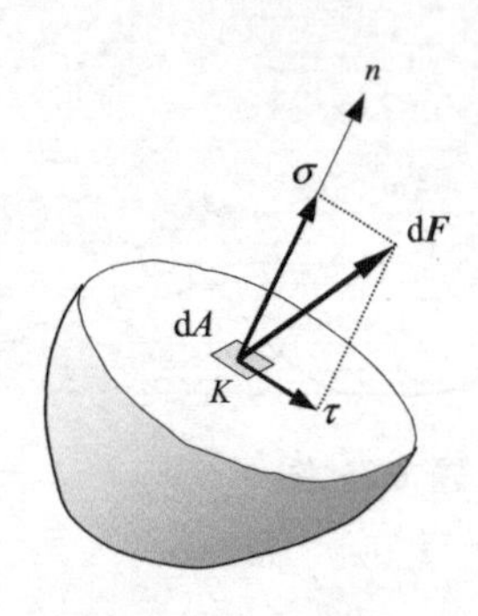

图 7.1　应力的概念

应力矢量$\boldsymbol{p}$可以按照某种方式分解。例如，可以沿坐标轴方向分解而得到它的三个分量p_x、p_y和p_z。但人们常用的分解方式是将其向微元面ΔA的法线方向和切面方向分解，如图 7.1 所示。前一种分量称为**法向应力**(normal stress)或正应力，通常用希腊字母 σ 来表示；后一种分量称为**切向应力**或切应力(shearing stress)（亦称剪应力），通常用希腊字母 τ 来表示。

之所以常常采用法向应力和切向应力的分解方式，是因为这两种应力分量在微元面ΔA及其邻域作用所引起的变形效应是不同的。

法向应力有使微元面 ΔA 沿法线方向拉离（或压陷）原位置的趋势；该处的以 ΔA 为表面的微元体可能因为这个分量的作用而拉长（或压短），如图 7.2(a)所示。人们把使微元体有伸长趋势的法向应力（即拉应力）定义为正值；相反，把使微元体有缩短趋势的法向应力（即压应力）定义为负值。法向应力值的正负在工程中往往具有很重要的意义。这是因为，某些材料，例如混凝土、铸铁等，其抗拉能力远低于抗压能力，因此这些材料对法向应力值的正负比较敏感。

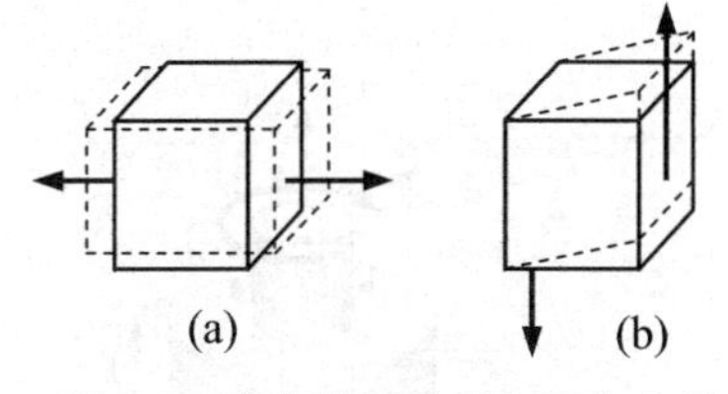

图 7.2　应力法向分量和切向分量

切向应力有使 ΔA 沿切面方向错动的趋势，该处的以 ΔA 为表面的正立方微元体可能因为这个分量的作用而产生畸变，成为平行六面体，如图 7.2(b) 所示。

在国际单位制中，应力的单位是帕 ($\mathrm{Pa=N/m^2}$)，由于工业工程中帕这个单位常常显得过小，因此常用的应力单位是兆帕 ($\mathrm{MPa=10^6Pa=N/mm^2}$)。

一般地，对于不同的点而言，应力是不同的。因此，应力应该是指定点位置的函数。另外一方面，过物体中的某个指定点，可以沿着不同的方位取微元面。同一点处的不同微元面上，其应力矢量一般也是不同的。例如，考虑一个两端在轴线上承受拉力的等截面直杆中的某个点 K。如果过 K 点沿垂直于轴线的方位取截面（如图 7.3 所示），那么，这个截面上的应力就是截面左右介质的相互作用，即拉应力。但是，如果过 K 点沿平行于轴线的方位取截面，那么，这个截面上的应力就是截面上下介质的相互作用，而上下介质之间，既无拉压作用，又无错切作用，故应力为零。因此，讨论应力矢量及其分量时，不但应当事先明确讨论点所处的位置，还应当指定过该点微元面的方位。离开微元面来讨论应力矢量是没有意义的。一般地，微元面的方位以该微元面的法线方向作为其表征。

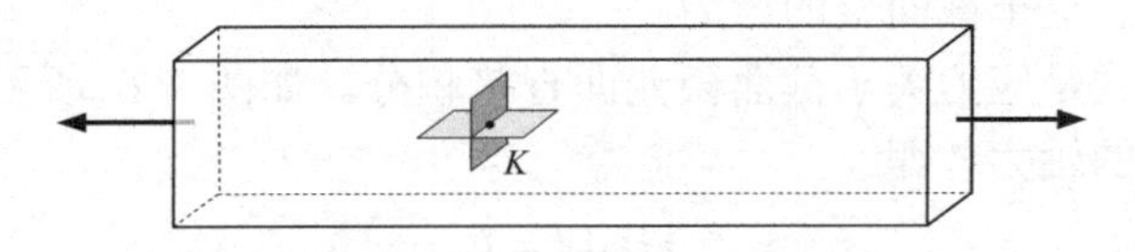

图 7.3　拉伸杆中的不同截面

应力的概念不仅可以用于变形体内部，还可用于变形体的边界，以及两个变形体的交界面上。在用于边界时，应力矢量就是外介质对变形体的力作用的描述。特别地，如果边界的某个区域上，外介质对变形体没有任何力作用，那么在这个区域的各点处，边界面上的应力矢量则为零。当然其正应力分量和切应力分量也都为零。称这类边界为自由边界。如图 7.4 所示的悬臂梁，外界作用限于梁的两个端面，而其他的四个侧面均为自由表面。

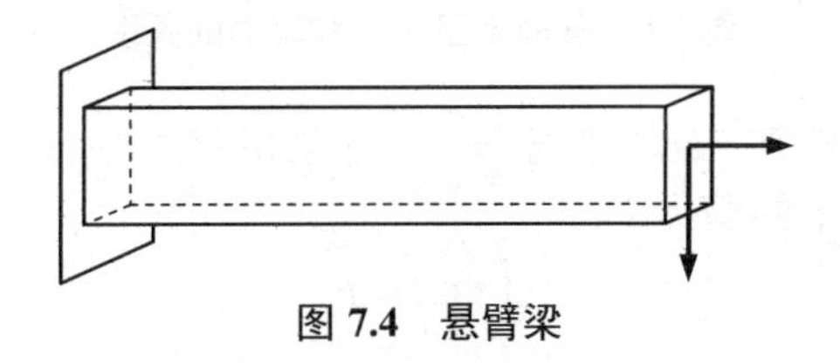
图 7.4　悬臂梁

【例 7.1】 如图 7.5(a) 的轴和套之间紧密配合，外套固定。已知轴径 $d=60\ \mathrm{mm}$，接触层区段高 $h=80\ \mathrm{mm}$，而且已知轴向力 F 所引起的最大轴向切应力为 $6.2\ \mathrm{MPa}$，且接触层的切应力超过 $\tau_\mathrm{b}=10\ \mathrm{MPa}$ 紧配合就会脱开。那么，作用于轴上的转矩 m 最大允许多大？

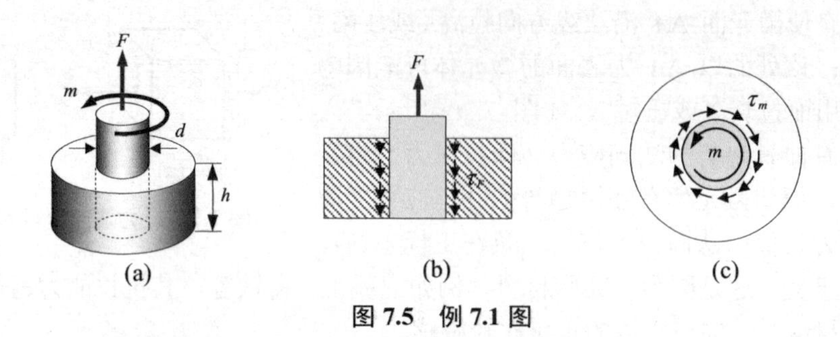

图 7.5　例 7.1 图

解：在只考虑轴向力 F 和转矩 m 的作用的前提下，轴和轴套之间的相互作用是一种切向力的作用。因此，在接触层上只考虑切应力。

对于轴而言，外界在轴线方向上的作用包含两部分：一部分是轴向外力 F 的向上作用；另一部分是轴套对轴的作用，它体现为轴侧面上竖直向下的切应力 τ_F，如图 7.5(b) 所示。

另一方面，在轴的环周方向上，外界的作用也分为两部分；一部分是直接作用在轴上的转矩 m；另一部分是轴套在环周方向上对轴所作用的切应力 τ_m，如图 7.5(c) 所示。易于看出，τ_m 与 τ_F 的方向是相互垂直的。而两者的几何和构成了接触层上各点处的总切应力。因此，τ_m 的允许值为

$$\tau_m = \sqrt{\tau_b^2 - \tau_F^2} = \sqrt{10^2 - 6.2^2} = 7.85\ \text{MPa}$$

在轴的侧面上，可以假定切应力 τ_m 是均匀分布的。故环周方向上的全部切向力对轴线的矩等于 τ_m 与环周总面积 $h\pi d$ 之积再乘以轴半径，这个矩与转矩 m 平衡。因此，要使接触层不至于脱开，应有

$$m \leqslant h\pi d \times \tau_m \times \frac{d}{2} = 80 \times \pi \times 60 \times 7.85 \times \frac{60}{2} = 3551256\ \text{N}\cdot\text{mm} = 3.55\ \text{kN}\cdot\text{m}$$

对于一个杆件的横截面而言，内力（轴力、剪力、扭矩、弯矩）是截面上的整体力学效应，而应力（正应力、切应力）则是截面上各处局部的力学效应。因此，截面上应力的某种形式的集成，便构成了这个截面上的内力。

第一种集成的方式是应力关于截面微元面直接积分。如图 7.6 所示，正应力在横截面上的积分等于这个面上的轴力，即

$$\int_A \sigma\,\mathrm{d}A = F_\mathrm{N}$$

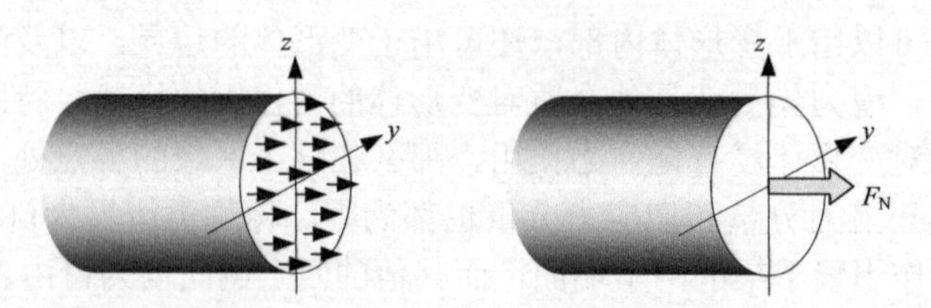

图 7.6　截面上正应力和轴力的关系

与此类似，切应力在某个方向上的分量 τ（如果切应力方向并不全部都沿着这个方向的话）的积分等于这个方向上的剪力 F_S

$$\int_A \tau\,\mathrm{d}A = F_\mathrm{S}$$

另一种集成的方式是考虑应力对轴的矩。正应力关于截面内形心轴的矩的积分，就构成了关于这根轴的弯矩。例如关于 y 轴，就构成弯矩 M_y

$$\int_A \sigma z\,\mathrm{d}A = M_y$$

而切应力对于穿过形心且垂直于截面的轴线取矩可以集成为扭矩

$$\int_A \tau r \, \mathrm{d}A = T$$

【例 7.2】 如图 7.7(a) 所示的矩形截面杆，横截面宽度 b=60 mm，高度 h=100 mm。横截面上的正应力沿截面高度线性分布，上沿应力为 50MPa，下沿应力为零。正应力沿截面宽度均匀分布。试问杆件截面上存在何种内力分量，并确定其大小。

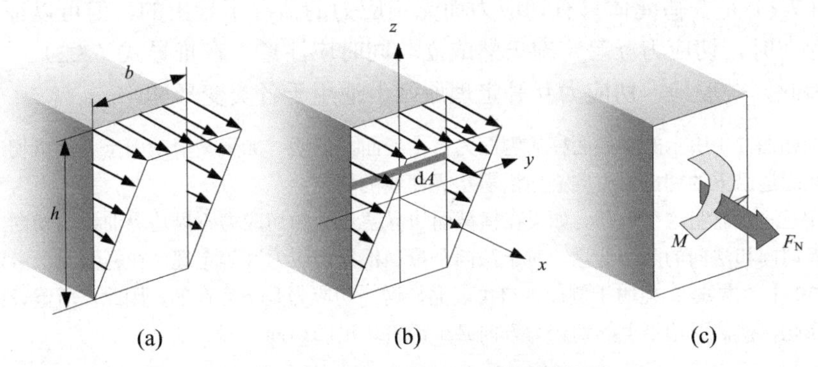

图 7.7　具有正应力的横截面

解： 由于截面上只有正应力，因此它的内力只可能有轴力和弯矩。

建立如图 7.7(b) 坐标系。在这个坐标系中正应力表达式为

$$\sigma = \frac{1}{2}z + 25$$

式中，坐标 z 的单位为 mm，σ 的单位为 MPa。由于式中应力与 y 无关，为了便于积分，可取如图 7.7(b) 所示的微元条面积来代替微元面积，即 $\mathrm{d}A=b\mathrm{d}z$。这样便有：

正应力的合力（轴力）

$$F_{\mathrm{N}} = \int_A \sigma \, \mathrm{d}A = b\int_{-50}^{50}\left(\frac{1}{2}z + 25\right)\mathrm{d}z = 150000 \text{ N} = 150 \text{ kN}$$

正应力对 y 轴的合力矩（弯矩）

$$M_y = \int_A \sigma z \, \mathrm{d}A = b\int_{-50}^{50}\left(\frac{1}{2}z + 25\right)z \, \mathrm{d}z = 2500000 \text{ N}\cdot\text{mm} = 2.5 \text{ kN}\cdot\text{m}$$

根据弯矩的符号规则，上述弯矩应为负值，如图 7.7(c) 所示。同时，由于应力分布关于 z 轴对称，因此应力关于 z 轴的矩为零。

7.1.2　切应力互等定理

下面，一般地考察变形体中切应力的性质。为此，在变形体中某点的邻域内任取一个微元立方体，其边长分别为 $\mathrm{d}x$、$\mathrm{d}y$ 和 $\mathrm{d}z$。如果一个表面上有垂直于棱边的切应力存在，那么，根据力的平衡，可以想见，在这一表面的对面，一定也存在着切应力，而且这一对侧面上的切应力应该方向相反（如图 7.8 所示）。注意到这样的一对切应力不能使微元体的力矩平衡。因此，必定会在另一对侧面上也同时存在着切应力。一般地，考虑一个微元体的平衡时，注意应力（正应力和切应力）本身不构成平衡，必须将其乘以所作用的微元面积以构成力，再建立平衡

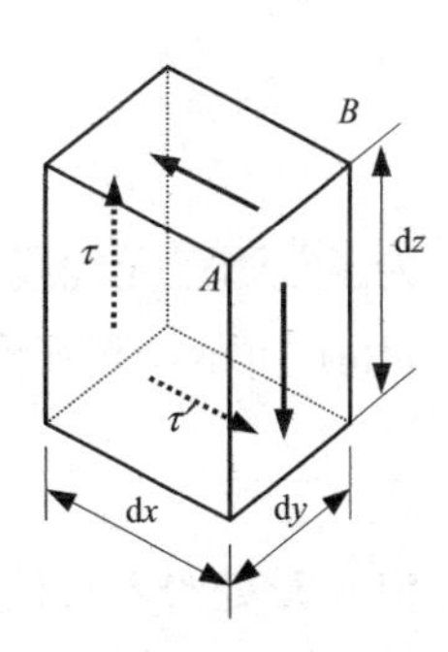

图 7.8　承受切向应力的微元体

方程式。这样，对 AB 取矩，便有

$$\tau\,\mathrm{d}z\,\mathrm{d}y\,\mathrm{d}x=\tau'\,\mathrm{d}x\,\mathrm{d}y\,\mathrm{d}z$$

故有

$$\tau=\tau' \tag{7.2}$$

上式表明，在变形体内过任意点的相互垂直的两个微元面上，垂直于交线的切应力分量必然会成对地出现，其数值相等，方向则共同指向或共同背向这两个微元面的交线。这一规律称为**切应力互等定理**（theorem of conjugate shearing stress）。

虽然式（7.2）是在微元体只有切应力而无正应力的情况下导出的，但可以证明，微元体上有正应力存在时，切应力互等定理仍然成立。同时应注意，在推导式（7.2）时，没有涉及材料性质。因此，一般地，切应力互等定理原则上适用于各类变形体。

【例 7.3】 如图 7.9 所示的等截面杆的侧面为自由表面。证明：如果某横截面上各处有切应力存在，那么，在这个横截面边沿上的切应力方向必定沿着边界曲线的切向。

解： 可用反证法来证明这个命题。如果在横截面边界某点处的切应力不沿边界曲线的切向，那么必定可以分解为沿边界切向和法向的两个分量。对于法向分量，根据切应力互等定理，在杆侧面上必定存在着相应的切应力（图 7.9 中的虚线）。但由于侧面为自由表面，这一切应力是不存在的。因此，所假设的法向分量也是不存在的。因此，横截面边沿上的切应力方向必定沿着边沿的切向。

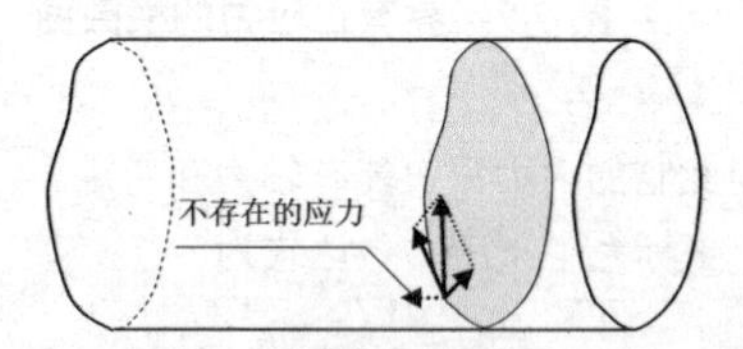

图 7.9 侧面自由的等截面杆

7.2 应变的基本概念

物体在承受外界作用时，内部除了可能产生应力这一力学效应之外，还可能产生变形这一几何效应。考虑图 7.10 所示的拉伸杆中某点处的微元正方形。可以想见，变形前这个微元正方形在变形后成为了菱形。正方形的棱边发生了两种变化：一是棱边长度发生了变化，二是相邻两个边的夹角发生了变化。这两种变化反映了变形的两个最基本的要素：微元线段长度的变化和两个微元线段夹角的变化。

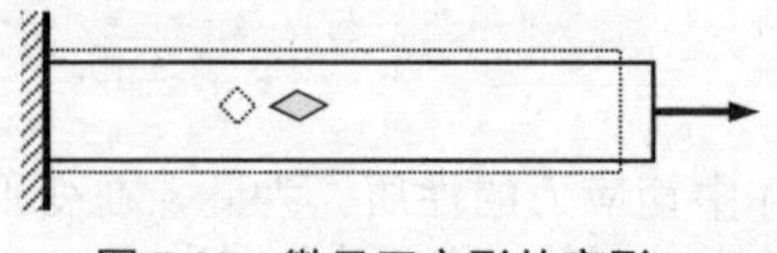

图 7.10 微元正方形的变形

为了刻画微元线段长度的变化程度，可以考虑变形体中过某指定点 K 处的微元线段，如图 7.11(a) 所示，它在变形前为 $\overline{KA}$，变形后为 $\overline{ka}$，定义

$$\varepsilon=\lim_{KA\to 0}\frac{\overline{ka}-\overline{KA}}{\overline{KA}} \tag{7.3}$$

为指定点 K 处沿着线段 $\overline{KA}$ 方向上的线应变，或称**正应变**（normal strain）。

特别地，如果微元线段 $\overline{KB}$ 平行于 x 轴方向，如图 7.11(b) 所示，则记相应的应变为 ε_x

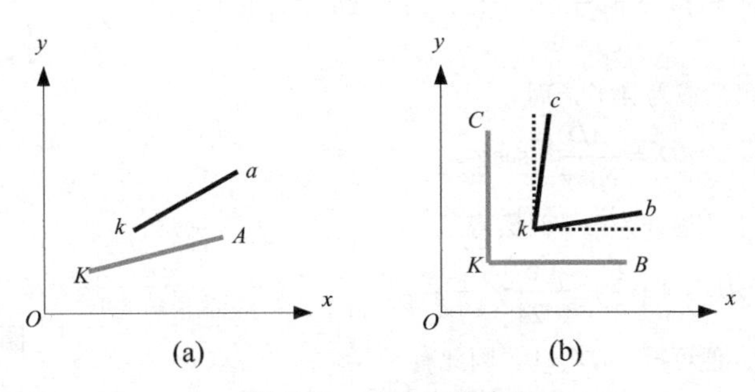

图 7.11　线应变的定义

$$\varepsilon_x = \lim_{KB\to 0}\frac{\overline{kb}-\overline{KB}}{\overline{KB}} \tag{7.4a}$$

类似地，对于如图 7.11(b) 中平行于 y 轴方向的微元线段 $\overline{KC}$，还可定义 ε_y

$$\varepsilon_y = \lim_{KC\to 0}\frac{\overline{kc}-\overline{KC}}{\overline{KC}} \tag{7.4b}$$

根据应变的定义可看出，拉应变为正，压应变为负。

为了刻画微元线段夹角的变化，考虑变形前两个相互垂直的微元线段 $\overline{KA}$ 和 $\overline{KB}$，在变形后它们分别成为了 $\overline{ka}$ 和 $\overline{kb}$，如图 7.12(a) 所示，其夹角有了变化。定义直角 $\angle AKB$ 的变化量 γ 为 K 点处沿 $\overline{KA}$ 方向的角应变，并以弧度来计量

$$\gamma = \lim_{\substack{KA\to 0\\ KB\to 0}}(\angle AKB - \angle akb) \tag{7.5}$$

特别地，如果微元线段 $\overline{KA}$、$\overline{KB}$ 分别沿着 x、y 轴方向，如图 7.12(b) 所示，则相应的角应变记为 γ_{xy}。即

$$\gamma_{xy} = \lim_{\substack{KA\to 0\\ KB\to 0}}(\angle AKB - \angle akb) = \lim_{\substack{KA\to 0\\ KB\to 0}}(\alpha+\beta) \tag{7.6}$$

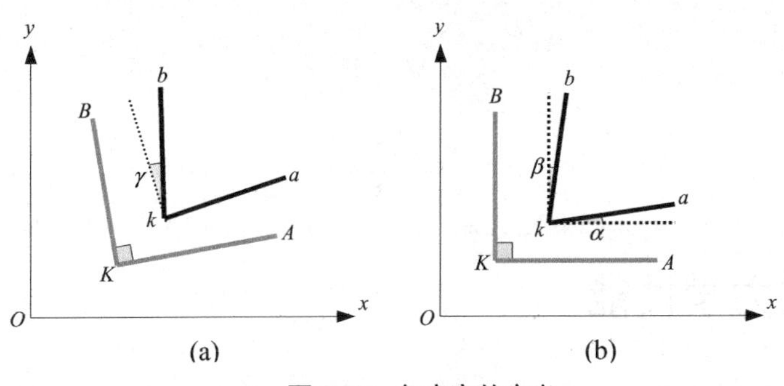

图 7.12　角应变的定义

角应变也称为**切应变**（shearing strain）或剪应变。线应变和角应变都是无量纲量。

一般地，同一物体中，不同点的应变是不同的。同时，即使在同一点，沿着不同方向的应变也是不同的。例如，考虑一个两端在轴线上承受拉力的等截面直杆中的某个点，这点沿轴线方向上的应变明显大于垂直于轴线方向上的应变。

【例 7.4】 如图 7.13 所示，边长为 1 的正方形发生如图的均匀形变，γ 为很小的数。求这个正方形的应变。

解：不妨取 x 轴与 AB 平行，y 轴与 AD 平行。由于 AB 没有变形，故

$$\varepsilon_x = 0$$

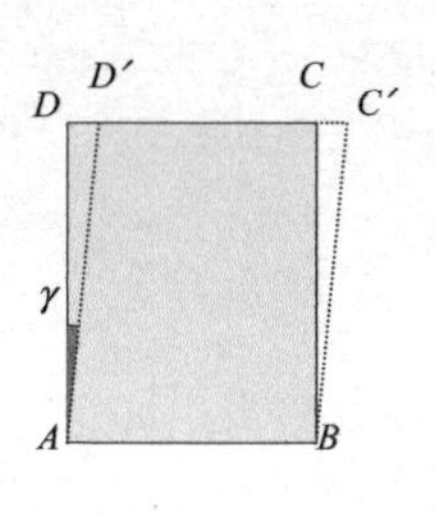

图 7.13 正方形的变形

考虑 AD 的变形，它在变形后成为 AD'，而

$$AD' = \frac{AD}{\cos\gamma} = \sec\gamma$$

由于 γ 是很小的数，可将上式展开为台劳级数得

$$AD' = 1 + \frac{1}{2}\gamma^2 + \frac{5}{24}\gamma^4 + \cdots$$

忽略二阶及更高阶的小量，便可得 $AD' = 1$。因此有

$$\varepsilon_y = 0$$

显然 γ 就是直角 $\angle DAB$ 的变化量，因此有 $\gamma_{xy} = \gamma$。即正方形的应变可表示为

$$\varepsilon_x = 0, \quad \varepsilon_y = 0, \quad \gamma_{xy} = \gamma$$

【例 7.5】 如图 7.14 所示的直杆沿轴线方向的应变可表示为 $\varepsilon = a\sqrt{x}$，式中 a 为常数。证明杆中的平均应变是最大应变的三分之二。

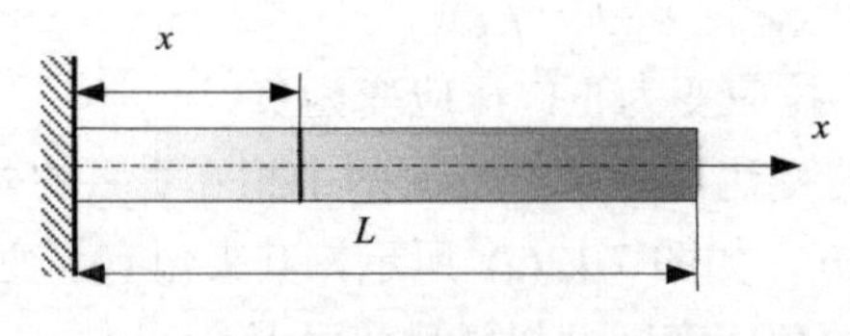

图 7.14 应变不均匀的杆

解：由于应变是沿轴线单调递增的，因此最大应变在 $x = L$ 处

$$\varepsilon_{\max} = a\sqrt{L}$$

杆中的平均应变是指杆的总伸长量与原杆长之比。根据应变定义可知，杆的总伸长量

$$\Delta L = \int_0^L \varepsilon \, dx = \int_0^L a\sqrt{x} \, dx = \frac{2}{3} aL\sqrt{L}$$

故平均应变

$$\varepsilon_{av} = \frac{\Delta L}{L} = \frac{2}{3} a\sqrt{L}$$

故有

$$\frac{\varepsilon_{av}}{\varepsilon_{\max}} = \frac{2}{3}$$

7.3 材料的力学性能

工程中所使用的材料成千上万，它们的力学性能也千差万别。这里所谓“力学性能”，主要是指材料对于荷载所产生的力学的和几何的响应特性。人们研究材料力学性能的目的，在于能够预言工程材料及其构件在一定荷载之下的力学行为，从而确定构件在预期的时限内是否能够安全有效地工作。研究材料力学性能的首要途径是实验。而拉伸实验则是最基本最典型的一类实验。在实验基础上，人们通过对实验事实和数据的鉴别、归纳和拟合，从中总结出材料力学性能的规律。

人们在研究材料的力学性能时，通常会从以下的几个方面加以考察。

7.3.1 材料力学性能的方向性

如果材料的力学性能与空间方向无关，这种材料就称为各向同性的，否则就称为各向异性的。钢材是一种典型的各向同性材料。观察钢构件未经打磨的断面就会发现，钢材是由大量晶体随机排列而构成的。正是这种细观层次上的随机性造成了整体性能的各向同性。木材则是典型的各向异性材料，木材蛋白质分子有规律地生长与排列构成了木材的纹理。木材的力学性能与它的纹理的走向有关。在一块木材中沿着纹理方向和垂直于纹理方向取材制成试件，则将显示出迥然不同的力学性能。

在一些各向异性材料中，由于分子（或晶体、或细胞、或其他细观微元体）排列的规律性，造成了材料性能在空间方向上的某种规律性。**正交各向异性** (orthotropic) 就是其中的一种情况。在正交各向异性材料中，材料的力学性能在三个相互正交的方向上彼此不同却又各自始终保持不变。某些人工合成材料，例如纤维增强型复合材料，如果沿着两个相互正交的方向铺设增强纤维，那么这种复合材料就是典型的正交各向异性材料。

就材料的力学性能描述而言，各向同性与各向异性的根本区别在于反映材料的力学性能参数的个数不同。对于各向同性弹性体，只有两个独立的材料常数。至于描述各向异性材料的常数个数，根据具体情况，可能有 5 个、9 个、13 个，甚至 21 个。详细论述可参见有关的书籍或文献，例如参考文献 [1]、[4]。

独立的材料常数个数的一个重要意义，就是决定了全面地测试这种材料的力学性能所需要的实验类型的个数。例如对于各向同性弹性体，则应该有两种不同类型的实验来全面地反映在等温情况下的力学性能。拉伸和扭转就是通常采用的两种实验类型。

在有的情况下，就局部而言，材料本身是各向同性的，但采用了某种特殊工艺之后，便构成了整体上的各向异性。例如包装箱常采用瓦楞纸（两层纸板之间有瓦楞状的纸制夹层）制成，瓦楞纸在整体上的力学性能就体现为正交各向异性的。

7.3.2 材料的变形能力

根据破坏时的形变情况，材料可区分为**塑性** (plasticity) 和**脆性** (brittleness)。通俗地理解，将塑性材料在破坏时的状态与其未加载的状态相比较，其变形是显著的；相反，脆性材料直到破坏时都没有发生多大的变形。一般条件下，低碳钢和铸铁分别是典型的塑性材料和脆性材料。下面将仔细地讨论它们在单向的拉伸和压缩时的力学性能。

(1) 低碳钢的拉伸

将低碳钢材料加工为标准拉伸试件（为了使试验结果具有可比性，力学性能试验的试件尺寸和形状必须遵循一定的标准。在我国，室温下低碳钢拉伸试验的最新国家标准为 GB/T 228.1—2010），在试验机上加载直至断裂，将试件的应变（横轴）和应力（纵轴）的曲线绘制出来，即可得到如图 7.15 所示的图形。

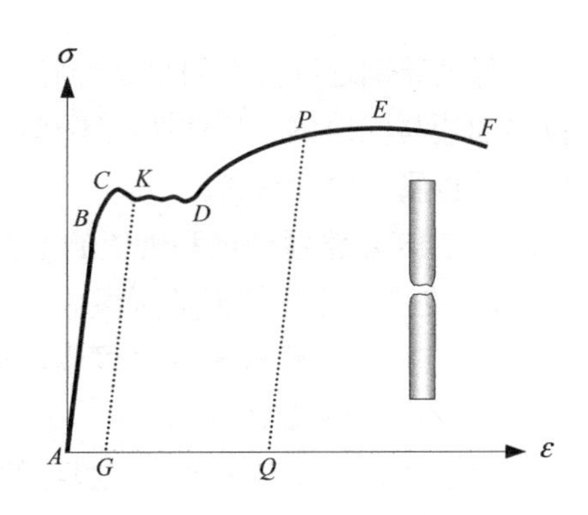

图 7.15　低碳钢试件拉伸的应力-应变图

根据这一图形，可将变形分为以下几个区段。

AB——线弹性区。这一区段内，应力-应变图线是一段斜直线。在这一区间中的某一点卸载，那么卸载时的应力-应变曲线将沿加载曲线返回至 *A* 点。也就是说，

应力消失时，应变也就消失了，这就是所谓“弹性”的含义。同时，这一区段的应力-应变的关系可以相当精确地用正比关系来表达。这就是所谓“线弹性”的含义。线弹性区的结束点 B 的应力称为**比例极限** σ_p (proportional limit)。在 B 点后的 BC 区段内，材料仍然是弹性的，但不再保持线性，因此 BC 区段为非线性弹性区段。

CD —— 塑性区。在这一区间，即使应力水平不再增加，其应变也会继续增长，这一现象称为材料的**屈服**，也称为塑性流动。从数量上来看，CD 区段对应的应变增加量，要比 AB 区段对应的应变增加量大许多。在 CD 段中的某一点 K 处卸载，则卸载的应力-应变曲线 KG 将沿几乎平行于弹性区加载曲线的直线返回。荷载完全消失，应变并未完全消失，也就是说，留下了不可恢复的残余应变 AG。卸载完毕再次加载，其加载曲线则基本上沿着 GK 变化直到 K 点。“屈服”的两个特点是：变形显著增加，同时卸载后将有残余变形存在。CD 段的应力水平有一定的波动。除去塑性区刚开始时明显的波动外，塑性区中最低的应力称为**屈服极限** σ_s (yield limit)。在塑性区内可以观察到的另一个现象是滑移线。如果试件具有平整的表面并打磨光滑，那么试件在拉伸并进入塑性阶段时，其表面将会出现与试件轴线成 45° 的纹路。这种纹路称为**滑移线**，如图 7.16 所示。

DF —— 强化区。在这一区间中，要增加变形，必须继续增加荷载。这一区间的卸载特性与 CD 段相似。即也会沿着一条几乎平行于弹性加载直线的线段返至横轴，如图 7.15 中的虚线 PQ。同时也产生不可恢复的残余应变 AQ。如果此时再加载，则弹性区段要保持到 P 处才再次进入塑性。由于 P 点的应力高于 B 点的应力，因此，它的比例极限值提高了，这一现象称为冷作硬化。强化区延伸到 E 点，其应力水平达到最大值。越过 E 点，试件的某个部位将发生横截面面积显著减小的现象，称为**颈缩**，如图 7.17(a) 所示。由于横截面面积的变化不再是小量，如果仍然用试件的初始横截面积来计算应力，则所得应力只是一种名义应力。颈缩现象发生部位的名义应力在越过 E 点时将下降。曲线达到 F 点，试件在颈缩部位沿着横截面方位断裂，如图 7.17(b) 所示。强化区中名义应力的最大值称为**强度极限** σ_b (strength limit)。

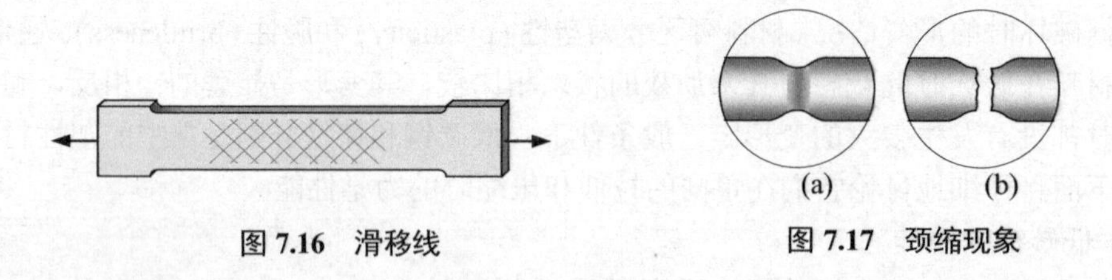

图 7.16 滑移线　　图 7.17 颈缩现象

像低碳钢这种具有明显延伸特性的材料称为塑性材料。许多金属，如铜、铝等，虽然其拉伸曲线与低碳钢的拉伸曲线不尽相同，但是到断裂前，也都会产生相当大的应变。因此这些金属也属于塑性材料。

图 7.18 是铬锰硅钢和硬铝的拉伸曲线，从图中可以看出它们具有下述特点：

① 在应力水平较低的区段中，应力与应变呈现出线性关系。

② 在应力水平较高的区段中，应力与应变呈现出非线性关系。

③ 不具有明显的屈服点。

对于这类不具有明显的屈服点的材料，一般取卸载后产生 0.2％ 的残余应变所对应的应力为该材料的屈服极限，这种屈服极限通常记为 $\sigma_{0.2}$。

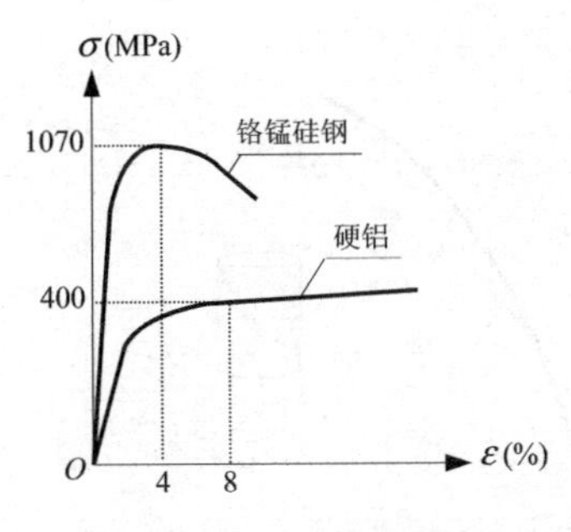

图 7.18　两种金属的拉伸图

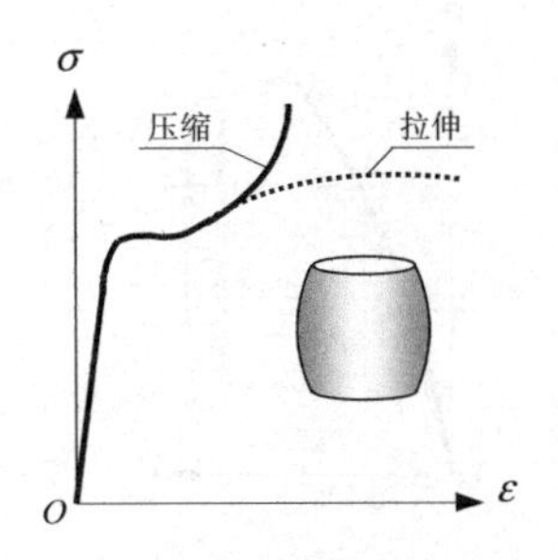

图 7.19　低碳钢试件的压缩

表征塑性特征的另外两个数据分别是断后伸长率δ和截面收缩率ψ。其中

$$\delta=\frac{L_1-L_0}{L_0}\times 100\% \tag{7.7}$$

式中，L_0为试件原始标距长度；L_1为断后的标距长度。一般认为，若某种材料的试件的伸长率大于5%，即可把这种材料视为塑性材料。

截面收缩率的定义是

$$\psi=\frac{A_0-A_1}{A_0}\times 100\% \tag{7.8}$$

式中，A_0为试件原始横截面积；A_1为断后的横截面积。

(2) 低碳钢的压缩

低碳钢试件的压缩呈现出与拉伸基本相同的特征。如图 7.19 所示，压缩曲线（应力与应变取绝对值）也存在着弹性区、塑性区和强化区。其比例极限、屈服点等与拉伸时的相应数值基本一致。但在进入强化区之后，其承载能力可以一直持续下去，横截面积可以不断地增大。而试件本身则呈现出明显的变形，例如由圆柱形变成腰鼓形。这样，就不存在与拉伸断裂时相对应的强度极限。

(3) 铸铁的拉伸

如果将铸铁试件进行类似的拉伸试验，将获得如图 7.20 所示的曲线。在这个曲线中，没有明显的塑性区和强化区。直至断裂前，几乎都保持着弹性的特征，而且断裂时的残余变形显著小于低碳钢。同时，在断口处不存在明显的颈缩现象。像铸铁这样没有明显延伸特性的材料称为脆性材料。脆性材料断裂时的应力σ_b称为强度极限。

脆性材料拉伸的应力-应变关系曲线一般不是直线。然而许多脆性材料的拉伸曲线对于直线的偏离都是很小的。为了使用的方便，人们选定了一个应变值（例如 0.1%），在应力-应变曲线中找到相应的点，把这个点与坐标原点的连线来近似表达这种材料应力与应变之间的关系。

(4) 铸铁的压缩

低碳钢等塑性材料在压缩时的许多力学性能与拉伸时基本相同，但铸铁等脆性材料在压缩时的力学性能呈现出与拉伸时很不相同的特点，如图 7.21 所示（应力与应变取绝对值）。首先，许多脆性材料的抗压强度比抗拉强度要高出许多。铸铁的抗压强度就是抗拉强度的 3～5 倍。同时，铸铁试件压缩破坏的断裂面并不垂直于轴线，而是断裂面的法线与轴线大约呈 50°～55° 的角度。这一现象的力学机理将在第 12 章中给予说明。

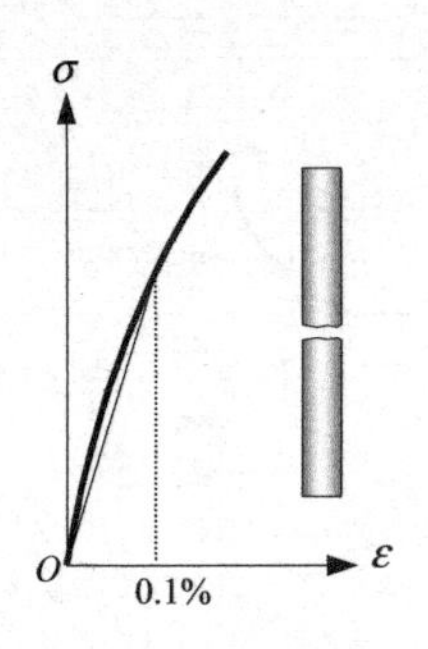

图 7.20　铸铁试件的拉伸

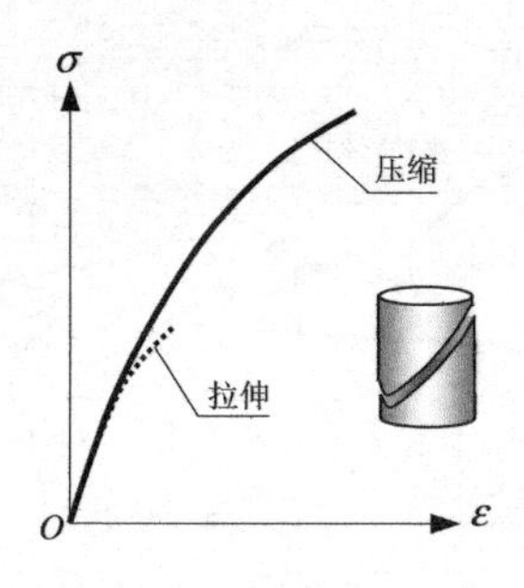

图 7.21　铸铁试件的压缩

7.3.3　材料力学性能中的时间效应

根据变形的时间效应，材料区分为**弹塑性**和**黏弹性**。

材料在弹性阶段时呈现出这样的特性：它在某一时刻的力学行为只与该时刻相对于初始时刻的变形有关，而与如何达到这一时刻的变形状态的过程无关。因此，在描述弹性材料的应力和应变时，没有时间因素的作用。

材料在塑性阶段时，某一时刻的力学行为不仅与当时的应力状态（或应变状态）有关，而且与它如何达到这一状态的经历有关，这一点有别于弹性。但是，这种经历是仅就应力应变状态而言的，与这种经历所持续的时间无关。这就是说，塑性材料的应力应变关系中不包含时间，在这一性质上，弹性与塑性是相同的。这类应力应变关系与时间无关的材料可称为弹塑性材料。

如果应力和应变之间的关系与时间有关，则称材料呈现出**黏弹性**（visco-elasticity）的性质。黏弹性材料最典型的现象当属**蠕变**（creep）和**松弛**（relaxation）。在一定的温度条件下，保持应力不变，黏弹性体的应变会随着时间的推进而逐渐变大，如图 7.22(a) 所示，这种现象称为蠕变。另一方面，如果保持应变不变，黏弹性体的应力会逐渐衰减，如图 7.22(b) 所示，这种现象称为松弛。蠕变和松弛是黏弹性体普遍的特征。许多高聚合物、复合材料以及生物组织都呈现出黏弹性材料的特征。

应该注意，考察材料变形是否具有时间效应时，与所使用的时间尺度有关。在以分、小时为时间尺度时，可以认为混凝土的变形与时间无关。但是，当以月、年为时间尺度时，混凝土的蠕变特性便表现出来了。混凝土大坝浇灌固化后有相当明显的蠕变，这一蠕变过程要持续若干年。

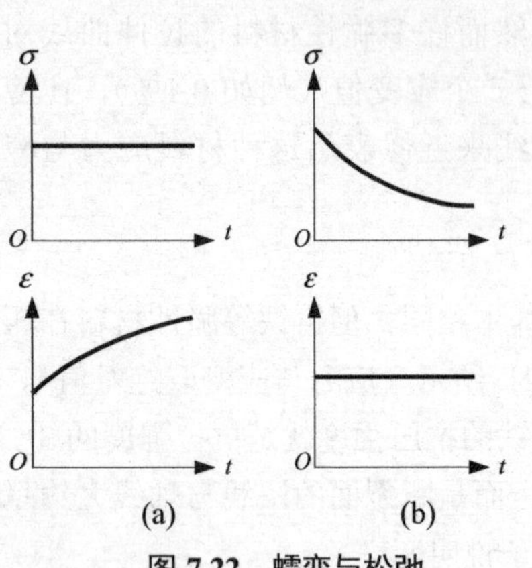

图 7.22　蠕变与松弛

材料的黏弹性性质强烈地依赖于温度。普通金属在常温下，黏弹性性质很不明显，其黏弹性效应的时间尺度甚至以年计；然而在高温下，金属的黏弹性性质就比较明显了。机械工程中对大型铸件的回火处理以消除其残余应力，便是材料在高温状态下应力松弛的例子。

应该指出，上面对材料力学性能研究的几个方面基于不同的视角，因而它们应该是相互交错的。例如，既存在着各向同性的脆性材料，也存在着各向异性的脆性材料。

固体材料力学性能的研究是一个相当宽广的领域。除了上述一般性的考虑之外，某些情况下还必须考虑下列因素。

① **温度效应**　温度效应的存在是十分普遍的现象。上文中未考虑温度的叙述原则上只适合于等温的情况。如果有温度的变化或构件中温度分布不均匀，就必须考虑温度对应力应变的影响。另一方面，如果对构件的加载十分迅速，原则上也存在着局部温度升高的问题。此外还应注意，高聚合物类材料的力学性能对温度十分敏感。

② **加载速率的影响**　静力状态或缓慢加载时材料的力学性能与迅速加载时的力学性能区别很大，其中典型的例子就是冲击状态下材料的性能显著区别于常态。一般地讲，如果材料在加载过程中一直处于线弹性阶段，那么荷载作用的变化将通过应力波的形式由荷载作用处传播到构件各处。一般形式的荷载的变化速度赶不上应力波速，因此这种情况下加载速率对应力应变关系影响不大。但是，如果材料中产生屈服，那么塑性区内应力的传播速度大大低于弹性区；这种情况下，如果加载速率超过这一速率，那么应力应变关系将由于动态效应而显著地区别于静载的情况。

③ **工作环境的影响**　构件的工作环境有可能强烈地影响材料的力学性能。例如高聚合物在高温、高压、辐射等条件下的性能就比较特殊。尤其是生物组织，处于在体条件或离体条件，其性能的区别是很显著的。

④ **构件的尺度效应**　人们在研究中发现，即使是同一种材料，构件的空间尺度悬殊也可能显现出性能的重大区别。例如，利用实验室中测得的冰块性能去计算北冰洋中悬浮的冰山的力学行为，其结果与实测数据相差很大。

目前，材料的力学性能研究是一个十分活跃的领域。随着研究在深度和广度两方面的推进，固体材料力学性能的新规律正在被揭示出来。

7.4　材料的简单本构模型

在大量关于材料的力学性能的实验基础上，人们对实验资料进行了分析、归纳和整理，从而抽象出一些模型。这些模型称为本构模型。本构模型并不企图面面俱到地反映材料性能的各种可能的细节，而是抓住材料性能中最主要的特征，从而使其应用成为可能。描述本构模型的方程称为本构方程。广义地讲，各类描述材料性能的方程都可归类为本构方程。在固体力学领域中，本构方程通常指应力和应变的关系。

本构关系是理想模型。确定本构关系的一般准则是：能够定性地解释实验观察到的现象；能够用它来进行定量计算，所得到的数据与实测数据的误差应在允许的范围内；能够用它来建立恰当的数学问题。

本小节将介绍几类常用工程材料的本构模型。

7.4.1　线弹性体

许多工程材料在应力水平不是很高的情况下都显示出应力与应变成正比的特性。这一规律最早由英国科学家胡克（Hooke，1635—1703）总结出来，人们称之为胡克定律[1]。单向拉伸或压缩的胡克定律可表示为

[1] 据考证，中国学者郑玄（127—200）曾在《考工记•弓人》中表达过类似的概念。他写道：“每加物一石，则张一尺。”

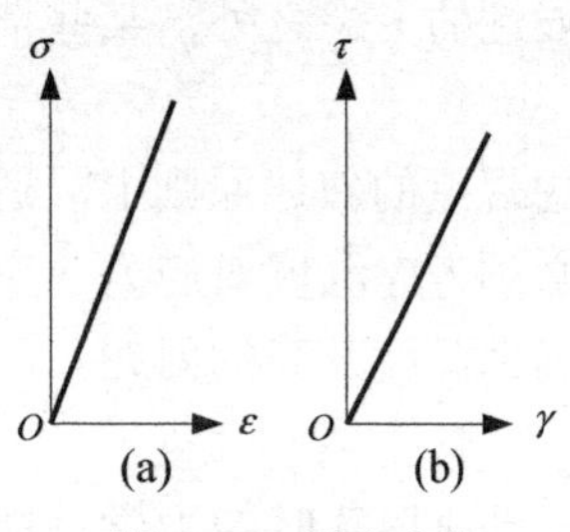

图 7.23 胡克定律

$$\sigma = E\varepsilon \tag{7.9}$$

式中，E 称为**弹性模量**（modulus of elasticity），如图 7.23(a) 所示。常用的工程材料的弹性模量见附录Ⅲ。

剪切胡克定律可表示为

$$\tau = G\gamma \tag{7.10}$$

式中，G 称为**剪切弹性模量**（modulus of elasticity in shearing），如图 7.23(b) 所示。可以看出，胡克定律是塑性材料中应力低于比例极限情况下应力应变关系的描述，也是脆性材料应力应变关系的简化。胡克定律广泛用于一般工程材料。

承受轴向拉压的杆件，除了在轴向上将会产生伸长或缩短的变形外，还将在横向上产生收缩或膨胀的变形，这种现象称为泊松（Poisson）效应（图 7.24）。泊松效应广泛地存在于各类变形固体之中。实验指出，在线弹性范围内，轴向拉杆横向的收缩应变与纵向的伸长应变成正比。如果将轴向记为 x 方向，横向记为 y 方向，那么可定义

$$\varepsilon_y = -\nu\varepsilon_x \tag{7.11}$$

式中，ν 称为**泊松比**（Poisson's ratio），它也是一个材料常数。对于各向同性材料的拉杆，任意方向上的泊松比相等，故垂直于 x 轴的任意方向上的应变相等。常用的工程材料的泊松比见附录Ⅲ。

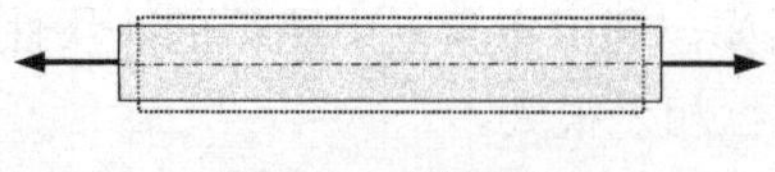
图 7.24 泊松效应

对于一般的工程材料，泊松比的取值范围为

$$0 < \nu < 0.5 \tag{7.12}$$

大多数工程材料的泊松比介于 0.25～0.33 之间。若 $\nu \to 0.5$，说明材料的体积在变形过程中趋于不变，即所谓不可压缩材料。

由此，在描述应力和应变时，就有了三个材料常数：弹性模量 E，剪切弹性模量 G 和泊松比 ν。理论和实验均指出，这三个常数不是彼此无关的。在本书的 12.3 节中将在理论上证明，对于各向同性体而言，这三者之间满足关系式

$$G = \frac{E}{2(1+\nu)} \tag{7.13}$$

7.4.2 弹塑性体*

根据低碳钢和一些塑性体的应力应变关系的特征，人们提出了若干弹塑性体的简化模型。

(1) 刚塑性模型（plastic-rigid model）

这种模型完全忽略了弹性阶段的应变，如图 7.25(a) 所示，其本构方程可写为

$$\sigma = \sigma_s \tag{7.14}$$

(2) 理想弹塑性模型（idealized elastic-plastic model）

这种模型如图 7.25(b) 所示，其本构方程是

$$\begin{cases} \sigma = E\varepsilon & (\varepsilon \leqslant \varepsilon_s) \\ \sigma = \sigma_s = E\varepsilon_s & (\varepsilon \geqslant \varepsilon_s) \end{cases} \tag{7.15}$$

在上两种模型中，考虑到塑性应变一般高出弹性应变许多，同时材料还没有进入强化阶

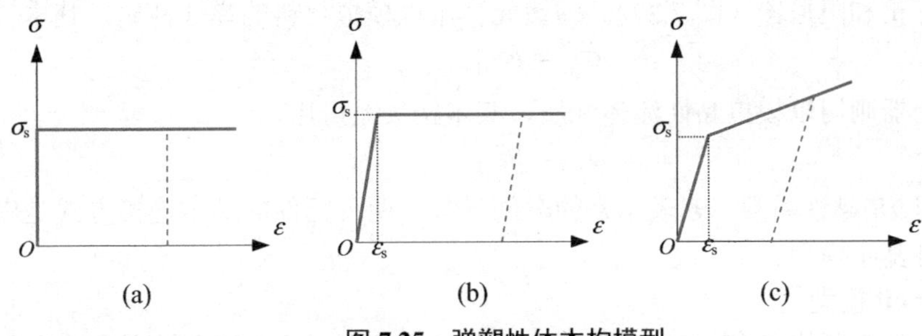

图 7.25　弹塑性体本构模型

段，因此塑性阶段用一段平直线来表示。上两种模型多用于小变形情况。

(3) 线性强化弹塑性模型（linear harden model）

如图 7.25(c) 所示，这种模型的本构方程是

$$\begin{cases}\sigma = E\varepsilon & (\varepsilon \leqslant \varepsilon_s) \\ \sigma = E\varepsilon_s + E'(\varepsilon - \varepsilon_s) & (\varepsilon \geqslant \varepsilon_s)\end{cases} \tag{7.16}$$

在这种模型中，考虑了强化的影响。合金钢、铝合金等强化材料多采用这种模型。

在上述弹塑性模型中考虑材料屈服后的卸载过程时，可采用平行于弹性加载路径的直线作为卸载路径，如图 7.25 各图中的虚线所示。

【例 7.6】 圆柱形的金属试件测试长度 $L = 100\ \text{mm}$，加载到 $\sigma = 380\ \text{MPa}$ 时产生屈服。保持这一荷载，使测试长度增加到 $L' = 105.0\ \text{mm}$，然后完全卸载。此时测试长度 $L_r = 102.9\ \text{mm}$ 而不能恢复。用理想弹塑性模型计算试件的弹性模量。

解：根据理想弹塑性模型，试件的加载卸载曲线如图 7.26 所示。根据这一图形可知，总应变

$$\varepsilon = \frac{L' - L}{L} = \frac{105.0 - 100}{100} = 0.05$$

残余应变

$$\varepsilon_r = \frac{L_r - L}{L} = \frac{102.9 - 100}{100} = 0.029$$

弹性应变

$$\varepsilon_e = \varepsilon - \varepsilon_r = 0.05 - 0.029 = 0.021$$

故有弹性模量

$$E = \frac{\sigma}{\varepsilon_e} = \frac{380}{0.021} = 18095\ \text{MPa} \approx 18.1\ \text{GPa}$$

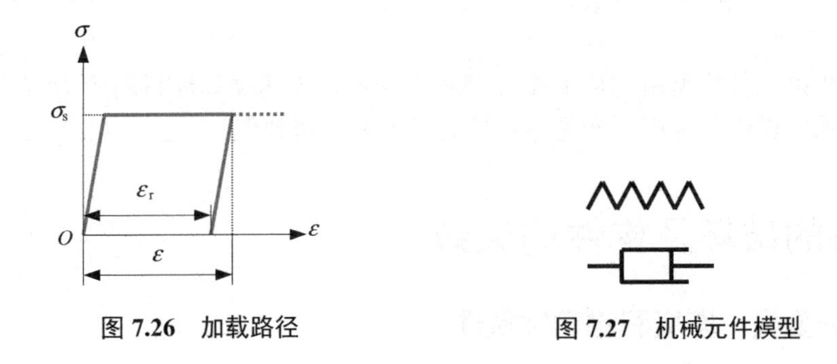

图 7.26　加载路径　　图 7.27　机械元件模型

7.4.3　黏弹性体*

作为一种实际应用，人们常采用机械元件模型来模拟真实材料的松弛和蠕变的性质。基

本的元件是弹簧和阻尼器（图 7.27）。弹簧元件用以模拟材料的弹性性质，其本构关系可用

$$\sigma_{(1)} = E\varepsilon_{(1)} \tag{7.17}$$

来表示。阻尼器则用以模拟黏性流体性质，其本构关系可用

$$\sigma_{(2)} = \mu\dot{\varepsilon}_{(2)} \tag{7.18}$$

来表示。这里μ是黏性系数，$\dot{\varepsilon}$表示ε的时间导数。两种元件的基本连接方式是串联和并联，从而形成两种基本模型。

(1) Maxwell 模型

两种元件的串联构成 Maxwell 模型，如图 7.28(a) 所示。在这个模型中，总应变是两个元件应变之和，而总应力分别与作用在两个元件上的应力相等，即

$$\varepsilon = \varepsilon_{(1)} + \varepsilon_{(2)}, \qquad \sigma = \sigma_{(1)} = \sigma_{(2)}$$

由此可导出

$$\dot{\varepsilon} = \frac{\dot{\sigma}}{E} + \frac{\sigma}{\mu} \tag{7.19}$$

这就是 Maxwell 模型的本构方程。

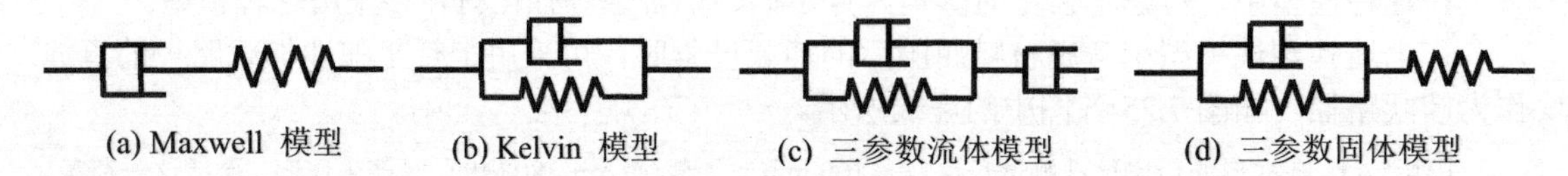

(a) Maxwell 模型　(b) Kelvin 模型　(c) 三参数流体模型　(d) 三参数固体模型

图 7.28　黏弹性主要模型

(2) Kelvin 模型

两种元件的并联构成 Kelvin 模型，如图 7.28(b) 所示。在这个模型中，总应力是两个元件应力之和，而总应变分别与两个元件中的应变相等，即

$$\varepsilon = \varepsilon_{(1)} = \varepsilon_{(2)}, \qquad \sigma = \sigma_{(1)} + \sigma_{(2)}$$

所以有本构方程

$$\sigma = E\varepsilon + \mu\dot{\varepsilon} \tag{7.20}$$

可以证明，Maxwell 模型比较好地体现了蠕变的特征，而 Kelvin 模型则长于体现松弛的特征。在实际应用中，还可将多个弹簧和阻尼器组合起来，形成三参数流体 [见图 7.28(c)]、三参数固体 [见图 7.28(d)] 以及更复杂的模型，这些模型就可以较好地模拟各种不同材料的黏弹性行为。

除了上述机械元件模型所构成的微分型本构关系，表达黏弹性材料应力应变关系的还有积分型本构关系。详细的分析可参见黏弹性力学的相关资料[1]。

7.5　材料的破坏及构件的失效

7.5.1　构件的强度、刚度和稳定性条件

对于任何工程构件，其应力都不可能无限增大，否则构件将会破坏。工程中常定义材料

---

[1] 例如，R. M. Christensen，Theory of Viscoelasticity，An Introduction [M]，Academic Press，1982。

破坏前能够承受的应力的最大值为**极限应力**（ultimate stress）或破坏应力。对塑性材料，可取其屈服极限 σ_s 为破坏应力；对脆性材料，可取其强度极限 σ_b 为破坏应力；可将破坏应力记为 $\sigma_{s/b}$。破坏应力一般还不能直接用做工程中的应力许可值，因为很多因素都可能使实际的工作应力偏离设计应力。这些因素包括：由于材料在事实上所存在的非均匀性和细观上的缺陷，例如夹渣、空穴、微裂纹等；由于构件加工中的误差，例如尺寸误差、初始曲率等；由于实际荷载的大小和作用位置与设计之间的偏差，例如偏心等。因此，有必要降低应力的许可值。人们采用一个总是大于 1 的安全因数 n 来综合考虑上述因素。n 是与材料、构件使用条件及构件重要程度有关的常数。破坏应力除以安全因数 n，便得到**许用应力**（allowable stress）。法向许用应力用 $[\sigma]$ 来表示，切向许用应力用 $[\tau]$ 来表示。研究构件应力的目的之一，就是要控制构件的最大工作应力 σ_w，使之不超过许用应力，这就是说，构件必须满足**强度条件**（strength condition），即

$$\sigma_{max} \leqslant [\sigma], \quad \tau_{max} \leqslant [\tau] \tag{7.21}$$

有时，也用安全因数 n 来作为衡量构件强度的指标，即工作时构件实际存在的安全因数（破坏应力与工作应力之比）应不小于额定的安全因数

$$n = \frac{\sigma_{s/b}}{\sigma_w} \geqslant [n] \tag{7.22}$$

利用强度条件，可对构件进行多方面的计算。例如，根据构件的尺寸和受力情况，计算构件的最大工作应力，检验其是否超过许用应力，这就是强度校核；也可以根据构件的受力情况和许用应力，来决定构件适当的尺寸和形状；此外，还可以根据构件的许用应力和尺寸，来决定外荷载的许可值。对于集中力 F，许用荷载用 $[F]$ 来表示。

上述用许用应力控制强度的方法称为许用应力法。许用应力法广泛地运用于构件的设计之中。但是应该指出，用许用应力法来设计构件往往偏于保守。例如，在许多塑性材料制成的构件中，随着外荷载的持续增加，往往是一两个点先期达到屈服极限，而其他各处都还处于弹性范围内。这种情况下，整个构件或整个结构并未丧失承载能力。关于这一方面问题的阐述，可参见有关教材。

衡量构件是否失效的另一个重要因素是刚度。刚度不足将引起较大的变形，这在很多情况下是不允许的。例如一些空间比较局促、布局十分紧凑的设计中，过大的变形将引起元件之间的擦刮，从而引起运行的阻滞。刚度一般用构件的最大变形量来衡量，例如最大伸长量 ΔL_{max}、最大转角 θ_{max} 等。最大变形量的许用值应根据结构的需要事先给定，并用符号 $[\Delta L]$、$[\theta]$ 等来表示。就伸长量和转角而言，刚度要求可写为

$$\Delta L_{max} \leqslant [\Delta L], \quad \theta_{max} \leqslant [\theta] \tag{7.23}$$

所有的构件都必须满足强度和刚度的要求。此外，对某些构件，例如受压杆件、拱等，还必须满足稳定性要求。对可能产生失稳的构件，都存在着不至于引起失稳的最大荷载，称为临界荷载 F_{cr}，失稳构件中与之相应的应力称为临界应力 σ_{cr}。满足稳定性的要求就是应使构件的实际荷载 F 不得超过许用稳定临界荷载，即

$$F \leqslant [F] = \frac{F_{cr}}{n_{st}} \tag{7.24}$$

式中，n_{st} 是稳定安全因数；或者工作应力不得超过许用应力

$$\sigma_w \leqslant [\sigma]=\frac{\sigma_{cr}}{n_{st}} \tag{7.25}$$

或者

$$n_{st} \geqslant [n_{st}] \tag{7.26}$$

构件必须满足强度、刚度和稳定性的全部要求。

7.5.2 构件的疲劳简介

上面提到的构件强度，一般都是指在静态荷载，或者偶尔存在着动荷载的情况下讨论的。在工程实际中，还存在着大量周期性变化的荷载情况。例如工作中的齿轮，处于啮合状态的齿的啮合点（或线）处会产生很大的挤压应力，齿根部也有很高的应力水平。但未啮合的齿则没有这些应力存在。那么，对一个齿而言，其应力将周期性地反复出现。这样的应力称为**交变应力**(alternating stress)。图 7.29 就表示了几种交变荷载的情况。

在长期的交变应力的作用下，即使其应力水平比静态情况下的许用应力小很多，构件也会产生断裂破坏。这种现象称为**疲劳破坏**（fatigue rupture）。疲劳破坏除了应力水平低于静态许用应力这一特征之外，还有一个重要的特征，这就是：即使是塑性材料制成的构件，其疲劳破坏也呈现出脆性断裂的一些特征。图 7.30 是疲劳断裂的断口图。从这个断口图中可看出，断面明显地划分为光滑区和粗糙区这两种区域。这一现象可以通过疲劳的机理予以解释。

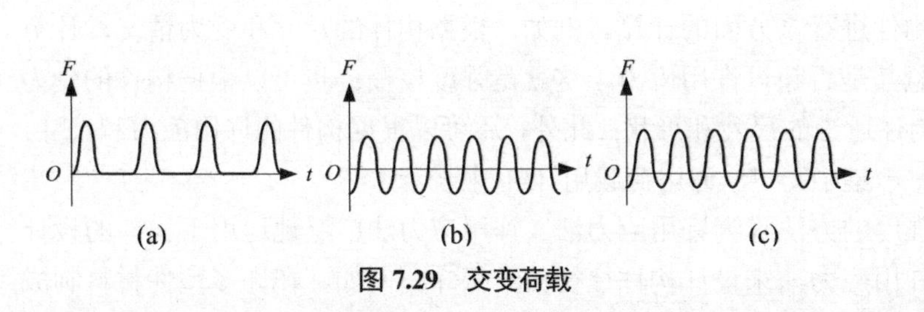

图 7.29 交变荷载

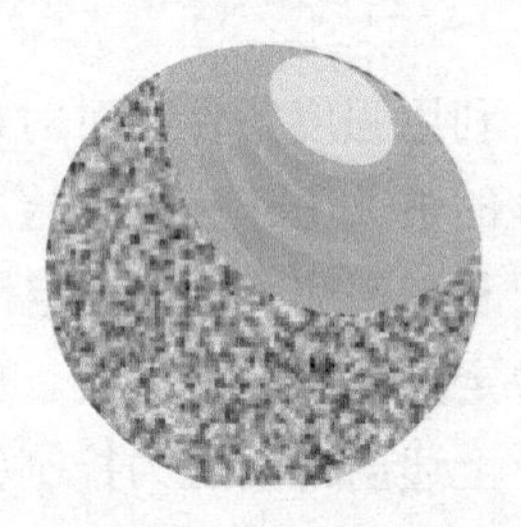

图 7.30 疲劳断裂断口图

一般地，构件总是存在着内部缺陷的，这些缺陷包括细观层次上的夹渣、空隙、微裂纹等。在交变应力的作用下，构件内部应力水平高的部位的缺陷将会逐渐交汇、连通、扩展，最终产生宏观的裂纹。这个裂纹区域称为疲劳源，也就是图 7.30 中浅色的区域。随着交变应力的不断作用，这种裂纹将会逐渐扩展。在扩展的过程中，裂纹两侧的界面会由于荷载的交替往复而相互不断挤压或摩擦而逐渐光滑起来，并形成状如贝壳表面的条纹。这一区域称为裂纹扩展区。裂纹扩展到一定程度，未开裂的部位会不堪重负而突然断裂，因而形成粗糙的断口。

疲劳破坏与荷载的交变形式有密切的关系。在图 7.29(b) 中，最大拉应力与最大压应力的数值是相等，称这类应力的循环为对称循环。由于对称循环的实验技术相对简单，因此常用它来测定疲劳的有关指标。

目前研究疲劳破坏的主要手段是实验。对于某种材料和规格的试件，用周期性加载的方式使其经历疲劳破坏的全过程，直至破坏。直至破坏的循环加载次数称为该试件的疲劳寿命。在完整的疲劳破坏实验中，需要用一批试件来进行试验，且试件尺寸和加载方式是不变的。在每个试件的试验过程中，试件中周期性反复出现的最大应力数值也是不变的。需要记录的是试件中的最大应力和这一应力水平下的疲劳寿命。一般地，需要将这一批试件分为若干组。先期进行实验的一组试件所设置的应力水平较高，相应地，疲劳寿命也就较低。以后的各组试验依次地递降应力水平。一般地，随着应力水平的递次降低，疲劳寿命也会递次增加。

可将各次实验记录下来的最大应力和疲劳寿命用一个图形表示出来。图形的横轴是循环加载的次数，由于次数较高，故横轴计量的方式一般是循环次数 N 的常用对数 lg$N$。纵轴则是试件中的最大应力σ。对每个试件的最大应力和疲劳寿命情况，都可以在这个σ-lg$N$ 平面内确定一个点。一系列的实验结果，便可形成一条如图 7.31 那样的曲线。这种曲线称为 S-N 曲线。

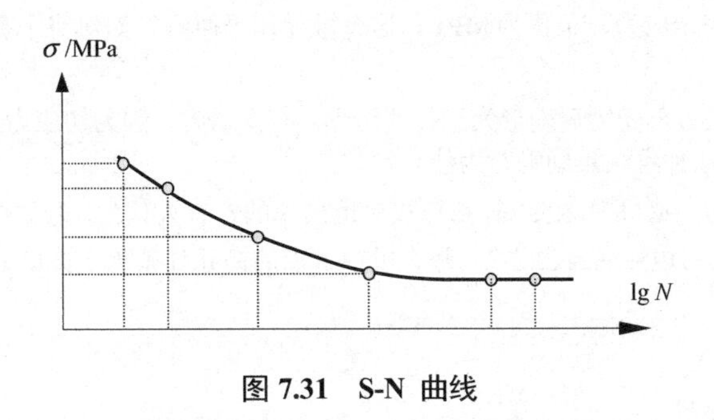

图 7.31　S-N 曲线

钢、铸铁一类的材料，S-N 曲线存在着一条水平渐近线。这条水平渐近线对应的应力称为**疲劳极限**。有色金属及其合金一般没有渐近线。这类情况下，一般指定某个循环次数（例如10^7～10^8）所对应的应力为疲劳极限。由于疲劳极限所对应的循环加载次数都比较高，因此它可以作为承受交变荷载构件的应力水平的上限，相当于静载设计中采用的破坏应力。

实验指出，构件的材料是影响疲劳极限的重要因素；同时，构件的形式也是影响疲劳极限的重要因素。因此，构件的疲劳是一个综合性的问题。

构件的尺寸、外形和加工对疲劳寿命影响很大。第一个因素是应力集中。构件由一个较大的断面尺寸突然变化到较小的断面尺寸时，其交接处一般应力水平显著高于其他部位，这种现象称为应力集中。应力集中形成局部的高应力区，这个区域内的初始细观缺陷就容易萌生宏观裂纹。影响疲劳寿命的第二个因素是构件截面尺寸。尤其是高应力区域尺寸较大的构件，初始细观缺陷萌生宏观裂纹的概率也就增加了，因此更容易导致疲劳源的产生。影响疲劳寿命的第三个因素是构件表面加工质量。对于传动轴、弯曲梁一类的构件，横截面上应力最高的区域都在构件外表面。而外表面的精细加工，以及渗碳、表层滚压等表面强化措施，都可以使表层的微细缺陷得以克服或改善，减小了萌生宏观裂纹的概率，从而提高构件的疲劳寿命。

对于疲劳破坏机理的研究，目前正在深入进行。现代断裂力学和损伤力学的理论和实验，正在使疲劳研究逐渐由定性走向定量，由描述走向计算；与此同时，随着实验技术的提高和实验设备的发展，一些新的有关材料疲劳破坏的规律也正在被揭示出来。

思考题 7

7.1　什么是应力矢量？应力矢量与力矢量有什么区别？应力与压强有什么区别？

7.2　在变形体内部有一点 K，过该点竖直微元面上的正应力 [如题图(a)] 与过 K 点水平微元面上的切应力 [如题图(b)] 是同一个应力吗？

7.3　在拉伸杆中有一个纵向平面，如题图所示。显然，在拉伸变形的过程中，这一平面被拉长了。据此，有人认为：这个平面上作用了轴线方向上的力，因而就有了切应力。这种看法对吗？为什么？

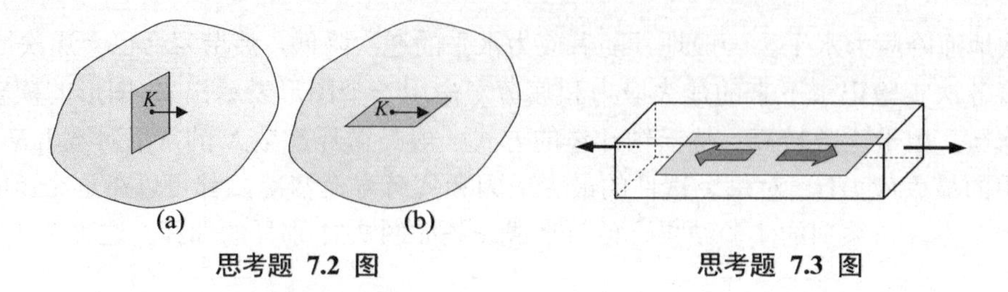

思考题 7.2 图　　思考题 7.3 图

7.4　图中微元体上的箭头表示应力，单位为MPa。这个微元体平衡吗？如何将平衡的概念引入应力的讨论之中？

7.5　如图所示，一个微元正方形受力后变形为平行四边形。有人认为，因为切应力互等，所以如图的两个角 α 和 β 就应该相等。这种看法正确吗？为什么？

7.6　为什么微元体中的切应力必须是如图 (a) 那样成对地出现的？有人认为，若如图 (b) 的薄板下边缘固定，上边缘作用切向力，左右边沿为自由边界，那么板中各点的微元体就处于如图 (c) 的“单向切应力状态”。你对此有何看法？

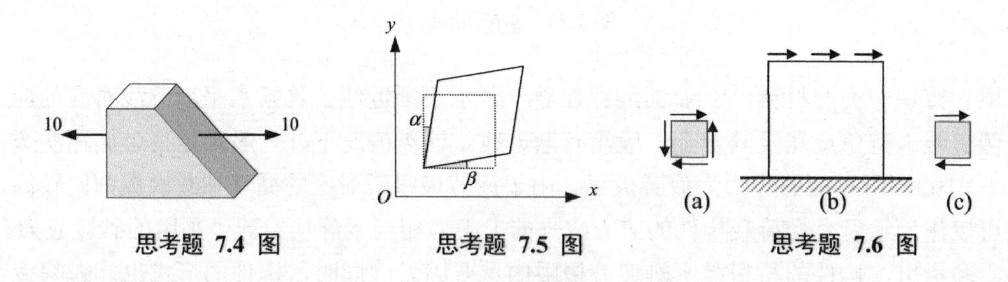

思考题 7.4 图　　思考题 7.5 图　　思考题 7.6 图

7.7　如图的悬臂梁左端固定，右端有集中力作用，其余各侧面均为自由表面。考虑梁中部的一个横截面，由于有剪力存在，因此存在着切应力。如果考虑截面截开的左面部分，那么各处切应力的大致方向应为竖直向下的。那么，在这个截面的上边沿和下边沿，存在着竖直向下的切应力吗？为什么？

7.8　与上题类似，只是把右端的集中力作用改为一个集中力偶矩作用。那么，横截面上的角点处有切应力存在吗？为什么？

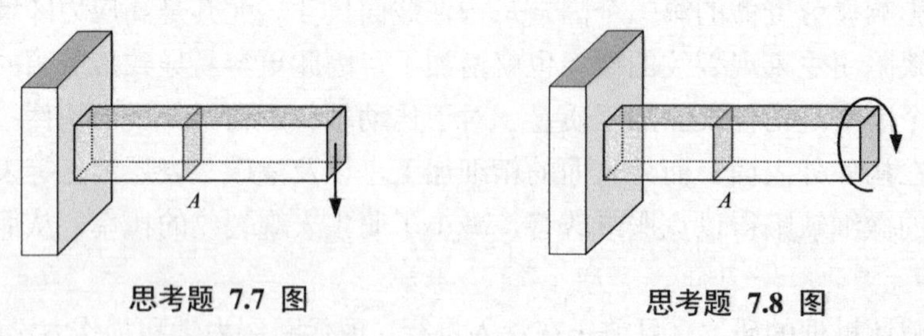

思考题 7.7 图　　思考题 7.8 图

7.9　题图为 A 处附近的变形情况，图中虚线为未变形的形状（均为正方形），实线为已变形的形状。三种情况的切应变各为多少？

7.10　在轴向拉伸杆中观察一根倾斜的微小纤维，变形过程中这根纤维的倾斜程度一定发生了变化。这事实

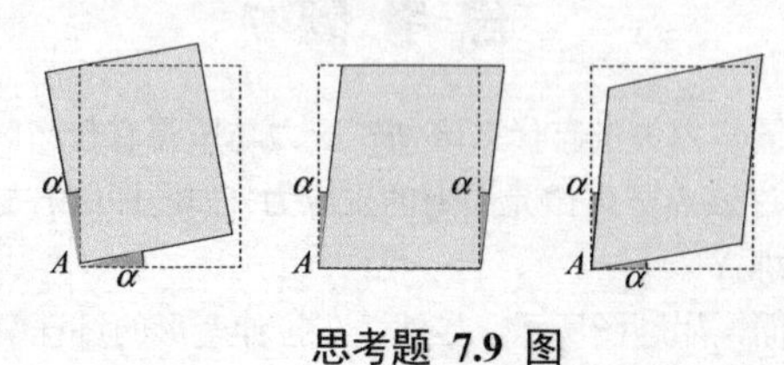

思考题 7.9 图

上反映了切应变的影响。为什么不直接用微元线段的偏斜角来定义切应变，而要用两个微元线段的夹角呢？

7.11　应力和应变总是成对出现的吗？你能不能举出有应力而无应变，或有应变而无应力的例子出来？

7.12　空心圆轴轴向拉伸时，由于泊松效应，其内径和壁厚分别是增加了还是减小了？试证明你的结论。

7.13　你能否举出各向异性的塑性材料和各向异性的脆性材料的例子？

7.14　在下列固体材料中，可以如何将它们归类？这种归类的依据是什么？

玻璃　低碳钢　铜　混凝土　沥青　玻璃钢　陶瓷　砖　铝　聚氯乙烯　砂岩

土壤　环氧树脂　云母　铸铁　橡胶　人或动物的肌肉　人或动物的骨骼

7.15　在图示的三种材料 A、B、C 中，哪种材料的强度最高？哪种材料的塑性最好？哪种材料在线弹性范围内的弹性模量最大？

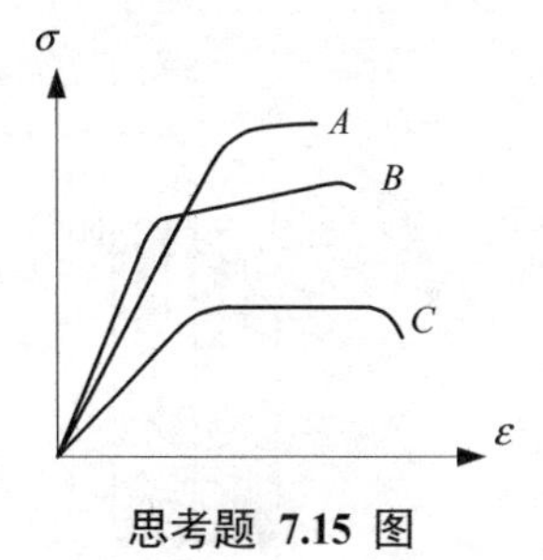

思考题 7.15 图

7.16　断后伸长率和线应变有什么区别和联系？截面收缩率与横向线应变有什么区别和联系？

7.17　松弛和蠕变对构件的正常工作各有些什么影响？

7.18　你能举出在实际生活或工程实践中松弛和蠕变的例子来吗？

7.19　各向同性弹性体中，弹性模量与剪切弹性模量有什么联系？这两者的数值有大小的区别吗？哪一个量在数值上更大一些？

7.20　有人说，圆截面杆在轴向拉伸时，由于它的体积不变，所以在长度伸长的同时直径变小了。这就是泊松效应产生的原因。这种说法对吗？为什么？

7.21　工作应力、极限应力和许用应力各是什么含义？

7.22　保证构件正常运行的最基本的要求是什么？

7.23　什么叫交变应力？试举出承受交变荷载的实例。

7.24　构件疲劳破坏有什么特点？

7.25　疲劳试验的 S-N 曲线是如何得到的？影响构件疲劳寿命的主要因素有哪些？

习题 7

7.1　某杆件斜截面上 A 点处的正应力 $\sigma = 50\ \text{MPa}$，切应力 $\tau = 30\ \text{MPa}$，求应力矢量 $\boldsymbol{p}$ 与斜截面法线间的夹角 α。

7.2　如图所示，某杆件斜截面有斜角 70°，截面上 A 点处的应力矢量与水平轴线夹角为 30°，其大小 $p = 60\ \text{MPa}$，求该处的正应力与切应力。

7.3　如图所示，某杆件横截面为宽 $b = 30\ \text{mm}$、高 $h = 50\ \text{mm}$ 的矩形。杆件中有一法线方向与杆轴线成 30° 角的斜截面。斜截面上作用有均布正应力 $\sigma = 30\ \text{MPa}$ 和均布切应力 $\tau = 20\ \text{MPa}$。求该斜截面上所有应力的合力的大小与方位。

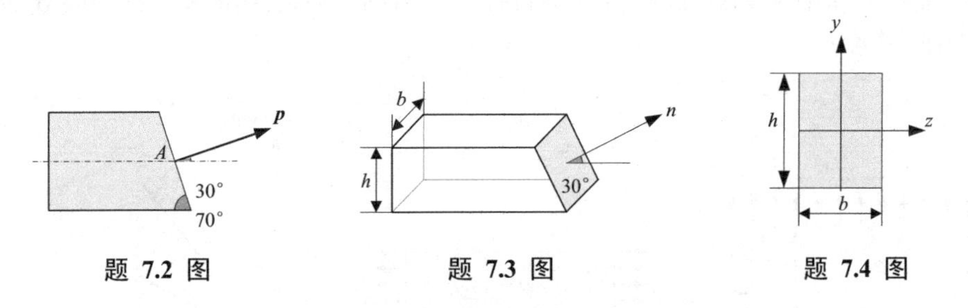

题 7.2 图　　题 7.3 图　　题 7.4 图

7.4　某杆件横截面是宽为 b、高为 h 的矩形。在如图的坐标系中（原点位于形心），截面上有切应力 $\tau = \dfrac{6F}{bh^3}\left(\dfrac{h^2}{4} - y^2\right)$，式中 F 为已知。求该截面上切应力的合力。并求该截面上最大切应力与平均切应力的比值。

7.5 某杆件横截面为宽 $b = 30\ \text{mm}$、高 $h = 60\ \text{mm}$ 的矩形，坐标如同上题。该横截面上有正应力分布，正应力沿 z 方向没有变化，沿 y 方向呈线性分布。其上沿（即 $y = h/2$ 的边沿）的正应力为拉应力 $100\ \text{MPa}$，下沿（即 $y = -h/2$ 的边沿）的正应力为压应力 $20\ \text{MPa}$。求该截面上的内力。

7.6 某轴横截面中任一半径上的切应力分布均如图所示。圆心处切应力为零。在靠圆心的内 20 mm 范围内切应力为线性分布。在靠边沿的外 20 mm 范围内切应力均为 60 MPa。求该截面上的扭矩。

7.7 边长为 100 mm 的正方形 $ABCD$ 发生均匀形变而成为如图的矩形 $abcd$，偏转角度 α=3°。求正方形的应变 ε_x、ε_y 和 γ_{xy}。

7.8 正方形构件变形如图所示。求棱边 AB 与 AD 的平均正应变，以及 A 点处的切应变。

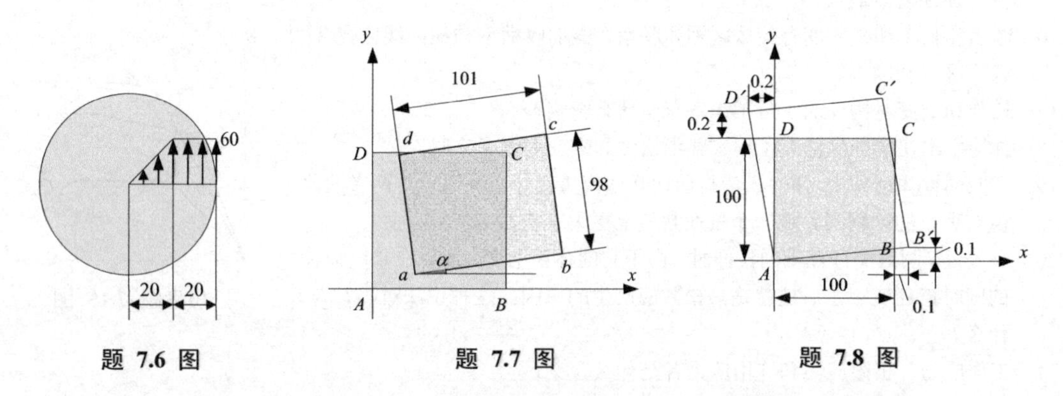

题 7.6 图　　题 7.7 图　　题 7.8 图

7.9 长度 L=20 mm 的杆件在外部因素作用下沿轴向发生的应变可由 $\varepsilon = (\sqrt{x} - 10) \times 10^{-3}$ 表示，式中，x 单位为 mm。杆件左端处 x=0 且 x 轴正向向右。求杆件的最大应变、平均应变和总伸长量。

7.10 某种材料的试件直径 d=10mm，长度 L=200mm，试件两端的轴向拉伸荷载由零增加到 F=50kN 时长度成为 $L' = 203.1\ \text{mm}$。此时逐渐卸载至零，其长度仍然保持为 200mm。在整个加载卸载过程中杆中横截面上的应力始终是均布的，求材料的弹性模量。若材料泊松比 $\nu = 0.3$，求在加载过程中直径的最小值。

7.11 弹性模量 $E = 50\text{GPa}$，泊松比 $\nu = 0.25$ 的材料制成如图的厚 10 mm 的薄板，其上下边沿承受均布荷载 $q = 500\ \text{N/mm}$。求薄板面积的改变量和体积的改变量。

7.12 $E = 50\ \text{GPa}$ 的材料制成如图的厚 10 mm 的薄板，其左右边沿承受均布荷载 $q = 400\ \text{N/mm}$。若已知薄板面积的改变量 $\Delta A = 56\ \text{mm}^2$，求材料的泊松比 ν。

7.13 图中是同一材质的拉伸和扭转实验的应力-应变图线。试指出哪一根线是拉伸试验结果，哪一根是扭转试验结果。并根据图中数值计算这种材料的泊松比。

7.14 某种材料的试件的应力-应变曲线如图所示。图中上方曲线对应于上一排应变标识，下方曲线对应于下一排应变标识，即低应变区。试确定这种材料的类型，并确定其弹性模量 E，屈服极限 σ_s，强度极限 σ_b 与伸长率 δ。

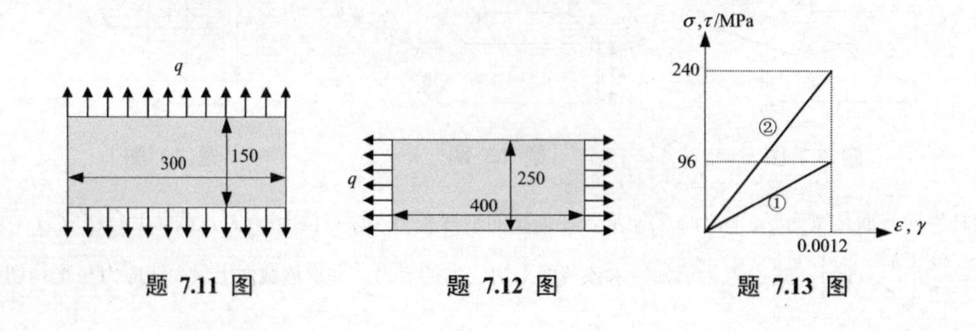

题 7.11 图　　题 7.12 图　　题 7.13 图

7.15　某种材料的试件的应力-应变曲线如图所示。试确定其弹性模量 E，比例极限 σ_p 与屈服极限 σ_s。确定当应力 σ=350 MPa 时的全应变ε、弹性应变 ε_e 与塑性应变 ε_p。

7.16　红酒瓶一般会用一段较长的软木塞来密封。当用开瓶器拔出木塞时，软木塞侧面将承受切应力。假定瓶口直径为常数 d，木塞与瓶的接触长度为 h，拔木塞所用的轴向力为 F，证明软木塞侧面的最大切应力 $\tau_{max} > \dfrac{F}{\pi hd}$。

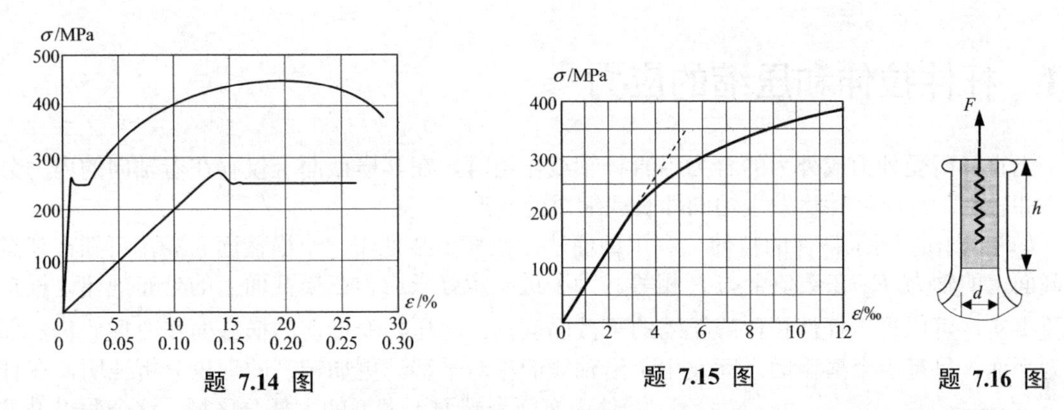

题 7.14 图　　题 7.15 图　　题 7.16 图

7.17　小明把若干工程材料力学性能的常用数据制成了一个表格并存入计算机。不料计算机遭病毒袭击，原有的表格变成了如下残缺的模样：

	弹性模量 E/GPa	剪切弹性模量 G/GPa	泊松比 ν	拉伸强度极限 σ_b/MPa
普通碳素钢			0.25	400
合　金　钢	200			
铝　合　金			0.3	
混　凝　土	30			

又经过一番折腾，计算机终于显示出了一组数据：

0.16，　0.25，　6，　12.9，　30.8，　50，　80，　830

小明确认，这些数据就是表中的数据。但是显然数据的顺序完全乱了。而且，表中有 11 个空格，但出现的数据只有 8 个！会不会某些数据重复出现？小明没有把握。

请你利用所学的力学知识替小明恢复表中的数据，并简单地叙述理由。

7.18　根据你的直觉，图中的构件可能如何失效？失效的原因是什么？其中图 (a) 是平面机构，图 (b) 是轴对称结构。

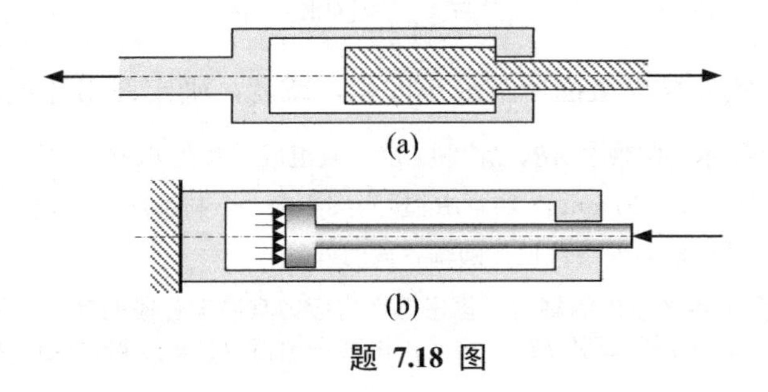

(a)

(b)

题 7.18 图

7.19　硬度这一个表达材料力学性能的指标并未在本章中提及。有人认为，硬度高就意味着弹性模量高。查阅有关硬度测试的资料，根据这些资料对上述看法进行分析，并指出硬度与本章的哪些材料性能指标紧密相关。

第 8 章　杆件的拉伸与压缩

8.1　杆件拉伸和压缩的应力

当直杆所受外力或外力的合力沿直杆轴线作用时，在其横截面上仅存在着轴向的内力分量，即轴力。这时杆件将发生轴向伸长或缩短的变形。

如图 8.1(a) 所示杆件的拉伸，利用截面法，在杆中某处作一个横截面 *m-m*，可知在任意横截面上的轴力 F_N 在数值上与 F 相等。为了进一步寻求应力在横截面上的分布规律，根据实验事实，可以提出杆件拉伸或压缩的平截面假设：拉压杆变形前的横截面在变形后仍然保持为平面，只是各个横截面之间发生了沿轴线的相对平移。更加精密的理论分析证明，在杆件中离两个端面不太近的大部分区域，这个假设是准确的。

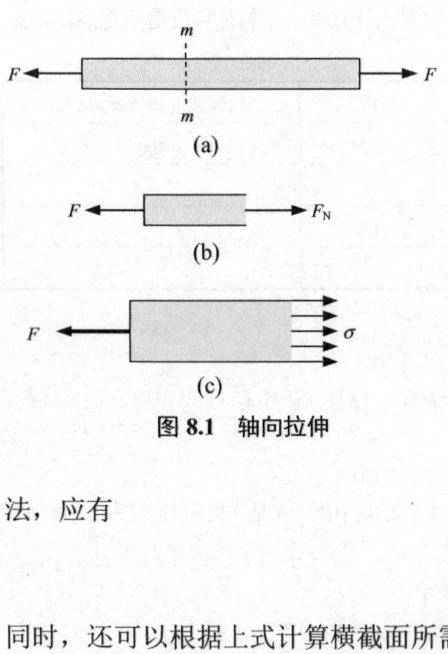

(a)

(b)

(c)

图 8.1　轴向拉伸

由平截面假设可以看出，横截面上各点处的轴向变形是相同的，因而可以推断，横截面上的应力是均匀分布的。这些应力的合力便是轴力，如图 8.1(c) 所示。因此在横截面上的法向应力为

$$\sigma = \frac{F_N}{A} \tag{8.1}$$

容易看出，杆件受拉时法向应力 σ 为正，受压时 σ 为负。

另一方面，根据平截面假设，杆件中各横截面之间没有沿任何方向上的相互错切的趋势，因此可以推断：在横截面上切向应力为零。

要保证受拉或受压杆件的强度，根据许用应力方法，应有

$$\sigma = \frac{F_N}{A} \leqslant [\sigma] \tag{8.2}$$

同时，还可以根据上式计算横截面所需最小面积，或者，确定许用荷载。

【例 8.1】 如图 8.2 所示的圆轴由 *AB*、*BC* 和 *CD* 三段组成，并在 *B*、*C*、*D* 三截面处有轴向荷载。圆轴中 *CD* 段为空心的，其内径 $d = 20\,\text{mm}$，*AB*、*BC* 段为实心的。若材料的许用拉应力 $[\sigma^t] = 10\,\text{MPa}$，许用压应力 $[\sigma^c] = 50\,\text{MPa}$，试根据强度条件设计圆轴各段的外径。

解： 在本题中，应分析各区段内的轴力，再根据许用应力来决定各段的轴径。为分析轴力，可采用截面法。在 *CD* 区段取截面 F，可得脱离体 *FD*，由此可由其平衡得 $F_{N1} = 18\,\text{kN}$ (压)，故有

$$\sigma_{(1)} = \frac{4F_{N1}}{\pi(D_1^2 - d^2)} \leqslant [\sigma^c]$$

即有　$$D_1 \geqslant \sqrt{\frac{4F_{N1}}{\pi[\sigma^c]} + d^2} = \sqrt{\frac{4\times18\times10^3}{\pi\times50} + 20^2} = 29.3\,\text{mm}$$

取 CD 区段外径 D_1=30mm。

同样，在 BC 区段取截面 G，可得脱离体 GD，并可得 BC 区段的轴力 $F_{N2}=12\text{ kN}$ (拉)，故有

$$\sigma_{(2)}=\frac{4F_{N2}}{\pi D_2^2}\leqslant[\sigma^t]$$

即有 $$D_2\geqslant\sqrt{\frac{4F_{N2}}{\pi[\sigma^t]}}=\sqrt{\frac{4\times12\times10^3}{\pi\times10}}$$
$$=39.1\text{ mm}$$

取 BC 区段轴径 $D_2=40\text{ mm}$

在 AB 区段取横截面 H，得脱离体 HD，由平衡得 AB 区段轴力 $F_{N3}=34\text{ kN}$ (压)，故有

$$\sigma_{(3)}=\frac{4F_{N3}}{\pi D_3^2}\leqslant[\sigma^c]$$

故 $$D_3\geqslant\sqrt{\frac{4F_{N3}}{\pi[\sigma^c]}}=\sqrt{\frac{4\times34\times10^3}{\pi\times50}}=29.4\text{ mm}$$

取 AB 区段轴径 $D_3=30\text{ mm}$。

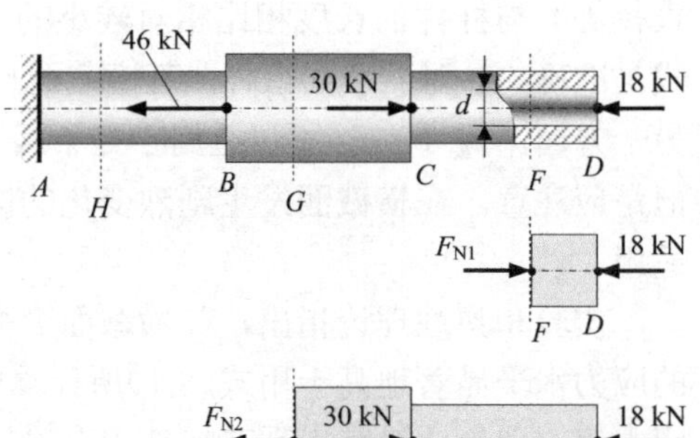

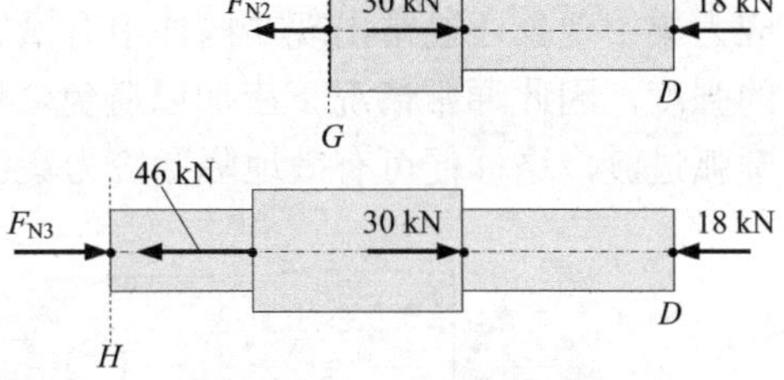

图 8.2　承受轴向力的圆轴

此题中许用的压应力比拉应力大许多，这是许多脆性材料（如混凝土、岩石、铸铁）的共同特性。

【例 8.2】 在如图 8.3 的桁架中，水平杆 CB 的长度 L 是预先设计定下来的，而斜角 θ 则可以变化。两杆由同一材料制成，且 $[\sigma^t]=[\sigma^c]$。在不考虑 CB 杆可能存在的稳定问题的条件下，要使结构最经济，角度 θ 应为多少？

解： 要使结构最经济，即应使结构用料最省，即两杆的总体积为最小。角度 θ 从两方面影响体积：一方面，它控制了斜杆的长度；另一方面，它影响了两杆的轴力，而轴力决定了两杆的横截面积。这样，便可以建立起结构的总体积关于 θ 的函数。考虑结点 B 的平衡（见图 8.4），易于得到

$$F_{N1}=F_1=\frac{F}{\sin\theta}\ （拉）,\qquad F_{N2}=F_2=\frac{F}{\tan\theta}\ （压）$$

因而有

$$\sigma_{(1)}=\frac{F_{N1}}{A_1}=\frac{F}{A_1\sin\theta}\leqslant[\sigma^t],\qquad \sigma_{(2)}=\frac{F_{N2}}{A_2}=\frac{F}{A_2\tan\theta}\leqslant[\sigma^c]$$

由此可得两杆横截面积的最小值

$$A_1=\frac{F}{[\sigma^t]\sin\theta},\qquad A_2=\frac{F}{[\sigma^c]\tan\theta}$$

由此可得结构的总体积

$$V=LA_2+\frac{L}{\cos\theta}A_1=\frac{LF}{[\sigma^c]\tan\theta}+\frac{LF}{[\sigma^t]\sin\theta\cos\theta}$$

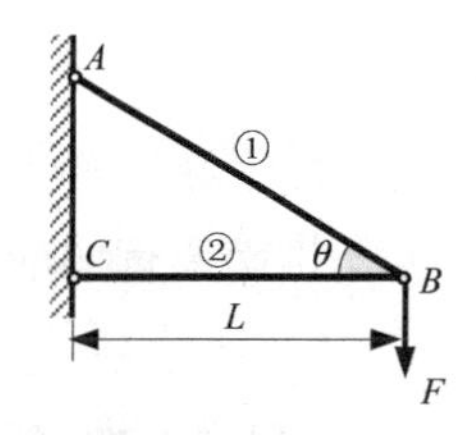

图 8.3　简单桁架

注意到 $[\sigma^t]=[\sigma^c]$ 且为常数，同时 L、F 也都为常数，这样，体积 V 便仅为角度 θ 的函数

$$V(\theta)=C\left(\frac{1}{\tan\theta}+\frac{1}{\sin\theta\cos\theta}\right)$$

式中，C 表示一个常数。要使材料体积为最小，则应有 $\dfrac{dV(\theta)}{d\theta}=0$，即

$$-\frac{1}{\sin^2\theta}+\frac{\sin^2\theta-\cos^2\theta}{\sin^2\theta\cos^2\theta}=0$$

由此可得 $\tan\theta=\sqrt{2}$，即 $\theta=54°44'$。

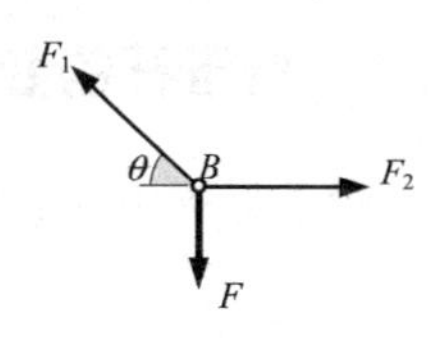

图 8.4　结点 B 的平衡

对直杆而言，式（8.1）应用的必要条件是外力作用线与杆件轴线（各横截面形心的连线）重合。在横截面上的特征尺寸（如高或宽、

直径等）与杆件的长度相比相对较小的等截面直杆中，在离两端不很近的大部分区域内，该式是准确的。对变截面直杆，若横截面尺寸沿轴向变化的梯度很小，该式也有相当高的精度。另一方面，式（8.1）不仅适用于处于线弹性阶段的杆件，而且适用于进入塑性阶段的杆件。但是应注意，在横截面发生剧烈变化的区域内，在存在着孔、槽的区域内，式（8.1）将不再适用。

实验和弹性理论指出，在横截面突变的区域，如图 8.5 (a) 所表示的那些区域内，某些点的应力水平显著地高于用式(8.1)所计算的应力。这一现象称为**应力集中**(stress concentration)。应力集中现象还经常出现在构件中有槽、孔的部位，如图 8.5(b) 所示。应力集中削弱了构件的强度，因此通常情况下应加以避免。例如，在圆轴横截面直径突然变化的部位，可用一段圆弧过渡，这样便可有效地降低应力集中的程度，如图 8.6 所示。

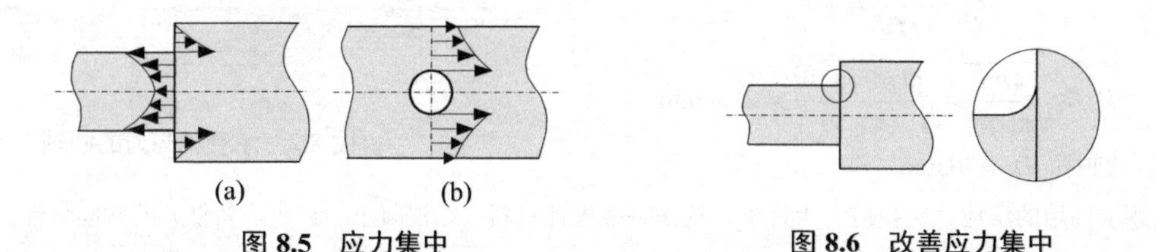

图 8.5　应力集中　　**图 8.6　改善应力集中**

比较图 8.7 中两种不同的外荷载形式。对于图 8.7(a) 所示的情况，式（8.1）直到非常接近端面都适用；但对于图 8.7(b) 所示的情况，在离端面较近的区域，式（8.1）就不适用了。尽管如此，只要图 8.7(a) 的外荷载与图 8.7(b) 的外荷载是等效力系，那么，在离端部较远的区域，两者的变形情况和应力分布情况是完全一样的。这一现象可用圣维南原理（Saint-Venant principle）加以说明。圣维南原理表明：**如果作用在物体某些边界上的小面积上的力系用静力等效的力系代换，那么这一代换在物体内部相应产生的应力变化将随着与这块小面积的距离的增加而迅速地衰减。**

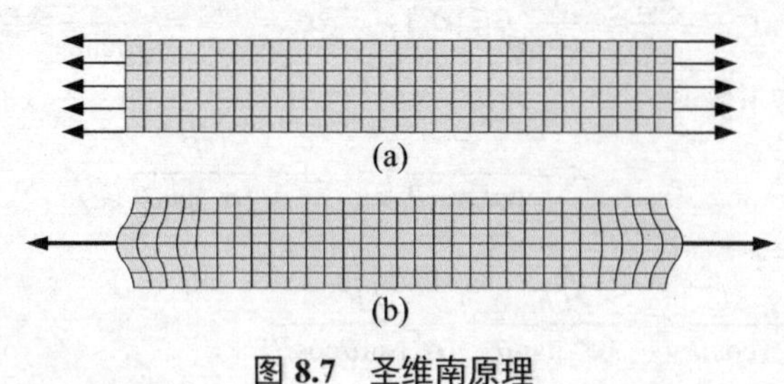

图 8.7　圣维南原理

圣维南原理的应用通常可以使问题得到简化。这一原理在工程实际问题中有广泛的应用。

8.2　拉伸和压缩的变形

8.2.1　拉压杆的变形

对于服从胡克定律的材料制成的杆件，当其承受轴向拉力或压力时，其轴线方向上的应变

$$\varepsilon = \frac{\sigma}{E} = \frac{F_{\mathrm{N}}}{EA} \tag{8.3}$$

易知，在拉伸时 ε 为正值，压缩时 ε 为负值。由上式可知，在微元区段 dx 上由拉压产生的变形量

$$d(\Delta L)=\frac{F_N}{EA}dx$$

因此，在整个直梁上的总变形量

$$\Delta L=\int_L \frac{F_N}{EA}dx \tag{8.4}$$

对于长度为 L 的等截面杆，若轴力保持常数（沿轴线的外力只作用在杆的两端就属于这种情况），F_N 和 EA 均为常数，上式则可简化为

$$\Delta L=\frac{F_N L}{EA} \tag{8.5}$$

上面各式中，EA 称为杆的**拉压刚度**（tension & compressive rigidity），有时也称为抗拉刚度或抗压刚度，它反映了杆件抵抗拉压变形能力的大小。

工程中有时需要控制杆的变形量。结构允许的最大变形称为**许用变形**（allowable deformation）。对于拉压杆件，许用伸长量用 $[\Delta L]$ 来表示。因此，由式（8.4）或式（8.5）所计算出的实际伸长量应满足

$$\Delta L \leqslant [\Delta L] \tag{8.6}$$

这就是**刚度条件**（stiffness condition）。

【例 8.3】 图 8.8 所示的阶梯形钢杆，AB 段和 CD 段的横截面积相等，均为 A_1=500 mm^2，BC 段横截面面积 A_2=300 mm^2。已知材料的弹性模量 $E=200\ \text{GPa}$，试求：

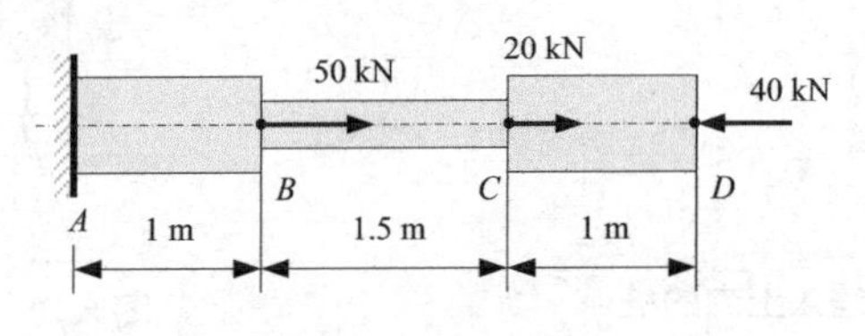

图 8.8　阶梯形钢杆

(1) 各段的应变及变形量；

(2) 整个杆的总变形量。

解：(1) 记 AB、BC、CD 三个区段分别为 1、2、3 区段，由截面法可求得各段轴力分别为

$$F_{N1}=30\ \text{kN},\qquad F_{N2}=-20\ \text{kN},\qquad F_{N3}=-40\ \text{kN}$$

故各段应变分别为

$$\varepsilon_{(1)}=\frac{F_{N1}}{EA_1}=\frac{30\times10^3}{200\times10^3\times500}=3\times10^{-4}$$

$$\varepsilon_{(2)}=\frac{F_{N2}}{EA_2}=\frac{-20\times10^3}{200\times10^3\times300}=-3.33\times10^{-4}$$

$$\varepsilon_{(3)}=\frac{F_{N3}}{EA_3}=\frac{-40\times10^3}{200\times10^3\times500}=-4\times10^{-4}$$

各段的变形量分别为

$$\Delta L_1=\varepsilon_{(1)}L_1=3\times10^{-4}\times1000=0.3\ \text{mm}$$

$$\Delta L_2=\varepsilon_{(2)}L_2=-3.33\times10^{-4}\times1500=-0.5\ \text{mm}$$

$$\Delta L_3=\varepsilon_{(3)}L_3=-4\times10^{-4}\times1000=-0.4\ \text{mm}$$

(2) 整个杆的总变形量为各段变形量之和，即

$$\Delta L = \Delta L_1 + \Delta L_2 + \Delta L_3 = 0.3 - 05 - 0.4 = -0.6\ \text{mm}$$

计算出的变形量为负，表示实际产生的变形效应是轴向总长度的缩短。

【例 8.4】 如图 8.9 所示，埋入土内长度为 L 的桩顶部有向下的集中力 P 的作用。土对桩有摩擦阻力作用，作用的大小与埋入土内的深度的平方成正比。桩的抗压刚度为 EA，求桩的缩短量。

解：要求解桩的缩短量，根据式（8.4），必须求出轴力。由于本例中轴力是随着埋入土内的深度的变化而变化的，因此应将轴力表达为深度的函数。桩所受的摩擦阻力是分布力，如图 8.9 所示，以地平面为起点向下建立 x 坐标，那么，距地面 x 处的微元长度 dx 上所受的阻力

$$\mathrm{d}F = kx^2\mathrm{d}x$$

式中，k 为比例系数。因此整个桩所受阻力

$$F = \int_0^L \mathrm{d}F = \int_0^L kx^2\mathrm{d}x = \frac{1}{3}kL^3$$

由于全部阻力与桩顶端的外力 P 平衡，故有

$$P = \frac{1}{3}kL^3$$

因此

$$k = \frac{3P}{L^3}$$

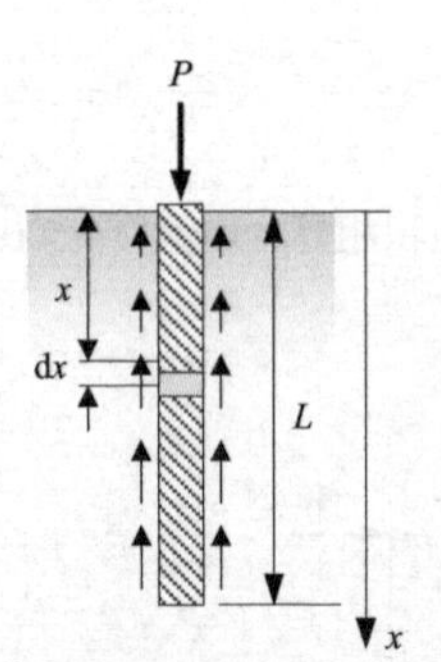

图 8.9 埋入土内的桩

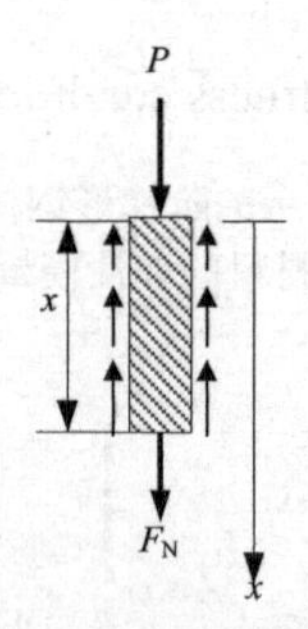

图 8.10 自由体平衡

距顶端 x 处的轴力可用截面法求得。如图 8.10 所示，根据自由体的平衡，有

$$P + F_{\mathrm{N}} - \int_0^x kx'^2\mathrm{d}x' = 0$$

故有

$$F_{\mathrm{N}}(x) = \frac{1}{3}kx^3 - P = \left(\frac{x^3}{L^3} - 1\right)P$$

整个桩的变形量

$$\Delta L = \int_0^L \frac{F_{\mathrm{N}}}{EA}\mathrm{d}x = -\frac{P}{EA}\int_0^L\left(1 - \frac{x^3}{L^3}\right)\mathrm{d}x = -\frac{3PL}{4EA}$$

式中，负号说明桩的长度被压短了。

8.2.2 简单桁架的结点位移

所谓桁架，是指结构中的每个构件都是二力杆。当桁架承受荷载时，它的各个构件一般都相应地产生轴力，因而也一般地将产生伸长或缩短的变形。这样，各个构件之间的连接点，即结点，也就相应地产生了位移。本小节考虑简单桁架中结点的位移。

例如在图 8.11(a) 的结构中，两杆的拉压刚度均为 EA，在 B 点承受竖直向下的荷载 F。

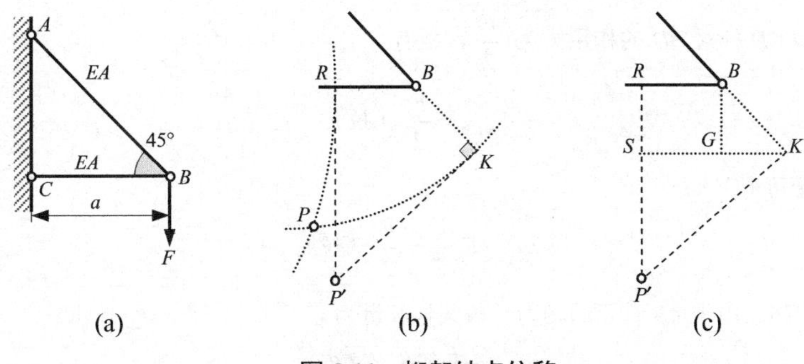

图 8.11 桁架结点位移

易见，AB 杆的轴力为拉力 $\sqrt{2}F$，而 BC 杆的轴力为压力 F。这样，AB 杆将会产生一个伸长量，图 8.11(b) 是 B 结点附近的局部放大图，图中，AB 的伸长量

$$\overline{BK}=\frac{\sqrt{2}F\times\sqrt{2}a}{EA}=\frac{2Fa}{EA}$$

同理，BC 杆将会产生压缩量

$$\overline{BR}=\frac{Fa}{EA}$$

由于 A 处是固定铰，因此 B 结点变形后应在以 A 为圆心、以 AK 为半径的弧上。同理，由于 C 处是固定铰，因此 B 结点还应在以 C 为圆心、以 CR 为半径的弧上。这样，B 处铰变形后的位置应在两段弧的交点 P 处。

但是这样直接计算 B 处位移比较繁琐。注意到问题本身属于小变形范畴，因此可以作这样的简化处理：过 K 点作 AK 的垂线，并用此垂线来代替圆弧 KP，同样，过 R 点作 CB 的垂线来代替圆弧 RP。两段垂线的交点 P' 便是 P 点的近似位置，如图 8.11(b) 所示。可以证明，由此而带来的误差在二阶微量以上。

这样，便可由图 8.11(c) 得到 B 点的水平位移 u_B 和竖向位移 v_B：

$$u_B=\overline{BR}=\frac{Fa}{EA}\ (\leftarrow)$$

$$\begin{aligned}v_B&=\overline{RS}+\overline{SP'}=\overline{RS}+\overline{SG}+\overline{GK}=2\overline{GK}+\overline{RB}=\sqrt{2}\,\overline{BK}+\overline{RB}\\&=(2\sqrt{2}+1)\frac{Fa}{EA}\ (\downarrow)\end{aligned}$$

上述方法可以一般地应用于其他桁架结构上。

【例 8.5】 如图 8.12(a)所示桁架结构中，BD 为刚性的，AB、BC、CD 三杆的抗拉刚度均为 EA。求 BD 梁中点 E 的位移。

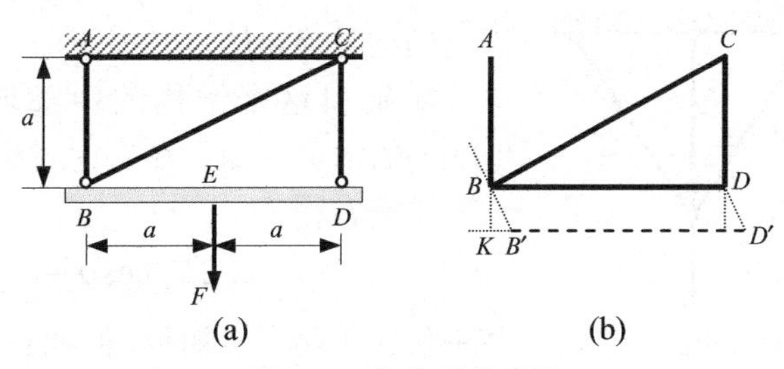

图 8.12 桁架结点位移

解；先求各杆轴力。取 BD 为研究对象。考虑 BD 的水平方向的力平衡，即可确定 BC 为零杆（轴力为零）。若对 B 取矩，便可知 CD 杆对 BD 的作用力为 $\dfrac{F}{2}$，故有

$$F_{\mathrm{N}\,CD}=\frac{F}{2}\ \text{（拉）}$$

同样，对 D 取矩，便可得

$$F_{\mathrm{N}\,AB}=\frac{F}{2}\ \text{（拉）}$$

现在确定 B 点位移。由于 AB 有正的轴力，故其伸长量为

$$\Delta a=\frac{F_{\mathrm{N}\,AB}a}{EA}=\frac{Fa}{2EA}$$

作 AB 的延长线 BK，使 $\overline{BK}=\dfrac{Fa}{2EA}$，过 K 作 BK 的垂线，即水平线，如图 8.12(b) 所示，加载后 B 点的位置就应该在这个水平线上。

由于 BC 是零杆，它既不伸长也不缩短，因此可直接在 B 点作 BC 的垂线 BB'，交水平线 KB'于 B'，则 B' 则是 B 点加载后的位置。

根据几何关系不难看出

$$\overline{KB'}=\frac{1}{2}\overline{BK}=\frac{Fa}{4EA}$$

同样可看出，CD 杆的伸长量也是 $\dfrac{Fa}{2EA}$。加载后的 D 点在 CD 延长线的垂线上，即水平线上。同时，由于 BD 为刚性的，故 BD 梁上各点具有相同的水平位移。故 D 点的水平位移也是 $\dfrac{Fa}{4EA}$。

由此可知，BD 中点 E 的水平位移 u_E 和竖向位移 v_E 分别为

$$u_E=\frac{Fa}{4EA}\,(\rightarrow),\qquad v_E=\frac{Fa}{2EA}\,(\downarrow)$$

8.3 拉压超静定问题

8.3.1 拉压超静定问题及其求解方法

如果单靠平衡条件不足以确定结构的全部支反力或各构件中的内力，则称这种问题为超静定问题，也称为静不定问题。

如图 8.13(a) 所示，这两根杆的材料及横截面完全相同，位置关于中轴线对称。通过平衡方程可导出，两杆中的轴力分别等于

$$F_{\mathrm{N}}=\frac{F}{2\cos\alpha}$$

因此结构是静定的。

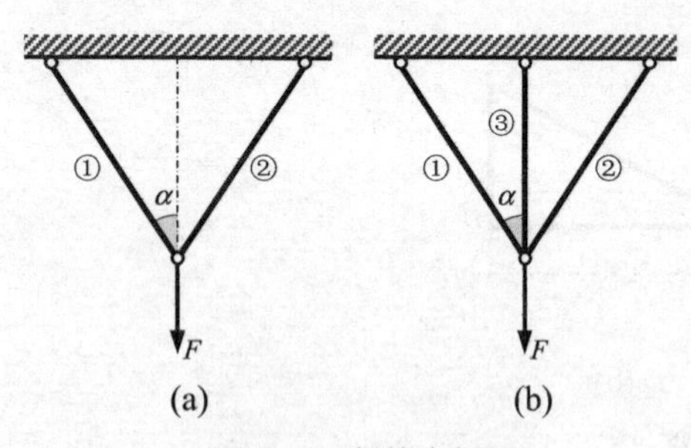

图 8.13　超静定问题

如果在这个结构的中部增加一个杆而成为图 8.13(b)的情况，那么在考虑对称性后，能够建立的独立的**平衡方程**是

$$2F_{\mathrm{N1}}\cos\alpha+F_{\mathrm{N3}}=F \qquad ①$$

其中包含了两个未知数，但独立的平衡方程只有一个，因此结构成为超静定的了。

在这个例子中，未知量的个数比平衡方程的个数多出一个，因此称之为一次超静定问题。

为了求出该超静定结构的内力，必须进一步考虑结构的变形。结构的变形与每根杆件的变形是紧密相关的，而各杆件的变形与其抗拉刚度有关。因此，各杆件的变形与其抗拉刚度的关系必须予以考虑。表达这种关系的方程称为**物理方程**。

设③号杆长度为 L，①号杆和②号杆的长度则均为 $L_1=\dfrac{L}{\cos\alpha}$。显然三根杆都发生了伸长变形。记①号杆和②号杆的抗拉刚度均为 E_1A_1。显然①号杆和②号杆的变形情况相同，其伸长量均为

$$\Delta L_1=\frac{F_{N1}L}{E_1A_1\cos\alpha} \qquad ②$$

记③号杆的抗拉刚度为 E_3A_3，则③号杆的伸长量

$$\Delta L_3=\frac{F_{N3}L}{E_3A_3} \qquad ③$$

这样，上面②、③两式便是本问题的物理方程。

同时应该注意，为了保持结构的完好，即下部结点不会因为各构件的变形而解体，那么，三根杆的变形就不应该是彼此无关的。根据对称性，可以看出，变形后结点的位置仍应在中轴线上。根据桁架结点位移的计算方法，如图 8.14 所示，①号杆伸长后，其伸长量为 AR，过 R 作①号杆的垂线，该垂线交竖直线于 A'，如果 AA' 刚好为③号杆的伸长量，那么结构就会保持完好，因此应有

$$\Delta L_3\cos\alpha=\Delta L_1 \qquad ④$$

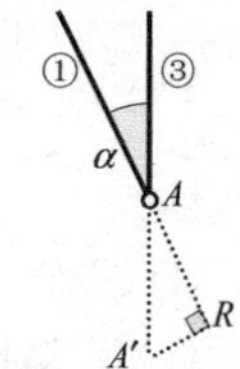

图 8.14　协调条件

上式称为**协调方程**。

综合考虑方程①～④，其中包含了 F_{N1}、F_{N2}、ΔL_1 和 ΔL_2 四个未知数，因此可以获得解答。不难得到

$$F_{N1}=F_{N2}=\frac{F\cos^2\alpha}{2\cos^3\alpha+\kappa}, \quad F_{N3}=\frac{F}{1+\dfrac{2\cos^3\alpha}{\kappa}} \qquad ⑤$$

式中，$\kappa=\dfrac{E_3A_3}{E_1A_1}$，是中间杆和侧杆的抗拉刚度的比值，它是一个无量纲的常数。

根据上例可以得到求解拉压超静定问题的一般思路，这就是利用如下三种条件：

① 力学条件　构件的内力与外荷载所构成的力或力矩的静力平衡条件；

② 物理条件　各构件的变形量与相应内力之间的关系；

③ 几何条件　为保持结构的完好，各构件的变形量之间应满足的协调关系。几何条件通常也称为协调条件。

利用上述三个条件，便可以求解结构的全部内力或支反力。

上面的例子是一次超静定的，因此协调方程就只有一个。在超静定次数高于一次的情况下，则需要建立更多的协调方程，以获得足够的方程来求解问题。

在上面的例子中，利用抗拉刚度的比值 κ，可以对式⑤的结果的合理性进行考核。如果中间杆的抗拉刚度比起两侧杆的抗拉刚度小得多，那么事实表明，中间杆将起不到什么作用。而这种情况在以上的演算结果中表现为 $\kappa\to 0$。式⑤的第一式趋于

$$F_{N1} = F_{N2} = \frac{F}{2\cos\alpha}$$

而第二式趋向于 $F_{N3} = 0$，这说明演算结果与物理事实相吻合。另一个极端的情况是，如果中间杆的抗拉刚度比起两侧杆的抗拉刚度大得很多，那么很显然，中间杆在承载中起到了决定性的作用。这时，$\kappa \to \infty$，那么便有 $F_{N1} = F_{N1} = 0$，而 $F_{N3} = F$。这也与物理事实相吻合。这就说明上述结果是合理的。

一般地，像κ这样的无量纲常数决定了超静定结构中各构件承载的比例。在许多情况下，抗拉刚度越大的构件所承担的份额也越大。

【例 8.6】 如图 8.15 所示的两个矩形截面杆，其弹性模量分别为 E_1 和 E_2。截面宽度均为 b，高度分别为 h_1 和 h_2。构件两端与刚性板连接，轴向外力 F 作用在恰当的位置上，使得两杆只发生单纯拉伸的变形。

(1) 试求两杆的伸长量 ΔL；

(2) 外力 F 应作用在什么位置上，才能实现两杆只有单纯拉伸的变形？

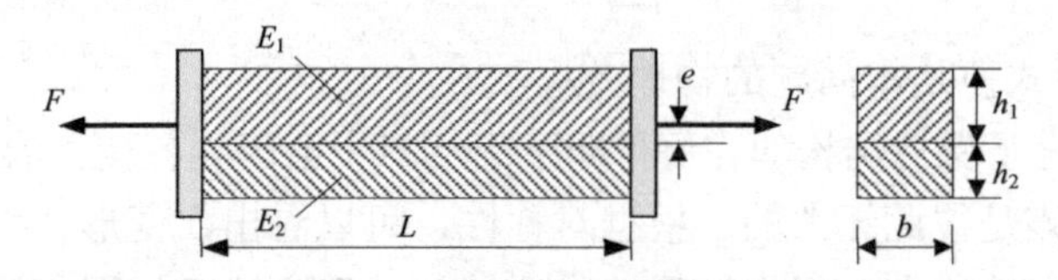

图 8.15 矩形截面拉杆

解：(1) 显然，这是一个超静定问题，因此应对其力学条件、物理条件和几何条件进行综合分析。

由于作用在结构的外力 F 等于两杆内的轴力的和，故可得力学条件

$$F_{N1} + F_{N2} = F \quad ①$$

在只发生单纯拉伸的变形的情况下，两杆的变形量与其抗拉刚度的关系，即物理条件为

$$\Delta L_1 = \frac{F_{N1}L}{E_1A_1}, \qquad \Delta L_2 = \frac{F_{N2}L}{E_2A_2} \quad ②$$

要使结构变形是协调的，根据题意，可得几何协调条件

$$\Delta L_1 = \Delta L_2 = \Delta L \quad ③$$

①、②、③ 三式联立即可解得

$$F_{N1} = \frac{\kappa}{1+\kappa}F, \qquad F_{N2} = \frac{1}{1+\kappa}F \quad ④$$

式中

$$\kappa = \frac{E_1A_1}{E_2A_2} = \frac{E_1h_1}{E_2h_2} \quad ⑤$$

由此可得两杆的伸长量

$$\Delta L = \frac{FL}{E_1A_1 + E_2A_2} \quad ⑥$$

(2) 要使两杆都实现单纯拉伸变形，只有作用在两杆上的力都在自己的轴线上。以杆端头的刚性板为研究对象，设外力 F 的作用线相对于两杆界面 O 处的偏移量为 e，如图 8.16 所示，对 O 取矩，便可得

$$F_{N1} \times \frac{h_1}{2} = Fe + F_{N2} \times \frac{h_2}{2} \quad ⑦$$

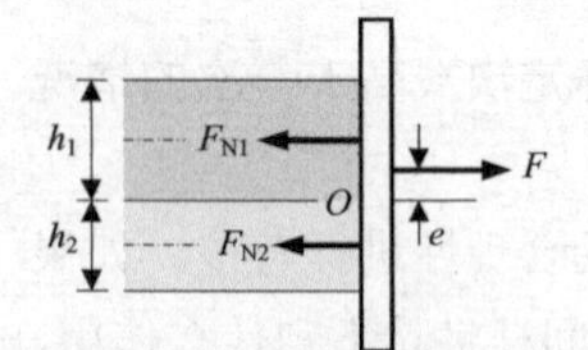

图 8.16 刚性板的平衡

利用式 ④ 的结论，即可得

$$e = \frac{\kappa h_1 - h_2}{2(1+\kappa)} = \frac{E_1h_1^2 - E_2h_2^2}{2(E_1h_1 + E_2h_2)} \quad ⑧$$

下面对上述结果进行一些讨论。式 ⑥ 可进一步简单地写为

$$\Delta L = \frac{FL}{EA} \quad ⑨$$

式中

$$\begin{cases} A = A_1 + A_2 \\ E = \dfrac{E_1A_1 + E_2A_2}{A} = E_1V_1 + E_2(1-V_1) \end{cases} \qquad ⑩$$

式中，V_1 是两杆中第一杆所占的体积比。

式 ⑨ 和 ⑩ 引入了一个新的量 E，它表示了组合结构的相当弹性模量。这在工程中是一种常用的方法。例如，可以在一种韧性好的基体材料中加入某种强度高的纤维，以形成性能有明显改善的复合材料。相当弹性模量 E 便是由基体材料和纤维材料的弹性模量以及两种材料的体积比所决定的物理常数，它可以体现这种复合材料在沿高强度纤维方向拉伸时的整体性能。

在 (2) 的结果中可看出，如果两种杆件的横截面高度相同，即 $h_1 = h_2 = h$，那么由式 ⑧ 可得

$$e = \frac{(E_1 - E_2)h}{2(E_1 + E_2)}$$

这意味着，当 $E_1 > E_2$ 时，F 力作用线往上移，反之往下移。这与人们的常识相吻合。另一方面，若 $E_1 = E_2$，同样可由式 ⑧ 得

$$e = \frac{1}{2}(h_1 - h_2)$$

特别地，当 $E_1 = E_2$ 且 $h_1 = h_2$ 时，$e = 0$。即 F 力作用线是不用偏移的，这一点是人所共知的。

【例 8.7】 图 8.17 所示桁架各杆的抗拉刚度均为 EA，求结点 D 的水平位移和竖向位移。

解：易于看出这个结构是超静定的。要求解结点 D 的位移必须先求解超静定问题。易见 ② 号杆和 ③ 号杆均承受拉力，可假定 ① 号杆承受压力。记三杆对 D 点铰的作用力分别为 N_1、N_2 和 N_3，显然它们在数值上分别等于三杆的轴力，由图 8.18(a) 可得水平方向和竖直方向上的平衡方程

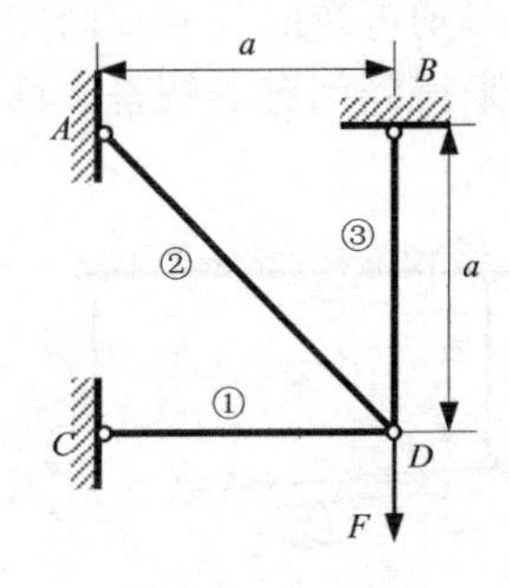

图 8.17　桁架

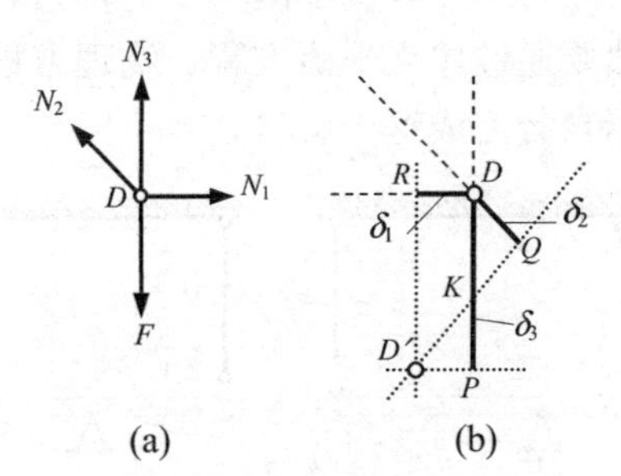

图 8.18　平衡条件与协调条件

$$N_1 = \frac{1}{2}\sqrt{2}N_2, \quad \frac{1}{2}\sqrt{2}N_2 + N_3 = F$$

物理方程

$$\delta_1 = \frac{N_1a}{EA}, \quad \delta_2 = \frac{N_2 \times \sqrt{2}a}{EA}, \quad \delta_3 = \frac{N_3a}{EA}$$

图 8.18(b) 表达了协调条件。在 ③ 号杆 BD 的延长线上取 $\overline{DP} = \delta_3$，然后过 P 作 DP 的垂线。其余两杆也作类似的处理。三条垂线汇交于 D'，该点便是 D 在变形后的位置。由此图可得

$$\overline{DP} = \overline{DK} + \overline{KP} = \sqrt{2} \times \overline{DQ} + \overline{D'P}$$

故有

$$\delta_1 + \sqrt{2}\delta_2 = \delta_3$$

由以上几式可导出关于 N_1、N_2 和 N_3 的联立方程组

$$\begin{cases} \sqrt{2}N_1 - N_2 = 0 \\ N_2 + \sqrt{2}N_3 = \sqrt{2}F \\ N_1 + 2N_2 - N_3 = 0 \end{cases}$$

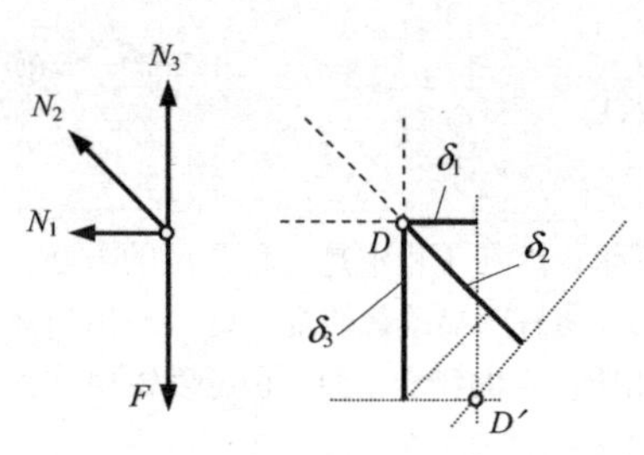

图 8.19　又一种平衡条件与协调条件

可得　$N_1=\frac{1}{2}\left(\sqrt{2}-1\right)F$，$N_2=\frac{1}{2}\left(2-\sqrt{2}\right)F$，$N_3=\frac{1}{2}\left(3-\sqrt{2}\right)F$

因此 D 点的水平位移为

$$\delta_1=\frac{N_1a}{EA}=\frac{1}{2}\left(\sqrt{2}-1\right)\frac{Fa}{EA}\ (\leftarrow)$$

D 点的竖向位移为

$$\delta_3=\frac{N_3a}{EA}=\frac{1}{2}\left(3-\sqrt{2}\right)\frac{Fa}{EA}\ (\downarrow)$$

在这个例题中，② 号杆和 ③ 号杆承受了拉力，这是很容易看出来的。但 ① 号杆承受了压力这一点却不太容易通过直观进行判断。在这种情况下，即使开始时假定了 ① 号杆承受了拉力，也同样可以导出正确的结果，只不过平衡方程和协调方程都要发生相应的改变，如图 8.19 所示，读者可通过该图的提示自行列出这种情况下的平衡方程和协调方程。在这里要注意的是，杆件的拉伸（压缩）一定要与协调条件图形中的伸长（缩短）相对应，否则将会产生错误。

8.3.2　装配应力

另一类超静定问题是装配应力问题。如图 8.20(a) 所示，图中横梁是刚性的。当杆 ① 和杆 ② 的长度相等时，结构中是没有应力的。但是，如果其中杆 ① 由于加工的原因而比规定长度少了$\varDelta$，如图 8.20(b) 所示，那么，强行将横梁倾斜而将杆 ① 与横梁连接，杆 ① 和杆 ② 都将产生拉应力。这种应力就称为装配应力。

两杆中的应力当然取决于两杆中的轴力。而两杆的轴力则可按照超静定问题来处理。也就是说，仍然要通过建立平衡方程、物理方程和协调方程来得到问题的解答。读者可根据图 8.20(c) 的提示自行完成这一解答。

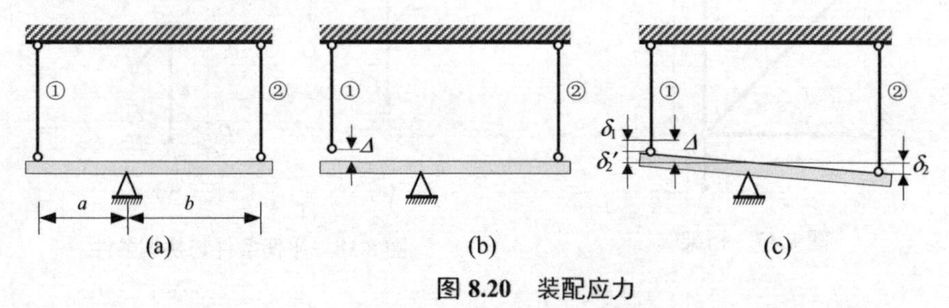

图 8.20　装配应力

图 8.20(c) 中两杆的应力完全是由于装配间隙而产生的。如果具有装配应力的结构同时还具有外荷载，例如图 8.21(a) 中刚性横梁右端还有向下的作用力，那么两杆中的应力则是由装配间隙和外荷载共同引起的。

在求解同时具有装配应力和外荷载应力的问题时，首先要注意这样的事实：间隙$\varDelta$毕竟

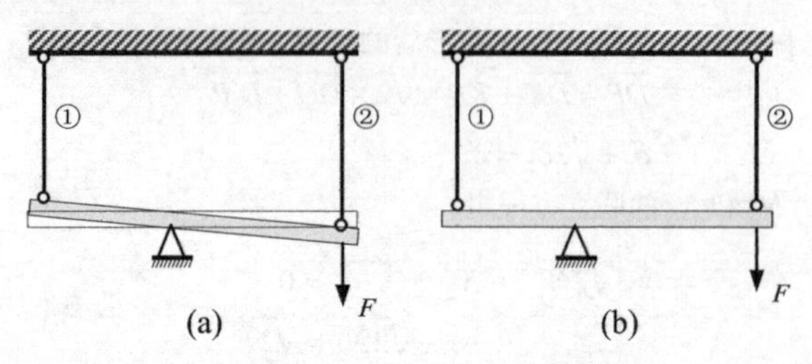

图 8.21　装配应力与荷载应力

是很小的。当具有间隙的结构安装好了以后，尽管两杆内部已存在了应力，但整个结构的总体尺寸形状与图 8.21(b) 区别极小。因此，在这种情况下右端再加上一个荷载，在两杆中的应力的增加部分与图 8.21(b) 中（即没有装配应力的情况）两杆的应力情况一样。

这样，便可以形成如下的方法：先求解没有外荷载情况下的装配应力问题，然后再求解没有装配间隙情况外荷载应力问题，最后把两种结果叠加起来。不言而喻，前两个步骤是可以交换的。

上述方法在实质上与下述情况蕴含着同样的道理：当一根直杆两端作用有轴向荷载 $F_1 + F_2$ 时，其横截面上的轴力就等于两端分别作用 F_1 和 F_2 所具有的轴力之和；而应力也等于两端分别作用 F_1 和 F_2 所具有的应力之和。与此类似的许多事实被人们抽象出一个原理，称之为**叠加原理**。叠加原理成立基于两个条件：其一，杆件的外荷载与内力的关系、外荷载与应力的关系必须是线性的；其二，杆件所产生的变形必须是小变形。上面例子的方法实际上就是叠加原理的一种应用。

装配应力在很多情况下对结构强度是有害的，因此应采取措施减小甚至消除它。但另一方面，有些场合下则可以有意识地利用装配应力。机械工程中常采用过盈配合来牢固地连接轴和轴套，就是利用装配应力的例子。又如图 8.22(a) 所表示的超静定结构。如果 ① 号杆和 ② 号杆的材料和横截面积均相同，横梁为刚性的，那么 ② 号杆的应力将比 ① 号杆应力大。这就意味着，在外荷载 F 逐渐加大的过程中，虽然两杆都存在着拉应力，但是当 ② 号杆达到许用拉应力时 ① 号杆却没有达到。换言之，② 号杆强度不足而 ① 号杆的强度并未得到充分地利用。在这种情况下，可以在加工时便事先将 ① 号杆比原定长度缩短 δ，如图 8.22(b) 所示。这样，结构组装之后加载之前，① 号杆便存在着拉应力而 ② 号杆存在着压应力。这种应力称为预应力。

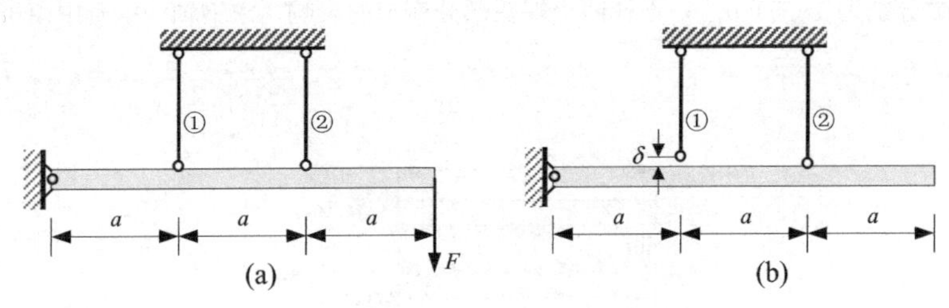

图 8.22　装配应力的应用

由于 ② 号杆事先就有了压应力的储备，在外荷载 F 逐渐增加的过程中，② 号杆将先抵消掉压应力，然后再产生拉应力，这就比未作预应力处理的情况更晚达到许用应力，从而可望在整体上提高结构的承载能力。易于理解，要使结构的承载能力提高得最多，应使两杆同时达到许用应力。这一目的可以通过选择恰当的 δ 值而达到。

结构由于事先处理而存在的应力都可称为预应力。预应力技术在工程中有着广泛的应用。

8.3.3　热应力

除了外荷载之外，温度变化也会使物体产生变形。对于杆件中的微元长度 Δx，如果不受阻碍地热膨胀，那么它的伸长量是

$$d(\Delta x) = \alpha T \Delta x \tag{8.7}$$

式中，T 是温度变化量；α是该物体在 Δx 方向上的线胀系数。在温度变化幅度不是很大

的情况下，α是常数。对于各向同性体而言，物体中沿所有方向的α值是相同的。常见工程材料的线胀系数见附录 III。

因此，在力学和热学的双重作用下，拉压杆件中的轴向应变

$$\varepsilon=\frac{\sigma}{E}+\alpha T \tag{8.8}$$

应该指出，对于各向同性体中的微元体而言，如果热膨胀没有受到阻碍，温度的变化将在各个方向上产生相同的膨胀或收缩的趋势，因此温度变化对这个微元体的各个方位上的切向应变没有影响。

如果物体中的自由热膨胀受到阻碍，就将在物体中引起相应的应力，这种应力称为**热应力**（thermal stress）。例如图 8.23(a) 中两端固定在刚性壁上的杆件，当温度升高时，杆件具有伸长的趋势，但两端刚性壁之间的距离不可改变，阻碍了这种伸长的趋势，这就产生了热应力。在温度是均匀升高的情况下，由于应变处处为零。由式（8.8）即可得

$$\sigma=-E\alpha T \tag{8.9}$$

一些形式上没有外部约束的构件，如图 8.23(b) 所示的形状为多连通域的构件，往往也会产生热应力。

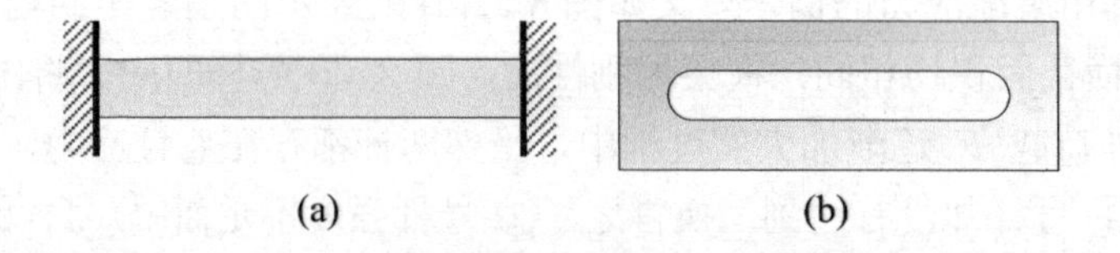

图 8.23 产生热应力的例子

【例 8.8】 如图 8.24 所示的钢轴铜套结构温度都升高了 T，钢轴和铜套的抗拉刚度分别为 $E_{St}A_{St}$ 和 $E_{Cu}A_{Cu}$，线胀系数分别为 α_{St} 和 α_{Cu}，不计两个端头部分变形的影响，求钢轴和铜套中由于温度升高而引起的轴力。

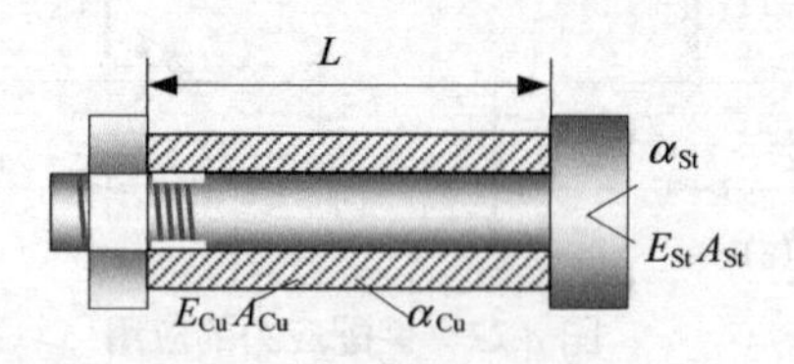

图 8.24 钢轴和铜套

解：两个构件由于温度的升高都会产生热膨胀效应而使得长度得以增加。但由于铜的线胀系数高于钢，铜套的膨胀效应受到了钢轴的牵制，这种牵制体现为铜套中的压缩轴力。而钢轴在产生热膨胀时同时也承受了源自于铜套膨胀的拉伸作用。由此而构成一个超静定问题。

设钢轴和铜套的轴力各为拉力 $F_{N\,St}$ 和压力 $F_{N\,Cu}$。由此可得平衡方程

$$F_{N\,St}=F_{N\,Cu}$$

物理方程：

由轴力产生的变形量

$$\Delta L_{F\,St}=\frac{F_{N\,St}L}{E_{St}A_{St}}, \qquad \Delta L_{F\,Cu}=-\frac{F_{N\,Cu}L}{E_{Cu}A_{Cu}}$$

由温升 T 产生的变形量

$$\Delta L_{T\,St}=\alpha_{St}TL, \qquad \Delta L_{T\,Cu}=\alpha_{Cu}TL$$

几何方程：

$$\Delta L_{\text{St}} = \Delta L_{\text{Cu}}$$

即

$$\frac{F_{\text{N St}}L}{E_{\text{St}}A_{\text{St}}} + \alpha_{\text{St}}TL = -\frac{F_{\text{N Cu}}L}{E_{\text{Cu}}A_{\text{Cu}}} + \alpha_{\text{Cu}}TL$$

由上面的各式可导出

$$F_{\text{N St}} = F_{\text{N Cu}} = \frac{1}{1+\kappa}(\alpha_{\text{Cu}} - \alpha_{\text{St}})\,TE_{\text{St}}A_{\text{St}}$$

式中，$\kappa = \dfrac{E_{\text{St}}A_{\text{St}}}{E_{\text{Cu}}A_{\text{Cu}}}$，是两个构件抗拉刚度之比。

8.4　连接件中应力的实用计算

在工程结构中常常用到螺栓、铆钉、键一类的零件，它们的功能是把两个构件连接起来，例如图 8.25(a) 所示的铆钉连接两个板件，图 8.25(b) 所示的键连接齿轮和轴。在外荷载的作用下，连接件的受力一般来讲是比较复杂的。在很多情况下，连接件不能简单地简化为细长杆件来进行计算。另外，连接件与被连接的构件将同时发生变形，其接触表面的变形情况往往难于事先确定。这样，连接件的应力分析事实上是一件较为困难的事情。对于重要的连接件，可以借助弹性理论和现代结构数值分析方法（如有限元）来进行。如果结构中连接件不是关键性的元件，那么就可以采用下面介绍的简化计算方式进行计算，其结果在一般情况下还是可用的。

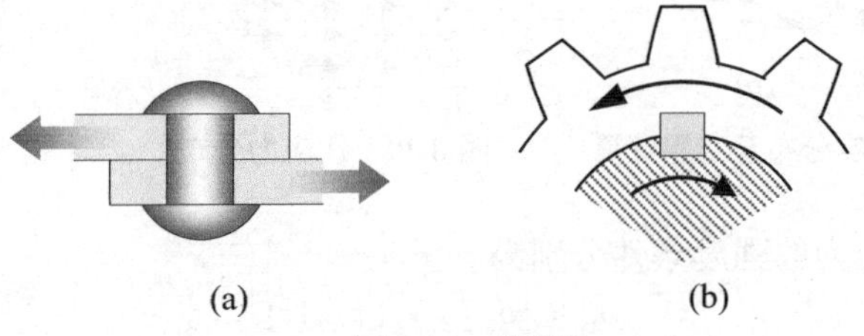

图 8.25　连接件

在图 8.26 和图 8.27 中，如果两个板件受到图示的拉伸作用，那么板对铆钉的作用可以分为两种形式。第一种形式是板的孔内侧面对铆钉侧面的挤压作用，如图 8.26 所示，相应的应力称为**挤压应力**，记为 σ_{bs}；第二种形式是两块板在铆钉横截面上的剪切作用，相应的应力是**剪切应力**，如图 8.27 所示。

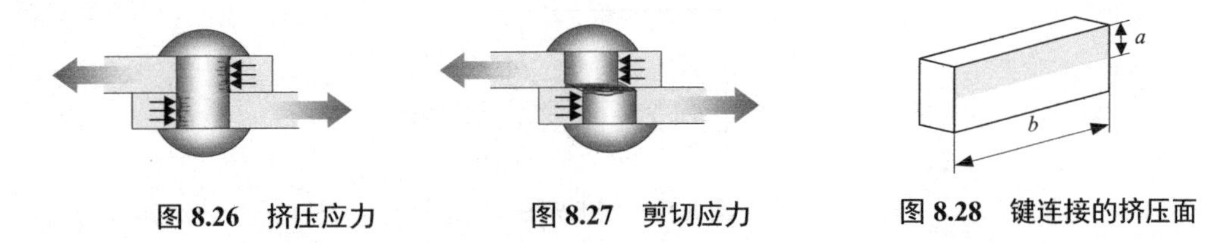

图 8.26　挤压应力　　图 8.27　剪切应力　　图 8.28　键连接的挤压面

就挤压而言，常见的受挤压面的形状有两类。一类是平面，例如连接齿轮和轴的键，如图 8.28 所示。这种情况下，挤压应力可用下式计算

$$\sigma_{\text{bs}} = \frac{F_{\text{bs}}}{A_{\text{bs}}} \tag{8.10}$$

式中，F_{bs} 是挤压力；A_{bs} 是挤压面积。例如，图 8.28 中的挤压面是图示右侧的灰色部分，就应取

$$A_{bs} = ab$$

另一类受挤压面为半圆柱面。图 8.26 所示的铆钉就属于这类情况。挤压应力在铆钉的上半段的实际分布如图 8.29(a) 所示。在半圆弧面中点处有最大的挤压应力。实验和分析指出，如果式（8.10）中的计算面积取半圆柱面在对应的中截面上的投影，如图 8.29(b) 所示，将是实际最大挤压应力的良好近似，即

$$A_{bs} = td$$

剪切应力的计算方式是

$$\tau = \frac{F_S}{A} \tag{8.11}$$

式中，F_S 是剪力；A 是承受剪切作用的总面积。这个公式实际上假定切应力是均匀分布在剪切面上的，如图 8.30 所示。对于如图 8.27 所示的铆钉，其剪切面积就是铆钉横截面面积。对于图 8.28 所示的键，剪切面积则是如图 8.31 中阴影所表示的纵截面面积。

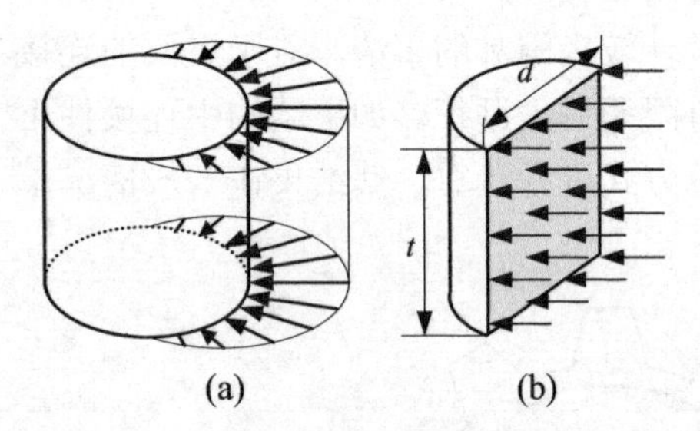

图 8.29 挤压应力的真实分布及实用计算

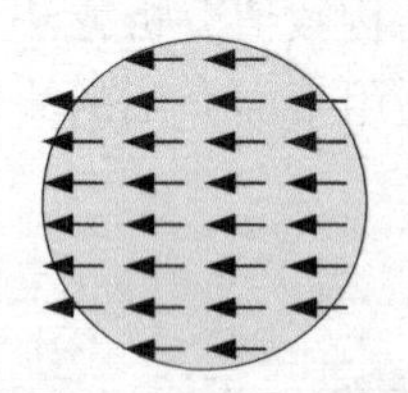
图 8.30 切应力分布

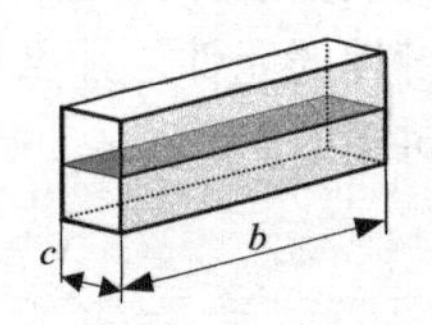

图 8.31 键连接的剪切面

挤压应力和剪切应力的强度条件分别为

$$\sigma_{bs} \leqslant [\sigma_{bs}], \qquad \tau \leqslant [\tau]$$

【例 8.9】 在如图 8.32 的结构中，两块厚度均为 $t = 10$ mm 的拉板与上下两块厚 $\delta = 6$ mm 的盖板用 8 颗铆钉连接起来。拉板两端所承受的拉力为 80 kN。铆钉直径为 16 mm，许用切应力为 80 MPa，许用挤压应力为 240 MPa，校核铆钉的强度。

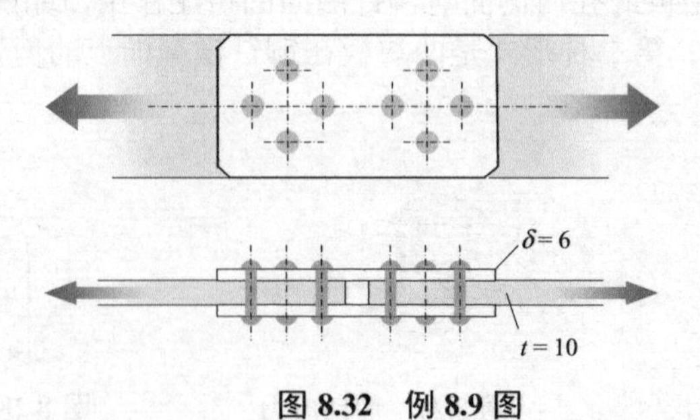

图 8.32 例 8.9 图

解：可以假定拉力平均地作用在四个铆钉上。故每个铆钉承受的力为 $F = 20$ kN。

注意到每个铆钉有两个剪切面，故切应力

$$\tau = \frac{F}{2A} = \frac{2F}{\pi d^2} = \frac{2 \times 20 \times 10^3}{\pi \times 16^2} = 49.7\ \text{MPa} < [\tau] = 80\ \text{MPa}$$

在计算挤压应力时，注意到中间拉板对铆钉的挤压面积 td 小于上下盖板对铆钉的总挤压面积 $2\delta d$，故最大挤压应力出现在中间拉板处。

$$\sigma_{bs}=\frac{F}{td}=\frac{20\times10^3}{10\times16}=125\ \text{MPa}<[\sigma_{bs}]=240\ \text{MPa}$$

故铆钉安全。

【例 8.10】 如图 8.33 中的支撑架用四个螺栓固定在刚性壁上，尺寸如图所示。$F=10\ \text{kN}$，螺栓许用切应力 $[\tau]=80\ \text{MPa}$，试根据切应力强度设计螺栓尺寸。

解: 在分析这个问题时，可把四个螺钉视为一个整体，这个整体的中心 O 就位于四个螺钉位置的中心处。把外力 F 向中心简化，得到一个向下作用的力 $F=10\ \text{kN}$ 和一个顺时针转向的力偶矩 m。

$$\begin{aligned}m&=10\times10^3\times(1000+40+180\div2)\\&=11.3\times10^6\ \text{N}\cdot\text{mm}\end{aligned}$$

对于竖向作用力 F，可以认为它平均分配于四个螺钉，因此每个螺钉所受的力

$$F'=2500\ \text{N}$$

对于力偶矩 m，也可以认为由四个螺钉平均分担。由图 8.34 可看出，$\overline{OA}=150\ \text{mm}$，故有

$$P=\frac{m}{4\times\overline{OA}}=\frac{11.3\times10^6}{4\times150}=18833\ \text{N}$$

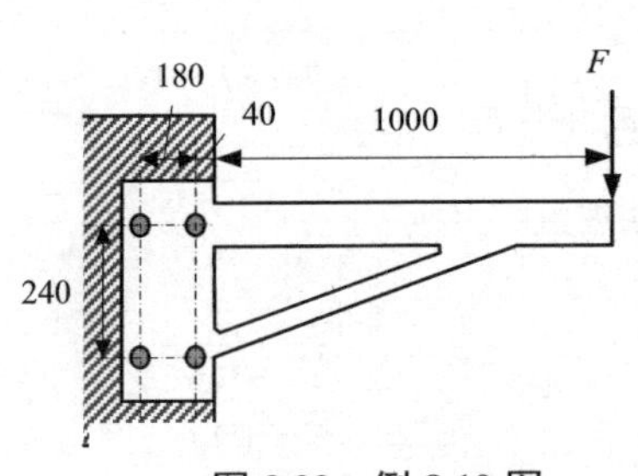

图 8.33　例 8.10 图

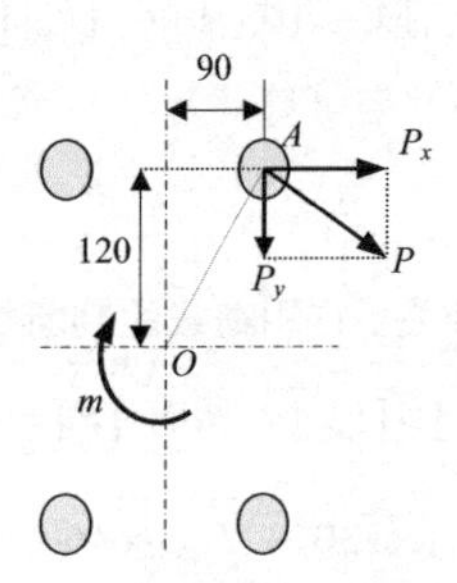

图 8.34　四个螺钉

它在水平方向上的分量

$$P_x=18833\times\frac{4}{5}=15067\ \text{N}$$

竖向分量

$$P_y=18833\times\frac{3}{5}=11300\ \text{N}$$

可以看出，右边上下两螺钉的 P_y 分量与 F' 同向，因此比左边上下两螺钉更危险。它们所受的剪力

$$F_S=\sqrt{P_x^2+(F'+P_y)^2}=\sqrt{15067^2+(2500+11300)^2}=20432\ \text{N}$$

由 $\tau=\dfrac{4F_S}{\pi d^2}\leqslant[\tau]$ 可得

$$d\geqslant\sqrt{\frac{4F_S}{\pi[\tau]}}=\sqrt{\frac{4\times20432}{\pi\times80}}=18.0\ \text{mm}$$

故取 $d=18\ \text{mm}$。

思考题 8

8.1　图中的各拉杆均处于平衡状态。在这些杆中，哪些杆的中部只有单纯的拉伸变形？

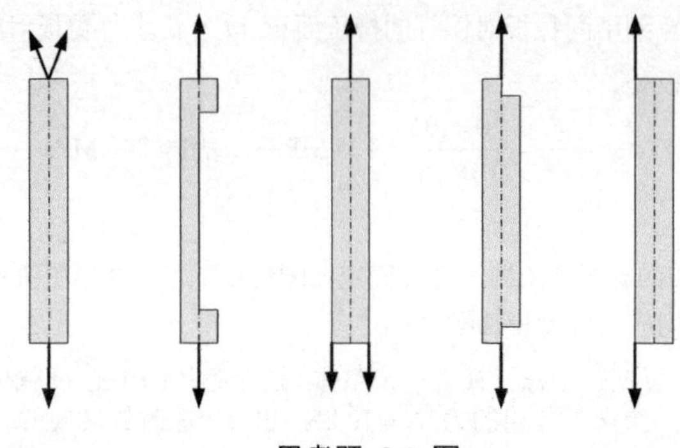

思考题 8.1 图

8.2 拉压杆中横截面上的正应力公式 $\sigma=\dfrac{F_N}{A}$ 是否只适合于线弹性杆？杆件进入塑性阶段后还能用这个公式吗？非线性弹性材料可以用这个公式吗？

8.3 杆件两端承受轴向拉力，若杆件中部有一条平行于轴线的裂纹，杆件的强度是否会因此而降低？若杆件中部的裂纹是垂直于轴线方向的，情况又怎样？

8.4 图示两杆中的许用轴力

$$[F_{N1}]=[\sigma_{(1)}]A=2[\sigma_{(2)}]A=2[F_{N2}]$$

同时，由结点平衡可得

$$F_{N1}=\frac{1}{2}\sqrt{3}F\ ,\quad F_{N2}=\frac{1}{2}F$$

考虑下面两种关于许用荷载的判断是否正确，并说明理由：

(a) 由于 $[F_{N1}]>[F_{N2}]$，故有 $[F]=\dfrac{2}{\sqrt{3}}[F_{N1}]$；

(b) $[F]=[F_{N1}]\cos30^\circ+[F_{N2}]\cos60^\circ$。

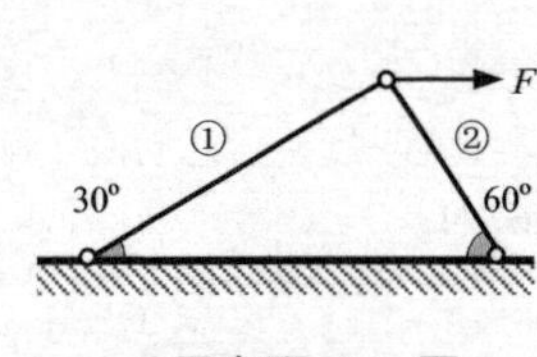

思考题 8.4 图

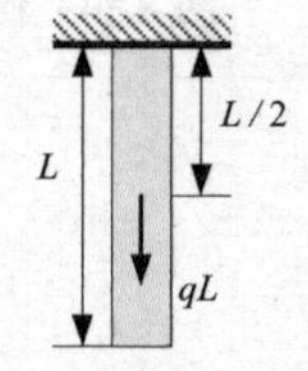

思考题 8.5 图

8.5 单位长度重量为 q 的杆件竖直放置且上端固定。在计算固定端支反力时，能否将荷载简化为如图的集中力？在计算杆的轴力时能否作同样的简化？在计算杆的伸长量时能否作同样的简化？

8.6 塑性材料和脆性材料中局部的应力集中（最高应力超过破坏应力）各引起何种几何和力学的效应？

8.7 应力集中在许多情况下降低了构件的强度，因而需要避免或减弱其影响。但有时人们也有意识地利用应力集中来达到某种目的。试举出工程中或生活中利用应力集中的例子。

8.8 若图示结构中两杆的伸长量 ΔL_1 和 ΔL_2 为已知，能否按照图示方法求结点 A 的新位置 A'：沿杆件伸长方向，以 ΔL_1 和 ΔL_2 为邻边作平行四边形，则平行四边形中 A 的对角点 A' 即为 A 的新位置。为什么？

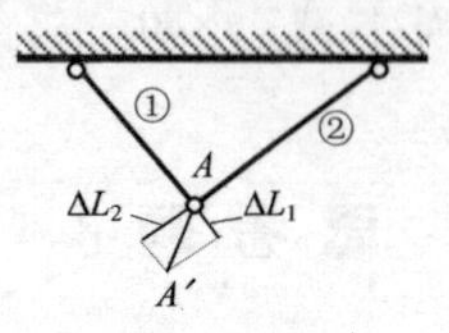

思考题 8.8 图

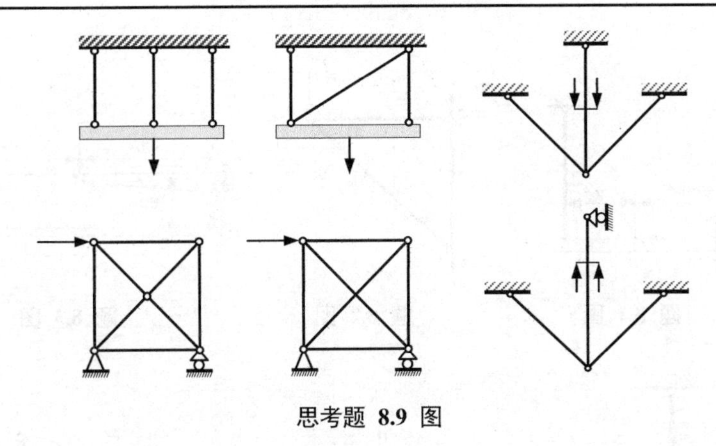

思考题 8.9 图

8.9　在图中的几种结构中，哪些是静定结构，哪些是超静定结构？

8.10　如图结构中两杆的抗拉刚度均为 EA，如下求解超静定问题的错误在何处？应如何改正？

平衡条件：$F_{N1}a = Fa + F_{N2}a$

物理条件：$\Delta L_1 = \dfrac{F_{N1}L}{EA}$，$\Delta L_2 = \dfrac{F_{N1}}{EA} \times \dfrac{L}{2}$

协调条件：$\Delta L_1 = \Delta L_2$

解之即得：$F_{N1} = F$，$F_{N2} = 2F$

8.11　对于如图的螺栓，分别指出其在抗拉强度不足、抗压强度不足和抗剪切强度不足时的破坏面位置。

8.12　承受拉伸荷载的混凝土杆件常在轴线方向上加上钢筋以提高抗拉能力。为了进一步提高其抗拉能力，可以预先将钢筋拉伸，使之横截面上存在着拉应力；在保持这种钢筋拉伸的状态下浇灌混凝土使之成形，如图所示。等混凝土完全固化后，再撤去拉伸钢筋的荷载。这样就形成了预应力钢筋混凝土。在撤去拉伸钢筋的荷载后，构件横截面上钢筋和混凝土各具有何种应力？为什么这种措施可以再提高构件的抗拉能力？

8.13　试举出工程中或生活中利用装配应力的例子。

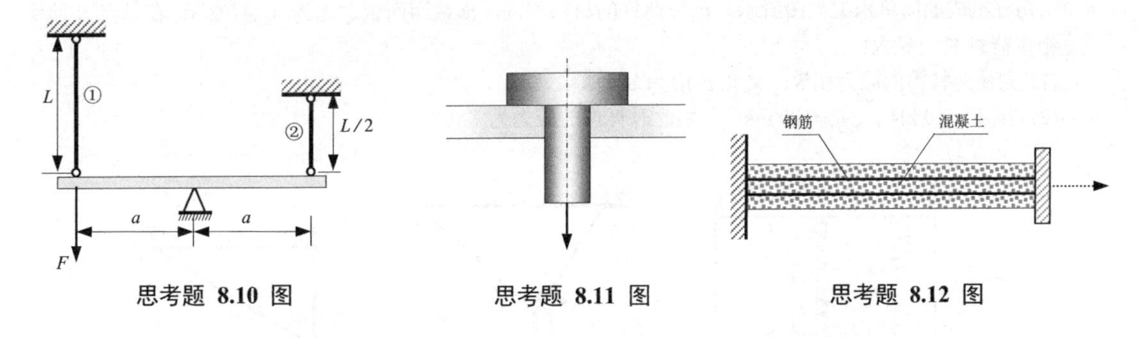

思考题 8.10 图　　思考题 8.11 图　　思考题 8.12 图

习 题 8

8.1　如图的结构中，横梁是刚性的，重物 $F = 20\,\text{kN}$，可以自由地在 AB 间移动。两拉杆均为实心圆截面杆，其许用应力为 $[\sigma] = 80\,\text{MPa}$，试确定两杆直径。

8.2　图示桁架中，杆 ① 为圆截面钢杆，长约 1 m；杆 ② 为方截面木杆，在结点 B 处承受铅垂方向的载荷 F 作用，试根据强度要求确定钢杆的直径 d 与木杆截面的边宽 b。已知载荷 $F = 50\,\text{kN}$，钢的许用应力 $[\sigma_{St}] = 160\,\text{MPa}$，木的许用应力 $[\sigma_w] = 10\,\text{MPa}$。

8.3　图示结构下方的拉杆 $d = 6\,\text{mm}$，许用应力 $[\sigma] = 140\,\text{MPa}$。曲拐部分具有足够的刚性，求许用荷载 $[F]$。

8.4　图示结构中，①、② 两杆的横截面直径分别为 10 mm 和 20 mm。试求两杆内的应力。设两根横梁皆为刚体。

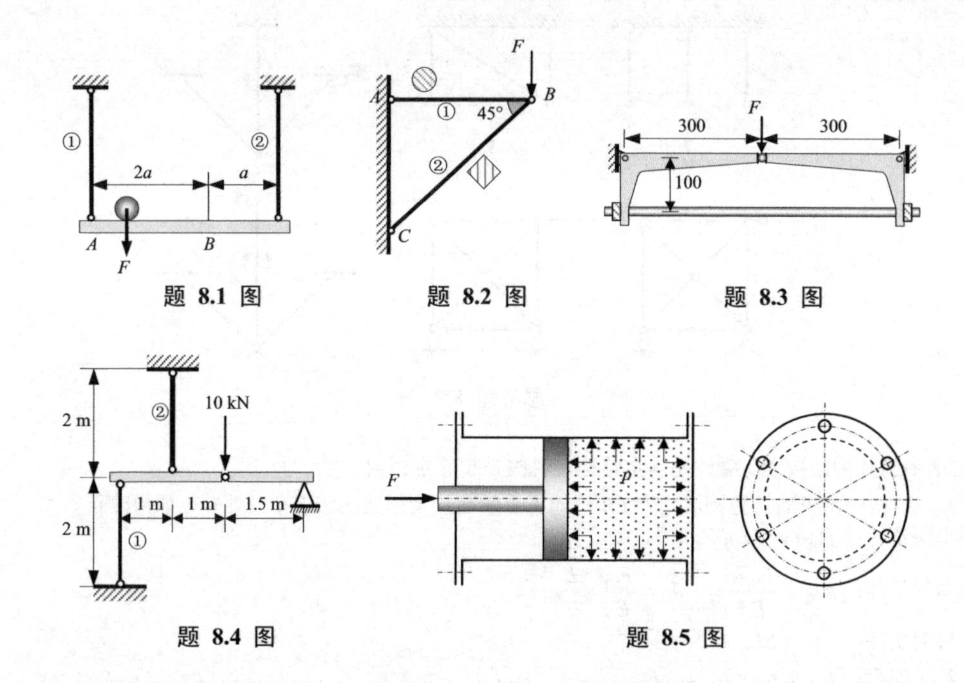

题 8.1 图　　题 8.2 图　　题 8.3 图

题 8.4 图　　题 8.5 图

8.5 如图所示，油缸盖与缸体采用 6 个螺栓连接。已知油缸内径 $D=350\,\text{mm}$，油压 $p=1\,\text{MPa}$。若螺栓材料的许用应力 $[\sigma]=40\,\text{MPa}$，求螺栓的直径。

8.6 某铣床工作台进给油缸如图所示，缸内工作油压 $p=2\,\text{MPa}$，油缸内径 $D=75\,\text{mm}$，活塞杆直径 $d=18\,\text{mm}$。已知活塞杆材料的许用应力 $[\sigma]=50\,\text{MPa}$，试校核活塞杆的强度。

8.7 图示桁架，杆 ① 与杆 ② 的横截面均为圆形，直径分别为 $d_1=30\,\text{mm}$ 与 $d_2=20\,\text{mm}$，两杆材料相同，屈服极限 $\sigma_s=320\,\text{MPa}$，安全因数 $n=2.0$。该桁架在结点 A 承受铅垂方向的载荷 $F=80\,\text{kN}$ 作用，试校核桁架的强度。

8.8 由两杆组成的简单构架如图所示。已知两杆的材料相同，横截面面积之比为 $A_1{:}A_2=2{:}3$，在结点 B 承受铅垂荷载 F。试求：

(1) 为使两杆内的应力相等，夹角 α 应为多大？

(2) 若 $F=10\,\text{kN}$，$A_1=100\,\text{mm}^2$，则此时杆内的应力为多大？

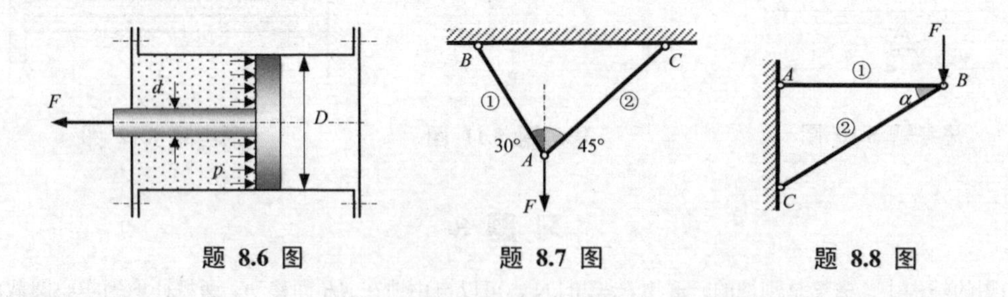

题 8.6 图　　题 8.7 图　　题 8.8 图

8.9 图示结构中，直径 $D=80\,\text{mm}$、高度 $H=3\,\text{m}$ 的立柱 KO 由三根钢缆同步拉紧而固定在竖直方向上。钢缆下方均匀安置在 R=2 m 的圆周上。每根钢缆由 80 根 d=1 mm 的钢丝制成，忽略制造过程中存在的预应力，钢缆还能承受的应力 $\sigma=200\,\text{MPa}$。如果钢缆尽可能地拉紧，立柱横截面上附加的最大压应力为多大？

8.10 图示的三段柱的横截面均为正方形，其中 a 已知。又已知材料密度为 ρ，许用应力为 $[\sigma]$，柱对地面的许用压强为 $\dfrac{[\sigma]}{2}$，求各段高度 h_1、h_2 和 h_3 的最大值。

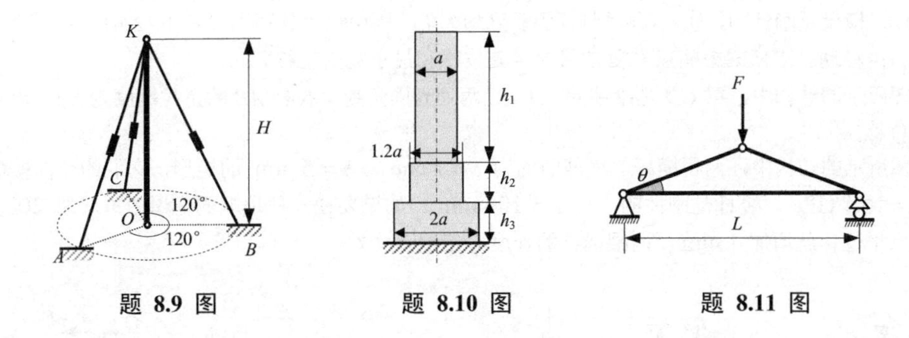

题 8.9 图　　题 8.10 图　　题 8.11 图

8.11 如图的等腰三角形桁架结构中各杆均用低碳钢制成，其许用应力为$[\sigma]$。不考虑斜杆可能存在的稳定问题，在跨度L预先给定的条件下，求使结构最经济的角度θ。

8.12 在图示的桁架中，BC杆和AB杆的抗拉刚度分别为EA和$20EA$。设计时AB的长度L已定。而C处铰的位置及BC杆的长度可随 θ 的变化而变更。求使B点竖向位移为最小时的θ值。

8.13 图示桁架，承受载荷F作用。已知杆的许用应力为$[\sigma]$，若结点B和C间的指定距离为L，为使结构重量最轻，试确定θ的最佳值。

8.14 图示的平板每平方米重量为20 kN，用四根长3 m的钢绳吊装。若绳的许用应力 $[\sigma]=220\ \text{MPa}$，试求钢绳的直径d。

8.15 图示的屋架模型中，AC和CB是混凝土拱架，拉杆AB为圆截面的钢材，其许用应力$[\sigma]=200\ \text{MPa}$，试确定AB的直径d。

8.16 如图所示，一根直径 $d=25$ mm 的钢试件做拉伸试验以测出材料的弹性模量。引伸仪标距 $s=80$ mm，对于加载的一系列F值，可从千分表得到标距s上伸长量的相应读数（每一读数为0.001 mm）。试从下表数据中用平均值方法求出弹性模量（以GPa表示，保留四个有效数字）。

荷载 /kN	40	50	70	90	110	130
读数	31	39	55	70	86	115

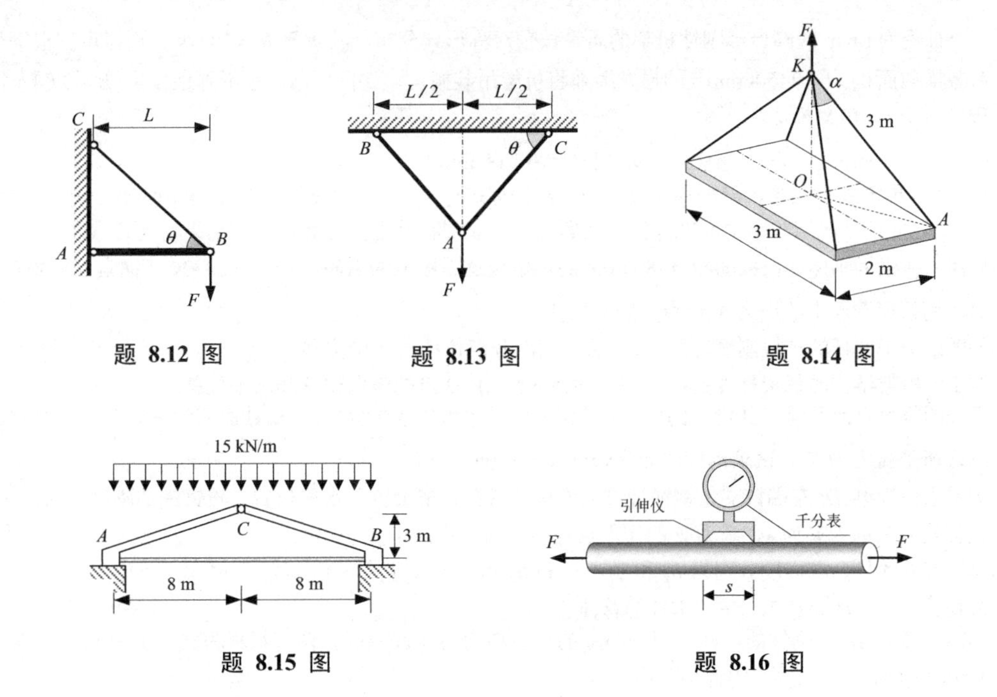

题 8.12 图　　题 8.13 图　　题 8.14 图

题 8.15 图　　题 8.16 图

8.17 如图，横梁是刚性的，①、② 号竖杆的长度均为 L，抗拉刚度分别为 EA 和 $2EA$，荷载 F 可在 AB 间自由移动。求横梁中间点 C 处的最大竖向位移和最小竖向位移。

8.18 如图所示的结构中，梁 CD 是刚性的，A、C 两处为固定铰。拉杆 AB 的抗拉刚度为 EA。求 D 处的竖向位移。

8.19 如图所示的结构中，两根横杆的横截面均为 $b=2\ \text{mm}$ 、$h=5\ \text{mm}$ 的矩形，它们的弹性模量均为 $E=16.5\ \text{GPa}$ 。竖杆是刚性的，且 $a=100\ \text{mm}$ 。如果要使竖杆顶端的作用力每增加 $200\ \text{N}$，顶端的水平位移就增加 $1\ \text{mm}$，两根横杆的长度 L 应取多大？

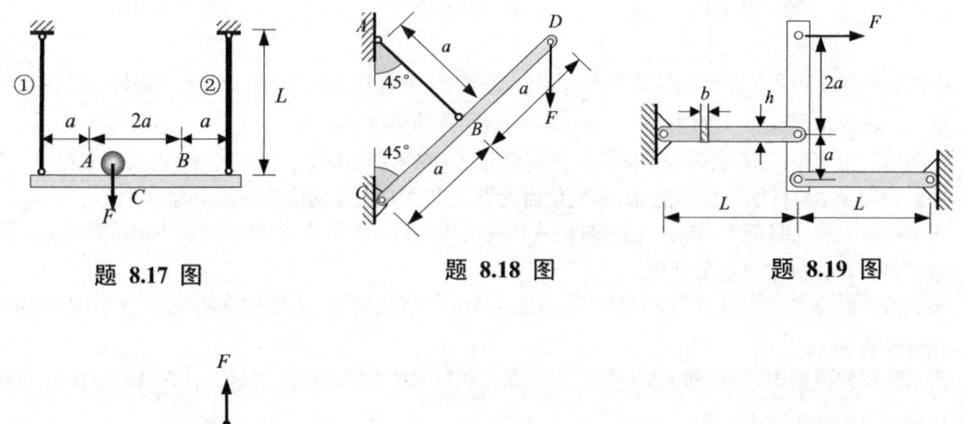

题 8.17 图　　题 8.18 图　　题 8.19 图

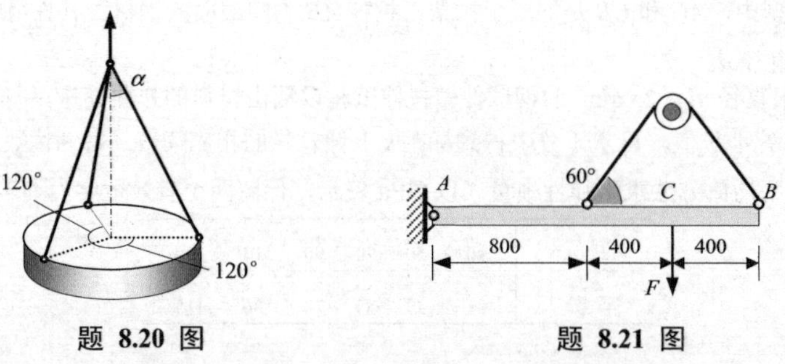

题 8.20 图　　题 8.21 图

8.20 一个直径为1.6 m 的圆台形刚性机架的质量按轴对称形式分布，其重量 $F=50\ \text{kN}$ 。现拟用三根等长的有效横截面积 $A=745.4\ \text{mm}^2$ 的尼龙缆绳将机架吊装搬运，如图所示。缆绳弹性模量 $E=3\ \text{GPa}$ ，许用应力 $[\sigma]=30\ \text{MPa}$ 。

(1) 为了安全吊装，每根缆绳至少要多长（精确到 mm ）？

(2) 将三根缆绳与起重机吊钩连接妥当后，吊钩便缓慢上升。在缆绳伸直后，吊钩还要上升多大的距离，才能使机架脱离地面？（根据上题选定的缆绳长度进行计算，计算结果精确到 0.1 mm ）

8.21 如图的横梁为刚体，横截面积 $A=80\ \text{mm}^2$ 的钢索绕过无摩擦的滑轮，设 $F=20\ \text{kN}$ ，钢索 $E=30\ \text{GPa}$ ，试求钢索横截面上的应力和 C 点的竖向位移。

8.22 如图结构中两杆的抗拉刚度均为 EA，求 A 点的竖向位移与水平位移。

8.23 图示的桁架结构的每根杆件的抗拉刚度均为 EA，求 D 点的竖向位移和水平位移。

8.24 很长的竖直钢缆须考虑其自重的影响。设钢缆单位体积的重量为 ρg ，横截面积为 A ，许用应力为 $[\sigma]$ 。下端所受拉力为 F 。试求钢缆的允许长度及其总伸长量。

8.25 图示刚性横梁 AB 左端铰支，钢绳绕过无摩擦的滑轮将横梁置于水平位置。设钢绳的刚度（即产生单位伸长所需的力）为 k，求力 F 的作用点处的竖向位移。

8.26 等厚度 δ 的杆两端高度分别为 b_1 和 b_2，b_1 和 b_2 相差不大且高度沿轴线线性变化，如图所示。材料弹性模量为 E，轴向拉力为 F。求杆的总伸长。

8.27 如图，横梁 AB 为刚性的。杆 ① 和杆 ② 的直径均为 $d=20\ \text{mm}$ ，两杆材料相同，$a=1\ \text{m}$ ，许用应力 $[\sigma]=160\ \text{MPa}$ 。求结构的许用载荷 $[F]$ 。

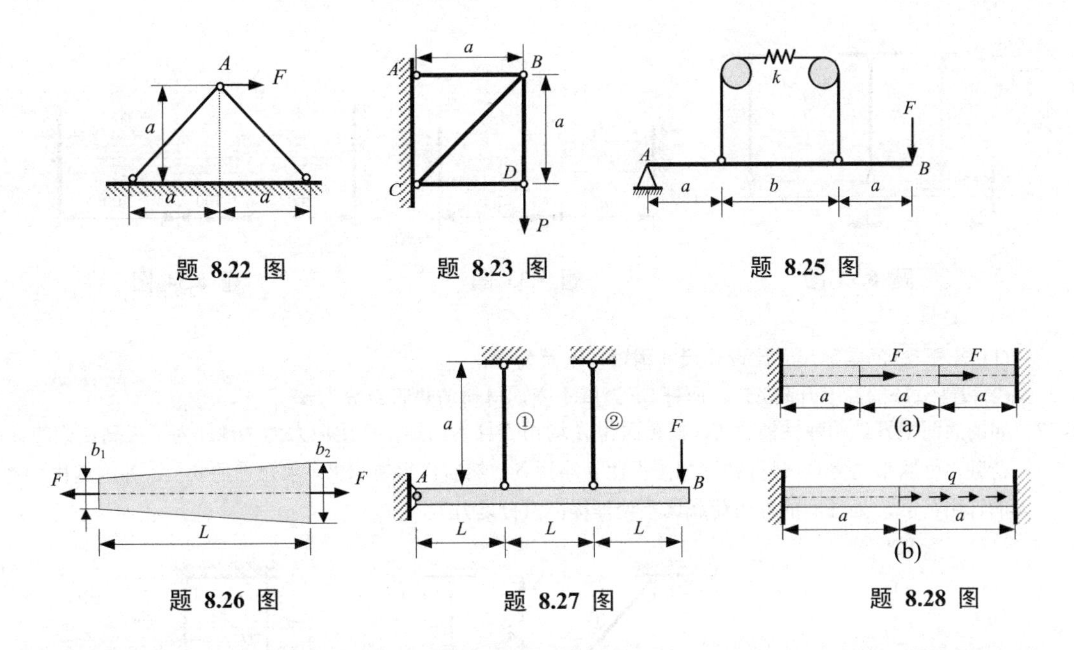

题 8.22 图　题 8.23 图　题 8.25 图

题 8.26 图　题 8.27 图　题 8.28 图

8.28　图示两端固定直杆，承受轴向载荷 F 或 q 作用，试求支反力与最大轴力。

8.29　图示桁架各杆的抗拉刚度均为 EA，求各杆的轴力。

8.30　图示的钢筋混凝土立柱中，横截面中钢筋总面积与混凝土面积之比为 1:40，而两者弹性模量之比为 10:1。总横截面是边长 $b = 200\ \text{mm}$ 的正方形。柱顶中心的压力 $F = 300\ \text{kN}$，求横截面上混凝土和钢筋的应力。

8.31　图示的复合材料中，基底材料的弹性模量 $E_1 = 45\ \text{GPa}$，其体积占整个复合材料的 80%。纤维材料沿 x 方向均匀铺设，其弹性模量 $E_2 = 180\ \text{GPa}$，其体积占 20%。求整个复合材料沿 x 方向的相当弹性模量。

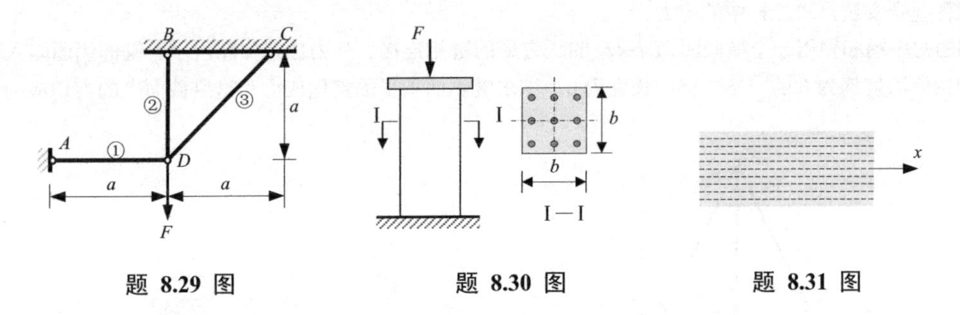

题 8.29 图　题 8.30 图　题 8.31 图

8.32　如图的结构中，横梁是刚性的。两竖杆的材料相同，弹性模量为 E，线胀系数为 α，横截面积均为 A。现两杆温度都升高了 T，求两杆中由温度升高引起的应力。

8.33　如图所示，阶梯形钢杆的两端在 $T_1 = 4\ ℃$ 时被固定，其时无应力。钢杆左右两段的横截面面积分别为 $A_1 = 600\ \text{mm}^2$，$A_2 = 1000\ \text{mm}^2$，试求当温度升高至 $T_2 = 28\ ℃$ 时杆内各部分的温度应力。钢杆的线胀系数 $\alpha = 12.5\times10^{-6}\ ℃^{-1}$，$E = 200\ \text{GPa}$。

8.34　图示阶梯形钢杆，各段材料相同，横截面积 $A_1 = 1\ \text{cm}^2$，$A_2 = 2\ \text{cm}^2$，材料 $E = 200\ \text{GPa}$，线胀系数 $\alpha = 12.5\times10^{-6}\ ℃^{-1}$。试求当温度升高 30 ℃时杆内横截面上的最大应力。

8.35　如图所示，两端固定的细长杆的温升沿长度由零均匀升高到 T_0，线胀系数为 α，求杆中各横截面的位移。

8.36　图示结构，杆 ①、杆 ② 的弹性模量均为 E，横截面面积均为 A，梁 BD 为刚体，试在下列两种情况下，求两杆中的轴力。

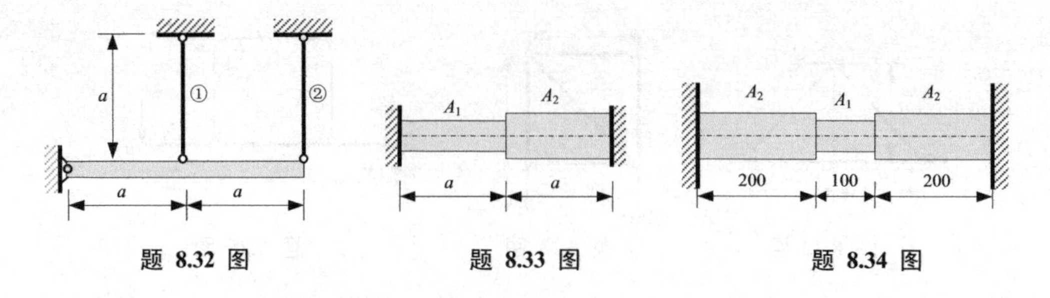

题 8.32 图　　题 8.33 图　　题 8.34 图

(1) 若杆 ② 的实际尺寸比设计尺寸稍短，误差为δ；

(2) 若杆 ① 的温度升高ΔT，而杆 ② 温度不变，材料的热胀系数为α。

8.37 如图的两根杆件的弹性模量 E、横截面积 A 均相等且为已知，许用应力为 $[\sigma]$。为了提高结构的许用荷载，可以事先将 ① 号杆稍许加工得比 a 略短δ，然后再组装起来。求合理的δ值。并求这样处理后的许用荷载。处理后的许用荷载比不处理提高百分之几？

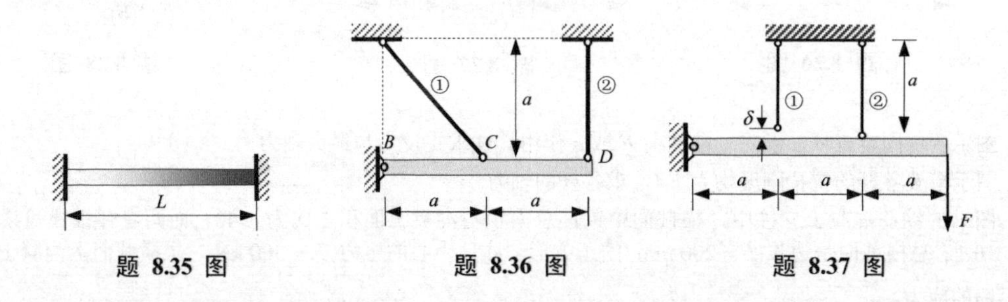

题 8.35 图　　题 8.36 图　　题 8.37 图

8.38 图示结构中，半径为 1m 的圆弧形刚体上方有三根拉杆汇集于圆心 O 点，三杆材料相同，$E = 200\text{ GPa}$，但中间杆件的横截面积是两斜杆的 2 倍。由于加工误差，中间杆比原定长度短了 $\delta = 0.5\text{ mm}$。现将中间杆强制安装，求三杆中的应力。

8.39 如图的手柄和轴用一个横截面为 $b\times b$ 的正方形的键相连接。外力位置如图所示。键的侧面陷入手柄和轴的深度均为 b 的一半。键的长度为 a，试求键侧面承受的挤压应力和键纵截面上的剪切应力。

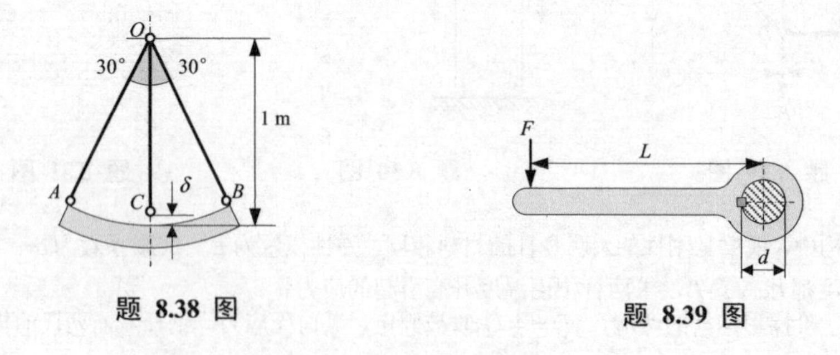

题 8.38 图　　题 8.39 图

8.40 如图的两个铆钉将壁厚 12 mm 的槽钢铆接在立柱上构成支托。若 $F = 30\text{ kN}$，铆钉的直径为 20 mm，试求铆钉的切应力和挤压应力。

8.41 图示木榫接头，$F = 50\text{ kN}$，试求接头的剪切与挤压应力。

8.42 图为冲床的冲压部分。已知钢板厚度 $\delta = 2\text{ mm}$，钢板的剪切强度极限 $\tau_b = 400\text{ MPa}$，若要在钢板上冲出一个直径 $d = 30\text{ mm}$ 的圆孔，需要多大的冲切力 F？

8.43 图示两根矩形截面木杆，用两块钢板连接在一起，承受轴向载荷 $F = 45\text{ kN}$ 作用。已知木杆的截面宽度 $b = 250\text{ mm}$，许用的拉应力 $[\sigma] = 6\text{ MPa}$，挤压应力 $[\sigma_{bs}] = 10\text{ MPa}$，切应力 $[\tau] = 1\text{ MPa}$。试确定钢板的尺寸 δ 与 L 以及木杆的高度 h。

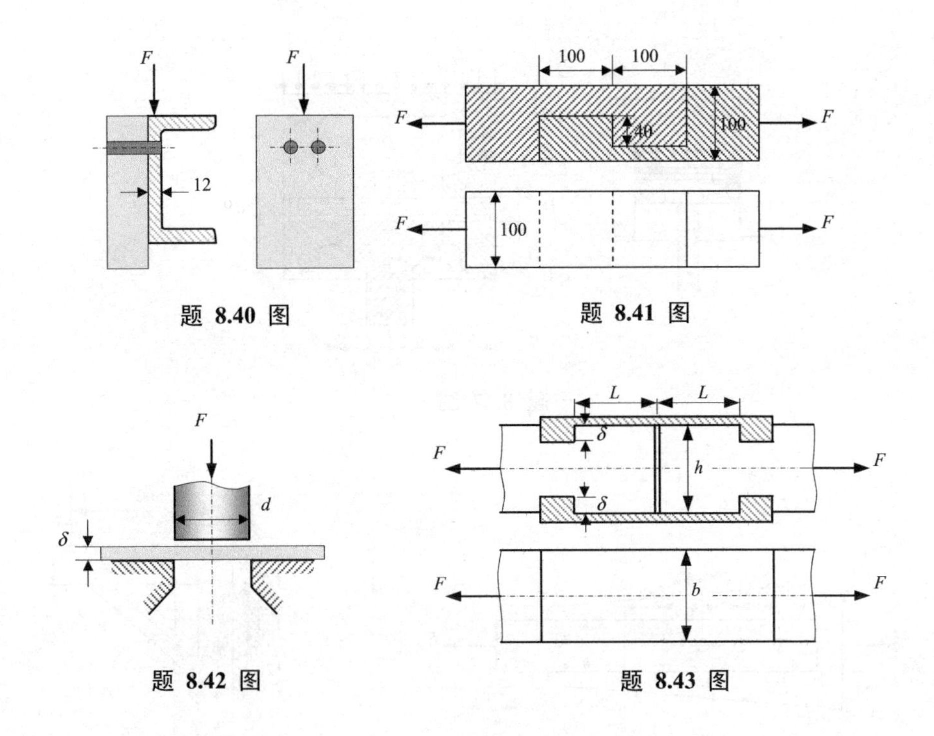

题 8.40 图　　题 8.41 图

题 8.42 图　　题 8.43 图

8.44　如图，$D=30$ mm，$d=20$ mm，$h=10$ mm。材料的许用拉应力 $[\sigma]=140$ MPa，切应力$[\tau]=100$ MPa，挤压应力 $[\sigma_{bs}]=240$ MPa。外力 $F=45$ kN。试校核拉杆强度。

8.45　构件形式与上题相同而尺寸未定。若材料的许用拉应力 $[\sigma^t]=120$ MPa，切应力 $[\tau]=90$ MPa，挤压应力 $[\sigma_{bs}]=240$ MPa。试确定图中尺寸 D、d 和 h 的合理比值。

8.46　图示联轴器传递的力矩 $m=200$ N·m，两轴之间靠四只对称分布于 $D=100$ mm 的圆周上的螺栓连接。螺栓直径 $d=12$ mm，许用切应力 $[\tau]=60$ MPa。试校核螺栓的剪切强度。

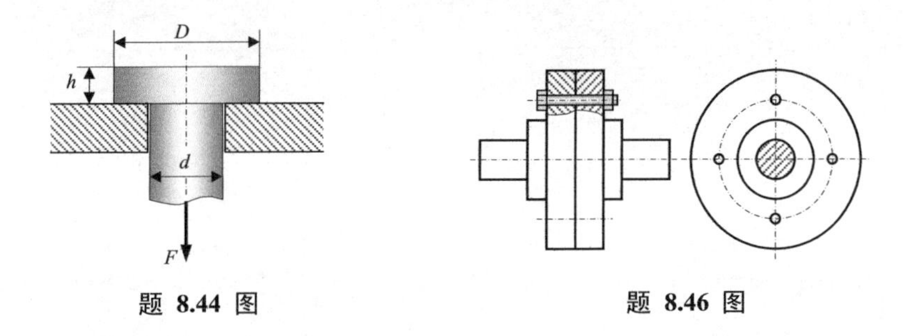

题 8.44 图　　题 8.46 图

8.47　图示的活塞与连杆用活塞销连接。活塞直径 $D=140$ mm，最大冲击气压 $p=7$ MPa。空心活塞销外径 $D_1=50$ mm，内径 $d_1=25$ mm。长度根据与活塞的接触分为三段，其中 $L=72$ mm，$a=32$ mm。活塞销材料的许用应力 $[\tau]=70$ MPa，$[\sigma_{bs}]=120$ MPa。试校核活塞销强度。

8.48　两块厚 10 mm 的板由 5 个 $\phi 20$ 的铆钉连接。两板受力 $F=230$ kN。三种构件材料相同，许用的拉应力 $[\sigma^t]=160$ MPa，切应力 $[\tau]=120$ MPa，挤压应力 $[\sigma_{bs}]=340$ MPa。校核该结构的强度。

8.49　如图结构中 $F=5$ kN，螺栓许用切应力 $[\tau]=90$ MPa，刚架变形很小，试根据切应力强度设计螺栓尺寸 d。若在工作中从上到下的第三颗螺栓松脱，剩余螺栓中的最大切应力超过许用值百分之几？

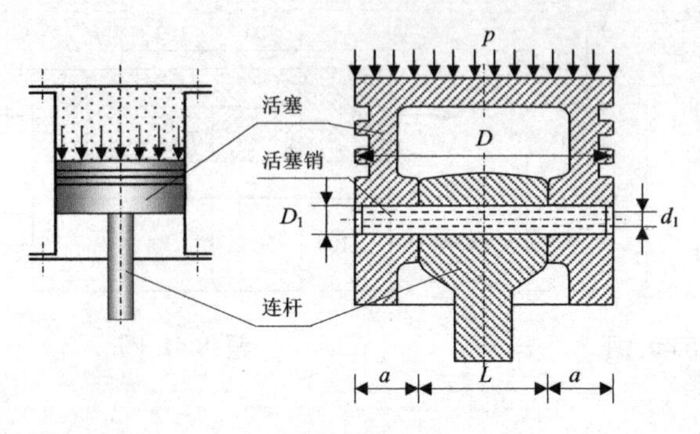

题 8.47 图

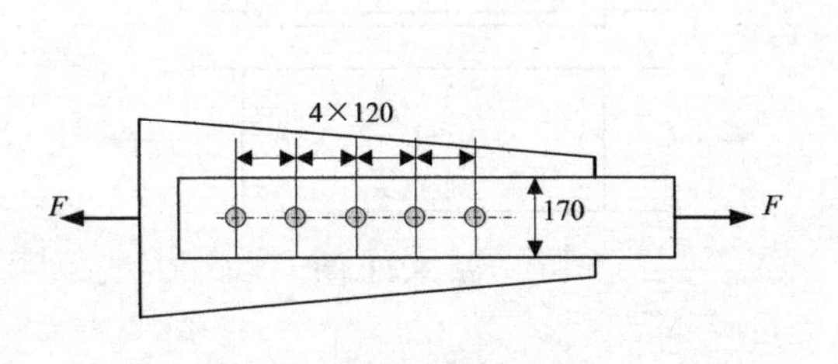

题 8.48 图

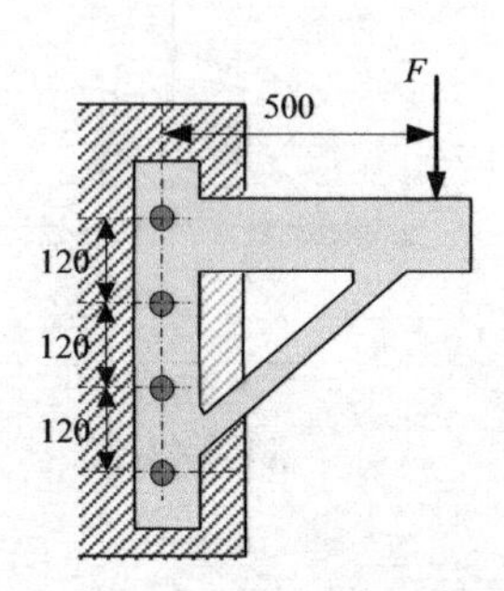

题 8.49 图

第 9 章　轴的扭转

观察司机在转动方向盘的动作时就会发现，作用在方向盘上的力常常构成力偶，力偶作用通过一根圆轴传递到车架机构上。在这个过程中，圆轴中自然会有扭矩作用而产生扭转变形。一般地，当杆的横截面上的内力分量有扭矩 T 时，杆件将产生扭转变形。扭转是工程构件的主要变形形式之一。尤其是在将电动机的功率通过旋转轴传递到其他构件的情况下，传动机构的许多构件都将承受扭转的作用。工程中常把通过扭矩传递功率的构件称为轴。

机构中的轴多数是圆轴。本章将主要讨论圆轴的应力和变形，然后再讨论其他类型构件的扭转。

9.1　圆轴扭转的应力

为了分析圆轴扭转的变形情况，可以在圆轴侧面上刻上若干平行于轴线的母线和一系列圆周线，观察圆轴扭转时这些细线的变形。可以看到，这些母线都发生了同一角度的倾斜，而圆周线只是在原处绕圆轴线旋转了一个微小的角度，圆周线之间的距离没有发生变化（见图 9.1）。根据这一事实，可以提出圆轴扭转的平截面假设：圆轴的横截面在扭转时像一个刚性平面一样在原处绕圆心与相邻截面作相对的微小转动。

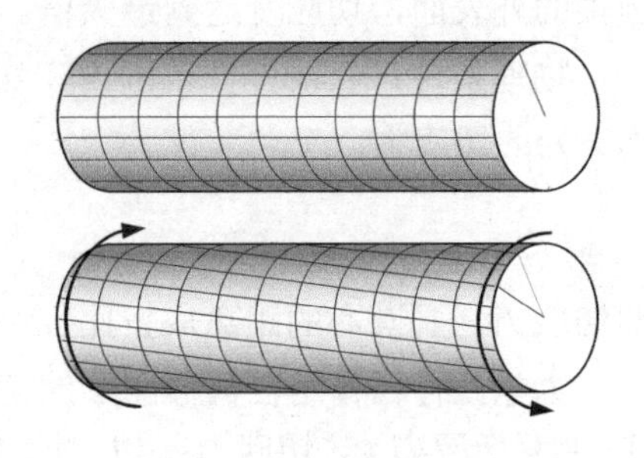

图 9.1　圆轴扭转的平截面假设

这一假设的正确性为实验和弹性理论所证实。

根据平截面假设首先可以推断，在圆轴扭转时，其横截面上只有切应力而没有正应力。

这种切应力作为分布力系，其总体效应构成截面上的扭矩，因此切应力的方向至少应该与扭矩的旋向大致一致。根据第 3 章中的例 7.3 可知，这些切应力在边界附近应与圆周相切。进一步地，还可以根据平截面假设推断，各处的切应力都是垂直于半径的。

图 9.2 表现了圆轴扭转中的一个微元区段 dx 上的相对变形的情况。由于满足平截面假设，因此，变形前的一条半径由 OA 转至半径 OA'的位置。作为母线的一部分，KA 是垂直于截面圆周的。变形后直角$\angle AKB$ 变成了$\angle A'KB$。$\angle AKA'$是直角的变化量，因而也就是切应变。显然，离圆心越远，切应变（图中那些灰色的角）就越大，变形就越剧烈。由此可以推断，在线弹性范围内，切应力与到轴心距离成正比。

同时易于理解，在线弹性范围内，横截面上的扭矩越大，切应力也越大，两者成正比。于是，根据平截面假设，可以知道，横截面上的切应力

$$\tau \propto Tr$$

为了进一步得到横截面上切应力的计算公式，必须综合地考虑以下三方面的因素：

① 几何条件，即圆轴扭转时的切应变情况；在小变形范围内，可利用平截面假设导出切应变。

② 物理条件，即切应变与切应力之间的关系，在线弹性范围内，即剪切胡克定律。

③ 力学条件，在这里体现为应力与内力的关系，即横截面上各处的切向力（即切应力与微元面积的乘积）对轴心的矩的积分构成该截面上的扭矩。

几何条件：如图 9.2 所示，截取圆轴中长度为 $\mathrm{d}x$ 的微元区段。由于只考虑这个区段的前后两个截面在扭转中的相对变形，因而可以把后截面视为固定的。在扭转过程中，前截面上处于圆周上的 A 点在变形后成为 A'，因此前截面产生了相对转角 $\angle AOA'$，记为 $\mathrm{d}\varphi$。变形所构成的角度 $\angle AKA'$ 记为 γ，也就是圆柱表面沿母线方向上的切应变。由于是小变形，故有

$$\gamma = \tan\gamma = \frac{AA'}{KA} = \frac{AA'}{\mathrm{d}x}$$

在前截面上，有

$$AA' = R\,\mathrm{d}\varphi$$

故有

$$\gamma = R\frac{\mathrm{d}\varphi}{\mathrm{d}x} \tag{9.1}$$

从图 9.2 中还可看出，如果在半径 OA 上选择离轴心为 r 的点，那么与上面类似，可得该点处的切应变为

$$\gamma(r) = r\frac{\mathrm{d}\varphi}{\mathrm{d}x} \tag{9.2}$$

由于 $\mathrm{d}\varphi$ 在整个截面上是相同的，因此上式表明，切应变与到圆心的距离成正比。显然，在圆轴的外表面，切应变达到最大值。

物理条件：在线弹性范围内，切应力与切应变成正比。因此，在横截面上，到圆心距离为 r 处的切应力

$$\tau = G\gamma = Gr\frac{\mathrm{d}\varphi}{\mathrm{d}x} \tag{9.3}$$

即切应力与到圆心的距离成正比。

力学条件：作用在横截面上的切应力形成一个分布力系。如图 9.3，距轴心 r 处的微元面 $\mathrm{d}A$ 上有切应力 τ，切向力 $\tau\mathrm{d}A$ 对于轴线的矩为 $\tau r\,\mathrm{d}A$。这样，横截面上的全部切向力向圆心简化的结果为一力偶矩，这一力偶矩就是作用在该截面上的扭矩，于是有

$$\int_A \tau r\,\mathrm{d}A = T \tag{9.4}$$

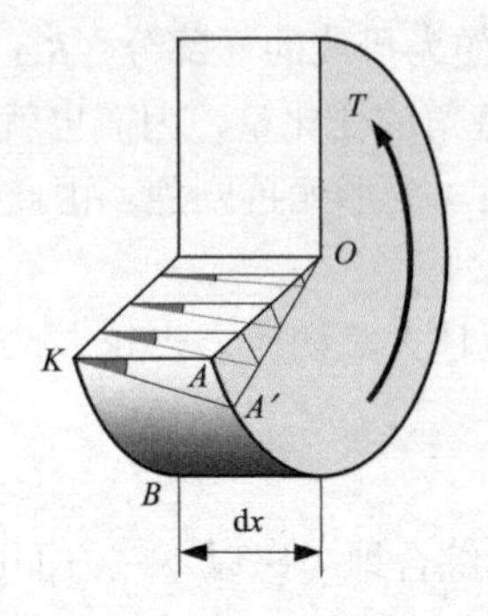

图 9.2 圆轴扭转的微元段

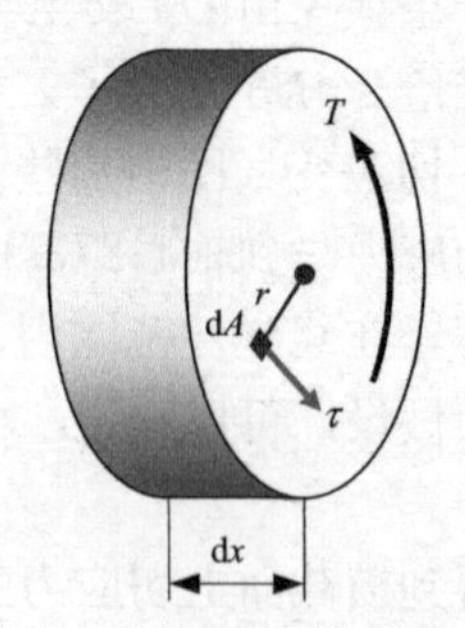

图 9.3 横截面上的切应力

将式(9.3) 代入式(9.4) 即可得

$$T=\int_A G\frac{\mathrm{d}\varphi}{\mathrm{d}x}r^2\mathrm{d}A=G\frac{\mathrm{d}\varphi}{\mathrm{d}x}\int_A r^2\mathrm{d}A=GI_\mathrm{P}\frac{\mathrm{d}\varphi}{\mathrm{d}x}$$

$$I_\mathrm{P}=\int_A r^2\mathrm{d}A \tag{9.5}$$

I_P是横截面的极惯性矩（见附录Ⅰ）。这样便有

$$\frac{\mathrm{d}\varphi}{\mathrm{d}x}=\frac{T}{GI_\mathrm{P}} \tag{9.6}$$

再将式(9.6) 代回式(9.3) 即可得

$$\tau=\frac{Tr}{I_\mathrm{P}} \tag{9.7}$$

这就是圆轴扭转时横截面上距圆心 r 处的切向应力的表达式。

利用这一公式，可以得到圆轴横截面上切应力分布的概貌，如图 9.4 所示（两图中的扭矩都是逆时针转向的）。

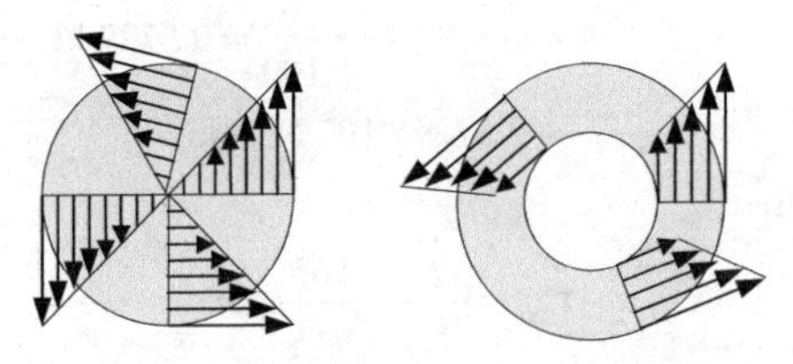

图 9.4　横截面上的切应力分布

在圆轴横截面上，切应力都是垂直于半径的，其数值与到轴心的距离成正比。因此最大切应力总是出现在横截面的外边缘处。为了便于计算，可把这个最大切应力表达为

$$\tau_{\max}=\frac{T}{W_\mathrm{P}} \tag{9.8}$$

$$W_\mathrm{P}=\frac{I_\mathrm{P}}{R} \tag{9.9}$$

W_P称为**扭转截面系数**（section modulus of torsion）。这是一个表达横截面几何性质的常数。对于实心圆轴和空心圆轴，分别有

$$W_\mathrm{P}=\frac{1}{16}\pi D^3 \tag{9.10a}$$

$$W_\mathrm{P}=\frac{1}{16}\pi D^3(1-\alpha^4) \tag{9.10b}$$

式中，α 是内径 d 和外径 D 之比。

出于强度方面的考虑，根据许用应力方法，应有

$$\tau_{\max}=\frac{T}{W_\mathrm{P}}\leqslant[\tau] \tag{9.11}$$

这就是圆轴扭转的强度条件。利用这一条件，可以校核事先设计的轴是否满足强度要求，也可以控制相应的外荷载，或者用以确定圆轴的截面尺寸。

式(9.7) 和式(9.8) 适用的条件是 $\tau_{\max}$ 不超过比例极限。

【例 9.1】 图 9.5 所示的结构中，左方的实心圆轴与右方的空心圆轴通过牙嵌式离合器相连。已知轴的

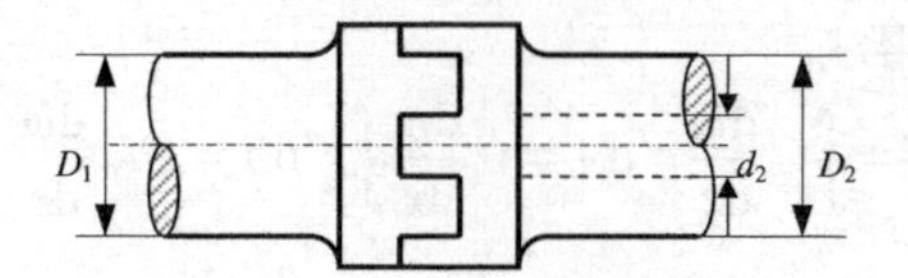

图 9.5　传递转矩的两个轴

转速 $n=100\ \text{r/min}$，传递的功率 $P=6\ \text{kW}$。若两轴的许用切应力均为 $[\tau]=31\ \text{MPa}$，空心圆轴的内外径之比 $\alpha=0.7$，试设计两轴的外径，并求在相同长度情况下两轴的重量比。

解：不难证明（留作习题），通过扭矩传递功率的轴，其传递的力偶矩 m、功率 P_k 和转速 n 之间存在着如下的关系

$$m=9.549\frac{P_k}{n} \tag{9.12}$$

应该注意上式中各项的单位是固定的：力偶矩 m 的单位是 $\text{kN}\cdot\text{m}$，功率 P_k 的单位是 kW，转速 n 的单位是 r/min。

在本题中，两轴中的扭矩均等于外力偶矩，即

$$\begin{aligned} T=m&=9.549\times\frac{6}{100}=0.5729\ \text{kN}\cdot\text{m}\\ &=0.5729\times10^6\ \text{N}\cdot\text{mm} \end{aligned}$$

对于直径为 D_1 的实心轴，由

$$\tau_{\max}=\frac{T}{W_{P1}}=\frac{16T}{\pi D_1^3}\leqslant[\tau]$$

可得

$$D_1\geqslant\sqrt[3]{\frac{16T}{\pi[\tau]}}=\sqrt[3]{\frac{16\times0.5729\times10^6}{\pi\times31}}=45.5\ \text{mm}$$

取 $D_1=46\ \text{mm}$。

对于外径为 D_2 的空心轴，由

$$\tau_{\max}=\frac{T}{W_{P2}}=\frac{16T}{\pi D_2^3(1-\alpha^4)}\leqslant[\tau]$$

可得

$$D_2\geqslant\sqrt[3]{\frac{16T}{\pi[\tau](1-\alpha^4)}}=\sqrt[3]{\frac{16\times0.5729\times10^6}{\pi\times31\times(1-0.7^4)}}=49.8\ \text{mm},$$

取 $D_2=50\ \text{mm}$，相应内径 $d_2=0.7D_2=35\ \text{mm}$。

易知，相同长度的两轴重量比，就是两轴的横截面积之比，即

$$\frac{A_1}{A_2}=\frac{D_1^2}{D_2^2-d_2^2}=\frac{46^2}{50^2-35^2}=1.66\ 。$$

可见，在两轴都满足强度条件的情况下，空心轴比实心轴节省材料。这是由于实心圆轴轴心附近的切应力较小，因而强度未得到充分利用所致。

【例 9.2】 工程中用于缓冲和减振的密圈螺旋弹簧的简图如图 9.6(a)，其中螺圈的斜度 α 是一个很小的值（例如小于 5°），而螺圈的平均直径 D 远大于簧丝的直径 d，求弹簧在轴向压力 F 的作用下，簧丝中的切应力。

解：采用截面法，在簧丝的某部位将弹簧截开，得如图 9.6(b) 的结构。由题设的两个重要条件，可以使问题得到简化。由于斜角 α 很小，因此可以认为垂直于簧丝轴线的截面近似地与轴向力 F 平行，从而可以认为簧丝中的剪力 $F_S=F$，扭矩 $T=FR$。另一方面，由于螺圈直径远大于簧丝直径，因此可以忽略簧丝曲率的影响，从而将簧丝简化为直杆，并应用式(9.8) 来求簧丝中由扭转产生的切应力：

$$\tau_1=\frac{T}{W_P}=\frac{8FD}{\pi d^3} \tag{①}$$

由扭转产生的切应力分布如图 9.6(c) 所示。

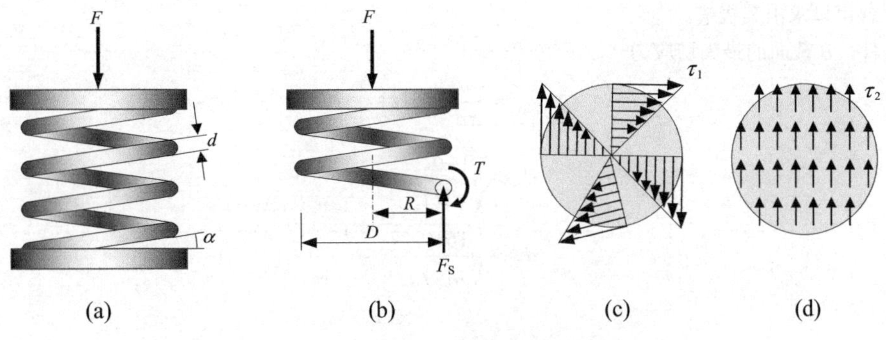

图 9.6　密圈弹簧及截面切应力

簧丝中与剪力 F_S 相应的切应力 τ_2 可假定是均匀地分布在横截面上的，如图 9.6(d)所示，故有

$$\tau_2 = \frac{F}{A} = \frac{4F}{\pi d^2} \quad ②$$

这样，簧丝中的切应力就是 ①、② 两式切应力的几何和。如图 9.6(c) 和 (d)所示，在截面水平直径的左端点，两种切应力方向重合，故有

$$\tau_{\max} = \tau_1 + \tau_2 = \frac{8FD}{\pi d^3}\left(1 + \frac{d}{2D}\right) \quad ③$$

由上两式可看出，若 $\frac{D}{d} \geqslant 10$，则 τ_1 是 τ_2 的 20 倍之多，因此一般忽略后者的影响。

应该指出，由上述简化计算的结果比簧丝中实际存在的切应力要小，因此一般应加以修正。误差主要源自于将事实上具有曲率的构件简化为直线形构件。此外，倾角的忽略也是造成误差的一个重要原因。簧丝最大切应力修正的公式可参见有关教材[1]和文献。

【例 9.3】 总长度为 L 的圆轴承受均布力偶矩 t 的作用而产生扭转变形。材料的许用切应力为 $[\tau]$。为了节省材料，可考虑将圆轴设计为两段等截面的形式，如图 9.7 所示。试确定恰当的 d_1、d_2、L_1 和 L_2，以使圆轴的用料为最省。

解： 本例是一个优化类题目，其目的是在满足强度要求的前提下，求构件体积的极小值。体积取决于 d_1、d_2、L_1 和 L_2 这四个量。但应注意，这四个量并不是相互独立的。

易于得到圆轴的扭矩图，如图 9.8 所示。

在 AB 段，B 截面的扭矩最大，因此 AB 段的直径 d_1 应根据 B 截面的扭矩及许用应力来考虑。但 B 截面的扭矩取决于 AB 段的长度 L_1。这样，AB 段的体积就取决于 L_1。

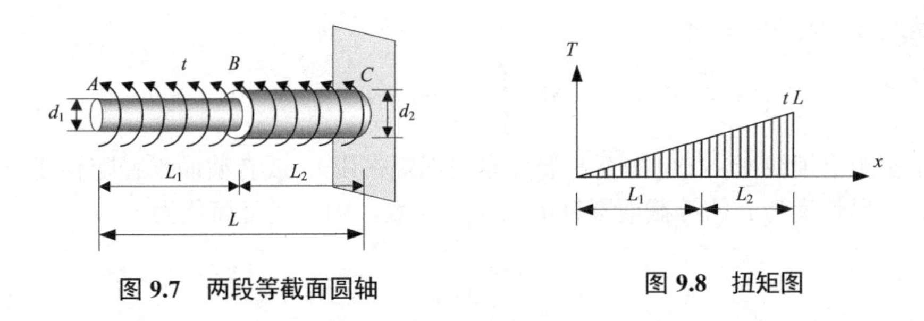

图 9.7　两段等截面圆轴　　　图 9.8　扭矩图

[1] 例如，刘鸿文，高等材料力学 [M]，高等教育出版社，1985。

在 BC 段，C 截面的扭矩最大，而且 C 截面的扭矩为定值 tL，因此 BC 段的直径 d_2 事实上已经固定。但 BC 段的长度仍然取决于 L_1，故 BC 段的体积也取决于 L_1。这样，便可以把体积 V 表达为 L_1 的函数。根据这个函数，就可以求出其极值。

由强度条件，B 截面的最大切应力

$$\tau_{B\max}=\frac{16tL_1}{\pi d_1^3}\leqslant[\tau]$$

故有

$$d_1\geqslant\sqrt[3]{\frac{16tL_1}{\pi[\tau]}}$$

同理

$$d_2\geqslant\sqrt[3]{\frac{16tL}{\pi[\tau]}}$$

故有圆轴体积

$$V=\frac{\pi}{4}\left(d_1^2L_1+d_2^2L_2\right)=\frac{\pi}{4}\left[L_1\left(\frac{16tL_1}{\pi[\tau]}\right)^{2/3}+(L-L_1)\left(\frac{16tL}{\pi[\tau]}\right)^{2/3}\right]$$

$$=\frac{\pi}{4}\left(\frac{16t}{\pi[\tau]}\right)^{2/3}\left[L_1^{5/3}+(L-L_1)L^{2/3}\right]$$

要使上式取极值，应有

$$\frac{\mathrm{d}V}{\mathrm{d}L_1}=0\text{，}\quad 即\quad \frac{5}{3}L_1^{2/3}-L^{2/3}=0$$

即

$$L_1=\left(\frac{3}{5}\right)^{3/2}L\approx0.465L$$

由此便可取

$$d_1=0.77\sqrt[3]{\frac{16tL}{\pi[\tau]}}\text{，}\quad L_1=0.47L\text{；}\qquad d_2=\sqrt[3]{\frac{16tL}{\pi[\tau]}}\text{，}\quad L_2=0.53L$$

9.2 圆轴扭转的变形

在圆轴扭转中，出现了两个角度。一个是圆轴侧面上母线的偏转角（以弧度计），即侧面上沿轴线方向的切应变 γ。另一个是圆轴两个端面之间的转角 φ。考虑圆轴在扭转中的总体变形时，人们常把后者作为表征圆轴扭转变形的标志性几何量。

在推导圆轴扭转的应力时，得到了单位扭转角 $\frac{\mathrm{d}\varphi}{\mathrm{d}x}$ 和扭矩 T 及 GI_{P} 之间的关系

$$\frac{\mathrm{d}\varphi}{\mathrm{d}x}=\frac{T}{GI_{\mathrm{P}}}$$

所以圆轴两端面的相对扭转角

$$\varphi=\int_L\frac{T}{GI_{\mathrm{P}}}\mathrm{d}x\tag{9.13}$$

上式可用于扭矩沿轴线变化（例如存在着分布力偶矩作用），或者截面半径随轴线长度变化的一般情况。如果长度为 L 的等截面圆轴的扭矩是常数，则上式可简化为

$$\varphi=\frac{TL}{GI_{\mathrm{P}}}\tag{9.14}$$

式(9.13) 和式(9.14) 中的 GI_{P} 称为圆轴的**扭转刚度** (torsional rigidity)，或抗扭刚度。

注意按式(9.13) 和式(9.14) 所计算出来的角度 φ 的单位是弧度。如果圆轴由若干段等截

面圆轴组成，则可利用式(9.13) 或式(9.14) 分段计算，再求其代数和。

显然，两个端面之间的相对转角 φ 应满足刚度要求

$$\varphi \leqslant [\varphi] \tag{9.15}$$

另一个常用于考察刚度的量是轴线方向上相距单位长度的两个横截面之间的相对转角 θ，易见

$$\theta = \frac{T}{GI_{\mathrm{P}}} \tag{9.16a}$$

刚度条件也常常表示为

$$\theta \leqslant [\theta] \tag{9.16b}$$

【例 9.4】 在图 9.9 所示结构中，左段为实心圆轴，轴径 $D_1 = 60\ \mathrm{mm}$，长度 $L_1 = 600\ \mathrm{mm}$，右段为空心轴，外径 $D_2 = 40\ \mathrm{mm}$，内径 $d_2 = 20\ \mathrm{mm}$，长度 $L_2 = 300\ \mathrm{mm}$，材料弹性模量 $E = 200\ \mathrm{GPa}$，泊松比 $\nu = 0.25$，外荷载 $m_1 = 3\ \mathrm{kN \cdot m}$，$m_2 = 1\ \mathrm{kN \cdot m}$，自由端与固定端的相对转角为多少度？

解：材料的剪切弹性模量

$$G = \frac{E}{2(1+\nu)} = \frac{200\times 10^3}{2\times(1+0.25)} = 80\times 10^3\ \mathrm{MPa}$$

容易得到结构的扭矩图如图 9.10 所示。左段部分的扭矩

$$T_1 = m_1 - m_2 = 2\times 10^6\ \mathrm{N \cdot mm}$$

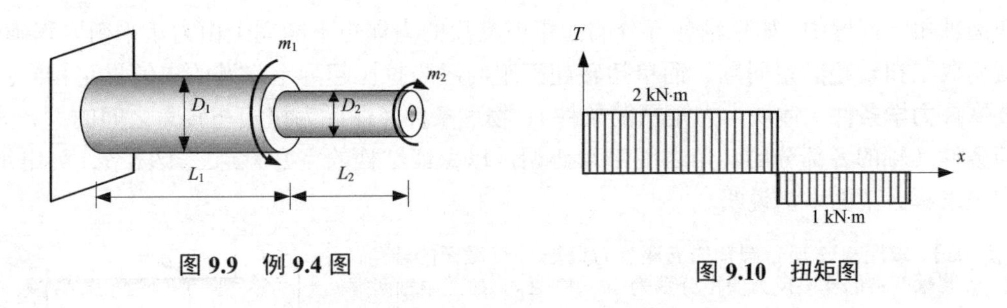

图 9.9 例 9.4 图　　　　图 9.10 扭矩图

故左段部分右截面相对于固定端的转角为

$$\varphi_1 = \frac{T_1 L_1}{GI_{\mathrm{P1}}} = \frac{32 T_1 L_1}{G\pi D_1^4} = \frac{32\times 2\times 10^6\times 600}{80\times 10^3\times \pi \times 60^4} = 1.18\times 10^{-2}$$

右段部分的扭矩

$$T_2 = m_2 = -1\times 10^6\ \mathrm{N \cdot mm}$$

故右段部分右截面相对于左截面的转角为（转角的正负号规定与扭矩的正负号规定一致）

$$\varphi_2 = \frac{T_2 L_2}{GI_{\mathrm{P2}}} = \frac{32 T_2 L_2}{G\pi D_2^4 (1-\alpha^4)}$$

$$= -\frac{32\times 1\times 10^6\times 300}{80\times 10^3\times \pi\times 40^4\times(1-0.5^4)} = -1.59\times 10^{-2}$$

注意到两段轴上转角的符号相反，故整个轴自由端相对于固定端的转角

$$\varphi = \varphi_1 + \varphi_2 = -0.41\times 10^{-2}$$

这里的负号表示该转角沿 m_2 的方向。换算为角度

$$\varphi = -0.41\times 10^{-2}\times \frac{180}{\pi} = -0.23^{\circ}$$

【例 9.5】 总长度为 $2h$ 的钻杆有一半在泥土中，如图 9.11(a) 所示。钻杆顶端作用有一个集中力偶矩 m。若泥土对于钻杆的阻力矩沿长度均匀分布，钻杆的抗扭刚度为 GI_{P}，求钻杆的上下端面之间的相对转角。

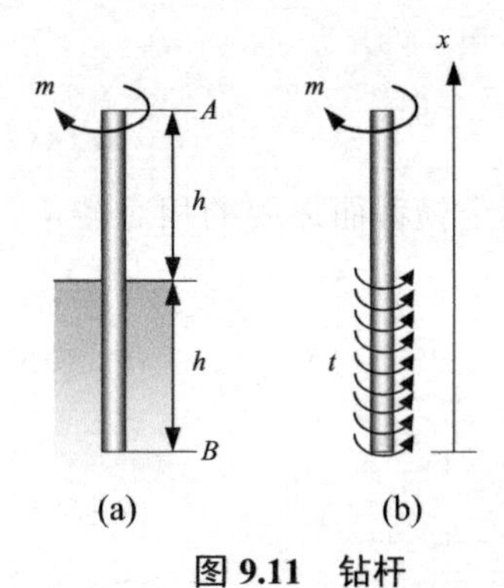

图 9.11 钻杆

解：根据题意，钻杆的受力可简化为如图 9.11(b) 所示的模型。其中下半段的分布力偶矩

$$t = \frac{m}{h}$$

由下而上地建立坐标系，则下半段钻杆的扭矩可表示为

$$T = \frac{m}{h}x$$

故下半段两端面的相对转角

$$\varphi_1 = \int_0^h \frac{mx}{hGI_P}\mathrm{d}x = \frac{mh}{2GI_P}$$

上半段的扭矩一直保持为 m，故上半段两端面的相对转角

$$\varphi_2 = \frac{mh}{GI_P}$$

故上下端面之间的相对转角

$$\varphi = \varphi_1 + \varphi_2 = \frac{3mh}{2GI_P}$$

9.3 扭转超静定问题

在圆轴扭转问题中，如果轴各部分的扭矩或支反的力偶矩不能完全由力矩平衡方程确定，那么就构成了扭转超静定问题。简单扭转超静定问题与拉压超静定问题的求解思路相同；同样需要掌握**力学条件**（体现为力矩平衡条件）、**物理条件**（体现为扭矩与转角之间的关系）以及**几何条件**（轴的各部分的转角之间必须协调，以保证结构的完好）这三个环节，列出足够的方程来求解。下面举例说明。

【例 9.6】 求图 9.12 所示圆轴的支座反力偶矩和 C 截面的转角。

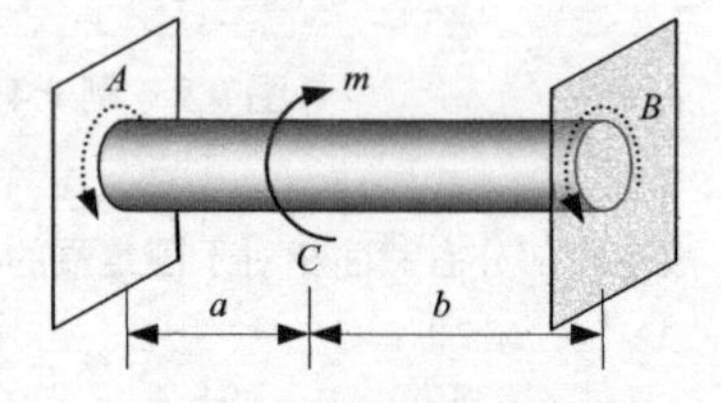

图 9.12 两端固定圆轴

解：设圆轴两端的支座反力偶矩分别为 m_A 和 m_B，如图中轴两端的虚线所示，则有平衡条件

$$m_A + m_B = m \qquad ①$$

考虑物理条件，即 AC 间的相对转角和 CB 间的相对转角为

$$\varphi_{AC} = \frac{T_{AC}a}{GI_P} = -\frac{m_A a}{GI_P}, \quad \varphi_{CB} = \frac{T_{CB}b}{GI_P} = \frac{m_B b}{GI_P} \qquad ②$$

这里转角的正负号取决于扭矩的正负号。由于 A、B 两截面间没有相对转角，故可得几何协调条件

$$\varphi_{AB} = \varphi_{AC} + \varphi_{CB} = 0 \qquad ③$$

联立求解式 ①～③ 即可得

$$m_A = \frac{b}{a+b}m, \quad m_B = \frac{a}{a+b}m$$

因此 C 截面的转角

$$\varphi_C = \left|\varphi_{AC}\right| = \frac{m_A a}{GI_P} = \frac{mab}{GI_P(a+b)}$$

易知，若 $a=b$，则可由上述结论得到 $m_A = m_B = \frac{m}{2}$，而这一结果可根据结构的对称性直接看出。

【例 9.7】 求图 9.13 所示的两端固定圆轴中，左右两个区段横截面上最大的切应力。

解：显然这是一个超静定结构。应首先确定两个固定端处的支反力偶矩，才能确定两个区段中的最大扭矩，进而确定横截面上最大的切应力。

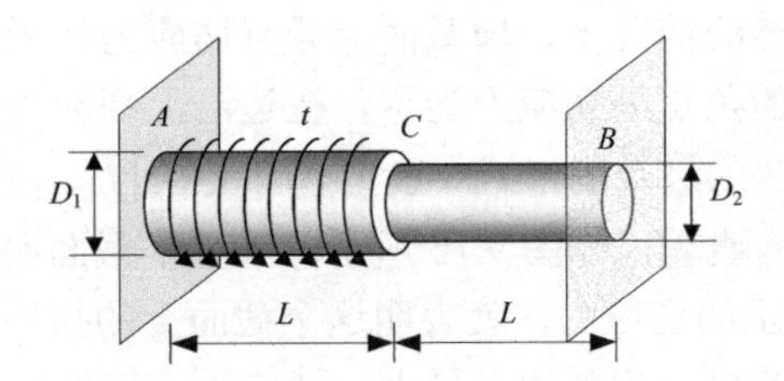

图 9.13　承受分布力偶矩的圆轴

记左端的支反力偶矩为 m_A，右端的支反力偶矩为 m_B，这两个力偶矩转向相同。可得平衡方程

$$m_A + m_B = tL \tag{①}$$

考虑 AC 区段的扭矩。以 A 为原点，向右为 x 轴正向，便可得扭矩

$$T_{AC} = m_A - tx \tag{②}$$

这样便可得到 AC 截面的相对转角

$$\varphi_{AC} = \int_0^L \frac{m_A - tx}{GI_{\mathrm{P1}}}\mathrm{d}x = \frac{L}{GI_{\mathrm{P1}}}\left(m_A - \frac{1}{2}tL\right) \tag{③}$$

在 CB 区段，扭矩保持着 $T_{CB} = -m_B$ 的大小不变，故有

$$\varphi_{CB} = -\frac{m_B L}{GI_{\mathrm{P2}}} \tag{④}$$

③、④ 两式即为物理方程。由于 AB 两端面之间的相对转角为零，故有几何方程

$$\varphi_{AB} = \varphi_{AC} + \varphi_{CB} = 0 \tag{⑤}$$

联立 ①、③、④、⑤ 四式即可得

$$m_A = \frac{tL}{2}\left(\frac{1+2\kappa}{1+\kappa}\right), \qquad m_B = \frac{tL}{2}\left(\frac{1}{1+\kappa}\right)$$

式中，$\kappa = \dfrac{GI_{\mathrm{P1}}}{GI_{\mathrm{P2}}} = \dfrac{D_1^4}{D_2^4}$，为两种截面抗扭刚度之比。

在 AC 区段，A 截面具有最大的扭矩 m_A，故 AC 区段横截面上的最大切应力出现在 A 截面的边沿，即

$$\tau_{AC\max} = \frac{m_A}{W_{\mathrm{P1}}} = \frac{8tL}{\pi D_1^3}\left(\frac{1+2\kappa}{1+\kappa}\right)$$

在 BC 区段，各截面具有相同的扭矩 m_B，故 BC 区段横截面上的最大切应力出现在该区段各横截面的外边沿，即

$$\tau_{BC\max} = \frac{m_B}{W_{\mathrm{P2}}} = \frac{8tL}{\pi D_2^3}\left(\frac{1}{1+\kappa}\right)$$

9.4　矩形截面轴的扭转

观察图 9.14 所示的圆轴和矩形横截面轴扭转时，就可以发现它们之间明显的不同。圆轴受扭时其母线发生倾斜，而横截面的外圆除了在原地绕轴转动一个角度之外，不发生其他的变化。根据这一现象，人们才提出了圆轴扭转时的平截面假设。

矩形截面轴在扭转时不满足平截面假设，它的横截面将产生翘曲。但是，如果扭转时除了两端的力偶矩作用之外没有任何其他的作用，那么就会发现，相邻两个横截面的翘曲情况完全相同。这就是说，沿着轴向的纤维尽管可能产生轴向的位移，却不会产生轴向的应变，因而横截面上正应力仍然为零。这种情况称为纯扭转或自由扭转。反之，如果横截面上的这种自由翘曲受到了阻碍，横截面就将产生正应力，这种情况称为约束扭转。

矩形截面轴在自由扭转的情况下，横截面上只有切应力而无正应力。根据切应力互等定理，可以判断出，横截面的角点处切应力为零，在边沿上切应力方向与边沿平行。精确的分析可把横截面上的应力表达为级数的形式（参见参考文献 [1]、[4]、[7]），利用这个级数可以得到横截面上切应力分布的概貌，如图 9.15 所示。就整个截面而言，切应力的大致方向与扭矩的旋向一致。图 9.15 所示的切应力，就表明这个截面上的扭矩是逆时针方向的。就矩形的边沿而言，各边中点都有着自己这条边上最大的切应力，而矩形长边中点处的切应力数值大于短边中点。在边沿上，从中点沿相反方向往两个角点靠近，切应力数值就对称地逐渐下降至零。另一方面，从边沿中点到形心，其切应力数值也是逐渐降低至零的。

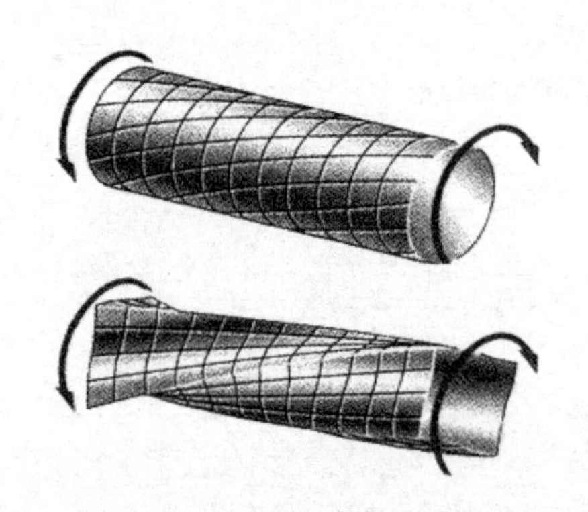

图 9.14 圆轴和矩形截面轴的扭转

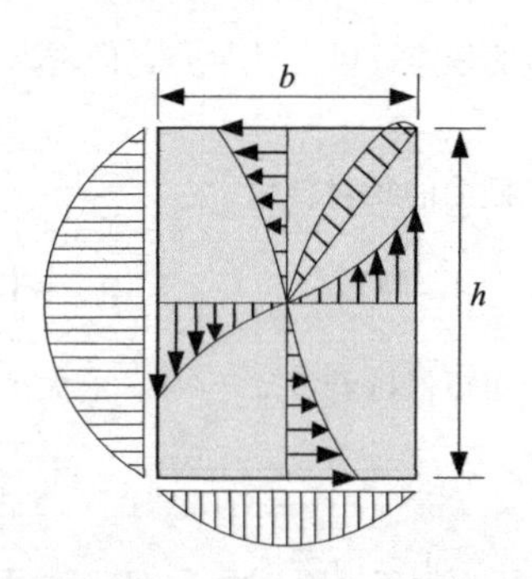

图 9.15 矩形截面轴的扭转应力

利用这个级数还可以导出，最大切应力发生在矩形的长边中点（图 9.15），其值为

$$\tau_{\max} = \frac{T}{\alpha h b^2} \tag{9.17}$$

式中，α 是与长边 h 和短边 b 之比有关的系数，其值参见表 9.1。在短边中点，也有着这条边上的最大应力，其值可用下式计算

$$\tau' = \gamma \tau_{\max} \tag{9.18}$$

式中，γ 也与长边 h 和短边 b 之比有关，其值参见表 9.1。

表 9.1 矩形截面杆扭转时的系数

h/b	1.0	1.2	1.5	2.0	2.5	3.0	4.0	6.0	8.0	10.0	∞
α	0.208	0.219	0.231	0.246	0.258	0.267	0.282	0.299	0.307	0.313	0.333
β	0.141	0.166	0.196	0.229	0.249	0.263	0.281	0.299	0.307	0.313	0.333
γ	1.000	0.930	0.858	0.796	0.767	0.753	0.745	0.743	0.743	0.743	0.743

当 $\dfrac{h}{b}>10$ 时，横截面成为狭长的矩形，如图 9.19 所示。这时 $\alpha \to 0.333 \approx \dfrac{1}{3}$，则式(9.17)成为

$$\tau_{\max} = \frac{3T}{hb^2} \tag{9.19}$$

在这种情况下，除开两端点附近，长边上的切应力可视为沿着边沿均匀分布的，其值由式(9.19)给出。在离矩形两端不很近的相当长的一个区域内，切应力可视为沿厚度 b 线性分布，如图 9.16 所示。

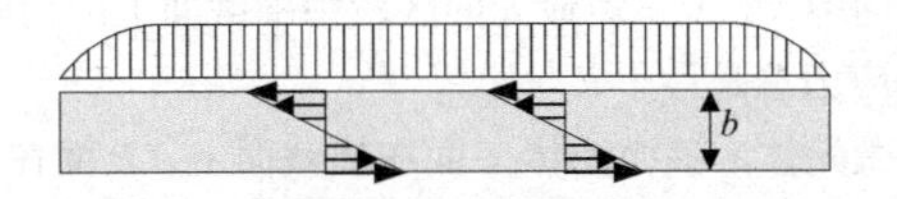

图 9.16　狭长矩形上沿长边的切应力分布

对于长度为 L 的矩形截面轴，其扭转时两端截面的相对扭转角

$$\varphi=\frac{TL}{G\beta hb^{3}} \tag{9.20}$$

式中，β 可由表 9.1 查出。

易见，当 $\frac{h}{b}$ 相当大时，β 也趋近于 $\frac{1}{3}$。

【例 9.8】 轴的两端承受转矩而产生自由扭转。在强度相同长度相等的条件下计算圆轴与正方形截面轴（如图 9.17）的重量比。

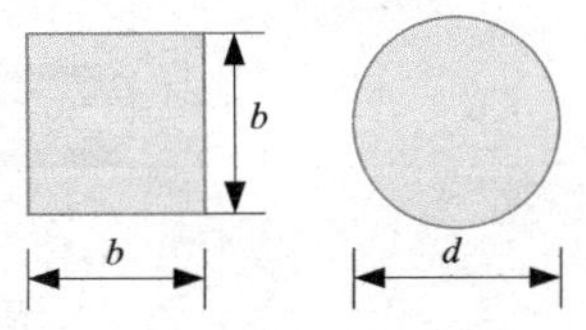

图 9.17　例 9.8 图

解： 转矩 T 在正方形横截面的边沿中点处引起最大的切应力，由表 9.1 可查得，当 $h/b=1$ 时 $\alpha=0.208$。故可得

$$\tau_{\max}=\frac{T}{0.208b^{3}}\leqslant[\tau]$$

由此可得正方形边长

$$b\geqslant\sqrt[3]{\frac{T}{0.208[\tau]}}$$

而对于圆截面轴

$$\tau_{\max}=\frac{16T}{\pi d^{3}}\leqslant[\tau]，\quad 故有\quad d\geqslant\sqrt[3]{\frac{16T}{\pi[\tau]}}$$

易知，圆轴重量 G_d 与方轴重量 G_b 之比即为两者横截面积之比，故有

$$\frac{G_d}{G_b}=\frac{\pi d^{2}}{4b^{2}}=\frac{\pi}{4}\times\sqrt[3]{\left(\frac{16T}{\pi[\tau]}\cdot\frac{0.208[\tau]}{T}\right)^{2}}=0.80$$

由此可看出，在强度相同时，正方形截面轴比圆截面轴花费更多的材料。这是由于矩形截面轴棱边附近的切应力很小，因而强度未得到充分利用的缘故。

思 考 题 9

9.1　推导圆轴扭转的切应力公式 $\tau=\frac{Tr}{I_{\mathrm{P}}}$ 的思路是怎样的？

9.2　圆轴扭转的切应力公式的适用范围是什么？

9.3　圆轴扭转时横截面上切应力方向为什么总是垂直于半径的？

9.4　在用料相等的条件下，为什么空心圆轴比实心圆轴的强度高？空心圆轴的强度与内外径之比 α 在理论上呈什么关系？在工程中是否 α 越大越好？

9.5 在分段等截面圆轴的扭转问题中，是否扭矩最大的区段中横截面上的切应力总是最大？是否横截面直径最大的区段中横截面上的切应力总是最小？

9.6 如图，在受扭圆轴内取一个微元体，该微元体 A 面在横截面上，B 面在与圆柱外表面同轴的圆柱面上，C 面则在过轴线的纵截面上。同时该微元体不在轴线上。受扭前微元体为正立方体，在受扭后这三个面中，哪一个（或哪些）面由正方形变为平行四边形？哪一个（或哪些）面的形状没有变化？

9.7 如图，圆轴左端固定，全轴承受均布力偶矩 t。变形前取一母线 AB，关于变形后这条线的形状的正确叙述是：

(a) 仍然是一条直线；

(b) 成为一条抛物线，且 A 端处抛物线的切线平行于轴线；

(c) 成为一条抛物线，且 B 端处抛物线的切线平行于轴线。

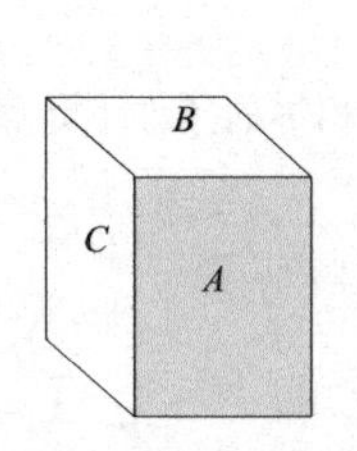

思考题 9.6 图

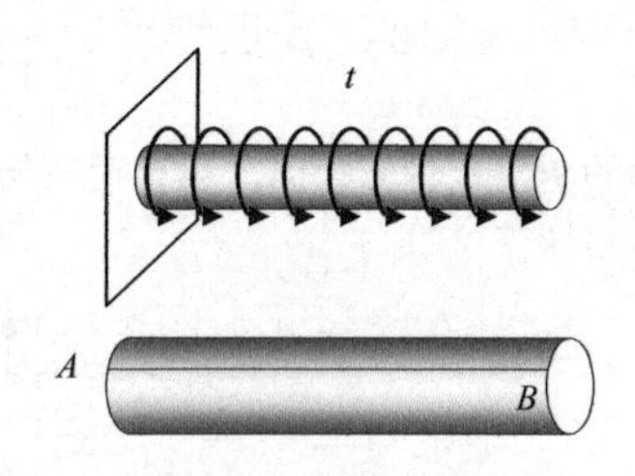

思考题 9.7 图

9.8 求解扭转超静定问题的主要环节是什么？

9.9 某矩形横截面轴扭转时，如果已知满足平截面假设，其横截面上存在着何种应力？

9.10 在矩形横截面轴扭转时，横截面上切应力分布有什么规律？是否离轴心越远的地方切应力越大？

9.11 承受扭转作用的开口薄壁杆件与闭口薄壁杆件的横截面上，切应力沿壁厚方向上的分布有什么区别？两者横截面上的最大切应力产生的位置有什么区别？

9.12 在工程力学中，许多结论或定理可以通过实验进行验证，这是工程力学研究的一种重要手段。与此同时，逻辑分析也可以获得许多结论。例如，圆轴扭转的平截面假设就可以从逻辑分析中得到证实。

(1) 考虑如图 (a) 所示的受扭圆轴。如果通过轴的各个平面上的对应点的位移情况完全相同，如图 (b) 所示，那就可以称变形为轴对称的。图 (a) 所示的受扭圆轴的变形是轴对称的吗？位于圆轴两端面的观察者所观察到的圆轴扭转变形应该存在什么样的关系？

(2) 根据你的结论，请再利用在圆轴两端面的观察者考察图 (c) 中位于同一圆周上的两点 A 和 B，在变形前和变形后这两点间的距离会发生变化吗？这两点在变形的过程中可以如图 (c) 所示的那样，从一个圆周的位置上变到另一个圆周的位置上吗？由此可以说明什么？

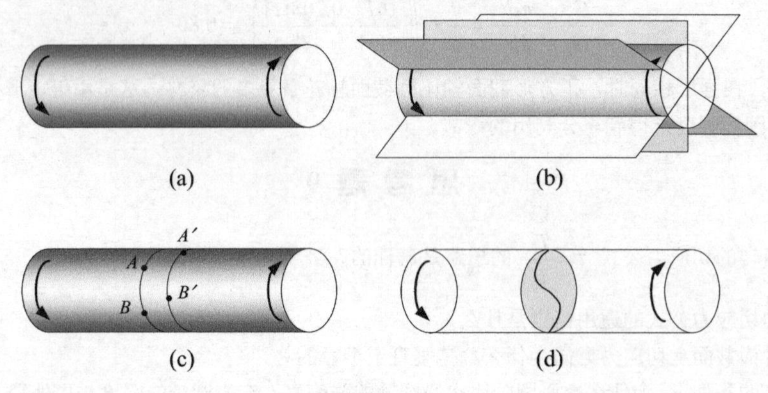

思考题 9.12 图

(3) 再次利用在圆轴两端面的观察者考察图 (d) 的情况，一条直径在变形的过程中可以发生如图的弯曲吗？由此可以说明什么？

请你从上述分析中导出平截面假设。

习 题 9

9.1 试证明式(9.12)，即 $m(\mathrm{kN\cdot m})=9.549\dfrac{P(\mathrm{kW})}{n(\mathrm{r/min})}$。

9.2 如图所示，已知空心圆轴 B 点处扭转切应力为36 MPa，求 A 点和 C 点的切应力大小。

9.3 如图所示，某传动轴，转速 $n=300\ \mathrm{r/min}$，轮 ① 为主动轮，输入功率 $P_1=50\ \mathrm{kW}$，轮 ②、轮 ③与轮 ④ 为从动轮，输出功率分别为 $P_2=10\ \mathrm{kW}$，$P_3=P_4=20\ \mathrm{kW}$。

(1) 试画出轴的扭矩图，并求轴的最大扭矩；

(2) 若许用切应力 $[\tau]=80\ \mathrm{MPa}$，试确定轴径 d；

(3) 若将轮 ① 与轮 ③ 的位置对调，轴的最大扭矩为何值，对轴的受力是否有利？

9.4 如图所示的实心圆轴直径为 d，轴上作用着均布的力偶矩 t，材料的剪切弹性模量为 G，求：

(1) 求横截面上的最大切应力；

(2) 求自由端的转角；

(3) 试绘出转角图。

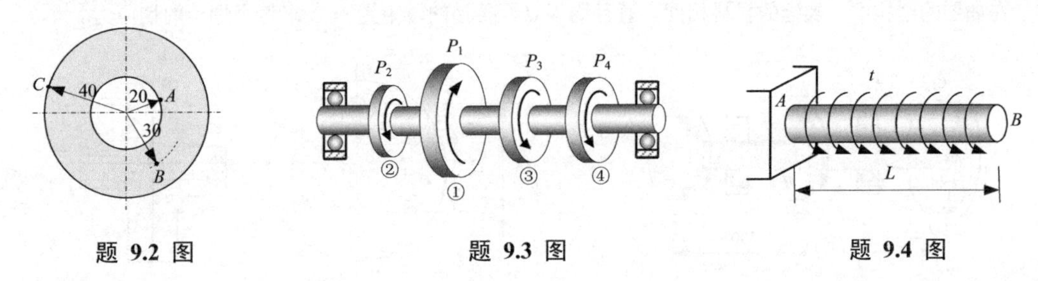

题 9.2 图　　题 9.3 图　　题 9.4 图

9.5 如图所示，实心圆轴直径 $d=80\ \mathrm{mm}$，长度 $L=1\ \mathrm{m}$，所受扭转力偶矩 $m=10\ \mathrm{kN\cdot m}$，轴材料的剪切弹性模量 $G=80\ \mathrm{GPa}$，求：

(1) 图示截面上 A、B、C 三点处的切应力大小及方向；

(2) 两端截面的相对扭转角。

9.6 圆截面轴的转速 $n=250\ \mathrm{r/min}$，传递功率 $P=60\ \mathrm{kW}$。许用切应力 $[\tau]=40\ \mathrm{MPa}$，单位长度的许用转角 $[\theta]=0.8^{\circ}/\mathrm{m}$，材料的剪切弹性模量 $G=80\ \mathrm{GPa}$，试确定轴径。

9.7 阶梯形圆轴直径分别为 $d_1=40\ \mathrm{mm}$，$d_2=70\ \mathrm{mm}$，轴上装有三个皮带轮，如图所示。已知由轮 ③ 输入的功率为 $P_3=30\ \mathrm{kW}$，轮 ① 输出的功率为 $P_1=13\ \mathrm{kW}$，轴作匀速转动，转速 $n=200\ \mathrm{r/min}$，材料的 $G=80\ \mathrm{GPa}$，许用切应力 $[\tau]=60\ \mathrm{MPa}$，许用扭转角 $[\theta]=2^{\circ}/\mathrm{m}$。不考虑皮带轮厚度的影响，试校核轴的强度和刚度。

9.8 直径 $d=25\ \mathrm{mm}$ 的钢杆，当它承受轴向拉力 60 kN 作用时，在标距为200 mm 的轴向长度内伸长了

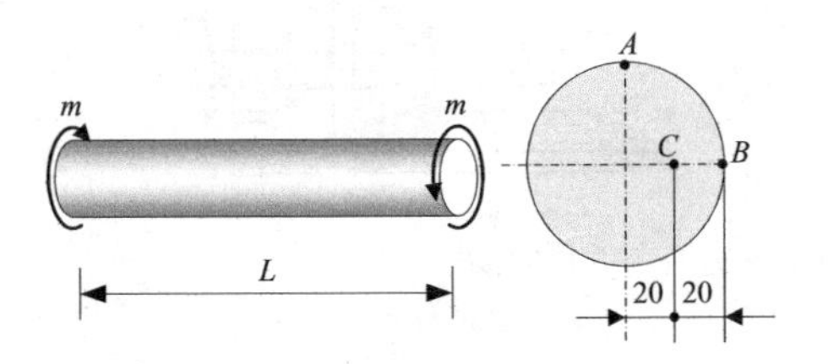

题 9.5 图

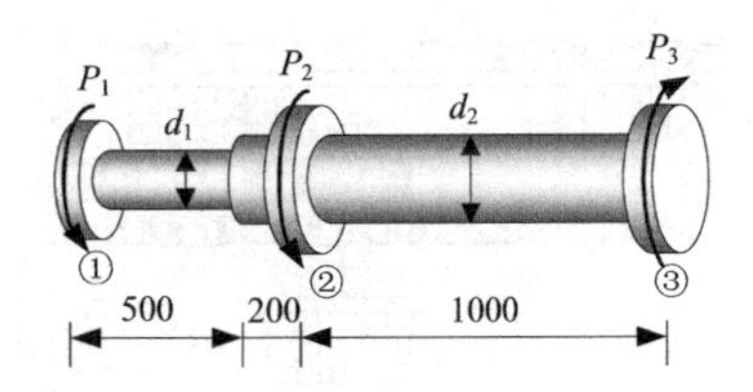

题 9.7 图

0.113 mm。当它在两端承受一对转矩为 0.2 kN·m 的力偶作用时，在标距为 200 mm 的轴向长度内转角为0.732°。试求钢材的弹性常数 E、G 和 ν。

9.9 如图的圆轴两端作用有1 kN·m的转矩。$D_1 = 40$ mm，$D_2 = 50$ mm。内孔径不变且 $d = 30$ mm。求圆轴横截面上的最大切应力和最小切应力。

9.10 如图所示，实心圆轴承受扭转外力偶矩 $T = 3$ kN·m 作用。试求：

(1) 轴横截面上的最大切应力；

(2) 轴横截面上直径为30 mm 的阴影部分（如右图）所承受的扭矩占全部横截面上扭矩的百分比为多少？

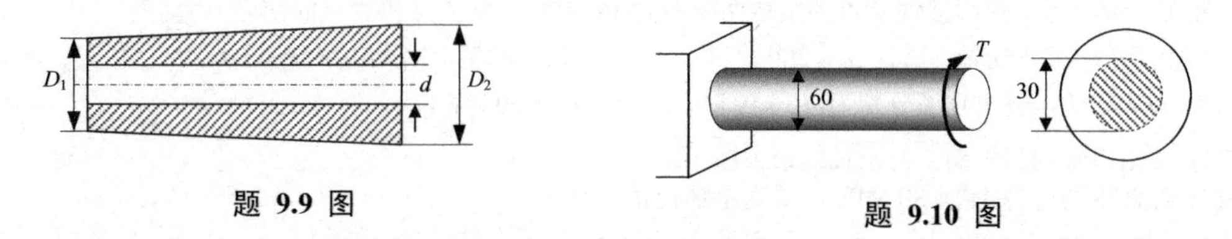

题 9.9 图　　题 9.10 图

9.11 如图的传动轴转速 $n = 500$ r/min，主动轮 ① 输入功率 $P_1 = 300$ kW，从动轮 ② 和 ③ 分别输出功率 $P_2 = 100$ kW 和 $P_3 = 200$ kW。已知 $[\tau] = 80$ MPa，$G = 70$ GPa，$[\theta] = 1°/\text{m}$。

(1) 试确定 AB 段和 BC 段的直径；

(2) 调整三个轮子的位置使之更为合理，将 AB 和 BC 两段直径选为相等，再次设计轴径。

9.12 在如图的结构中，螺栓的材料相同，直径均为 d，传递的转矩为 m，求每个螺栓的切应力。

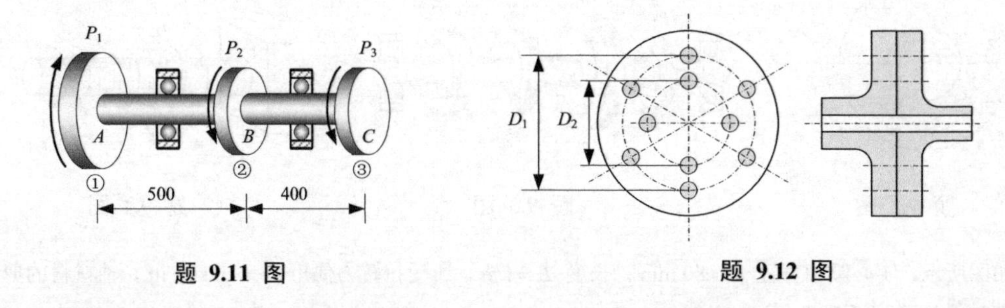

题 9.11 图　　题 9.12 图

9.13 某个变速箱简图如图所示。电动机输入处的 ① 号轴与 ② 号轴的转速比是 3:1，而 ② 号轴与 ③ 号轴的转速比是 5:1。各轴的 $[\tau] = 160$ MPa。若机构需要 ③ 号轴以 $n = 100$ r/min 的转速输出转矩 $m = 500$ N·m，不考虑功率的损耗，求 ① 号轴的输入功率，以及 ② 号轴与 ③ 号轴允许的最小直径。

9.14 图示的结构用锥齿轮传递转矩。已知齿轮 ① 的半顶角 $\alpha = 22.5°$，与之相连的轴直径 $d_1 = 80$ mm。若两轴材料相同，在相同的剪切强度条件下设计 d_2。

9.15 图示圆轴的许用切应力 $[\tau] = 64$ MPa，试求均布力偶矩 t 的取值范围。

9.16 在图示的圆轴中，已知均布力偶矩 $t = \dfrac{2m}{L}$，材料的剪切弹性模量为 G，求 AB 截面的相对转角和 AC 截面的相对转角。

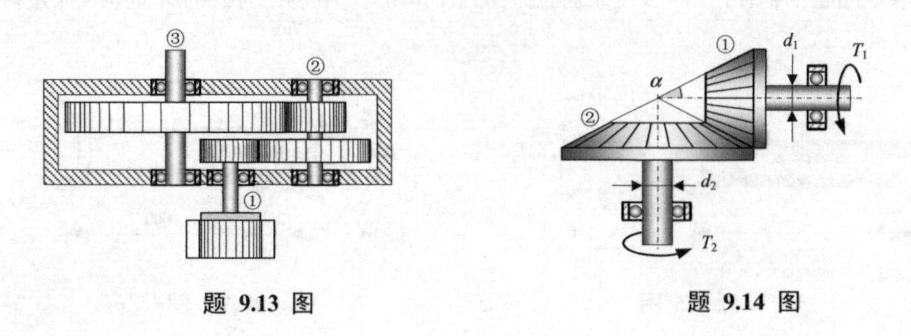

题 9.13 图　　题 9.14 图

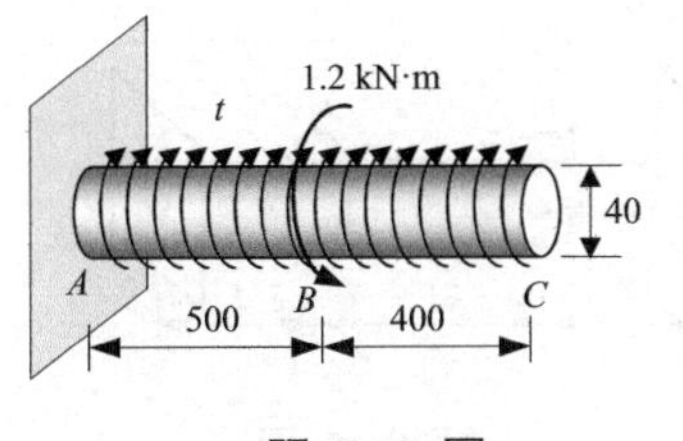

题 9.15 图

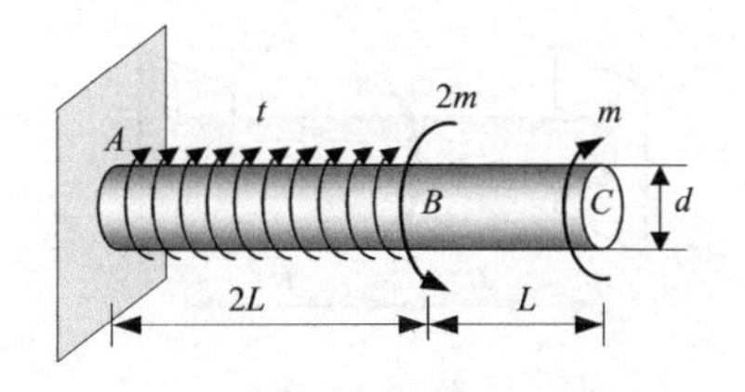

题 9.16 图

9.17　用同种材料制成的实心圆轴和空心圆轴的横截面积相等，空心圆轴内外径之比为α。证明实心轴许用扭矩$[T_1]$与空心轴许用扭矩$[T_2]$之比$\dfrac{[T_1]}{[T_2]}=\dfrac{\sqrt{1-\alpha^2}}{1+\alpha^2}$。

9.18　薄壁圆筒壁厚中线的半径为R_0，横截面的扭矩为T，壁厚为δ，用下述两种方法推导横截面上切应力公式：

(1) 由于圆筒的壁厚较小，可以近似认为扭转切应力沿壁厚均匀分布；

(2) 利用圆轴扭转的切应力公式$\tau=\dfrac{Tr}{I_{\mathrm{P}}}$，再根据壁厚较小的条件进行简化。

9.19　由厚度$\delta=8\ \mathrm{mm}$的钢板卷制成的圆筒，平均直径为$D=200\ \mathrm{mm}$。接缝处用铆钉铆接。若铆钉直径$d=20\ \mathrm{mm}$，许用切应力$[\tau]=60\ \mathrm{MPa}$，许用挤压应力$[\sigma_{\mathrm{bs}}]=160\ \mathrm{MPa}$，筒的两端受扭转力偶矩$m=5\ \mathrm{kN\cdot m}$作用，试求铆钉的间矩$s$。

9.20　如图的直角曲拐中，空心圆柱外径为D，内径为d，已知材料弹性模量为E，泊松比为ν。又已知长度a，两个转矩均为m。求A截面的竖向位移。

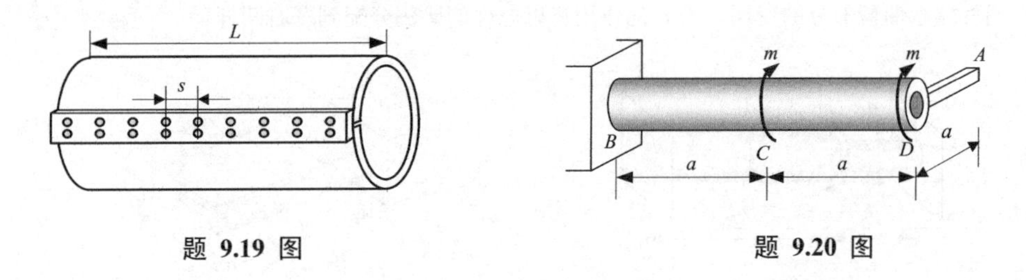

题 9.19 图　　题 9.20 图

9.21　如图所示，圆轴横截面上的扭矩为T，试求其四分之一部分的切应力合力的大小、方向及作用点。

9.22　如图所示，全长为L，两端直径分别为d_1与d_2的实心圆锥形杆，其锥度很小，在两端面承受一对大小为m的力偶矩作用。试求杆两端面的扭转角。

9.23　图示薄壁圆锥形管的锥度很小，厚度δ不变，长为L。左右两端平均直径分别为d_1和d_2。试求两端面的相对扭转角。

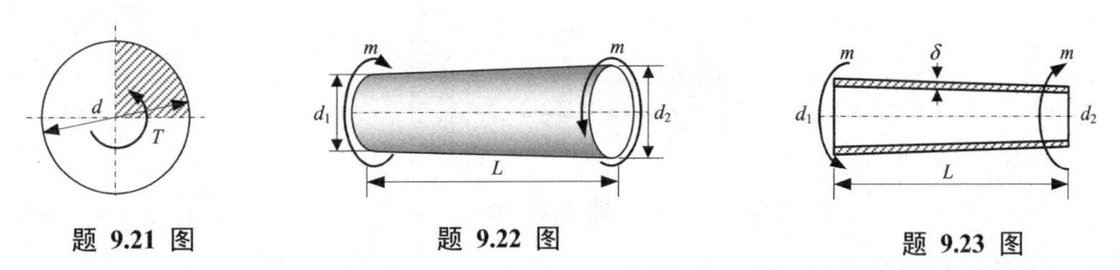

题 9.21 图　　题 9.22 图　　题 9.23 图

9.24　如图所示，两端固定的空心圆轴内径$d=20\ \mathrm{mm}$，外径$D=40\ \mathrm{mm}$，长$2L=200\ \mathrm{mm}$，在中点承受集中转矩$m=1\ \mathrm{kN\cdot m}$。材料剪切弹性模量$G=60\ \mathrm{GPa}$。若许用切应力$[\tau]=80\ \mathrm{MPa}$，轴的任意两个横截面的相对转角不得超过0.1°，校核该轴的强度和刚度。

9.25　如图的圆轴两端固定，在B、C两截面作用有相等的转矩$m=3\ \mathrm{kN\cdot m}$。若材料$[\tau]=72\ \mathrm{MPa}$，剪切弹

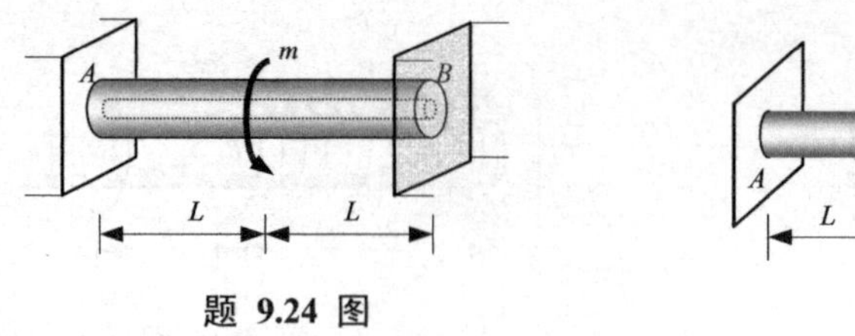

题 9.24 图

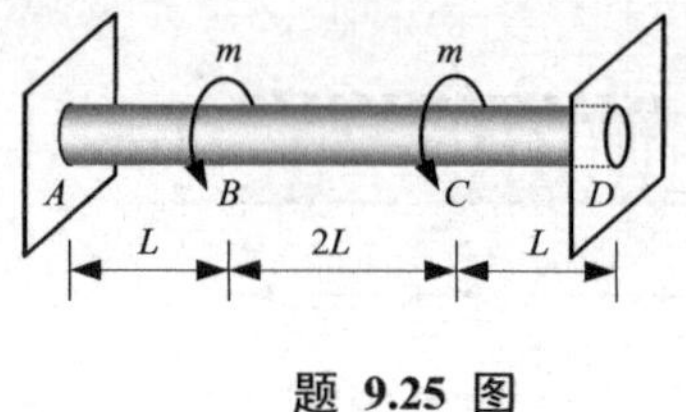

题 9.25 图

性模量 $G = 50\ \text{GPa}$，$L = 300\ \text{mm}$。

(1) 试确定轴径 d；

(2) 根据所选定的轴径计算 AB 两截面间和 AC 两截面间的相对转角。

9.26 圆轴两端固定，其抗扭刚度 GI_P 为常数。求如图的两种情况下两端的支反力偶矩。

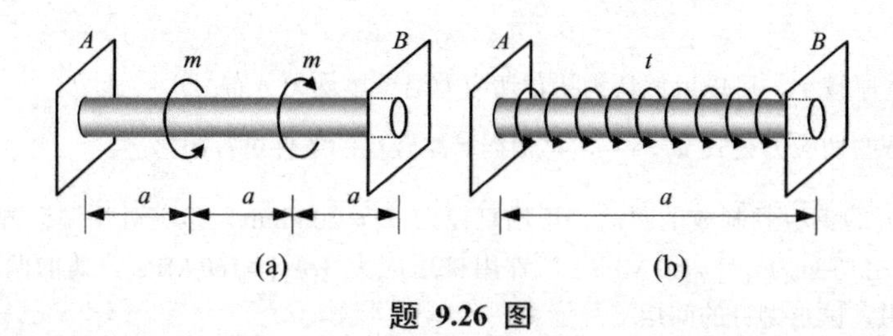

题 9.26 图

9.27 图示阶梯形圆轴两端固定，承受转矩 m 的作用，其许用切应力为 $[\tau]$，试确定两段轴径 d_1 和 d_2。

9.28 在如图结构中，左右两圆杆直径相同，左杆为钢杆，右杆为铝杆，两者的弹性模量之比为3:1，若不考虑两圆杆端部曲臂部分的变形，力 F 的作用将以怎样的比例分配到左右两杆？

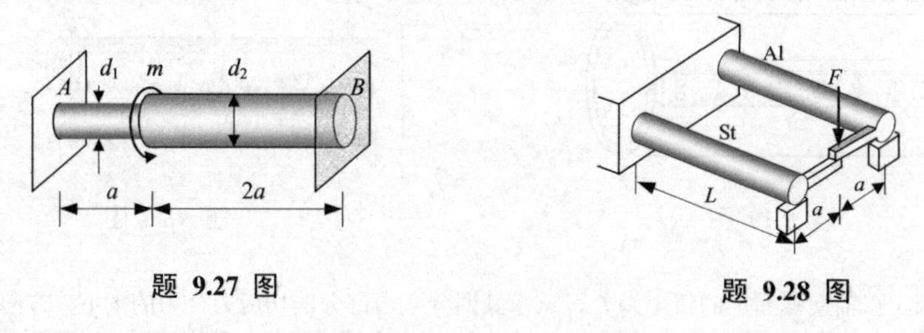

题 9.27 图　　题 9.28 图

9.29 如图所示，抗扭刚度为 GI_P 的圆轴右端固定，左端为轴承支承，同时有一阻止转动的螺旋弹簧，其刚度为 $\beta = \dfrac{GI_P}{2a}$。轴中部有一集中力偶矩 m 的作用。试求：

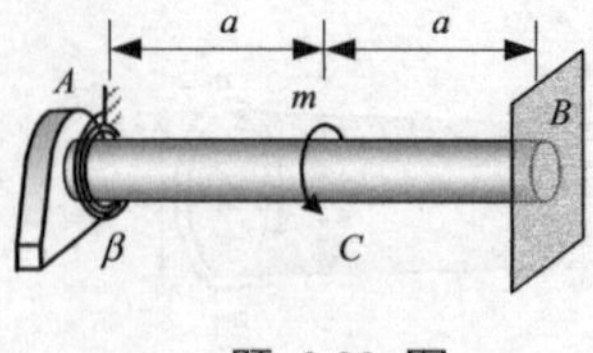

题 9.29 图

(1) 力偶矩作用处截面相对于固定端的转角；

(2) 左右端面的相对转角。

9.30 杆件的横截面面积 $A = 2500\ \text{mm}^2$，因承受扭矩 $T = 1.5\ \text{kN}\cdot\text{m}$ 而发生扭转变形，试计算横截面分别为正方形、矩形 $\left(\dfrac{h}{b} = 4\right)$、圆形和圆环形 $(\alpha = 0.5)$ 时截面上的最大切应力。

9.31　图示的正方形截面轴承受转矩作用 $m_1 = 2\ \text{kN}\cdot\text{m}$ 和 $m_2 = 1.5\ \text{kN}\cdot\text{m}$，材料许用切应力 $[\tau] = 80\ \text{MPa}$，自由端面相对于固定端的许用转角 $[\varphi] = 1^{\circ}$，材料 $G = 70\ \text{GPa}$，试确定正方形的边长。

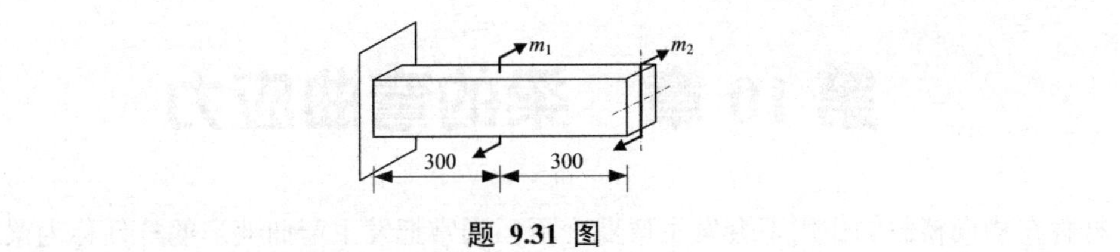

题 9.31 图

第 10 章　梁的弯曲应力

杆件在横向荷载的作用下会发生弯曲变形，通常把发生弯曲变形的杆件称为梁。

如果梁的轴线在弯曲前和弯曲后的位置保持在同一个平面内，则称梁处于**平面弯曲**（plane bending）状态。如果梁的横截面具有对称轴，那么，梁的各个横截面的对称轴构成整个梁的对称面。显然，梁的轴线在这个对称面内。如果外荷载也位于这个对称面上，那么，这个梁的弯曲就是一种典型的平面弯曲。

当梁或梁的一部分只有弯矩而没有剪力作用，则称其处于**纯弯曲**（pure bending）状态；存在剪力的弯曲称为**横力弯曲**（transverse load bending）。

通过实验可以对梁的纯弯曲提出两个假定。

① 平截面假定：梁的横截面在弯曲时保持为平面，并与轴线保持垂直，如图 10.1(a) 所示。

② 单向受力假定：梁在弯曲时轴向纤维只产生轴线方向上的拉伸或压缩变形，这些轴向纤维之间没有相互拉离或挤压的作用。

梁在负弯矩的作用下，靠近下表面的纵向纤维缩短了，而靠近上表面的纵向纤维伸长了，如图 10.2 所示。根据变形的连续性可以断定，在梁中总有一层纵向纤维既不伸长也不缩短，这一层称为**中性面**（neutral surface），如图 10.2 中梁内部深色的面。中性面与横截面的交线称为**中性轴**（neutral axis）。

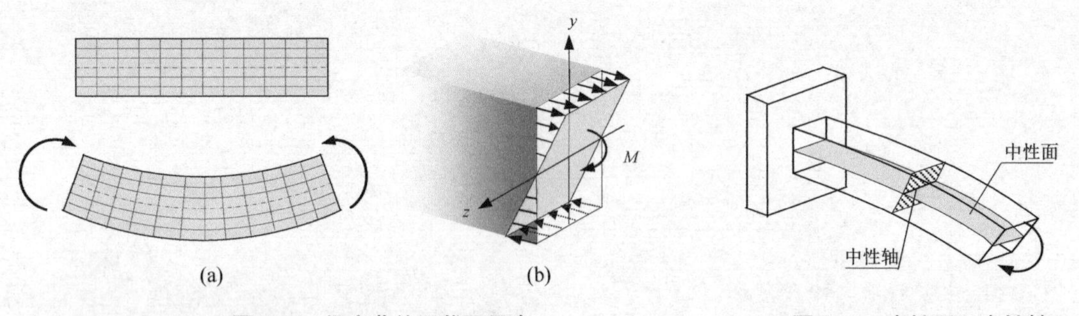

图 10.1　梁弯曲的平截面假定　　　　图 10.2　中性面和中性轴

利用中性轴的概念，再利用平截面假定，就可以知道，在弯曲变形的过程中，若不考虑梁的横截面可能存在的刚体平移和转动，只就变形而言，它将会绕着自己的中性轴旋转一个微小的角度，如同图 10.1(b) 所表示的那样。根据这一变形形象，可以得到如下的判断：

① 变形的主要形式是轴线方向上的拉伸（图 10.2 中为中性层上方）和压缩（中性层下方）。因此，横截面上的应力是正应力。在图 10.2 的情况下，中性轴上侧为拉应力，下侧为压应力。

② 正应力的大小与到中性轴的距离成正比，在图 10.1(b) 的坐标系中，应有 $\sigma \propto y$。

③ 与此同时，如果只考虑线弹性材料（即满足胡克定律的材料），可以看出，横截面上

的正应力与这个横截面上的弯矩成正比。即应有 $\sigma = kMy$ 。式中 k 是一个比例系数。

④ 很显然，横截面上的正应力应该与横截面的形状尺寸有关，因此 k 应该与横截面的几何形式有关。根据量纲分析，可以导出，k 的量纲为 [长度]$^{-4}$。因此原则上 k 只与截面的几何因素有关。

根据圆轴扭转的切应力公式 $\tau = \dfrac{Tr}{I_{\mathrm{P}}}$，读者可能会猜想到，弯曲正应力公式应该为 $\sigma = \dfrac{My}{I_z}$。事实的确是这样！但是，这一想法应该接受检验。本章将首先导出这一公式。

10.1　梁的弯曲正应力

在弯曲时，梁的横截面上存在着正应力，弯矩则是截面上全部正应力作用的整体性的体现。在本节中，将导出弯曲正应力公式，再讨论它的应用。

10.1.1　梁横截面上的正应力公式

本节将导出纯弯曲情况下梁的横截面上的正应力公式。在分析横截面上正应力分布的规律时，与分析许多变形体力学问题一样，应考虑如下的三个因素：

① 几何条件，即横截面上各点处沿轴向的应变情况，这可以通过平截面假设来考虑。

② 物理条件，即应力与应变的关系，在弹性变形范围内，这种关系就是胡克定律。

③ 力学条件，这体现为横截面上正应力与其整体效应之间的关系，即正应力与轴力的关系，以及正应力与弯矩的关系。

几何条件：在本节中，只考虑横截面具有左右对称轴的情况，并把对称轴选为 y 轴，如图 10.3 所示。将中性轴选为 z 轴（下面将确定中性轴的具体位置）。过 y、z 轴的交点，将轴延伸的方向选为 x 轴。在 x 轴方向上截取梁的一个微元区段 $\mathrm{d}x$，在弯矩 M_z 的作用下，根据平截面假设，这个区段的两个截面仍分别保持为平面，而且它们之间有了相对的夹角 $\mathrm{d}\theta$。同时，中性层有了曲率，设微元区段处中性层的曲率半径为 ρ。

考虑该区段中坐标为 y 处沿 x 方向的微元线段 mn 的变形，变形后，mn 成为弧段 $m'n'$，其长度变为 $(\rho - y)\mathrm{d}\theta$，如图 10.4 所示，因此，该处沿 x 方向的应变

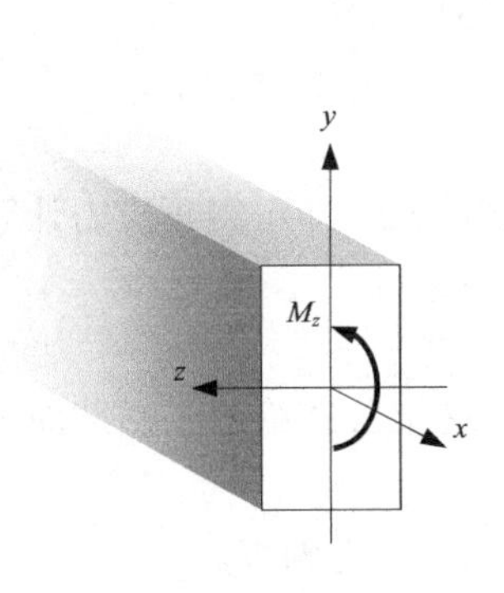

图 10.3　梁的坐标系

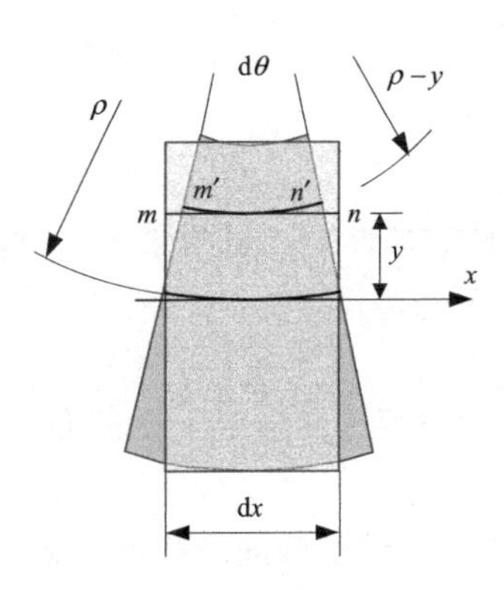

图 10.4　纯弯梁的微元区段

$$\varepsilon=\frac{m'n'-mn}{mn}=\frac{(\rho-y)\mathrm{d}\theta-\mathrm{d}x}{\mathrm{d}x}=\frac{(\rho-y)\mathrm{d}\theta-\rho\,\mathrm{d}\theta}{\rho\,\mathrm{d}\theta}$$

即

$$\varepsilon=-\frac{y}{\rho}\tag{10.1}$$

这就是根据平截面假设导出的应变表达式。显然，在横截面上，中性层的曲率是唯一的，因此上式说明，梁轴线方向上的线应变与到中性轴的距离成正比。这正是平截面假定所表达的内容。

物理条件：在线弹性范围内，线应变与正应力之间满足

$$\sigma=E\varepsilon=-E\frac{y}{\rho}\tag{10.2}$$

因此，正应力与该截面处中性层的曲率成正比；同时，正应力沿截面高度呈线性分布。

力学条件：横截面上的正应力是一个分布力系，这个分布力系的整体效应体现为截面的轴力和弯矩。一方面，正应力在截面上的积分构成轴力，但横截面上没有轴力，即

$$\int_A \sigma\mathrm{d}A=F_{\mathrm{N}}=0 \qquad ①$$

式(10.2) 代入上式可得

$$\int_A\left(-\frac{E}{\rho}y\right)\mathrm{d}A=-\frac{E}{\rho}\int_A y\,\mathrm{d}A=-\frac{E}{\rho}S_z=0$$

上式中的分式项不可能为零，故必定有

$$S_z=0\tag{10.3}$$

这说明，**中性轴必定通过截面的形心**。由此即可事先确定 z 轴的位置。

另一方面，微元面 $\mathrm{d}A$ 上的力 $\sigma\mathrm{d}A$ 对 z 轴的矩在截面上的积分构成弯矩

$$\int_A y\sigma\,\mathrm{d}A=-M_z \qquad ②$$

上式中的负号是这样得到的：由图 10.3 可看出，在 y 坐标取正（z 轴上方）的部位，微元面积 $\mathrm{d}A$ 上的拉应力 $\sigma\mathrm{d}A$ 对 z 轴的矩沿着图示 z 轴的负方向。这样，将式(10.2) 代入式②可得

$$M_z=-\int_A y\left(-\frac{E}{\rho}y\right)\mathrm{d}A=\frac{E}{\rho}\int_A y^2\mathrm{d}A$$

所以

$$\frac{1}{\rho}=\frac{M_z}{EI_z}\tag{10.4}$$

式中

$$I_z=\int_A y^2\,\mathrm{d}A\tag{10.5}$$

是截面对 z 轴的惯性矩（见附录Ⅰ）。将式(10.4) 代入式(10.2) 即可得正应力计算式

$$\sigma=-\frac{M_z}{I_z}y\tag{10.6}$$

这就是梁在纯弯曲情况下横截面上的正应力公式。这个公式给出了横截面上正应力分布的规律：

① 中性轴是过横截面形心的一条直线。中性轴上，正应力为零。

② 以中性轴为界，横截面上的一侧受拉，另一侧受压。

③ 离中性轴越远，正应力的绝对值越大。在横截面上离中性轴最远的边（例如矩形截面）

或者点（例如圆形截面）上有最大的拉应力和最大的压应力。

图 10.5 给出了当弯矩为正值时几种典型截面上正应力分布的概貌。由于弯矩为正，所以总是中性轴的下侧受拉，上侧受压。在图 10.5(a)、(b) 所示两种情况下，中性轴是上下对称轴，因此最大拉应力与最大压应力数值相等。在图 10.5(c)、(d) 所示两种情况下，中性轴不是对称轴，因此最大拉应力与最大压应力数值不相等。

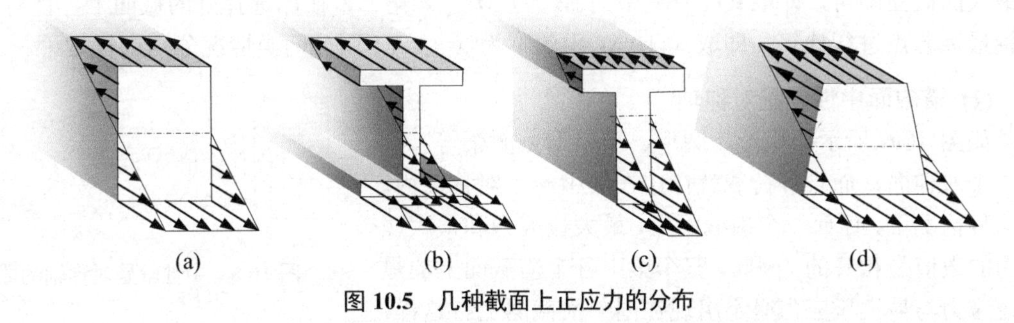

图 10.5　几种截面上正应力的分布

可以看出，如果横截面不具有左右对称轴，只要将坐标系原点放在截面形心处，仍然可以导出与式(10.1)～式(10.6) 相同的一系列结论。

应当说明，式(10.6) 中的负号是非本质的，它与坐标的选择有关。在一般情况下，可根据弯矩对中性层两侧的拉压作用直接判断正应力的符号，而不必将负号带入计算式中。至于弯矩对中性层两侧的作用是拉还是压，在简单情况下可直接根据梁的变形进行判断。在复杂情况下，则可依靠弯矩图进行判断。当弯矩为正时，弯矩图画在横轴上方，此时中性轴上侧受压；当弯矩为负时，弯矩图画在横轴下方，此时中性轴下侧受压。所以，通俗地说，弯矩图总是画在受压一侧。但是要注意，这一规律是与弯矩图向上为正的规定相呼应的。有的教材规定弯矩图向下为正，那么弯矩图就总是画在受拉一侧。

式(10.6) 的推导与横截面的具体形状无关。但应该注意，该式仅在最大正应力在线弹性范围内时适用。

式(10.4) 同样也是一个值得重视的公式。当梁轴线弯曲的曲率半径已知时，可以利用这一式子来求弯矩。同时，这一公式在理论推导，尤其是在下一章讨论梁的弯曲变形时起着重要的作用。

在横力弯曲的情况下，横截面上有剪力，因而有切应力存在，这样，横截面将会产生翘曲，平截面假设不再严格地成立。但是，以后本书将说明，对一般细长梁而言，切应力数值比正应力数值小很多，因而翘曲是微小的。在工程中的一般杆件，式(10.6) 仍然具有令人满意的精度。此外，在梁的上表面上有分布的横向力时，纵向纤维间无拉压作用的假定也不再严格地成立，但是同样可以证明，这种纵截面上的拉压作用比起横截面上的正应力要小许多。因此在许多情况下可以忽略这一因素带来的影响。关于这方面的误差分析可参见参考文献 [7]。

10.1.2　梁的最大弯曲正应力

根据式(10.6) 可以计算梁弯曲时各横截面的最大正应力。根据强度要求，采用许用应力方法，应有

$$\sigma_{\max}^{t} \leqslant [\sigma^{t}], \qquad \sigma_{\max}^{c} \leqslant [\sigma^{c}] \tag{10.7}$$

式中的上标 t 表示拉，c 表示压。对于许多塑性材料，许用拉应力与许用压应力的数值相

同，因此只需计算最大拉应力和最大压应力中绝对值较大的一个即可。对于许多脆性材料，许用拉应力数值小于许用压应力数值，因此可能要分别进行计算。

容易从式(10.6) 中看出，梁横截面的最大正应力计算有两个层面。第一，由于梁中各横截面的弯矩不同，因此，应该选择可能产生最大正应力的截面来进行计算。如果梁的弯矩图已经画好，那么这类截面的确定是很方便的。在许多情况下（不是全部），只需选择弯矩绝对值最大的截面即可，即取式(10.6) 中的 M 为 $M_{\max}$。第二，在已选择好的截面上，针对离中性轴最远的点进行计算，即取式(10.6) 中的 y 为 $y_{\max}$。下面分两类情况分别进行讨论。

(1) 横截面中性轴是对称轴

如图 10.6 所示的矩形、圆形、工字形截面梁等，都有两个对称面，而且外荷载就作用在其中一个对称面内。在这种情况下，任何一个横截面上，最大拉应力和最大压应力的数值是相等的。因此，整个梁中各个横截面上的最大拉应力与最大压应力必定出现在同一横截面上。这样，出现最大正应力的截面，必定是弯矩绝对值最大的截面。

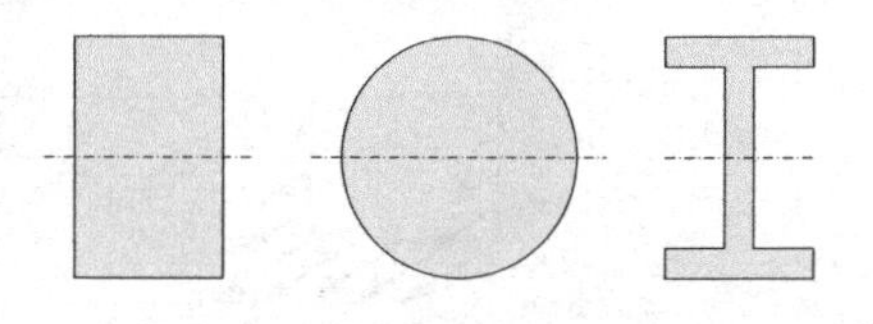

图 10.6　中性轴是对称轴的截面

在这类情况中，采用下式计算最大正应力的值较为方便

$$\sigma_{\max}=\frac{M_{z\max}}{W_z} \tag{10.8}$$

式中

$$W_z=\frac{I_z}{y_{\max}} \tag{10.9}$$

称为**弯曲截面系数**（section modulus in bending），是一个只与截面形状尺寸有关的数据。易于导出

$$\text{矩形截面}\quad W_z=\frac{1}{6}bh^2\quad \left(\text{当}\ I_z=\frac{1}{12}bh^3\ \text{时}\right) \tag{10.10a}$$

$$\text{圆形截面}\quad W_z=\frac{1}{32}\pi D^3 \tag{10.10b}$$

$$\text{环形截面}\quad W_z=\frac{1}{32}\pi D^3(1-\alpha^4) \tag{10.10c}$$

式中，D 为外径，α 为内径与外径之比。

【例 10.1】 对于图 10.7(a) 所示的外伸梁，若结构要求横截面是高宽比为 2 的矩形，材料许用应力 $[\sigma]=105\,\text{MPa}$，均布荷载 $q=10\,\text{kN/m}$，试确定横截面尺寸。

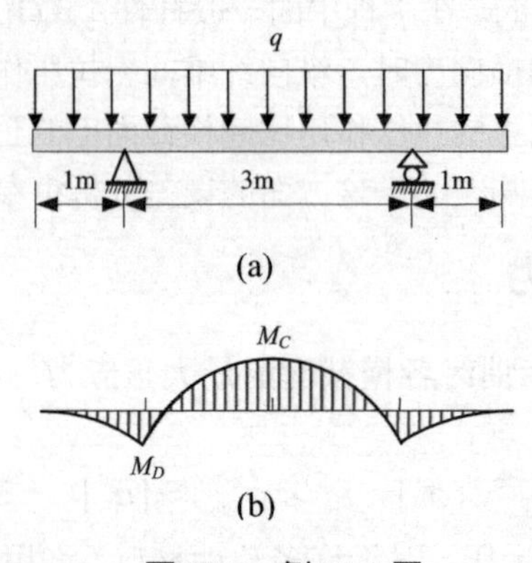

图 10.7　例 10.1 图

解：易于求得两铰处的支反力均为 25000 N。由结构对称性可知，具有绝对值最大弯矩的截面可能是铰支承处截面或中截面，如图 10.7(b)所示。可以算出，在铰支承处，$M_D = -5\times10^6\ \text{N}\cdot\text{mm}$，中截面处，$M_C = 6.25\times10^6\ \text{N}\cdot\text{mm}$。因此，绝对值最大弯矩在中间截面，即

$$M_{\max} = 6.25\times10^6\ \text{N}\cdot\text{mm}$$

危险点在中截面上下两边沿。

假设矩形横截面的宽为 b，则有

$$W_z = \frac{1}{6}b(2b)^2 = \frac{2}{3}b^3$$

故有

$$\sigma_{\max} = \frac{M_{\max}}{W_z} = \frac{3M_{\max}}{2b^3} \leqslant [\sigma]$$

即有

$$b \geqslant \sqrt[3]{\frac{3M_{\max}}{2[\sigma]}} = \sqrt[3]{\frac{3\times6.25\times10^6}{2\times105}} = 44.7\ \text{mm}$$

因此，取 $b = 45\ \text{mm}$。

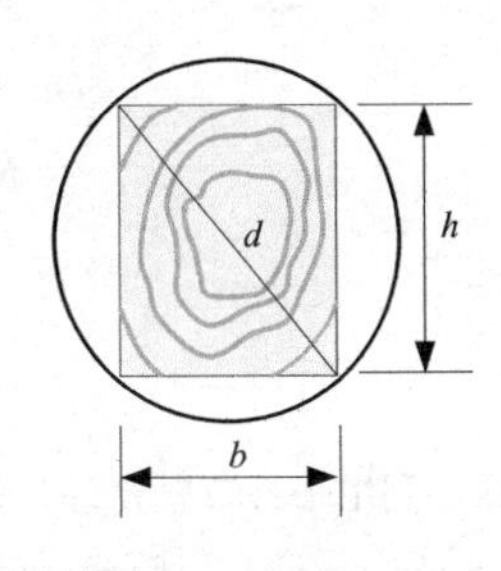

图 10.8　圆木的矩形截面

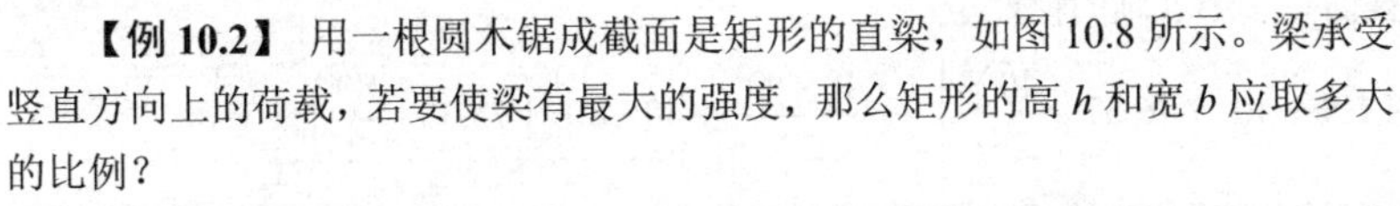

【例 10.2】 用一根圆木锯成截面是矩形的直梁，如图 10.8 所示。梁承受竖直方向上的荷载，若要使梁有最大的强度，那么矩形的高 h 和宽 b 应取多大的比例？

解：要使梁有最大的强度，也就是要承受的荷载尽可能地大；或者说，在同样的荷载情况下，调整 h 和 b 的比例，使得横截面中上下边沿的正应力尽可能地小。根据式(10.8)，这就要求 W_z 为最大。对于矩形截面

$$W_z = \frac{1}{6}bh^2 \qquad ①$$

因此本题目需要求上式的极大值。注意到上式中 b 和 h 不是独立的变量，显然有

$$b^2 + h^2 = d^2 \qquad ②$$

将式 ② 代入式 ① 便可得

$$W_z = \frac{1}{6}b\left(d^2 - b^2\right)$$

由 $\dfrac{\mathrm{d}W_z}{\mathrm{d}b} = 0$，即可得 $b = \sqrt{\dfrac{1}{3}}d$。再代入式 ② 即可得 $h = \sqrt{\dfrac{2}{3}}d$，

故有

$$\frac{h}{b} = \sqrt{2}$$

(2) 中性轴不是对称轴

横截面如图 10.9 所示一类的梁只有一个竖向的对称面，外荷载就作用在这个对称面内。在这种情况下，中性轴到上沿和到下沿的距离不相等，因此同一截面上最大拉应力与最大压应力的数值不等。就整个梁而言，如果梁中的弯矩不只有一个峰值，则有可能产生最大拉应力与最大压应力不在同一截面的情况。因此，有必要对可能产生最大正应力的截面分别进行计算。下面用一个例子来予以具体的说明。

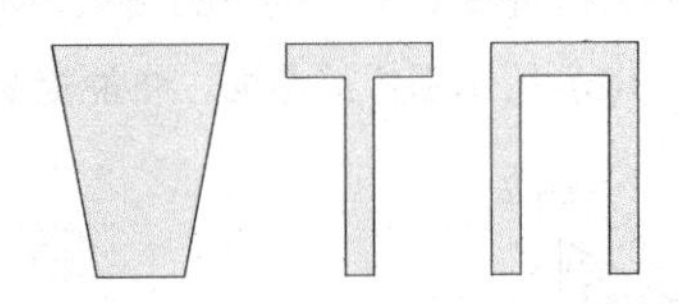

图 10.9　只有一个对称轴的横截面

【例 10.3】 T 形截面外伸梁的荷载与截面尺寸如图 10.10 所示。求梁的横截面上的最大的拉应力和压应力。

解：要计算正应力，必须事先计算截面惯性矩。对于本例，要计算惯性矩，还得先确定中性轴的位置，因此应首先计算横截面的形心位置。以下边沿为基准，如图 10.10(b)所示，有

$$y_1 = \frac{100\times40\times40\div2+80\times40\times(80\div2+40)}{100\times40+80\times40} = 46.67\ \text{mm}$$

$$y_2 = 40+80-y_1 = 73.33\ \text{mm}$$

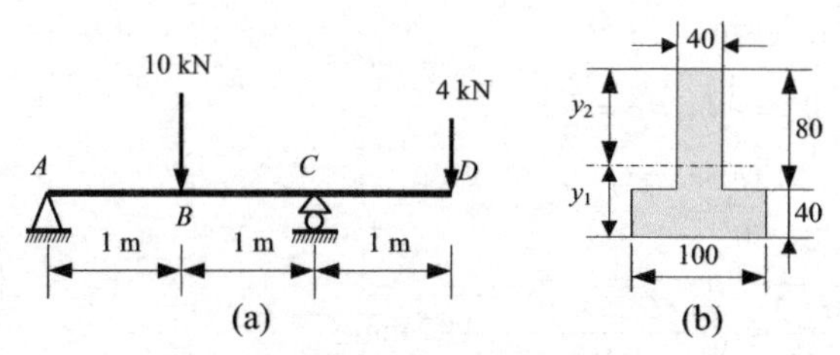

图 10.10　T 形截面外伸梁

这样，利用平行移轴定理，横截面关于中性轴的惯性矩

$$I_z = \left[\frac{100\times40^3}{12}+100\times40\times\left(46.67-\frac{40}{2}\right)^2\right]+\left[\frac{40\times80^3}{12}+40\times80\times\left(73.33-\frac{80}{2}\right)^2\right]$$

$$= 8.64\times10^6\ \text{mm}^4$$

易于看出，弯矩的峰值出现在 B、C 两截面上。最大拉应力和最大压应力一定会出现在这两个截面上，因此先求出这两个截面上的弯矩。由平衡关系可求出 A、C 两处的支承反力分别为

$$R_A = 3000\ \text{N}，\qquad R_C = 11000\ \text{N}$$

两个支反力的方向均向上。这样便可得弯矩图如图 10.11(a) 所示，并可得 B、C 截面的弯矩

$$M_B = 3\times10^6\ \text{N}\cdot\text{mm}，\qquad M_C = -4\times10^6\ \text{N}\cdot\text{mm}$$

下面进一步求出这两个截面上的最大拉应力和最大压应力。在 C 截面上

$$\sigma_{C\max}^{\text{t}} = \frac{|M_C|\times y_2}{I_z} = \frac{4\times10^6\times73.33}{8.64\times10^6} = 34.0\ \text{MPa}$$

$$\sigma_{C\max}^{\text{c}} = \frac{|M_C|\times y_1}{I_z} = \frac{4\times10^6\times46.67}{8.64\times10^6} = 21.6\ \text{MPa}$$

在 B 截面上

$$\sigma_{B\max}^{\text{c}} = \frac{|M_B|\times y_2}{I_z} = \frac{3\times10^6\times73.33}{8.64\times10^6} = 25.5\ \text{MPa}$$

同时，由于 $M_B < |M_C|$，$y_1 < y_2$，故 $\sigma_{B\max}^{\text{t}}$ 明显小于 $\sigma_{C\max}^{\text{t}}$，不用再具体计算。

故在全梁上考虑，最大拉应力出现在 C 截面的上边沿点，$\sigma_{\max}^{\text{t}} = 34.0\ \text{MPa}$。最大压应力出现在 B 截面的上边沿点，$\sigma_{\max}^{\text{c}} = 25.5\ \text{MPa}$。

上面的结果中，正应力的最大值为拉应力。这种情况对脆性材料而言是不利的，因为许多脆性材料抗拉能力比抗压能力弱得多。如果将梁截面倒置，如图 10.11(b) 所示，那么容易算出，最大拉应力出现在 B 截面的下边沿点，$\sigma_{\max}^{\text{t}} = 25.5\ \text{MPa}$。最大压应力出现在 C 截面的下边沿点，$\sigma_{\max}^{\text{c}} = 34.0\ \text{MPa}$。因此，对于脆性材料，将图 10.10(b) 所示的截面倒置为图 10.11(b) 所示那样的截面，将能提高梁的强度。

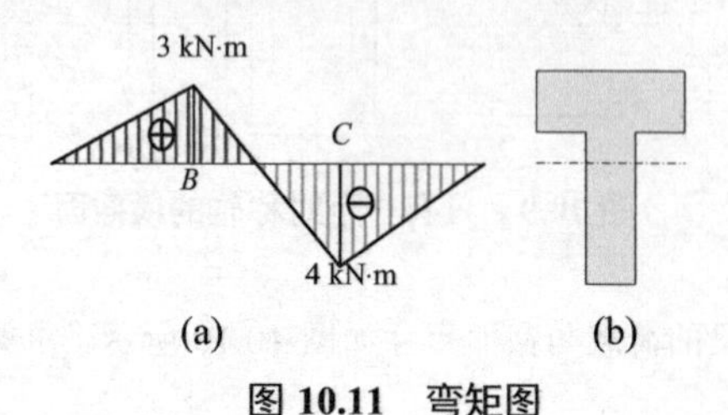

图 10.11　弯矩图

【例 10.4】 简支梁的横截面形状和形心位置如图 10.12(a) 的右图所示，惯性矩 $I_z = 8\times10^5\ \text{mm}^4$ 。梁总长 $L = 2\ \text{m}$ ，荷载 F 可在全梁上自由移动。材料的许用拉应力 $[\sigma^{\text{t}}] = 20\ \text{MPa}$ ，许用压应力 $[\sigma^{\text{c}}] = 100\ \text{MPa}$ 。为了提高梁的承载能力，可考虑梁的两个铰支座在水平方向上向中部适当移动。试求铰支座处于什么位置可使梁的许用荷载为最大，并求出相应的许用荷载。

解：首先注意到横截面上形心到上下沿的距离之比为 2，因此每个截面上最大拉应力与压应力的比为 2 或 1:2。但材料许用压应力是许用拉应力的 5 倍，故拉应力是梁的强度的控制因素。下面的计算只考虑拉应力。同时，要尽可能地提高强度，两支座显然应该对称平移。设平移距离为 a ，如图 10.12(b) 所示。

由于荷载是移动的，故应考虑其移动到什么位置对梁的强度最为不利，然后根据最不利位置进行分析。有的情况下，最不利位置需要依靠计算来确定；而有的情况下则可以直接进行判断，本例就是这样。

当荷载在 AC 区间移动时，只在荷载作用点到 D 之间产生弯矩。显然荷载位于 A 对梁最不利。此时弯矩图如图 10.12(c) 所示，绝对值最大的弯矩产生于 C 截面，且有

$$\left|M_C\right| = Fa$$

C 截面的上侧受拉，最大拉应力

$$\sigma^{\text{t}}_{C\max} = \frac{Fa}{I_z}\times40 \qquad ①$$

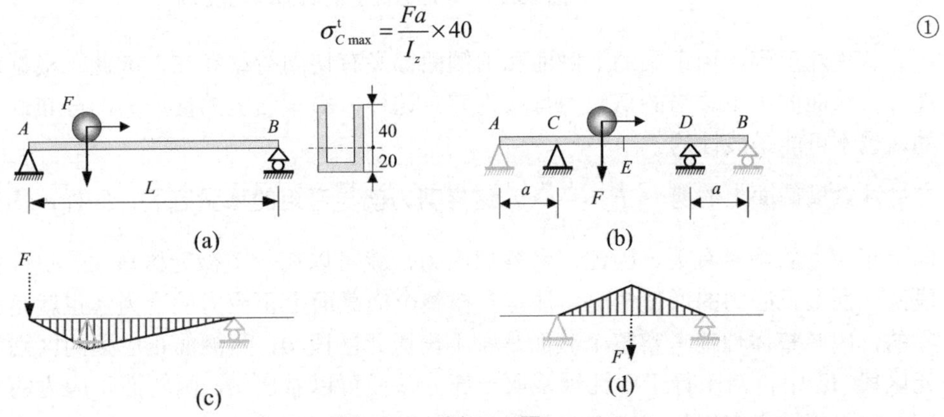

图 10.12 例 10.4 图

当荷载在 CD 区间移动时，只在 CD 之间产生弯矩，显然荷载位于中点 E 时对梁最不利。此时弯矩图如图 10.12(d) 所示，最大弯矩产生于中截面 E，且有

$$M_E = \frac{1}{4}F(L-2a)$$

E 截面的下侧受拉，最大拉应力

$$\sigma^{\text{t}}_{E\max} = \frac{F(L-2a)}{4I_z}\times20 = \frac{5F(L-2a)}{I_z} \qquad ②$$

要尽可能地提高强度，应使式 ① 和式 ② 的两个拉应力极值都等于许用拉应力，故有

$$\frac{40Fa}{I_z} = \frac{5F(L-2a)}{I_z} = [\sigma^{\text{t}}]$$

即有

$$a = \frac{1}{10}L = 200\ \text{mm}$$

选定距离 a 之后，即可得荷载

$$F \leqslant \frac{[\sigma^{\text{t}}]I_z}{40a} = \frac{20\times8\times10^5}{40\times200} = 2000\ \text{N}$$

故有许用荷载 $[F] = 2\ \text{kN}$ 。

10.2 梁的弯曲切应力

在梁的纯弯曲区段，横截面上只有弯矩而没有剪力，因而只有正应力而无切应力。但大

多数梁的弯曲都是横力弯曲，因而横截面上既有弯矩又有剪力，当然就既有正应力又有切应力了。在本小节中，就先以矩形截面梁为例，分析横截面上的切应力。由于切应力这个局部效应在整体上就体现为剪力，因此切应力的总体方向与剪力应该一致，如图 10.13(a) 和图 10.13(b)所示。

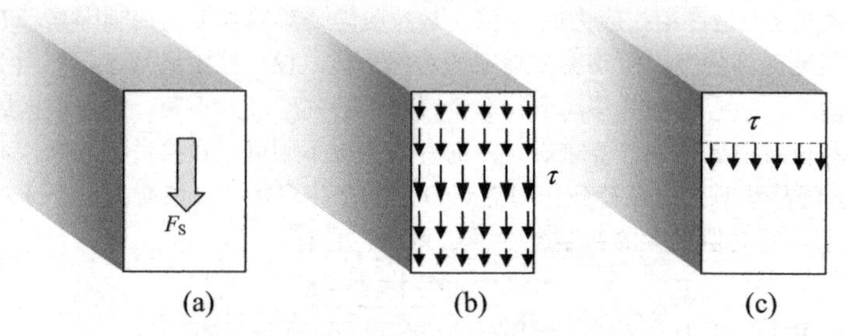

图 10.13　矩形截面上的剪力与切应力

首先注意到，由于梁的上侧面和下侧面都没有切向荷载存在，因此，根据切应力互等定理，横截面的上下边沿的切应力都应为零。这样，横截面上的切应力的分布既不可能是均匀的，也不可能是线性的。

注意横截面上的剪力 $F_S = \dfrac{dM}{dx}$，这样剪力就与弯矩的增量有关，同样，切应力就与 x 方向上正应力的增量有关。因此，考察切应力，就可以在一个微元区段 dx 中进行，并考察区段两端面上正应力的增量情况。注意到在整个横截面上正应力的合力（也就是轴力）是等于零的，因此整体性地考察整个截面是看不出微元区段 dx 两侧面正应力的区别的。如果在微元区段 dx 中再沿平行于中性轴截取一部分，便可以看出 dx 两侧面正应力的总体效应的区别，并可望导出它们与切应力的关系，如图 10.14 所示。

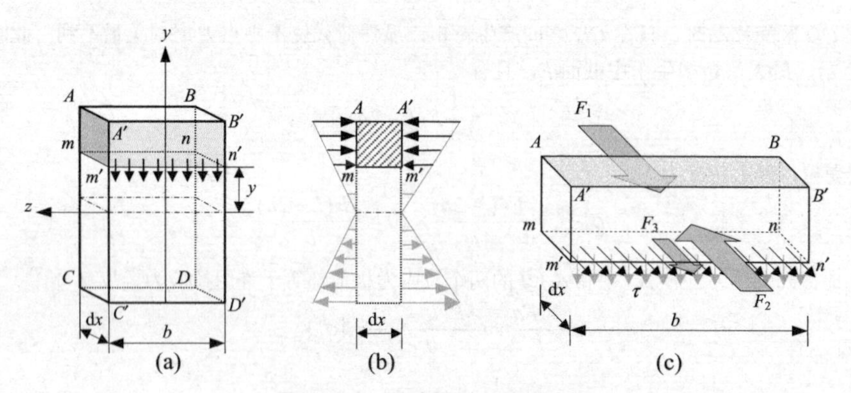

图 10.14　梁横截面上的切应力

考虑横截面宽度为 b 的矩形截面梁。在梁上截取微元区段 dx，如图 10.14(a) 所示。假定在这个区段前侧面上坐标为 y 的线 $m'n'$ 上有方向朝下的切应力 τ，这一小节讨论的目的就是导出这个 τ 的表达式。为此，沿着 $m'n'$ 再次截取微元区段的上部分作为脱离体。若截面 $ABCD$ 上有弯矩 M，则有正应力分布 $\sigma = \dfrac{My}{I_z}$，如图 10.14(b) 所示。这样，脱离体上区域 $AmnB$ 上的正应力的合力为轴向力 $F_1 = \displaystyle\int_{A_1} \frac{My}{I_z} \mathrm{d}A$。同理，截面 $A'B'C'D'$ 上有弯矩 $M + \mathrm{d}M$，区域

$A'm'n'B'$ 上的正应力的合力则为 $F_2 = \int_{A_2} \frac{(M + \mathrm{d}M)y}{I_z} \mathrm{d}A$，如图 10.14(c) 所示。显然，这两个力是不平衡的，一定还存在着与 F_1 方向相同的另一个力 F_3。由于脱离体的左右侧面都是自由表面，上表面不存在轴线方向的作用力，所以能够提供轴线方向力 F_3 的表面只能是底侧面，即截面 $mnn'm'$。

由于横截面上线段 $m'n'$ 上各点有方向朝下的切应力 τ，如图 10.14(a) 所示，根据切应力互等定理，底侧面 $mnn'm'$ 上就有方向向前的切应力 τ，如图 10.14(c) 所示。这个区域上切应力的合力就形成了与 F_1 和 F_2 相平衡的 F_3。可将这个力记为 $F_3 = \tau b \mathrm{d}x$。由脱离体在 x 方向上的力平衡，如图 10.14(c) 所示，即可得

$$F_1 + F_3 - F_2 = 0$$

即

$$\int_{A_1} \frac{My}{I_z} \mathrm{d}A + \tau b \mathrm{d}x - \int_{A_2} \frac{(M + \mathrm{d}M)y}{I_z} \mathrm{d}A = 0$$

式中，A_1 和 A_2 分别为平面区域 $ABnm$ 和 $A'B'n'm'$，显然两个区域是全等的。由上式即可得

$$\tau b \mathrm{d}x - \frac{\mathrm{d}M}{I_z} \int_{A_1} y \mathrm{d}A = 0$$

式中，S' 是区域 $ABnm$ 关于中性轴的静矩。引用弯矩与剪力之间的微分关系 $F_\mathrm{S} = \frac{\mathrm{d}M}{\mathrm{d}x}$，即可得横截面上坐标为 y 处的切应力公式

$$\tau = \frac{F_\mathrm{S} S'}{I_z b} \tag{10.11}$$

式中，F_S 是整个截面 $ABCD$ 上的剪力；I_z 是整个截面关于中性轴的惯性矩。

由此可知，要求出横截面上坐标为 y 的 K 点处的切应力，可过 K 点作中性轴的平行线，将矩形分为两部分，取其一部分计算关于中性轴的静矩 S'，如图 10.15(a) 所示

$$S' = b \times \left(\frac{h}{2} - y \right) \times \frac{1}{2} \left(\frac{h}{2} + y \right) = \frac{bh^2}{8} \left(1 - \frac{4y^2}{h^2} \right)$$

根据式(10.110，即可得到矩形横截面上切应力沿高度分布的规律

$$\tau = \frac{3}{2} \times \frac{F_\mathrm{S}}{bh} \left(1 - \frac{4y^2}{h^2} \right) \tag{10.12}$$

由上式即可知，切应力沿高度按抛物线规律分布，如图 10.15(b) 所示。图中右方抛物线部位的水平横线表示切应力的数值。易于看出，在中性轴上，切应力达到最大

$$\tau_{\max} = \frac{3}{2} \times \frac{F_\mathrm{S}}{A} \tag{10.13a}$$

式中，$A = bh$，为横截面面积。

式(10.11) 可以推广到其他类型的横截面。利用这个式子，可以计算截面上某一任意指定的位置的切应力 τ。例如，要计算图 10.16 所示的截面上某点 K 处的切应力，便可以过 K 点作中性轴的平行线，然后计算其上侧阴影部分关于中性轴 C 的静矩 S'，再代入式(10.11) 中。注意式中的 b 应取图中两部分宽度之和。

从强度观点来看，最大切应力是考虑的重点。由式(10.11) 可看出，一般的横截面中，最大切应力都出现在中性轴处。下面就一些常见截面考查其最大切应力。

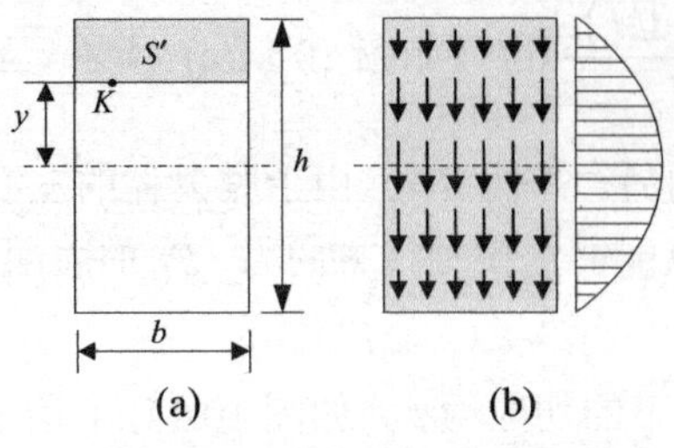

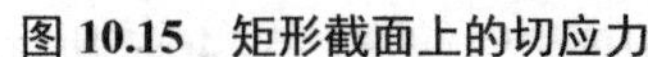
(a) (b)

图 10.15 矩形截面上的切应力

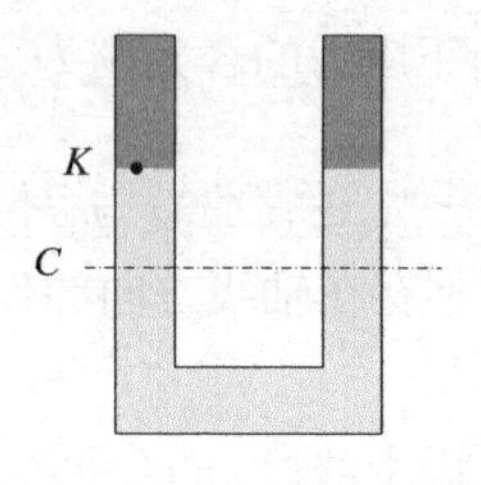

图 10.16 静矩计算

(1) 圆形

圆形横截面上，切应力分布的方向不会像矩形那样各处与剪力方向相同。因为根据切应力互等定理，边沿处的切应力只能与圆周相切。在图 10.17(a) 所示的弦线 *AB* 上考虑切应力方向，则 *A* 点处的切应力方向应沿着切线 *PA* 的方向。同理，*B* 点处的切应力方向也应沿着切线 *PB* 的方向，两条切线交于 *P*。由于左右对称性，竖直对称轴上的切应力必定沿着竖直方向，因此，*AB* 中点的切应力方向所在的直线自然与 *PA*、*PB* 汇交于 *P*。这样，可以假定，*AB* 线上各点处的切应力方向线都汇交于 *P*。

由此可得圆截面上的切应力的真实分布的图像，如图 10.17(b) 所示。在任意指定的 *K* 点处，其切应力方向并不竖直向下。但 *K* 点处切应力在竖直方向上的分量仍可按式(10.11) 计算，其中，S' 为图 10.17(c) 中的阴影部分关于中性轴的静矩。

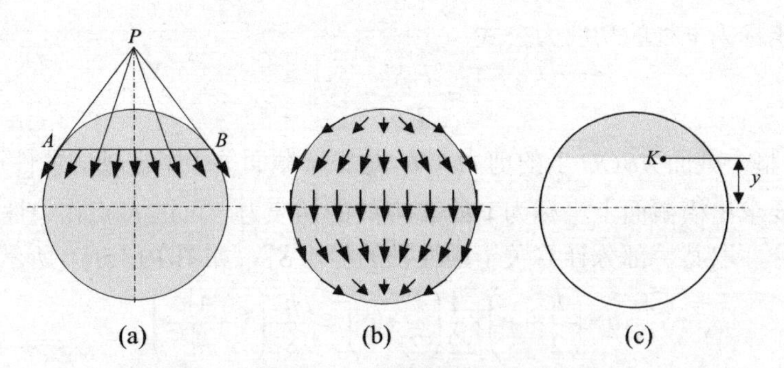

图 10.17 圆形截面上的切应力

在圆形横截面的中性轴上，各点处的切应力方向都是沿着竖直方向的。此时可以近似地认为中性轴上各点切应力相等。在这种情况下，有

$$S' = \frac{\pi}{8}d^2 \times \frac{2d}{3\pi} = \frac{d^3}{12}$$

故有

$$\tau = \frac{F_S S'}{Id} = \frac{64F_S}{\pi d^4 d} \times \frac{d^3}{12} = \frac{16F_S}{3\pi d^2}$$

可以验证，这个切应力是横截面上的最大切应力。故有

$$\tau_{\max} = \frac{4}{3} \times \frac{F_S}{A} \tag{10.13b}$$

类似地，薄壁圆环横截面上切应力的最大值为

$$\tau_{\max} = 2 \times \frac{F_S}{A} \tag{10.13c}$$

式(10.13b) 和式(10.13c) 中的 *A* 分别为圆形和薄壁圆环形的横截面面积。

(2) 工字形

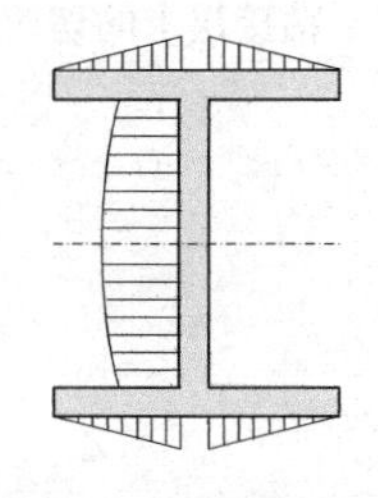
图 10.18 工字型截面上的切应力

工字形截面由上下翼缘和腹板组合而成。可以证明（参见参考文献 [3]），对于薄壁型的工字形截面，腹板上承担了剪力的绝大部分份额。而且，腹板中切应力的最大值（中性轴处）和最小值（腹板上下边缘处）相差不多，如图 10.18 所示。因此，在翼缘宽度比腹板厚度大许多的情况下，可近似认为腹板上切应力均匀分布，即

$$\tau_{\max}=\frac{F_{\mathrm{S}}}{A} \tag{10.13d}$$

式中，A 为腹板部分的横截面面积。

如果是按有关标准生产的工字钢，则最大切应力可按下式计算

$$\tau_{\max}=\frac{F_{\mathrm{S}}}{d\times(I_x:S_x)} \tag{10.13e}$$

式中，d 和 $(I_x:S_x)$ 的意义和数值均可在型钢表（附录Ⅳ）中查出。

对于上述各类截面上的最大切应力，一般可用

$$\tau_{\max}=k\times\frac{F_{\mathrm{S}}}{A} \tag{10.14}$$

表示。对于矩形，$k=\frac{3}{2}$；对于圆形，$k=\frac{4}{3}$；对于薄壁圆环，$k=2$；对于工字形截面，$k=1$（只计腹板）。

【例 10.5】 如图 10.19 所示的悬臂梁由三根板条胶合而成，在自由端作用有荷载 P，截面尺寸如图所示，梁长 $L=1.2\ \mathrm{m}$。板条材料的许用拉应力 $[\sigma^{\mathrm{t}}]=8.5\ \mathrm{MPa}$，压应力 $[\sigma^{\mathrm{c}}]=10\ \mathrm{MPa}$，切应力 $[\tau]=1\ \mathrm{MPa}$。胶合面上粘合层的许用正应力 $[\sigma_{\mathrm{g}}]=1\ \mathrm{MPa}$，许用切应力 $[\tau_{\mathrm{g}}]=0.3\ \mathrm{MPa}$，试求许可荷载 $[P]$。

解：先考虑板条的强度。就弯曲正应力而言，危险截面在固定端面处，$M_{\max}=PL$。最大拉应力出现在这个截面的上沿，最大压应力出现在这个截面的下沿，且两者数值相等。由于许用拉应力数值小于许用压应力，故只需考虑拉应力。

$$\sigma_{\max}=\frac{M_{\max}}{W_z}=\frac{6PL}{bh^2}\leqslant[\sigma^{\mathrm{t}}]$$

故有

$$P\leqslant\frac{bh^2[\sigma^{\mathrm{t}}]}{6L}=\frac{100\times150^2\times8.5}{6\times1200}=2656\ \mathrm{N}=2.66\ \mathrm{kN} \quad ①$$

木板各横截面剪力相同，均有 $F_{\mathrm{S}}=P$。最大切应力出现在横截面中性轴上，即

$$\tau_{\max}=\frac{3F_{\mathrm{S}}}{2A}=\frac{3P}{2bh}\leqslant[\tau]$$

故有

$$P\leqslant\frac{2bh[\tau]}{3}=\frac{2\times100\times150\times1}{3}=10000\ \mathrm{N}=10\ \mathrm{kN} \quad ②$$

根据梁的单向受力假定，在粘合层上没有正应力。

横截面有切应力存在。如图 10.20 所示，根据切应力互等定理，横截面上的粘缝处（即 $y=25\ \mathrm{mm}$ 处）

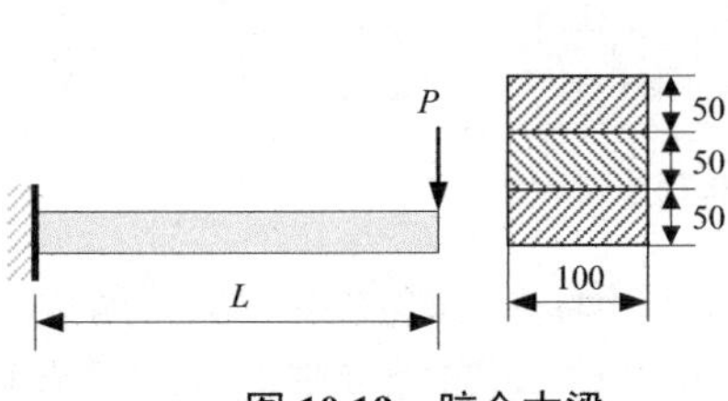

图 10.19 胶合木梁

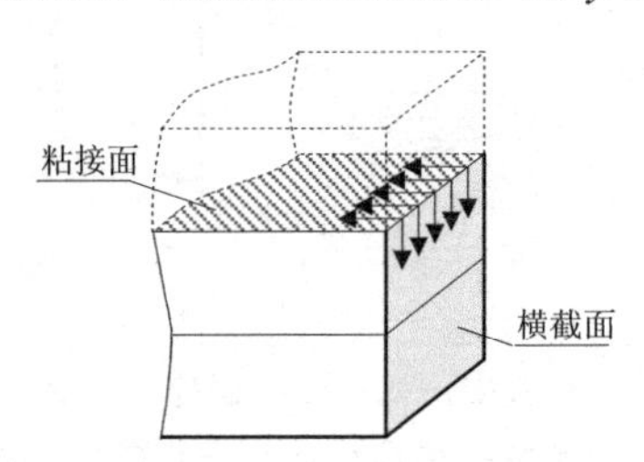

图 10.20 粘接面切应力

的切应力等于粘接层上的切应力

$$\tau=\frac{3P}{2bh}\left[1-\left(\frac{2y}{h}\right)^2\right]\leqslant[\tau_g]$$

故有

$$P\leqslant\frac{2bh[\tau_g]}{3}\left[1-\left(\frac{2y}{h}\right)^2\right]^{-1}$$

$$=\frac{2}{3}\times100\times150\times0.3\times\left[1-\left(\frac{2\times25}{150}\right)^2\right]^{-1}$$

$$=3375\ \text{N}=3.38\ \text{kN} \qquad ③$$

由式①、②、③可得三个不同的许用值，显然只能取其中最小的一个，故有许可荷载

$$[P]=2.66\ \text{kN}$$

【例 10.6】 试求例 10.3 中横截面上的最大切应力。

解： 在例 10.3 中已求出支反力 $R_A=3\ \text{kN}$，$R_B=11\ \text{kN}$。由此可画出剪力图如图 10.21(a) 所示，并可得绝对值最大剪力出现在 BC 区段，$F_{S\max}=7000\ \text{N}$。最大切应力出现在 BC 区段各横截面的中性轴上。

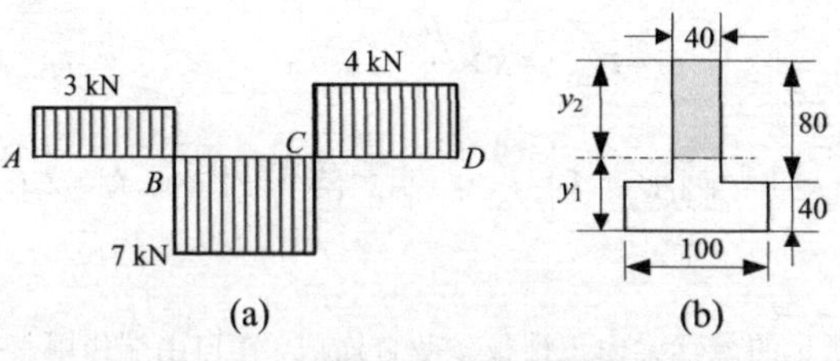

图 10.21 剪力图

在例 10.3 中已经求出横截面惯性矩 $I=8.64\times10^6\ \text{mm}^4$，中性轴距离上边沿 $y_2=73.33\ \text{mm}$。取中性轴以上部分计算，如图 10.21(b) 所示

$$S'=40\times73.33\times73.33\div2=107546\ \text{mm}^3$$

故有

$$\tau_{\max}=\frac{F_{S\max}S'}{bI_z}=\frac{7000\times107546}{40\times8.64\times10^6}=2.2\ \text{MPa}$$

不难看出，将横截面倒置，如图 10.11(b) 所示，虽然可以降低最大拉应力，却不能改变最大切应力。

【例 10.7】 如图 10.22 所示，悬臂梁由两层矩形截面梁用五个螺栓固结而成。螺栓等距排列，假定每个螺栓所承受的剪力相等，试根据剪切强度确定螺栓直径 d。已知 $F=2\text{kN}$，$L=1.2\text{m}$，$h=60\text{mm}$，$b=80\text{mm}$，$[\tau]=80\text{MPa}$。

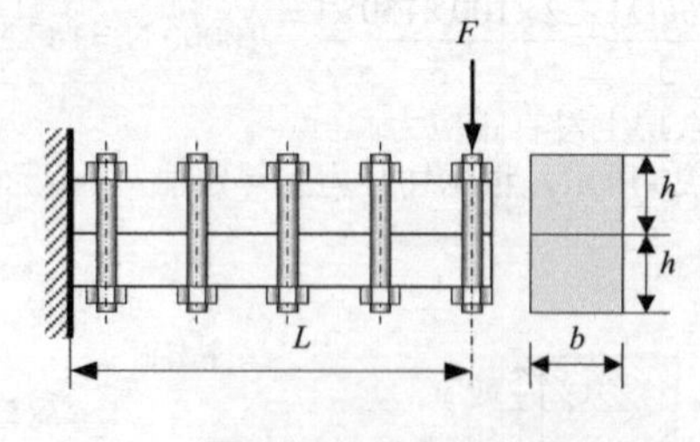

图 10.22 例 10.7 图

解： 在这个结构中，如果没有螺栓，那么上下梁在变形过程中将彼此错切开来。螺栓的存在，阻止了这种错切趋势，因而螺栓在界面上承受了剪力。这个剪力可仿照切应力公式的推导通过平衡计算出来，也可以这样整体地理解这个剪力来源的机理：上下梁联为一体之后，每个横截面的中性轴上都应该有最大的切应力。

根据切应力互等定理，上下梁的界面上也应该存在着切应力，这些切应力的合力形成了界面上的剪力。但界面处的上下梁无法承受这个剪力，这个剪力只能由螺栓承受。

梁的各横截面上剪力均为 F，在任一截面中性层上有切应力

$$\tau=\frac{3}{2}\times\frac{F}{2bh}$$

这一切应力在各个横截面的中性轴上都相等，因此在两梁界面上的总剪切力为

$$bL\tau=\frac{3FL}{4h}$$

这个剪力由五个螺栓承担。每个螺栓承担的剪力为总剪力的五分之一。螺栓横截面的切应力按连接件方式计算。根据螺栓的剪切强度要求，有

$$A[\tau]=\frac{1}{4}\pi d^2[\tau]\geqslant\frac{1}{5}bL\tau=\frac{3FL}{20h}$$

故有

$$d\geqslant\sqrt{\frac{3FL}{5\pi h[\sigma]}}=\sqrt{\frac{3\times2000\times1200}{5\times\pi\times60\times80}}=9.8\text{ mm}$$

故取 $d=10\text{ mm}$。

10.3　梁的强度设计

在梁中，横截面上的最大弯曲正应力和最大弯曲切应力不会出现在同一点处。这样，根据许用应力法，梁的强度条件可表述为

$$\sigma_{\max}\leqslant[\sigma],\quad \tau_{\max}\leqslant[\tau] \tag{10.15}$$

但是应该指出，在一般实体形截面的细长梁中，正应力的数值往往比切应力高出许多。例如在图 10.23 所示的矩形截面悬臂梁中，易于得到，$\sigma_{\max}=\frac{6FL}{bh^2}$，$\tau_{\max}=\frac{3}{2}\times\frac{F}{bh}$，两者之比 $\frac{\sigma_{\max}}{\tau_{\max}}=\frac{4L}{h}$。细长梁中，$L>5h$，这意味着正应力数值比切应力高出一个数量级。

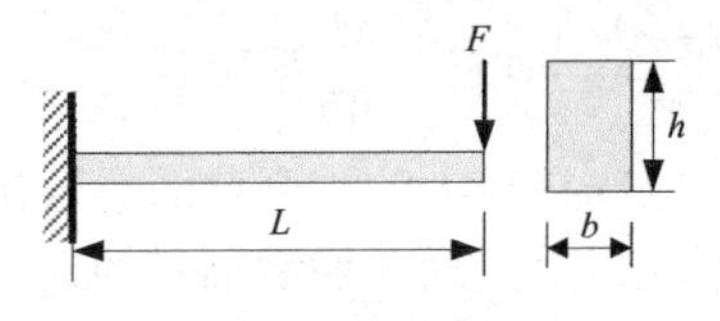

图 10.23　悬臂梁

一般塑性材料的许用切应力与许用正应力之间的关系为 $[\tau]=(0.5\sim0.577)[\sigma]$（这一关系将在第 12 章中给予说明）；而一般脆性材料的许用拉应力甚至低于许用切应力。因此，**在细长梁的弯曲问题中，影响强度的主要因素是正应力**。在短粗梁、薄壁杆件、层合梁、抗剪能力较弱的复合材料梁中，切应力是引起破坏的值得重视的因素。在截面尺寸设计时，常常是利用正应力确定相关尺寸，再利用已设计好的尺寸对切应力进行校核。

在设计梁的结构时，当然要在满足强度条件的前提下节省材料，从而提高所设计的梁的经济性。其主要措施有以下几个方面。

(1) 荷载设计

合理地布置荷载，可以在不改变荷载总量的情况下有效地降低梁中的最大弯矩。例如，图 10.24(a) 中的集中力改为通过一个副梁作用在主梁上而形成图 10.24(b) 的情况，就有效地

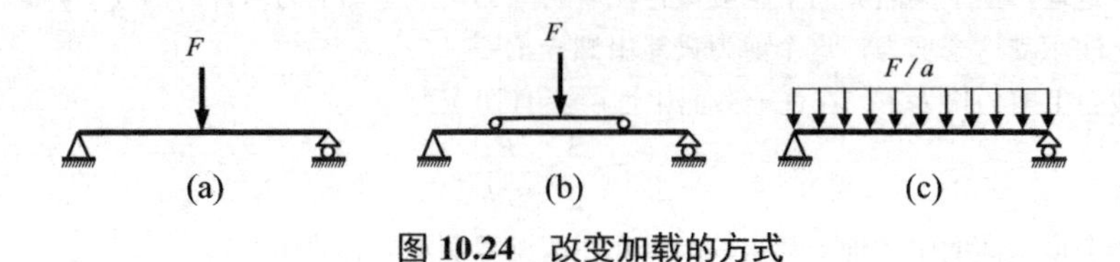

图 10.24 改变加载的方式

降低了最大弯矩。也可以将集中荷载改为均布荷载，如图 10.24(c) 所示，也可以降低梁中的最大弯矩。

(2) 支承设计

设计支承包含两类措施。一类是合理地设计支承位置，例如在图 10.25(a) 所示的简支梁结构中的两个铰对称地向中部移动一段距离，得到图 10.25(b) 所示的情况，其最大弯矩就可望得以减小，因而可以提高梁的强度。而移动的距离为多大，则要根据梁的材料性质（塑性或脆性）以及横截面的形状尺寸综合分析计算得到。本章例 10.4 就提供了一个计算实例。第二类措施，则是将约束改为更加刚性的形式，例如将图 10.25(a) 的左边的铰改为固定端而形成图 10.25(c) 所示的情况，甚至在其中部增加一个铰支承，都可以降低梁中的最大弯矩。当然，这样处理实际上是增加了约束的个数，因而将一个静定结构改变成为超静定结构。关于超静定梁的分析计算将在下一章中进行。

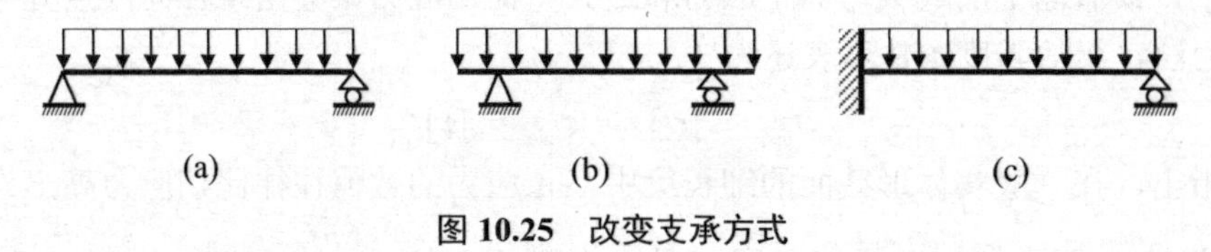

图 10.25 改变支承方式

(3) 截面设计

合理地选择截面形式首先要考虑材料的性质。如果材料的抗拉强度与抗压强度基本相等（如塑性材料），则一般采用关于中性轴对称的截面。在这种情况下，由于

$$\sigma_{\max}=\frac{M}{W}\leqslant[\sigma]$$

因此，要获得强度比较高的梁，应选择较大的抗弯截面系数 W。但从节省材料的角度考虑，应尽量地减小横截面面积 A，不能以单纯增加横截面积的途径来增大抗弯截面系数。
因此，合理的设计，应该使 W/A 尽量取得大一些。例如，对于竖向荷载，图 10.26(a) 中的截面就比 10.26(b) 中的截面合理。又例如，空心圆截面比实心圆截面有着更高的 W/A 值。工字形截面也是一种较好的截面形式，它在正应力较大的区域（远离中性轴的区域）集中了较多的材料，较充分地利用了材料的强度，因而具有较高的 W/A 值。

如果材料的抗拉强度明显低于抗压强度（如脆性材料），则可考虑采取非对称形式的截面，并使中性轴偏于截面受拉一侧。例如图 10.27 中 T 形截面梁的应用就是一种较为合理的形式。在这一类形式中，应尽量使材料的抗拉能力和抗压能力都得到充分的利用，最理想的情况，应有 $\dfrac{\sigma_{\max}^{\mathrm{t}}}{\sigma_{\max}^{\mathrm{c}}}=\dfrac{[\sigma^{\mathrm{t}}]}{[\sigma^{\mathrm{c}}]}$。在图 10.27 所示的结构中，便应有 $\dfrac{y_2}{y_1}=\dfrac{[\sigma^{\mathrm{t}}]}{[\sigma^{\mathrm{c}}]}$。

(4) 等强度梁

在上面的讨论中，都采用了等截面梁的形式。在采用许用应力作为强度标准的设计中，总是根据所出现的最大正应力来进行截面尺寸设计的。而最大正应力往往出现在最大弯矩的

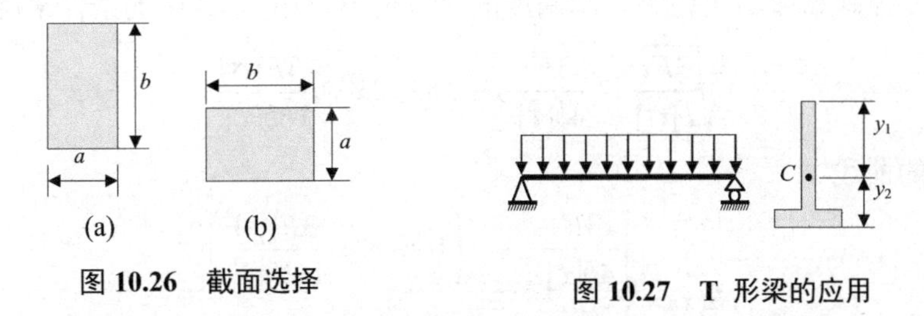

图 10.26　截面选择

图 10.27　T 形梁的应用

截面上。但是一般地，弯曲梁各截面的弯矩是不同的，根据最大弯矩所确定的截面尺寸在其他截面中就显得过于厚重，因而存在着材料浪费的问题。为解决这一问题，可考虑非等截面形式的设计。

将截面的抗弯截面系数考虑为梁长 x 的函数，取

$$\sigma_{\max}=\frac{M(x)}{W(x)}=[\sigma]$$

可得

$$W(x)=\frac{M(x)}{[\sigma]} \tag{10.16}$$

由此便可以确定截面的尺寸。根据这一方式所设计的梁称为等强度梁。

在确定截面尺寸时，考虑到构件的工艺性，一般可采用截面宽度不变而高度变化，以及高度不变而宽度变化等多种形式。在矩形截面的情况下，由于 $W=\dfrac{bh^2}{6}$，因此，当荷载作用在竖直方向上时，增加截面高度比增加截面宽度有着更高的经济性。这样，等强度梁就可设计为如图 10.28 所示的“鱼腹梁”的形式。

以图 10.28 所示的简支梁为例，假定梁截面的宽度保持为 b，考虑截面高度 h 的变化。建立如图的坐标系，并且，由于对称性，可以只考虑 $0\leqslant x\leqslant\dfrac{L}{2}$ 的区间内的高度变化。

在 $x=0$ 附近的区域内，弯矩很小，根据弯矩的要求，梁在此处附近的高度 h_0 可以取得很小。但是应注意，在这一区段内剪力保持着恒定的数值 $\dfrac{F}{2}$，因此横截面上应满足剪切强度条件，即

$$\tau_{\max}=\frac{3}{2}\times\frac{F}{2bh_0}\leqslant[\tau]$$

由此便可以确定左端处的梁的横截面高度

$$h_0=\frac{3F}{4b[\tau]}$$

随着 x 的增加，由于 $M(x)=\dfrac{1}{2}Fx$，弯矩的影响开始超过剪力的影响，此时便应增加梁截面的高度。设增加值为 $h_1(x)$，由正应力强度条件可得

$$\sigma_{\max}=\frac{Fx}{2}\times\left[\frac{1}{6}b(h_0+h_1)^2\right]^{-1}\leqslant[\sigma]$$

由此可得

$$h_1(x)=\sqrt{\frac{3Fx}{b[\sigma]}}-h_0$$

切应力强度控制高度与正应力控制高度的交点位置可由 $h_1 \geqslant 0$ 的条件来确定，即有

$$\sqrt{\frac{3Fx}{b[\sigma]}} \geqslant \frac{3F}{4b[\tau]}, \quad 即 \quad x \geqslant \frac{3F[\sigma]}{16b[\tau]^2}$$

故梁的高度 h 的曲线

$$h(x)=\begin{cases} \dfrac{3F}{4b[\tau]} & \left(0 \leqslant x \leqslant \dfrac{3F[\sigma]}{16b[\tau]^2}\right) \\ \sqrt{\dfrac{3Fx}{b[\sigma]}} & \left(\dfrac{3F[\sigma]}{16b[\tau]^2} \leqslant x \leqslant \dfrac{L}{2}\right) \end{cases}$$

应当指出，上述关于提高梁的强度和经济性的诸多措施仅仅是从力学角度上来考虑的。在实际应用中，还应该兼顾工艺性、加工成本等多种因素。例如，考虑到等强度梁加工的困难，实际工程中往往采用如图 10.29 所示的分段等截面梁来代替等强度梁。

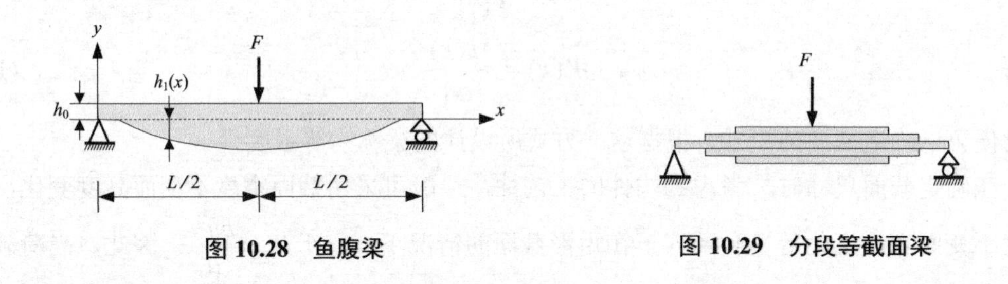

图 10.28 鱼腹梁　　图 10.29 分段等截面梁

思 考 题 10

10.1 推导公式 $\sigma=-\dfrac{My}{I}$ 的主要思路分为哪几个步骤？

10.2 在推导公式 $\sigma=-\dfrac{My}{I}$ 的过程中，在什么前提条件下导出了横截面上的正应变 $\varepsilon=-\dfrac{y}{\rho}$ ？

10.3 在推导公式 $\sigma=-\dfrac{My}{I}$ 的过程中，横截面上的正应力之和（即轴力）等于零这一条件起到了什么作用？

10.4 公式 $\sigma=-\dfrac{My}{I}$ 的适用范围是什么？

10.5 什么情况下弯曲梁横截面上的最大拉应力和最大压应力相等？什么情况下不相等？

10.6 某梁横截面形状及形心位置如图所示。若该梁的几种弯矩图如下，那么，哪些情况下会出现最大拉应力和最大压应力不在同一横截面上的现象？

10.7 两个表面光滑且材料、形状尺寸完全相同的矩形截面梁叠合起来但不粘合，左端固定，右端承受集中力 F，如图所示。这两个梁中的内力、应力情况相同吗？为什么？

10.8 在上题的情况中，两梁粘合与不粘合的应力分布有什么区别？粘合与不粘合两种情况下的最大正应力之比为多少？

10.9 用四根角钢组成的梁承受荷载作用而产生竖直平面内的纯弯曲。题图表示了若干种截面的组合形式，从强度考虑，这些组合形式中，较为合理的有哪些？

10.10 推导梁横截面上的切应力公式所采用的方法是什么？

10.11 一般实体形截面的细长梁横截面上的正应力和切应力的大小有什么区别？这种区别如何影响梁截面尺寸选择的过程？

10.12 在等强度梁设计中，什么情况下应该考虑弯曲切应力？

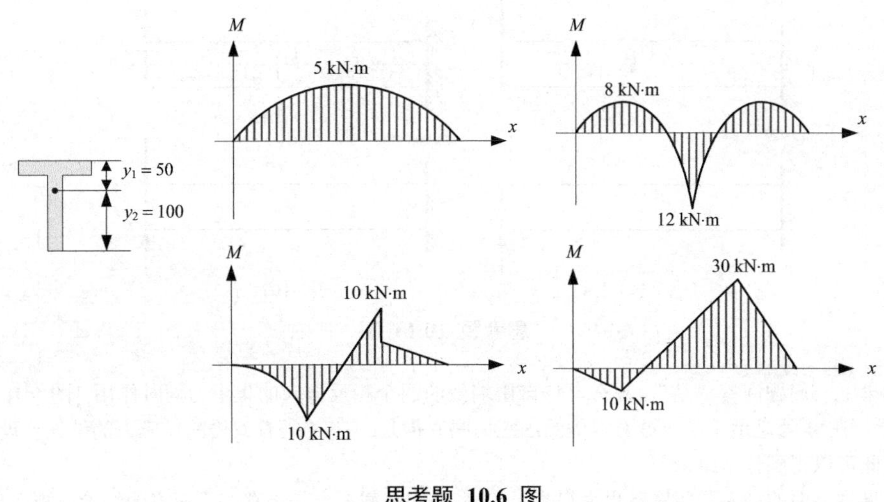

思考题 10.6 图

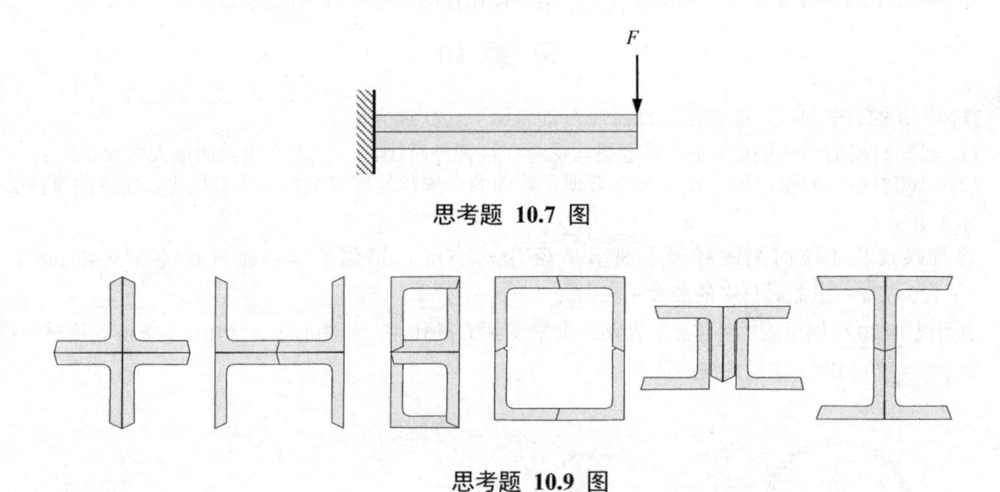

思考题 10.7 图

思考题 10.9 图

10.13 在横力弯曲中，由于横截面上切应力的存在，平截面假设不再精确地成立了，变形前的平截面在变形后不再是平面了。下列各图中虚线表示梁变形前的横截面，实线表示变形后的形状。这些图中，哪一个才可能是正确的？

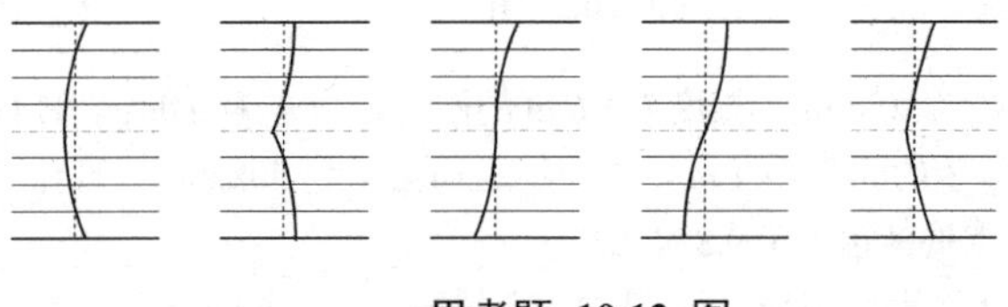

思考题 10.13 图

10.14 利用图示的情况，用逻辑分析来说明弯曲中的单向受力假定：在图 (a) 中，当自由端有横向集中力存在时，在 A 处的纵截面上是不存在正应力的。

(1) 如果在 A 处的纵截面上存在着正应力，那么是如图 (a) 的压应力吗？

(2) 如果上一问题回答“是”，那么，这就意味着 A 处的纵截面的上面部分介质对下面部分介质存在着压力。那么，下面部分对上面部分是不是也应该有压力 [图 (b)]？

(3) 如果上一问题回答“是”，那么，将集中力在自由端相反方向地作用，如图 (c) 所示，那么，A 处上面部分对下面部分，或者下面部分对上面部分是不是也应该有压力？

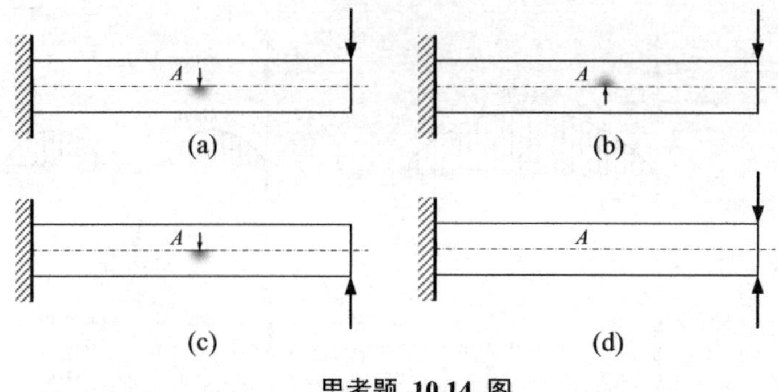

思考题 10.14 图

(4) 如果上一问题回答“是”，那么，将自由端处的两个相反方向的集中力同时作用 [图 (d)]，根据上述逻辑，在 A 处难道不是应该有双倍的压应力吗？但是，在 A 处有双倍的压应力的结论合理吗？

(5) 由此可以得到什么结论？

(6) 如果你上面的一系列问题与思考得到了在 A 处的纵截面上是不存在正应力的结论，那么你的思考中事实上已经假定了某些原理的存在。哪些原理在你的思考中得到了应用？

习 题 10

10.1 直径为 d 的直金属丝，被绕在了直径为 D 的轮缘上，D 远大于 d。

(1) 已知材料的弹性模量为 E，且金属丝保持在线弹性范围内，试求金属丝的最大弯曲正应力。

(2) 已知材料的屈服极限为 σ_s，如果要使已弯曲的金属丝能够完全恢复为直线形，轮缘的直径 D 不得小于多少？

10.2 撑杆跳过程中某时刻跳杆最小曲率半径 $\rho = 7.5\,\text{m}$，增强玻璃钢跳杆直径 $d = 40\,\text{mm}$，材料 $E = 120\,\text{GPa}$，求此时杆中的最大正应力。

10.3 由两根 №20 槽钢组成的外伸梁，在两端分别受到 F 的作用，如图所示。已知 $L = 6\,\text{m}$，钢材的许用应力 $[\sigma] = 170\,\text{MPa}$，求梁的许用荷载。

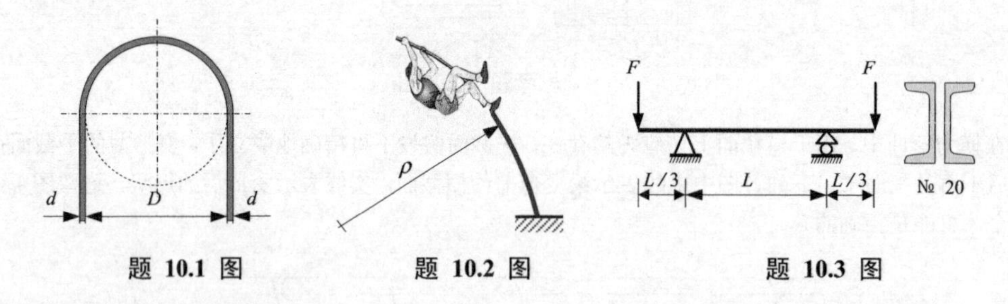

题 10.1 图　　题 10.2 图　　题 10.3 图

10.4 举重用的杠铃杆是直径为 30 mm、长度为 1.6 m 的圆杆，自重为 10kg。杠铃盘之间的距离为 1.3 m。若运动员举起杠铃时双手的间距为 1 m。求少年运动员举起 50kg 时杠铃杆横截面中的最大正应力（千克也称“公斤”，1 千克重量相当于 9.8 N）。

10.5 简支工字型钢梁上的荷载如图所示。已知 $L = 6\,\text{m}$，$q = 6\,\text{kN/m}$，$F = 20\,\text{kN}$，钢材的许用应力 $[\sigma] = 150\,\text{MPa}$，试根据正应力强度选择工字钢的型号。

10.6 题图 (a) 为某个等截面直梁的剪力图，全梁上无集中力偶矩作用。梁的横截面如题图 (b) 所示。

(1) 求梁横截面上的最大正应力。

(2) 求具有最大正应力的截面中上翼板所有正应力的合力。

10.7 外伸梁承受如图荷载，其中，$F = 15\,\text{kN}$，$a = 1\,\text{m}$，梁由两个 № 14b 槽钢按如图(a)、(b) 所示两种方式并排焊接而成。求两种情况下梁中横截面上的最大正应力。

10.8 在如图的结构中，$q = 5.6\,\text{kN/m}$，$a = 300\,\text{mm}$，若梁的横截面形状均为实心圆，且 AB、BC、CD 三个区段可以分别采用不同直径 d_1、d_2 和 d_3。若 $[\sigma] = 160\,\text{MPa}$，求三个区段合理的直径。

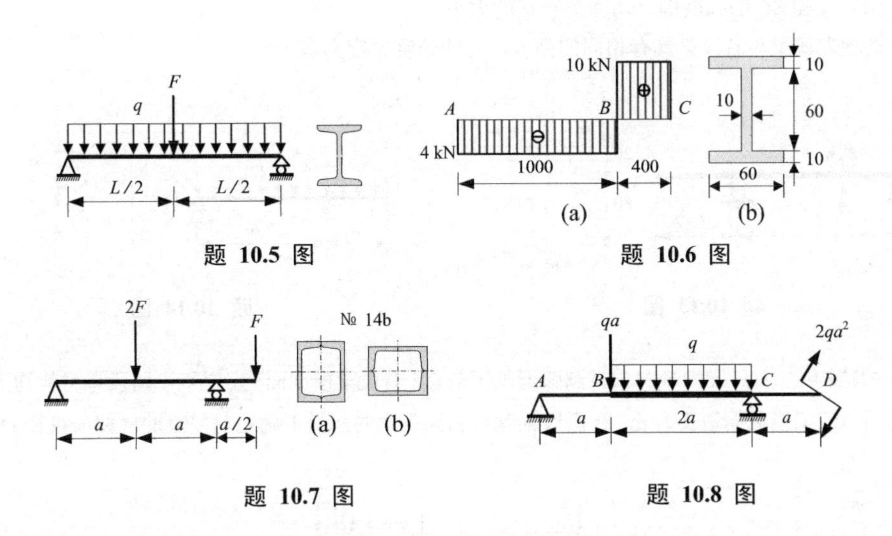

题 10.5 图　　题 10.6 图

题 10.7 图　　题 10.8 图

10.9 一块长 2.5 m 、宽 400 mm 、厚 30 mm 的木板上按如图方式堆放了 28 袋水泥。每袋水泥重 50kg。试求木板横截面上的最大正应力。如果要降低木板中的应力水平，可如何改变水泥堆放方式？注意：为了堆放安全，一垛水泥最多只能比邻近的一垛水泥高出四袋。试计算改变堆放方式后木板横截面上的最大正应力。

10.10 求如图的边长为 a 的正六边形关于 x 轴和 y 轴的抗弯截面系数。

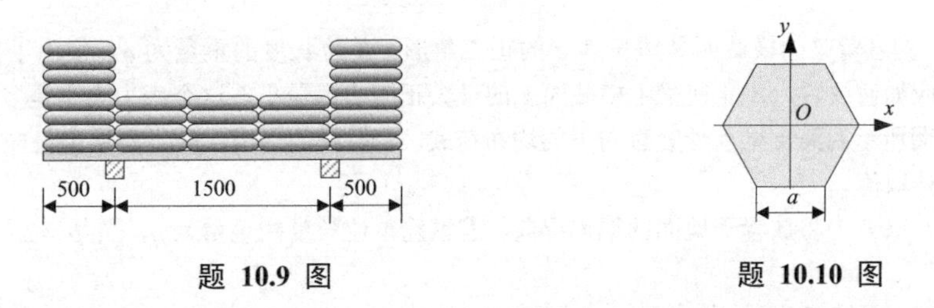

题 10.9 图　　题 10.10 图

10.11 图示悬臂梁由 № 16 槽钢制成，均布荷载 $q = 3.75\ \text{kN/m}$，试求梁中横截面上的最大弯曲拉应力和压应力。

10.12 图示槽形截面悬臂梁， $F = 10\ \text{kN}$ ， $m = 70\ \text{kN}\cdot\text{m}$ ，许用拉应力 $[\sigma^{t}] = 35\ \text{MPa}$ ，许用压应力 $[\sigma^{c}] = 120\ \text{MPa}$ ，试校核该梁的强度。

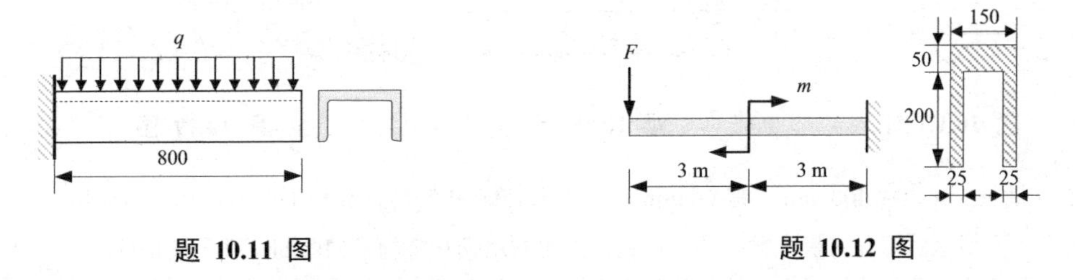

题 10.11 图　　题 10.12 图

10.13 在图示外伸梁中，载荷 F 可在全梁上移动，若梁的许用拉应力 $[\sigma^{t}] = 35\ \text{MPa}$ ，许用压应力 $[\sigma^{c}] = 140\ \text{MPa}$ ， $L = 1\ \text{m}$ ，求载荷 F 的许用值。

10.14 如图所示的结构中，A 为固定端，B、C 处为铰。两段梁的横截面均为如图的形状，且均按槽口向下的方位放置。横截面惯性矩 $I = 9\times10^{6}\ \text{mm}^{4}$ ，中性轴到上下沿的距离如图所示。材料的许用拉应力 $[\sigma^{t}] = 40\ \text{MPa}$ ，许用压应力 $[\sigma^{c}] = 80\ \text{MPa}$ 。

(1) 由右段梁 BC 的强度确定均布荷载 q 的大小；

(2) 要使左段梁与右段梁具有相同的强度，它的长度 a 应为多少？

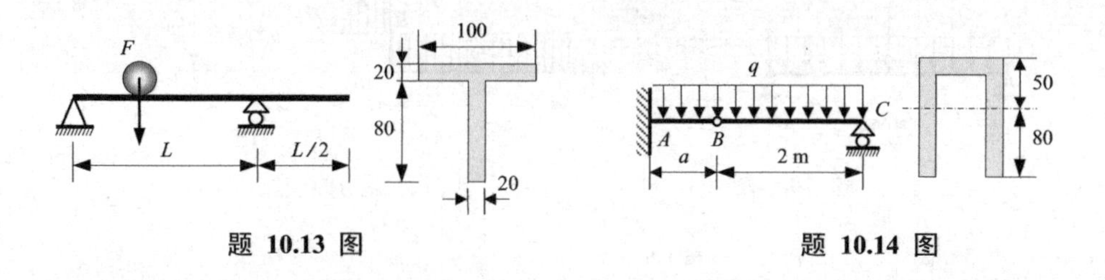

题 10.13 图　　　　题 10.14 图

10.15 如图的结构中，左段梁为半圆轴且圆弧面朝下放置。右段梁横截面为正方形。两段梁材料均为混凝土。若已知右段梁横截面边长为 a，在两段梁具有相同强度的前提下确定左段梁的横截面直径 D。

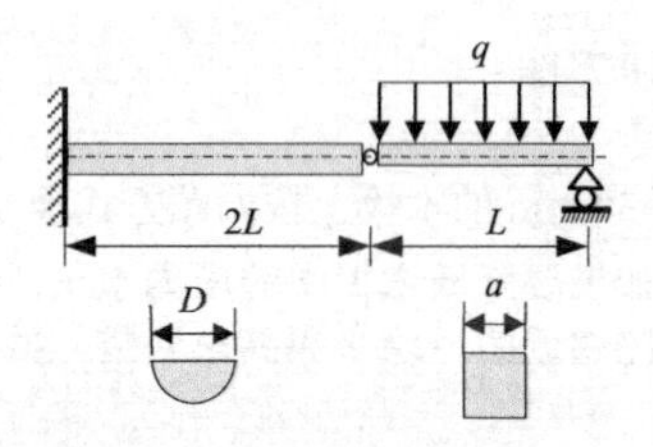

题 10.15 图

10.16 长度为 L 的悬臂梁的横截面是边长为 a 的正三角形。单位长度的重量为 q。仅由于自重，梁产生弯曲。该梁应如何放置，才能使梁中横截面上的最大正应力为最小？这个应力大小是多少？

10.17 横截面如图所示的简支梁承受竖直向下的均布荷载。若材料的许用压应力是许用拉应力的 4 倍，求下沿 b 的最佳取值。

10.18 如图所示，以 F 力将放置于地面的钢筋提起。若钢筋单位长度的重量为 q，当 $b=2a$ 时，试求所需的 F 力。

10.19 火车行驶时，其重量压在铁轨上，而铁轨是通过矩形截面的枕木压在碎石的路基上的。若两根轨道的间距 L 是预定的，那么枕木的长度 L_0 取多大最好？

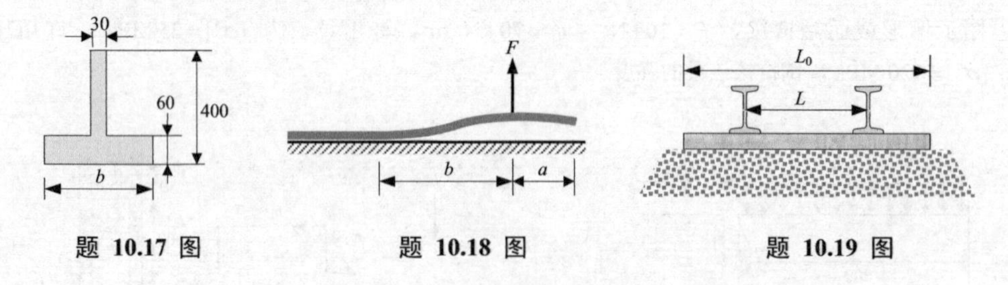

题 10.17 图　　　　题 10.18 图　　　　题 10.19 图

10.20 有一批长 3 m、宽 400 mm、厚 60 mm、重量为 1500 N 的均质混凝土板需在加工后运出。为了运输方便，在成型时即需在板上预装两个吊钩；同时利用钢管特制了如图的一种吊装构件。

(1) 吊钩应该预装在混凝土板的何处最为安全？按你所设定的吊钩位置，在吊装时板中由于自重而产生的最大拉应力为多大？

(2) 为何吊装构件要采用如图的形式？比起直接用钢绳吊装，这种装置有什么优点？

10.21 如图所示，主梁长度为 L，其中点作用有集中力 F。为了改善载荷分布，在主梁上安置一个长度为 a 的副梁。主梁和副梁材料相同，主梁抗弯截面系数 W_1 是副梁抗弯截面系数 W_2 的两倍，试求副梁长度 a 的合理值。

10.22　运动员可以在双杠的任意位置做动作。从强度因素考虑，双杠的支撑点应位于何处，即 a 与 L 的比例为多少最为合理？

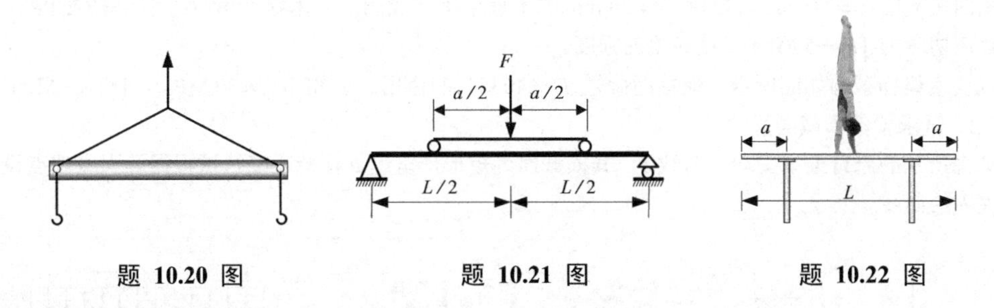

题 10.20 图　　题 10.21 图　　题 10.22 图

10.23　小明和小刚野外旅行时要越过一道约 3 m 宽的沟。沟上放着一块长约 4 m 的木板，可供人通行，如图所示。但路旁一块牌子上写着：体重超过 50kg 的人将使木板断裂！小明和小刚的体重都是 60kg。他俩想了一下，仍然利用木板安全地过了沟。

(1) 他们是如何过沟的？

(2) 解释他们安全过沟的力学道理。

(3) 这种过沟的方法对两人的体重有限制吗？

10.24　受纯弯曲的梁横截面如图所示，该截面上作用有正弯矩 M 。试求该截面中上面三分之二部分与下面三分之一部分各自所承受的弯矩比。

10.25　如图所示阶梯形悬臂梁承受均布荷载 q，其横截面是宽度均为 b 的矩形，左右两段截面高度分别为 h_1 和 h_2，长度分别为 L_1 和 L_2。若其总长度 L 不变，许用应力 $[\sigma]$ 为已知。要使梁的总重量为最小，试确定 h_1 和 h_2，L_1 和 L_2 的数值。

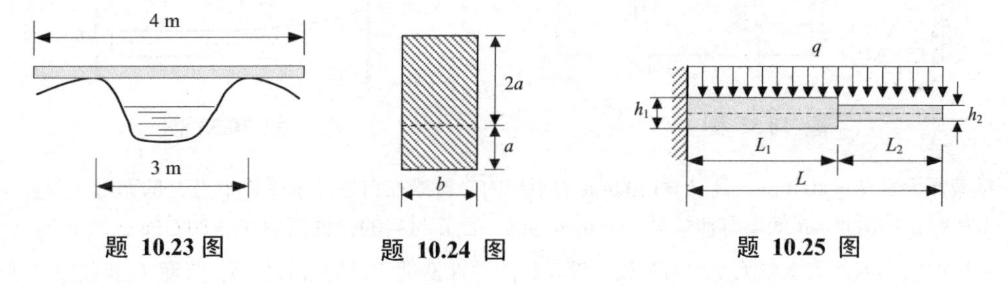

题 10.23 图　　题 10.24 图　　题 10.25 图

10.26　在如图的分段矩形等截面简支梁中，横截面的宽度全为 b，AD 和 EB 区段内高度均为 h_1，DE 区段内高度为 h_2。不考虑应力集中的影响，若要使梁的用料为最省，试求 $\dfrac{a}{L}$ 和 $\dfrac{h_1}{h_2}$。

10.27　弯曲梁的某横截面尺寸如图所示，该截面上有剪力 $F_S = 50\ \text{kN}$ ，求该截面上的最大弯曲切应力和 A、B 处的弯曲切应力。

10.28　如图的梁由两块宽度为 $50\ \text{mm}$ 、高度为 $30\ \text{mm}$ 的板材粘合而成。板材许用正应力为 $80\ \text{MPa}$ ，许用切

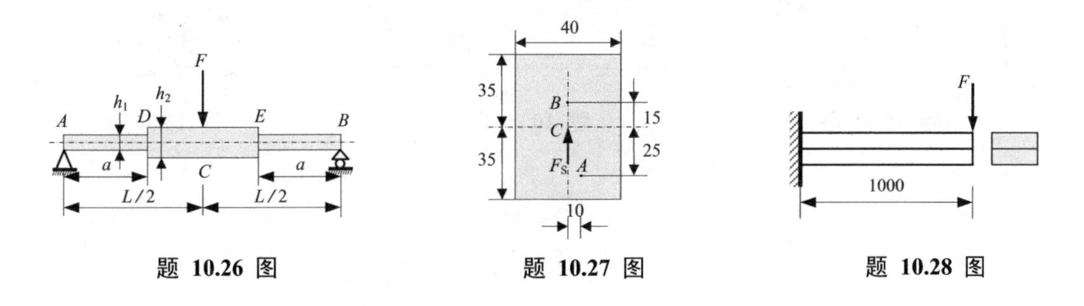

题 10.26 图　　题 10.27 图　　题 10.28 图

应力为 40 MPa；粘胶层许用正应力为 2 MPa，许用切应力为 1.5 MPa。求许用荷载 $[F]$。

10.29 如图所示，简支梁的长度 $L=400$ mm，距其左端三分之二长度处承受集中力 $F=4$ kN 的作用，梁是由四块宽度 $b=50$ mm、厚度 $h=20$ mm 的木板粘接而成的。若木材许用应力 $[\sigma]=7$ MPa，粘胶层许用切应力 $[\tau]=5$ MPa，校核梁的强度。

10.30 简支木梁横截面如图所示，受移动荷载 $F=40$ kN 的作用。已知 $[\sigma]=10$ MPa，$[\tau]=3$ MPa，$h:b=3:2$。试求梁的横截面尺寸。

10.31 如图所示的悬臂梁承受均布荷载 q，其横截面为矩形，宽度 b 保持不变，试根据等强度观点设计其厚度 h 的曲线。

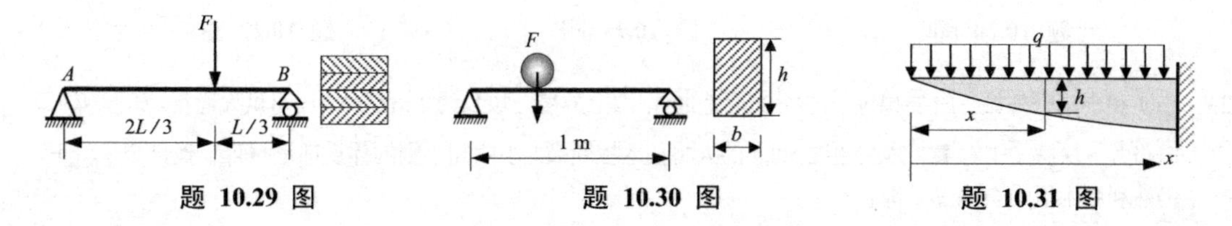

题 10.29 图　　题 10.30 图　　题 10.31 图

10.32 如图所示，挡水板每间隔两米由一立桩加固。立桩下端与地基固结，结构要求立桩上段截面为边长为 b 的正方形。若立桩宽度 b 不变，求其厚度 h 沿水深的合理变化规律。

10.33 如图所示的悬臂梁承受均布荷载，其厚度保持 h 不变。由于结构需要，其自由端的宽度要求为 b_0，以右端为坐标原点，x 向右为正，求整个梁宽度 $b(x)$ 的合理函数。

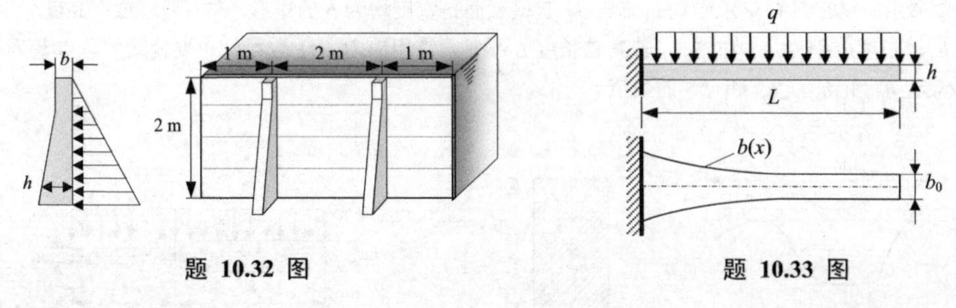

题 10.32 图　　题 10.33 图

10.34 横截面为宽 $b=40$ mm、高 $h=120$ mm 的矩形的悬臂梁在自由端承受集中力 F 的作用。若在梁侧面上相距 a 的两点 AB 间测得伸长量 $\Delta=0.04$ mm，已知材料的弹性模量 $E=80$ GPa，求 F 的大小。

10.35 如图的矩形截面简支梁承受均布荷载。设材料的弹性模量 E、均布荷载 q、跨度 L 和截面尺寸 b、h 均为已知，试求梁下边缘的总伸长量 ΔL。

10.36 如图的截面承受正弯矩 $M=40$ kN·m，材料的弹性模量 $E=200$ GPa，泊松比 $\nu=0.3$，求线段 AB 和 CD 的变化量。

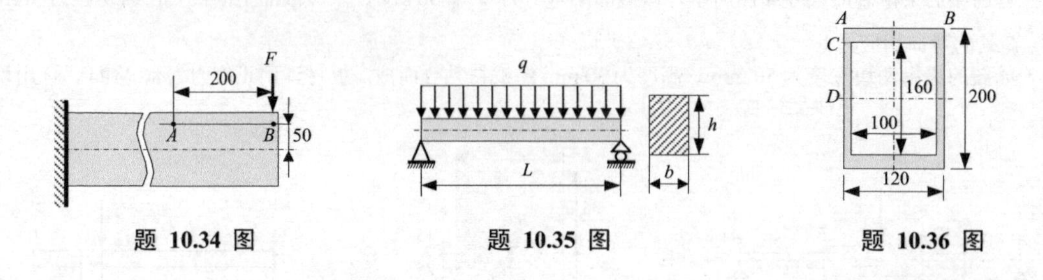

题 10.34 图　　题 10.35 图　　题 10.36 图

第 11 章　梁的弯曲变形

本章将讨论梁在线弹性范围内的弯曲变形。梁的轴线在弯曲后所形成的曲线，是弯曲变形的重点考察对象，也是衡量梁的刚度的重要指标。本章将讨论如何导出梁轴线的弯曲曲线方程，以及如何计算梁中重要指定部位的位移。

研究梁的弯曲变形的目的，是要控制变形，使结构满足刚度要求。

11.1　挠度曲线微分方程

梁在横向荷载作用下发生弯曲变形。在弹性范围内，梁的轴线在变形后成为一条连续的、光滑的曲线。这条曲线称为**挠度曲线**（deflection curve），如图 11.1 所示。本书只考虑平面弯曲的挠度曲线。在这种情况下，挠度曲线是平面曲线。在这一平面内，取梁变形前的轴线为 x 轴，同时，一般地，取梁左边端点为原点，x 轴向右为正。取另一坐标轴为 y 轴，并以向上为正。这样，梁弯曲时轴线上各点的横向位移便定义为挠度函数，并表示为

$$w=w(x) \tag{11.1}$$

在小变形情况下，可以证明，梁轴线上任意点处的轴向位移 u 比该点处的横向位移 w 小一个数量级，故通常不予考虑。

在 x 处，挠度曲线的切线与 x 轴正向的夹角为 θ，如图 11.2 所示。易于看出，θ 等于 x 处的横截面在弯曲变形中转动的角度，于是一般称 θ 为**转角**（slope），并以弧度计量。转角正负符号的规定是：逆时针转向为正，顺时针转向为负。

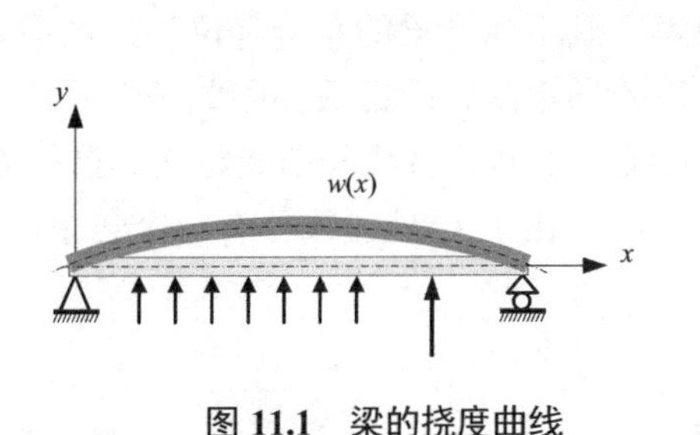

图 11.1　梁的挠度曲线

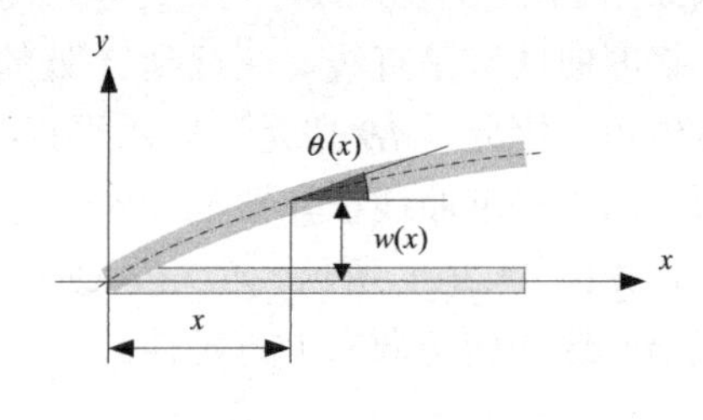

图 11.2　梁的挠度和转角

根据定义可知，$\theta(x)$ 是挠度曲线在 x 处切线的斜率，故有

$$\tan\theta=\frac{\mathrm{d}w(x)}{\mathrm{d}x}$$

在小变形情况下，θ 与 $\tan\theta$ 相差二阶微量，故有

$$\theta(x)=\frac{\mathrm{d}w(x)}{\mathrm{d}x} \tag{11.2}$$

在第 10 章中推导梁的纯弯曲的正应力公式时，曾得到了梁的中性层的曲率和弯矩的关系

式(10.4)，即

$$\frac{1}{\rho}=\frac{M_z}{EI}$$

对横力弯曲，变形是由弯矩和剪力两个因素共同引起的。但对于工程中的细长梁，剪力产生的挠度远小于弯矩产生的挠度，可略去不计，故上式仍然适用。这方面的误差分析，可参见参考文献 [6]。

数学上，曲线 $y=y(x)$ 的曲率计算式为

$$\frac{1}{\rho}=\pm\frac{y''}{[1+(y')^2]^{3/2}}$$

因此对于梁的弯曲，应有

$$\frac{w''}{[1+(w')^2]^{3/2}}=\pm\frac{M_z}{EI}$$

在小变形情况下，w'（即θ）的绝对值远小于 1，因此上式左端分母中的 $(w')^2$ 可以忽略。同时，由内力的符号规定可知，弯矩的正负规定和曲率的正负规定是一致的（即梁轴线为凹曲线时取正，为凸曲线时取负），故上式中只取正号，这样便有

$$\frac{\mathrm{d}^2w}{\mathrm{d}x^2}=\frac{M_z}{EI} \tag{11.3}$$

式 (11.3) 即为挠度曲线的近似微分方程。其中，EI 称为**弯曲刚度**（flexural rigidity），或抗弯刚度。对于等截面直梁，EI 为常数，挠度曲线方程还可以写成下列的高阶微分的形式

$$EI\frac{\mathrm{d}^3w}{\mathrm{d}x^3}=\frac{\mathrm{d}M_z}{\mathrm{d}x}=F_{\mathrm{S}}(x) \tag{11.4}$$

$$EI\frac{\mathrm{d}^4w}{\mathrm{d}x^4}=\frac{\mathrm{d}F_{\mathrm{S}}}{\mathrm{d}x}=q(x) \tag{11.5}$$

式(10.4) 表达了挠度曲线曲率与弯矩之间的关系，同时，梁的约束条件对挠度曲线的走势具有一些限制，这两个因素构成了分析梁弯曲的挠度曲线的大致形状的基础。

例如图 11.3(a) 中的悬臂梁。其弯矩图如图 11.3(b) 所示。由于 AB 区段弯矩为零，故曲率为零，挠度曲线应是直线。注意到 A 处的固定约束，既不允许梁的左端有位移，也不允许该处存在转角，因此，AB 段是一段水平直线。BC 段的弯矩是正的常数，因此 BC 段是一段凹的圆弧。由于挠度曲线在弹性范围内一定是光滑曲线，故 B 处直线与曲线相切。这样 C 端向上挠曲，如图 11.3(c) 所示。CD 段又应该是一段直线，由于 C 处弧线已有一个转角，故 CD 段直线沿着这一转角向右上方延伸。

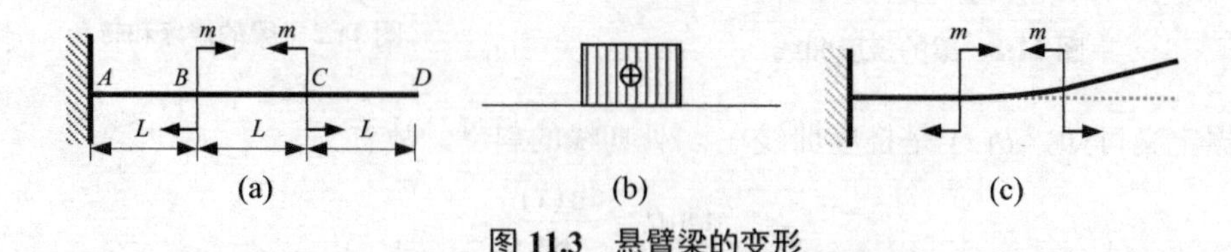

图 11.3 悬臂梁的变形

图 11.4(a) 是一个简支梁的例子。它各段的曲线形式与图 11.3(c) 的情况一样。但是，由于约束情况不同，挠度曲线也不相同。在 AB 段和 CD 段，挠度曲线分别是向右下倾斜和向右上倾斜的直线，如图 11.4(c) 所示。

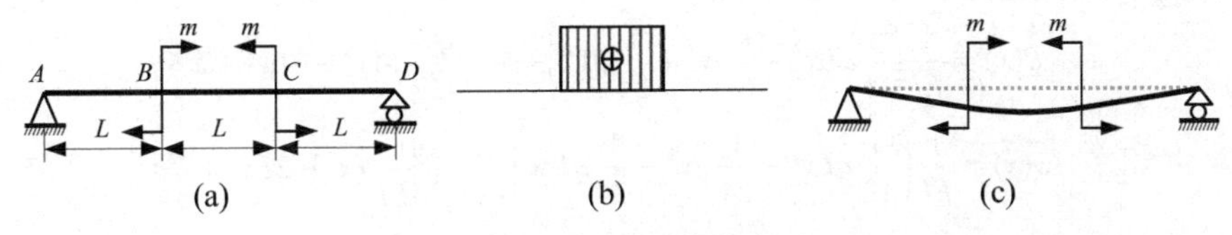

图 11.4 简支梁的变形

由上面这两个简单的例子可看出，内力情况相同的梁，其挠度曲线不一定相同。另一方面，在这两个例子中，约束处都没有支反力，但是约束却对挠度曲线的走势起到了限制作用。因此，弯矩和约束共同决定了挠度曲线从左到右的发展态势。

11.2 积分法求梁的变形

梁的挠度曲线方程，可以从式(11.3) 直接积分求得。将弯矩函数代入该式积分得

$$\theta(x)=\frac{\mathrm{d}w(x)}{\mathrm{d}x}=\int_{L}\frac{M(x)}{EI}\mathrm{d}x+C \tag{11.6}$$

式中，C 是积分常数。再积一次分得

$$w(x)=\int_{L}\int_{L}\frac{M(x)}{EI}\mathrm{d}x\,\mathrm{d}x+Cx+D \tag{11.7}$$

式中，D 是又一个积分常数。如果是等截面梁，还可把上两式改写为

$$\theta(x)=\frac{1}{EI}\left[\int_{L}M(x)\mathrm{d}x+C\right] \tag{11.8}$$

$$w(x)=\frac{1}{EI}\left[\int_{L}\int_{L}M(x)\mathrm{d}x\mathrm{d}x+Cx+D\right] \tag{11.9}$$

上面各式的 C 和 D 需要由补充条件来确定。

若梁的弯矩方程在全梁中可只用一个式子来表达，则积分常数 C 和 D 将由支承处的几何约束条件（包括位移 w 和转角 θ ）予以确定，这类条件也称边界条件。例如，在铰支承处，其挠度为零；在固定端处，挠度为零，转角为零。下面用例子加以说明。

【例 11.1】 简支梁 AB 受均布荷载作用，如图 11.5 所示。若抗弯刚度为 EI，求挠度方程，以及梁中的最大挠度和最大转角。

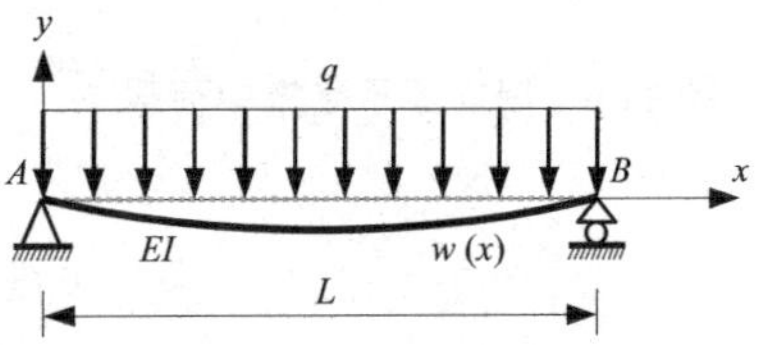

图 11.5 例 11.1 图

解：易得两端 A、B 处的支反力均为向上的 $\frac{1}{2}qL$，用截面法可得弯矩方程

$$M(x)=\frac{1}{2}qLx-\frac{1}{2}qx^2$$

积分得

$$\theta=\frac{1}{EI}\left(\frac{1}{4}qLx^2-\frac{1}{6}qx^3+C\right)$$

$$w=\frac{1}{EI}\left(\frac{1}{12}qLx^3-\frac{1}{24}qx^4+Cx+D\right)$$

显然，在 $x=0$ 处，$w=0$，由此可得 $D=0$；同时，在 $x=L$ 处，$w=0$，由此可得 $C=-\frac{1}{24}qL^3$。

于是转角和挠度方程分别为

$$\theta(x)=\frac{1}{EI}\left(\frac{1}{4}qLx^2-\frac{1}{6}qx^3-\frac{1}{24}qL^3\right)=-\frac{q}{24EI}(4x^3-6Lx^2+L^3) \quad ①$$

$$w(x)=\frac{1}{EI}\left(\frac{1}{12}qLx^3-\frac{1}{24}qx^4-\frac{1}{24}qL^3x\right)=-\frac{qx}{24EI}(x^3-2Lx^2+L^3) \quad ②$$

易于看出，梁中最大的挠度出现在跨中点处，即 $x=\frac{L}{2}$ 处。将 $x=\frac{L}{2}$ 代入式②即可得

$$w_{\max}=-\frac{5qL^4}{384EI}\ (\downarrow)$$

在梁的两端有最大的转角。将 $x=0$ 和 $x=L$ 分别代入式①可得

$$\theta_A=-\frac{qL^3}{24EI}\ （顺时针），\quad \theta_B=\frac{qL^3}{24EI}\ （逆时针）$$

当分布荷载不是连续地分布在整个梁上时，或者有集中力、集中力偶矩作用时，相应的弯矩图一般会出现曲线形式的变化、尖点或跃变。这种情况下弯矩方程一般需要分段写出。这样，由弯矩方程积分所得到的挠度和转角方程也就是分段形式的。而每一段挠度方程都会出现自己的积分常数 C 和 D。除了整个梁的边界条件应该参与确定积分常数之外，还必须另外补充条件。注意到挠度曲线必定是连续的（否则表示梁已经断开），因此在两段交界 $x=a$ 处必定有**连续条件**

$$w(a^-)=w(a^+) \quad (11.10a)$$

式中，$w(a^-)$ 表示 $x<a$ 区段上 $x\to a$ 时的挠度值，$w(a^+)$ 表示 $x>a$ 区段上 $x\to a$ 时的挠度值。同时，挠度曲线必定是光滑的（否则表示梁已经折裂），故有**光滑条件**

$$\theta(a^-)=\theta(a^+) \quad (11.10b)$$

式中，$\theta(a^-)$ 和 $\theta(a^+)$ 的意义与挠度类似。这样便可以获得足以确定所有积分常数的条件。下面便是一个简单的例子。

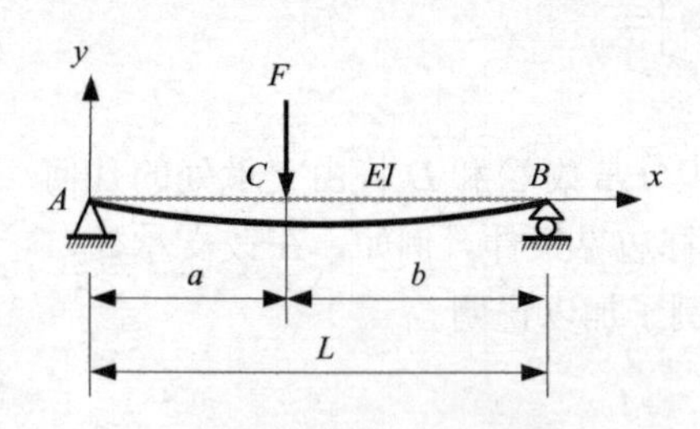

图 11.6 简支梁承受集中荷载

【例 11.2】 如图 11.6 所示，简支梁 AB 受在离左端为 a 的 C 处有一集中力作用，求其挠度曲线。

解：由截面法可得 AC 段及 CB 段的弯矩方程分别为

$$M_1(x)=\frac{Fb}{L}x \quad (0\leqslant x\leqslant a)$$

$$M_2(x)=\frac{Fb}{L}x-F(x-a) \quad (a\leqslant x\leqslant L)$$

在求转角函数和挠度函数时，应对上两式分别积分。由此可得

$$\theta_1(x)=\frac{F}{EIL}\left(\frac{1}{2}bx^2+C_1\right) \quad (0\leqslant x\leqslant a)$$

$$\theta_2(x)=\frac{F}{EIL}\left[\frac{1}{2}bx^2-\frac{1}{2}L(x-a)^2+C_2\right] \quad (a\leqslant x\leqslant L)$$

再积分一次可得

$$w_1(x)=\frac{F}{EIL}\left(\frac{1}{6}bx^3+C_1x+D_1\right) \quad (0\leqslant x\leqslant a)$$

$$w_2(x)=\frac{F}{EIL}\left[\frac{1}{6}bx^3-\frac{1}{6}L(x-a)^3+C_2x+D_2\right] \quad (a\leqslant x\leqslant L)$$

由 $x=0$，$w_1=0$ 可得 $D_1=0$。由 $x=L$，$w_2=0$ 可得

$$C_2L+D_2=-\frac{1}{6}bL(L^2-b^2)$$

由光滑条件 $\theta_1(a)=\theta_2(a)$ 可得 $C_1=C_2$。由连续条件 $w_1(a)=w_2(a)$ 可得

$$C_1a+D_1=C_2a+D_2$$

故有
$$D_2=D_1=0\,,\quad C_1=C_2=-\frac{1}{6}b(L^2-b^2)$$

这样便可得挠度方程

$$w_1(x)=-\frac{Fbx}{6EIL}\left(L^2-b^2-x^2\right)\qquad(0\leqslant x\leqslant a)$$

$$w_2(x)=-\frac{Fb}{6EIL}\left[(L^2-b^2-x^2)x+\frac{L}{b}(x-a)^3\right]\qquad(a\leqslant x\leqslant L)$$

积分法是求梁的挠度和转角的基本方法。积分法的优点是可以全面地掌握整个梁的挠度和转角的变化规律。一旦挠度和转角的函数确定下来，那么任意截面的挠度和转角都可以求出来了。

11.3　叠加法计算梁的挠度与转角

积分法的结果可以全面地反映整个梁的挠度和转角的变化规律，但有时也失于繁琐。如果人们关心的不是整个挠度函数，而是某些关键部位的挠度和转角，那么本节所叙述的叠加法则更为便捷。

叠加法的基本依据是叠加原理。由第 6 章中的分析可看出，梁的内力（剪力和弯矩）与外荷载呈线性关系。因此，如果（广义）荷载 F_1 在梁中引起的弯矩为 $M_1(x)$，荷载 F_2 在该梁引起的弯矩为 $M_2(x)$，那么，F_1 和 F_2 共同作用所引起的弯矩就是 M_1+M_2。这就是说，梁的内力关于外荷载满足叠加原理。

与此同时，由式(11.3) 可知，梁的挠度与弯矩构成线性微分方程。根据这个方程，如果 $M_1(x)$ 所引起的挠度是 $w_1(x)$，$M_2(x)$ 所引起的挠度是 $w_2(x)$，$M_1(x)$ 和 $M_2(x)$ 共同所引起的挠度为 $w(x)$，那么就有

$$M_1=EI\frac{\mathrm{d}^2w_1(x)}{\mathrm{d}x^2}\,,\quad M_2=EI\frac{\mathrm{d}^2w_2(x)}{\mathrm{d}x^2}\,,\quad (M_1+M_2)=EI\frac{\mathrm{d}^2w(x)}{\mathrm{d}x^2}$$

但是，
$$(M_1+M_2)=EI\frac{\mathrm{d}^2w_1(x)}{\mathrm{d}x^2}+EI\frac{\mathrm{d}^2w_2(x)}{\mathrm{d}x^2}=EI\frac{\mathrm{d}^2}{\mathrm{d}x^2}(w_1+w_2)$$

故有
$$w(x)=w_1(x)+w_2(x)\,。$$

这就说明，挠度关于弯矩满足叠加原理。同样可以导出，挠度关于荷载也满足叠加原理。也就是说，如果（广义）荷载 F_1 在梁中某截面 K 引起的广义位移（挠度、转角）为 v_1，荷载 F_2 在 K 截面引起的同类位移为 v_2，那么，F_1 和 F_2 共同作用在 K 截面所引起的这个位移就是 v_1+v_2。这构成了计算梁变形的叠加法的理论基础。

在原理上，利用叠加法不仅可以求出指定截面处的挠度和转角，同样也可以求出整个梁的挠度函数和转角函数。但从操作层面上来讲，用叠加法求挠度函数的过程反而不如直接用积分法（尤其是采用奇异函数）来得直接。因此，叠加法用来求指定截面处的挠度和转角更能发挥自身的优势。

本书将简单梁在常见荷载作用下的挠度和转角列于附录Ⅱ。应用叠加法时，通常将所求问题中的荷载以及结构分解或转化为附录Ⅱ中所列出的典型形式。

下面讨论一些常用的叠加法手段。

11.3.1 荷载的分解与重组

为了将实际结构转化为附录Ⅱ中若干个简单情况的组合，有时需要把荷载进行分解。例如在图 11.7 中，图 11.7(a) 的荷载，就可以分解为图 11.7 (b) 和 (c) 荷载的组合；图 11.7 (a) 中 B 截面的挠度，就等于图 11.7 (b) 和 (c) 中 B 截面挠度的和。

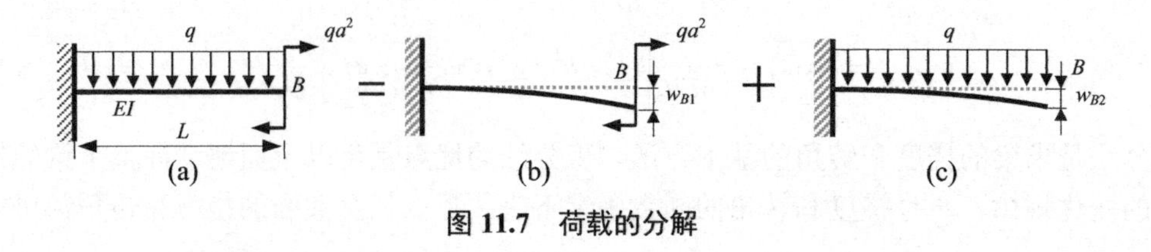

图 11.7　荷载的分解

有的情况下，需要将荷载重新组合，见例 11.3。

【例 11.3】 用叠加法计算图 11.8(a) 中 B 端的挠度和转角，梁的抗弯刚度为常数 EI。

解：为了在本例中应用附录Ⅱ的结果，可将荷载表示为图 11.8 (b) 和 (c) 两种情况的和。

图 11.8(b) 中的荷载在 B 端所引起的挠度和转角可直接采用附录Ⅱ的结论，即

$$\theta_{B1}=-\frac{qL^3}{6EI},\qquad w_{B1}=-\frac{qL^4}{8EI}$$

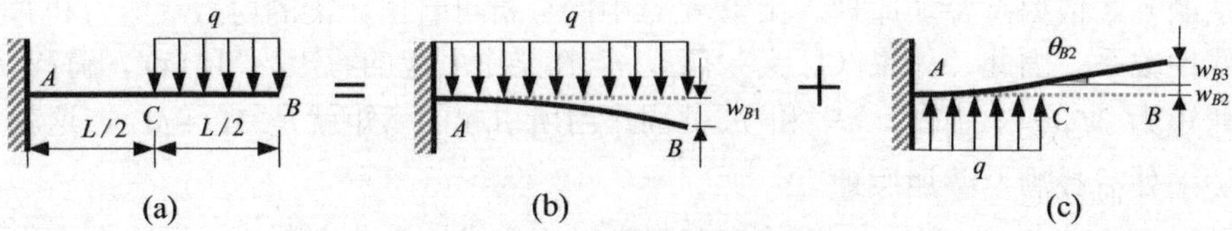

图 11.8　荷载的重组

在图 11.8(c) 中，从 A 端到中点 C 将引起向上的弯曲变形，AC 区段的变形与悬臂梁承受向上的均布荷载而发生的变形完全一样。从中点 C 到 B 端，由于没有横向荷载，它将顺着 C 处的转角形成向右上倾斜的直线，因此，B 端的转角 θ_{B2} 就等于中点 C 处的转角，即

$$\theta_{B2}=\frac{q}{6EI}\times\left(\frac{L}{2}\right)^3=\frac{qL^3}{48EI}$$

而 B 端的挠度包含两部分：中截面 C 的挠度 $w_{B2}=w_C$，以及右半段由于 C 处的转角而引起的挠度 w_{B3}，即

$$w_C=w_{B2}=\frac{q}{8EI}\times\left(\frac{L}{2}\right)^4=\frac{qL^4}{128EI}$$

$$w_{B3}=\frac{1}{2}L\tan\theta_{B2}=\frac{1}{2}L\theta_{B2}=\frac{qL^4}{96EI}$$

故有

$$\theta_B=\theta_{B1}+\theta_{B2}=-\frac{qL^3}{6EI}+\frac{qL^3}{48EI}=-\frac{7qL^3}{48EI}\quad（顺时针）$$

$$w_B=w_{B1}+w_{B2}+w_{B3}=-\frac{qL^4}{8EI}+\frac{qL^4}{128EI}+\frac{qL^4}{96EI}=-\frac{41qL^4}{384EI}\ (\downarrow)$$

11.3.2 逐段刚化法

结构中某点的位移，原则上受到这个结构中各个部件变形的影响。本小节的方法只适用于静定结构。例如图 11.9(a) 中的静定刚架，在 F 的作用下 A 点产生竖向位移。从图 11.9(b) 中可看出，A 点的位移不仅受到横梁变形的影响，而且受到竖梁变形的影响。

竖梁变形是这样影响 A 点竖向位移的：F 的向下作用，使竖梁在其上端受到顺时针方向的力偶矩 Fa 的作用，因而产生弯曲变形，其上端 B 处产生了一个顺时针方向转角 θ_B。由于刚结点处的直角是不会改变的，因此横梁也将产生一个同方向的转角 θ_B。即使横梁不变形，这一转角也将使横梁右端产生竖向位移 $v_1 = \theta_B a$，如图 11.9(c)所示。因此，在考虑竖梁变形对 A 点位移的贡献 v_1 时，不妨将横梁视为刚体。

考虑在竖梁变形的基础之上叠加上横梁的变形。由于只考虑横梁变形，故 A 点的竖向位移相当于一个悬臂梁在端点承受集中力时自由端的挠度 v_2，如图 11.9(d) 所示。这样，在考虑 v_2 时便可把竖梁视为刚体，只计算横梁的变形。

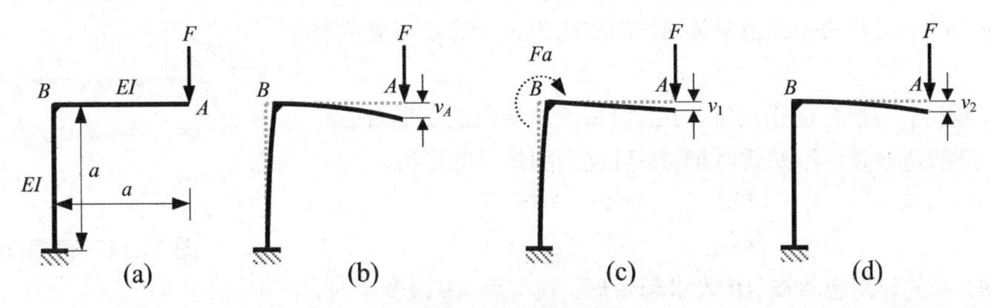

图 11.9　逐段刚化法

这样，便可以将结构的两部分逐段“刚化”，算出未刚化部分变形对所求位移的贡献，然后将其叠加起来，便可以得到所求的位移了。原则上，由于是在竖梁变形的基础上叠加横梁变形对 A 点位移的贡献，故这一贡献应为 $v_2 \cos\theta_B$；但由于 θ_B 很小，在忽略二阶微量的前提下，$\cos\theta_B = 1$，故这一贡献可直接记为 v_2。这样，横梁和竖梁对 A 点位移的贡献都可以分别在未变形的构形（尺寸与形状）上进行计算后直接叠加，故有

$$v_A = v_1 + v_2 = \frac{(Fa)a}{EI} \times a + \frac{Fa^3}{3EI} = \frac{4Fa^3}{3EI} (\downarrow)$$

上述方法不仅可以用来求解线位移（挠度），还可以用来求解角位移（转角）。

【例 11.4】 外伸梁受集中力 F 作用，如图 11.10(a)所示，已知 EI 为常数，求 C 截面的挠度 w_C 和转角 θ_C。

解： C 截面的挠度和转角是由梁的简支部分 AB 段和外伸部分 BC 段共同变形引起的，现在把梁的变形分为两部分考虑。

① 只考虑 BC 段变形，暂不考虑 AB 段的变形，这相当于将 AB 段视为刚体。这样，BC 段的变形相当于一个悬臂梁的变形，如图 11.10(b) 所示。C 截面的转角和挠度

$$\theta_{C1} = -\frac{Fa^2}{2EI},\quad w_{C1} = -\frac{Fa^3}{3EI}$$

② 只考虑 AB 段变形而不考虑 BC 段的变形，这相当于把 BC 段当成刚体。这时作用在 C 处的外力可平移至 B 处，并附加一个力偶矩 $m = Fa$，如图 11.10(c) 所示。作用在 B 点处的 F 不引起梁的变形，只有力偶矩引起变形，这种变形在 B 点处体现为 B 截面顺时针方向的转角。这种情况下 BC 段虽不变形，但可以随 B 截面的转动而产生刚体转动，从而在 C 点引起竖直向下的挠度 w_{C2}。于是有

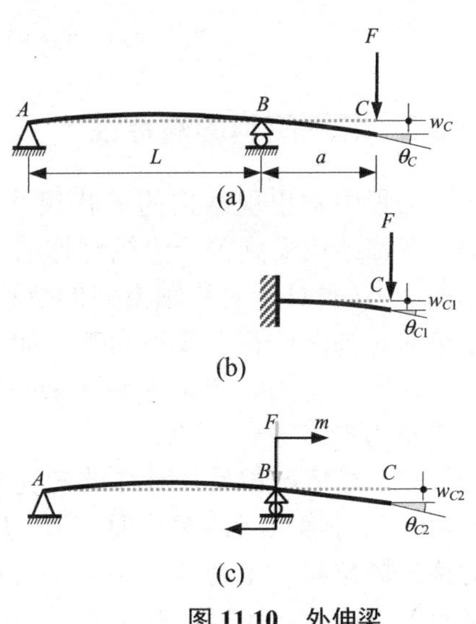

图 11.10　外伸梁

$$\theta_{C2}=\theta_{B2}=-\frac{mL}{3EI}=-\frac{Fa\cdot L}{3EI}$$

$$w_{C2}=\theta_{B2}\times a=-\frac{mL}{3EI}\times a=-\frac{Fa^2L}{3EI}$$

C 截面的挠度和转角为上述两种情况中对应项的叠加，即

$$\theta_C=\theta_{C1}+\theta_{C2}=-\frac{Fa}{6EI}(3a+2L)\text{（顺时针）}$$

$$w_C=w_{C1}+w_{C2}=-\frac{Fa^2}{3EI}(a+L)\ (\downarrow)$$

【例 11.5】 在图 11.11 所示的直角曲拐中，AB 段为直径为 d 的圆轴，BC 段的横截面是宽度为 b、高度为 h 的矩形。在 C 点处有向下作用的集中力 F。已知材料的弹性模量为 E，泊松比为 ν，求 C 点处的竖向位移 w。

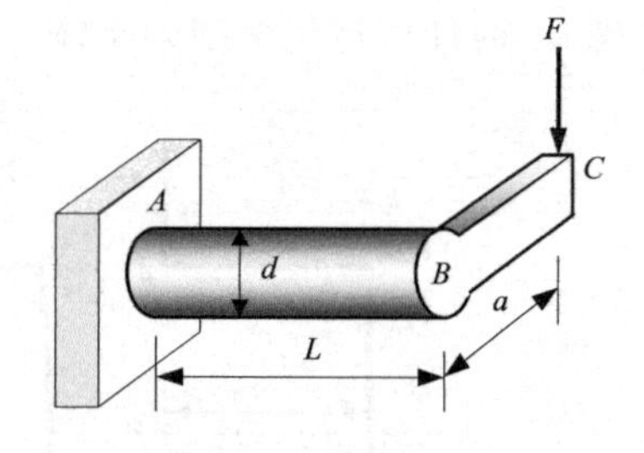

图 11.11　直角曲拐

解： 可以看出，在 F 的作用下，BC 段将产生弯曲的变形效应。在只考虑 BC 段的弯曲时，不妨暂时把 AB 段视为刚体。即可得

$$w_{BC}=-\frac{Fa^3}{3EI_{BC}}=-\frac{4Fa^3}{Ebh^3}$$

另一方面，F 的作用也将在 AB 段引起变形。在考虑 AB 段变形时，可以暂时把 BC 段视为刚体，从而将力 F 由 C 平移到 B，同时附加一个集中力偶矩 Fa。作用在 B 处的力 F 使 AB 段产生弯曲，在 B 处的竖向位移为

$$w_{AB}=-\frac{FL^3}{3EI_{AB}}=-\frac{64FL^3}{3E\pi d^4}$$

作用在 B 处的力偶矩使 AB 段产生扭转，B 截面相对于 A 截面的扭转角

$$\varphi=\frac{TL}{GI_{\mathrm{P}AB}}=\frac{32FaL}{G\pi d^4}=\frac{64FaL(1+\nu)}{E\pi d^4}$$

而对应于这一转角，BC 段将产生刚体的转动，因而 C 处便产生相应的竖向位移

$$w_{\varphi}=-\varphi a=-\frac{64Fa^2L(1+\nu)}{E\pi d^4}$$

易于看出，C 点的全部竖向位移便是上述三项竖向位移之和

$$w_C=w_{BC}+w_{AB}+w_{\varphi}=-\frac{4F}{E}\left[\frac{a^3}{bh^3}+\frac{16L^3}{3\pi d^4}+\frac{16(1+\nu)La^2}{\pi d^4}\right]\ (\downarrow)$$

11.3.3　利用结构的对称性

工程中常出现结构的形状尺寸以及约束关于中线对称的情况，称这类结构为对称结构。对称结构受到关于中线对称的荷载作用时，其变形是对称的。因此，在对称点（或对称面上），垂直于对称轴方向的位移必定为零，该处如果无铰，其转角也必定为零，但该处沿对称轴的位移一般不为零，如图 11.12 所示。同时，其内力也与对称性有关，即对称面（点）上剪力、扭矩为零（某些情况下可能存在跃变），但对称面（点）上轴力、弯矩一般不为零。

与上述情况相反，对称结构受到关于中线反对称的荷载作用时，其变形是反对称的。因此，在对称点（或对称面上），垂直于对称轴方向的位移和转角不一定为零，但该处沿对称轴的位移一定为零，如图 11.13 所示。同时，其内力也与反对称性质有关，即对称面（点）上剪力、扭矩一般不为零，但对称面（点）上轴力、弯矩为零（某些情况下可能存在跃变）。

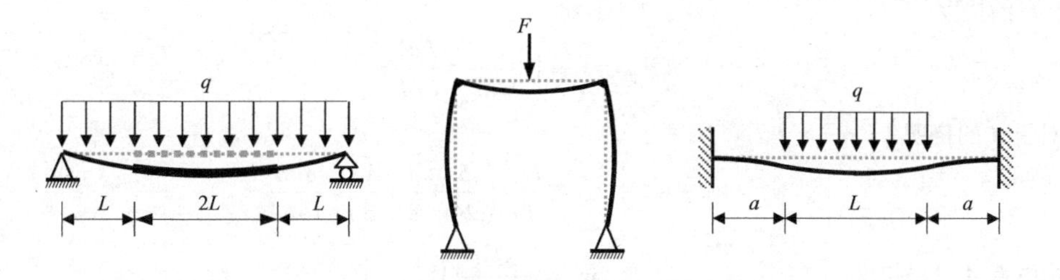

图 11.12　对称结构承受对称荷载的例子

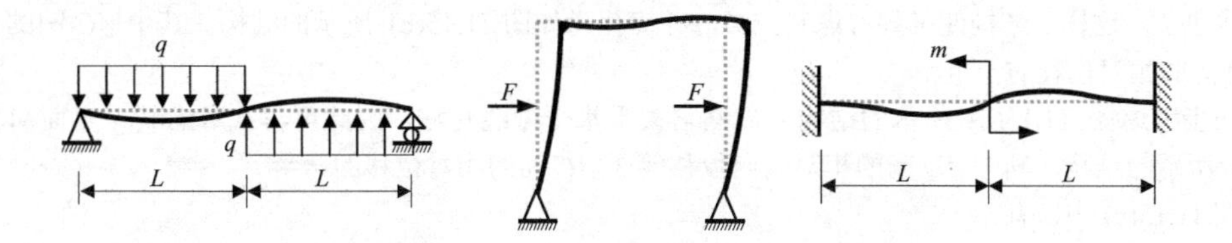

图 11.13　对称结构承受反对称荷载的例子

利用上述特点，可以更方便地求出许多对称结构中指定截面的位移和转角。

【例 11.6】 求如图 11.14(a) 所示的分段等截面简支梁的中点 A 处的挠度。

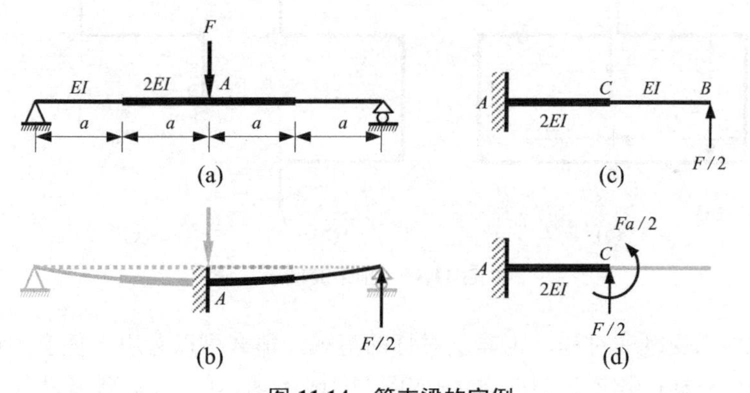

图 11.14　简支梁的实例

解： 由于对称性，原结构中点的转角必定为零。取其右边一半考虑，将中点视为固定端，右端铰用向上的作用力 $\dfrac{F}{2}$ 代替，如图 11.14(b) 所示；则图 11.14(b) 所示的悬臂梁与图 11.14(a) 所示的右半段梁的外荷载和内力完全相同，约束的几何效果相同，故原结构中点挠度与图 11.14(c) 中的悬臂梁自由端 B 处的挠度在数值上相等而符号相反。

在计算图 11.14(c) 中 B 处的挠度时，由于 AC 段与 CB 段抗弯刚度不同，故应分段计算。C 处的挠度 w_C、由于 C 处转角而导致的 B 处挠度 w_θ、BC 间的相对挠度 w_{BC} 三者之和构成了 B 处的挠度。注意到 w_C 和 C 处转角都是由集中力 $\dfrac{F}{2}$ 和力偶矩 $\dfrac{Fa}{2}$ 共同引起的，如图 11.14(d) 所示，故有

$$w_C=\left(\frac{F}{2}\right)\times\frac{a^3}{3\times(2EI)}+\left(\frac{Fa}{2}\right)\times\frac{a^2}{2\times(2EI)}=\frac{5Fa^3}{24EI}$$

$$w_\theta=\theta_C a=\left[\left(\frac{F}{2}\right)\times\frac{a^2}{2\times(2EI)}+\left(\frac{Fa}{2}\right)\times\frac{a}{(2EI)}\right]a=\frac{3Fa^3}{8EI}$$

B 相对于 C 的挠度

$$w_{BC}=\left(\frac{F}{2}\right)\times\frac{a^3}{3EI}=\frac{Fa^3}{6EI}$$

故 B 相对于 A 的挠度

$$w_B=w_C+w_\theta+w_{BC}=\frac{Fa^3}{EI}\left(\frac{5}{24}+\frac{3}{8}+\frac{1}{6}\right)=\frac{3Fa^3}{4EI}$$

故原结构中点 A 处的挠度 $$w_A=-\frac{3Fa^3}{4EI}\ (\downarrow)$$

【例 11.7】 图 11.15(a) 所示刚架各部分的抗弯刚度均为 EI，求断口处 AB 间的相对位移。

解： 由于结构对称而荷载反对称，因此结构下梁中点 C 处弯矩为零，而剪力不为零。由截面法易得，C 处剪力等于 F。这样，结构便可只考虑其一半，并简化为如图 11.15(b) 所示的结构。其中 AC 间的相对位移等于 AB 间的相对位移的一半。

进一步考虑图 11.15(b) 所示的结构，显然它关于水平中线对称，因此可再次考虑其一半而简化为如图 11.15(c) 所示的结构。其中 AD 间的相对竖向位移等于 AC 间的相对位移的一半。

在图 11.15(c) 中，有

$$w_A=\theta_E a+\frac{Fa^3}{3EI}=\frac{(Fa)}{EI}\times\left(\frac{a}{2}\right)\times a+\frac{Fa^3}{3EI}=\frac{5Fa^3}{6EI}$$

故图 11.15(b) 中 AC 间的相对位移为 $\frac{5Fa^3}{3EI}$。故原结构中所求的 AB 间的相对位移为 $\frac{10Fa^3}{3EI}$（分开）。

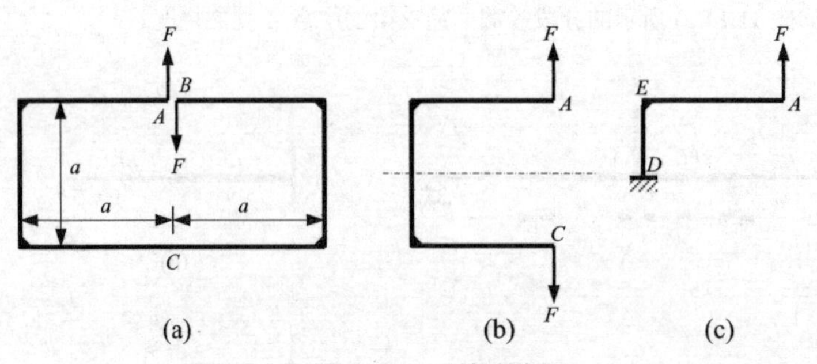

图 11.15　刚架的例子

如果对称结构承受既非对称，也非反对称的荷载，那么可以看出，任意的荷载都可以分解为对称荷载与反对称荷载之和的形式。例如图 11.16(a) 所示的荷载，就可以分解为图 11.16(b) 的对称情况和图 11.16(c) 的反对称情况的合成。因此，本小节的一系列的方法和结论可以用于对称结构承受各类荷载的情况。

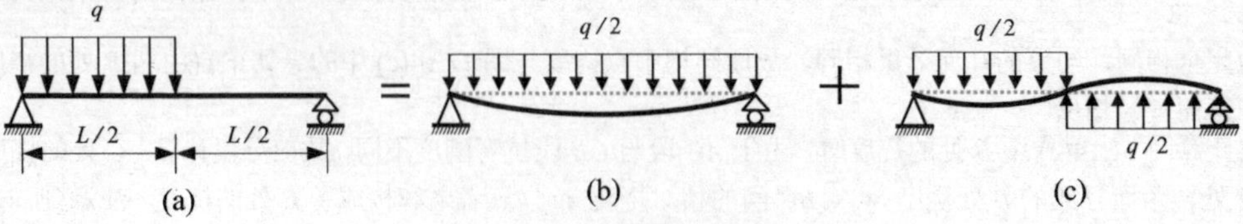

图 11.16　一般荷载的分解

11.4　简单超静定问题

在车床上加工一根圆轴时，常将轴左端固定在车床上的三爪卡盘上，车削从右到左地进行。这样，圆轴承受切削力的情况就可以简化为悬臂梁承受集中力的作用，如图 11.17(a) 所示。此时结构是静定的。如果圆轴较细长，那么加工时将会引起较大的变形，刀具的真实进刀深度与刀具的横向位移（即刀具表盘显示出的进刀深度）存在着较大的误差。为了改善这种情况，通常会在轴的右端加上一个顶针，限制住轴的右端的挠度，从而使加工精度得以保证。对于这种情况，结构可简化为图 11.17(b) 所示的情况。显然结构因此而成为超静定的了。

下面用图 11.18(a) 所示的结构来分析简单的弯曲超静定问题该如何求解。长度为 L、抗弯刚度为 EI 的梁左端固定右端铰支，梁的中截面 C 处承受集中力 F 。显然，右边铰对梁而言起了一个向上支承的作用。因此，可以设想用一个支反力 R 来代替右边铰的作用，如图 11.18(b) 所示。

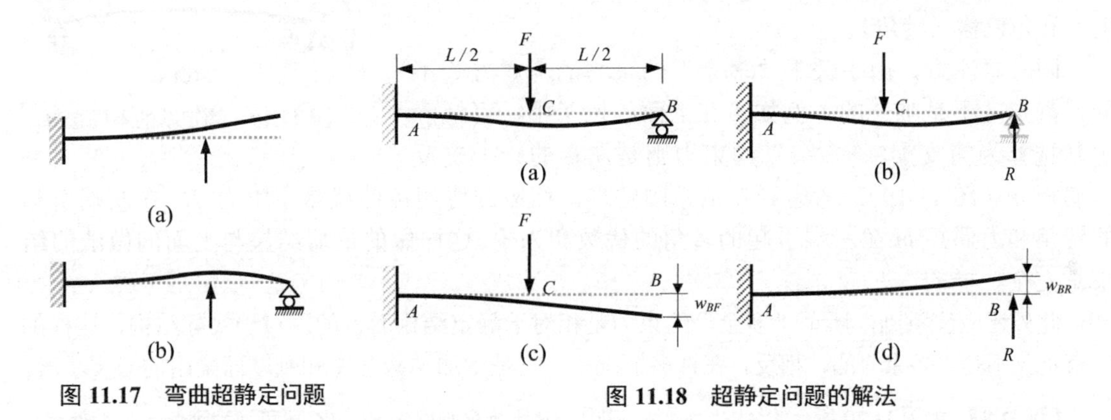

图 11.17　弯曲超静定问题　　图 11.18　超静定问题的解法

要是没有这个支反力 R，如图 11.18(c) 所示，在 B 点将由于集中力 F 的作用而产生挠度

$$w_{BF}=-\frac{F}{3EI}\times\left(\frac{L}{2}\right)^3-\frac{F}{2EI}\times\left(\frac{L}{2}\right)^2\times\left(\frac{L}{2}\right)=-\frac{5FL^3}{48EI} \quad ①$$

另一方面，作为一个集中力的作用，如图 11.18(d) 所示，R 在 B 点应产生挠度，即

$$w_{BR}=\frac{RL^3}{3EI} \quad ②$$

然而，由于铰的约束作用，B 点处事实上的挠度为零，这样就有

$$w_{Bq}+w_{BF}=-\frac{5FL^3}{48EI}+\frac{RL^3}{3EI}=0 \quad ③$$

由上式即可解出右端铰的支反力

$$R=\frac{5}{16}F\text{（向上）}$$

随之可确定左端的支反作用为

$$F_A=\frac{11}{16}F\text{（向上），}\qquad m_A=\frac{3}{16}FL\text{（逆时针）}$$

在上面的处理方法中，荷载 F 及支反力 R 所引起的挠度实际上是考虑力学平衡和材料力学性能的结果，而最后方程 ③ 明显是几何变形的协调条件。因此，对弯曲超静定问题的处理，本质上仍然考虑了力学条件、物理条件和协调条件这三个要素。

这类简单弯曲超静定问题求解方法的一般步骤是：

① 将结构中造成超静定的“多余”约束解除，而代之以相应的约束反力，使结构成为静

定结构，这个静定结构称为静定基。

② 在静定基上，分别计算解除约束处外荷载所引起的位移（挠度和转角）和“多余”约束反力引起的相应位移。

③ 利用上述计算结果，根据解除“多余”约束处的实际位移情况建立协调方程。

④ 求解协调方程，即可得到多余约束反力，超静定问题即可解决。

应该注意，上述多余约束反力是广义的，它包括支反力和支反力偶矩。相应地，位移也是广义的，它包括线位移（挠度）和角位移（转角）。

同时要注意，由于关于“多余”约束力的考虑方式不同，静定基不是唯一的。例如，在上面的例子中，可把静定基选择为简支梁，“多余”约束力则是左端的一个支反力偶矩 m（图 11.19）。考虑到左端是固定端，相应的协调条件就是集中力 F 在左端引起的转角和力偶矩 m 在左端引起的转角的代数和为零。这样做的最后结果与上面的做法的结果是完全一样的。

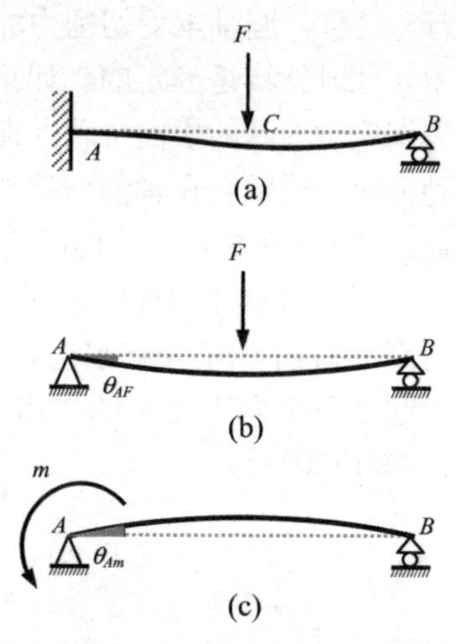

图 11.19 静定基的不同选择

此外还应注意到，所谓“多余”约束力是相对于静定结构而言的。对于实际结构，这样的约束不仅不是“多余”的，相反，在许多情况下，它是增加结构强度和刚度而采用的必要手段。

【例 11.8】 如图 11.20 所示的 ABC 为刚架，其中 AB 段抗弯刚度为 EI。BC 段可视为刚体。在 C 处有一刚度为 k 的弹簧与固定端相连。求梁 AB 中绝对值最大的弯矩。

解： 梁的变形如图 11.21(a) 所示。由于弹簧对 C 的拉伸作用，使结构成为超静定的。因此可将弹簧处的约束去掉而代之以水平力 R。但 R 与弹簧伸长量 Δ 有关，即

$$R = k\Delta$$

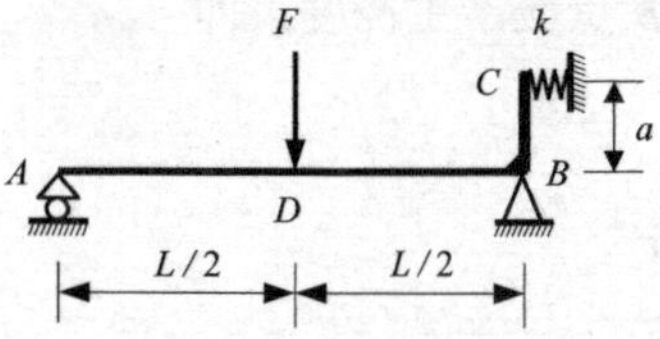

图 11.20 带弹簧的梁

另一方面，弹簧伸长量 Δ 与 BC 的转角有关，由于 BC 为刚体，这一转角与 AB 梁中 B 处的转角 θ_B 相等，故有

$$\Delta = a\theta_B\text{，}\quad \text{即有}\quad R = ka\theta_B$$

考虑 AB 梁，它在 B 处的转角 θ_B 是由两种因素共同形成的。一个因素是中点的集中力 F 在 B 处所引起的转角

$$\theta_{BF} = \frac{FL^2}{16EI}$$

另一个因素是 R 的作用在 B 处所引起转角 θ_{BR}。R 对于 AB 的作用体现为 B 处的力偶矩

$$m = Ra = ka^2\theta_B$$

如图 11.21(b) 所示，力偶矩 m 在 B 处引起的转角为

$$\theta_{BR} = -\frac{mL}{3EI} = -\frac{kLa^2}{3EI}\theta_B$$

故由协调条件

$$\theta_B = \theta_{BF} + \theta_{BR}$$

可得

$$\frac{FL^2}{16EI} - \frac{kLa^2}{3EI}\theta_B = \theta_B$$

从中可解得

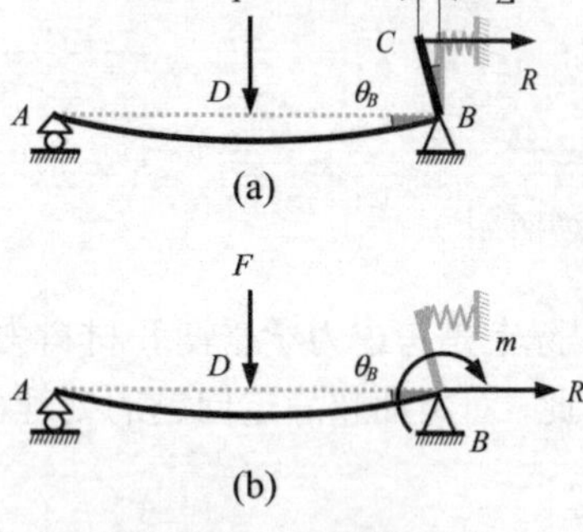

图 11.21 变形与受力

$$\theta_B=\frac{FL^2}{16EI}\left(1+\frac{kLa^2}{3EI}\right)^{-1}$$

并有

$$R=ka\theta_B=\frac{FL^2ka}{16EI}\left(1+\frac{kLa^2}{3EI}\right)^{-1}$$

$$m=Ra=\frac{FL^2ka^2}{16EI}\left(1+\frac{kLa^2}{3EI}\right)^{-1}$$

至此超静定问题已解决。利用上述结果，可进一步求得 AB 中的最大弯矩。

AB 梁的弯矩图如图 11.22 所示。易知弯矩峰值出现在中点 D 或右端点 B。

可以得到左端点 A 处的支反力

$$R_A=\frac{F}{2}-\frac{m}{L}=\frac{F}{2}-\frac{FLka^2}{16EI}\left(1+\frac{kLa^2}{3EI}\right)^{-1}$$

故有

$$M_D=\frac{1}{2}R_AL=\frac{FL}{4}-\frac{FL^2ka^2}{32EI}\left(1+\frac{kLa^2}{3EI}\right)^{-1}$$

$$M_B=-m=-\frac{FL^2ka^2}{16EI}\left(1+\frac{kLa^2}{3EI}\right)^{-1}$$

两处弯矩峰值绝对值的大小的比较取决于弹簧刚度 k。不难算出，当弹簧刚度 $k=\frac{24EI}{La^2}$ 时，M_D 和 M_B 绝对值相等，此时

$$M_D=-M_B=\frac{1}{6}FL$$

当 $k<\frac{24EI}{La^2}$ 时，M_B 的绝对值小于 M_D。特别地，在 $k=0$ 的情况下

$$M_D=\frac{1}{4}FL\,,\quad M_B=0$$

由于弹簧刚度很小，对 AB 梁不构成约束，此时 AB 梁等同于一般简支梁，而上两式正是简支梁的结论。

当 $k>\frac{24EI}{La^2}$ 时，M_B 的绝对值大于 M_D。特别地，在 $k\to\infty$ 的情况下

$$1+\frac{kLa^2}{3EI}\to\frac{kLa^2}{3EI}\,,\qquad \frac{FL^2ka^2}{16EI}\left(1+\frac{kLa^2}{3EI}\right)^{-1}\to 3FL$$

$$M_D=\frac{FL}{4}-\frac{3FL}{32}=\frac{5}{32}FL$$

$$M_B=-\frac{3}{16}FL$$

弹簧可认为不能变形，故 B 处相当于固支端，即图 11.23 所示的情况。这与本小节开始时的例子的数据是吻合的。

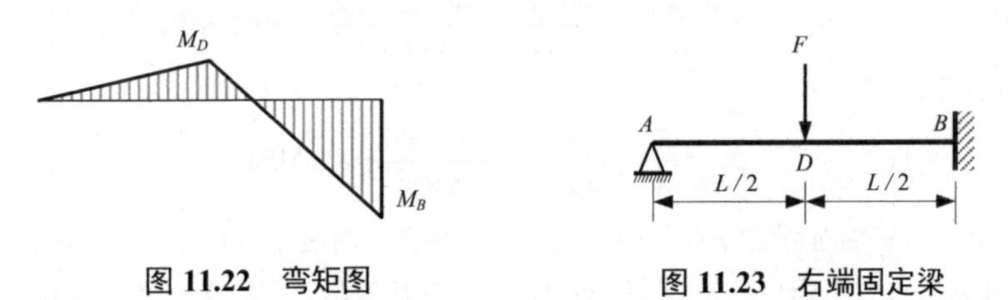

图 11.22　弯矩图　　　　**图 11.23　右端固定梁**

【例 11.9】 如图 11.24 所示的结构中各构件材料相同。AB 和 ED 均为圆截面梁，$D=35\text{ mm}$。CD 为 $d=8\text{ mm}$ 的圆杆。荷载 $q=2\text{ kN/m}$，$a=500\text{ mm}$。求各个构件横截面上的最大正应力。

解：显然这是一个超静定问题，为形成静定基，可考虑解除中间拉杆，而代之以一对力 R 分别作用在上下梁上，如图 11.25 所示。

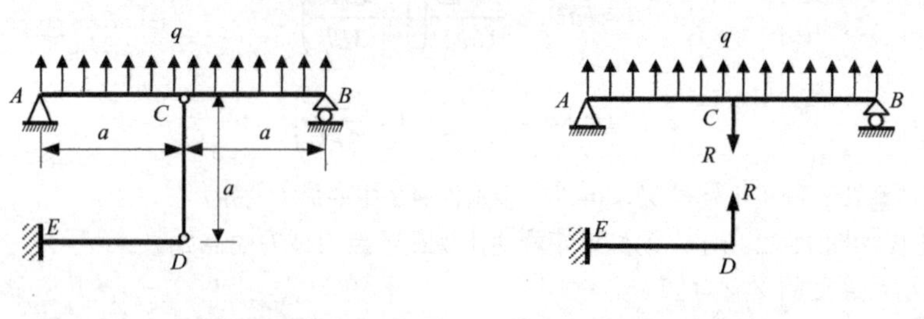

图 11.24 例 11.9 图　　　　图 11.25 静定基

对于上梁而言，C 点挠度

$$w_C = \frac{5q(2a)^4}{384EI} - \frac{R(2a)^3}{48EI} = \frac{5qa^4}{24EI} - \frac{Ra^3}{6EI}$$

对于下梁而言，D 点挠度

$$w_D = \frac{Ra^3}{3EI}$$

拉杆的变形量

$$\Delta a = \frac{Ra}{EA}$$

协调条件：

$$w_C - w_D = \Delta a$$

即

$$\frac{5qa^4}{24EI} - \frac{Ra^3}{6EI} - \frac{Ra^3}{3EI} = \frac{Ra}{EA}$$

可得

$$R = \frac{5qa}{12}\left(1 + \frac{2I}{Aa^2}\right)^{-1}$$

由于

$$\frac{2I}{Aa^2} = \frac{D^4}{8d^2a^2} = \frac{35^4}{8 \times 8^2 \times 500^2} = 0.0117, \quad \left(1 + \frac{2I}{Aa^2}\right)^{-1} = 0.99 \approx 1$$

故有

$$R \approx \frac{5qa}{12}$$

易于看出，如果竖杆横截面积 A 增大，则这一结果更加精确。这说明，取上述近似值相当于将竖杆视为刚体。这一结论也可直接在协调方程中忽略竖杆变形 Δa 导出。根据上述结果，下梁的固定端弯矩

$$M_{ED\max} = Ra = \frac{5}{12}qa^2$$

因此下梁横截面上的最大正应力

$$\sigma_{ED\max} = \frac{M_{ED\max}}{W} = \frac{40qa^2}{3\pi D^3} = \frac{40 \times 2 \times 500^2}{3 \times \pi \times 35^3} = 49.5\ \text{MPa}$$

竖杆横截面上应力

$$\sigma_{\text{N}} = \frac{R}{A} = \frac{5qa}{3\pi d^2} = \frac{5 \times 2 \times 500}{3 \times \pi \times 8^2} = 8.3\ \text{MPa}$$

由于 AB 段上作用有均布荷载 q 和集中力 R，其弯矩图为两段左右对称的抛物线构成，由于 R 的作用，中截面 C 处会出现一个尖点，如图 11.26(a) 所示。AB 段最大弯矩值可能产生在 AC 区段中某个 K 截面处。同时，如果 R 足够大，也可能在 C 截面形成正弯矩，并使其超过 K 截面弯矩的绝对值，如图 11.26(b) 所示。因此，为求 AB 的最大弯矩，应分别考虑 K 截面和 C 截面的弯矩并加以比较。为此，先求 A 处支反力

$$R_A = qa - \frac{1}{2}R = \frac{19}{24}qa \ (\downarrow)$$

由此可得 AC 区段中距 A 为 x 处的弯矩

$$M(x) = -\frac{19}{24}qax + \frac{1}{2}qx^2$$

为求 K 截面位置，可对 M 求导（或寻求剪力为零截面的位置）

$$\frac{dM}{dx} = -\frac{19}{24}qa + qx = 0\text{，}\quad x = \frac{19}{24}a$$

故 K 截面距 A 为 $\frac{19}{24}a$，K 截面弯矩

$$M_K = -\frac{1}{2}\times\left(\frac{19}{24}\right)^2 qa^2 = -\frac{361}{1152}qa^2 = -0.3134qa^2$$

在中截面 C 处

$$M_C = -\frac{19}{24}qa^2 + \frac{1}{2}qa^2 = -\frac{7}{24}qa^2 = -0.2917qa^2$$

故上横梁 AB 的弯矩图形同图 11.26(a)，其绝对值最大弯矩在 K 截面处

$$\left|M_{AB\max}\right| = \frac{361}{1152}\times 2\times 500^2 = 156684\ \text{N}\cdot\text{mm}$$

故上横梁 AB 横截面上的最大正应力

$$\sigma_{AB\max} = \frac{M_{AB\max}}{W} = \frac{32M_{AB\max}}{\pi D^3} = \frac{32\times 156684}{\pi\times 35^3} = 37.2\ \text{MPa}$$

这样，各构件中横截面的最大正应力为：AB 梁 $37.2\ \text{MPa}$，CD 杆 $8.3\ \text{MPa}$，ED 梁 $49.5\ \text{MPa}$。

上面所讨论的问题都是一次超静定问题。如果是二次超静定问题，则需将两个“多余”约束用约束反力替代而构成静定基。同时需要建立两个协调方程。

有的情况下，可以根据结构和荷载的具体特征将超静定次数较高的问题简化为次数较低的问题。

例如图 11.27(a) 所表示的两端固支梁，如果只存在着一个固定端，结构就是悬臂梁，属于静定结构。多出一个固定端，将限制该端部的轴向位移、竖向位移和转角。因此这一个结构原则上属于三次超静定问题。

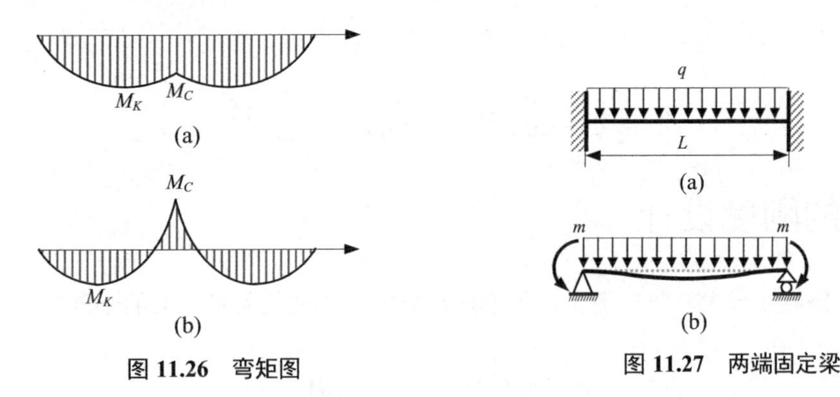

图 11.26　弯矩图　　　图 11.27　两端固定梁

但是，由于不存在轴向荷载，而梁弯曲问题一般也不考虑轴向位移，因此轴向约束可以忽略。这样结构就成为二次超静定问题。

进一步地，考虑到本问题中结构和荷载都关于梁中点对称，因此可以断定，两端的支反作用也必定是对称的。这样，可以把结构的静定基也选为对称结构简支梁，把两铰处的支反

力偶矩选为“多余约束力”，而这两个支反力偶矩 m 是相等的，如图 11.27(b) 所示。这样，问题的未知量便减少为一个了。

【例 11.10】 求图 11.28(a) 所示结构中梁的中点 C 处的挠度。

解：注意到这是一个对称结构。它的荷载既非对称又非反对称。但是，这种荷载可视为图 11.28(b)所示的对称荷载和图 11.28(c) 所示的反对称荷载的合成。在图 11.28(c) 中，由于变形反对称，中点 C 处的挠度为零。因此，图 11.28(a) 中 C 点的挠度与图 11.28(b) 中 C 点的挠度相等。

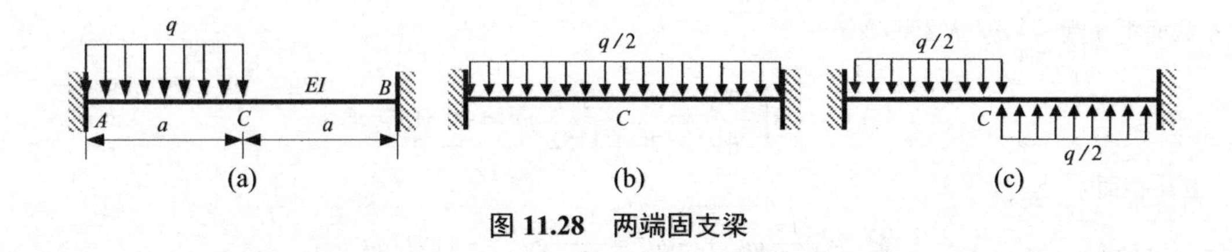

图 11.28　两端固支梁

注意到图 11.28(b) 的对称性特点，在中截面 C 处，其剪力为零，只有弯矩，记其为 M_C。同时，由于变形关于中点对称，C 处的转角应为零。现只考虑其一半，相当于一个悬臂梁，如图 11.29 所示。

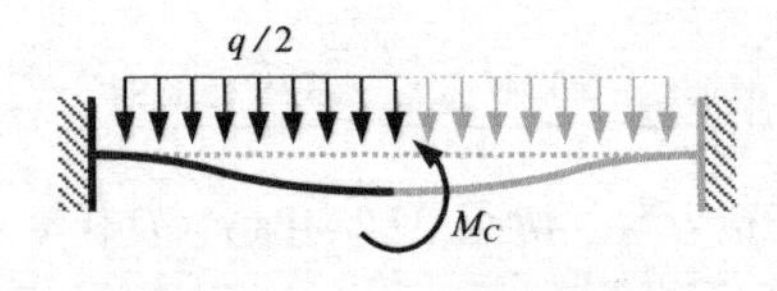

图 11.29　利用对称性

在这个悬臂梁自由端，荷载 $\frac{1}{2}q$ 引起的转角为 $-\left(\frac{q}{2}\right)\times\frac{a^3}{6EI}$，$M_C$ 引起的转角为 $\frac{M_C a}{EI}$，故有

$$-\left(\frac{q}{2}\right)\times\frac{a^3}{6EI}+\frac{M_C a}{EI}=0$$

即可得

$$M_C=\frac{1}{12}qa^2$$

C 处的挠度是均布荷载 $\frac{1}{2}q$ 和 M_C 共同引起的，故有

$$w_C=-\left(\frac{q}{2}\right)\times\frac{a^4}{8EI}+\left(\frac{qa^2}{12}\right)\times\frac{a^2}{2EI}=-\frac{qa^4}{48EI}(\downarrow)$$

11.5　梁的刚度设计

梁的最大挠度或最大转角是衡量梁的刚度高低的标志性几何量。梁的刚度要求一般可表示为

$$w_{\max}\leqslant[w],\qquad \theta_{\max}=[\theta]$$

提高梁的刚度，就需要将最大挠度或最大转角降下来。

提高刚度的措施在很多情况下与提高强度的措施有相通之处。因此，某些提高强度的措施也能提高刚度。

合理地布置荷载，例如将集中力改为通过一个副梁作用在主梁上，或者，将集中荷载改为均布荷载，都能有效地降低梁中的最大弯矩，从而提高梁的强度和刚度。

合理地设计支承位置，或者将约束改为更加刚性的形式，也都能提高梁的强度和刚度。特别地，在允许的情况下，增加中间约束，则强度和刚度都有显著的改善。当然，增加中间约束或将约束改为更加刚性的形式，都使得静定梁转化为超静定梁。虽然在设计计算中可能增加一些难度，但在工程实际中往往是必要的。

但是，提高刚度的措施还是与提高强度的措施有所区别的。

即使一个措施既能提高强度又能提高刚度，它们在数量关系方面还是有所区别的。例如，在其他条件不变的条件下仅将圆形截面梁的截面直径增大一倍，那么，从强度方面考虑，它的许用荷载可以增加到原来的 8 倍；从刚度方面考虑，它的许用荷载则可以增加到原来的 16 倍。

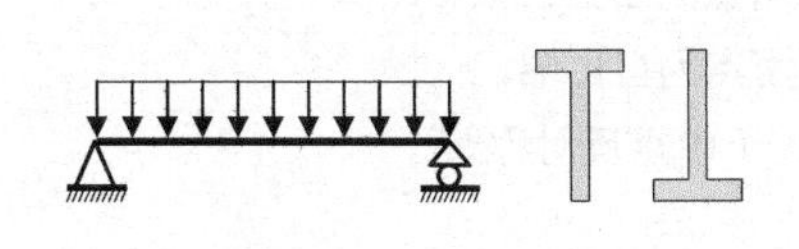

图 11.30　T 形梁的应用

某些可以提高梁强度的措施是不能提高梁的刚度的。例如，对于图 11.30 所示的用铸铁制成的 T 形截面简支梁，如果横截面从左图的形式改为右图，那就可以提高强度却不能改善刚度。

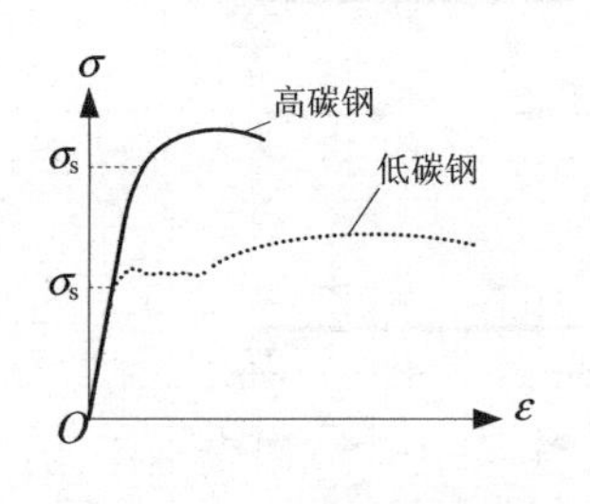

图 11.31　低碳钢与高碳钢

又例如，图 11.31 所示为低碳钢和高碳钢的拉伸曲线。从图中可以看出，高碳钢的屈服极限要比低碳钢高出许多。因此用高碳钢代替低碳钢，的确能够改善强度。但是图形也说明，两条曲线在线弹性区段内的斜率几乎没有差别，即两类材料的弹性模量相差不多。也就是说，用高碳钢代替低碳钢不能达到改善刚度的目的。

思考题 11

11.1　梁的弹性挠度曲线有什么特点？

11.2　两个梁的材料和横截面尺寸完全一样，其剪力和弯矩也完全一样，它们的挠度曲线方程就相同吗？

11.3　如何根据弯矩和约束条件来判断弹性挠度曲线的大致形状？

11.4　图 11.3 和图 11.4 所示的两种情况下，梁的弯矩方程相同，故挠度方程中仅积分常数 C 和 D 不同。根据这一情况，试分析常数 C 和 D 在确定挠度曲线中所起的作用。

11.5　在直杆拉压中，微元区段 $\mathrm{d}x$ 上的伸长量 $\mathrm{d}(\Delta L)=\dfrac{F_\mathrm{N}}{EA}$；在圆轴扭转中，微元区段 $\mathrm{d}x$ 两端面的相对转角 $\mathrm{d}\varphi=\dfrac{T}{GI_\mathrm{P}}$。在梁的弯曲中，与前面两式相类似的表达式是什么？这个表达式的含义是什么？它可以用来计算什么？

11.6　如果在其他条件不变的前提下，仅将承受竖直方向荷载的矩形截面梁的宽度减小一半，高度增加一倍，那么梁横截面的最大弯曲正应力发生了什么变化？最大挠度发生了什么变化？

11.7　如果在其他条件不变的前提下，仅将静定梁的材料由铝改为钢，且已知钢的弹性模量为铝的 3 倍，那么梁的最大弯曲正应力、最大挠度、最大转角分别发生了什么变化？

11.8　对于如图的结构，梁中弯矩处处相等，由 $\dfrac{1}{\rho}=\dfrac{M}{EI}$ 可知，挠度曲线的曲率处处相等，故挠度曲线为圆弧。但这一结构的挠度可通过积分法得 $w=\dfrac{mx^2}{2EI}$，这是一个抛物线方程。如何解释这两者之间的矛盾？又如何将两者统一起来？

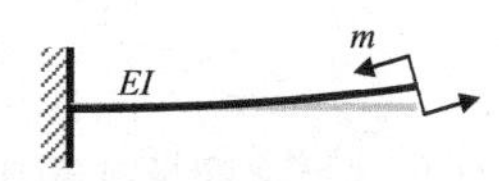

思考题 11.8 图

11.9 试分析图示结构中，横梁弯曲、竖梁弯曲、竖梁压缩这三种变形成分对 A 点竖向位移的贡献的比例。从分析结果中可以导出什么结论？

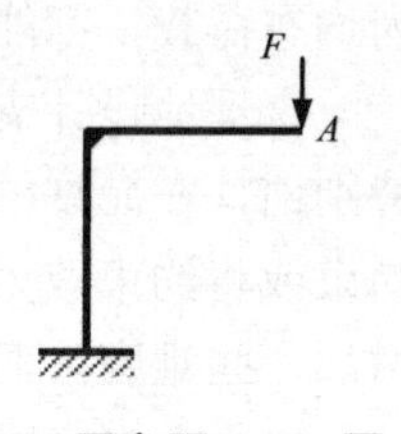

思考题 11.9 图

11.10 叠加法的数学依据是什么？叠加法的应用范围有什么限制？

11.11 使用叠加法时，应把荷载分解或重组为怎样的形式？

11.12 除了约束，梁中只有一个集中力作用，在下列情况中，哪些情况的集中力作用处具有这个梁中的最大挠度？哪些情况的集中力作用处具有这个梁中的最大转角？

(a) 悬臂梁，力的作用点位置任意；　(b) 悬臂梁，力的作用点为自由端；
(c) 简支梁，力的作用点位置任意；　(d) 简支梁，力的作用点为中点；
(e) 外伸梁，力的作用点位置任意；　(e) 外伸梁，力的作用点为自由端。

11.13 在图示的情况中，哪些挠度曲线关于中点对称？哪些挠度曲线关于中点反对称？

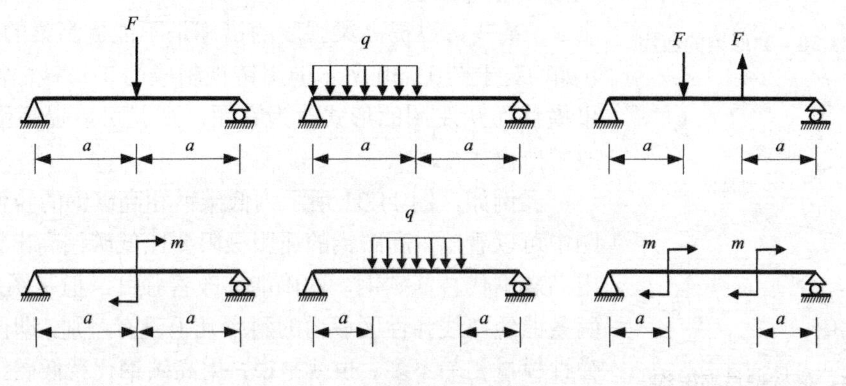

思考题 11.13 图

11.14 图为刚性平台上放置的梁的变形示意图。梁的变形是由自重引起的。如果将梁刚好抬离平台处（即 A 处）的支承简化为铰支承或固定支承，那么这两种简化形式分别满足了何种力学和几何条件？又分别有什么条件没有得到满足？

11.15 在如图的结构中，为了增加梁的强度，在悬臂梁自由端 C 处增加了一个弹簧支承。假若弹簧的刚度 k 是可调的，那么，随着弹簧刚度的增加，A 截面和 B 截面的弯矩各发生什么变化？ A 截面弯矩变化的幅度有多大？

11.16 图示的上下两个梁之间是光滑接触的。上梁加载时，是如何将荷载传递到下梁的？

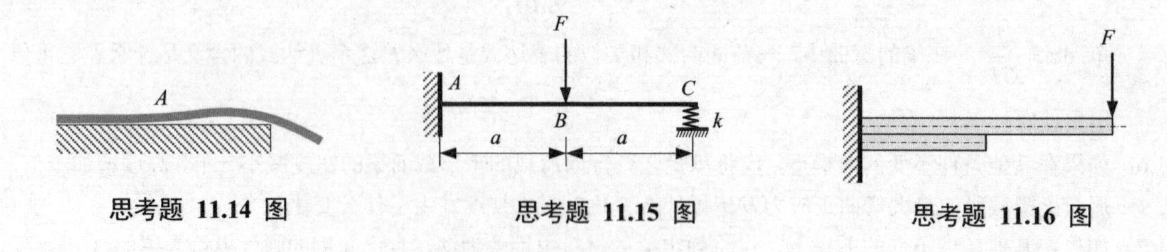

思考题 11.14 图　思考题 11.15 图　思考题 11.16 图

11.17 哪些措施可以提高梁的强度却不能提高梁的刚度？

习 题 11

11.1 图示各梁的抗弯刚度均为 EI，试绘制挠度曲线的大致形状。并用积分法计算最大的挠度与转角。

11.2 图示梁的抗弯刚度为 EI，用积分法计算最大转角与中点挠度。

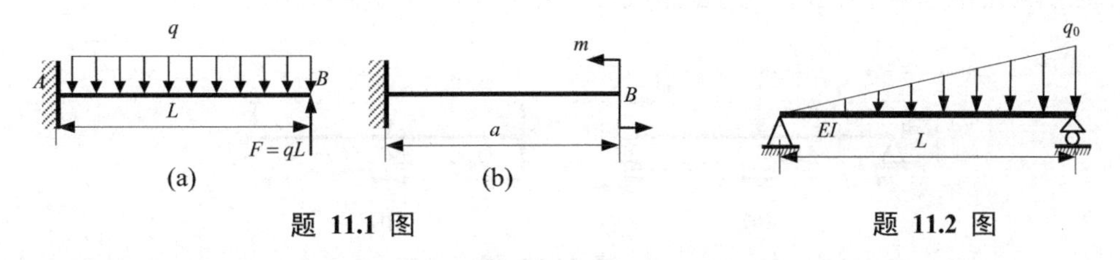

题 11.1 图　　题 11.2 图

11.3　图示梁的抗弯刚度为 EI，试绘制挠度曲线的大致形状。并用积分法计算中截面转角。

11.4　图示梁的抗弯刚度为 EI，试绘制挠度曲线的大致形状。并用积分法计算自由端截面挠度。

11.5　长度为 L 的悬臂梁横截面的厚度 h 为定值，宽度呈图示的线性变化。材料弹性模量为 E。梁轴线上承受均布荷载 q，求自由端 A 处的挠度。

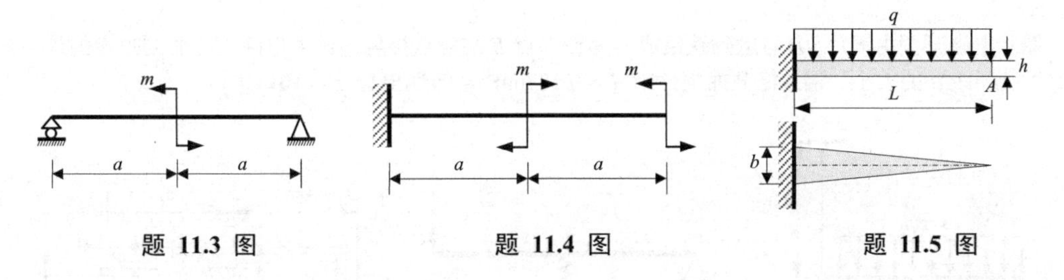

题 11.3 图　　题 11.4 图　　题 11.5 图

11.6　梁 AB 在 B 处受集中力 F 作用，A 为固定铰支座，B 为定向约束（不能转动，没有水平位移，但允许有竖向位移）。已知 $L = 6\ \text{m}$，$EI = 4.9\times10^5\ \text{N}\cdot\text{m}^2$。若要求该梁的最大挠度不超过跨度 L 的三百分之一，问荷载 F 的值不能超过多少？

11.7　求图示悬臂梁中自由端的挠度。其中，$EI = 5\times10^5\ \text{N}\cdot\text{m}^2$，$L = 2\ \text{m}$，$q_0 = 2\ \text{kN/m}$。

11.8　长度为 L 的悬臂梁横截面宽度为定值 b，高度根据等强度要求设计，如图所示。在固定端处梁的高度为 H，材料弹性模量为 E。求梁的挠度函数及最大挠度。

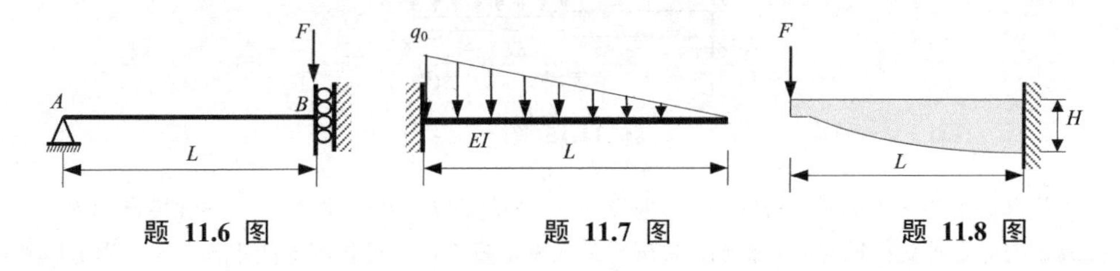

题 11.6 图　　题 11.7 图　　题 11.8 图

11.9　图示悬臂工字钢梁的长度 $L = 6\ \text{m}$，许用应力 $[\sigma] = 170\ \text{MPa}$，$[\tau] = 100\ \text{MPa}$，钢的弹性模量 $E = 206\ \text{GPa}$，许用挠度 $[w] = L/400$。试按强度条件和刚度条件选择工字钢的型号。

11.10　在图示的中间带铰的梁中，$q = 30\ \text{kN/m}$，$a = 500\ \text{mm}$。左段梁 $EI_1 = 1.5\times10^{12}\ \text{N}\cdot\text{mm}^2$，右段梁 $EI_2 = 0.5\times10^{11}\ \text{N}\cdot\text{mm}^2$。求图中 C、D 点的竖向位移。

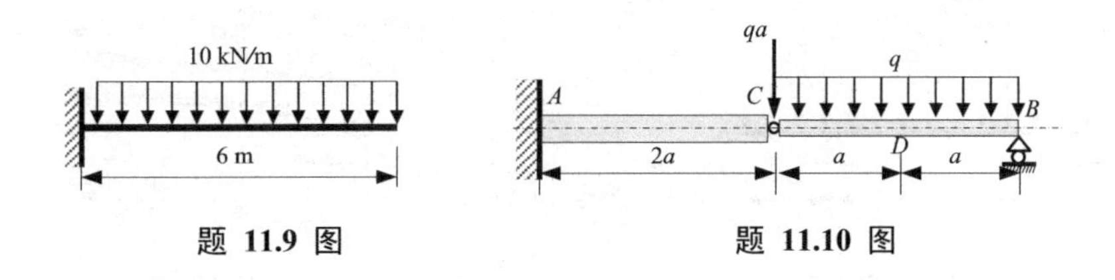

题 11.9 图　　题 11.10 图

11.11　图示各梁的抗曲刚度为 EI，试用叠加法求 B 截面的转角与 C 截面的挠度。

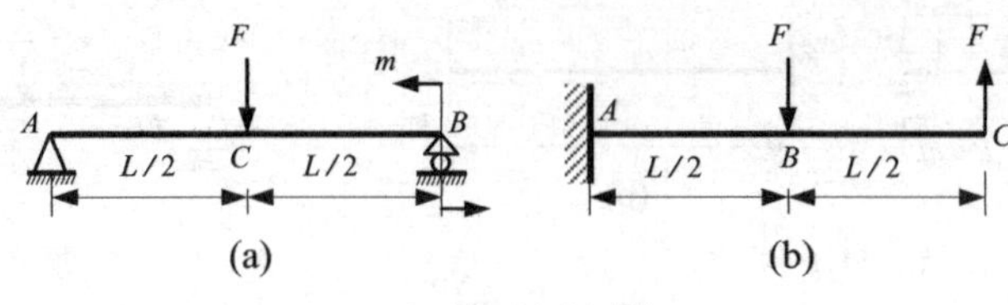

题 11.11 图

11.12　边长 $a=200\ \text{mm}$ 的正方形截面梁 AB 受均布荷载作用，左端铰支，右端与一根拉杆的下方铰接。已知梁的弹性模量 $E_1=10\ \text{GPa}$；拉杆截面面积 $A_2=200\ \text{mm}^2$，弹性模量 $E_2=200\ \text{GPa}$。试求拉杆的伸长量和梁中截面 C 的挠度。

11.13　图示外伸梁的抗弯刚度为 EI，B 处的弹簧刚度 $k=\dfrac{12EI}{a^3}$。求 C 截面的竖向位移。

11.14　图示电磁开关由铜片 AB 与电磁铁组成。为使端点 B 与触点接触，试求电磁铁所需的吸力的最小值 F 以及间距 a 的大小。铜片横截面惯性矩 $I=0.18\ \text{mm}^4$，弹性模量 $E=101\ \text{GPa}$。

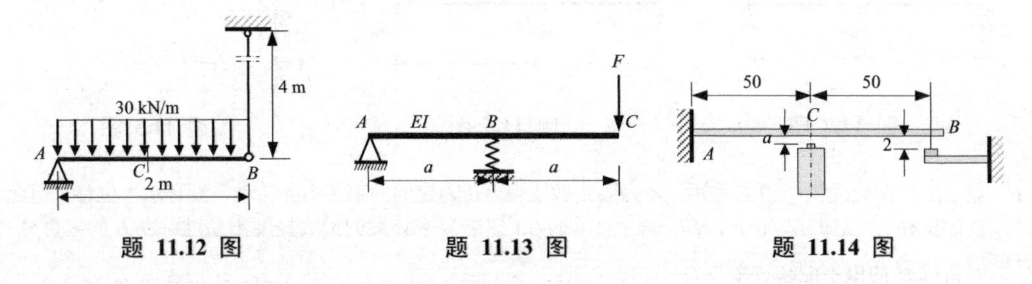

题 11.12 图　　　题 11.13 图　　　题 11.14 图

11.15　图示分段等截面梁，其抗弯刚度如图所示，试用叠加法求自由端的挠度和转角。

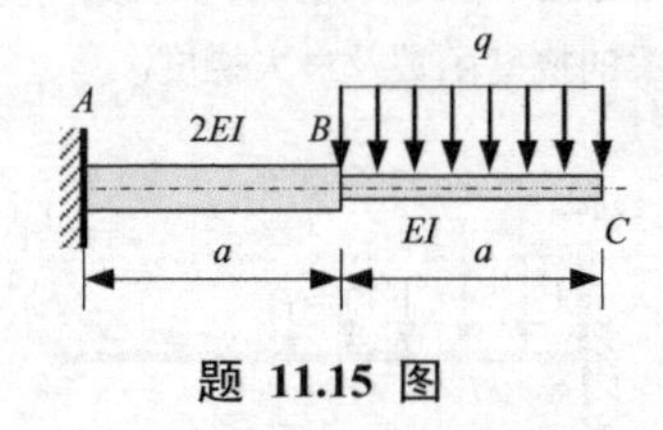

题 11.15 图

11.16　置于跳高架上的水平标杆是长度为 L、内径为 d、外径为 D 的细长圆杆，其弹性模量为 E。为了使跳高成绩的标定不受标杆变形的影响，拟规定最大变形量不得超过长度的四千分之一。为了达到这一标准，标杆材料的密度的最大值允许为多少？

11.17　一根金属实心圆柱直径 $d=50\ \text{mm}$，如果将其平放于刚性平台上，其长度 $L=2\ \text{m}$。当它竖直立起时，可测得其高度缩短了 $0.03\ \text{mm}$，当它平放且只在两端铰支时，其最大挠度为多少？

11.18　求如图外伸梁 A 截面的竖向位移。

11.19　实心轧辊的长度及所轧制的板材宽度如图所示。板材位于轧辊正中部，轧辊两端由滚珠轴承支承。在

题 11.18 图　　　题 11.19 图

轴承 A 处测得竖直方向支承力 $F = 29\,\text{kN}$。若要求刚轧制出的板材的最大厚度与最小厚度之差不得超过 1 mm，已知轧辊材料的弹性模量 $E = 210\,\text{GPa}$，不考虑轧辊横截面的变形及两个轧辊轴线平行度的误差，求轧辊的最小直径 D。

11.20　某种型号的太阳能电池由完全一样的两块长板 AB 和 BC 组成。每块板长均为 L，单位长度重量为 q。A 处固结，两板连接处 B 为铰，同时 B 处有一个支架，如图所示。当 BC 板完全打开，即 $\varphi = \pi$ 时，BC 板在 B 处刚好被支架右侧的托板托住。这样，如果两块板和支架是刚性的，那么当 BC 板完全打开后，C 点应在水平线 AB 的延长线上。但两板和支架都是弹性的，两板的抗弯刚度均为 EI，支架可视为刚度 $\beta = \dfrac{6EI}{L}$ 的角弹簧。为了防止 C 点在 BC 板完全打开后产生过大的竖向位移，可在设计时使支架的托板稍微向上倾斜一个角度 θ_0。若要使 BC 板完全打开后 C 点仍在水平线上，不计支架的重量和尺寸的影响，预置的倾角 θ_0 应为多大？

11.21　求如图的分段等截面简支梁中点 A 处的挠度。

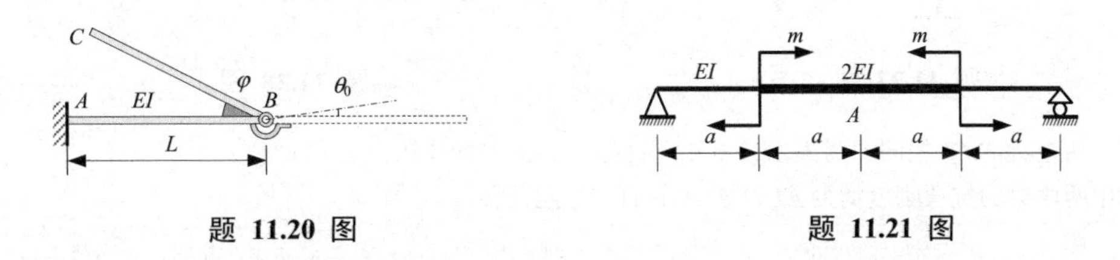

题 11.20 图　　　　题 11.21 图

11.22　图示结构中，梁 AC 和 CB 的抗弯刚度均为 EI，C 处的弹簧刚度 $k = \dfrac{4EI}{a^3}$。求 B 处的挠度。

11.23　某实际结构的基本形式如题图所示，其中梁的横截面是宽度为 b、高度为 h 的矩形。为了详细了解和测试结构的受力情况与变形情况，现用同种材料做一个所有尺寸都是实际尺寸的十分之一的模型。

(1) 若要使模型中的应力与原结构应力相等，模型中的荷载 F' 与原结构荷载 F 有什么数量关系？

(2) 若要使模型中的挠度曲线与原结构的挠度曲线相似，模型中的荷载 F' 与原结构荷载 F 有什么数量关系？

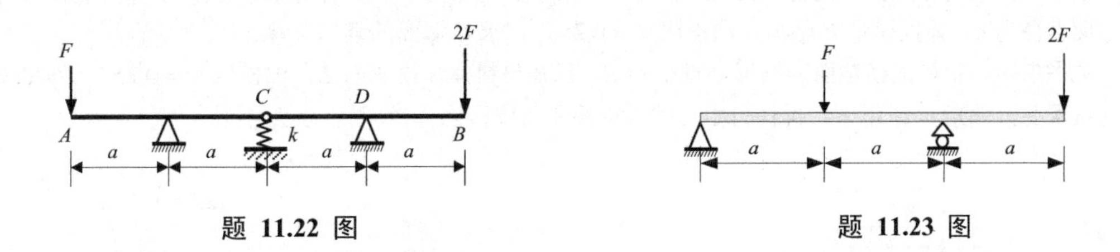

题 11.22 图　　　　题 11.23 图

11.24　单位长度重量为 q 的长钢条平放在刚性平台上，今用大小为 qL 的力将它一头提起，试求：

(1) 钢条离开平台部分的长度 a 与 L 的比值；

(2) 力作用点处钢条提起的高度 $\varDelta$。

11.25　如图所示，将一段圆木制成矩形截面梁，该梁的荷载沿竖直方向。要使梁具有最大的刚度，h 与 b 的比值应为多少？

11.26　如图所示，长度为 L，抗弯刚度为 EI 的悬臂梁的根部靠着一个半径为 R 的刚性圆柱，R 远大于 L，全梁上承受均布荷载 q。

(1) 求自由端的挠度。

(2) 在不考虑剪力的前提下说明圆柱对梁的支反力的大致分布情况。

11.27　如图所示，横梁的抗弯刚度为 EI，竖梁的抗弯刚度为 $2EI$，求结构中 A 点和 B 点的竖向位移。

11.28　图示两段梁的抗弯刚度均为 EI，试用叠加法求 A 截面的转角与 C 截面的挠度。

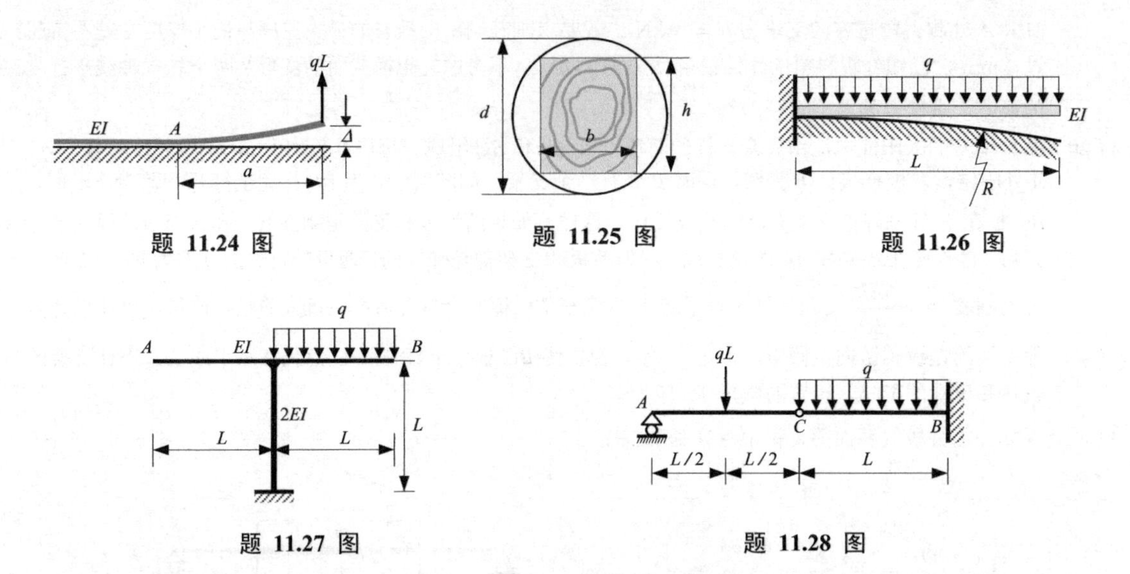

题 11.24 图　　题 11.25 图　　题 11.26 图

题 11.27 图　　题 11.28 图

11.29　图中两根梁的 EI 相同。两梁由铰链相互连接。试求 F 力作用点 D 的位移。

11.30　图中两段梁的抗弯刚度均为 EI，求 A 截面的竖向位移。

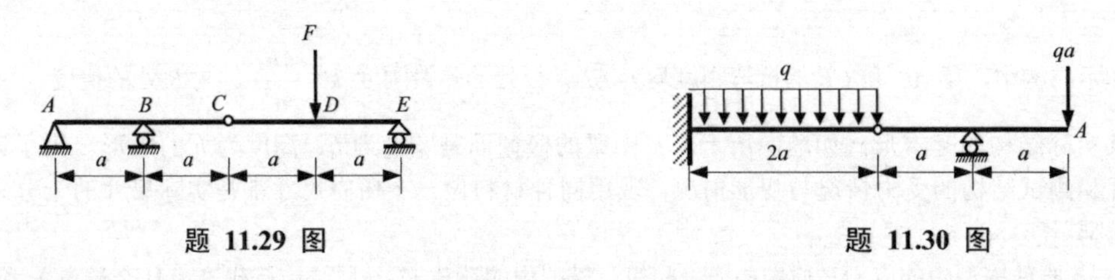

题 11.29 图　　题 11.30 图

11.31　如图所示，刚架 ABC 的 EI 为常量；拉杆 BD 的横截面面积为 A，弹性模量为 E。试求 C 点的竖向位移。

11.32　在水平面内的圆形截面直角曲拐 ABC 中，BC 段承受竖直向下的均布荷载 q 的作用，如图所示。若截面直径为 d，弹性模量 E 已知，泊松比 $\nu = 0.25$，试求 C 截面的竖向位移。

11.33　如图所示，折杆的横截面为圆形，直径为 d。已知材料弹性模量为 E，泊松比 $\nu = 0.25$，$L = 0.7h$。试求在力偶矩 m 作用下，折杆自由端的线位移和角位移。

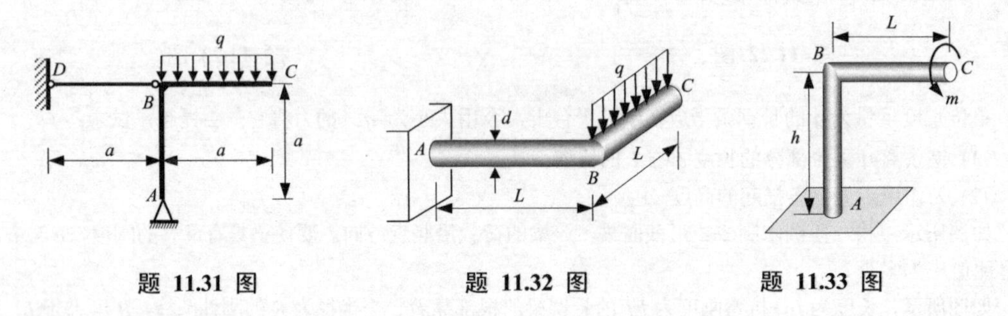

题 11.31 图　　题 11.32 图　　题 11.33 图

11.34　如图所示的悬臂梁长度为 $2a$，抗弯刚度为 EI。其自由端有一作用力 F，使得其自由端向下移动。此时，可在梁中点处装置一个千斤顶，拧动千斤顶手柄，便把梁往上顶。千斤顶顶端应上升多少，才能使自由端保持在未加载时的水平位置上？

11.35　在图示结构中，已知横梁的抗弯刚度为 EI，竖杆的抗拉刚度为 EA。试求竖杆的内力。

11.36　如图所示，两个长度均为 a 的简支梁在中点垂直交错，上梁底面与下梁上面刚好接触。上下梁的抗弯

刚度分别为 EI 和 $2EI$，中点处有作用力 F。求中点的挠度。

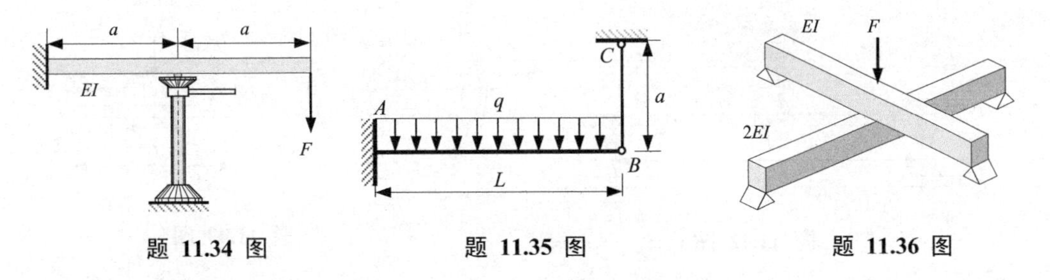

题 11.34 图　　题 11.35 图　　题 11.36 图

11.37　悬臂梁 AB 因强度和刚度不足，用同一材料和同样截面的短梁 AC 进行加固，如图所示。试求：

(1) 二梁接触处的压力；

(2) 加固后梁 AB 的最大弯矩和 B 点的挠度减小了百分之多少？

11.38　在如图所示的结构中，求 C 点处的挠度。

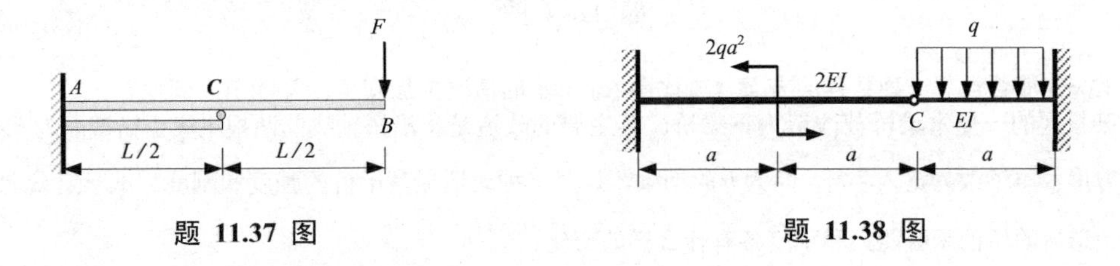

题 11.37 图　　题 11.38 图

11.39　如图所示，抗弯刚度为 EI 的悬臂梁自由端 B 处正上方有一个抗拉刚度为 EA 的杆 CD，但 D 端与 B 端间存在着一个微小的间隙 δ，现用一个向上的力 F 作用于 B 端使之与 D 端相连，F 力应为多大？将 D 端与 B 端铰接起来，撤去外力 F，此时 CD 杆的轴力为多大？

11.40　求如图的两端固支梁的最大挠度。

11.41　在如图所示的固端梁上作用有均布荷载。求在两固定端产生的弯矩 M_A 和 M_B。

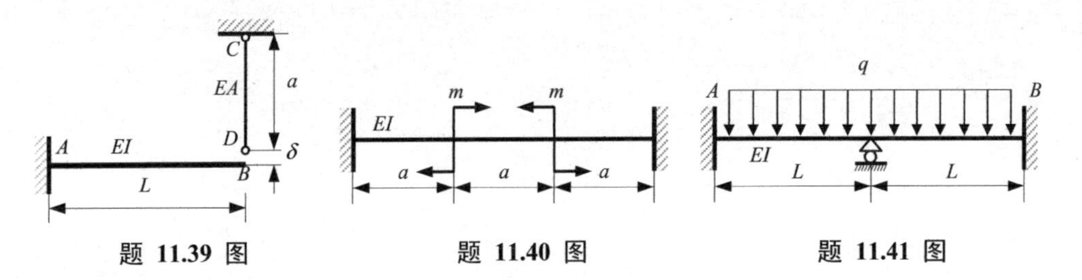

题 11.39 图　　题 11.40 图　　题 11.41 图

11.42　平衡木可简化为两端固定的结构，其长度 $L = 5.5\ \text{m}$，截面惯性矩 $I = 2.8\times10^7\ \text{mm}^4$，材料弹性模量 $E = 10\ \text{GPa}$。体重为 450 N 的运动员位于平衡木中点处，求平衡木中的最大挠度。

11.43　图示结构中，三块宽度 $b = 5\ \text{mm}$、厚度 $\delta = 1\ \text{mm}$ 的钢片在圆周上等距排列，钢片弹性模量 $E = 210\ \text{GPa}$，钢片与外圈、内芯牢固焊接。$d = 20\ \text{mm}$，$D = 120\ \text{mm}$。外圈的钢环与内芯均可认为是刚性的。外圈固定，在内芯中央有竖向集中力 F。若要内芯的竖向位移为 1 mm，F 应为多大？

11.44　人们在放置长块石料时，会在石料下方垫上两根圆木以便搬运，最开始如题图 (a) 所示。这样垫圆木，常使石料断裂，于是人们改为如图 (b) 所示那样。这样做，情况自然要比 (a) 好，但石料有时还是会断裂。于是又有人提议如图 (c) 所示的那样，垫上三根圆木。

(1) 在图 (b) 所示的情况下，石料一般会在什么截面断裂？裂纹最初从该截面的什么位置出现？

(2) 图 (c) 所示的情况是否使图 (b) 的情况得到改善？如果改善，改善的程度有多大？图 (c) 中石料一般会在什么截面断裂？裂纹最初从该截面的什么位置出现？

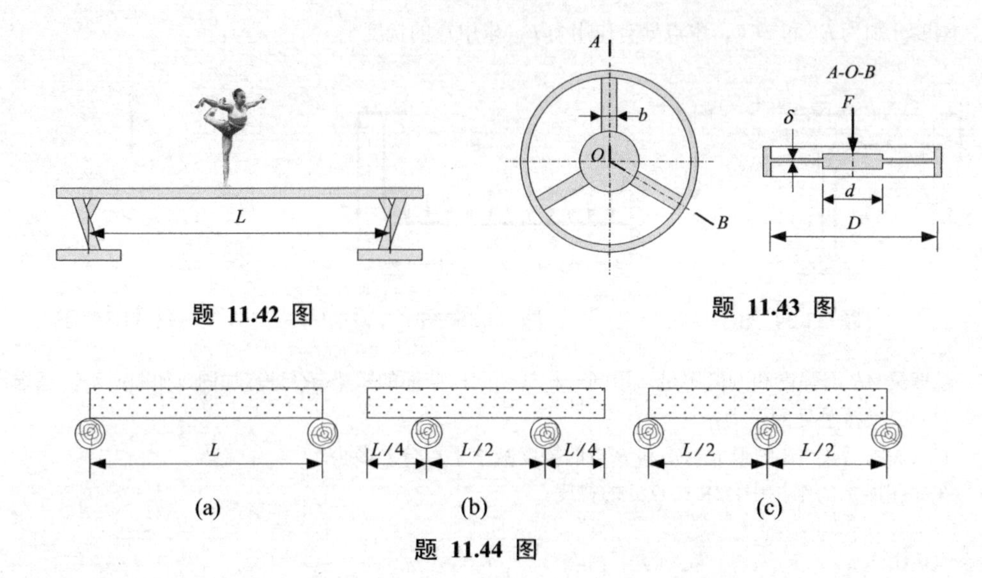

题 11.42 图

题 11.43 图

题 11.44 图

(3) 你能否设想一种更佳的方案，既比图 (c) 所示的情况更加安全，又能节省圆木？

11.45 某景区的一座木梁桥被改造为钢梁桥。其主要的改造是将沿桥轴线的两根主梁由横截面为 $b \times b$ 的正方形木质梁改为宽为 $\frac{1}{2}b$、高为 b 的钢梁。显然这种改造提高了桥的强度和刚度。试半定量地评估经改造后的桥的承载能力和刚度各有什么样的变化。

第 12 章　复杂应力状态分析及其应用

本章将进一步介绍应力和应变的有关理论，在此基础上引出强度准则，并把这些理论和准则应用到实际工程结构的分析中去。

12.1　应力状态分析

到目前为止，本书所给出的应力概念是应力矢量，它是物体内部某个指定点在指定方位微元面上作用力的集度，其定义式已由式（7.1）给出，即

$$\boldsymbol{p}=\lim_{\Delta A\to 0}\frac{\Delta \boldsymbol{F}}{\Delta A}$$

式中 $\Delta \boldsymbol{F}$ 是作用在微元面 ΔA 上的力。应力矢量在微元面 ΔA 的法线方向上的分量 σ 称为法向应力（或正应力），在 ΔA 的切面上的分量 τ 称为切向应力（或切应力）。

易于看出，对于物体中任意指定的 K 点而言，应力矢量的大小与方向与过该点的微元面 ΔA 的方位有关。显然，过 K 点可以做无穷多个微元面，因而得到无穷多个应力矢量。所有这些应力矢量的集合，称为 K 点的**应力状态**。

在本小节中，将讨论如何对某点的应力状态进行分析和计算。

12.1.1　单元体和应力状态矩阵

对于应力状态，人们经常采用单元体的研究方法，即将 K 点“放大”为一个正立方体。人们规定，单元体的一对表面表示过 K 点的同一方位上微元面的两个侧面。这样，这一对表面上的应力矢量总是大小相等而方向相反的。因此，从这一意义上来说，单元体是没有长度、宽度和高度的。

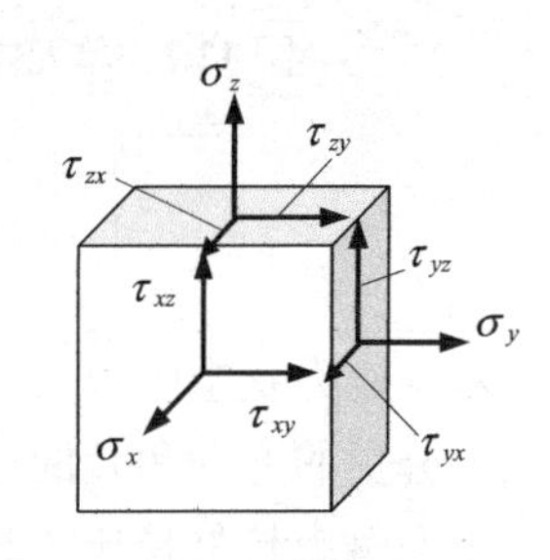

图 12.1　一点处的应力状态

一般地，取单元体的六个面分别平行于坐标面，如图 12.1 所示。在法线方向与 x 轴正向重合的表面上，应力矢量在 x 轴方向上的分量显然就是这个表面上的法向应力，记为 σ_x，应力矢量在 y 轴方向和 z 轴方向上的分量都是这个表面上的切向应力，分别记为 τ_{xy} 和 τ_{xz}。其中第一个脚标表示该微元面的法线方向，第二个脚标表示该切应力的实际指向。以此类推，可以得到法线方向与其他两轴正向重合的两个表面上的应力分量，从而得到以下的应力分量的集合：

$$\boldsymbol{T}=\begin{bmatrix}\sigma_x & \sigma_{xy} & \sigma_{xz}\\ \tau_{yx} & \sigma_y & \tau_{yz}\\ \tau_{zx} & \tau_{zy} & \sigma_z\end{bmatrix}\qquad(12.1)$$

上述矩阵称为**应力状态矩阵**（stress-state matrix）。在本书中约定：**用大写粗斜体字母表示矩阵。**

在下一节将说明，一旦这六个面上的应力矢量已经确定，那么，过该点的任意方位的微元面上的应力矢量便都可以确定下来。

对于应力状态矩阵的每个分量，人们作如下的符号规定：**在单元体中外法线方向与坐标轴正向相同的面上，沿坐标轴正向的应力分量为正，沿坐标轴反向的应力分量为负；在单元体中外法线方向与坐标轴正向相反的面上，沿坐标轴反向的应力分量为正，沿坐标轴正向的应力分量为负。**按这种规定，易于看出，对于法向应力而言，拉应力为正，压应力为负。在图 12.2 中，标出了三个面上的符号为正和符号为负的各应力分量。

由 7.1.2 节所表述的切应力互等定理可知，在式（12.1）的应力状态矩阵中

$$\tau_{xy}=\tau_{yx}, \quad \tau_{yz}=\tau_{zy}, \quad \tau_{zx}=\tau_{xz} \tag{12.2}$$

因此，应力状态矩阵 $\boldsymbol{T}$ 是一个对称矩阵。也就是说，一般的应力状态中，只有六个独立的应力分量。

在某些情况下，某指定点处存在着一对表面上的应力矢量为零的单元体，称该点处于**双向应力状态**（two-dimensional stress state）。对于双向应力状态，可以将单元体更简单地画为正方形，如图 12.3 所示。为不失一般性，下面总是把单元体中法线方向沿 z 轴的那一对表面确认为无应力作用。在这种情况下，法线方向沿 x 轴方向的表面上法向应力为 σ_x，切向应力只有 τ_{xy}；法线方向沿 y 轴方向的表面上法向应力为 σ_y，切向应力只有 τ_{yx}，且 $\tau_{xy}=\tau_{yx}$。因此，在双向应力状态中，独立的应力分量只有 σ_x、σ_y 和 τ_{xy}，应力状态矩阵可写为

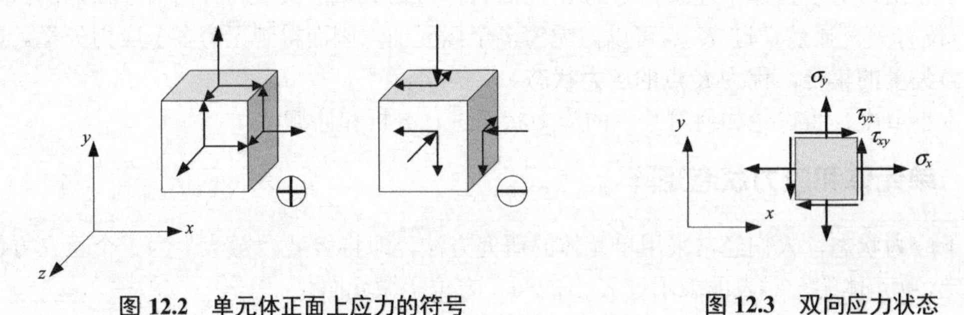

图 12.2 单元体正面上应力的符号　　图 12.3 双向应力状态

$$\boldsymbol{T}=\begin{bmatrix}\sigma_x & \tau_{xy}\\ \tau_{yx} & \sigma_y\end{bmatrix} \tag{12.3}$$

双向应力状态中应力正负的规定与上述三向应力正负规定相同，图 12.4 中分别标出了正的应力分量的方向和负的应力分量的方向。

下面考虑杆件拉压、扭转和弯曲情况下的应力状态矩阵。在如下的讨论中，杆件轴向为 x 方向，单元体的左右表面的方位总是沿着横截面的。

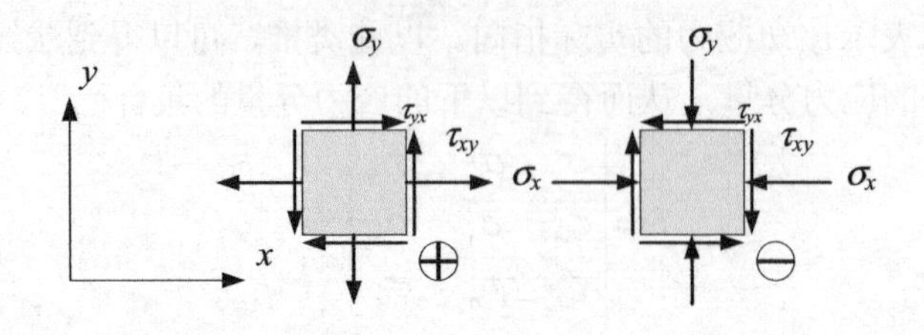

图 12.4 双向应力的正负规定

在横截面面积为 A 的直杆的拉伸中，两端所受轴线上的拉力为 F，单元体的应力如图 12.5 所示，并有应力状态矩阵

$$T=\begin{bmatrix}\sigma & 0\\ 0 & 0\end{bmatrix} \tag{12.4a}$$

式中，$\sigma=\dfrac{F}{A}$。这种应力状态是最简单的一类。一般地，矩阵形如式（12.4a）的应力状态称为**单向应力状态**(one-dimensional stress state)。

在两端承受转矩 m 的直径为 d 的实心圆轴中，如果在轴表面取单元体，那么，单元体的应力便如图 12.6 所示，其应力状态矩阵

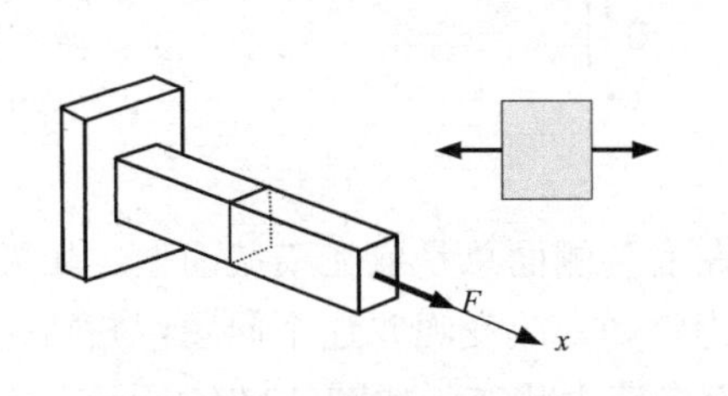

图 12.5　单向应力状态

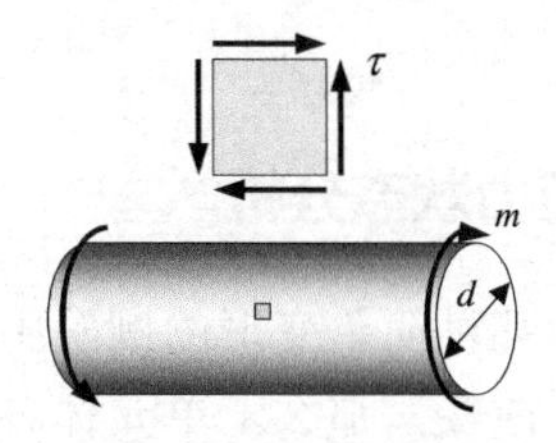

图 12.6　圆轴扭转

$$T=\begin{bmatrix}0 & \tau\\ \tau & 0\end{bmatrix} \tag{12.4b}$$

式中，$\tau=\dfrac{16m}{\pi d^3}$。这类单元体上没有正应力只有切应力的应力状态称为**纯剪状态**。一般的纯剪状态的应力状态矩阵形如式（12.4b）。

对于横截面是高为 h、宽为 b 的矩形的梁，某横截面上的弯矩为 M，剪力为 F_S（图 12.7）。如果单元体取在横截面上沿 A 处，那么其正应力 $\sigma=-\dfrac{6M}{bh^2}$，而切应力为零，应力状态矩阵为

$$T=\begin{bmatrix}\sigma & 0\\ 0 & 0\end{bmatrix}$$

这是一个单向应力状态。

如果单元体取在中性层 B 处，那么其正应力为零，切应力 $\tau=\dfrac{3}{2}\times\dfrac{F_S}{bh}$，且方向与剪力方向相同。这样，该单元处于纯剪状态，其应力状态矩阵

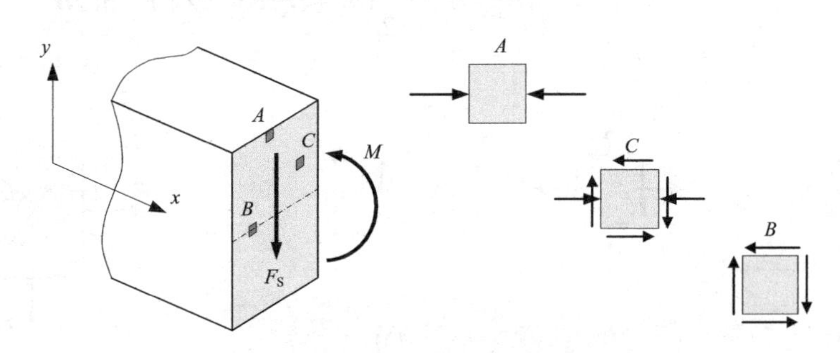

图 12.7　弯曲梁的横截面

$$T=\begin{bmatrix}0 & -\tau\\ -\tau & 0\end{bmatrix}$$

式中的切应力取负号，是因为单元体左侧面的法线方向沿 x 轴正向，而这个面上的切应力方向与 y 轴正向相反。注意此处切应力正负规定与剪力正负规定之间的差别。

如果在中性轴上方坐标为 y 的 C 处取单元体，那么这个单元体上既有正应力又有切应力。其正应力 $\sigma'=-\dfrac{12M}{bh^3}y$，切应力 $\tau'=\dfrac{3F_S}{2bh}\left[1-\left(\dfrac{2y}{h}\right)^2\right]$，方向与剪力方向相同。考虑到坐标轴的取向，便可得应力状态矩阵

$$T=\begin{bmatrix}\sigma' & -\tau'\\ -\tau' & 0\end{bmatrix}$$

12.1.2 应力状态分析

在上面几种简单变形的例子中，单元体的左右两侧面总是取在横截面上。如果单元体的方位发生了改变，那么，单元体各侧面上的应力将如何改变呢？这个问题可归结为应力状态矩阵的坐标变换来进行考察。一般地考虑一个双向应力状态，如图 12.8(a)所示，构件中某点 K 处沿坐标系 (x, y) 方位的单元体（虚线包围的灰色单元体）上的应力分量如图 12.8(b)所示，其应力状态矩阵为

$$T=\begin{bmatrix}\sigma_x & \tau_{xy}\\ \tau_{yx} & \sigma_y\end{bmatrix} \tag{12.5a}$$

坐标系 (x, y) 绕着原点 O 沿逆时针方向旋转一个角度 α，构成一个新坐标系 (x', y')。沿新坐标系方位仍在 K 点取单元体（实线包围的区域），这个单元体的应力分量如图 12.8(c)所示，其应力状态矩阵为

$$T'=\begin{bmatrix}\sigma_{x'} & \tau_{x'y'}\\ \tau_{y'x'} & \sigma_{y'}\end{bmatrix} \tag{12.5b}$$

在本书 12.1.3 中将说明，在坐标变换中，式(12.5a) 和式(12.5b) 的分量变换关系为

$$\begin{bmatrix}\sigma_{x'} & \tau_{x'y'}\\ \tau_{y'x'} & \sigma_{y'}\end{bmatrix}=\begin{bmatrix}\cos\alpha & \sin\alpha\\ -\sin\alpha & \cos\alpha\end{bmatrix}\begin{bmatrix}\sigma_x & \tau_{xy}\\ \tau_{yx} & \sigma_y\end{bmatrix}\begin{bmatrix}\cos\alpha & -\sin\alpha\\ \sin\alpha & \cos\alpha\end{bmatrix} \tag{12.6}$$

如果记 $\sigma_{x'}=\sigma_\alpha$，$\tau_{x'y'}=\tau_\alpha$，那么根据上式，再利用三角公式，可得

$$\sigma_\alpha=\frac{1}{2}(\sigma_x+\sigma_y)+\frac{1}{2}(\sigma_x-\sigma_y)\cos 2\alpha+\tau_{xy}\sin 2\alpha \tag{12.7}$$

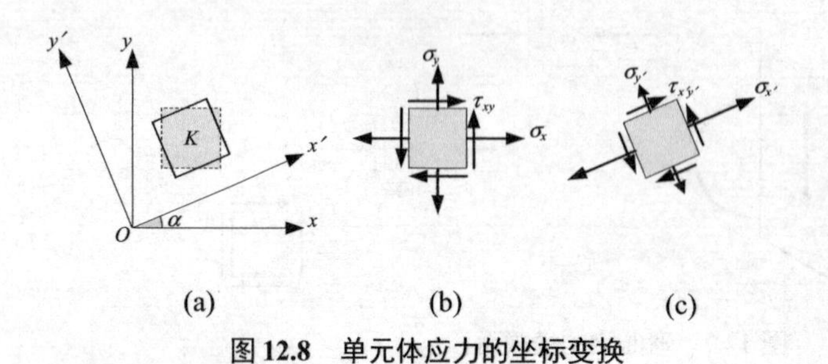

图 12.8 单元体应力的坐标变换

图 12.9 斜截面上的应力

$$\tau_\alpha = -\frac{1}{2}(\sigma_x - \sigma_y)\sin 2\alpha + \tau_{xy}\cos 2\alpha \tag{12.8}$$

式(12.7) 和式(12.8) 一般称为单元体中倾角为α的斜截面上的正应力和切应力公式，如图12.9 所示。

【例 12.1】 讨论横截面积为A的等截面杆两端承受轴向拉伸时斜截面上的应力，如图 12.10 所示。

解： 在杆内任一点处取一个单元体，使单元体的两个相邻侧面分别平行于轴向和横截面方向，这样，单元体上只有一对侧面上有正应力，而且无切应力作用。显然，其应力状态矩阵为

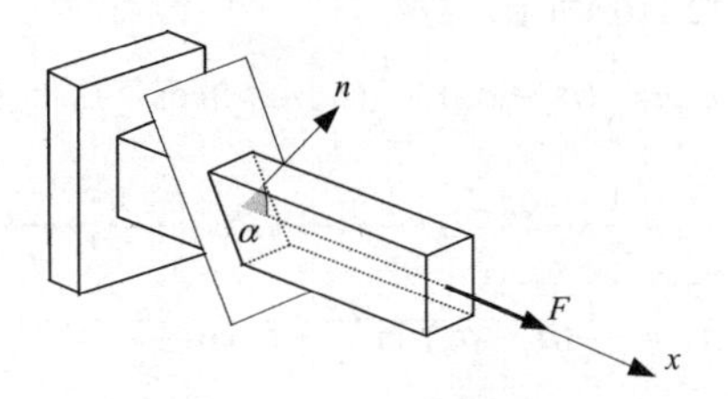

图 12.10　拉压杆斜截面上的应力

$$\begin{bmatrix} \sigma_x & 0 \\ 0 & 0 \end{bmatrix}$$

式中　$\sigma_x = \dfrac{F}{A}$

过这一点作一斜截面，其法线方向与 x 轴正向的夹角为α，那么，由式（12.7）和式（12.8）可得斜截面上的正应力和切应力分别为

$$\sigma_\alpha = \frac{F}{2A}(1+\cos 2\alpha), \qquad \tau_\alpha = -\frac{F}{2A}\sin 2\alpha$$

【例 12.2】 矩形截面梁某横截面上的剪力为$8\ \text{kN}$，弯矩为$0.9\ \text{kN}\cdot\text{m}$，截面尺寸如图 12.11(a)所示，过图中$A$点处有一斜截面，其法线方向在$xy$平面内并与$x$轴正向成$\dfrac{\pi}{3}$的夹角，求该斜截面上过$A$点处的正应力与切应力。

解： 首先考虑A点处的应力状态矩阵，易得该横截面对z轴的惯性矩

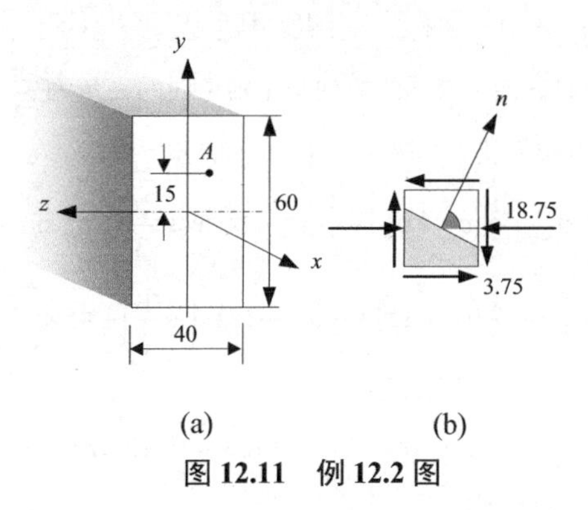

(a)　　　　(b)

图 12.11　例 12.2 图

$$I_z = \frac{1}{12}bh^3 = \frac{1}{12}\times 40\times 60^3 = 7.2\times 10^5\ \text{mm}^4$$

在横截面上A点的正应力

$$\begin{aligned}\sigma &= -\frac{My}{I_z} = -\frac{0.9\times 10^6\times 15}{7.2\times 10^5} \\ &= -18.75\ \text{MPa（压）}\end{aligned}$$

切应力
$$\tau=\frac{3F}{2bh}\left(1-\frac{4y^2}{h^2}\right)$$
$$=\frac{3\times8000}{2\times40\times60}\times\left(1-\frac{4\times15^2}{60^2}\right)=3.75\text{ MPa}\quad（向下）$$

因此，在图示的坐标系下，A 点的应力状态矩阵为
$$\begin{bmatrix}\sigma_x & \tau_{xy}\\ \tau_{yx} & \sigma_y\end{bmatrix}=\begin{bmatrix}-18.75 & -3.75\\ -3.75 & 0\end{bmatrix}$$

再考虑过 A 点的斜截面，如图 12.11(b)所示，易得
$$\sigma_{\frac{\pi}{3}}=\frac{1}{2}(\sigma_x+\sigma_y)+\frac{1}{2}(\sigma_x-\sigma_y)\cos\frac{2\pi}{3}+\tau_{xy}\sin\frac{2\pi}{3}$$
$$=\frac{1}{2}\times(-18.75)+\frac{1}{2}\times(-18.75)\times\left(-\frac{1}{2}\right)+(-3.75)\times\frac{1}{2}\sqrt{3}=-7.9\text{ MPa}$$
$$\tau_{\frac{\pi}{3}}=-\frac{1}{2}(\sigma_x-\sigma_y)\sin\frac{2\pi}{3}+\tau_{xy}\cos\frac{2\pi}{3}$$
$$=-\frac{1}{2}\times(-18.75)\times\frac{1}{2}\sqrt{3}+(-3.75)\times\left(-\frac{1}{2}\right)=10.0\text{ MPa}$$

【例 12.3】 图 12.12(a) 是物体中某点处两个截面上的应力（单位： MPa ）。求图中的切应力 τ 。

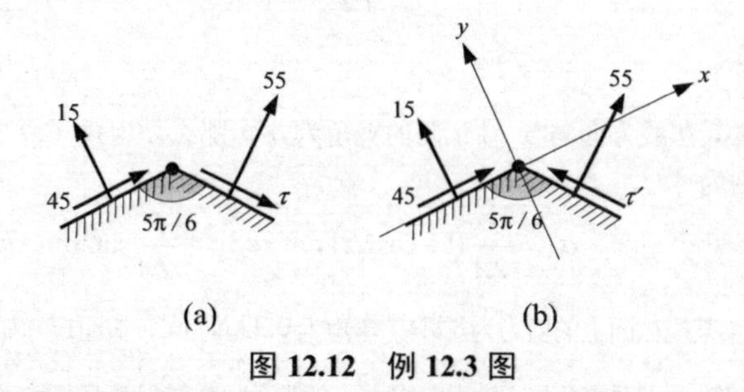

图 12.12　例 12.3 图

解：根据图形的特点，可建立如图 12.12(b) 所示的坐标系。在这个坐标系中，应力状态矩阵
$$\boldsymbol{T}=\begin{bmatrix}\sigma_x & 45\\ 45 & 15\end{bmatrix}$$

在这个坐标系中，右方截面成为斜截面，其法线方向与 x 轴正向的夹角为 $\frac{\pi}{3}$ ，而这个斜截面上的正应力为已知的 55 MPa 。由此便可以求出应力状态矩阵中的未知元素 σ_x 。即
$$\sigma_{\frac{\pi}{3}}=\frac{1}{2}\left(\sigma_x+\sigma_y\right)+\frac{1}{2}\left(\sigma_x-\sigma_y\right)\cos\frac{2\pi}{3}+\tau_{xy}\sin\frac{2\pi}{3}$$

即
$$55=\frac{1}{2}\left(\sigma_x+15\right)+\frac{1}{2}\left(\sigma_x-15\right)\times\left(-\frac{1}{2}\right)+45\times\left(\frac{1}{2}\sqrt{3}\right)$$

由此可得
$$\sigma_x=175-90\sqrt{3}=19.12\text{ MPa}$$

故斜截面上的切应力
$$\tau'_{\frac{\pi}{3}}=-\frac{1}{2}\left(\sigma_x-\sigma_y\right)\sin\frac{2\pi}{3}+\tau_{xy}\cos\frac{2\pi}{3}$$
$$=-\frac{1}{2}(19.1-15)\times\left(\frac{1}{2}\sqrt{3}\right)+45\times\left(-\frac{1}{2}\right)=-24.3\text{ MPa}$$

注意上式算出的结果指图 12.12(b) 中的 τ'（即外法线方向沿逆时针方向旋转 $\frac{\pi}{2}$ 的方向上），这样，图 12.12(a)

中所求的切应力就应为 $\tau = 24.3$ MPa 。

在式（12.6）所表示的应力状态坐标变换中，由于任意方位上各应力分量都是有限值，因此，一定存在着应力分量的极值。在 12.1.3 中将说明以下结论。

① 当坐标旋转的角度 α 满足

$$\tan 2\alpha' = \frac{2\tau_{xy}}{\sigma_x - \sigma_y} \tag{12.9}$$

时，正应力取极值。在 $\left(-\frac{\pi}{2}, \frac{\pi}{2}\right]$ 的区间内（或在 $(0, \pi]$ 区间内），满足上式的 α' 有两个，这两个角度彼此相差 $\frac{\pi}{2}$ 。这说明，当 $\sigma_{x'}$ 取极值时，$\sigma_{y'}$ 也取极值。

② 正应力的两个极值用 σ_i、σ_j 表示，其数值

$$\left.\begin{matrix}\sigma_i \\ \sigma_j\end{matrix}\right\} = \frac{\sigma_x + \sigma_y}{2} \pm \sqrt{\left(\frac{\sigma_x - \sigma_y}{2}\right)^2 + \tau_{xy}^2} \tag{12.10}$$

σ_i 和 σ_j 称为该点应力状态的**主应力**（principal stress），主应力相应的微元面称为**主平面**(principal plane)，主平面的法线方向称为主方向，也称为应力的**主轴**(principal axis)。与主轴方向平行的坐标系称为主轴坐标系。若某单元体的侧面就是主平面，则称该单元体为应力状态的主单元体。

③ 在正应力取极值的方位上，切应力为零。这意味着，在坐标变换式（12.6）中，若坐标旋转角度 α 取满足式（12.9）的 α'，则有

$$\begin{bmatrix}\cos\alpha' & \sin\alpha' \\ -\sin\alpha' & \cos\alpha'\end{bmatrix}\begin{bmatrix}\sigma_x & \tau_{xy} \\ \tau_{yx} & \sigma_y\end{bmatrix}\begin{bmatrix}\cos\alpha' & -\sin\alpha' \\ \sin\alpha' & \cos\alpha'\end{bmatrix} = \begin{bmatrix}\sigma_i & 0 \\ 0 & \sigma_j\end{bmatrix} \tag{12.11}$$

④ 在坐标旋转角度 α 取

$$\alpha'' = \alpha' + \frac{\pi}{4} \tag{12.12}$$

时，切应力取极值。即主方向与最大切应力所在微元面的法线方向相差 $\frac{\pi}{4}$ ，如图 12.13 所示。图中实线表示的单元体是主单元体，虚线表示的单元体是切应力取极值的单元体。

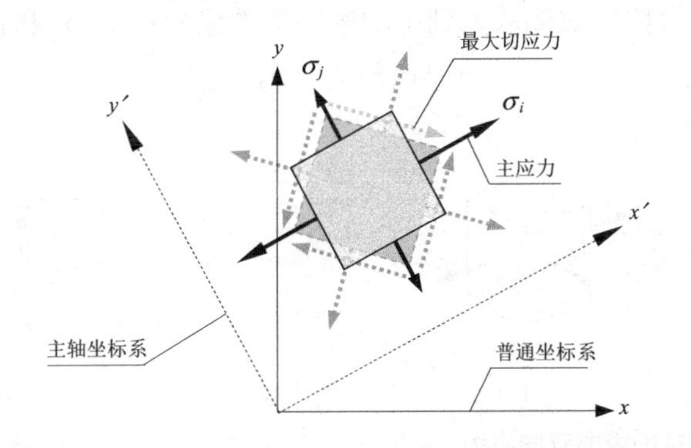

图 12.13　主方向与切应力取最大值的方向

切应力的极值为

$$\tau_{\alpha\max}=\frac{1}{2}(\sigma_i-\sigma_j) \tag{12.13}$$

利用线性代数的知识，可以帮助读者进一步理解应力状态矩阵的数学结构及上面的一系列结论。由于应力状态矩阵是对称矩阵，因而一定存在着实数的特征值。容易验证，主应力的计算式（12.10）事实上是关于σ的方程

$$|\boldsymbol{T}-\sigma\boldsymbol{I}|=\begin{vmatrix}\sigma_x-\sigma & \tau_{xy}\\ \tau_{xy} & \sigma_y-\sigma\end{vmatrix}=0 \tag{12.14}$$

的解，这里$\boldsymbol{I}$是二阶单位矩阵。因此，主应力就是应力状态矩阵的特征值。主方向就是与特征值对应的特征方向。

由于对应于不同特征值的特征向量是正交的，因此对应于不同主应力的主方向必定相差$\dfrac{\pi}{2}$。在两个主应力相等的情况下，也存在着相互正交的主方向。

坐标变换式（12.6）中，矩阵

$$\boldsymbol{M}=\begin{bmatrix}\cos\alpha & \sin\alpha\\ -\sin\alpha & \cos\alpha\end{bmatrix}$$

是一个正交矩阵，即

$$\boldsymbol{M}^{\mathrm{T}}=\begin{bmatrix}\cos\alpha & -\sin\alpha\\ \sin\alpha & \cos\alpha\end{bmatrix}=\boldsymbol{M}^{-1}$$

因此，坐标变换式（12.6）是相似变换中的正交变换。可知，对于总存在着正交矩阵

$$\begin{bmatrix}\cos\alpha' & \sin\alpha'\\ -\sin\alpha' & \cos\alpha'\end{bmatrix}$$

使相似变换的结果成为对角阵，如式（12.11）所表示的那样。对角阵的元素，就是矩阵的特征值。因此，在主平面上，切应力为零。同样可以证明，在切应力为零的面上的正应力就是主应力。

上述定义和性质同样适用于三向应力状态。如果将上面所讨论的双向应力状态放到三维空间中考察，如图 12.14 所示，则相应的三维单元体中必定有一对平面上既无正应力又无切应力。由于切应力为零的平面即为主平面，因此，这对无应力的平面也是主平面。在这对主平面上，数值为零的法向应力也构成一个主应力。图 12.14(b) 中的所有单元面都是主平面。习惯上，人们常将主应力按代数值从大到小的顺序依次记为σ_1、σ_2和σ_3，即

$$\sigma_1\geqslant\sigma_2\geqslant\sigma_3 \tag{12.15}$$

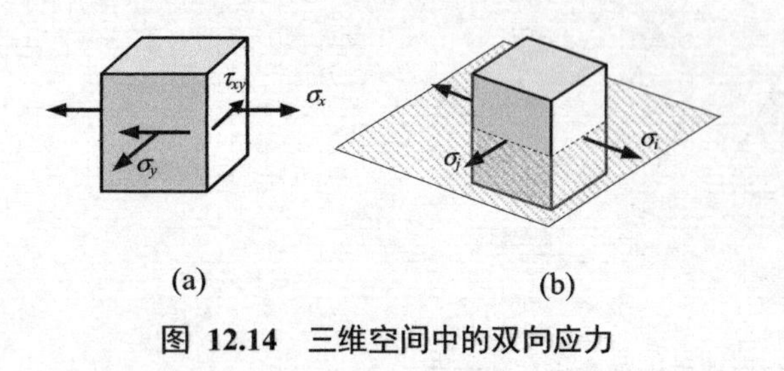

图 12.14 三维空间中的双向应力

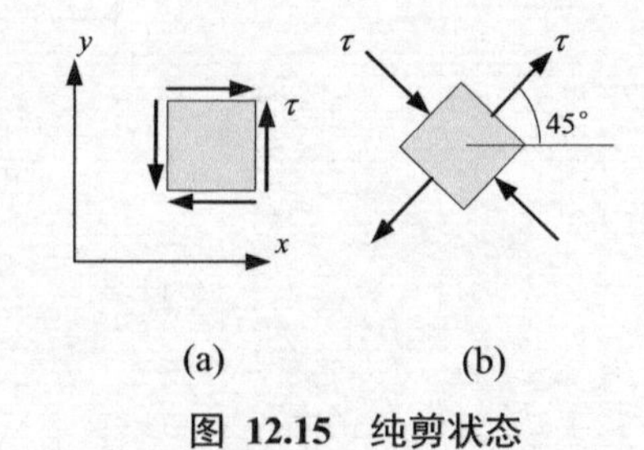

图 12.15 纯剪状态

这样，按式（12.10）计算出的双向应力状态中的主应力σ_i和σ_j，便是三向应力状态主应力σ_1、σ_2和σ_3中的两个，另一个则是零。

在横截面积为A的直杆的拉伸中，杆中部任意点均处于单向应力状态。其主应力

$$\sigma_1=\frac{F}{A}, \qquad \sigma_2=\sigma_3=0$$

第一主应力对应的主方向即轴向，第二与第三主应力对应的主方向则垂直于轴线。

对于图 12.15(a) 所示的纯剪状态，由于$\tan 2\alpha'=\infty$，因此其两个主方向与x轴正向的夹角分别为$\alpha_1'=45^\circ$和$\alpha_2'=135^\circ$。将$\alpha_1'=45^\circ$代入式（12.7），即可得对应的主应力$\sigma_i=\tau$；将$\alpha_2'=135^\circ$代入式（12.7），即可得对应的主应力$\sigma_i=-\tau$。这样，

$$\sigma_1=\tau,\ \sigma_2=0,\ \sigma_3=-\tau$$

其主应力和主方向如图 12.15(b) 所示。

利用主应力的概念，可以更明确地定义单向应力状态和双向应力状态：如果一个应力状态只有一个主应力不为零，则称为单向应力状态；如果一个应力状态有两个主应力不为零，则称为双向应力状态。

例如，在轴向拉伸杆中取一个单元体，如图 12.16 所示，左边一个单元体的方位是随意取的，因此这个单元体上既有正应力又有切应力，但这并不意味着应力状态是双向的。如果仔细计算这个单元体的主应力，就会发现它其实只有一个主应力不为零，而且它的主方向沿着轴向。因此，如果将单元体的一对侧面沿着横截面的方向，如图右边的单元体那样，则这样的单元体能够更加本质地反映该点的应力状态，称该单元体为应力状态的主单元体。所以，从这个意义上来讲，主应力反映了应力状态最核心的信息。

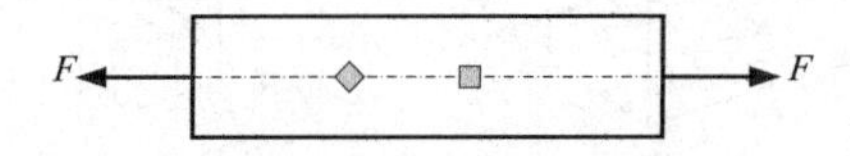

图 12.16　轴向拉伸杆

下面，在三向应力状态下重新考虑指定点的最大切应力问题。由于用双向应力状态主应力公式（12.10）计算出的主应力σ_i、σ_j仅是三个主应力σ_1、σ_2、σ_3中的两个。

因此在过该点的平行坐标平面的三个截面上考察，最大切应力将会出现

$$\frac{1}{2}(\sigma_1-\sigma_2),\ \frac{1}{2}(\sigma_2-\sigma_3),\quad \frac{1}{2}(\sigma_1-\sigma_3)$$

这三个值，如图 12.17(a)、(b)、(c) 所示，显然其中$\frac{1}{2}(\sigma_1-\sigma_3)$才是其中真正的最大值。

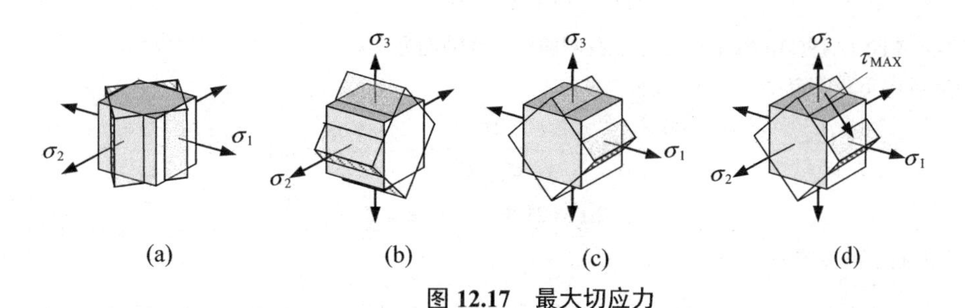

图 12.17　最大切应力

更严密的分析指出（参见参考文献 [1]、[4]、[8]）

$$\tau_{\text{MAX}}=\frac{1}{2}(\sigma_1-\sigma_3) \tag{12.16}$$

所确定的切应力值的确是过该点所有方位的微元面上的最大切应力。此处，特别地采用符号 τ_{MAX} 来表示用三维观点考察所得到的最大切应力，以区别于在二维应力平面里所得到的最大切应力 $\tau_{\max}$。可以看到，τ_{MAX} 的作用平面与 σ_2 的指向平行，而与 σ_1 和 σ_3 的指向均呈 $\frac{\pi}{4}$ 的夹角，如图 12.17(d) 所示。这一结论对各种应力状态均适用。

为什么在双向应力状态中最大切应力是 $\frac{1}{2}(\sigma_1-\sigma_3)$ 而不是 $\frac{1}{2}(\sigma_i-\sigma_j)$，不妨以如图 12.18(a) 所示的情况为例予以说明，其中 $\sigma_x=5\text{ MPa}$，$\sigma_y=5\text{ MPa}$，$\tau_{xy}=-3\text{ MPa}$。其主应力 $\sigma_1=8\text{ MPa}$，$\sigma_2=2\text{ MPa}$，$\sigma_3=0$。在图 12.18 (b) 的水平平面（即应力平面）内考察，应该有最大切应力 $\tau_{\max}=\frac{1}{2}(\sigma_i-\sigma_j)=3\text{ MPa}$。但是在图 12.18 (c) 的竖直平面内考察，则最大切应力 $\tau_{\text{MAX}}=\frac{1}{2}(\sigma_1-\sigma_3)=4\text{ MPa}$。显然后者大于前者，后者才是该点处沿所有方位的微元面上的最大切应力，其方位与作用平面如图 12.18(d) 所示。

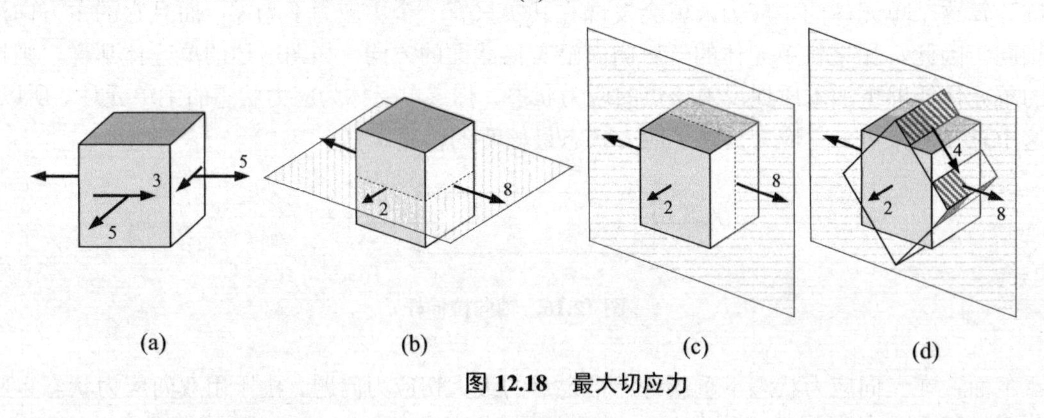

图 12.18　最大切应力

易于看出，如果某点处于双向应力状态中的纯剪状态，那么，该点处的最大切应力就等于纯剪状态中的切应力。

【例 12.4】 求例 12.2 中 A 点处的主应力和主方向。

解：由例 12.2 的求解可得 A 点的应力状态矩阵为

$$\begin{bmatrix}\sigma_x & \tau_{xy}\\ \tau_{yx} & \sigma_y\end{bmatrix}=\begin{bmatrix}-18.75 & -3.75\\ -3.75 & 0\end{bmatrix}$$

由之可得单元体图 12.19(a)，其中单元体左右侧面沿着横截面方向。

主方向可由下式确定

$$\tan 2\alpha'=\frac{2\tau_{xy}}{\sigma_x-\sigma_y}=\frac{-2\times 3.75}{-18.75}=0.4$$

故

$$2\alpha_1'=21.8^\circ,\qquad \alpha_1'=10.9^\circ$$

沿着这一主方向上的主应力

$$\sigma_i=-\frac{1}{2}\times 18.75-\frac{1}{2}\times 18.75\times\cos 21.8^\circ-3.75\times\sin 21.8^\circ=-19.5\text{ MPa}$$

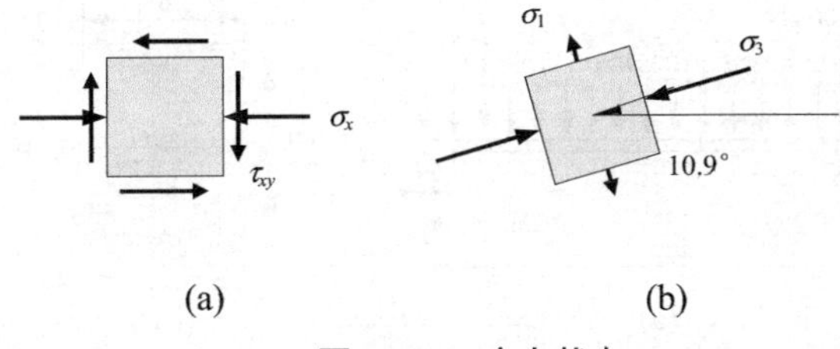

(a)　　　　(b)

图 12.19　应力状态

另一个主方向

$$\alpha_2' = 100.9^\circ, \quad 2\alpha_2' = 201.8^\circ$$

沿着这一主方向上的主应力

$$\sigma_j = -\frac{1}{2}\times 18.75 - \frac{1}{2}\times 18.75\times\cos 201.8^\circ - 3.75\times\sin 201.8^\circ = 0.7\ \text{MPa}$$

故 A 处 $\sigma_1 = 0.7\ \text{MPa}$，其方向与 x 轴正向成 100.9°；$\sigma_2 = 0$；$\sigma_3 = -19.5\ \text{MPa}$，其方向与 x 轴正向成 10.9°，主单元体图如图 12.19(b) 所示。

【例 12.5】 若已知如图 12.20(a) 所示的轴向受拉锥形薄板外表面 K 点处横截面上的正应力为 σ，求该点处的最大正应力。

解：注意到 K 点处于薄板上侧面处，而上侧面是自由表面，因此可将坐标系沿边沿建立，如图所示。在这个坐标系中，$\sigma_y = 0$，$\tau_{xy} = 0$。

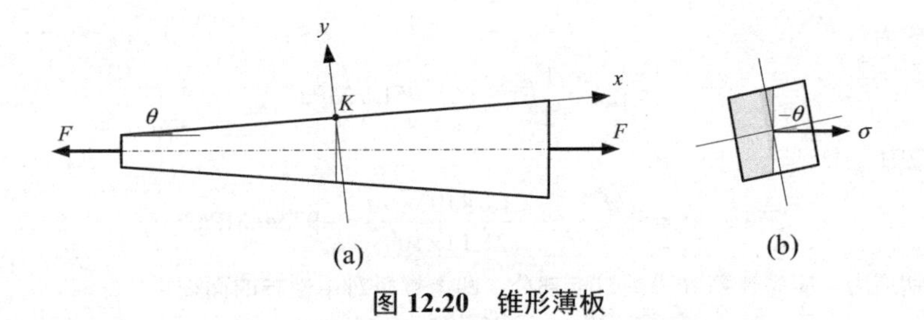

(a)　　　　(b)

图 12.20　锥形薄板

在 K 点处取单元体，如图 12.20(b) 所示。在这个单元体中，已知的正应力 σ 则是斜截面上的正应力，斜截面法线方向与 x 轴正向的夹角为 $-\theta$。故有

$$\sigma = \sigma_{-\theta} = \frac{1}{2}\sigma_x + \frac{1}{2}\sigma_x\cos 2\theta = \sigma_x\cos^2\theta$$

由此可得 $\sigma_x = \dfrac{\sigma}{\cos^2\theta}$。

由于 $\tau_{xy} = 0$，因此所建坐标系恰好为主坐标系，根据主应力为法向应力的极值这一特点可得

$$\sigma_{\max} = \sigma_x = \frac{\sigma}{\cos^2\theta}$$

【例 12.6】 如图 12.21(b) 所示简支梁的横截面为工字形，截面的腹板和翼板的厚度均为 10 mm，荷载如图 12.21(a) 所示。距左端铰 0.2 m 的 K 截面上的 A、B、O 三点位置如图。在这三点的各个方位上考察，该三点的最大切应力为多少？

解：由平衡易于得到，左右两个铰的支反力均为 110 kN。由此便可得 K 截面的弯矩和剪力分别为

$$M = 21.8\times 10^6\ \text{N}\cdot\text{mm}, \qquad F_S = 108\times 10^3\ \text{N}$$

该横截面对 z 轴的惯性矩

$$I = \frac{1}{12}\times 10\times 180^3 + 2\times\left(\frac{1}{12}\times 90\times 10^3 + 10\times 90\times 95^2\right) = 21.12\times 10^6\ \text{mm}^4$$

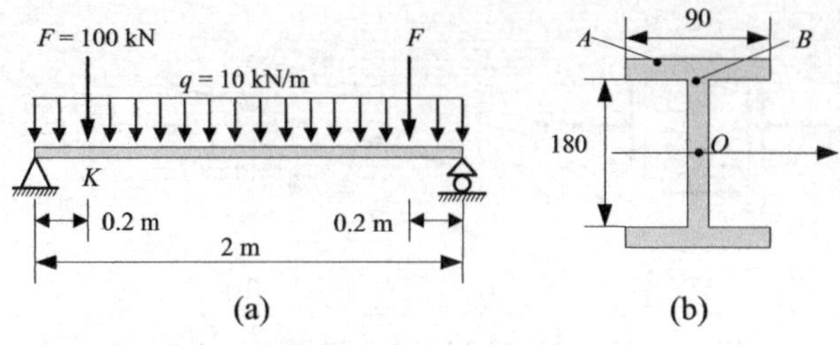

图 12.21 例 12.6 图

由于 A 点处于上边沿，在横截面上考虑，该点处正应力

$$\sigma = -\frac{M\,y}{I} = -\frac{21.8\times10^6\times100}{21.12\times10^6} = -103.22\ \text{MPa}$$

该点处切应力为零。故 A 点处于单向应力状态。单元体图如图 12.22(a) 所示。故有

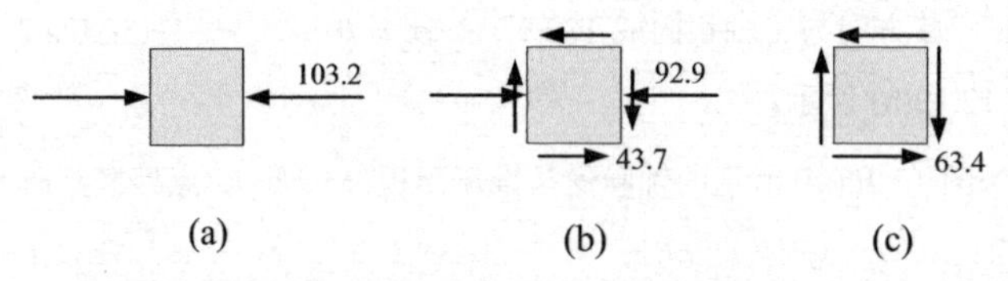

图 12.22 ***ABO*** 三点的单元体图

$$\sigma_1 = \sigma_2 = 0\ ,\quad \sigma_3 = -103.22\ \text{MPa}$$

故 A 点处最大切应力

$$\tau_{A\,\text{MAX}} = \frac{1}{2}(\sigma_1 - \sigma_3) = 51.6\ \text{MPa}$$

B 点处的正应力

$$\sigma = -\frac{M\,y}{I} = -\frac{21.8\times10^6\times90}{21.12\times10^6} = -92.90\ \text{MPa}$$

要计算 B 点处的切应力，应先计算 B 点处以上部分，即上翼板对中性轴的面积矩

$$S' = 10\times90\times95 = 8.55\times10^4\ \text{mm}^3$$

故该处切应力

$$\tau = \frac{F_S S'}{bI} = \frac{108\times10^3\times8.55\times10^4}{10\times21.12\times10^6} = 43.72\ \text{MPa}$$

B 点处单元体图如图 12.22(b) 所示。该点处主应力

$$\left.\begin{matrix}\sigma_i\\ \sigma_j\end{matrix}\right\} = \frac{\sigma}{2} \pm \sqrt{\left(\frac{\sigma}{2}\right)^2 + \tau^2} = -\frac{92.90}{2} \pm \sqrt{\left(\frac{92.90}{2}\right)^2 + 43.72^2} = \left\{\begin{matrix}17.34\\ -110.24\end{matrix}\right.\ \text{MPa}$$

故有 $\sigma_1 = 17.34\ \text{MPa}$，$\sigma_2 = 0$，$\sigma_3 = -110.24\ \text{MPa}$。

故有 $\tau_{B\,\text{MAX}} = \frac{1}{2}(\sigma_1 - \sigma_3) = 63.8\ \text{MPa}$ 。

O 点处于中性轴，故在横截面上考虑，该点处正应力为零。中性轴以上区域关于中性轴的静矩

$$S' = 10\times90\times95 + 10\times90\times45 = 0.126\times10^6\ \text{mm}^3$$

故有

$$\tau = \frac{F_S S'}{b\,I} = \frac{108\times10^3\times0.126\times10^6}{10\times21.12\times10^6} = 64.43\ \text{MPa}$$

O 点处于纯剪切状态，单元体图如图 12.22(c)所示。故该处最大切应力

$$\tau_{C\,\text{MAX}} = 64.4\ \text{MPa}$$

关于主应力和最大切应力的一系列结论与材料性能结合起来，可以为一些构件的破坏现象

提供合理的解释。对于低碳钢一类的塑性材料，其抗拉能力与抗压能力基本相同。抗剪能力弱一些，可以通过强度理论说明，塑性材料的许用切应力与许用正应力之间有如下关系

$$[\tau]=(0.5-0.58)[\sigma]$$

而对于铸铁一类的脆性材料，其最大的特点是抗拉能力特别弱，许用拉应力$[\sigma^{t}]$远小于许用压应力$[\sigma^{c}]$。

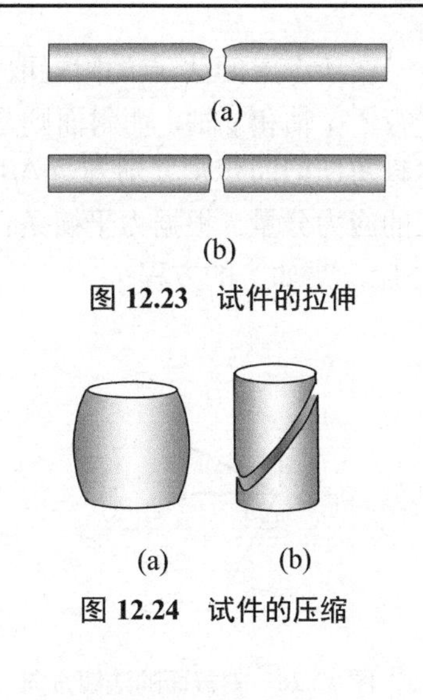

图 12.23　试件的拉伸

图 12.24　试件的压缩

在通常所进行的材料性能试验中，试件的单向拉伸、压缩和扭转试验是最基本的试验。

在进行单向拉伸时，第一主应力就是横截面上的正应力，而最大切应力的数值是第一主应力的一半。因此，对于塑性材料试件和脆性材料试件，其破坏形式都是抗拉强度不足引起的破坏。它们破坏的断面就是横截面，如图 12.23 所示。只不过塑性材料试件一般要在断口处产生颈缩，见图 12.23(a)，而脆性材料则没有这种现象，见图 12.23(b)。

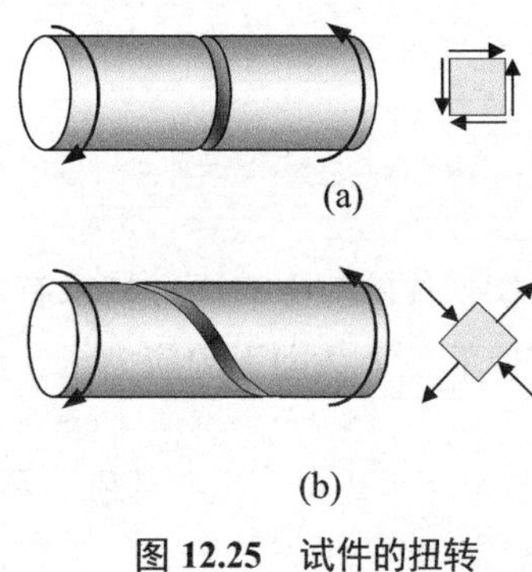

图 12.25　试件的扭转

在进行单向压缩时，第三主应力就是横截面上的正应力，最大切应力的数值是第三主应力的一半。因此对塑性材料而言，它将由于抗压强度不足而产生屈服。由于其延展性，也由于试件两端的承载面的摩擦力的存在，试件将会产生相当大的变形而成为腰鼓形，如图 12.24(a) 所示。而对于脆性材料而言，由于它的抗压性能远高于抗剪性能，因此试件将会由于抗剪强度不足而破坏。由于最大切应力方向与轴线方向呈 45°，因此试件开裂时基本沿着这一方向。在裂纹扩展的过程中，由于试件受压，裂纹两岸都存在着压应力。这种压应力与最大切应力的共同作用，使得裂纹扩展的方向有所偏离。铸铁试件最后破坏的断面的法线与轴线大约呈 50°～55° 角度的平面，如图 12.24(b) 所示。

在进行圆轴扭转破坏试验时，圆轴外侧面上的点处于纯剪状态，且具有最大的切应力。其主应力与轴线方向呈 45° 的角度，主应力数值与最大切应力数值相等。在这样的应力状态下，对塑性材料而言，由于其抗剪强度弱于抗拉抗压强度，因而会因抗剪强度不足而破坏。断面就是横截面，如图 12.25(a) 所示。对于脆性材料而言，由于其抗拉性能特别弱，因此会首先沿着与第一主应力相垂直的方向上产生裂纹。注意到圆轴表面各处第一主应力方向都与轴线呈 45° 的角度，因此最后的断面几乎是一个螺旋面，如图 12.25(b) 所示。

12.1.3　应力状态的理论分析*

本节将说明，在双向应力状态中，怎样用应力状态矩阵式（12.3）来表示过该点的任意斜截面上的应力。一般地，人们总是用微元面 ΔA 上的法线方向单位矢量 $\boldsymbol{n}$ 来表征 ΔA 的方位。在双向应力状态中，法线方向单位矢量

$$\boldsymbol{n}=\begin{bmatrix} n_x \\ n_y \end{bmatrix}=\begin{bmatrix} \cos\alpha \\ \sin\alpha \end{bmatrix} \tag{12.17}$$

式中，α 是 x 轴正向沿逆时针方向旋转至 $\boldsymbol{n}$ 的夹角，如图 12.26 所示。在本章中约定：**用小写粗斜体字母表示列向量。**

在所考虑的 K 点的附近取如图 12.27(a) 所示的楔形体为研究对象，它的两个直角面分别平行于 x 轴和 y 轴，而斜面则是任意指定的，其法线方向为 $\boldsymbol{n}$ 。记斜面的面积为 ΔA，那么两个直角面的面积则分别为 $n_x\Delta A$ 和 $n_y\Delta A$ 。在两个直角面上，如图中所标注的那样，分别有相应的应力分量。根据力平衡条件，如图 12.27(b) 所示，斜面上的应力矢量 $\boldsymbol{p}$ 的两个分量 p_x 和 p_y 应满足如下的方程

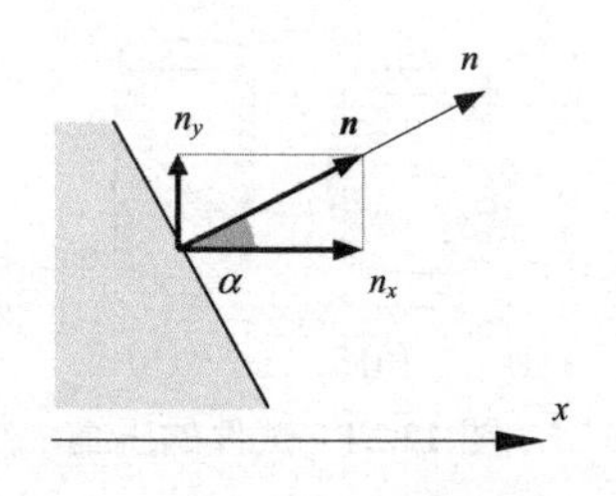

图 12.26　斜截面的法线方向

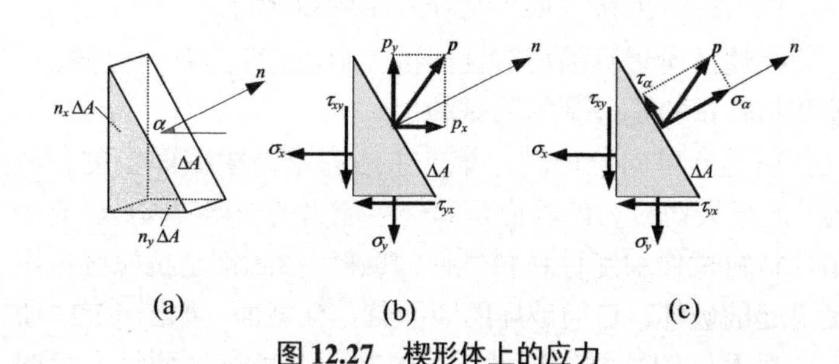

图 12.27　楔形体上的应力

$$\begin{cases} p_x\Delta A = \sigma_x n_x\Delta A + \tau_{yx}n_y\Delta A \\ p_y\Delta A = \sigma_y n_y\Delta A + \tau_{xy}n_x\Delta A \end{cases}$$

当楔形体的三个表面保持原有方位向 K 点逼近时，三个表面上的应力便趋近于 K 点处沿不同方位的三个截面上的应力了。由上式即可得

$$(p_x \quad p_y) = (n_x \quad n_y)\begin{bmatrix} \sigma_x & \tau_{xy} \\ \tau_{yx} & \sigma_y \end{bmatrix} \quad 或 \quad \boldsymbol{p}^{\mathrm{T}} = \boldsymbol{n}^{\mathrm{T}}\boldsymbol{T} \tag{12.18}$$

下面进一步将应力矢量 $\boldsymbol{p}$ 分解为法向应力和切向应力，如图 12.27(c) 所示。

根据解析几何的知识，一个矢量 $\boldsymbol{a}$ 在另一个单位矢量方向 $\boldsymbol{n}$ 上的投影 a_n，等于

$$a_n = a_x n_x + a_y n_y = (a_x \quad a_y)\begin{bmatrix} n_x \\ n_y \end{bmatrix}$$

上式可改写为矩阵式

$$a_n = \boldsymbol{a}^{\mathrm{T}}\boldsymbol{n} \tag{12.19}$$

上式可表述为：一个矢量 $\boldsymbol{a}$ 在另一个单位矢量方向 $\boldsymbol{n}$ 上的投影 a_n，等于 $\boldsymbol{a}$ 和 $\boldsymbol{n}$ 的内积。

这样，如果要求出应力矢量 $\boldsymbol{p}$ 的法向应力分量（用 σ_α 表示），只需将矢量 $\boldsymbol{p}$ 与法向单位矢量 $\boldsymbol{n}$ 作内积就可以了。因此，

$$\sigma_\alpha = \boldsymbol{p}^{\mathrm{T}}\boldsymbol{n} = \boldsymbol{n}^{\mathrm{T}}\boldsymbol{T}\boldsymbol{n} \tag{12.20a}$$

即

$$\sigma_\alpha = (n_x \quad n_y)\begin{bmatrix} \sigma_x & \tau_{xy} \\ \tau_{yx} & \sigma_y \end{bmatrix}\begin{bmatrix} n_x \\ n_y \end{bmatrix} \tag{12.20b}$$

将上式展开，把 n_x 和 n_y 分别用 $\cos\alpha$ 和 $\sin\alpha$ 替换，可得

$$\sigma_\alpha = \sigma_x\cos^2\alpha + 2\tau_{xy}\cos\alpha\sin\alpha + \sigma_y\sin^2\alpha \tag{12.20c}$$

再利用三角公式，即可得

$$\sigma_\alpha = \frac{1}{2}(\sigma_x + \sigma_y) + \frac{1}{2}(\sigma_x - \sigma_y)\cos 2\alpha + \tau_{xy}\sin 2\alpha \tag{12.20d}$$

求应力矢量 $\boldsymbol{p}$ 在切线方向上的分量时，可记法线方向 $\boldsymbol{n}$ 沿逆时针方向旋转 $\frac{\pi}{2}$ 为切线正方向，并记其单位矢量为 $\boldsymbol{t}$（图 12.28）。则有

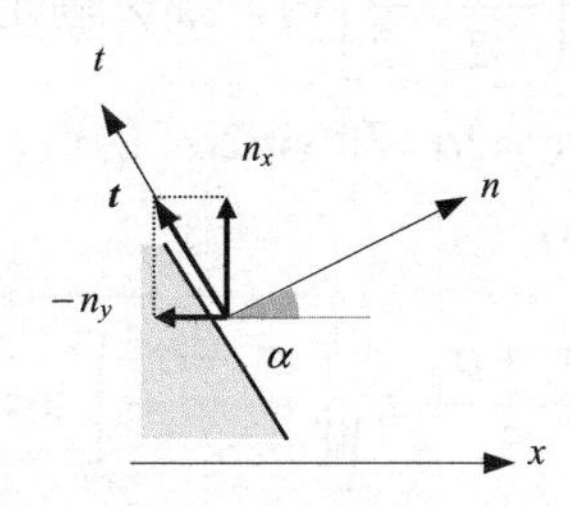

图 12.28　切线方向

$$\boldsymbol{t}=\begin{bmatrix} t_x \\ t_y \end{bmatrix}=\begin{bmatrix} -n_y \\ n_x \end{bmatrix}=\begin{bmatrix} -\sin\alpha \\ \cos\alpha \end{bmatrix} \tag{12.21}$$

记应力矢量 $\boldsymbol{p}$ 在 $\boldsymbol{t}$ 方向上的分量为 τ_α，则有

$$\tau_\alpha=\boldsymbol{p}^{\mathrm{T}}\boldsymbol{t}=\boldsymbol{n}^{\mathrm{T}}\boldsymbol{T}\boldsymbol{t} \tag{12.22a}$$

即

$$\tau_\alpha=(n_x \quad n_y)\begin{bmatrix} \sigma_x & \tau_{xy} \\ \tau_{yx} & \sigma_y \end{bmatrix}\begin{bmatrix} -n_y \\ n_x \end{bmatrix} \tag{12.22b}$$

将上式展开即可得

$$\tau_\alpha=-\sigma_x\cos\alpha\sin\alpha+\tau_{xy}\left(\cos^2\alpha-\sin^2\alpha\right)+\sigma_y\cos\alpha\sin\alpha \tag{12.22c}$$

再次应用三角公式即可得

$$\tau_\alpha=-\frac{1}{2}(\sigma_x-\sigma_y)\sin 2\alpha+\tau_{xy}\cos 2\alpha \tag{12.22d}$$

不言而喻，按上式计算出的 τ_α 值大于（小于）零，则表明该切应力实际方向与图 12.28 中 $\boldsymbol{t}$ 方向相同（相反）。

不难看出，由式（12.20c）可得

$$\sigma_{\alpha+\frac{\pi}{2}}=\sigma_x\sin^2\alpha-2\tau_{xy}\cos\alpha\sin\alpha+\sigma_y\cos^2\alpha \tag{12.23}$$

若记 $\sigma_{x'}=\sigma_\alpha$，$\sigma_{y'}=\sigma_{\alpha+\frac{\pi}{2}}$，$\tau_{x'y'}=\tau_\alpha$，则式（12.20c）、式（12.22c）和式（12.23）可合并写为

$$\begin{bmatrix} \sigma_{x'} & \tau_{x'y'} \\ \tau_{y'x'} & \sigma_{y'} \end{bmatrix}=\begin{bmatrix} \cos\alpha & \sin\alpha \\ -\sin\alpha & \cos\alpha \end{bmatrix}\begin{bmatrix} \sigma_x & \tau_{xy} \\ \tau_{yx} & \sigma_y \end{bmatrix}\begin{bmatrix} \cos\alpha & -\sin\alpha \\ \sin\alpha & \cos\alpha \end{bmatrix}$$

这就是式（12.6）的结论。

由式（12.20）和式（12.22）可知，在一个指定的点，其应力状态矩阵的各分量均为常数。斜截面上的正应力和切应力则应为 α 的函数。由于这两个应力分量总是有限值，因此一定存在着极值，那么，在什么方位上存在极值？极值为多大？

先考虑 σ_α 的极值。由式（12.20d）对 α 求导可得

$$\frac{\mathrm{d}\sigma_\alpha}{\mathrm{d}\alpha}=-(\sigma_x-\sigma_y)\sin 2\alpha+2\tau_{xy}\cos 2\alpha$$

因此，使 σ_α 取极值的角度 α' 一定满足 $\frac{\mathrm{d}\sigma_\alpha}{\mathrm{d}\alpha}=0$，即

$$\tan 2\alpha' = \frac{2\tau_{xy}}{\sigma_x - \sigma_y} \tag{12.24}$$

如果将 α' 的取值范围限定在区间 $\left(-\frac{\pi}{2}, \frac{\pi}{2}\right]$ 内，那么满足上式的 $2\alpha'$ 在区间 $(-\pi,\pi]$ 内有两个，彼此相差π。由此可导出两组 $\cos 2\alpha'$ 和 $\sin 2\alpha'$ 的值，再代回式（12.20c），即可得 σ_α 的两个极值，以 σ_i、σ_j 表示为

$$\left.\begin{matrix}\sigma_i \\ \sigma_j\end{matrix}\right\} = \frac{\sigma_x + \sigma_y}{2} \pm \sqrt{\left(\frac{\sigma_x - \sigma_y}{2}\right)^2 + \tau_{xy}^2} \tag{12.25}$$

两个极值对应的 α' 相差 $\frac{\pi}{2}$。

将满足式（12.24）的 $2\alpha'$ 代入式（12.22d）即可得

$$\tau_{\alpha'} = 0 \tag{12.26}$$

这说明，在正应力取极值的平面上，切应力为零。另一方面，若在式（12.25）中取 $\tau_{xy} = 0$，则可得

$$\left.\begin{matrix}\sigma_i \\ \sigma_j\end{matrix}\right\} = \frac{\sigma_x + \sigma_y}{2} \pm \left|\frac{\sigma_x - \sigma_y}{2}\right| = \left\{\begin{matrix}\sigma_x \\ \sigma_y\end{matrix}\right. \quad \text{或} \quad \left\{\begin{matrix}\sigma_y \\ \sigma_x\end{matrix}\right.$$

因此，当某个微元面上的切应力为零，该微元面上的正应力就是主应力。所以，切应力为零的微元面必定是主平面。

下面再考察切应力 τ_α 的极值，在式（12.22d）中对 α 求导，得

$$\frac{\mathrm{d}\tau_\alpha}{\mathrm{d}\alpha} = -(\sigma_x - \sigma_y)\cos 2\alpha - 2\tau_{xy}\sin 2\alpha$$

因此，使 τ_α 取极值的 α'' 必定满足

$$\tan 2\alpha'' = -\frac{\sigma_x - \sigma_y}{2\tau_{xy}} \tag{12.27}$$

将上式与式（12.24）比较即可看出，使法向应力 σ_α 取极值的 $2\alpha'$ 与使切向应力 τ_α 取极值的 $2\alpha''$ 相差 $\frac{\pi}{2}$。因此，使切应力取极值的微元面的法线方向与主方向之间相差 $\frac{\pi}{4}$，如图12.13所示。

在主轴坐标系中，不妨记 $\sigma'_x = \sigma_i$，$\sigma'_y = \sigma_j$，而 $\tau'_{xy} = 0$，同时，使切应力取极值的 $\alpha'' = \frac{\pi}{4}$。将这些值代入式（12.22d）中即可得由主应力表示的切应力的极大值：

$$\tau_{\alpha\max} = \frac{1}{2}(\sigma_i - \sigma_j) \tag{12.28}$$

同时，将 $\alpha'' = \frac{\pi}{4}$ 及 $\sigma'_x = \sigma_i$、$\sigma'_y = \sigma_j$、$\tau'_{xy} = 0$ 代入式（12.20d）中，即可得

$$\sigma_{\alpha''} = \frac{1}{2}(\sigma_i + \sigma_j) \tag{12.29}$$

这说明，在切应力取极大值的微元面上，其正应力为两个主应力的平均值。

12.1.4　三向应力状态简介

变形体中最一般的应力状态是三向应力状态，如图 12.29 所示。某指定点的三向应力状态由式（12.1）所确定。可以将前面关于双向应力状态的若干结论不加证明地推广到三向应力状态。对于过该点的某个微元面，其法线方向可用单位矢量列向量表示为

$$\boldsymbol{n}=(n_x \quad n_y \quad n_z)^{\mathrm{T}} \tag{12.30}$$

式中，$\boldsymbol{n}$ 的三个分量分别为法线方向与 x、y、z 轴正向夹角的余弦。这个微元面上的应力矢量列向量记为

$$\boldsymbol{p}=(p_x \quad p_y \quad p_z)^{\mathrm{T}} \tag{12.31}$$

那么便有

$$\boldsymbol{p}^{\mathrm{T}}=\boldsymbol{n}^{\mathrm{T}}\boldsymbol{T} \tag{12.32}$$

该斜截面上的法向应力大小则为（图 12.30）

$$\sigma=\boldsymbol{n}^{\mathrm{T}}\boldsymbol{T}\boldsymbol{n}=(n_x \quad n_y \quad n_z)\begin{bmatrix}\sigma_x & \tau_{xy} & \tau_{xz}\\ \tau_{yx} & \sigma_y & \tau_{yz}\\ \tau_{zx} & \tau_{zy} & \sigma_z\end{bmatrix}\begin{bmatrix}n_x\\ n_y\\ n_z\end{bmatrix} \tag{12.33}$$

而斜截面上指定 $\boldsymbol{t}$ 方向上的切向应力的大小可用下式计算

$$\tau=\boldsymbol{n}^{\mathrm{T}}\boldsymbol{T}\boldsymbol{t} \tag{12.34}$$

如果要计算全切应力（即斜截面上的应力矢量在该斜截面上的投影，如图 12.30 中的切应力），则可按下式计算

$$\tau=\sqrt{\boldsymbol{p}^{\mathrm{T}}\boldsymbol{p}-\sigma^2} \tag{12.35}$$

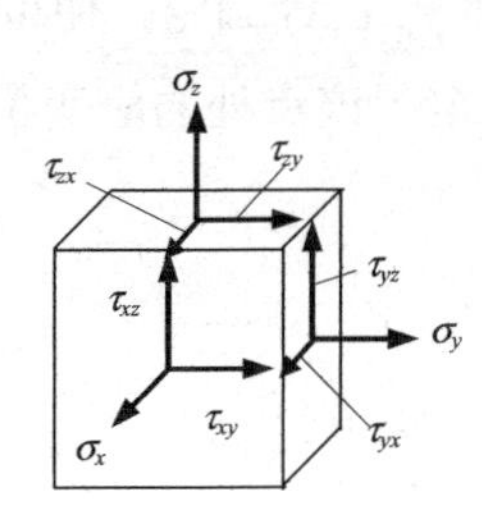

图 12.29　三向应力的单元体

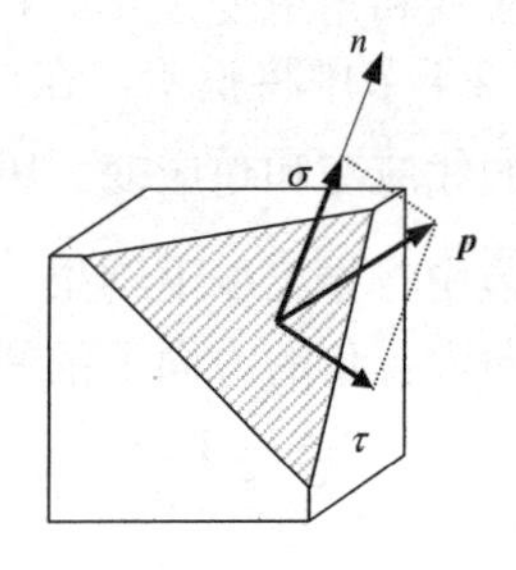

图 12.30　斜截面及其应力

在三向应力状态下，由式（12.33）所确定的**法向应力 σ 的极值即该点处的主应力**，也就是应力状态矩阵 $\boldsymbol{T}$ 的特征值，它是如下特征方程的根

$$|\boldsymbol{T}-\sigma\boldsymbol{I}|=\begin{vmatrix}\sigma_x-\sigma & \tau_{xy} & \tau_{xz}\\ \tau_{yx} & \sigma_y-\sigma & \tau_{yz}\\ \tau_{zx} & \tau_{zy} & \sigma_z-\sigma\end{vmatrix}=0 \tag{12.36}$$

式中，$\boldsymbol{I}$ 是三阶单位阵。由于应力状态矩阵是对称矩阵，因此上式的 σ 一定有三个实数根（包括重根）。这就是说，**三向应力状态必定有三个主应力**。对应于三个特征值，存在着相应的特征向量，这三个向量的方向就是主方向。**三向应力状态存在着两两垂直的三个主方向。**

静水压力状态是最简单的一种三向应力状态。如果一个应力状态可用下式表示，则称为

静水压力状态

$$T = p\begin{bmatrix}1 & 0 & 0\\0 & 1 & 0\\0 & 0 & 1\end{bmatrix} = pI \tag{12.37}$$

对于这种状态，根据式（12.33），任意斜截面上的法向应力

$$\sigma = \boldsymbol{n}^{\mathrm{T}}\boldsymbol{T}\boldsymbol{n} = p\boldsymbol{n}^{\mathrm{T}}\boldsymbol{I}\boldsymbol{n} = p\boldsymbol{n}^{\mathrm{T}}\boldsymbol{n} = p$$

而对于沿着该截面上的任意方向 $\boldsymbol{t}$，由于 $\boldsymbol{t}$ 与 $\boldsymbol{n}$ 正交，即 $\boldsymbol{t}^{\mathrm{T}}\boldsymbol{n} = 0$，根据式（12.34），该方向上的切向应力

$$\tau = \mathbf{t}^{\mathrm{T}}\mathbf{T}\mathbf{n} = p\mathbf{t}^{\mathrm{T}}\mathbf{I}\mathbf{n} = 0$$

因此，任意斜截面均为静水压力状态的主平面。这样，在变形前该点处任意方位的正立方体的三个面上均无切向应力存在，而且立方体三个方向上的正应力相同，因此对于各向同性体，三个方向上的正应变相同。这样，任意方位的正立方体在变形后仍然是正立方体。所以，静水压力状态不会引起形状的变化。

12.2 应变状态分析

在第 7 章中，已经给出了应变的定义。在本节中，将进一步阐述应变的理论。

12.2.1 应变状态

物体的变形包含了两个基本的要素：一个是线段长度的变化；另一个是两个线段夹角的变化。对于前者，已经定义了线应变，对后者，则定义了切应变。一般地，在指定的点的不同方向上，线应变和角应变是不一样的。那么，如何全面地描述物体中任意给定点处的变形情况呢？在 12.2.4 节中将说明，在二维情况下，当 ε_x、ε_y 和 γ_{xy} 已经确定，便可以导出该点处沿任意方向上的线应变和角应变。因此，称 ε_x、ε_y 和 γ_{xy} 确定了该点处的应变状态。

在 12.2.4 节中将导出以下结果：

与 x 轴正向成 α 角的方向上的线应变

$$\varepsilon_\alpha = \frac{1}{2}(\varepsilon_x + \varepsilon_y) + \frac{1}{2}(\varepsilon_x - \varepsilon_y)\cos 2\alpha + \frac{1}{2}\gamma_{xy}\sin 2\alpha \tag{12.38}$$

这一方向上的切应变

$$\frac{1}{2}\gamma_\alpha = -\frac{1}{2}(\varepsilon_x - \varepsilon_y)\sin 2\alpha + \frac{1}{2}\gamma_{xy}\cos 2\alpha \tag{12.39}$$

可以看出，式(12.38) 和式(12.39) 与上节中的应力公式(12.7) 和公式(12.8) 具有相同的形式，只需将应力公式中的 σ_x、σ_y、τ_{xy}、σ_α、τ_α 分别用 ε_x、ε_y、$\frac{1}{2}\gamma_{xy}$、ε_α、$\frac{1}{2}\gamma_\alpha$ 代替，就可得到相应的应变公式了。

易于看出，如果斜方向上的单位矢量为 $\boldsymbol{n}$，其列向量

$$\boldsymbol{n} = (\cos\alpha \quad \sin\alpha)^{\mathrm{T}}$$

那么该方向上的线应变也可用矩阵式表达为

$$\varepsilon_\alpha = \boldsymbol{n}^{\mathrm{T}}\boldsymbol{E}\boldsymbol{n} \tag{12.40}$$

而该方向上的切应变

$$\frac{1}{2}\gamma_\alpha = \boldsymbol{n}^{\mathrm{T}}\boldsymbol{E}\boldsymbol{t} \tag{12.41}$$

式中，$\boldsymbol{t}$ 为 $\boldsymbol{n}$ 沿逆时针旋转 90° 方向上的单位矢量

$$\boldsymbol{t} = (-\sin\alpha \quad \cos\alpha)^{\mathrm{T}}$$

利用应变和应力计算规律的相似性，不难导出以下的结论。

① 在变形体中固定的点，沿不同方向上的线应变是不同的，其中必定存在着极值。线应变取极值的方向称为应变的主方向。

② x 轴正向与主方向之间的夹角 α' 可由下式确定

$$\tan 2\alpha' = \frac{\gamma_{xy}}{\varepsilon_x - \varepsilon_y} \tag{12.42}$$

一定存在着相互垂直的主方向。

③ 线应变的极值为

$$\left.\begin{matrix}\varepsilon_i \\ \varepsilon_j\end{matrix}\right\} = \frac{1}{2}(\varepsilon_x + \varepsilon_y) \pm \sqrt{\left(\frac{\varepsilon_x - \varepsilon_y}{2}\right)^2 + \left(\frac{\gamma_{xy}}{2}\right)^2} \tag{12.43}$$

④ 两个主方向之间所夹的直角在变形过程中不会改变，即主方向上

$$\gamma_{\alpha'} = 0$$

⑤ 存在着最大的切应变，最大切应变的方位与应变主方向相差 45°。最大切应变

$$\gamma_{\max} = |\varepsilon_i - \varepsilon_j| \tag{12.44}$$

在各向同性体中，正应力最大的方位上将出现最大的线应变，正应力最小的方位上线应变也最小。这意味着，应力与主方向与应变主方向是重合的。线弹性体中的这个结论的证明留作习题。

12.2.2 应变的测量

在许多场合，需要用实验方法来确定构件某些部位的应变，电阻应变测量技术是应用较广泛而且发展较成熟的测量应变的方法。

在测量静态应变时，电阻应变测量装置主要包含两个部分，这就是**应变片**（strain gage）和**应变仪**（strain instrumentation）。应变片是构件中应变的感应部分，它将构件的应变转化为电信号；应变仪则测量这种微弱的电信号并最终转换成应变数字显示出来。应变仪的读数一般用 $\mu\varepsilon$ 表示，$\mu\varepsilon = 10^{-6}$。

应变片主要包含基底、敏感栅和引线三部分（图 12.31）。敏感栅用粘接剂或焊接牢固地固定在基底上。将应变片牢固地粘贴在构件表面上，构件在加载后，敏感栅随构件表面粘贴部位一起变形，这样使得应变片的电阻随之发生变化。电阻的变化率 $\frac{\Delta R}{R}$ 与该处的正应变成正比，其比例系数 K 称为应变片的灵敏系数。在应变片的适用范围内，灵敏系数为定值。在应变仪中，一般采用惠斯顿电桥（Wheatstone bridge）作为基本的测量电路，将应变片的电阻变化信号转换为电压信号；再通过放大器、指示器，最后显示出应变值。同时，为了避免环境温度变化而引起的应变片电阻率的变化影响测试精度，应变仪中还考虑了温度补偿的问题。

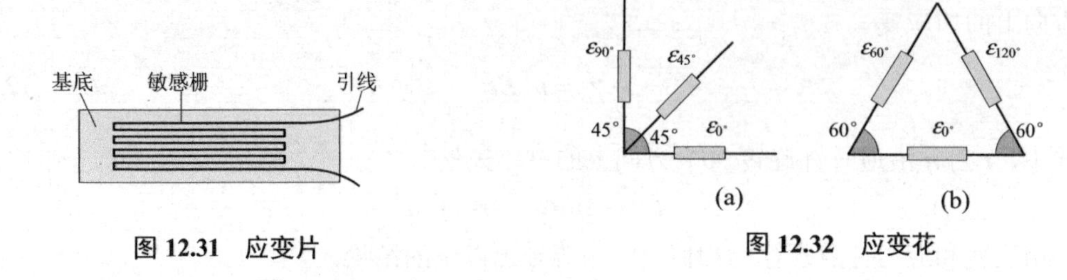

图 12.31 应变片

图 12.32 应变花

电阻应变测量技术的优点是精度高、可以实测，可以在高温、高压、高速旋转等条件苛刻的环境中测量，还可实现遥控。现代电测技术的发展，逐渐克服这项技术只能测试构件表面的应变、不能准确地反映出应力梯度较大处（如应力集中）的应变情况等缺点。电阻应变测量技术的应用范围已经非常广泛。

应变片所反映的仅是测点处沿应变片方向的线应变。为了全面地了解测点处的应变状态，一般将三个应变片按某种方式组合成**应变花**（strain gage rosette），再利用应变花上三个不同方向应变片所测出的线应变来确定测点处的正应变和切应变，进而求出该点的主应变、主方向以至计算出主应力。常用的应变花有图 12.32 所示的两类，图 12.32(a) 为直角应变花，图 12.32(b) 为等角应变花。

设利用应变花测得 α_1、α_2、α_3 三个方向上的正应变分别为 ε_{α_1}、ε_{α_2}、ε_{α_3}，则由式（12.38）有

$$\left.\begin{aligned}\varepsilon_{\alpha_1}&=\frac{1}{2}(\varepsilon_x+\varepsilon_y)+\frac{1}{2}(\varepsilon_x-\varepsilon_y)\cos2\alpha_1+\frac{1}{2}\gamma_{xy}\sin2\alpha_1\\\varepsilon_{\alpha_2}&=\frac{1}{2}(\varepsilon_x+\varepsilon_y)+\frac{1}{2}(\varepsilon_x-\varepsilon_y)\cos2\alpha_2+\frac{1}{2}\gamma_{xy}\sin2\alpha_2\\\varepsilon_{\alpha 3}&=\frac{1}{2}(\varepsilon_x+\varepsilon_y)+\frac{1}{2}(\varepsilon_x-\varepsilon_y)\cos2\alpha_3+\frac{1}{2}\gamma_{xy}\sin2\alpha_3\end{aligned}\right\}$$

这是一组关于 ε_x、ε_y 和 γ_{xy} 的线性方程组，联立求解即可得 ε_x、ε_y 和 γ_{xy}，进而可利用式（12.42）、式（12.43）求出主方向及主应变。再由下节所叙述的广义胡克定律，即可算出主应力。

【例 12.7】 用直角应变花测得构件上某点的线应变为 $\varepsilon_0=-300\ \mu\varepsilon$，$\varepsilon_{45^\circ}=-200\ \mu\varepsilon$，$\varepsilon_{90^\circ}=200\ \mu\varepsilon$，试求主应变及其方向。

解：选 0° 和 90° 方向为 x 和 y 轴方向，如图 12.32(a) 所示，即有

$$\varepsilon_x=-300\ \mu\varepsilon,\quad \varepsilon_y=200\ \mu\varepsilon,\quad \varepsilon_{45^\circ}=-200\ \mu\varepsilon$$

将上述数据代入式（12.38），即

$$\varepsilon_{45^\circ}=\frac{1}{2}(\varepsilon_x+\varepsilon_y)+\frac{1}{2}(\varepsilon_x-\varepsilon_y)\cos90^\circ+\frac{1}{2}\gamma_{xy}\sin90^\circ$$

故

$$\gamma_{xy}=2\varepsilon_{45^\circ}-(\varepsilon_x+\varepsilon_y)=-300\times10^{-6}$$

再由式（12.42），可得主方向 α' 应满足

$$\tan2\alpha'=\frac{-300}{-300-200}=0.6$$

故有 $\alpha'=15.5^\circ$ 和 $\alpha'=-74.5^\circ$。将这两个值分别代入式（12.38），得

对应于 $\alpha'=15.5^\circ$ 的主应变： $\varepsilon_j=-342\ \mu\varepsilon$

对应于 $\alpha'=-74.5^\circ$ 的主应变： $\varepsilon_i=242\ \mu\varepsilon$

12.2.3 三向应变简介

在本节中，将把双向应变的有关结论推广到一般的三向应变。

在三维空间中，可先建立直角坐标系(x, y, z)。在物体的某点处沿坐标轴方向取微元线段，再由其变形前后的相对伸长比，便可以得到沿三个轴向的线应变$\varepsilon_x, \varepsilon_y, \varepsilon_z$。同时，分别考察每两个沿坐标轴方向的微元线段所夹的直角在变形中的变化量，便可得三个角应变$\gamma_{xy}, \gamma_{yz}, \gamma_{zx}$。这样，便确定了该点处的应变状态。

可以把上述应变写为矩阵的形式

$$\boldsymbol{E} = \begin{bmatrix} \varepsilon_x & \dfrac{\gamma_{xy}}{2} & \dfrac{\gamma_{xz}}{2} \\ \dfrac{\gamma_{xy}}{2} & \varepsilon_y & \dfrac{\gamma_{yz}}{2} \\ \dfrac{\gamma_{xz}}{2} & \dfrac{\gamma_{yz}}{2} & \varepsilon_z \end{bmatrix} \tag{12.45}$$

这样，任意指定方向（该方向上的单位矢量列向量为 $\boldsymbol{n}$）上的线应变，便可由下式计算

$$\varepsilon_n = \boldsymbol{n}^{\mathrm{T}} \boldsymbol{E} \boldsymbol{n} \tag{12.46}$$

对于两个相互垂直的方向，其单位列向量为 $\boldsymbol{n}$ 和 $\boldsymbol{t}$，相应的切应变为

$$\frac{1}{2}\gamma = \boldsymbol{n}^{\mathrm{T}} \boldsymbol{E} \boldsymbol{t} \tag{12.47}$$

在各个方向的线应变中，极值或驻值的应变称为主应变。主应变是下述特征方程的根

$$\begin{vmatrix} \varepsilon_x - \varepsilon & \dfrac{\gamma_{xy}}{2} & \dfrac{\gamma_{xz}}{2} \\ \dfrac{\gamma_{xy}}{2} & \varepsilon_y - \varepsilon & \dfrac{\gamma_{yz}}{2} \\ \dfrac{\gamma_{xz}}{2} & \dfrac{\gamma_{yz}}{2} & \varepsilon_z - \varepsilon \end{vmatrix} = 0 \tag{12.48}$$

一般把三个主应变按代数值的大小依次排列为

$$\varepsilon_1 \geqslant \varepsilon_2 \geqslant \varepsilon_3 \tag{12.49}$$

利用三向应变，可以描述体积的变化率。定义

$$e = \frac{\mathrm{d}v - \mathrm{d}V}{\mathrm{d}V} \tag{12.50}$$

为体积应变，式中 $\mathrm{d}v$ 为变形后的微元体积，$\mathrm{d}V$ 为变形前的微元体积。取微元体变形前为长 $\mathrm{d}X$、宽 $\mathrm{d}Y$、高 $\mathrm{d}Z$ 的立方体。由于形变，这一立方体的长宽高分别成为 $\mathrm{d}x$、$\mathrm{d}y$ 和 $\mathrm{d}z$，且有

$$\mathrm{d}x = (1+\varepsilon_x)\mathrm{d}X, \qquad \mathrm{d}y = (1+\varepsilon_y)\mathrm{d}Y, \qquad \mathrm{d}z = (1+\varepsilon_z)\mathrm{d}Z$$

这样，在忽略二阶及其以上微量的情况下

$$\begin{aligned} \mathrm{d}v &= (1+\varepsilon_x)\mathrm{d}X \times (1+\varepsilon_y)\mathrm{d}Y \times (1+\varepsilon_z)\mathrm{d}Z \\ &= (1+\varepsilon_x+\varepsilon_y+\varepsilon_z)\mathrm{d}X\mathrm{d}Y\mathrm{d}Z \end{aligned}$$

因此有

$$e = \varepsilon_x + \varepsilon_y + \varepsilon_z \tag{12.51}$$

12.2.4　斜方向上应变公式的证明*

在本节中将说明，在二维情况下，当ε_x、ε_y和γ_{xy}已经确定，便可以导出该点处沿任意方向上的线应变和角应变。因此，称ε_x、ε_y和γ_{xy}确定了该点处的应变状态。

如图 12.33(a) 所示，斜方向上的微元线段 PQ 在变形后成为了 pq。PQ 与 x 轴正向的夹角是 α。可以把 PQ 看成边长为 $\mathrm{d}x$ 和 $\mathrm{d}y$ 的矩形的对角线，如图 12.33(b) 所示。变形后，这个矩形变成为平行四边形。在排除了微元线段可能存在的刚体的平移和转动的因素之后，纯粹的变形就是矩形对角线 $\mathrm{d}S$ 变为平行四边形对角线 $\mathrm{d}s$，如图 12.34(a) 所示。

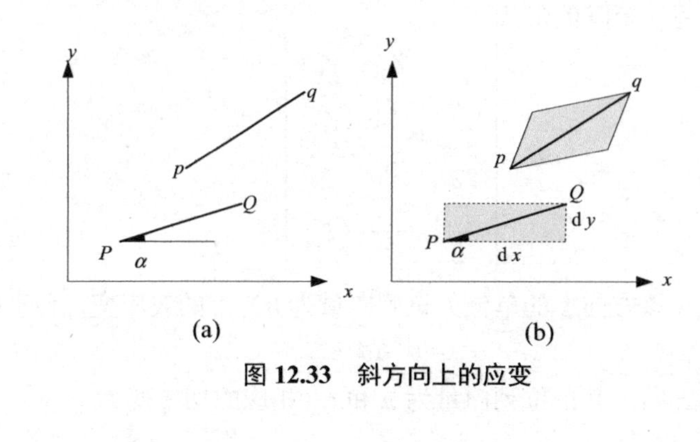

图 12.33 斜方向上的应变

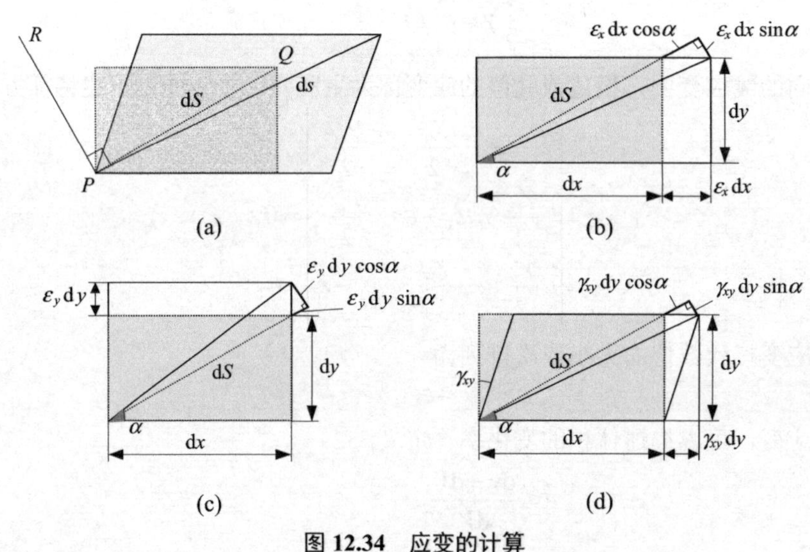

图 12.34 应变的计算

矩形到平行四边形的变形受到了 x 方向、y 方向线应变 ε_x、ε_y 的影响，以及角应变 γ_{xy} 的影响。

图 12.34(b) 显示了只有 x 方向线应变 ε_x 存在时，微元线段 $\mathrm{d}S$ 是如何变化的。由于 $\mathrm{d}x$ 有了一个增量，矩形的长边增至 $(1+\varepsilon_x)\mathrm{d}x$，矩形对角线 $\mathrm{d}S$ 变化为新矩形的对角线。可以这样来考虑 $\mathrm{d}S$ 的伸长量：$\mathrm{d}S$ 沿自己的方位向右上方伸长出去，在伸长量的终点作 $\mathrm{d}S$ 的垂线，这条垂线恰好与变化后的新对角线顶点相交（这与桁架结点位移求解方法类似）。这样，$\mathrm{d}S$ 的伸长量就等于 $\varepsilon_x \mathrm{d}x\cos\alpha$。因此可以说，在忽略二阶微量的前提下，$\varepsilon_x$ 对微元线段 $\mathrm{d}S$ 伸长量的贡献是 $\varepsilon_x \mathrm{d}x\cos\alpha$。

同理，从图 12.34(c) 可看出，y 方向线应变 ε_x 对 $\mathrm{d}S$ 伸长量的贡献是 $\varepsilon_y \mathrm{d}x\sin\alpha$。从图 12.34(d) 可看出，切应变 γ_{xy} 的贡献是 $\gamma_{xy}\mathrm{d}y\cos\alpha$。这样，$\mathrm{d}S$ 的总伸长量

$$\mathrm{d}s-\mathrm{d}S=\varepsilon_x\cos\alpha\,\mathrm{d}x+\varepsilon_y\sin\alpha\,\mathrm{d}y+\gamma_{xy}\cos\alpha\,\mathrm{d}y$$

故α方向上的线应变

$$\varepsilon_\alpha=\frac{\mathrm{d}s-\mathrm{d}S}{\mathrm{d}S}=\varepsilon_x\cos\alpha\frac{\mathrm{d}x}{\mathrm{d}S}+\varepsilon_y\sin\alpha\frac{\mathrm{d}y}{\mathrm{d}S}+\gamma_{xy}\cos\alpha\frac{\mathrm{d}y}{\mathrm{d}S}$$
$$=\varepsilon_x\cos^2\alpha+\varepsilon_y\sin^2\alpha+\gamma_{xy}\cos\alpha\sin\alpha$$

应用三角公式后，上式可化为

$$\varepsilon_\alpha=\frac{1}{2}(\varepsilon_x+\varepsilon_y)+\frac{1}{2}(\varepsilon_x-\varepsilon_y)\cos 2\alpha+\frac{1}{2}\gamma_{xy}\sin 2\alpha \tag{12.52}$$

再考虑斜方向上的切应变。根据切应变的定义，图 12.34(a) 中的直角$\angle QPR$的变化量即为α方向上的切应变γ_α，并以角度的减小为正，增大为负。记微元线段PQ在变形过程中的偏转角度（以弧度计）为φ_α，PR的偏转角为$\varphi_{\alpha+\frac{\pi}{2}}$，那么

$$\gamma_\alpha=\varphi_{\alpha+\frac{\pi}{2}}-\varphi_\alpha$$

现从图 12.34(b) 考虑ε_x对PQ偏转角的贡献。从图中可看出，这一偏转角为

$$\Delta\varphi_1=\tan(\Delta\varphi_1)=\frac{\varepsilon_x\sin\alpha\,\mathrm{d}x}{\mathrm{d}S+\varepsilon_x\cos\alpha\,\mathrm{d}x}$$

上式中分母第二项与第一项相比是小量，故可舍去。这样便有

$$\Delta\varphi_1=\varepsilon_x\sin\alpha\cos\alpha$$

同理，从图 12.34(c) 和 (d) 可看出，ε_y和γ_{xy}对PQ偏转的贡献分别为

$$\Delta\varphi_2=-\varepsilon_y\cos\alpha\sin\alpha,\qquad \Delta\varphi_3=\gamma_{xy}\sin^2\alpha$$

故有

$$\varphi_\alpha=\Delta\varphi_1+\Delta\varphi_2+\Delta\varphi_3=(\varepsilon_x-\varepsilon_y)\sin\alpha\cos\alpha+\gamma_{xy}\sin^2\alpha$$

要求得$\varphi_{\alpha+\frac{\pi}{2}}$，只需将上式中的$\alpha$换为$\alpha+\frac{\pi}{2}$即可，这样便有

$$\varphi_{\alpha+\frac{\pi}{2}}=-(\varepsilon_x-\varepsilon_y)\sin\alpha\cos\alpha+\gamma_{xy}\cos^2\alpha$$

因此

$$\gamma_\alpha=\varphi_{\alpha+\frac{\pi}{2}}-\varphi_\alpha=-(\varepsilon_x-\varepsilon_y)\sin2\alpha+\gamma_{xy}\cos2\alpha$$

故有

$$\frac{1}{2}\gamma_\alpha=-\frac{1}{2}(\varepsilon_x-\varepsilon_y)\sin2\alpha+\frac{1}{2}\gamma_{xy}\cos2\alpha \tag{12.53}$$

12.3　广义胡克定律

许多工程材料在小变形情况下，都呈现出变形与受力成比例的特性，这在 7.4.1 节中简单地表示成两个胡克定律，即

$$\sigma=E\varepsilon,\qquad \tau=G\gamma$$

上两式只考虑了单一的应力-应变关系。但是，由于泊松效应是广泛存在的，因此，在考虑三向应力与三向应变的关系时，就不能忽略分量间的耦合作用。下面只考虑各向同性弹性体。

易知，由于σ_x的作用，将会在 x 方向上产生应变$\frac{\sigma_x}{E}$；由于泊松效应，σ_y和σ_z的作用也将分别在x方向上产生应变$-\nu\frac{\sigma_y}{E}$和$-\nu\frac{\sigma_z}{E}$（图 12.35）。同时，在小变形情况下，各个切

应力分量τ_{xy}、τ_{yz}、τ_{zx}在 x 方向上所产生的线应变可以忽略不计。这样，x 方向上的应变就应为

$$\varepsilon_x = \frac{1}{E}\left[\sigma_x - \nu\left(\sigma_y + \sigma_z\right)\right] \tag{12.54a}$$

同理，y 方向和 z 方向的应变为

$$\varepsilon_y = \frac{1}{E}\left[\sigma_y - \nu\left(\sigma_x + \sigma_z\right)\right] \tag{12.54b}$$

$$\varepsilon_z = \frac{1}{E}\left[\sigma_z - \nu\left(\sigma_x + \sigma_y\right)\right] \tag{12.54c}$$

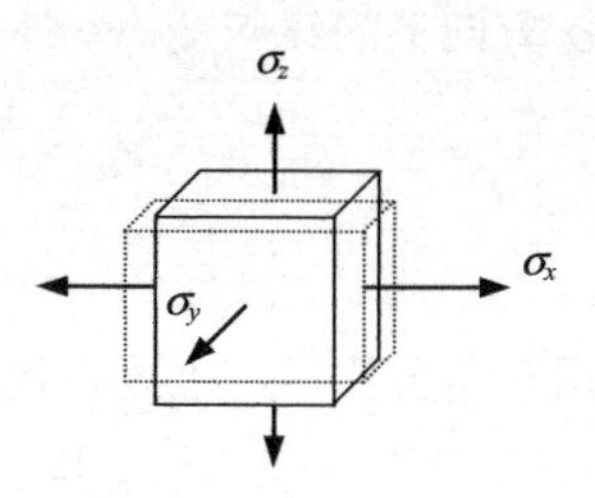

图 12.35　广义胡克定律

另一方面，切应力将引起切应变，注意到剪切弹性模量 G 和 E、ν 间满足关系式 $G = \dfrac{E}{2(1+\nu)}$，故有

$$\gamma_{xy} = \frac{2(1+\nu)}{E}\tau_{xy} \tag{12.55a}$$

$$\gamma_{yz} = \frac{2(1+\nu)}{E}\tau_{yz} \tag{12.55b}$$

$$\gamma_{zx} = \frac{2(1+\nu)}{E}\tau_{zx} \tag{12.55c}$$

式（12.54）和式（12.55）称为**广义胡克定律**（generalized Hooke' s law）。

在双向应力状态下，如果记主应力为零的方向为 z 方向，那么式（12.54）和式（12.55）便可改写为

$$\left.\begin{aligned} \varepsilon_x &= \frac{1}{E}(\sigma_x - \nu\sigma_y) \\ \varepsilon_y &= \frac{1}{E}(\sigma_y - \nu\sigma_x) \end{aligned}\right\} \tag{12.56a}$$

$$\varepsilon_z = -\frac{\nu}{E}(\sigma_x + \sigma_y) \tag{12.56b}$$

$$\gamma_{xy} = \frac{2(1+\nu)}{E}\tau_{xy} \tag{12.56c}$$

在单向应力状态下，如果记非零主应力的方向为 x 方向，那么式（12.56）便退化为

$$\varepsilon_x = \frac{\sigma_x}{E}$$

这就是狭义的胡克定律了。

注意式（12.54）和式（12.55）是各向同性体的广义胡克定律。既然是各向同性体，力学性能就与方向无关，因此这两个式子就可以应用于任意的直角坐标系。推而广之，可以应用于任意的正交坐标系。

【例 12.8】 如图 12.36 所示的矩形截面梁侧面的中性轴线上 K 点贴一应变片，已知 $F = 12\ \text{kN}$，材料的弹性模量 $E = 200\ \text{GPa}$，泊松比 $\nu = 0.25$。要获得最大拉应变读数，应变片应沿什么方向粘贴？其读数为多少？

解：由于 K 点处于中性层上，过该点作横截面，可得该点处正应力为零，而切应力是该横截面上的最大值

$$\tau = k\frac{F_{\rm S}}{A} = \frac{3}{2}\times\left(\frac{2F}{3}\right)\frac{1}{bh} = \frac{12\times10^3}{30\times100} = 4\ \text{MPa}$$

由于该横截面上剪力为正值，切应力方向与剪力方向相同，故可得如图 12.37 所示的单元体。这是一种纯剪状态。它在与横轴正向的夹角为–45° 方向上有最大拉应力 σ_1，其数值与 τ 相等；45° 方向上有最大压应力 σ_3，数值也是 τ。因此，要获得最大拉应变读数，应变片应沿着与 x 轴正向成–45° 的方向粘贴。

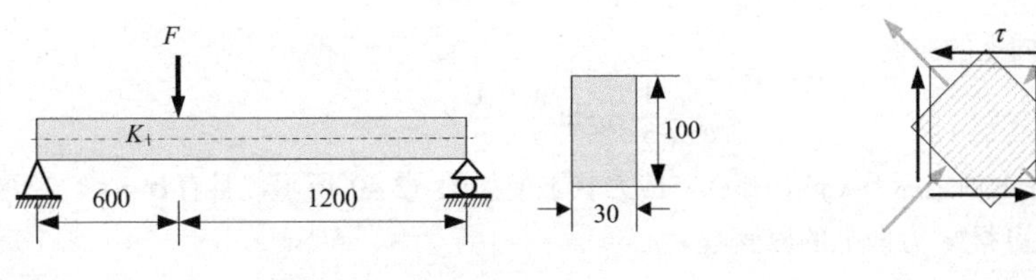

图 12.36　简支梁　　　　图 12.37　应力状态

在主轴坐标系下

$$\varepsilon_1 = \frac{1}{E}(\sigma_1 - \nu\sigma_3) = \frac{1+\nu}{E}\tau = \frac{1+0.25}{200\times10^3}\times4 = 25\times10^{-6} = 25\ \mu\varepsilon$$

故可以测出的最大拉应变为 25 个微应变。

【例 12.9】 如图 12.38(a) 所示，直径 $d = 200$ mm 的圆轴承受轴向拉伸，两端的拉力 $F = 250$ kN。同时轴两端还承受转矩 m 的扭转作用。已知材料 $E = 200$ GPa，$\nu = 0.3$。在与轴线成 45° 方向上测得应变 $\varepsilon = 220\ \mu\varepsilon$，求转矩 m 的大小。

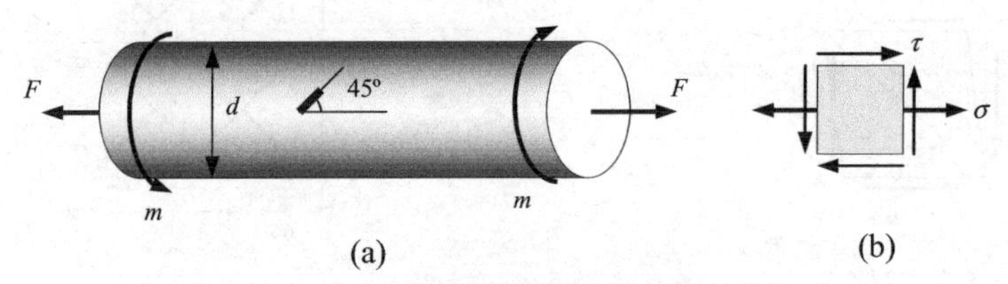

图 12.38　拉扭圆轴

解： 在贴应变片处作横截面，可得该处拉伸正应力和扭转切应力分别为

$$\sigma = \frac{F_{\rm N}}{A} = \frac{4F}{\pi d^2}, \qquad \tau = \frac{T}{W_{\rm P}} = \frac{16m}{\pi d^3}$$

在该处取单元体如图 12.38(b) 所示。对应于这个应力状态，应用胡克定律可得

$$\varepsilon_x = \frac{\sigma}{E}, \qquad \varepsilon_y = -\nu\frac{\sigma}{E}, \qquad \gamma_{xy} = \frac{\tau}{G} = \frac{2(1+\nu)\tau}{E}$$

故有 45° 方向上的线应变

$$\varepsilon_{45^\circ} = \frac{1}{2}(\varepsilon_x + \varepsilon_y) + \frac{1}{2}(\varepsilon_x - \varepsilon_y)\cos90^\circ + \frac{1}{2}\gamma_{xy}\sin90^\circ$$

$$= \frac{1}{2}(\varepsilon_x + \varepsilon_y) + \frac{1}{2}\gamma_{xy} = \frac{1}{2}\left(\frac{1-\nu}{E}\sigma\right) + \frac{1+\nu}{E}\tau$$

故有

$$\tau = \frac{2E\varepsilon_{45^\circ} - (1-\nu)\sigma}{2(1+\nu)}$$

故有

$$m = \frac{\pi d^3}{16(1+\nu)}\left[E\varepsilon_{45^\circ} - (1-\nu)\frac{2F}{\pi d^2}\right]$$

$$= \frac{\pi\times200^3}{16\times(1+0.3)}\times\left[200\times10^3\times220\times10^{-6} - (1-0.3)\times\frac{2\times250\times10^3}{\pi\times200^2}\right]$$

$$=49800029 \text{ N}\cdot\text{mm}=49.8 \text{ kN}\cdot\text{m}$$

【例 12.10】 某边长为 1 的正方形在切应力 τ 作用下发生**纯剪变形**，如图 12.39 所示，切应变为 γ，考虑单元体对角线的应变，并由之导出 $G=\dfrac{E}{2(1+\nu)}$。

解：在图示的 xy 坐标系中

$$\varepsilon_x=0,\quad \varepsilon_y=0,\quad \gamma_{xy}=\gamma$$

因此，在对角线 AC 方向上的应变

$$\varepsilon_{\pi/4}=\frac{1}{2}\gamma_{xy}\sin\frac{\pi}{2}=\frac{1}{2}\gamma$$

另一方面，若选择主轴坐标系 $x'y'$，那么，应力状态便如图 12.40 所示，且有 $\sigma=\tau$。在这个坐标系中使用广义胡克定律，便可得 x' 方向上的应变

$$\varepsilon_{x'}=\frac{1}{E}\left[\sigma'_x-\nu\sigma'_y\right]=\frac{\tau}{E}(1+\nu)$$

因为 x' 方向上的应变就是对角线 AC 方向上的应变，故有

$$\gamma=\tau\frac{2(1+\nu)}{E}$$

注意到 $\tau=G\gamma$，故有

$$G=\frac{E}{2(1+\nu)}$$

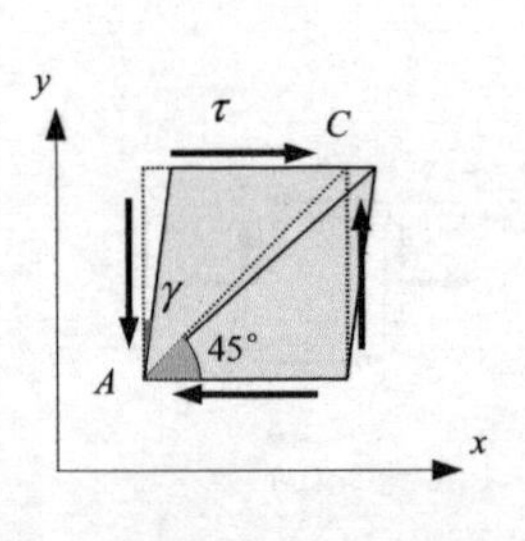

图 12.39 纯剪状态

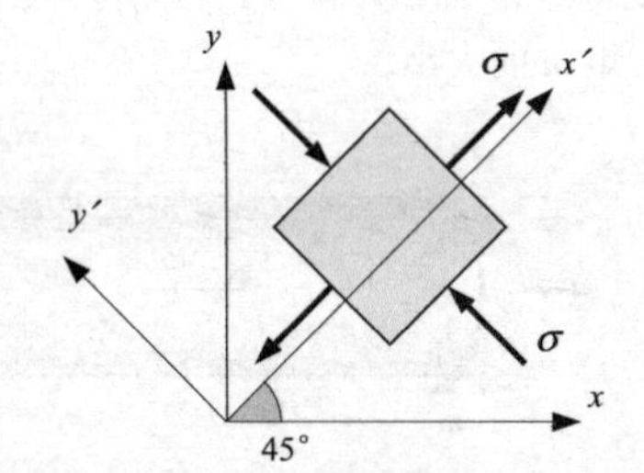

图 12.40 主应力

12.4 强度准则

大量的事实说明，常用的工程材料破坏的形式主要有两种：一种是脆性断裂；另一种是塑性屈服。因此破坏的临界应力就取为 σ_b（强度极限，对脆性材料）或 σ_s（屈服极限，对塑料材料）。考虑到加工的误差、材料成分的偏差、工况的变化等诸多因素，在考虑破坏判据时，还必须将真实的临界破坏应力的数据除以一个安全因数 n。这样就构成了许用应力 $[\sigma]$ 和 $[\tau]$。在处理拉压、扭转和弯曲的强度问题时，采用了

$$\sigma_{\max}\leqslant[\sigma],\qquad \tau_{\max}\leqslant[\tau]$$

作为强度设计和计算的依据。这些破坏的临界应力的数据是可以通过重现或模拟真实应力状态的实验来获取的。很显然，这样的方法仅适用于简单的应力状态。在本章中，将处理更加复杂的应力状态的强度问题。

对于复杂的应力状态，可以求出其三个主应力。主应力是应力状态的核心。但是，主应力的三个值却使人无法直接做出该点是否临近破坏的判断。例如，在目前，还很难判断图 12.41 中的两个应力状态哪一个更加危险（图中应力单位为 MPa）。于是，人们希望能够构造三个主应力的一个数性函数，即

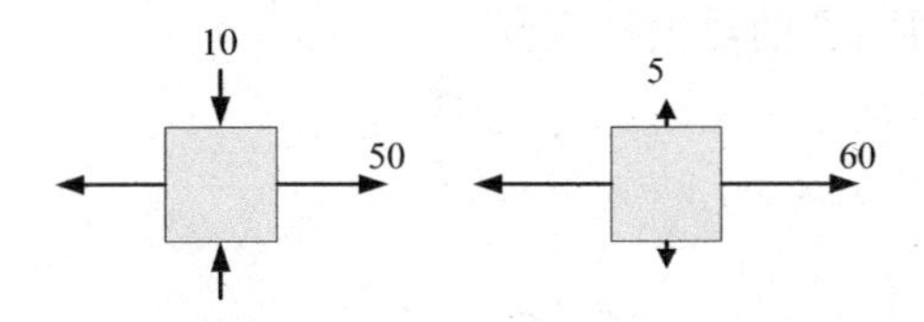

图 12.41　两个应力状态

$$\sigma_{\mathrm{eq}} = f(\sigma_1, \sigma_2, \sigma_3)$$

然后根据这一数据来判断该点是否危险。这个数性函数 σ_{eq} 称为相当应力。

如何构造这个数性函数呢？可以估计到，对于不同的材料，三个主应力所起的作用可能是不一样的。例如，许多脆性材料抗拉能力比较弱，因此这些材料的破坏对第一主应力 σ_1 特别敏感。由此看来，构造上述数性函数的依据应该是材料破坏的机理，也就是说，究竟是在什么条件下由什么因素导致了材料的破坏。

如果上述数性函数已经建立，那么还需要建立一个判据，来说明实际工况中危险点的相当应力是否临近破坏。由于工程结构的复杂与多样性，不可能实现或再现实际结构的真实破坏，因此，这一判据的建立必须依赖材料的破坏试验。一般地，材料的破坏试验只能在实验室中进行，而且只能进行一些简单的试验，典型的试验就是试件的单向拉伸。在实验室的单向拉伸破坏试验中，

$$\sigma_2 = \sigma_3 = 0, \quad \sigma_1 = \sigma_{\mathrm{b}}\ （脆性材料）或\ \sigma_1 = \sigma_{\mathrm{s}}\ （塑料材料）$$

尽管实验室的条件与实际工况差别很大，但是，如果能够找到引起材料破坏的基本的控制因素，那么实际工况与简单试验中的材料破坏就应该都受到这同一个因素的支配。这样，由试验提供的材料破坏的基本数据，再引入安全因数，便可以导出这种材料的破坏判据

$$\sigma_{\mathrm{eq}} = f(\sigma_1, \sigma_2, \sigma_3) \leqslant [\sigma] \tag{12.57}$$

上述一系列的理论和实验方法所建立的材料破坏的判断准则就称为**强度理论**（strength theory），也通称强度准则。

由于实际工程材料的多样性与复杂性，不可能找到适用于各类材料和各类工况的统一的强度准则。因此，人们针对一些常见的具体情况，提出若干理论。目前，强度准则主要就是根据材料断裂或屈服这两种主要破坏形式建立的。

下面介绍几种经典的强度理论。

第一强度理论认为，材料破坏的主要原因是**最大拉应力达到临界值**。实际工况中，最大拉应力为 σ_1，而单向拉伸试验中的使材料断裂的最大拉应力为 σ_{b}，考虑安全因素，许用应力 $[\sigma] = \dfrac{\sigma_{\mathrm{b}}}{n}$，故第一强度准则即

$$\sigma_{\mathrm{eq1}} = \sigma_1 \leqslant [\sigma] \tag{12.58}$$

第一强度理论与铸铁、石料等脆性材料的实验数据吻合得很好，因此这一理论广泛地应用于脆性材料。但这一理论没有考虑第二、第三主应力的影响，也不能应用于没有拉应力的场合，例如单向受压、三向受压等情况。

第二强度理论认为，材料破坏的主要原因是**最大拉应变达到临界值**。实际工况中，最大拉应变

$$\varepsilon_1 = \frac{1}{E}[\sigma_1 - \nu(\sigma_2 + \sigma_3)]$$

而单向拉伸试验中的使材料断裂的最大拉应变

$$\varepsilon_{\mathrm{b}}=\frac{\sigma_{\mathrm{b}}}{E}$$

许用拉应变

$$[\varepsilon]=\frac{\sigma_{\mathrm{b}}}{nE}=\frac{1}{E}[\sigma]$$

故第二强度准则为

$$\sigma_{\mathrm{eq2}}=\sigma_1-\nu(\sigma_2+\sigma_3)\leqslant[\sigma] \tag{12.59}$$

与第一强度理论相比，第二强度理论考虑了第二、第三主应力的影响，它也可以应用于某些不存在拉应力的情况。但是，在铸铁双向受拉的情况下，实验数据并不能证明这种情况比单向受拉更安全，反倒是第一强度理论更接近实验结果。

第一、第二强度理论比较适用于脆性材料，因此也常称为脆性断裂准则。

第三强度理论认为，材料破坏的主要原因是**最大切应力达到临界值**。实际工况中最大切应力

$$\tau_{\max}=\frac{1}{2}(\sigma_1-\sigma_3)$$

单向拉伸试验中，使材料屈服的最大切应力

$$\tau_{\mathrm{s}}=\frac{1}{2}\sigma_{\mathrm{s}}$$

许用切应力

$$[\tau]=\frac{1}{2}\frac{\sigma_{\mathrm{s}}}{n}=\frac{1}{2}[\sigma]$$

故有

$$\sigma_{\mathrm{eq3}}=\sigma_1-\sigma_3\leqslant[\sigma] \tag{12.60}$$

第三强度理论的相当应力 $\sigma_{\mathrm{eq3}}=\sigma_1-\sigma_3$ 又称为特雷斯卡（Tresca）应力。

第三强度理论可以较好地解释塑性材料的屈服现象，例如具有光滑表面的低碳钢试件在拉伸时在 45° 方向上产生滑移线，就是因为这一方向也正是最大切应力的方向。

第四强度理论认为材料破坏的主要原因是**形状改变比能达到临界值**。当物体发生弹性变形时，各点处的应力所做的功成为积聚在物体中的应变能。单位体积的应变能称为应变比能。应变比能可以分成体积改变比能和形状改变比能两部分。可以导出（可参见参考文献 [2]、[3]），形状改变比能

$$u_{\mathrm{e}}^{\mathrm{d}}=\frac{1+\nu}{6E}[(\sigma_1-\sigma_2)^2+(\sigma_2-\sigma_3)^2+(\sigma_3-\sigma_1)^2]$$

而单向拉伸试验中使材料屈服的主应力 $\sigma_1=\sigma_{\mathrm{s}}$，$\sigma_2=\sigma_3=0$，相应的形状改变比能为 $\frac{1+\nu}{3E}\sigma_{\mathrm{s}}^2$，再考虑到安全因素，故有

$$\sigma_{\mathrm{eq4}}=\sqrt{\frac{1}{2}[(\sigma_1-\sigma_2)^2+(\sigma_2-\sigma_3)^2+(\sigma_3-\sigma_1)^2]}\leqslant[\sigma] \tag{12.61}$$

第四强度理论的相当应力又称为米塞斯（von Mises）应力。

第四强度理论与相当多的塑性材料的实验数据吻合得很好。

第三、第四强度理论比较适用于塑性材料，因此也常称为塑性流动准则。

在实际工程中校核构件的强度或进行强度设计时，采用何种强度准则的问题需要综合考虑。一般来讲，脆性材料宜采用第一、第二强度准则，塑性材料宜采用第三、第四强度准则。

但是这一点并不是绝对的。例如，在低温条件下，塑性材料会发生脆断。又如，在三向受拉的情况下，塑性材料也会出现脆性断裂的现象。所以在选择强度准则时还需要考虑危险点应力状态以及构件的工作条件。在工程实践中，对许多构件的强度校核往往都有相关的标准。设计中必须执行这些标准❶。

随着对材料性能研究的深入，除了上述四个强度理论之外，还有一些新的强度理论出现。强度理论的研究目前仍然是固体力学中一个活跃的领域。

12.5 组合变形应力分析

在上面的第 8 章、第 9 章和第 10 章分别讨论了杆件在拉压、扭转和弯曲时横截面上的应力。但是，工程中的杆件在很多情况下产生的却是这几种变形形式的某种组合，即所谓组合变形。在本节中，将对几种典型的组合变形情况的应力进行分析。

组合变形的应力计算的一个基本出发点，是认为应力相对于荷载满足叠加原理，即：若第一组荷载作用在构件某截面上 K 点所引起的正应力和切应力分别是 $\sigma_{(1)}$ 和 $\tau_{(1)}$，第二组荷载在 K 点所引起的应力是 $\sigma_{(2)}$ 和 $\tau_{(2)}$，则两组荷载共同作用在 K 点所引起的应力分别为 $\sigma_{(1)}+\sigma_{(2)}$ 和 $\tau_{(1)}+\tau_{(2)}$，其中前者是代数和，后者可能是几何和。

12.5.1 拉（压）弯组合

下面用具体的实例来分析拉（压）弯组合的应力。图 12.42(a) 所示的杆承受着轴向拉伸荷载 F，但是外力 F 的作用线并不在轴线上，而与轴线有一个距离 e。这样的杆发生的变形就不再是单纯的拉伸了。如果将两端的作用力平移到轴线上，如图 12.42(b) 所示，那么根据力平移的原则，应该附加一个力偶矩 $m=Fe$。根据圣维南原理，这样平移处理，对杆件内应力和变形的影响只产生在端面附近的一个小区域上，杆件内的绝大部分区域的应力和变形不会受到影响。

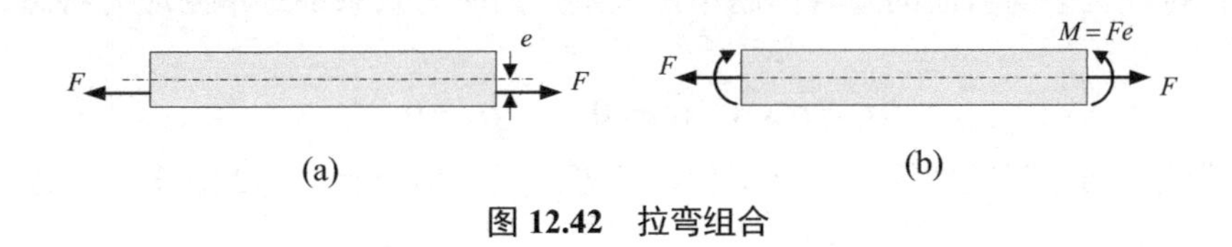

图 12.42 拉弯组合

在平移后，作用在轴线上的拉力 F 将对杆件起到单纯拉伸的作用，由此而在杆件各横截面所产生均布的正应力，如图 12.43(a) 所示。

$$\sigma_N=\frac{F_N}{A}=\frac{F}{A}$$

而平移所附加的力偶矩则将在杆中产生弯曲应力，如图 12.43 (b) 所示。

$$\sigma_M=-\frac{My}{I}$$

故横截面上的正应力是上述两项正应力之和，如图 12.43(c) 所示，即

❶ 例如，机械设计手册 [M]，机械工业出版社，1996。

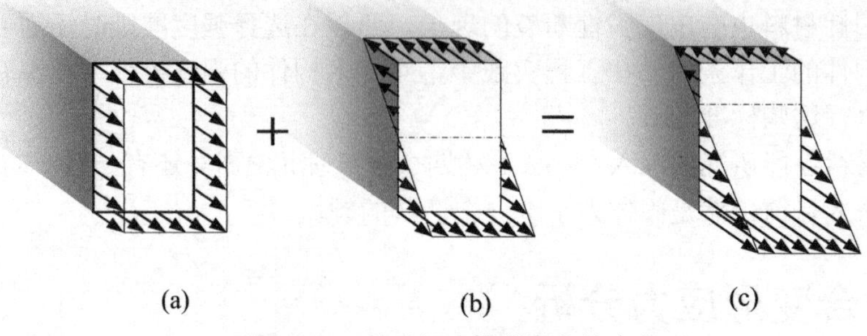

图 12.43　拉弯组合横截面上的应力

$$\sigma = \frac{F_N}{A} - \frac{My}{I} \tag{12.62}$$

显然，在图 12.43 所示的情况下，对于横截面弯曲中性轴的下侧而言，拉伸和弯曲这两重作用都将引起拉应力，两重拉伸作用使拉应力的数值增高。在下边缘处有最大的拉应力，其数值为

$$\sigma_{max} = \sigma_N + \sigma_{M\max} = \frac{F_N}{A} + \frac{M}{W} \tag{12.63a}$$

而对于弯曲中性轴的上侧而言，弯曲引起的压应力由于拉伸所引起的拉应力的冲抵而减小了。上边缘处的正应力的代数值为

$$\sigma'_{max} = \sigma_N - \sigma_{M\max} = \frac{F_N}{A} - \frac{M}{W} \tag{12.63b}$$

如果弯曲作用在上边缘所引起的压应力数值比拉伸应力 σ_N 小，那么在上边缘就没有压应力了；在这种情况下，整个横截面上都没有压应力了。

在图示的例子中，就拉伸与弯曲的组合而言，横截面上正应力为零的水平线，即中性轴向上平移了。

显然，在拉（压）与弯曲的组合问题中，危险点的应力状态都是单向应力状态。在这种情况下

$$\sigma_1 = \sigma, \quad \sigma_2 = 0, \quad \sigma_3 = 0$$

将上面的几式代入四个强度理论，不难得到，其等效应力均为 σ。因此，各个强度准则在这种情况下均表示为

$$\sigma \leqslant [\sigma]$$

【例 12.11】 如图 12.44 所示的偏心受拉杆件上侧和下侧分别测出应变 $\varepsilon_a = 100\ \mu\varepsilon$，$\varepsilon_b = 35\ \mu\varepsilon$，杆件弹性模量 $E = 200\ \text{GPa}$，试求拉力 F 和偏心距 e。

解：偏心受拉使杆件承受拉弯组合荷载。在杆件的上沿有

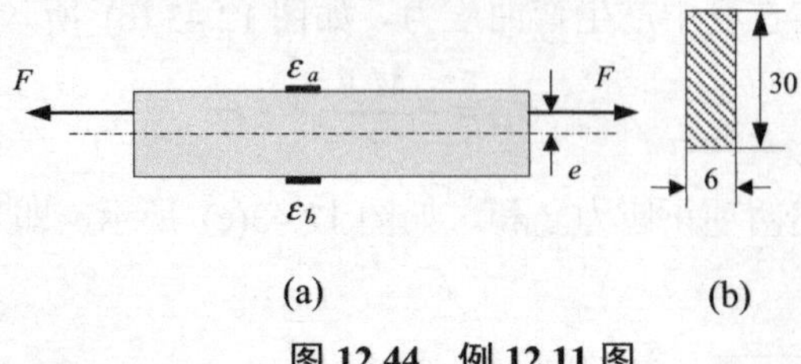

图 12.44　例 12.11 图

$$\sigma_a = \frac{F}{A} + \frac{Fe}{W} = E\varepsilon_a \quad ①$$

下沿则有

$$\sigma_b = \frac{F}{A} - \frac{Fe}{W} = E\varepsilon_b \quad ②$$

①、② 两式相加，则可得

$$\frac{F}{A} = \frac{1}{2}E(\varepsilon_a + \varepsilon_b)$$

故有

$$F = \frac{1}{2}bhE(\varepsilon_a + \varepsilon_b)$$

$$= \frac{1}{2} \times 6 \times 30 \times 200 \times 10^3 \times (100 + 35) \times 10^{-6} = 2430\ \text{N} = 2.43\ \text{kN}$$

而 ①、② 两式相减，则可得

$$\frac{Fe}{W} = \frac{1}{2}E(\varepsilon_a - \varepsilon_b)$$

故有

$$e = \frac{1}{2}\frac{bh^2}{6F}E(\varepsilon_a - \varepsilon_b)$$

$$= \frac{6 \times 30^2}{12 \times 2430} \times 200 \times 10^3 \times (100 - 35) \times 10^{-6} = 2.41\ \text{mm}$$

【例 12.12】 如图 12.45(a) 所示的矩形截面钢梁的上沿设有吊装装置，钢的密度为 $7875\ \text{kg/m}^3$，求横截面上的最大拉应力和最大压应力。

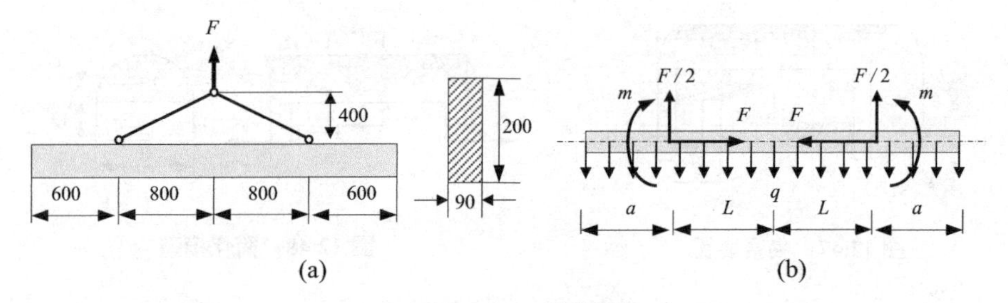

图 12.45　吊装钢梁

解：首先对构件的外荷载进行分析。记梁横截面宽度为 b，高度为 h，则构件的总体积

$$V = 2bh(L + a)$$

$$= 2 \times (600 + 800) \times 200 \times 90 = 50.4 \times 10^6\ \text{mm}^3 = 0.0504\ \text{m}^3$$

总重量

$$F = V\rho g = 0.0504 \times 7875 \times 9.8 = 3890.0\ \text{N}$$

钢梁单位长度的重量

$$q = \frac{F}{2(L + a)} = \frac{3890}{2 \times (600 + 800)} = 1.389\ \text{N/mm}$$

这样，钢梁所受的全部外荷载就由向下的均布荷载与向上的吊装力构成。考虑到吊装绳的尺寸关系，两个吊装力可以分别转化为竖向分量 $\frac{F}{2}$ 和水平分量 F。

注意到吊装力作用点位于钢梁上沿，不在轴线上。因此应将两个吊装力的水平分量 F 平移到轴线上，如图 12.45(b) 所示，这两个水平分量将使钢梁两个吊钩之间的区段产生压缩变形。平移时所附加的力偶矩 m，连同吊装力的竖直分量 $\frac{F}{2}$，以及钢梁自重的均布荷载 q 共同使构件产生弯曲变形，从而使该区段构成压弯组合变形。

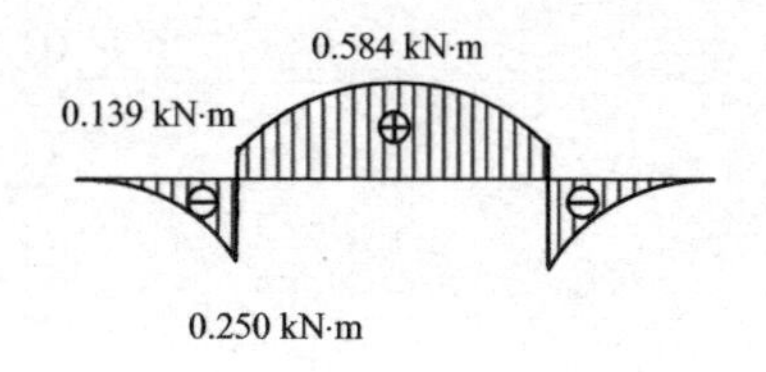

图 12.46 弯矩图

将构件的弯矩图画出，如图 12.46 所示，中截面有最大的弯矩

$$M_{\max}=m+\frac{1}{2}FL-\frac{1}{2}q(L+a)^2$$

$$=3890\times\frac{200}{2}+\frac{1}{2}\times3890\times800-\frac{1}{2}\times1.389\times(800+600)^2$$

$$=583780\ \mathrm{N\cdot mm}$$

在中截面处，压缩正应力

$$\sigma_{\mathrm{N}}=\frac{F}{bh}=\frac{3.89\times10^3}{90\times200}=0.216\ \mathrm{MPa}$$

最大弯曲正应力

$$\sigma_{\mathrm{M\,max}}=\frac{M_{\max}}{W}=\frac{6M_{\max}}{bh^2}=\frac{6\times0.584\times10^6}{90\times200^2}=0.973\ \mathrm{MPa}$$

所以，最大拉应力

$$\sigma_{\max}^{\mathrm{t}}=\sigma_{\mathrm{M\,max}}-\sigma_{\mathrm{N}}=0.973-0.216=0.76\ \mathrm{MPa}$$

最大压应力

$$\sigma_{\max}^{\mathrm{c}}=\sigma_{\mathrm{M\,max}}+\sigma_{\mathrm{N}}=0.973+0.216=1.19\ \mathrm{MPa}$$

弯矩的另一个峰值位于左边吊装点偏左截面（或右边吊装点偏右截面），该截面上的应力仅由弯曲引起。不难算出，该截面上的最大拉应力和压应力数值均低于中截面的相应数值。

【例 12.13】 如图 12.47 所示的一个夹紧装置可以简化为图 12.48 所示的模型，尺寸如图 12.48 所示。若螺杆的作用力 $F=2\ \mathrm{kN}$，材料的许用应力 $[\sigma]=25\ \mathrm{MPa}$，校核半圆截面处的强度。

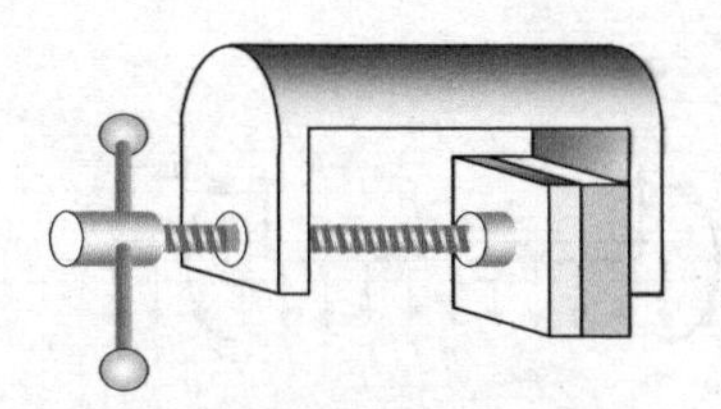

图 12.47 夹紧装置

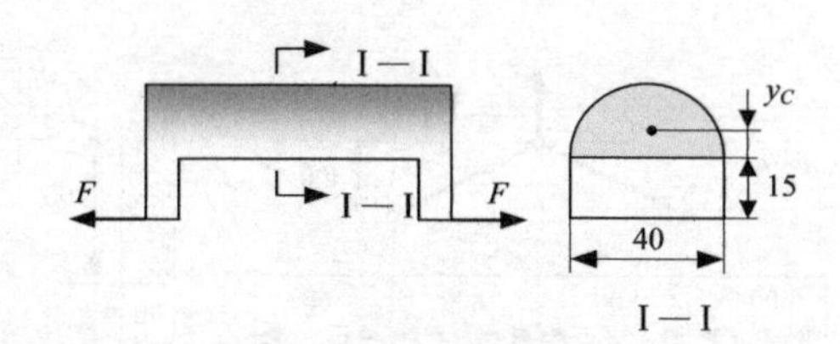

图 12.48 简化模型

解： 易于看出，半圆截面部分承受拉弯组合变形。

半圆截面的形心位置

$$y_C=\frac{2D}{3\pi}=\frac{2\times40}{3\times\pi}=8.49\ \mathrm{mm}$$

故半圆截面部分承受的弯矩

$$M=Pe=2000\times(15+8.49)=46980\ \mathrm{N\cdot mm}$$

根据平行移轴定理可得半圆截面关于中性轴的惯性矩

$$I=\frac{1}{2}\times\frac{1}{64}\times\pi\times40^4-\frac{1}{2}\times\frac{1}{4}\times\pi\times40^2\times8.49^2=17542\ \mathrm{mm}^4$$

半圆上顶点处有最大弯曲压应力

$$\sigma_{\mathrm{M\,max}}^{\mathrm{c}}=\frac{M(R-y_C)}{I}=\frac{46980\times(20-8.49)}{17542}=30.83\ \mathrm{MPa}$$

半圆下边沿有最大弯曲拉应力

$$\sigma_{\mathrm{M\,max}}^{\mathrm{t}}=\frac{My_C}{I}=\frac{46980\times8.49}{17542}=22.74\ \mathrm{MPa}$$

另一方面，半圆截面部分还承受拉伸作用，其应力

$$\sigma_{\mathrm{N}}=\frac{F_{\mathrm{N}}}{A}=\frac{8\times2000}{\pi\times40^2}=3.18\ \mathrm{MPa}$$

因此，半圆上顶点处有最大压应力

$$\sigma_{\max}^{c}=30.83-3.18=27.7\text{ MPa}$$

半圆下边沿有最大拉应力

$$\sigma_{\max}^{t}=22.74+3.18=25.9\text{ MPa}$$

上述两种应力均大于许用应力，故半圆截面部分强度不足。

应该看到，尽管这个结构强度不足，但拉伸应力起到了“削峰填谷”的作用，因此它的结构形式还是比较合理的。如果将半圆部分倒置，如图 12.49 所示，那么将进一步削弱结构的强度。

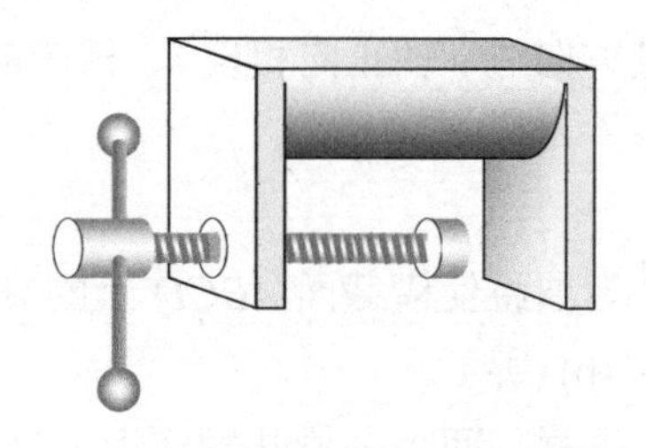

图 12.49　另一种结构形式

12.5.2　斜弯曲

考虑如图 12.50 所示的具有矩形横截面的悬臂梁。取如图的坐标系。在其端面上有一集中力 F 的作用。但是这一集中力既未沿 y 轴方向，又未沿 z 轴方向。考虑这一集中力在截面 $ABCD$ 上所引起的应力。显然，可以将 F 沿两个坐标轴方向分解而得到 F_y 和 F_z，从而在两个方向上来考查 $ABCD$ 面上的应力。

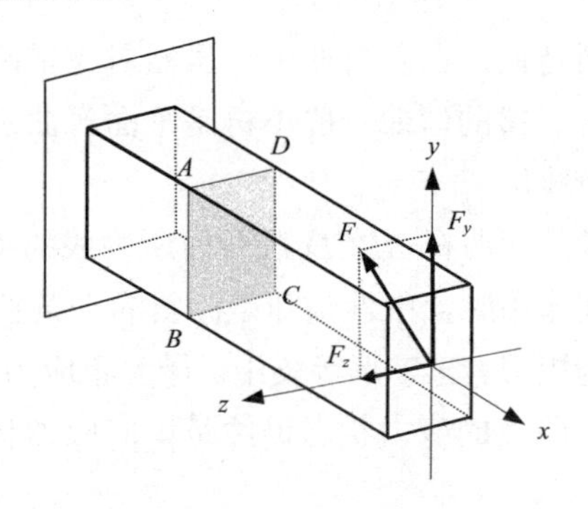

图 12.50　斜弯曲的例子

易于看出，分量 F_y 将使梁产生竖直平面（即 xy 平面）内的弯曲。对于梁中的截面 $ABCD$，相应的弯矩为 M_z，相应的正应力

$$\sigma=-\frac{M_z y}{I_z}$$

显然，这种弯曲将在 AD 边上引起最大的压应力，而在边 BC 上引起最大的拉应力，如图 12.51(a) 所示。

另一个分量 F_z 将使梁产生水平平面（即 xz 平面）内的弯曲，相应的弯矩为 $-M_y$（弯矩

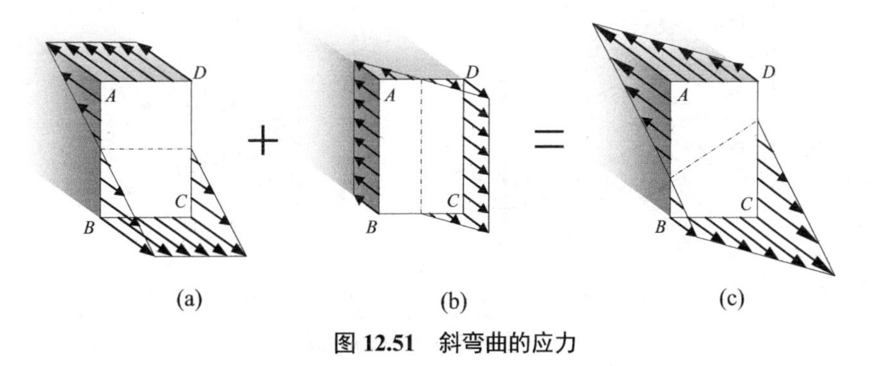

图 12.51　斜弯曲的应力

矢量方向与 y 轴正向相反)。相应的正应力

$$\sigma=\frac{M_y z}{I_y}$$

这个弯曲将使横截面 $ABCD$ 上的 AB 边产生最大的压应力，CD 边上产生最大的拉应力，如图 12.51(b) 所示。

这样，两个分量共同作用的结果，将使横截面上的正应力为

$$\sigma=-\frac{M_z y}{I_z}+\frac{M_y z}{I_y} \tag{12.64}$$

由此可看出，如图 12.51(c) 所示，截面上的 A 点是两种弯曲压应力最大值所在边的交点，因此它有着整个横截面上最大的压应力。而 D 点则具有最大的拉应力。这两点是截面上应力水平最高的点。这两点的正应力数值均为

$$\sigma_{\max}=\frac{M_y}{W_y}+\frac{M_z}{W_z} \tag{12.65}$$

上面的这种变形情况称为斜弯曲。在斜弯曲中，虽然对应于两个分量的弯曲分别是平面弯曲，但是两个分量共同作用时，梁的弯曲一般不再是平面弯曲了。也就是说，梁的轴线在斜弯曲中可能不再是一条平面曲线。

在上例中，对应于两个分量的弯曲在 $ABCD$ 截面内所构成的中性轴分别为水平对称轴和竖直对称轴，但是两个分量共同作用时，中性轴却是倾斜的一条直线，如图 12.51(c) 所示。

斜弯曲现象出现在横截面为矩形、工字形等梁中。最大正应力出现在截面的外凸角点上。

可以看出，在斜弯曲中，危险点的应力状态仍然是单向应力状态。各个强度准则在这种情况下均表示为

$$\sigma\leqslant[\sigma]$$

【例 12.14】 图 12.52(a) 所示结构中，若材料 $[\sigma^{\mathrm{t}}]=80\,\mathrm{MPa}$，$F_y=4\,\mathrm{kN}$，横截面矩形的宽 $b=60\,\mathrm{mm}$，$F_z=2\,\mathrm{kN}$，试确定横截面高度 h。

解：易于看出，悬臂梁的固定端是危险截面。在 F_z 作用下，如图 12.52(b) 所示，固定端截面的弯矩

$$M_y=2\times(0.6+0.8)=2.8\,\mathrm{kN\cdot m}$$

对应于这个弯矩，截面上沿承受最大拉应力。

在 F_y 作用下，固定端面的弯矩

$$M_z=4\times0.6=2.4\,\mathrm{kN\cdot m}$$

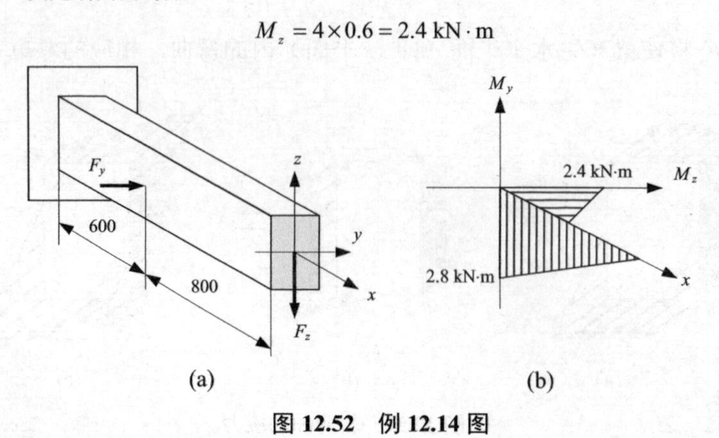

图 12.52　例 12.14 图

截面左沿承受最大拉应力。

因此，截面的左上角点为危险点。该处正应力

$$\sigma_{\max}=\frac{M_y}{W_y}+\frac{M_z}{W_z}=\frac{6M_y}{bh^2}+\frac{6M_z}{hb^2}\leqslant[\sigma^{\mathrm{t}}]$$

由上式可得

$$[\sigma^{\mathrm{t}}]b^2h^2-6M_zh-6M_yb\geqslant 0$$

取上式解中的正值可得

$$h\geqslant\frac{1}{[\sigma^{\mathrm{t}}]b^2}\left[3M_z+\sqrt{9M_z^2+6M_yb^3[\sigma^{\mathrm{t}}]}\right]$$

代入数据后可得 $h\geqslant 89.2\ \mathrm{mm}$，故可取 $h=90\ \mathrm{mm}$。

【例 12.15】 如图 12.53 所示，单位长度重量为 q 的梁长度为 L，两端简支并倾斜放置。求梁中横截面上的最大正应力，并求当倾角 α 为多大时这种正应力达到最大

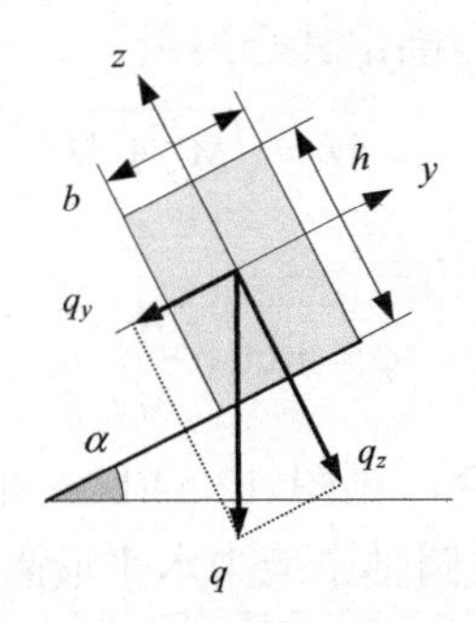

图 12.53　倾斜放置梁的横截面

解：可以把均布荷载 q 分解为如图的两个分量

$$q_z=q\cos\alpha,\qquad q_y=q\sin\alpha$$

由于梁为两端简支，因此中截面上有最大弯矩

$$M_{y\max}=\frac{1}{8}qL^2\cos\alpha,\qquad M_{z\max}=\frac{1}{8}qL^2\sin\alpha$$

中截面上的最大正应力

$$\sigma_{\max}=\frac{M_{y\max}}{W_y}+\frac{M_{z\max}}{W_z}=\frac{6qL^2\cos\alpha}{8bh^2}+\frac{6qL^2\sin\alpha}{8b^2h}$$

$$=\frac{3qL^2}{4bh}\left(\frac{\cos\alpha}{h}+\frac{\sin\alpha}{b}\right)$$

上式中 α 是变量，要 $\sigma_{\max}$ 使达到最大，应有

$$\frac{\mathrm{d}\sigma_{\max}}{\mathrm{d}\alpha}=\frac{3qL^2}{4bh}\left(-\frac{\sin\alpha}{h}+\frac{\cos\alpha}{b}\right)=0$$

故有 $\tan\alpha=\dfrac{h}{b}$ 时中点横截面的正应力达到最大。

注意上述斜弯曲处理方法不能用于横截面为圆形、环形的梁中。圆截面梁中某个横截面上若有弯矩 M_y 和 M_z，那么这个截面上的最大正应力

$$\sigma_{\max}=\frac{1}{W}\sqrt{M_y^2+M_z^2}\tag{12.66}$$

例如图 12.54(a) 所示的圆轴中，易于看出，具有最大弯矩的截面为固定端 B 截面，弯矩分量

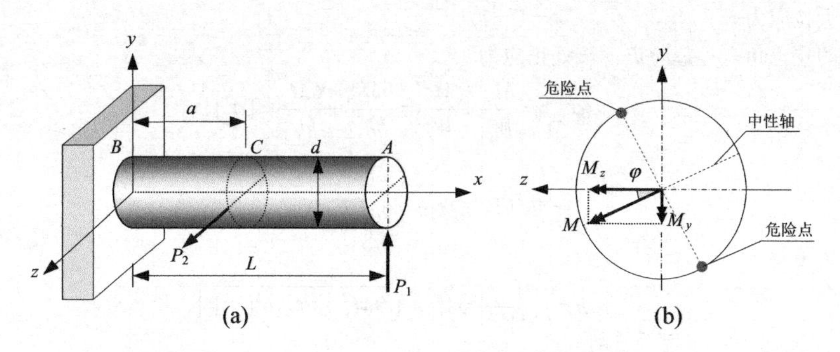

图 12.54 圆轴弯曲危险点

$$M_y = -P_2 a\,,\qquad M_z = P_1 L$$

M_y 的表达式中含有负号的原因是，若用右手螺旋法则考虑矩矢量 M_y，则该矢量指向 y 的负向。利用两个矩矢量 M_y 和 M_z，便可确定其合矢量

$$M = \sqrt{M_y^2 + M_z^2}$$

而且矢量 M 和 M_z 的夹角

$$\varphi = \arctan\frac{M_y}{M_z}$$

显然，B 截面的中性轴与矢量 M 重合，见图 12.54(b)。并由此可以准确地确定正应力数值最大的两个点的位置，这两个点显然是圆轴中应力水平最高的点，因而是危险点。

12.5.3 截面核心的概念

在斜弯曲中，横截面上的正应力由式（12.64）给出。如果这种情况中还有拉压变形的存在，那么，横截面上的正应力

$$\sigma = \frac{F_N}{A} - \frac{M_z y}{I_z} + \frac{M_y z}{I_y} \tag{12.67}$$

在这种情况下，中性轴已不再过形心，而且最大拉应力与最大压应力数值不等。

偏心受压柱是一种典型的压缩与斜弯曲组合的例子。如图 12.55(a) 所示，立柱的顶端面上有轴向压力作用。由于轴向压力 F 的作用点不在截面形心上，立柱将产生斜弯曲和压缩的组合变形。这样，立柱的横截面上就可能出现拉应力、压应力，以及受拉区和受压区的界限，即中性轴。在许多工程结构中，柱是混凝土制成的，而混凝土抗拉能力特别低，因此常常应该设法避免偏心受压柱横截面出现拉应力。

显然，如果柱顶端面的轴向压力准确地作用在立柱轴线上，那么横截面上是不会出现拉应力的。但是，如果轴向压力的作用与立柱轴线有一个偏移量，那么横截面上就会出现弯矩，因而有可能出现拉应力。但如果偏移量不大，横截面上还是不会出现拉应力的。因此，在柱顶端面形心附近的一个区域内，轴向压力是不会在横截面上产生拉应力的。下面就以图 12.55(a) 所示 的例子来加以说明。

【例 12.16】 如图 12.55(a) 所示的立柱横截面是宽为 b、高为 h 的矩形。集中荷载 F 可在立柱端面上平行移动，要使立柱横截面上不产生拉应力，F 应该限制在什么样的区域内？

解：端面建立坐标系如图 12.55(b) 所示。不妨先考虑 F 的作用点在第一象限内坐标为 (x, y) 的位置上。

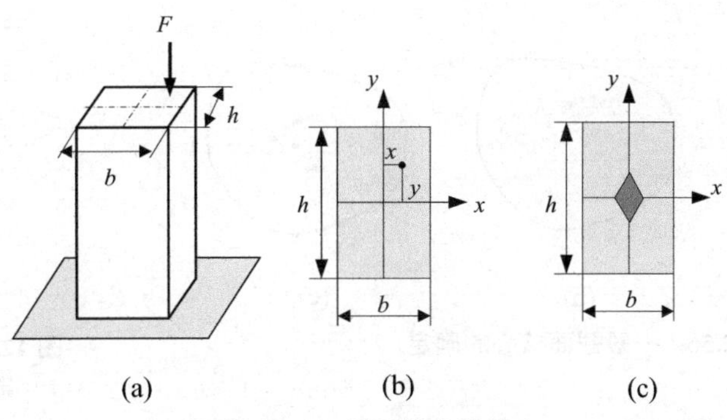

图 12.55　截面核心的确定

由于力 F 的作用线不在立柱的轴线上，因而柱处于产生偏心受压的状态。如果将力 F 平移至端面形心处，则将产生附加的力偶矩，其数值为

$$M_x = Fy\,, \qquad M_y = Fx$$

相应于上述两个弯矩，在柱的任一横截面的左下角将会产生最大拉应力

$$\sigma_{\mathrm{M\,max}} = \frac{M_x}{W_x} + \frac{M_y}{W_y} = \frac{6Fy}{bh^2} + \frac{6Fx}{hb^2}$$

与此同时，对应于作用在轴线上的压力 F，同一横截面上将会产生均匀的压应力

$$\sigma_{\mathrm{N}} = \frac{F}{bh}$$

这样，要使左下角不产生拉应力，则应有

$$\sigma_{\mathrm{N}} - \sigma_{\mathrm{M\,max}} = \frac{F}{bh} - \left(\frac{6Fy}{bh^2} + \frac{6Fx}{hb^2}\right) \geqslant 0$$

由此可得

$$6\left(\frac{x}{b} + \frac{y}{h}\right) \leqslant 1$$

这意味着，力的作用点应限制在由 x 轴、y 轴及直线 $\frac{x}{b} + \frac{y}{h} = \frac{1}{6}$ 所包围的直角三角形区域内。显然，这个三角形的高为 $\frac{h}{6}$、宽为 $\frac{b}{6}$。

在四个象限内考虑，不难看出，力的作用点应限制在如图 12.55(c) 所示的菱形区域中。这个菱形位于矩形中央，水平对角线长度为 $\frac{b}{3}$，竖直对角线长度为 $\frac{h}{3}$。

上例所得到的菱形区域称为**截面核心**（kern of cross-section）。

可以通过中性轴位置来一般地讨论任意截面的截面核心。当轴向压力作用点通过截面形心 C 时，截面上压应力均匀分布，此时不存在中性轴。当轴向压力作用点 K 偏离形心 C 时，可能会使截面某些部分受压，另一部分受拉，此时中性轴 l 穿过截面，如图 12.56(a) 所示。因此，某个中性轴的位置与轴向力的一个作用点存在着相互对应的关系。对于一根恰好与截面边缘外切的中性轴 l，此时整个截面上都不存在拉应力，这样的中性轴也一定存在着对应的轴向力作用点 K，如图 12.56(b) 所示。

这样，考虑一系列与截面外边沿相切的中性轴，即考虑连续地在区域外边沿“滚动”的中性轴，它们也对应着一系列的轴向力作用点。这一系列轴向力作用点所包围的区域，就是该截面的截面核心，如图 12.56(c) 所示。

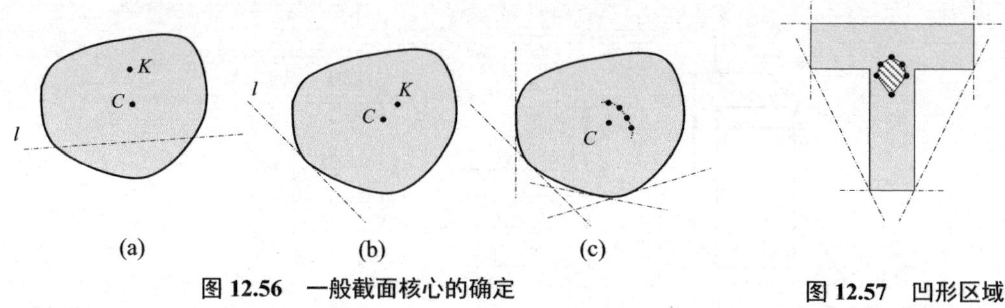

图 12.56　一般截面核心的确定

图 12.57　凹形区域的截面核心

由于中性轴不应穿过截面，因此，当截面是凹形区域时，截面核心仍然是凸形区域，如图 12.57 所示。

由于中性轴上正应力为零，即

$$\frac{F_{\mathrm{N}}}{A}-\frac{M_z y}{I_z}+\frac{M_y z}{I_y}=0 \tag{12.68}$$

由此便可以定量地计算外力作用点 K 的位置，并确定截面核心的形状和尺寸。

应当指出，截面核心是截面自身的性质，与立柱是否承载，或承载多大没有关系。

12.5.4　弯扭组合

考虑如图 12.58 所示的直角曲柄结构模型。在末端 C 作用有集中力 F。在这个力的作用下圆轴部分 AB 所产生的变形效应可以这样来分析：将力 F 从 C 平移到 B，同时附加一个力偶矩 Fa。作用在 B 处的集中力使 AB 区段产生弯曲变形。力偶矩 Fa 使 AB 区段产生扭转变形。

AB 区段中的一个截面上的弯曲正应力如图 12.59(a) 所示。易于看出，截面最上下两点分别有这个截面中的最大拉应力和最大压应力。

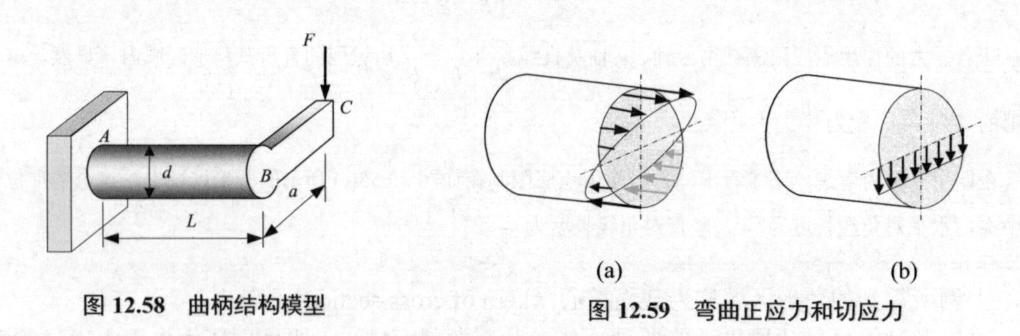

图 12.58　曲柄结构模型

图 12.59　弯曲正应力和切应力

在 AB 区段所产生的弯曲变形中，固定端 A 截面有最大的弯矩

$$M=FL$$

因此，就整个 AB 区段而言，A 截面的上下点具有最大的正应力，其值为

$$\sigma=\frac{M}{W}=\frac{32FL}{\pi d^3} \tag{12.69}$$

同时，AB 区段的各个截面上还有弯曲切应力。由于在这个结构中，各截面的剪力相等，因此各个截面的弯曲切应力情况相同。在每个截面上，中性轴上的弯曲切应力最大，方向如图 12.59(b) 所示，其值为

$$\tau_{\rm M} = k\frac{F_{\rm S}}{A} = \frac{4}{3} \times \frac{4F}{\pi d^2} = \frac{16F}{3\pi d^2} \tag{12.70}$$

在 AB 区段所产生的扭转变形中，各横截面的扭转切应力情况相同。每个截面上，处于圆轴外表面的点上具有最大的切应力，其值为

$$\tau_{\rm T} = \frac{T}{W_{\rm P}} = \frac{16Fa}{\pi d^3} \tag{12.71}$$

弯曲中性轴（水平线）上的扭转切应力的分布情况如图 12.60 所示。

如果同时考虑弯曲切应力和扭转切应力，那么，横截面上各处的切应力应是弯曲切应力和扭转切应力的几何和。特别地，中性轴上的切应力为两种切应力的代数和，如图 12.61 所示。在这个截面上，切应力最大的点在中性轴的右端点。由于在这个例子中，各横截面的扭转切应力和弯曲切应力情况相同，因此，AB 区段各截面的切应力最大的点连成一条线。这条线便是图 12.58 中 AB 区段外圆柱面与中性层在内侧的交线。

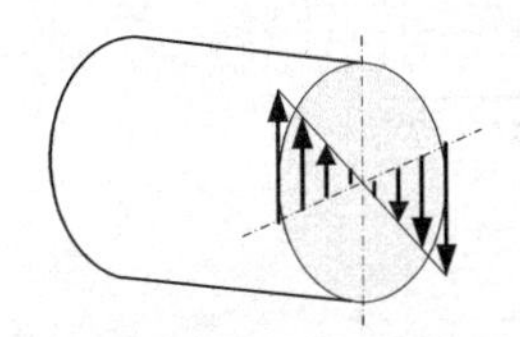

图 12.60　扭转切应力

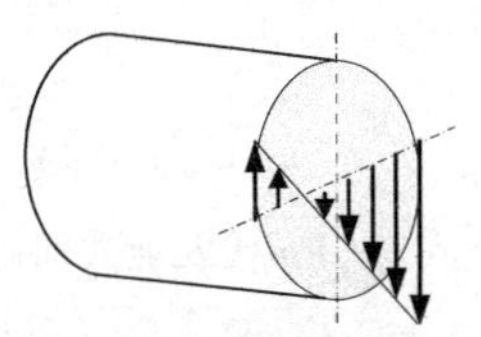

图 12.61　弯扭切应力

但是，可以看出，弯曲切应力最大的点（横截面上的中性轴）恰恰弯曲正应力为零；而弯曲正应力最大的点（横截面的最上与最下点）弯曲切应力为零。就一般情况而言，弯曲正应力数值要比弯曲切应力大许多，因此，上面所讲述的切应力最大的点不是危险点。另外一方面，最大扭转切应力 $\tau_{\rm T}$ 与最大弯曲切应力 $\tau_{\rm M}$ 的比值是 $\dfrac{3a}{d}$。一般来讲，工程力学所能处理的问题中，$3a$ 一般要比 d 大许多。因此，如果不是特别要求，一般可以不必考虑弯曲切应力这一因素。

这样，在这个例子中，AB 区段最危险的点是固定端面的上下两点。这两点具有最大的弯曲正应力，又具有最大的扭转切应力。

可以在 A 点处截取单元体，将单元体左右两侧面置于横截面上，如果从上往下观察这个单元体，将会得到如图 12.62(a) 所示的单元体图；在 B 点处截取单元体，同样将单元体左右两侧面置于横截面上，如果从下往上观察这个单元体，将会得到如图 12.62(a) 所示的单元体图。这两个单元体图的共同特点是，它们都是由单向应力与纯剪应力叠加而成的。可以通过本章 12.1 所给出的公式计算它们各自的主应力，以及最大切应力等。下面用实例加以说明。

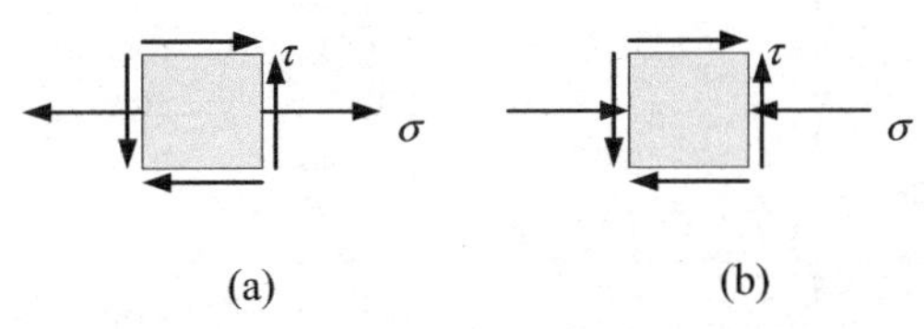

图 12.62　单向应力与纯剪应力的叠加

【例 12.17】 图 12.58 所示的直角曲拐 C 端作用有集中力 F，AB 部分为一直径为 d 的等截面圆轴。试求 A 截面上顶点 K 的主应力。

解：为了考虑 K 点的主应力，应了解 K 点的应力状态。要了解应力状态，就应分析 AB 部分在 F 力作用下的变形效应。易于看出，AB 段产生弯曲和扭转的组合变形。

在 A 截面上，弯矩 $M=FL$，它在 K 点引起的正应力

$$\sigma=\frac{M}{W}=\frac{32M}{\pi d^3}$$

同时，A 截面扭矩 $T=Fa$，它在 K 点引起的切应力

$$\tau=\frac{T}{W_{\mathrm{P}}}=\frac{16T}{\pi d^3}$$

在 K 点处取一个单元体，单元体左右侧面位于横截面上，其俯视图如图 12.62(a) 所示。易见这是一个双向应力状态，

$$\sigma_x=\frac{32M}{\pi d^3},\quad \sigma_y=0,\quad \tau_{xy}=\frac{16T}{\pi d^3}$$

这样，K 点的主应力

$$\left.\begin{array}{l}\sigma_i\\ \sigma_j\end{array}\right\}=\frac{1}{2}\sigma_x\pm\sqrt{\left(\frac{\sigma_x}{2}\right)^2+\tau_{xy}^2}=\frac{16}{\pi d^3}\left(M\pm\sqrt{M^2+T^2}\right)$$

进一步，若将 $M=FL$，$T=Fa$ 代入上式即可得

$$\left.\begin{array}{l}\sigma_i\\ \sigma_j\end{array}\right\}=\frac{16F}{\pi d^3}\left(L\pm\sqrt{L^2+a^2}\right)$$

故有

$$\sigma_1=\frac{16F}{\pi d^3}\left(L+\sqrt{L^2+a^2}\right),\qquad \sigma_2=0,\qquad \sigma_3=\frac{16F}{\pi d^3}\left(L-\sqrt{L^2+a^2}\right)$$

【例 12.18】 在如图 12.63 所示的结构中，伸出臂上承受使伸出臂部分扭转的分布力偶矩 $t=100\ \mathrm{N}$，同时臂端另有水平方向集中力 $F=300\ \mathrm{N}$。臂长 $a=140\ \mathrm{mm}$，$H=300\ \mathrm{mm}$。立柱横截面为 $D=30\ \mathrm{mm}$ 的圆，求立柱中危险点处的最大切应力。

解：易于看出，分布力偶矩使立柱产生弯曲。水平力对圆柱的作用有两个方面：一方面使圆柱产生弯曲变形，弯曲的方向与分布力偶矩所引起的弯曲方向相同；另一方面，水平力使圆柱产生扭转变形。因此，圆柱总体上产生的是弯扭组合变形。

就弯曲而言，分布力偶矩所引起的弯矩在圆柱各截面是相同的，该弯矩 $M_1=ta$。集中力 F 在圆柱各截面所引起的弯矩是不相同的，显然在底面有最大的弯矩 $M_2=FH$。

就扭转而言，集中力 F 在圆柱各截面所引起的扭矩是相同的，$T=F\left(a+\dfrac{D}{2}\right)$。因此，就弯扭组合而言，危险截面在立柱底面。如果俯视圆柱底面，危险点位置 A 和 B 就如图 12.64(a) 所示。其中 A 点有最大弯曲压应力和最大扭转切应力；B 点有最大弯曲拉应力和最大扭转切应力。

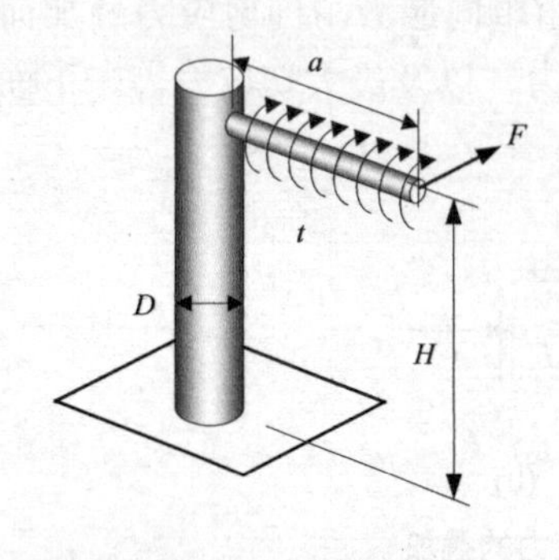

图 12.63 例 12.18 图

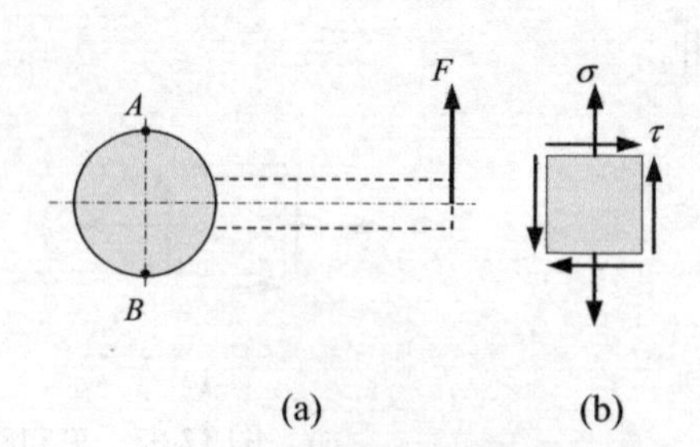

图 12.64 危险点位置及应力状态

总弯矩

$$M = M_1 + M_2 = 140\times100 + 300\times300$$
$$= 1.04\times10^5\ \text{N}\cdot\text{mm}$$

由弯曲而产生的最大正应力为

$$\sigma = \frac{M}{W} = \frac{32M}{\pi D^3} = \frac{32\times1.04\times10^5}{\pi\times30^3} = 39.23\ \text{MPa}$$

同时，扭矩

$$T = F\left(a + \frac{D}{2}\right) = 300\times(140+15) = 0.465\times10^5\ \text{N}\cdot\text{mm}$$

因扭转而产生的最大切应力

$$\tau = \frac{T}{W_{\text{P}}} = \frac{16T}{\pi D^3} = \frac{16\times0.465\times10^5}{\pi\times30^3} = 8.77\ \text{MPa}$$

平视立柱，B 点应力状态如图 12.64(b) 所示，其单元体上下边沿位于横截面上。由此可知，主应力

$$\left.\begin{matrix}\sigma_i\\ \sigma_j\end{matrix}\right\} = \frac{\sigma}{2} \pm \sqrt{\left(\frac{\sigma}{2}\right)^2 + \tau^2} = \frac{39.23}{2} \pm \sqrt{\left(\frac{39.23}{2}\right)^2 + 8.77} = 19.62 \pm 21.49\ \text{MPa}$$

故有　$\sigma_1 = 41.11\ \text{MPa}$，　$\sigma_2 = 0$，　$\sigma_3 = -1.87\ \text{MPa}$

因此最大切应力

$$\tau_{\text{MAX}} = \frac{1}{2}(\sigma_1 - \sigma_3) = \frac{1}{2}\times(41.11+1.87) = 21.5\ \text{MPa}$$

可以看出，如图 12.62 所示的那一类应力状态，即单向应力与纯剪应力的叠加，具有很广的适用范围。例如，在产生横力弯曲的梁中，单元体的一对侧面取在横截面上，而且单元体既不在最远离中性轴的边沿上，又不在中性轴上，就可能得到这种应力状态。当单元体取在离中性轴最远处时，其中的正应力达到最大而切应力退化为零；当单元体取在中性轴上时，其中的切应力达到最大而正应力退化为零。

又例如，在杆件的弯扭组合、拉弯扭组合等情况的危险点都处于这种应力状态。其中，拉扭组合的危险点处

$$\sigma = \frac{F_{\text{N}}}{A},\quad \tau = \frac{T}{W_{\text{P}}}$$（圆轴，非圆轴另有公式，下同）

在产生弯扭组合变形的杆件的危险点处

$$\sigma = \frac{M}{W},\quad \tau = \frac{T}{W_{\text{P}}}$$

在产生拉弯扭组合变形的杆件的危险点处

$$\sigma = \frac{M}{W} + \frac{F_{\text{N}}}{A},\quad \tau = \frac{T}{W_{\text{P}}}$$

下面特地针对这类应力状态给出第三和第四强度准则的相当应力。易得其主应力

$$\sigma_{i,j} = \frac{1}{2}\sigma \pm \sqrt{\left(\frac{1}{2}\sigma\right)^2 + \tau^2} = \frac{1}{2}\left(\sigma \pm \sqrt{\sigma^2 + 4\tau^2}\right)$$

故有　$\sigma_1 = \frac{1}{2}\left(\sigma + \sqrt{\sigma^2 + 4\tau^2}\right)$，　$\sigma_2 = 0$，　$\sigma_3 = \frac{1}{2}\left(\sigma - \sqrt{\sigma^2 + 4\tau^2}\right)$

则有

$$\sigma_{\text{eq3}} = \sqrt{\sigma^2 + 4\tau^2} \tag{12.72}$$

$$\sigma_{\text{eq4}} = \sqrt{\sigma^2 + 3\tau^2} \tag{12.73}$$

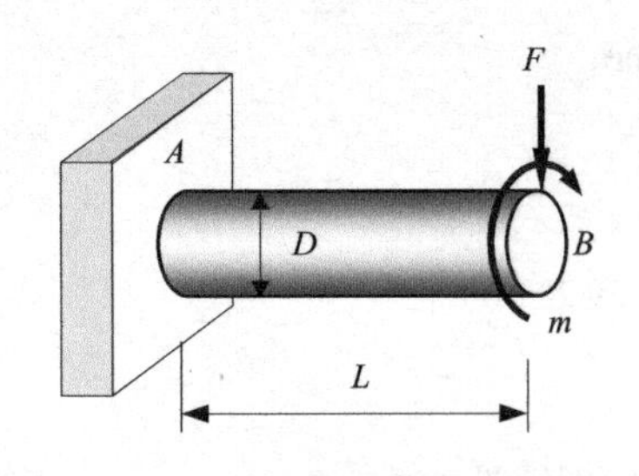

图 12.65 承受弯扭组合荷载的圆轴

在很多情况下，直接采用式（12.72）和式（12.73），可以简化计算过程。

进一步地，只考虑圆轴发生弯扭组合变形的情况。一般地，只需要考虑圆轴的危险截面及其危险点即可。例如，在图 12.65 中，危险截面在固定端处，危险点为上下两点。当然，在某些复杂的情况下，可能需要经过计算、分析和比较，才能确定危险截面的位置。记圆轴危险截面的弯矩为 M，扭矩为 T，在这个截面上，离中性轴最远的点最危险其应力为

$$\sigma=\frac{M}{W},\quad \tau=\frac{T}{W_{\mathrm{P}}}$$

注意到实心圆截面中

$$W=\frac{1}{32}\pi d^3,\quad W_{\mathrm{P}}=\frac{1}{16}\pi d^3$$

故有

$$W_{\mathrm{P}}=2W$$

易于看出，空心圆轴也具有上述特点。因此，在圆轴弯扭组合的危险点处，有

$$\sigma_{\mathrm{eq3}}=\sqrt{\left(\frac{M}{W}\right)^2+4\left(\frac{T}{2W}\right)^2}$$

即

$$\sigma_{\mathrm{eq3}}=\frac{1}{W}\sqrt{M^2+T^2} \tag{12.74}$$

同样，对第四强度理论，有

$$\sigma_{\mathrm{eq4}}=\sqrt{\left(\frac{M}{W}\right)^2+3\left(\frac{T}{2W}\right)^2}$$

即

$$\sigma_{\mathrm{eq4}}=\frac{1}{W}\sqrt{M^2+\frac{3}{4}T^2} \tag{12.75}$$

至此，第三、第四强度理论的相关表达式有式（12.60）、式（12.61），式（12.72）、式（12.73）与式（12.74）、式（12.75）这三组。其中式（12.60）、式（12.61）的应用范围最广，它们对于构件的形状、变形的形式与应力状态都没有特殊的要求。式（12.72）、式（12.73）与式（12.74）、式（12.75）都要求应力状态只能是双向的，而且两个正应力（例如记为 σ_x 和 σ_y）中必定有一个为零。式（12.74）、式（12.75）的应用范围受到了进一步的限制：在构件的形状方面，只适合于圆轴；在变形方面，只适合于弯扭组合。

【例 12.19】 在图 12.66 所示的结构中，圆轴两端由轴承支承，中点处有一个自重为 G、直径为 D 的均质圆盘。圆盘外沿绕有钢绳以提升重物 F。圆轴左端有电动机带动圆轴转动并使重物 F 以均匀速度上升。大轮 $G=5\ \mathrm{kN}$，$D=300\ \mathrm{mm}$。圆轴 $L=800\ \mathrm{mm}$，$d=60\ \mathrm{mm}$，许用应力 $[\sigma]=120\ \mathrm{MPa}$。考虑轴的强度，用第三强度理论求允许起吊的最大重量。

解：轴两端的滚珠轴承支承可简化为铰。由于圆盘的重量和重物的作用，轴在竖直平面内发生弯曲。同时，由于起吊重物作用线距轴线 $\frac{D}{2}$，因此圆轴左半段承受了扭转作用。圆轴的简化模型如图 12.67 所示。

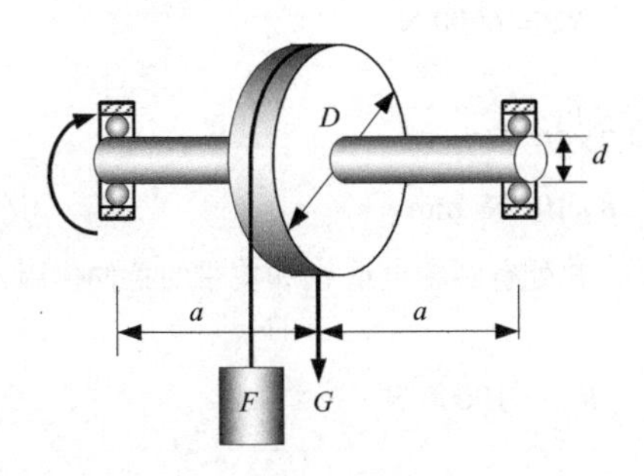

图 12.66　例 12.19 图

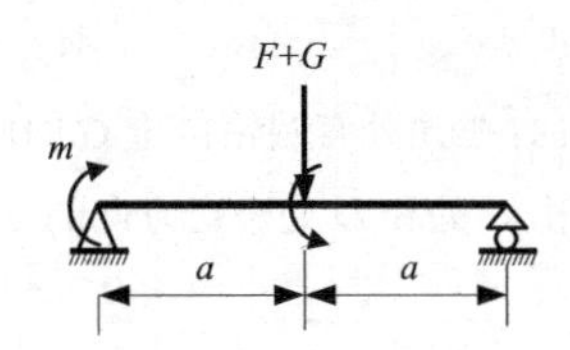

图 12.67　简化模型

轴的最大弯矩存在于轴的中截面，其弯矩为 $M=\dfrac{1}{2}(F+G)a$。其扭矩为 $T=m=\dfrac{1}{2}FD$。每一瞬刻危险点在中截面的上下两点。该点处的第三强度理论的相当应力

$$\sigma_{\mathrm{eq3}}=\frac{1}{W}\sqrt{M^2+T^2}$$

$$=\frac{1}{W}\sqrt{\left[\frac{1}{2}(F+G)a\right]^2+\left(\frac{1}{2}FD\right)^2}\leqslant[\sigma]$$

由此构成了一个关于 F 的二次不等式

$$\left(D^2+a^2\right)F^2+2Ga^2F+\left(G^2a^2-4W^2[\sigma]^2\right)\leqslant 0$$

可算出上式中的 $W=21206\ \mathrm{mm}^3$，再将其余各项数据代入上式可化简得

$$F^2+6400F-8.761\times10^7\leqslant 0$$

取其合理的解得

$$F\leqslant 6691\ \mathrm{N}=6.69\ \mathrm{kN}$$

这就是对起吊重量的限制。

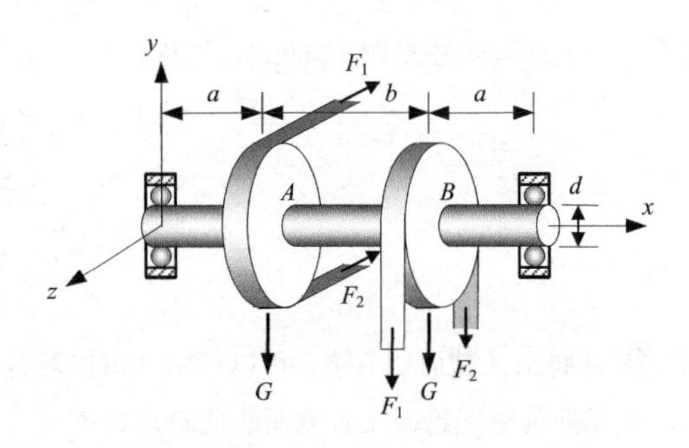

图 12.68　例 12.20 图

【例 12.20】 在如图 12.68 所示的结构中，依靠两个皮带轮传递转矩，两个皮带轮直径均为 D，根据第四强度理论设计圆轴 AB 段的直径 d。有关数据如下：$F_1=15\ \mathrm{kN}$，$F_2=5\ \mathrm{kN}$，$G=5\ \mathrm{kN}$，$D=300\ \mathrm{mm}$，$a=300\ \mathrm{mm}$，$b=400\ \mathrm{mm}$，$[\sigma]=150\ \mathrm{MPa}$。

解： 在这个结构中，AB 段承受扭转作用。同时，由于皮带轮的张力作用，以及两轮的自重，使整个轴承受弯曲作用。因此 AB 段承受弯扭组合荷载。

先考虑扭转作用。易于看出，在 AB 段的各个横截面上的扭矩

$$T=\frac{1}{2}(F_1-F_2)D=1.5\times10^6\ \mathrm{N\cdot mm}$$

再考虑弯曲作用。建立如图的坐标系。在水平平面 xz 中，圆轴在 A 处承受皮带的横向拉伸作用，这个力的大小为 F_1+F_2，如图 12.69(a) 所示。由之可求出 C 处和 D 处水平方向的支反力

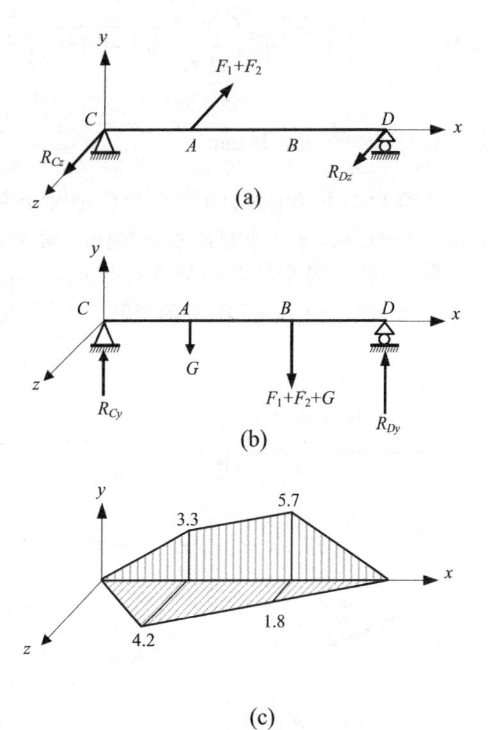

图 12.69　两个平面内的弯矩

$$R_{Cz}=14000\text{ N}，\quad R_{Dz}=6000\text{ N}$$

同时还可求出 A 和 B 处的弯矩

$$M_{Ay}=R_{Cz}a=4.2\times10^6\ \text{N}\cdot\text{mm}$$

$$M_{By}=R_{Dz}a=1.8\times10^6\ \text{N}\cdot\text{mm}$$

在竖直平面内，在 A 处有圆轮自重 G 的向下作用，在 B 处有圆轮自重 G 和皮带的拉伸作用，如图 12.69(b) 所示。由之可求出 C 处和 D 处竖直方向的支反力

$$R_{Cy}=11000\text{ N}，\quad R_{Dy}=19000\text{ N}$$

这样可得弯矩

$$M_{Az}=3.3\times10^6\ \text{N}\cdot\text{mm}$$

$$M_{Bz}=5.7\times10^6\ \text{N}\cdot\text{mm}$$

两个平面内的弯矩图见图 12.69(c)。这样，可得 A、B 两个截面处的总弯矩分别为

$$M_A=\sqrt{M_{Az}^2+M_{Ay}^2}=5.34\times10^6\ \text{N}\cdot\text{mm}$$

$$M_B=\sqrt{M_{Bz}^2+M_{By}^2}=5.98\times10^6\ \text{N}\cdot\text{mm}$$

可见 B 截面比 A 截面更危险。可以证明（留作习题），在整个 AB 区段内，B 截面的总弯矩最大。

由第四强度理论，在 B 截面的危险点处

$$\sigma_{\text{eq4}}=\frac{1}{W}\sqrt{M^2+0.75T^2}=\frac{32}{\pi d^3}\sqrt{M_B^2+0.75T^2}\leqslant[\sigma]$$

故有

$$d\geqslant\left(\frac{32}{\pi[\sigma]}\sqrt{M_B^2+0.75T^2}\right)^{1/3}=\left(\frac{32}{\pi\times150}\times\sqrt{5.98^2+0.75\times1.5^2}\times10^6\right)^{1/3}=75.6\text{ mm}$$

这样，可取轴径 $d=76\text{ mm}$。

【例 12.21】 如图 12.70 所示，空心圆轴上有一个 K 截面，圆轴左端面板的下方有一个集中力 F 的作用，F 位于水平面内，但与圆轴线成 30°的角。求 K 截面下沿处的第三强度准则的相当应力。

解： 如图，将外力 F 分解为 F_x 和 F_y。

F_x 使圆轴产生压缩和弯曲的变形。其中压缩应力在横截面上各点是相同的，其值为

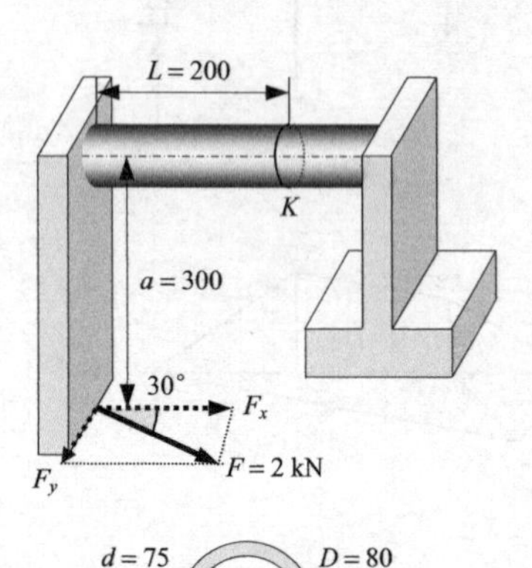

图 12.70　例 12.21 图

$$\sigma_{\text{N}}=\frac{F_x}{A}=\frac{4F\cos30°}{\pi D^2(1-\alpha^2)}$$

式中

$$\alpha=\frac{75}{80}=0.9375$$

故有

$$\sigma_{\text{N}}=\frac{4\times2000\times\cos30°}{\pi\times80^2\times(1-0.9375^2)}=2.85\text{ MPa}$$

F_x 引起的弯曲作用在 K 截面的下点也引起压应力，其值为

$$\sigma_{\text{M}}=\frac{M}{W}=\frac{32Fa\cos30°}{\pi D^3(1-\alpha^4)}=\frac{32\times2000\times300\times\cos30°}{\pi\times80^3\times(1-0.9375^4)}=45.43\text{ MPa}$$

F_y 使圆轴产生扭转和弯曲的变形。其中扭转作用在圆轴表面所引起的切应力为

$$\tau=\frac{T}{W_P}=\frac{16Fa\sin30°}{\pi D^3(1-\alpha^4)}$$
$$=\frac{16\times2000\times300\times\sin30°}{\pi\times80^3\times(1-0.9375^4)}=13.12\ \text{MPa}$$

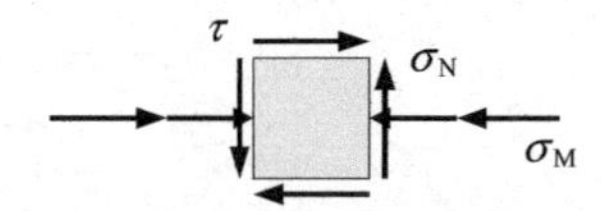

图 12.71　应力状态

应注意到，F_y 引起的弯曲作用使 K 截面的下点处于中性轴上，故该点处无相应的弯曲正应力。这样，K 截面的下点处的应力状态如图 12.71 所示。该点处的第三强度理论的相当应力

$$\sigma_{eq3}=\sqrt{\sigma^2+4\tau^2}=\sqrt{(2.85+45.43)^2+4\times13.12^2}=54.9\ \text{MPa}$$

思考题 12

12.1　矩形截面梁发生竖直平面内的弯曲，但梁未承受竖直方向上的分布荷载。在它的某截面附近的侧面上沿竖直线至上而下地取如图的三个单元体。下列六种情况中，从上到下地表示这三个单元体的应力状态。它们中哪些情况是可能存在的？在什么情况下存在？

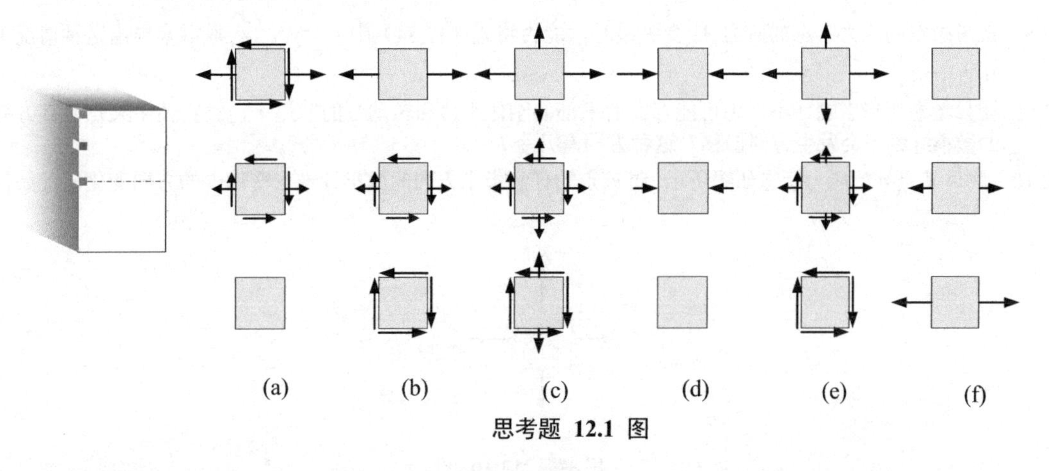

思考题 12.1 图

12.2　矩形截面梁发生竖直平面内的弯曲和拉压的组合变形。与上题类似地，在它的侧面上沿竖直线至上而下地取如图的三个单元体。下列情况中，哪些是可能存在的？在什么情况下存在？

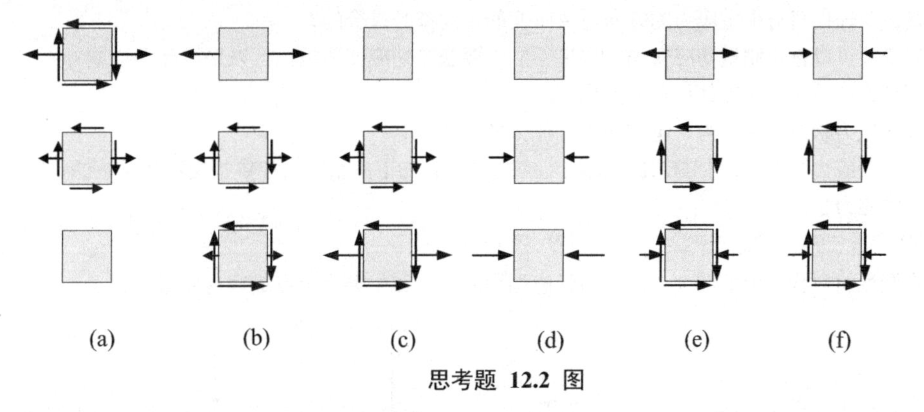

思考题 12.2 图

12.3　在常见的变形中，何处会出现纯剪状态？

12.4　若图中各应力分量数值相等，判断各应力状态中的 σ_1 的大致方向。

12.5　图中所示的应力状态都是双向应力状态吗？

12.6　为什么低碳钢圆轴扭转断裂往往发生在横截面上？而铸铁圆轴扭转断裂往往发生在与轴线约成 45° 的曲面上？

12.7　为什么具有光滑表面的低碳钢试件在拉伸时有滑移线产生？滑移线产生的方位有什么规律？

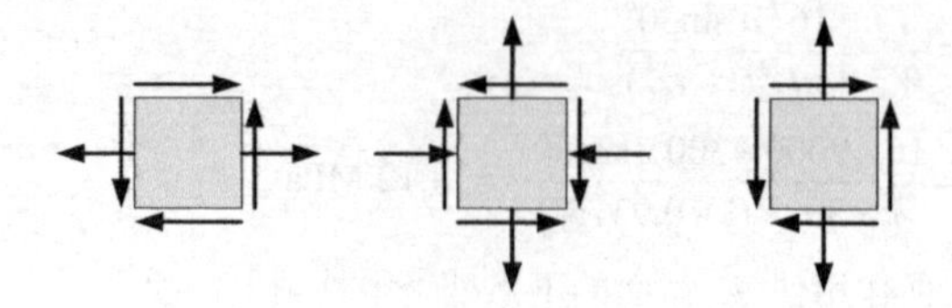

思考题 12.4 图

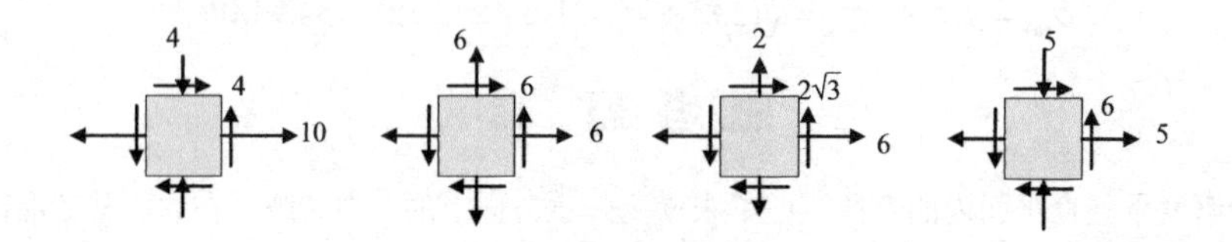

思考题 12.5 图

12.8 在考虑双向应力状态的应力-应变关系时，能否将式（12.54）中ε_z、γ_{zx}、γ_{yz}取零来导出这种情况下的胡克定律？

12.9 在只考虑变形影响（不考虑可能存在的局部的刚体平移和转动）的前提下，过物体中某点什么方向上的微小纤维不会发生方向偏移？这种方向有几个？

12.10 物体某点处的应力状态如图所示，过该点的任意指定方向的微小纤维在变形中的方向变化情况如何？

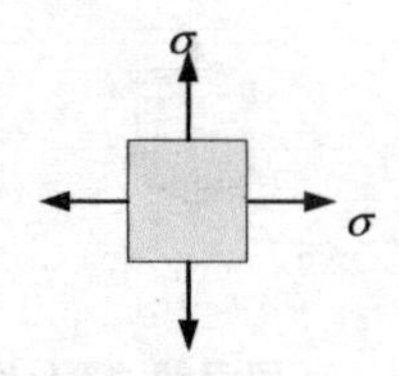

思考题 12.10 图

12.11 木材制成的圆轴的轴线方向沿顺纹方向，它在扭转时的破坏情况是怎样的？为什么会这样破坏？

12.12 是否在任何材料中主应力的方向与主应变的方向都是重合的？

12.13 应变片可以直接测量切应变吗？如果不能，要获取切应变数据，可以采取什么措施？

12.14 圆轴纯扭转时，它的体积有无变化？

12.15 静水压力状态的主应力、主方向各有什么样的特点？

12.16 在什么应力状态下，各强度准则的相当应力之间有如下关系？而在哪些变形情况下的危险点会产生这样的应力状态？

(a) $\sigma_{eq1}=\sigma_{eq2}=\sigma_{eq3}=\sigma_{eq4}$； (b) $\sigma_{eq1}=\sigma_{eq3}$。

12.17 在塑性材料构件中的四个点的应力状态如图所示。其中哪一个点最容易屈服？

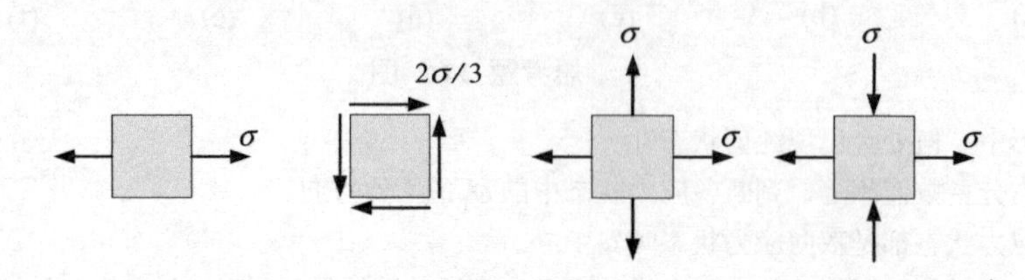

思考题 12.17 图

12.18　冬天由于天气寒冷，自来水管会由于水结冰而破裂。为什么总是水管破裂而不是冰被压碎？

12.19　将沸水倒入厚壁的冷玻璃杯中，玻璃杯易于破裂。破裂是从其内壁开始还是从其外壁开始？

12.20　对于图示的应力状态，$\sigma_x > \sigma_y > 0$，如果材料为塑性的，那么，根据第三强度准则，破坏将产生在什么平面内？

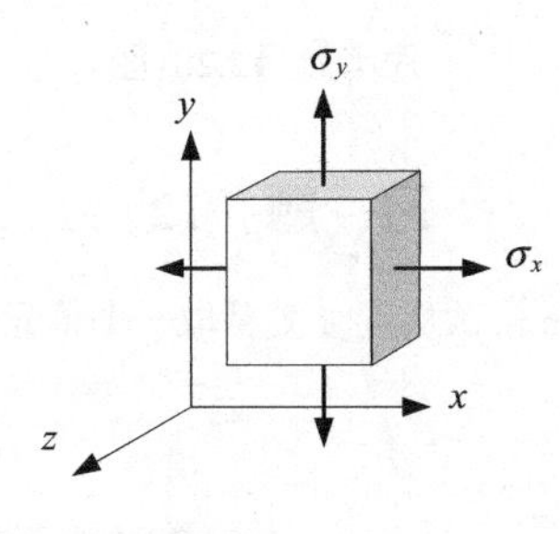

思考题 12.20 图

12.21　在圆轴拉、弯、扭组合的情况下，其危险点第三强度理论的相当应力的正确计算方式有哪些？

(a) $\dfrac{1}{W}\sqrt{M^2+T^2}+\dfrac{F_N}{A}$；　(b) $\dfrac{32}{\pi d^3}\sqrt{M^2+T^2}+\dfrac{4F_N}{\pi d^2}$；

(c) $\sqrt{\left(\dfrac{F_N}{A}+\dfrac{M}{W}\right)^2+4\left(\dfrac{T}{W_P}\right)^2}$；　(d) $\sqrt{\left(\dfrac{F_N}{A}+\dfrac{M}{W}\right)^2+\left(\dfrac{T}{W}\right)^2}$；

(e) $\dfrac{16}{\pi d^3}\sqrt{\left(\dfrac{F_N d}{4}+M\right)^2+T^2}$；　(f) $\dfrac{32}{\pi d^3}\sqrt{\left(\dfrac{F_N d}{8}+M\right)^2+T^2}$。

12.22　将如图所示的三种情况下中部横截面的正应力按从大到小的顺序排列起来。

12.23　两个构件材料相同，一个由整体钢筋制成，一个由若干根钢丝组成，两者有效横截面积相同，谁能承受更大的力 F？为什么？

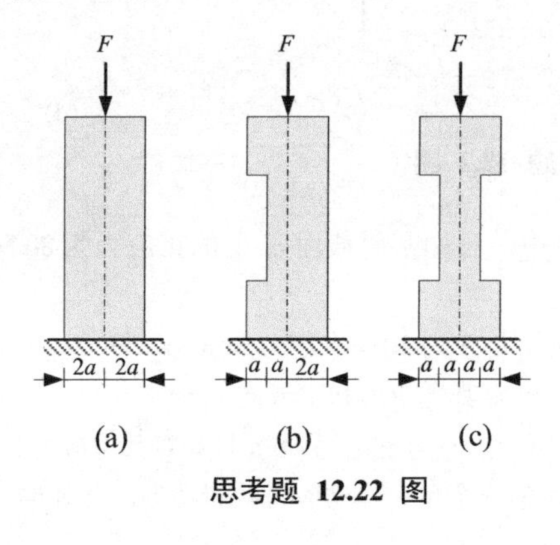

思考题 12.22 图

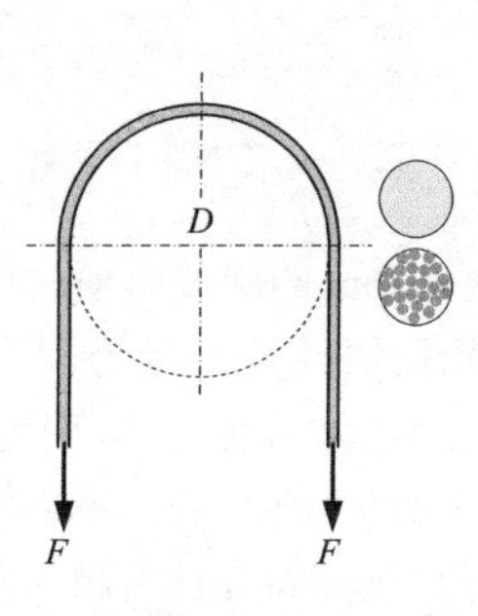

思考题 12.23 图

12.24　拉（压）弯组合与斜弯曲这两种情况下的中性轴位置有什么区别？

12.25　沿 x 方向延伸的圆轴横截面上作用着弯矩 M_y 和 M_z，为什么不能按照斜弯曲最大正应力公式计算最大正应力？如何确定该截面上正应力最大的点的位置？

12.26　沿 x 方向延伸的圆轴横截面上存在着轴力 F_N、弯矩 M_y 和 M_z，如何确定截面上正应力最大的点的位置？

12.27　斜弯曲现象出现在横截面为矩形、工字形等形状的梁中。为什么最大正应力出现在横截面的外凸角点上？

12.28　截面核心有哪些特点？在图中的几种情况中，不用考虑尺寸，就能判断出截面核心显然不对的情况有哪些？

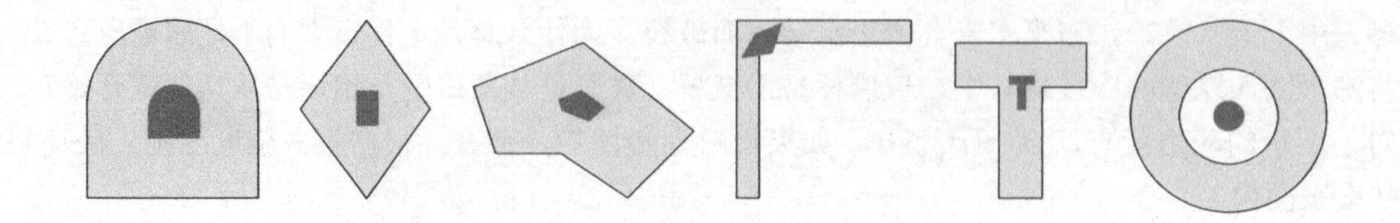

思考题 12.28 图

习 题 12

12.1 图示两受力构件的直径均为20 mm，试从点 A 处截取一个单元体，算出该单元体上的应力。

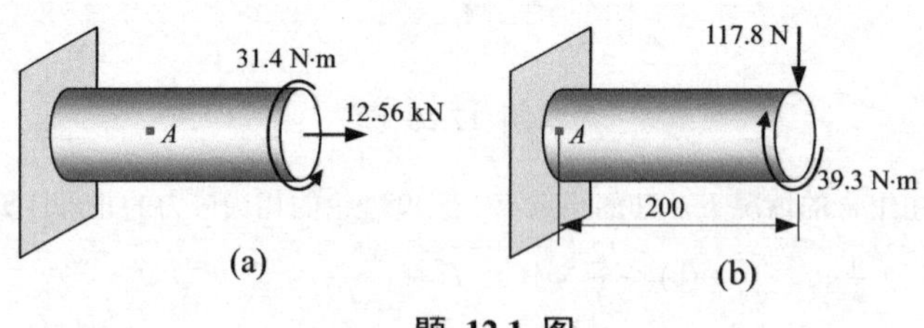

题 12.1 图

12.2 已知应力状态如图所示，应力单位为MPa 。计算图中指定截面的正应力与切应力。

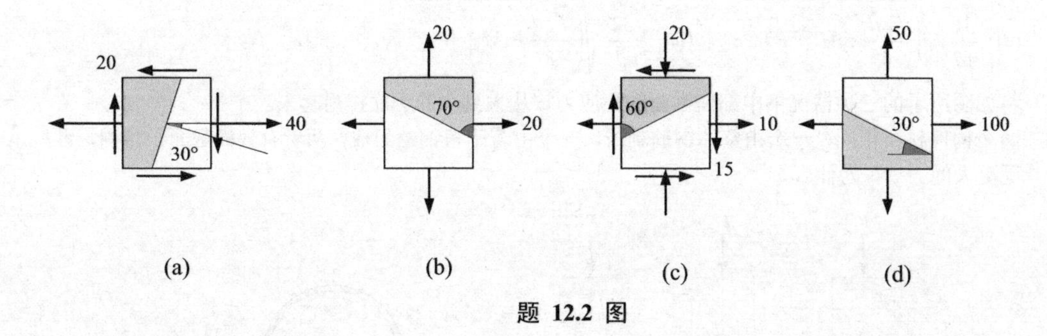

题 12.2 图

12.3 一个直径为20 mm 的圆截面轴向拉伸试件中，已知某斜截面 α 上的正应力为80 MPa ，切应力为40 MPa ，试求此杆的轴向拉力。

12.4 如图所示的三角形单元体上 AB 面为自由表面，角 B 为30°，求应力分量 σ_x 及 τ_{xy}，应力单位为MPa 。

12.5 已知应力状态如图所示，应力单位为MPa 。计算其主应力和主方向。

12.6 已知某点处两个截面的正应力和切应力如图所示，应力单位为MPa 。计算其主应力。

12.7 图示悬臂梁承受载荷 $F = 20$ kN ，试绘出图示的三个单元体的应力状态图形，并确定主应力及主方向。

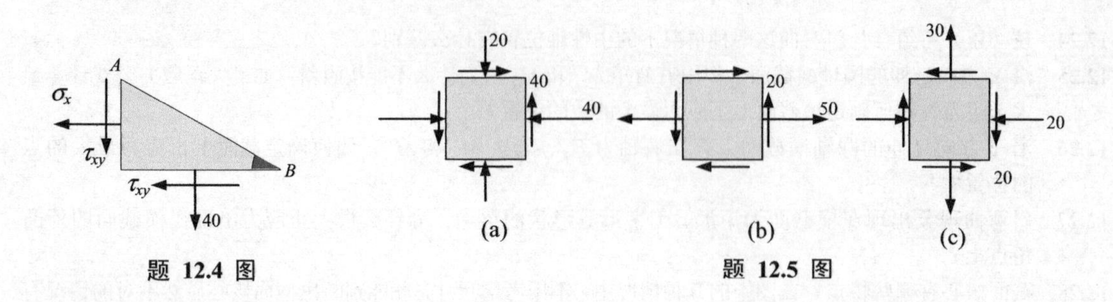

题 12.4 图　　题 12.5 图

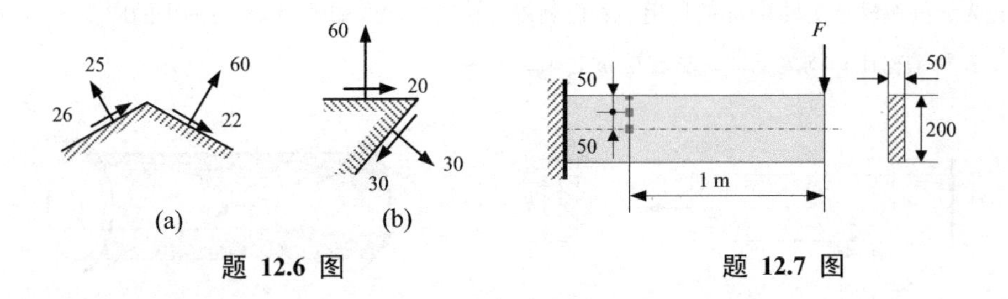

题 12.6 图　　　　题 12.7 图

12.8　某点应力状态是如图两种应力状态的合成。应力单位为 MPa 。求该点的主应力。

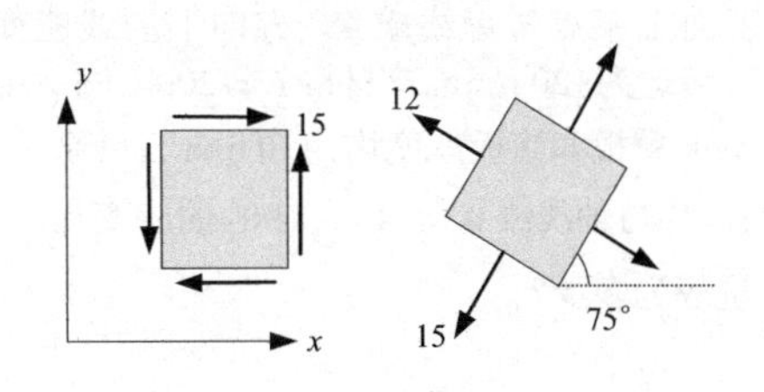

题 12.8 图

12.9　求图示单元体的主应力及最大切应力。应力单位为 MPa 。

12.10　如图所示，在构件表面某点处有一等角应变花，测得三个方位上的正应变为 $\varepsilon_{0^\circ}=300\times10^{-6}$ ，$\varepsilon_{60^\circ}=200\times10^{-6}$ 和 $\varepsilon_{120^\circ}=-100\times10^{-6}$ 。求该点处的正应变 ε_x 、 ε_y 和切应变 γ_{xy} 。

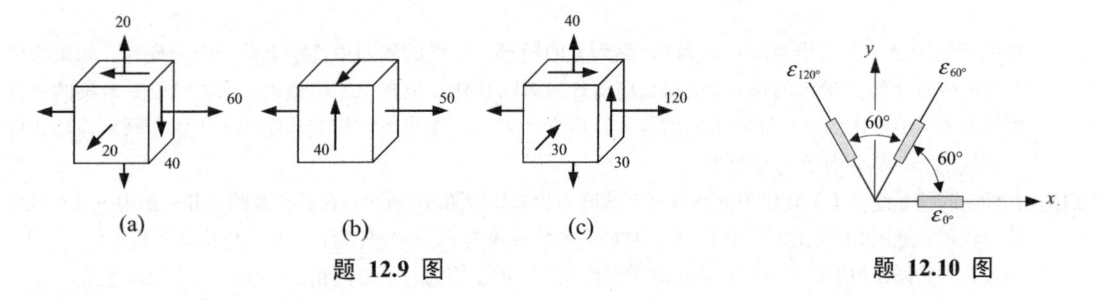

题 12.9 图　　　　题 12.10 图

12.11　在上题的等角应变花中，证明应变主方向与 x 轴夹角 α_0 满足

$$\tan 2\alpha_0=\frac{\sqrt{3}(\varepsilon_{60^\circ}-\varepsilon_{120^\circ})}{2\varepsilon_{0^\circ}-(\varepsilon_{60^\circ}+\varepsilon_{120^\circ})}$$

12.12　图示单元体处于双向应力状态，应力单位为 MPa 。材料弹性模量 $E=200\ \text{GPa}$ ，泊松比 $\nu=0.3$ ，试求正应变 ε_x 、 ε_y 与切应变 γ_{xy} 。

12.13　图示矩形截面杆承受轴向拉伸力 F 的作用，求 AB 线上的正应变。材料弹性模量 E 和泊松比 ν 均为已知。

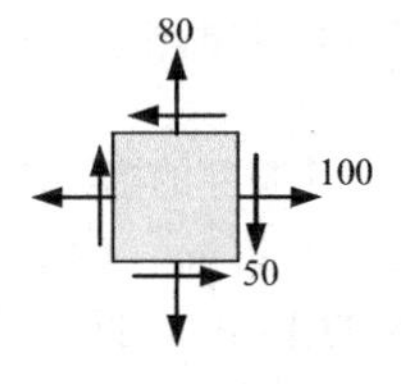

题 12.12 图

12.14 直径为d的圆轴承受转矩m的作用。若已测得与轴线方向成如图的45°方向上的应变ε_{45°，材料弹性模量E和泊松比ν均为已知。求转矩m之值。

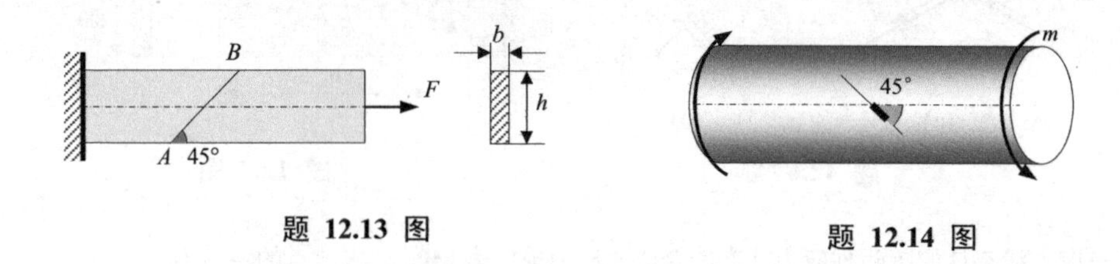

题 12.13 图　　题 12.14 图

12.15 用应变片测得空心钢轴表面上某点与母线成45°方向上的线应变为$\varepsilon = 2.0\times10^{-4}$，已知轴外径为120 mm，内径为80 mm，转速为120 r/min，材料$E = 200$ GPa，$\nu = 0.3$，试求该轴所传递的功率。

12.16 简支梁由工字形钢制成，截面翼板和腹板厚度均为10 mm，其余尺寸如图所示。材料$E = 200$ GPa，$\nu = 0.3$。在腹板A处粘贴三片与轴线成0°、45°、90°的应变片。当中截面处荷载F增加 10 kN时，每一个应变片的读数改变量应为多少？

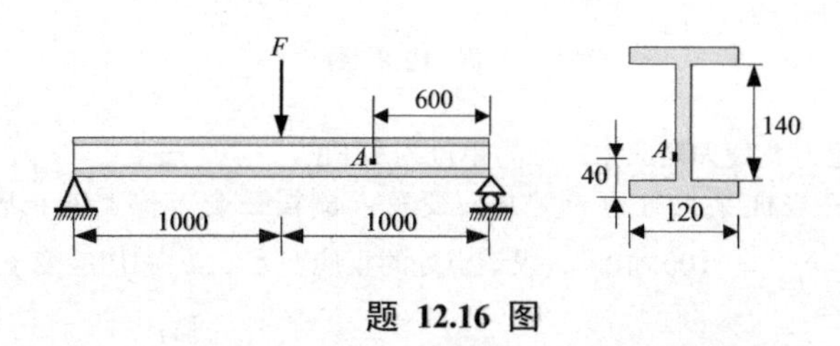

题 12.16 图

12.17 如图所示的简支梁的横截面是宽为b、高为h的矩形。在梁的侧面中性层上贴一个应变片，如果希望在此应变片上测出最大的拉应变，那么应变片应该贴在什么位置上？应该沿什么方位贴？若梁的弹性模量为E，泊松比为ν，能够测出的最大拉应变为多大？如果规定应变片贴在上下沿，则应该贴在什么位置上？应该沿什么方位贴？

12.18 构件在载荷系统（Ⅰ）作用下某点具有纯剪应力状态如题图(a) 所示，在载荷系统（Ⅱ）作用下具有纯剪应力状态如题图(b) 所示，其中$\tau > 0$。材料的弹性模量为E，泊松比为ν，试写出构件在载荷系统（Ⅰ）与（Ⅱ）共同作用下该点（设该点仍处于弹性状态）的主应力、主方向和ε_x、ε_y、γ_{xy}的表达式。

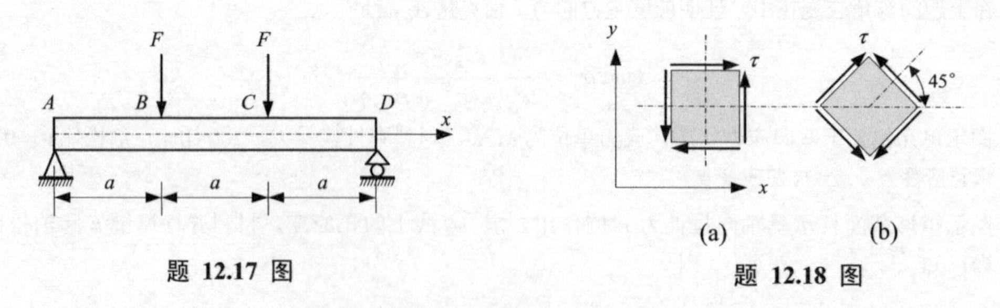

题 12.17 图　　题 12.18 图

12.19 对于如图所示的单向应力状态σ，若已知材料的弹性模量E与剪切弹性模量G，求图示方向上的应变ε_α。

12.20 如图所示，在一个体积较大的钢块上开一个贯穿的槽，其宽度和深度都是10 mm。在槽内紧密无隙地嵌入一个铝质立方块，它的尺寸是10 mm × 10 mm × 10 mm，弹性模量$E = 70$ GPa，$\nu = 0.33$。假设钢块不变形，当铝块受到压力$F = 6$ kN 的作用时，试求铝块的三个主应力及相应的变形。

12.21 在双向应力状态下，设已知应力平面内的最大切应变$\gamma_{\max} = 5\times10^{-4}$，并已知两个相互垂直方向的正应力之和为27.5 MPa。材料的弹性常数是$E = 200$ GPa，$\nu = 0.25$。试计算主应力的大小。

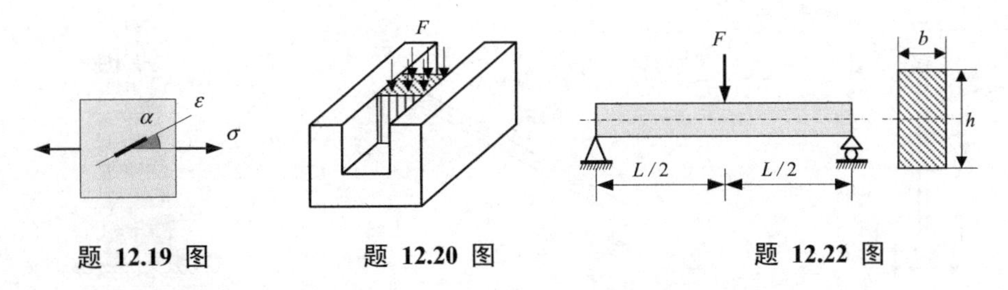

题 12.19 图　　题 12.20 图　　题 12.22 图

12.22　矩形截面简支梁在中点承受集中力 F，尺寸如图。材料的弹性模量为 E，泊松比为 ν。求中性层以上部分的体积改变量。

12.23　图示直角应变花的三个应变片的读数分别为 $\varepsilon_a=500\ \mu\varepsilon$，$\varepsilon_b=-100\ \mu\varepsilon$ 和 $\varepsilon_c=-100\ \mu\varepsilon$，试求

(1) 应变片 ε_d 的理论读数；

(2) 不考虑垂直于测试平面方向上的应变，材料的弹性模量为 $E=200\ \text{GPa}$，泊松比为 $\nu=0.3$，求该处平面内的主应力。

12.24　如图直径 $d=20\ \text{mm}$ 的实心圆柱承受弯曲和扭转的双重作用。在 A 点处，由单纯弯曲作用引起的正应力为 $120\ \text{MPa}$，而 A 点处的最大正应力为 $160\ \text{MPa}$。求扭矩 T 的大小。

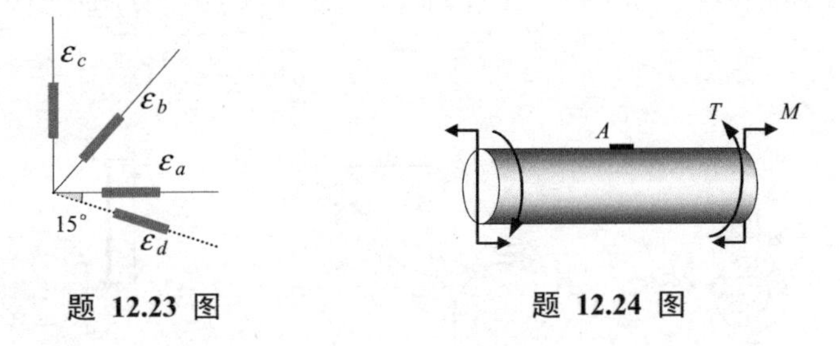

题 12.23 图　　题 12.24 图

12.25　在各向同性线弹性体的双向应力状态中证明，应力的主方向与应变的主方向是重合的。

12.26　如图所示的结构中，$F=2\ \text{kN}$，$[\sigma]=170\ \text{MPa}$，校核Ⅰ—Ⅰ截面处的强度。

12.27　图示偏心拉伸杆件，截面为矩形。$F=3\ \text{kN}$，材料的弹性模量 $E=20\ \text{GPa}$。用电阻应变片测得杆件上表面的轴向正应变。

(1) 若要测得最大拉应变，偏心矩为多少？最大拉应变为多少？

(2) 若应变片读数为零，偏心矩为多少？

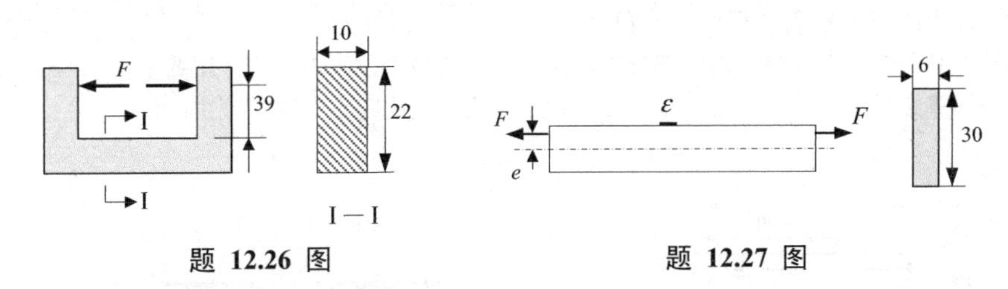

题 12.26 图　　题 12.27 图

12.28　如图所示的灯柱中，左边灯及曲管共重 $F_1=200\ \text{N}$，其重心距灯柱轴线 $a_1=1\ \text{m}$。右边灯及曲管共重 $F_2=450\ \text{N}$，其重心距灯柱轴线 $a_2=2.2\ \text{m}$。灯柱自重 $P=3200\ \text{N}$。其底部Ⅰ—Ⅰ截面为外径 $D=200\ \text{mm}$、内径 $d=180\ \text{mm}$ 的空心圆。求Ⅰ—Ⅰ截面上正应力的极值。

12.29　如图所示倾斜放置的简支梁 AB 的横截面是 $b=30\ \text{mm}$，$h=50\ \text{mm}$ 的矩形。圆轮的重量 $F=4\ \text{kN}$，$L=0.3\ \text{m}$，$a=0.1\ \text{m}$，$\alpha=30^\circ$。求梁中横截面上正应力的极值。

12.30　比萨斜塔未倾斜前的高度 $H=55\ \text{m}$，如果把塔体简化为外径 $D=20\ \text{m}$、内径 $d=14\ \text{m}$ 的均质圆筒，要使塔体横截面上不产生拉应力，塔体容许的最大倾斜角为多少度？目前塔体已倾斜了 5.5°，塔体横截面上是否已产生了拉应力？

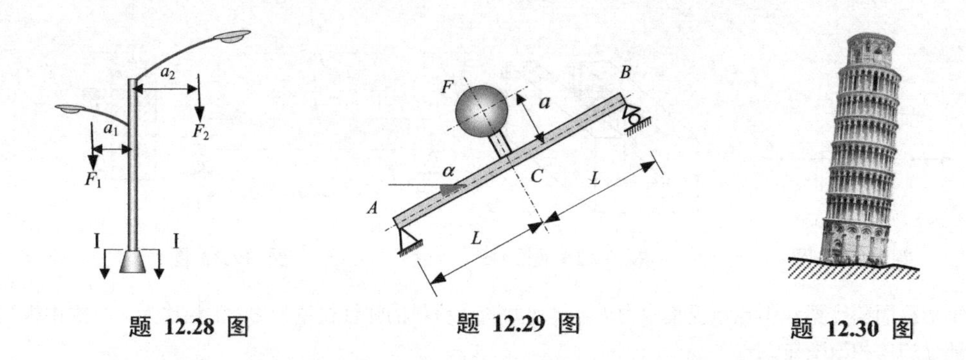

题 12.28 图　　题 12.29 图　　题 12.30 图

12.31　图为人的腿骨在某个状态的受力简图，它所承受的上身的作用力 $F=450\ \text{N}$，其偏离骨轴线 $e=15\ \text{mm}$。若不考虑骨中心海绵状骨质的承载能力，试计算Ⅰ—Ⅰ截面上正应力的极值。

12.32　图为某种自行车坐垫处结构的示意图，其中 AB 段是外径为 25 mm、内径为 22 mm 的空心圆管。若 $F=800\ \text{N}$，求 AB 段横截面上正应力的极值。

12.33　如图结构中，圆柱重 F，半径为 R。直角刚架由横截面是边长为 b 的正方形钢条制成，$a=2R=10b$。左方悬吊的绳索的直径是 d，$b=5d$。求刚架横截面上的最大拉应力与绳索横截面上的拉应力之比。

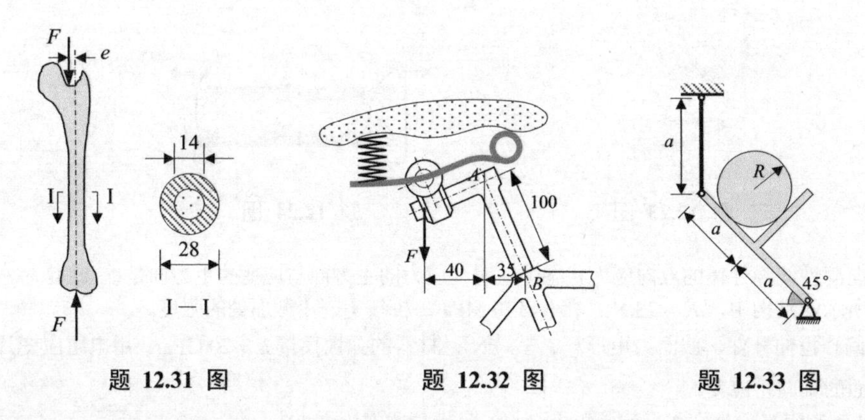

题 12.31 图　　题 12.32 图　　题 12.33 图

12.34　直角曲拐的截面为矩形，其自由端处有集中力 $F=5\ \text{kN}$ 作用，求图示 A 点处的正应力。

12.35　直径为 D 的长圆柱承受轴向拉力 F 的作用。因为结构需要，在其中部去掉了横截面为半圆的部分，如图所示。图中三段的长度都远大于 D。

(1) 求柱中减弱部分中部与未减弱部分中部横截面上的最大拉应力之比（用数字表示）。

(2) 你的计算结果是该圆柱的最大正应力与最小正应力之比吗？试说明理由。

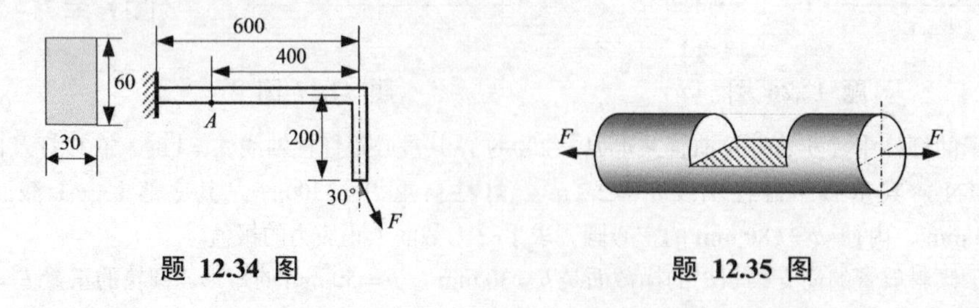

题 12.34 图　　题 12.35 图

12.36　为了将一根长为 L、横截面直径为 d、总重量为 F 的等截面均匀实心圆柱从平放于地面的状态竖立起来，特地搭设了一个高度为 L 的架子，架子顶端安置滑轮。然后将柱的左端顶住，柱的右端用直径为 d_0 的钢绳连接，钢绳绕过滑轮与卷扬机相连，如图所示。卷扬机转动，便慢慢地将圆柱拉起。考虑拉起的整个过程，

(1) 圆柱在什么方位（即图中 α 为多大时），钢绳横截面上的拉应力最大？在什么方位上这个拉应力最小？不计滑轮摩擦，这个最大和最小的拉应力各是多少？

(2) 在什么方位上圆柱各个横截面上的最大压应力为最大？在什么方位上圆柱各个横截面上的最大压应力为最小？这两个压应力值各是多少？

12.37　图示为混凝土重力坝的剖面图。坝高 $H = 30\ \text{m}$，混凝土重度为 $23\ \text{kN/m}^3$，水的重度为 $10\ \text{kN/m}^3$。要使坝底不产生拉应力，坝底宽度 B 至少应多大？

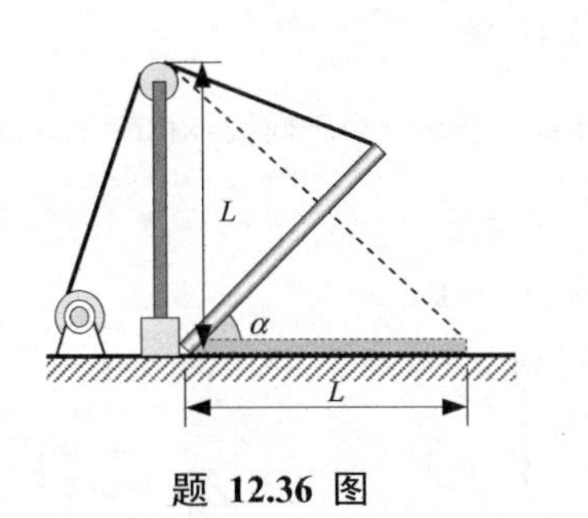

题 12.36 图

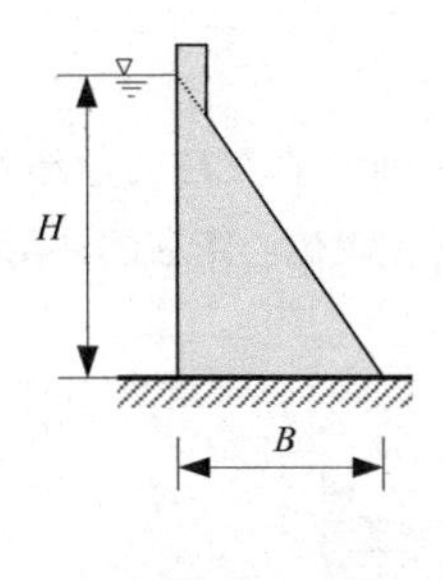

题 12.37 图

12.38　图示矩形截面木榫头承受拉力 $F = 50\ \text{kN}$。木材的应力许用值为：挤压应力 $[\sigma_{bs}] = 10\ \text{MPa}$，切应力 $[\tau] = 1\ \text{MPa}$，拉应力 $[\sigma^t] = 6\ \text{MPa}$，压应力 $[\sigma^c] = 10\ \text{MPa}$，试确定接头尺寸 a，L 与 c。

12.39　承受斜弯曲的矩形截面梁中的一个横截面上，如图所示，A 点正应力为 18 MPa，C 点正应力为零，B 点的正应力为多少？

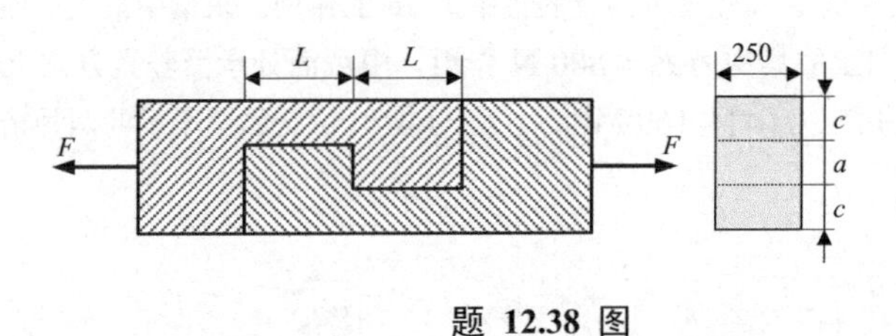

题 12.38 图

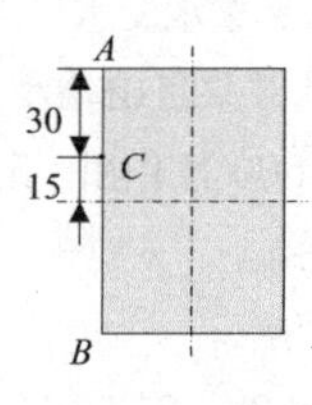

题 12.39 图

12.40　图示简支梁承受偏斜的集中载荷 F 作用，试计算梁的最大弯曲正应力。已知 $F = 10\ \text{kN}$，$L = 1\ \text{m}$，$b = 90\ \text{mm}$，$h = 180\ \text{mm}$。

12.41　图示矩形截面悬臂梁，承受自由端平面内的载荷 F 作用，F 与竖直方向的夹角为 β。材料的弹性模量 $E = 200\ \text{GPa}$。由实验测得梁表面 A 与 B 点处的纵向正应变分别为 $\varepsilon_A = 2539\ \mu\varepsilon$ 与 $\varepsilon_B = 461\ \mu\varepsilon$，试求载荷 F 及其方位角 β 之值。

12.42　矩形截面悬臂梁如图所示。梁的水平对称面内受力 $P_1 = 0.8\ \text{kN}$，竖直对称面内受力 $P_2 = 1.65\ \text{kN}$ 作用。已知横截面宽 $b = 90\ \text{mm}$，高 $h = 180\ \text{mm}$，试求梁横截面上的最大正应力及其作用点的位置。如果截面为圆形，直径 $d = 130\ \text{mm}$，则最大正应力又为多少？

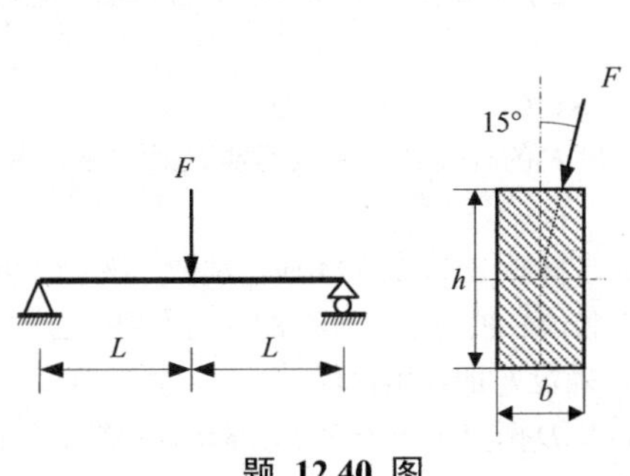

题 12.40 图

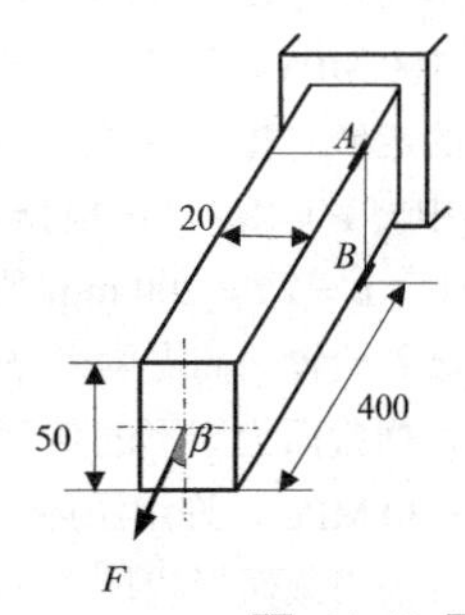

题 12.41 图

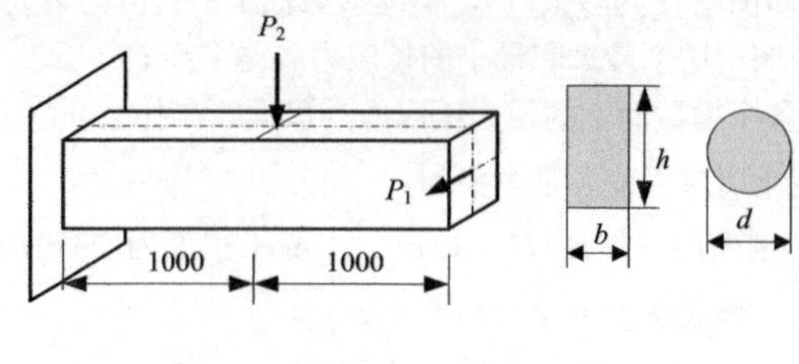

题 12.42 图

12.43　图示为立柱横截面。在立柱的顶部的下翼缘 A 处，作用一个轴向偏心载荷 $F = 200\ \mathrm{kN}$ 。若许用应力 $[\sigma] = 125\ \mathrm{MPa}$，试求偏心距 e 的许用值。

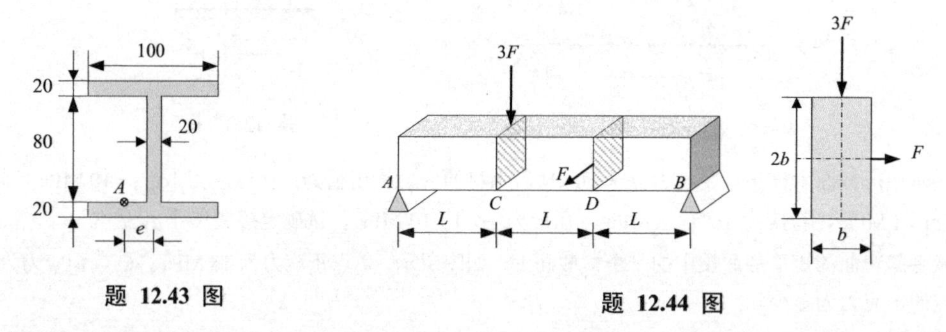

题 12.43 图　　题 12.44 图

12.44　图示简支梁承受水平方向上的集中力 F 和竖直方向上的集中力 $3F$ 的作用。求梁中最大弯曲正应力。

12.45　图示悬臂梁自由端承受水平方向上的集中力 $F_1 = 800\ \mathrm{N}$ 作用，中截面处承受竖直方向上的集中力 $F_2 = 1600\ \mathrm{N}$ 作用。若材料的许用应力 $[\sigma] = 160\ \mathrm{MPa}$ ，$L = 1\ \mathrm{m}$ ，试在如图所示的两种情况下确定截面尺寸。

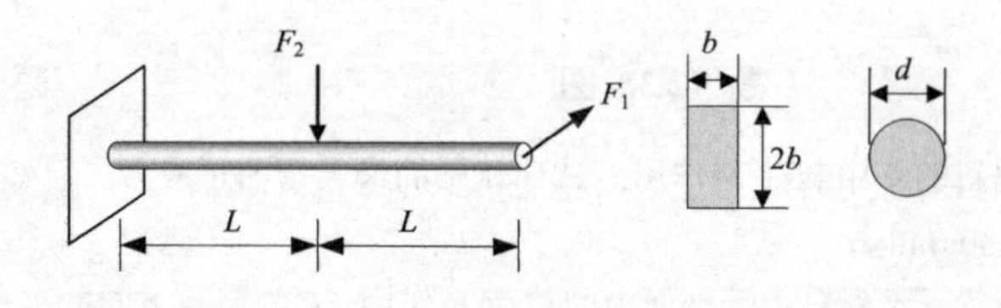

题 12.45 图

12.46　在如图所示的结构中，两伸出臂上承受使伸出臂部分扭转的分布力偶矩 $t = 80\ \mathrm{N \cdot mm/mm}$ ，同时臂端另有集中力 $F = 300\ \mathrm{N}$ 。臂长 $a = 50\ \mathrm{mm}$ ，立柱横截面 $b = 10\ \mathrm{mm}$ ，$h = 20\ \mathrm{mm}$ ，求立柱中部横截面上的最大拉应力和最大压应力。

12.47　在如图所示的悬臂梁中，$q = 8\ \mathrm{kN/m}$ ，集中力 $F = 3\ \mathrm{kN}$ 。臂长 $L = 500\ \mathrm{mm}$ ，横截面为矩形且 $h = 2b$ ，材料 $[\sigma] = 100\ \mathrm{MPa}$ ，试确定横截面尺寸。

12.48　如图所示的矩形立柱下端固定，试求横截面上 A、B、C、D 各点的应力。

12.49　图示结构中， $P = 2F$ ，试根据立柱强度确定 P 和 F 的许用值。有关数据尺寸如下： $b = 20\ \mathrm{mm}$ ，$h = 48\ \mathrm{mm}$ ，$L = 2a = 200\ \mathrm{mm}$ ，$[\sigma] = 160\ \mathrm{MPa}$ 。

12.50　如图所示倾斜放置的简支梁由 № 45a 工字钢制成，材料 $[\sigma] = 160\ \mathrm{MPa}$ 。试校核该梁的强度。

12.51　如图所示，横截面为矩形的悬臂梁承受横向力 F 和偏心轴向压力 $10F$ 的共同作用。若材料的许用拉应力 $[\sigma^{t}] = 30\ \mathrm{MPa}$ ，许用压应力 $[\sigma^{c}] = 90\ \mathrm{MPa}$ ，确定 F 的许用值。

12.52　偏心受压柱的横截面形状尺寸如图所示。若已知 C、D 两点正应力为零，试求柱顶端面上压力 F 的作用位置。

12.53　证明：直径为 d 的圆形截面的截面核心是半径为 $\dfrac{d}{8}$ 的圆。

12.54　已知应力状态如图所示，图中应力单位为 MPa。试写出四个强度理论的相当应力。材料泊松比 $\nu = 0.25$。

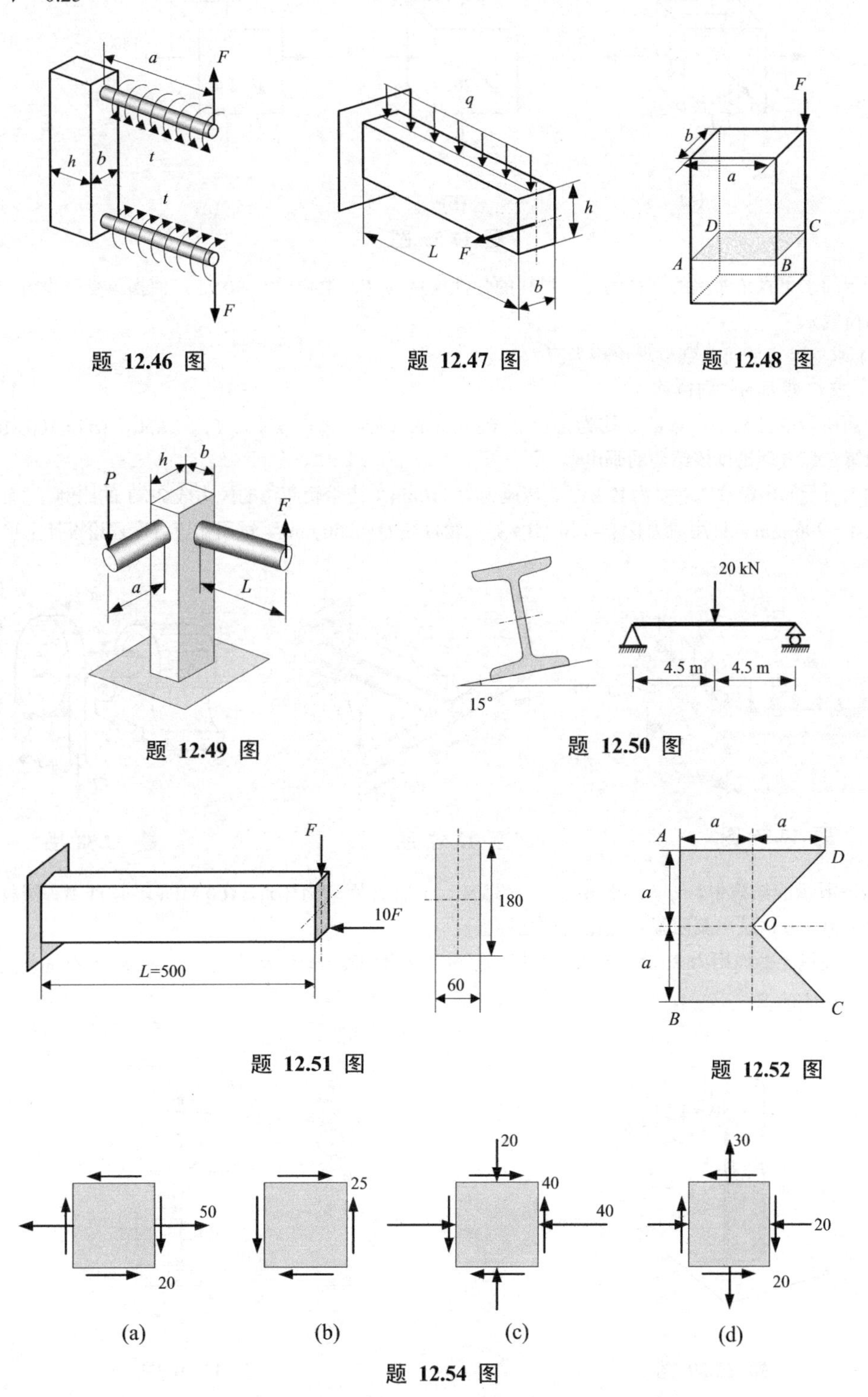

题 12.46 图　题 12.47 图　题 12.48 图

题 12.49 图　题 12.50 图

题 12.51 图　题 12.52 图

题 12.54 图

12.55 已知应力状态如图所示，图中应力单位为 MPa 。试写出第三和第四强度理论的相当应力。

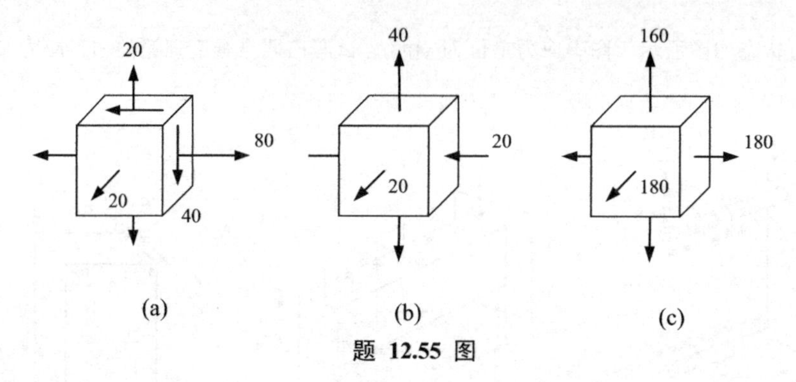

题 12.55 图

12.56 图示的水平直角曲拐的直径为 d，材料的弹性模量为 E，泊松比 $\nu = 0.25$，曲拐承受竖直方向上的均布荷载 q。

(1) 求危险点的第三强度理论相当应力；

(2) 求 C 截面的竖向位移。

12.57 如图所示的结构中，各部分均为直径是 60 mm 的圆杆。$F_1 = 1\,\text{kN}$ ，$F_2 = 2\,\text{kN}$ ，$[\sigma] = 100\,\text{MPa}$ ，试用第三强度理论校核结构的强度。

12.58 如图所示的电机输出功率为 12 kW ，转速为 760 r/min 。皮带轮两边的拉力成 2∶1 的比例。主轴伸出长度 $a = 200$ mm ，许用应力 $[\sigma] = 120$ MPa 。大轮直径 $D = 250$ mm 。试用第三强度理论设计主轴直径 d。

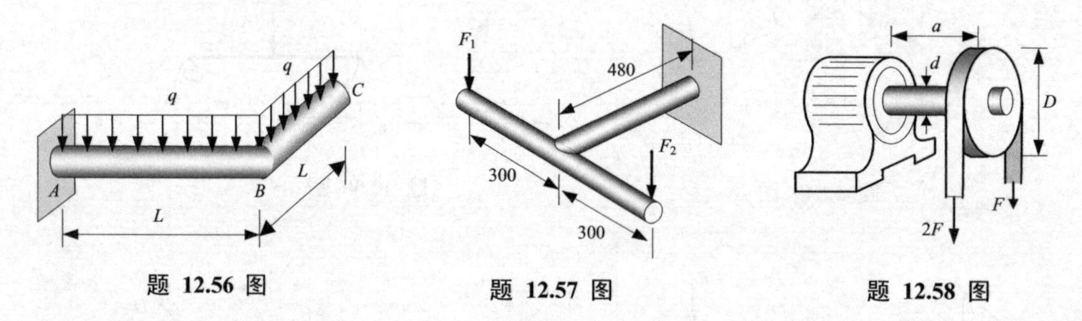

题 12.56 图　　题 12.57 图　　题 12.58 图

12.59 如图所示的结构中，$q = 2\,\text{kN/m}$ ，$F = 3\,\text{kN}$ ，立柱许用应力 $[\sigma] = 160\,\text{MPa}$ 。竖直实心圆柱的直径 $d = 50$ mm ，试用第四强度理论校核立柱强度。

12.60 图中曲柄上的作用力 P 保持 10 kN 不变，但角度 θ 可变。试求 θ 为何值时对 A—A 截面最为不利，并求相应的第三强度相当应力。

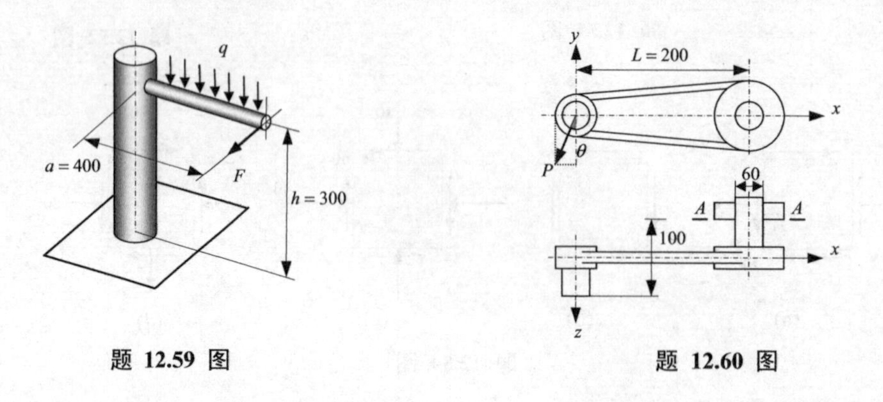

题 12.59 图　　题 12.60 图

12.61　水平直角折杆如图所示，在 C 处有竖直向下的集中力 F，在 B 处有水平向左的集中力 $2F$。d、a 和 F 为已知。试求：

(1) AB 段危险截面上的内力、危险点位置；

(2) 按第三强度理论写出危险点的相当应力表达式。

12.62　如图所示的直角曲拐的 AB 段为直径 $d=50\ \text{mm}$ 的圆轴，其长度 $L=400\ \text{mm}$，BC 段长度 $a=250\ \text{mm}$，BC 段上有向下作用的均布载荷 $q=5\ \text{kN/m}$。

(1) 若材料的许用应力 $[\sigma]=80\ \text{MPa}$，试用第三强度理论校核 AB 区段强度。

(2) 在 A 截面上顶点安置一个直角应变花，其中水平应变片沿轴向，竖直应变片沿周向，另一应变片分别与前两个应变片夹 45° 角。若材料 $E=100\text{GPa}$，泊松比 $\nu=0.3$，那么三个应变片的理论读数应各为多少？

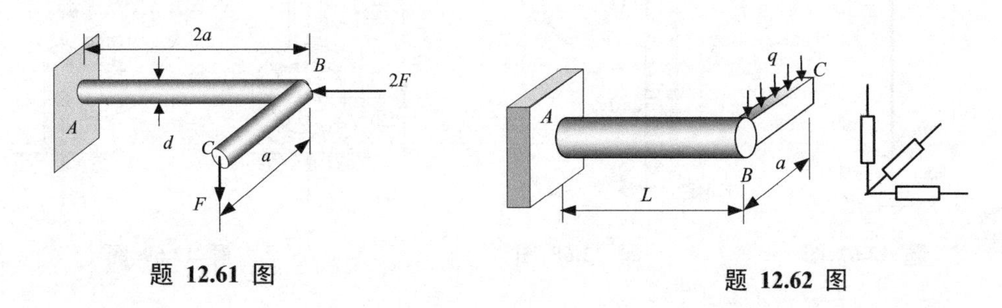

题 12.61 图　　**题 12.62 图**

12.63　图示的曲拐结构由 $d=30\ \text{mm}$ 的圆钢制成。$\angle ABC$ 为水平平面内的直角，$\angle BCD$ 为竖直平面内的直角。$[\sigma]=80\ \text{MPa}$，$AB=BC=CD=a=300\ \text{mm}$，$F=0.5\ \text{kN}$。确定危险截面位置并用第三强度理论校核强度。

12.64　图示结构中，$P=2F$，$H=500\ \text{mm}$，$D=40\ \text{mm}$，$L=2a=200\ \text{mm}$，$F=1.6\ \text{kN}$。计算立柱危险点的第三强度理论相当应力。

12.65　直径为 d 的圆杆制成如图所示水平平面内的刚架，其中 AB 和 CD 分别为长度是 $2a$ 和 a 的直杆，BC 部分是半径 $R=a$ 的半圆曲杆。在 CD 段有竖向均布荷载 q，D 处有水平方向的集中力 $F=qa$。求固定端 A 截面危险点处第三强度理论的相当应力，并指出危险点位置。

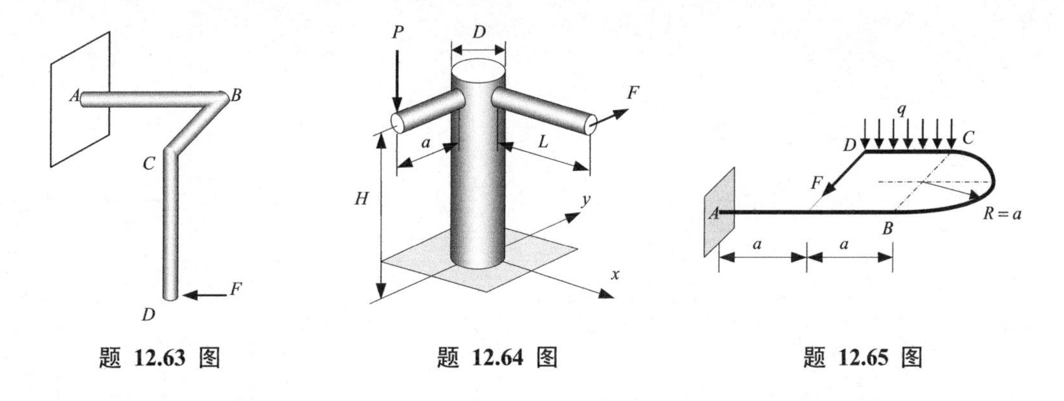

题 12.63 图　　**题 12.64 图**　　**题 12.65 图**

12.66　沿 x 方向延伸的圆截面梁的 AB 区段内有弯矩 $M_y=ax+b$ 和 $M_z=cx+d$，其中 a、b、c、d 均为常数。试证明弯矩 $M=\sqrt{M_y^2+M_z^2}$ 在 AB 区段内的极大值只可能出现在 A 截面或 B 截面，而不会出现在 AB 两截面之间。

12.67　振摆计是由上端固定的金属丝和下端的重物 m 组成，重物在垂直于金属丝的平面内周期性地来回转动，如图所示。其中金属丝长度 $L=1.5\ \text{m}$，直径 $d=3\ \text{mm}$，剪切弹性模量 $G=71.7\ \text{GPa}$，许用应力 $[\sigma]=160\ \text{MPa}$。下端重物的质量 $m=40\ \text{kg}$。若不计金属丝的重量，根据第三强度理论，振摆在一个周期内所允许的最大转动幅角为多少度？

12.68 图示直径 $D=500\ \text{mm}$ 的信号板自重 $F=60\ \text{N}$，承受最大风压 $p=200\ \text{Pa}$，空心竖管直径 $d=30\ \text{mm}$，$\alpha=0.8$，高度 $h=800\ \text{mm}$，竖管的密度为 $7800\ \text{kg/m}^3$。竖管轴线与信号板圆心之间的距离 $b=350\ \text{mm}$，材料许用压应力 $[\sigma^c]=40\ \text{MPa}$。不计横管部分自重，用第三强度理论校核竖管的强度。

12.69 题图为飞机起落架简图。其中曲臂部分为外径 $D=85\ \text{mm}$、内径 $d=75\ \text{mm}$ 的空心圆管，许用应力 $[\sigma]=120\ \text{MPa}$。作用于轮子轴心处的水平荷载 $F_1=1.2\ \text{kN}$，地面的竖向支反力 $F_2=4.5\ \text{kN}$。试用第三强度理论校核曲臂部分的强度。

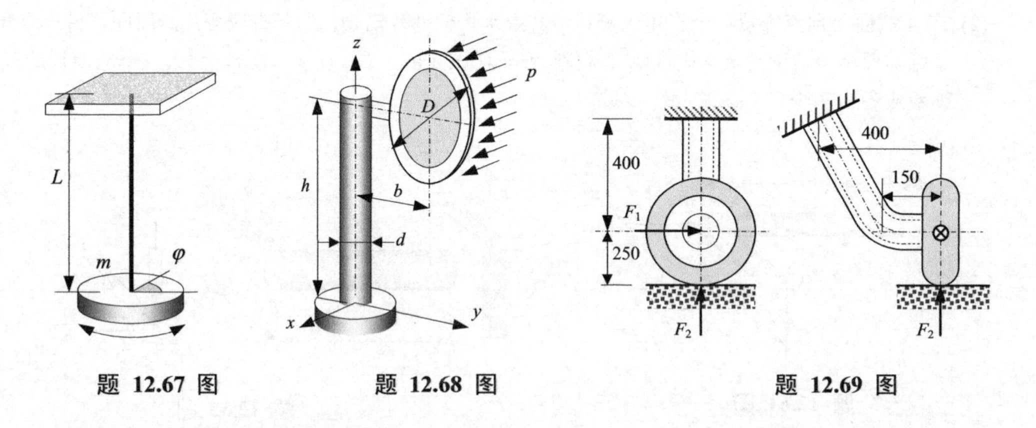

题 12.67 图　　题 12.68 图　　题 12.69 图

第 13 章　弹性压杆稳定

13.1　压杆稳定的一般性概念

构件要能够正常工作，除了必须满足强度和刚度的要求之外，还必须满足稳定性的要求。

13.1.1　失稳与临界荷载

下面以压杆为例说明稳定性的含义。考虑如图 13.1 所示的杆件，它在轴线上承受压力 F，当 F 不是太大时，除了在轴向上产生微小的压缩变形之外，没有其他的变形产生。在这种情况下，如果在横向上作用一个小的干扰力，杆件也会产生横向上的弯曲变形；但是，一旦干扰力消失，这种横向弯曲也就随之自动消失，杆件仍然回复到直线的平衡状态。这种平衡状态称为稳定平衡，如图 13.1(a) 所示。

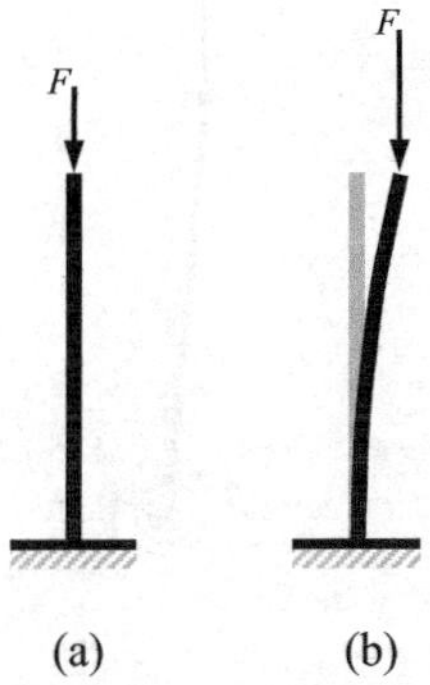

F　　F

(a)　　(b)

图 13.1　压杆的失稳

如果轴向荷载 F 增大到一定程度，直线的稳定平衡状态就维持不下去了。当横向上作用了一个小的干扰力时，杆件将在瞬间发生横向弯曲，并在这种横向弯曲状态达到新的平衡，如图 13.1(b) 所示。干扰力消失后，如果轴向荷载保持不变，这种弯曲的平衡状态将会一直保持下去，而不会自动返回到初始时的直线平衡状态。这种情况称为杆件**失稳**，也称**屈曲**（buckling）。

应当说明的是，虽然许多情况下，外界的干扰是失稳的一个诱因，但决不能认为，失稳取决于外界的干扰。轴向荷载超过一定的限度才是导致失稳的决定性因素。

稳定问题与强度、刚度问题相比，有相当大的区别。第一，并不是所有构件都存在失稳问题，只有某些构件在特定的受力状态下，才有可能失稳。除了压杆之外，常见的失稳问题有：横截面为狭长矩形的梁在弯曲平面外的失稳，如图 13.2(a) 所示；双铰拱在竖向荷载下的

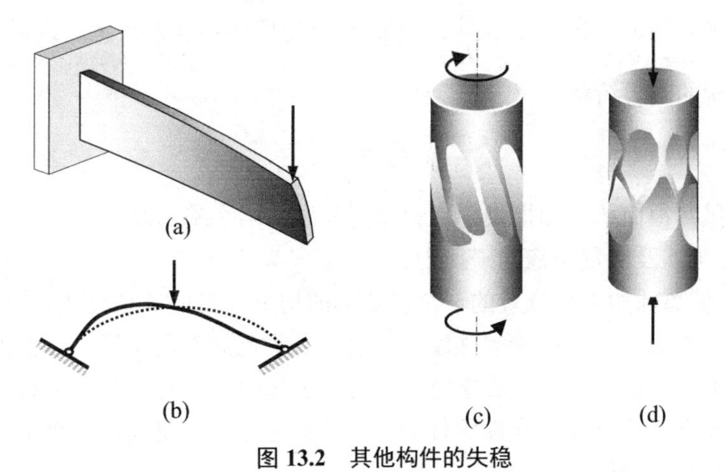

图 13.2　其他构件的失稳

失稳，如图 13.2(b) 所示；薄壁圆筒扭转或者轴向受压所产生的折皱，如图 13.2(c) 和图 13.2 (d) 所示等。第二，在许多情况下，构件失稳时往往还处于弹性阶段。这就是说，失稳状态下构件的应力，在许多情况下还不足以使构件产生材料的破坏。因此，构件的失稳经常发生在材料的强度足够的情况下。第三，失稳破坏常常在瞬间产生。这与构件强度不足而产生的破坏不同。构件强度不足引起的破坏常常有塑性流动或裂纹扩展的过程，而失稳所引起的破坏常常让人猝不及防，因而更具有危险性。所以研究构件失稳问题，对于保证结构的安全是十分重要的。

使受压杆件保持稳定的直线平衡形式的最大轴向力，或者，使杆件屈曲的最小轴向力，称为失稳的**临界荷载**（critical load），用 F_{cr} 来表示。确定结构的临界荷载，是解决失稳问题的核心环节。

13.1.2 刚性杆的稳定

下面通过一个刚性杆的稳定性讨论进一步说明上述稳定与临界荷载的概念。如图 13.3(a) 所示，一个长度为L的刚性杆下端用铰连接，并借助于一个刚度为β的螺圈弹簧（角弹簧）使之保持竖直的平衡状态。杆的上端有一个轴向压力F作用。

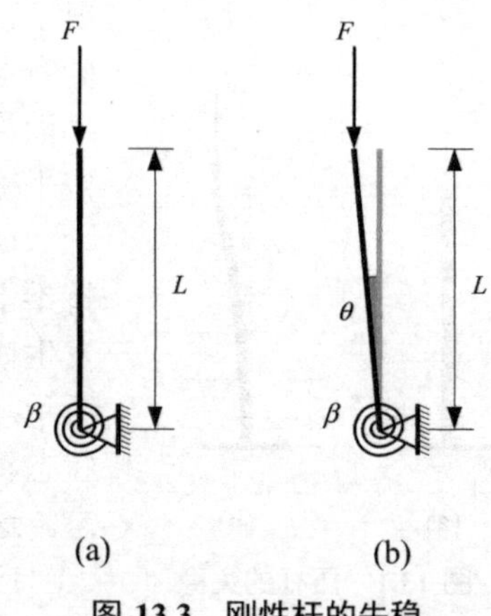

图 13.3 刚性杆的失稳

不考虑刚性杆的重量。如果有一个横向干扰，使杆偏离初始的竖直位置而与竖直线有了一个微小的转角θ，如图 13.3(b) 所示。这种情况下，弹簧将会产生一个阻止杆件偏转的力偶矩$m=\beta\theta$。这样，对杆的下端取矩便可得平衡方程

$$m=FL\tan\theta$$

考虑到转角θ是一个小量，便有

$$\beta\theta=FL\theta，\quad 即 \quad F=\frac{\beta}{L}$$

如果 $F<\dfrac{\beta}{L}$，那么轴向力对下端的矩$FL\theta$将小于角弹簧提供的力偶矩 $m=\beta\theta$，故m将会使杆自动返回竖直平衡状态。如果 $F>\dfrac{\beta}{L}$，则m不能使杆回到竖直状态，这说明杆已经失稳。由此可得到，结构的临界荷载

$$F_{cr}=\frac{\beta}{L}$$

上面的例子虽然很简单，却提供了讨论稳定问题的两个基本要素：

① 讨论中无须涉及引发失稳的干扰力。

② 讨论应在偏离原始平衡位置的一个已变形的构形（指形状和尺寸）中进行。

上述第二点与本书以前所讨论的强度、刚度的各类问题有所不同。以前的讨论总是在未变形的形态（构形）中进行的，不必事先考虑荷载引起的变形对平衡的影响。

在刚性杆以及下面将进行的弹性压杆的稳定性讨论中，总是先取一个失稳状态，然后再在这个状态中进行平衡分析。

13.2　理想压杆

所谓理想压杆是指压杆未屈曲时，其轴线是直线，即没有初始曲率；同时，没有横向荷载；而且轴线方向上的外荷载严格地作用在轴线上。本节将分析理想压杆的临界荷载和临界应力。

13.2.1　理想压杆的临界荷载

下面考虑理想压杆的屈曲曲线是偏离直线不远的微弯曲线的情况，此时变形仍然属于小变形范围，材料仍然处于线弹性阶段。记压杆的抗弯刚度为 EI，则失稳杆件中的弯矩与挠度之间就存在着如下的关系

$$w''=\frac{M}{EI} \tag{①}$$

图 13.4 (a) 是两端铰支的压杆失稳的情况。在图示坐标系中，在失稳的杆件中取出 (0, x) 的区段为自由体，x 处的挠度为 w，如图 13.4(b) 所示，对自由体右截面取矩便可得

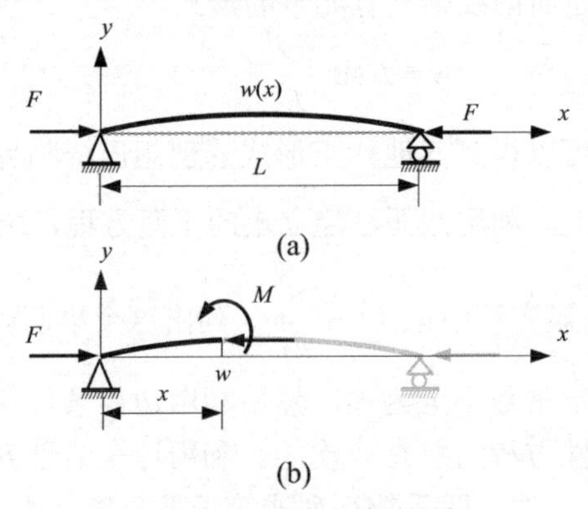

图 13.4　两端为铰的压杆

$$M=-Fw \tag{②}$$

将式②代入式 ① 即可得

$$EIw''+Fw=0$$

记

$$k^2=\frac{F}{EI} \tag{13.1}$$

便有

$$w''+k^2w=0 \tag{13.2}$$

这便是两端铰支情况下弹性失稳的挠度曲线微分方程。这是一个二阶常系数的常微分方程，其通解为

$$w=A\cos kx+B\sin kx \tag{③}$$

式中，A、B 是常数。因为这里讨论的是已经失稳的情况，因此 A、B 不能全部为零。

上述解答应该满足两端的约束条件，亦称边界条件。由于两端铰支，在 $x=0$ 处和 $x=L$ 处有 $w=0$，将这两个条件代入式 ③ 可即可得关于 A、B 的一个线性齐次方程组

$$\begin{bmatrix}1 & 0\\ \cos kL & \sin kL\end{bmatrix}\begin{bmatrix}A\\ B\end{bmatrix}=\begin{bmatrix}0\\ 0\end{bmatrix}$$

由于 A、B 不能全部为零，因此这个方程组应该有非零解。作为线性齐次方程组，存在非零解的条件是其系数行列式等于零，故应有

$$\begin{vmatrix} 1 & 0 \\ \cos kL & \sin kL \end{vmatrix} = 0 ,\quad 即\quad \sin kL = 0 \tag{13.3}$$

上式称为两端铰支压杆的稳定**特征方程**。从这个方程可导出

$$kL = n\pi$$

由式（13.1）即可得

$$k^2 = \frac{F}{EI} = \left(\frac{n\pi}{L}\right)^2 ,\quad 即\quad F = \frac{EI\pi^2 n^2}{L^2}$$

在通常意义下，上几式中的 n 可以取整数。但在所研究的具体情况中，显然 n 不能取零。同时，由于上式事实上表达了可能使压杆失稳的压力值，所以临界值只能取其中最小值，即只能取 $n=1$ 。这样便有

$$F_{cr} = \frac{EI\pi^2}{L^2} \tag{13.4}$$

这便是两端铰支情况下压杆的失稳临界荷载。

与上述方法对应的压杆屈曲曲线则具有如下的形式

$$w = B\sin\frac{\pi x}{L} \tag{13.5}$$

与上面的例子类似地，可以得到其他约束形式的理想压杆临界荷载的一般求解方法：首先，在已经失稳的压杆构形上，利用截面法建立矩的平衡方程，由 $w'' = \frac{M}{EI}$ 便可导出关于挠度 w 的平衡微分方程，并在该方程中记 $k^2 = \frac{F}{EI}$ 。列出这个平衡微分方程的通解，该通解包含有若干待定常数，这些待定常数不全为零。然后利用边界条件建立关于待定常数的线性方程组。在理想压杆中，该线性方程组总是齐次的。利用这个线性齐次方程组存在非零解的条件，即系数行列式等于零，建立关于参量 kL 的特征方程，其中 L 是压杆长度。最后，求解特征方程，便可得到参量 kL ，并可进一步导出临界荷载。

常见的几类约束的压杆的临界荷载可以用一个统一的公式来表达

$$F_{cr} = \frac{EI\pi^2}{(\mu L)^2} \tag{13.6}$$

上式称为**欧拉**（Euler）**公式**。其中 μ 是一个与约束形式相关的常数，对于如图 13.4(a)所示的两端铰支的压杆

$$\mu = 1 \tag{13.7a}$$

对于两端固支的压杆，如图 13.5(a) 所示

$$\mu = 0.5 \tag{13.7b}$$

对于一端固支、一端自由的压杆，如图 13.5(b) 所示

$$\mu = 2 \tag{13.7c}$$

对于一端固支、一端铰支的压杆，如图 13.5(c) 所示

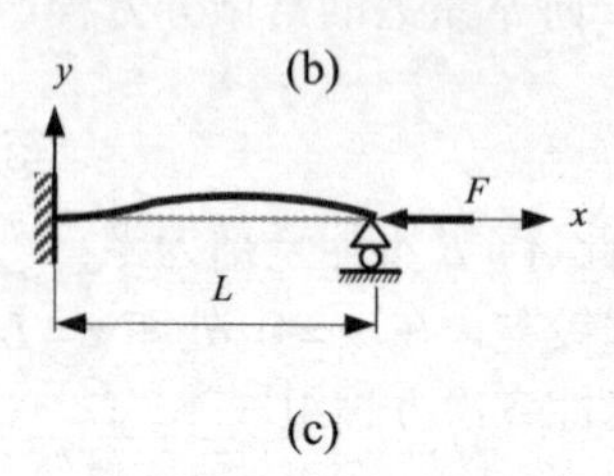

图 13.5 其他形式的压杆

$$\mu \approx 0.7 \tag{13.7d}$$

应该注意，轴向荷载 F 与失稳挠度 w 之间不再呈线性关系，因而不能在它们之间应用叠加原理。这是与许多强度问题和刚度问题很不一样的地方，从而构成了失稳问题的又一个特点。这个特点不是理想压杆的近似处理造成的，即使是精密的分析也指出，轴向荷载 F 与失稳挠度 w 之间呈现出非线性的关系。

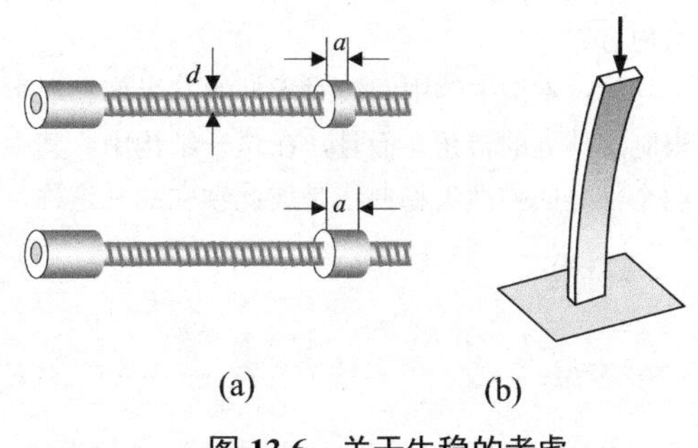

图 13.6　关于失稳的考虑

欧拉公式中，临界荷载与长度的平方成反比，因此，压杆的长度强烈地影响着临界荷载。

欧拉公式中，μ 是一个表达两端约束情况的无量纲常数。它表明，两端的约束越牢固，抗失稳的能力就越强。在上面出现了四种典型情况的 μ 值，但是应注意，在工程实际中，并不是各类结构都必须简化为这四种情况。例如在图 13.6(a) 中，丝杠的左端有足够的长度与固定结构啮合，因此可以简化为固定端。但右端的啮合长度 a 却不够，因而不能简化为固定端。这种情况下，若 a 与丝杠直径 d 之比较小，就可简化为铰，$\mu = 0.7$。若 a 与 d 之比不小，但未达到抑制右端转角的程度，则可以考虑 μ 取 0.5～0.7 之间的某个数。

欧拉公式中的 I 体现了压杆横截面对临界荷载的影响。需注意 I 是横截面的一个主惯性矩。一般地，若杆件轴线方向为 z，横截面的两个主惯性矩 I_x 和 I_y 可能是不相等的。易于看出，如果杆在垂直于 z 向的各个方向上的约束情况相同，例如图 13.6(b) 所示的情况，那么失稳将在图示的惯性主方向上发生，而不会在与其相垂直的另一个惯性主方向上发生。因此，在这种情况下，欧拉公式中的 I 应取 I_x 和 I_y 中较小的一个。

欧拉公式给出了理想压杆的临界荷载。应该注意，临界荷载这一概念表达的是结构抗失稳的能力，它是结构自身的特性，与杆件的材料、长度、横截面几何特性和约束情况有关，而与真正作用在杆上的荷载无关。真实荷载，或工作荷载 F_{w} 与临界荷载的比较则体现了压杆对于这种荷载的稳定性：当 $F_{\mathrm{w}} < F_{\mathrm{cr}}$ 时，压杆的直线平衡形式是稳定的；当 $F_{\mathrm{w}} \geqslant F_{\mathrm{cr}}$ 时，压杆的直线平衡形式是不稳定的，它极易产生失稳。或者说，它极易转入屈曲这一新的稳定平衡形态。

人们经常用安全因数来说明杆件的安全性。实际状态的稳定安全因数 n_{st} 不得小于事先要求的额定安全因数 $[n_{\mathrm{st}}]$，即 $n_{\mathrm{st}} = \dfrac{F_{\mathrm{cr}}}{F_{\mathrm{w}}} \geqslant [n_{\mathrm{st}}]$。

【例 13.1】 在图 13.7 所示的抗弯刚度为 EI 的细长杆件结构中：

(1) 求结构的临界荷载；

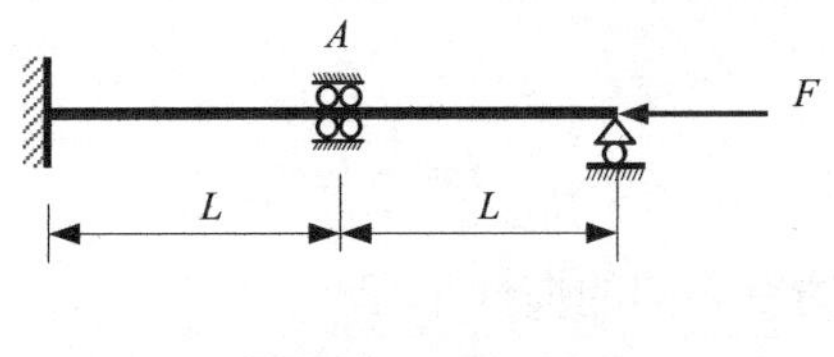

图 13.7　例 13.1 图

(2) 如果中间支座可以在水平方向上移动，要使临界荷载 F 尽可能地大，支座 A 的水平位置该调整到什么地方？

解：本例中的中间铰对于杆的左半部和右半部都相当于一个固定端，即不仅限制了该处杆件的挠度，还限制了该处的转角。而且，在这一结构中，其中一段的失稳变形不会使另一段产生挠度，也就是说，压杆的两个部分的弹性失稳曲线是彼此独立的。这样，便可以单独考虑两部分的临界荷载，则有

右梁：
$$F_{cr}=\frac{EI\pi^2}{(0.7L)^2}$$

左梁：
$$F_{cr}=\frac{EI\pi^2}{(0.5L)^2}$$

但是显然，当杆件最右端作用压力 F 时，两部分的轴力是相同的，故临界荷载只能取上面两个值中较小的一个，故有 $F_{cr}=\dfrac{EI\pi^2}{0.49L^2}$ 。

由于左段临界荷载大于上述值，说明它的抗失稳能力还有储备。为了提高整个结构的临界荷载，左段的长度还可以适当增加，支座 A 应向右移动。当移动到两段的临界荷载相等时，没有哪一部分再有抗失稳能力的储备了，这时临界荷载达到最大。

设中间铰移动到与固定端相距 x 的地方，便有

$$\frac{EI\pi^2}{0.25x^2}=\frac{EI\pi^2}{0.49(2L-x)^2}$$

故有
$$x=\frac{7L}{6}=1.17L$$

这是中间铰的最佳位置。

易于算出，这样移动之后，临界荷载提高了 44 %。

13.2.2 理想压杆的临界应力

用临界压力 F_{cr} 除以压杆横截面面积 A，便可得到与临界压力对应的临界应力

$$\sigma_{cr}=\frac{EI\pi^2}{(\mu L)^2 A}$$

利用惯性半径 $i=\sqrt{\dfrac{I}{A}}$，可将上式表示为

$$\sigma_{cr}=\frac{E\pi^2}{\lambda^2} \tag{13.8}$$

式中
$$\lambda=\frac{\mu L}{i} \tag{13.9}$$

称为**柔度**（slenderness），也称细长比。它是一个无量纲量，综合地表示了杆件的长度、横截面的几何特性以及两端的约束情况对稳定的影响。显然，柔度越大，临界应力就越小，杆件抵抗失稳的能力就越弱。

柔度表达式中的惯性半径体现了截面几何形式和尺寸对稳定性的影响。不难得到，直径为 d 的实心圆的惯性半径

$$i=\frac{1}{4}d$$

外径为 D、内外径之比为 α 的空心圆的惯性半径

$$i=\frac{1}{4}D\sqrt{1+\alpha^2}$$

对于宽为 b、高为 h 的矩形，则需要考察杆件失稳的方向。如图 13.8 所示，如果失稳时截面绕 x 轴旋转，则惯性半径

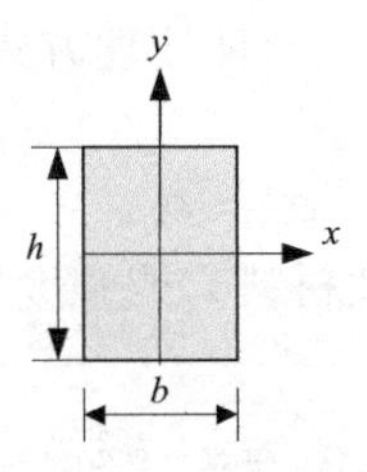

图 13.8　矩形截面

$$i = \frac{h}{2\sqrt{3}}$$

如果失稳时截面绕 y 轴旋转，则惯性半径

$$i = \frac{b}{2\sqrt{3}}$$

由于欧拉公式是在线弹性范围内导出的，因此临界应力应小于材料的比例极限，即有

$$\sigma_{cr} = \frac{E\pi^2}{\lambda^2} \leqslant \sigma_p \tag{13.10}$$

因此应有

$$\lambda \geqslant \pi\sqrt{\frac{E}{\sigma_p}} = \lambda_p \tag{13.11}$$

满足上式的杆称为大柔度杆。式中的 λ_p 是压杆是否属于大柔度杆的判据。当杆件的柔度很小时，例如一根短而粗的压杆，其失效形式就不是失稳，而是材料的破坏了。为了全面地考虑压杆不同的失效形式，人们根据杆件的 λ 值将受压杆件分为大柔度杆、中柔度杆和小柔度杆这三种情况。大柔度杆的失效形式为弹性失稳，其临界应力由式（13.8）所确定。小柔度杆的失效形式为材料的破坏，其临界应力由材料的屈服极限（塑性材料）或强度极限（脆性材料）所确定。在中柔度杆中，失效的原因则较为复杂，可能既有失稳的因素，也有局部屈服的因素；通常称之为非弹性失稳。

人们常根据理论分析和实验结果把受压杆件的失效临界应力和柔度之间的关系画成一条连续的曲线，称为临界应力总图，如图 13.9 所示。在图中，柔度 λ 为横轴，杆件横截面上的应力 σ 为纵轴。在这个 λ-σ 平面中的点表达了杆件的柔度及其工作应力的某个状况。临界

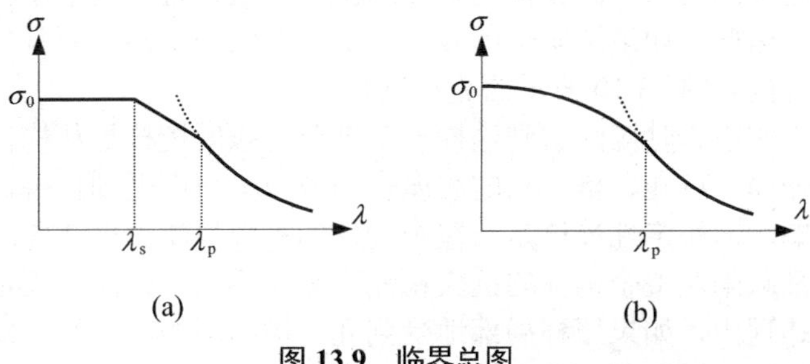

图 13.9　临界总图

应力曲线上方部分所对应的状况被认为是危险的，下方则是安全的。对于大柔度杆区段，临界应力曲线采用式（13.8）所定义的曲线。对于中小柔度杆区段，工程中常根据具体材料的试验数据来确定这段曲线。

通常有两种处理中小柔度杆的方法。一种处理方式是在小柔度区取临界应力为常数，如图 13.9(a) 所示

$$\sigma_{cr}=\sigma_0 \tag{13.12a}$$

式中，σ_0 是材料的屈服极限（塑性材料）或强度极限（脆性材料）。

在中柔度区，则采用直线公式

$$\sigma_{cr}=a-b\lambda \tag{13.12b}$$

式中，a、b 见表 13.1。小柔度与中柔度的界限 λ_s 则可由下式算出

$$\lambda_s=\frac{a-\sigma_0}{b} \tag{13.12c}$$

表 13.1 常用工程材料的压杆稳定常数

材料名称	a/MPa	b/MPa	λ_p	λ_s
Q235 钢	304	1.12	100	61.4
优质碳钢	460	2.57	100	60
硅钢	577	3.74	100	60
铸铁	332	1.45	85	
铬钼钢	980	5.3	55	
硬铝	372	2.14	50	
松木	39	0.2	50	

另一种处理方式是在小柔度和中柔度区用一个抛物线公式作为临界应力的表达式，如图 13.9(b) 所示

$$\sigma_{cr}=\sigma_0-\alpha\lambda^2 \tag{13.13}$$

α 是根据试验得出的经验常数，可参见有关规范。例如，在钢结构设计中，常取

$$\sigma_{cr}=\sigma_s\left[1-0.43\left(\frac{\lambda}{\lambda_c}\right)^2\right] \quad (\lambda\leqslant\lambda_c)$$

式中

$$\lambda_c=\sqrt{\frac{E\pi^2}{0.57\sigma_s}}$$

根据压杆的工作状况，可以计算出其工作应力，再根据临界总图，即可判断出这根压杆是否满足强度或稳定性的要求了。在根据临界总图考察压杆时，由于压杆具有多种失效形式和不同的计算模式，因此，如果用安全因数来评估压杆的安全性，而且只考虑指定平面内的失稳问题的话，则可按照图 13.10 所示的流程进行。

在计算压杆的工作应力时应注意到这样一个细节：强度校核是从构件危险点的应力来考虑的，因此，如果截面上有孔、槽，它的强度会因应力集中而受到损害，强度校核就必须考虑这些孔、槽的影响。而稳定性校核是从整个构件的抗失稳能力来考虑的，杆件上的某个截面上的孔、槽等局部缺陷对整个构件的抗失稳能力影响不大。因此，稳定性校核不必考虑它们的影响。根据上述理由，如果压杆局部地受到孔、槽的削弱，那么，即使是大柔度杆，也应该在受到削弱的部位进行必要的强度校核。

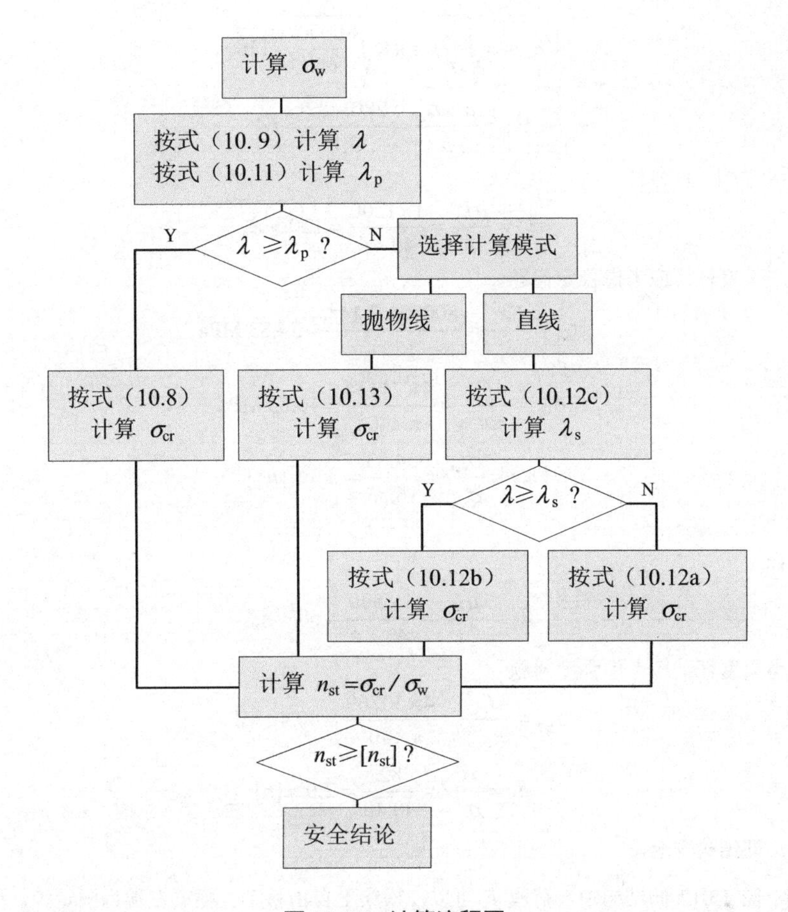

图 13.10　计算流程图

【例 13.2】 如图 13.11 的结构中，AC 和 BC 均为直径 $d = 40$ mm 的圆杆，$\angle ACB$ 为直角。两杆材料相同，其材料常数 $E = 80$ GPa，$\sigma_p = 65$ MPa，$\sigma_s = 82$ MPa，$a = 280$ MPa，$b = 3.1$ MPa，结构的强度安全因数 $[n] = 1.5$，稳定安全因数 $[n_{st}] = 2$，荷载 $F = 55$ kN。校核结构的安全性。

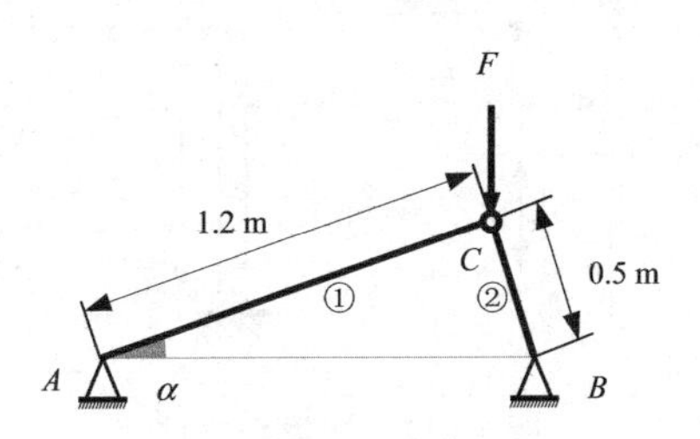

图 13.11　例 13.2 图

解： 轴力计算：

易得 $\sin\alpha = \dfrac{5}{13}$，$\cos\alpha = \dfrac{12}{13}$。由 C 结点的平衡可得

$$F_{N1} = F\sin\alpha = 21154 \text{ N}$$
$$F_{N2} = F\cos\alpha = 50769 \text{ N}$$

材料柔度指标：

$$\lambda_p = \pi\sqrt{\frac{E}{\sigma_p}} = \pi\times\sqrt{\frac{80000}{65}} \approx 110$$

$$\lambda_s = \frac{a-\sigma_s}{b} = \frac{280-82}{3.1} \approx 64$$

杆件安全性分析：对于 ① 号杆

$$\lambda_1 = \frac{\mu L_1}{i} = \frac{1\times1200}{40\div4} = 120 > \lambda_p$$

故 ① 号杆属于大柔度杆，应考虑稳定问题。

$$\sigma_{cr1} = \frac{E\pi^2}{\lambda_1^2} = \frac{80000\times3.14^2}{120^2} = 54.83\ \text{MPa}$$

$$\sigma_{w1} = \frac{4F_{N1}}{\pi d^2} = \frac{4\times21154}{\pi\times40^2} = 16.83\ \text{MPa}$$

$$n_{st1} = \frac{\sigma_{cr1}}{\sigma_{w1}} = \frac{54.83}{16.83} = 3.3 > [n_{st}]$$

故 ① 号杆安全。

对于 ② 号杆

$$\lambda_2 = \frac{\mu L_2}{i} = \frac{1\times500}{40\div4} = 50 < \lambda_s$$

故 ② 号杆属于小柔度杆，应考虑强度问题

$$\sigma_{w2} = \frac{4F_{N2}}{\pi d^2} = \frac{4\times50769}{\pi\times40^2} = 40.40\ \text{MPa}$$

$$n_2 = \frac{\sigma_s}{\sigma_{w2}} = \frac{82}{40.40} = 2.0 > [n]$$

故 ② 号杆安全。即结构安全。

【例 13.3】 图 13.12 的结构中，荷载 F 可以在横梁上自由移动。横梁左端为固定铰，横截面为矩形，$b = 30$ mm，$h = 80$ mm，长度 $L = 600$ mm。立柱上下端均为球铰，高度 $H = 550$ mm，横截面为圆形，$d = 25$ mm。两个构件材料相同。弹性模量 $E = 210$ GPa，屈服极限 $\sigma_s = 345$ MPa，比例极限 $\sigma_p = 240$ MPa，中柔度杆常数 $a = 577$ MPa，$b = 3.74$ MPa。强度安全因数 $n = 1.5$，稳定安全因数 $n_{st} = 2$，求许用荷载。

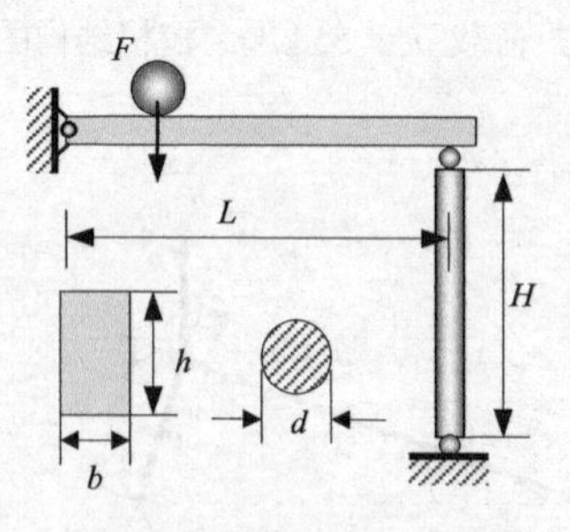

图 13.12 横梁和立柱

解：横梁应满足强度条件。显然荷载移动到横梁中点时对横梁强度最为不利，最大弯矩 $M = \frac{1}{4}FL$，故有

$$\sigma_M = \frac{M}{W} = \frac{3FL}{2bh^2} \leqslant \frac{\sigma_s}{n}$$

即有

$$F \leqslant \frac{2bh^2\sigma_s}{3Ln} = \frac{2\times30\times80^2\times345}{3\times600\times1.5} = 49067\ \text{N} = 49.1\ \text{kN}$$

荷载移动到最右端对立柱最为不利。这种情况下立柱的轴力与 F 相等。

立柱的失效形式取决于柔度，即

$$\lambda = \frac{\mu H}{i} = \frac{4H}{d} = \frac{4\times 550}{25} = 88$$

而大柔度标志

$$\lambda_{\rm p} = \pi\sqrt{\frac{E}{\sigma_{\rm p}}} = \pi\times\sqrt{\frac{210\times 10^3}{240}} = 92.9$$

小柔度标志

$$\lambda_{\rm s} = \frac{a-\sigma_{\rm s}}{b} = \frac{577-345}{3.74} = 62.0$$

由此可知，$\lambda_{\rm s} < \lambda < \lambda_{\rm p}$，临界荷载应采用斜直线公式，即

$$\sigma_{\rm cr} = a - b\lambda = 577 - 3.74\times 88 = 247.88\ \text{MPa}$$

这样，立柱的稳定性要求

$$F \leqslant \frac{A\sigma_{\rm cr}}{n_{\rm st}} = \frac{\pi d^2\sigma_{\rm cr}}{4n_{\rm st}} = \frac{\pi\times 25^2\times 247.88}{4\times 2} = 60839\ \text{N} = 60.8\ \text{kN}$$

因此，许用荷载 $[F] = 49.1\ \text{kN}$。

【例 13.4】 如图 13.13 所示机车连杆，连杆两端贯通的轴可视为刚性的。连杆自身承受的轴向压力 $F = 120\ \text{kN}$，$L = 2\ \text{m}$，$L_1 = 1.8\ \text{m}$，$b = 25\ \text{mm}$，$h = 76\ \text{mm}$。材料为 Q235 钢，其 $E = 200\ \text{GPa}$，$\lambda_{\rm p} = 100$。若取 $[n_{\rm st}] = 2$，试校核该连杆的稳定性。

解：注意到本题中，连杆有可能在图 13.13 中 xz 平面（主视图）内失稳，如图 13.14(a) 所示。由于连杆两端的圆轴均为刚性的，连杆轴线的屈曲曲线与圆轴之间的角度保持为直角，这样，其约束情况可简化为两端固支，如图 13.14(b) 所示。另外一方面，连杆也可能在图 13.13 中 xy 平面（俯视图）内失稳，如图 13.14(c) 所示。在这种情况下，连杆轴线的屈曲曲线将允许在其两端分别绕刚性轴产生微小的转角。据此，其约束情况可以简化为两端铰支，如图 13.14(d) 所示。同时，易于看出，两个平面内失稳的杆件长度与横截面惯性半径均不相同。这样，究竟更容易在哪一个平面内失稳，就应该根据两个方向上的柔度值来进行综合判定。

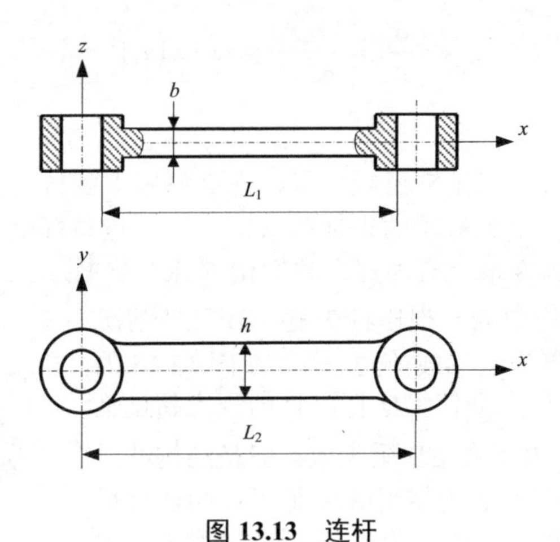

图 13.13 连杆

在 xz 平面中（主视图）

$$\mu_1 = 0.5\text{，}\quad i_1 = \frac{b}{\sqrt{12}}\text{，}\quad L = L_1$$

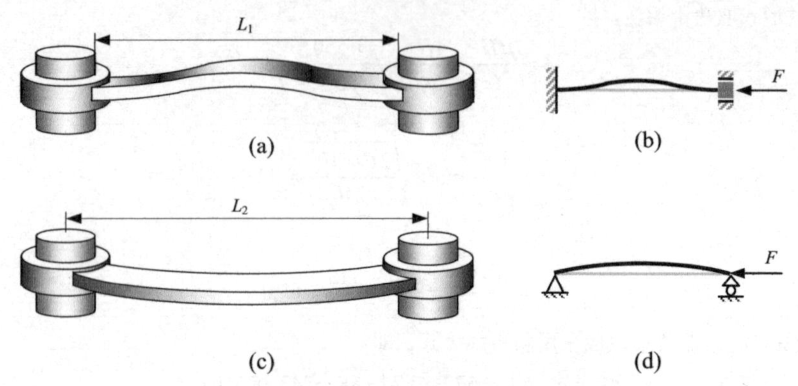

图 13.14 不同方向的简化模型

故有
$$\lambda_1=\frac{\mu_1 L_1}{i_1}=\frac{0.5\times1800\times\sqrt{12}}{25}=124.7$$

在 xy 平面中（俯视图）

$$\mu_2=1,\qquad i_2=\frac{h}{\sqrt{12}},\qquad L=L_2$$

故有
$$\lambda_2=\frac{\mu_2 L_2}{i_2}=\frac{1\times2000\times\sqrt{12}}{76}=91.2$$

因为 $\lambda_1>\lambda_2$，所以连杆容易在 xz 平面内失稳。由于 $\lambda_1>\lambda_p=100$，故连杆属于大柔度杆，需按欧拉公式确定临界应力。

$$\sigma_{cr}=\frac{\pi^2E}{\lambda_1^2}=\frac{\pi^2\times200\times10^3}{124.7^2}=126.94\text{ MPa}$$

而连杆的工作应力为

$$\sigma_w=\frac{F}{A}=\frac{120\times10^3}{25\times76}=63.16\text{ MPa}$$

连杆的工作安全因数

$$n=\frac{\sigma_{cr}}{\sigma_w}=\frac{126.94}{63.16}=2.01>[n_{st}]$$

故连杆具有足够的稳定性。

对于单根的大柔度压杆，如果它已经失稳，那么原则上就认为它失效了。但是，如果轴向荷载被撤走，这根杆会恢复到原始的未加载状态。这一点与杆中应力超过材料的破坏应力的情况不同。材料产生塑性变形之后卸载，将会留下残余变形。

此外，如果超静定结构中的一根压杆失稳，在某些情况下并不会导致整个结构立即失去承载能力。例如在图 13.15 的结构中，当荷载 q 持续增加，会使 CD 杆因轴向压力超过临界荷载而失稳，使其先于 AB 梁和 ED 梁失效。但是结构并没有因此而失去承载能力。在本节所使用的理想压杆的计算模型的前提下，在 CD 杆失稳后，如果荷载 q 还继续增加，那么 CD 杆的轴力将保持临界荷载不变；ED 梁的荷载也就随之不变。这样，整个结构的完全失效将最后取决于 AB 梁的失效。

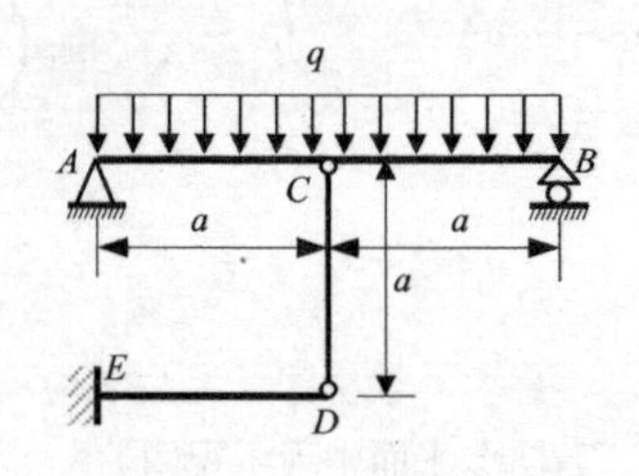

图 13.15 超静定结构

应该指出，这个例子只是说明结构失效的机理，在实际工程中，还是应避免出现承载构件失稳的情况。

13.2.3 压杆的稳定性设计

如果全面地考察一根压杆的安全性，那么首先应考察这根杆件是否存在失稳问题。这就需要计算杆件的柔度，根据柔度的大小和临界总图来判断杆件失效的形式。

如果已经确认，杆件确实存在失稳问题，那么就应考虑杆件往什么方向失稳。此时应先考察杆件两端的约束是否具有方向性。如果约束在杆件截面的两个形心主惯性矩方向上不一样，则应该分别计算这两个方向上的柔度。柔度大的方向就是杆件易于失稳的方向。如果约束在这两个方向上是一样的，则应该考虑两个形心主惯性矩的大小。如果横截面关于某根形心主轴的惯性矩小，那么失稳时，横截面将绕着这根轴转动。

杆件失稳方向明确之后，就应该考察杆件如何失稳。在工程实践中，可能不仅包含了上述几小节中关于理想压杆的这一类失稳的形式，还可能包含了非理想压杆失稳的情况。

失稳问题的探求最终应获得临界荷载、临界应力等信息，这就是要解决杆件在多大的荷载下失稳的问题，并为设计提供可靠的数据。

为了改善构件的稳定性，可从多方面加以考虑。

首先，由欧拉公式可知，可以选择弹性模量更高一些的材料。当然这可能要增加成本，所以需要综合考虑。应该指出，由于优质钢材与普通钢材的弹性模量没有什么差别，因此，仅用优质钢材代替普通钢材，只能改善压杆的强度，不能改善其稳定性。

降低构件的柔度是改善构件稳定性的主要措施。根据柔度公式可以看出，降低柔度包括以下几个方面。

① 选择合理的截面形状。考虑到构件成本，应在不增加截面面积的前提下尽量增大惯性矩。例如面积相等的空心圆截面就比实心圆截面有更大的惯性矩。又如，四根角钢焊接成形的不同组合中，图 13.16(c) 所示截面就比图 13.16(a)、(b) 所示截面抗失稳能力更强。

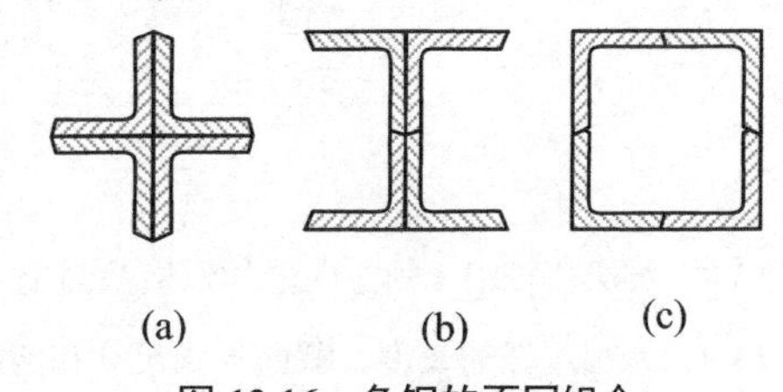

图 13.16 角钢的不同组合

② 减小压杆的长度，可以显著地改善稳定性。条件允许时，可在压杆中部增加横向支承。

③ 使压杆的约束更为刚性。自由端处无约束，自然刚性最差。固定端的刚性是最强的。

要充分重视失稳的空间方向性的问题。记压杆轴线方向为 z 向，x、y 为截面形心惯性主轴方向。如果压杆两端沿垂直于 z 的各个方向上约束情况相同，例如四周固定、球铰等情况，那么宜于采用满足两个形心主惯性矩相等，即 $I_x = I_y$ 的截面。如果 x 和 y 方向上的约束不同，如例 13.4 一类的情况，那么，良好的设计应满足 $\lambda_x = \lambda_y$ 的条件，即

$$\frac{\mu_x L_x}{i_x} = \frac{\mu_y L_y}{i_y}$$

在设计压杆横截面尺寸时，由于尺寸未知，因此无法预先确定柔度，继而无法确定应该采用大柔度公式还是用中小柔度公式。这种情况下不妨先用大柔度公式确定尺寸，然后根据所得结果计算柔度，再校核柔度是否在大柔度范围之内。如果不在此范围内，则应换用中小柔度公式重新确定尺寸。这样，计算可能需要几次迭代过程才能完成。

压杆问题还可用折减系数法处理。对于具体的材料，把许用应力 $[\sigma]$ 与某个折减系数 φ 的乘积 $\varphi[\sigma]$ 作为压杆的应力许可值，这实际上是再次降低许用应力。若柔度非常小，折减系

数取 1，这是φ的最大值；由于失稳比强度问题更危险，所以柔度越大，折减系数越小。由此可形成压杆问题的统一处理方法。详细内容可参见参考文献 [2]、[3]。

思考题 13

13.1 下列情况中，哪些不可能产生失稳现象？

(a) 两端固定中间有一个 Ω 形接头的空心杆件的温度升高了；

(b) 首尾相接的两根铁轨之间未留足间隙；

(c) 起密封作用的垫圈；

(d) 承受均匀外压的薄壁圆筒；

(e) 正方形截面轴的扭转；

(f) 起连接作用的螺栓。

13.2 压杆失稳与强度破坏相比较有什么不同的特点？

13.3 三根压杆的各种条件均相同，横截面面积也相同，但其横截面分别为实心圆、空心圆和薄壁环，试问哪一个截面抗失稳能力更强？为什么？

13.4 受压杆件在中部钻了一个垂直于轴线方向上的孔，这个孔严重地削弱了杆件的强度和稳定性吗？

13.5 受压杆件失效机理的不同取决于什么因素？

13.6 压杆在过轴线的沿两个形心惯性主轴方向的约束性质不同，惯性半径不同，计算长度不同。那么，如何确定失稳的方向？

13.7 如果压杆的下端四周固定，上端自由并承受轴向压力，其几种横截面如题图所示。试判断失稳的方向。

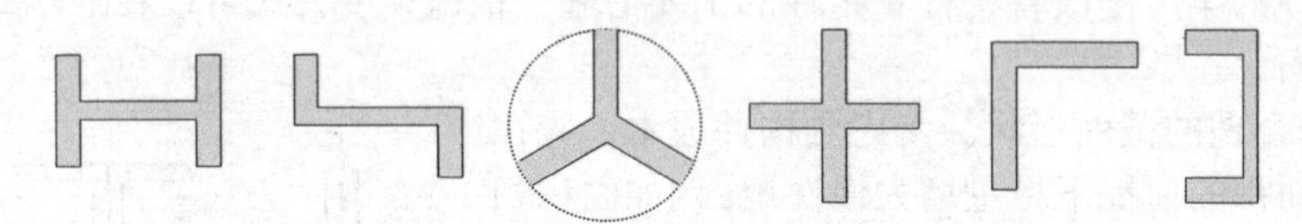

思考题 13.7 图

13.8 如果压杆沿 z 轴方向延伸，横截面上 $I_x > I_y$，那么杆件失稳一定在 zy 平面内发生吗？

13.9 两根压杆的长度、截面形状尺寸和两端的约束情况相同，但材料不同。那么，在下列物理量中，两杆有哪些量是相同的？

(a) μ 值；　(b) 临界荷载；　(c) 惯性半径；

(d) 柔度；　(e) 临界应力；　(f) 大柔度的判据 λ_p。

13.10 采用 Q235 刚制成的三根压杆，分别为大、中、小柔度杆。若材料改用优质碳素钢，是否可以提高各杆的承载能力？为什么？

13.11 可以采取哪些措施来提高压杆的抗失稳能力？

习题 13

13.1 在人体下肢稳定性讨论中，可将骨骼简化为两段刚体，而将肌肉、肌腱的作用简化为两段刚体间的角弹簧，如图所示。若弹簧刚度为β，求系统的临界荷载。

13.2 图示刚性杆各处的角弹簧刚度均为β。求临界荷载。

13.3 图示刚性杆两端分别有刚度为 k_1 和 k_2 的线弹簧。求临界荷载。

13.4 图示刚性杆左边有刚度为β的角弹簧，右边有刚度为k的线弹簧，且有 $k=\dfrac{3\beta}{L^2}$，求临界荷载。

13.5 图示结构中，AB 和 BC 是刚性杆，DB 是抗拉刚度为 EA 的弹性杆。$L = 500\ \text{mm}$，$EA = 6\ \text{kN}$，要使 A、C 端承受 $F = 8\ \text{kN}$ 而不至于失稳，BD 杆的长度 a 的最大允许值为多少？

13.6　图示刚架结构中，AB 段是刚性杆，BC 段是 $E = 70\text{ GPa}$ 的实心圆截面弹性杆，$L = 500\text{ mm}$。要使 A 端承受 $F = 10\text{ kN}$ 而不至于失稳，BC 段的直径 d 至少应取多大？

13.7　推导图示压杆的临界荷载的公式。

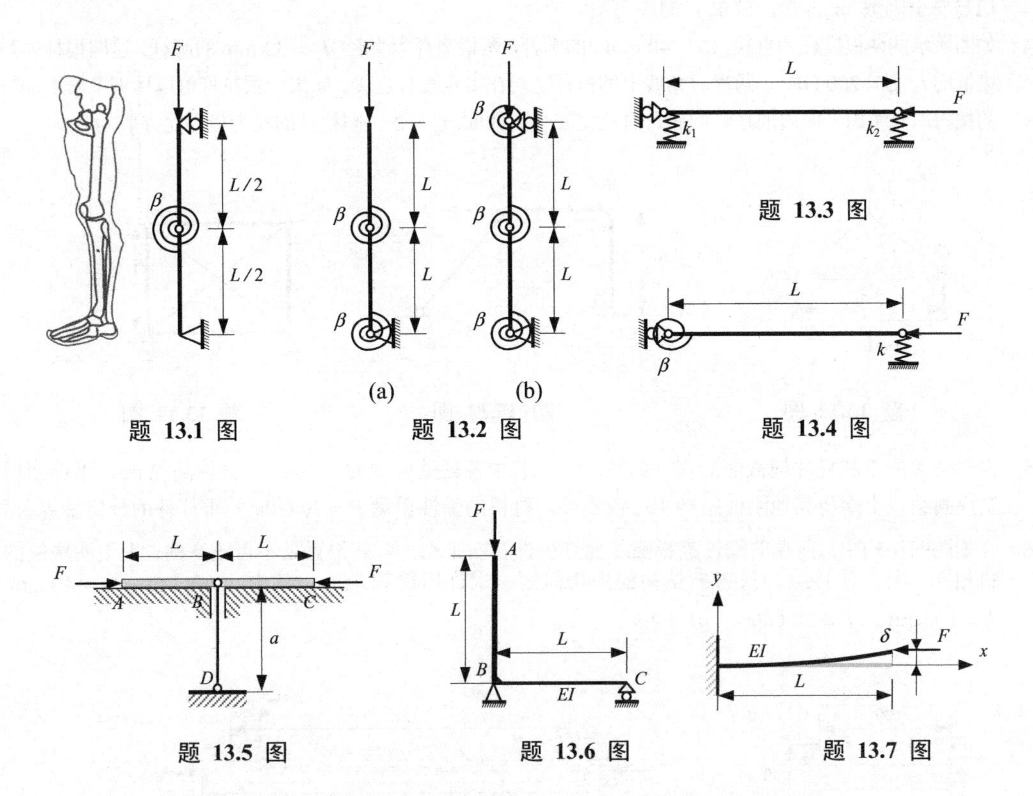

题 13.1 图　题 13.2 图　题 13.3 图　题 13.4 图　题 13.5 图　题 13.6 图　题 13.7 图

13.8　在如图的结构中，$a = 1\text{ m}$，两斜杆的抗弯刚度均为 $EI = 2\text{ kN}\cdot\text{m}^2$，稳定安全因数 $n_{st} = 5$，求许用荷载 $[F]$。

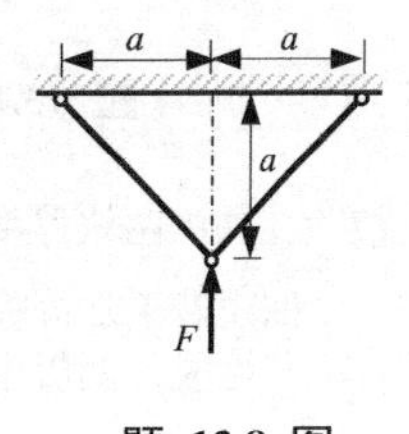

题 13.8 图

13.9　两端铰支的压杆 AB 的稳定临界荷载 $F_{cr} = 50\text{ kN}$，现在其中央 C 处增加一个铰支座。增加支座后失稳临界荷载为多少？

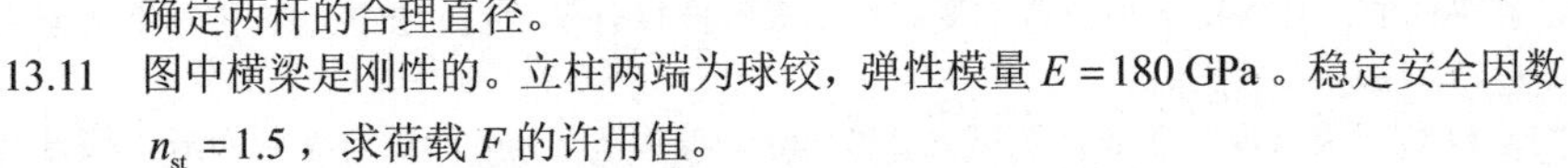

13.10　在如图的结构中，两竖杆均为圆形截面杆。左竖杆由钢制成，$E_{St} = 200\text{ GPa}$，右竖杆由铝制成，$E_{Al} = 70\text{ GPa}$。稳定安全因数 $n_{st} = 2$。试根据稳定性要求确定两杆的合理直径。

13.11　图中横梁是刚性的。立柱两端为球铰，弹性模量 $E = 180\text{ GPa}$。稳定安全因数 $n_{st} = 1.5$，求荷载 F 的许用值。

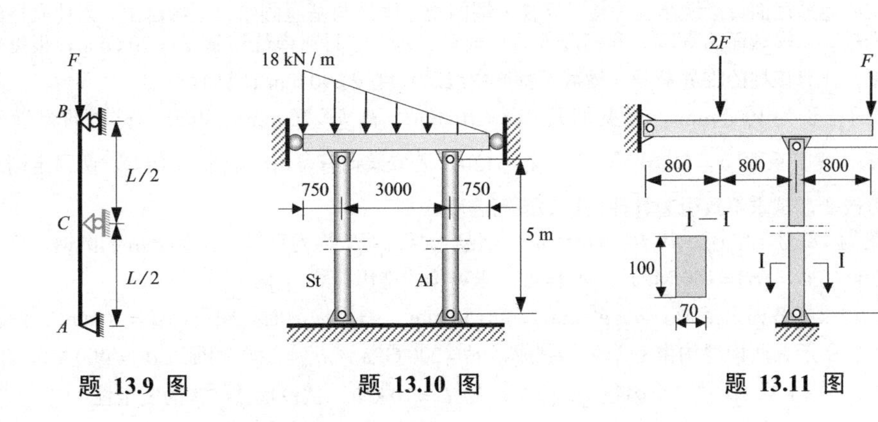

题 13.9 图　题 13.10 图　题 13.11 图

13.12 图示 AB 是一个横截面为圆的吊装辅助构件。钢绳连接部位均为铰。只考虑图示平面内的失稳问题，取稳定安全因数 $n_{st}=2$，$E=200\text{ GPa}$，试确定构件 AB 的直径。

13.13 图示结构中，AB 是横截面为 $60\text{ mm}\times 60\text{ mm}$ 的方木柱，弹性模量 $E=11\text{ GPa}$。ACD 为刚架，若取稳定安全因数 $n_{st}=2$，试求 F 的许可值。

13.14 如图所示的两根横杆为直径 $d_1=40\text{ mm}$ 的圆杆，两根竖杆为直径 $d_2=32\text{ mm}$ 的圆杆。这四根杆的弹性模量均为 $E=200\text{ GPa}$。两根对角线上的拉杆之间在中点没有连接。如果一根拉杆可以用调节器增加杆中的拉力，只考虑平面内的稳定问题，且稳定安全因数取 $n_{st}=2$，则拉杆的拉力最大允许值为多少？

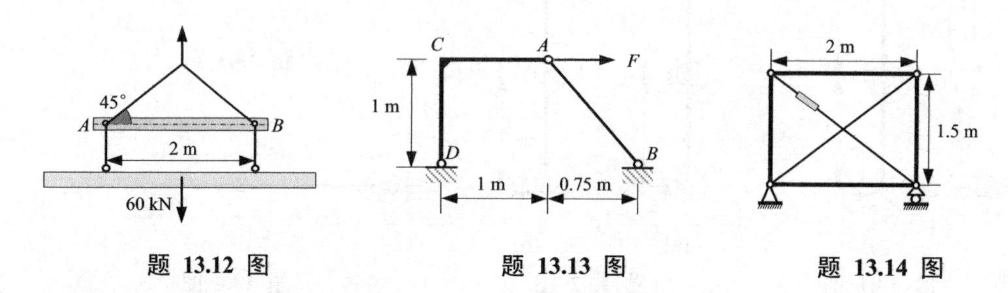

题 13.12 图　　题 13.13 图　　题 13.14 图

13.15 竖直放置的铝制杆件横截面的尺寸如图所示，其中各处壁厚均为 10 mm。杆件高 2 m，下端四周与基座固结，上端与其他刚性结构用球铰连接。材料的弹性模量 $E=70\text{ GPa}$，求杆件的稳定临界荷载。

13.16 在如图的结构中，两端的刚性夹板除了允许少许左右平动外，其位置是不可改变的。上下两块板的材料相同，且光滑接触。只考虑结构的失稳问题，求许用荷载 $[F]$。其中，$L=1\text{ m}$，$a=40\text{ mm}$，$b=10\text{ mm}$，$E=70\text{ GPa}$，$n_{st}=2.5$。

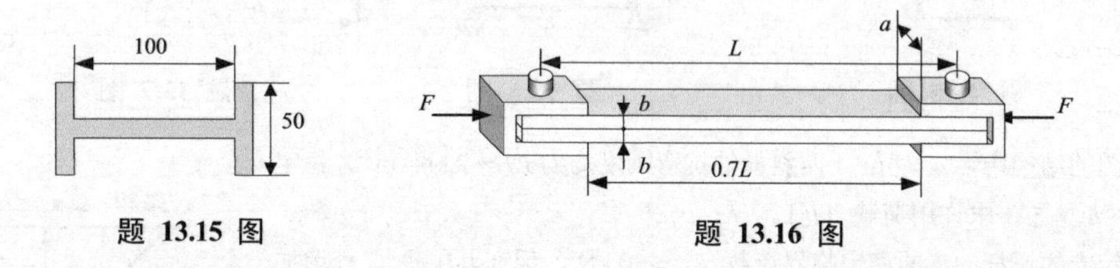

题 13.15 图　　题 13.16 图

13.17 立柱由两块厚度 $\delta=10\text{ mm}$、宽度 $b=100\text{ mm}$ 的钢板制成，$E=200\text{ GPa}$。立柱高度为 3 m。两板之间由若干加固板焊接在一起。立柱下端四周牢固地与基座固结，上端自由。要使立柱具有最好的抗失稳性能，两板中心线之间的距离 a 应取何值最为合理？若取 $n_{st}=2$，结构的许用轴向荷载为多少？

13.18 图中上方结构是足够刚性的，且保持水平位置不变。若要求压杆具有最合理的抗失稳性能，不考虑横轴尺寸，试确定立柱截面 h 和 b 的比值。

13.19 一根高度为 2 m 的立柱由一块长度为 2 m、宽度为 240 mm、厚度为 6 mm 的板材卷制而成，横截面为如图的空心矩形截面，接缝牢固焊接。立柱下端四周牢固地与基座固结，上端自由。为使立柱的抗失稳能力为最高，横截面的宽度 b 和高度 h 应取何种比例？若材料弹性模量 $E=70\text{ GPa}$，根据你所选择的比例，计算该柱的临界荷载（横截面壁厚中线总长度按 240 mm 计算）。

13.20 两端固定的杆长为 1000 mm，横截面是宽 $b=10\text{ mm}$、高 $h=20\text{ mm}$ 的矩形。材料的弹性模量 $E=70\text{ GPa}$，线胀系数 $\alpha=5\times10^{-6}\ ℃^{-1}$，$\lambda_p=120$。若安装此杆件时的温度为 10℃，两固定端之间的距离不可改变，试求不致引起杆件失稳的最高温度。

13.21 图示 AB 梁为 18 号工字钢，其 $W_z=185\text{ cm}^3$，AD、AE、CE 均为直径 $d=30\text{ mm}$ 的圆钢，所有构件的 $E=200\text{ GPa}$，$[\sigma]=160\text{ MPa}$，$[n_{st}]=2$，求结构的许用荷载 $[q]$。

13.22 如图所示，横梁横截面为矩形，$b=40\text{ mm}$，$h=50\text{ mm}$。斜撑横截面为圆形，$d=30\text{ mm}$。两构件其余尺寸如图所示。两构件均由 Q235 钢制成，$E=200\text{ GPa}$，$\sigma_p=200\text{ MPa}$，$\sigma_s=400\text{ MPa}$，强度安全因数 $[n_s]=1.5$，稳定安全因数 $[n_{st}]=2$，若 $F=10\text{ kN}$，试校核该结构的安全性。

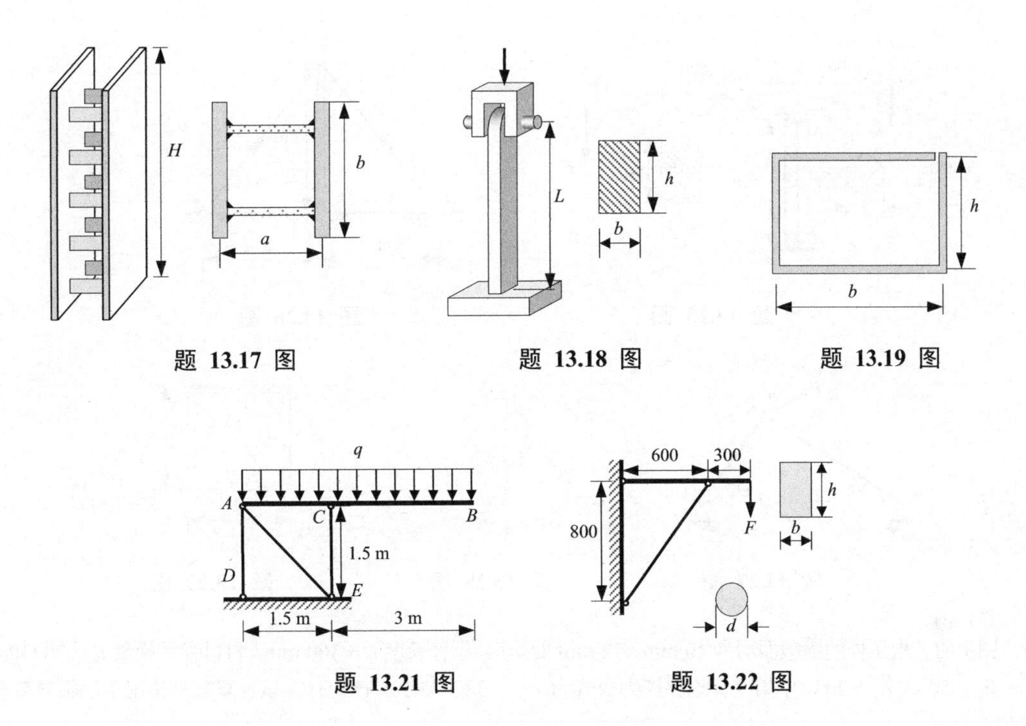

题 13.17 图　　题 13.18 图　　题 13.19 图

题 13.21 图　　题 13.22 图

13.23 图示结构中，AB 杆是边长为 a 的正方形截面杆，BC 是直径为 d 的圆杆，两杆材料相同，且皆为细长杆。已知 A 端固定，B、C 为球铰。为使两杆在加载的过程中同时达到稳定临界荷载，试求直径 d 与边长 a 之比。

13.24 由五根抗弯刚度为 EI 的细长杆组成的边长为 a 的正方形桁架，承受拉伸与压缩荷载 F 分别如图(a)、(b) 所示。若考虑压杆稳定的问题，试求两种工况临界载荷之比。

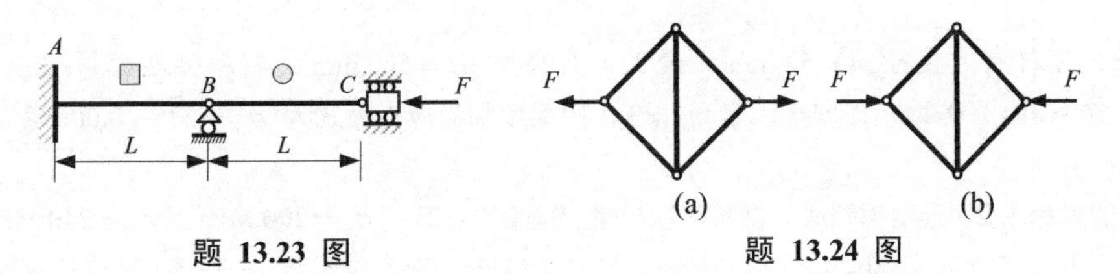

题 13.23 图　　题 13.24 图

13.25 图示结构中，横梁 AB 截面为矩形，$b = 40\ \text{mm}$，$h = 60\ \text{mm}$，材料屈服极限 $\sigma_s = 400\ \text{MPa}$。横梁左端为固定铰。立柱 CD 截面为圆形，$d = 15\ \text{mm}$，材料常数 $E = 200\ \text{GPa}$，$\sigma_p = 300\ \text{MPa}$。立柱上端为球铰，下端固定。外力 $F = 5\ \text{kN}$，确定结构的安全因数。

13.26 图示结构中，立柱 AK 是外径 $D = 50\ \text{mm}$、内径 $d = 40\ \text{mm}$ 的钢柱，$n_{st} = 3$，$E = 200\ \text{GPa}$，它的下端固定，上端用两根钢绳斜拉固定。钢绳有效直径 $d_0 = 12\ \text{mm}$，许用应力 $[\sigma] = 180\ \text{MPa}$。若钢绳的拉力可以相同地调节，且只考虑图示平面的稳定问题，试求钢绳中允许的最大拉力。

13.27 图中结构中，θ 可在 $0°$ 到 $90°$ 之间变化，试求荷载的许用值。两杆均为圆杆，其中 $d_1 = 20\ \text{mm}$，$d_2 = 30\ \text{mm}$，$\sigma_p = 196\ \text{MPa}$，$\sigma_s = 240\ \text{MPa}$，$n_s = 2$，$n_{st} = 2.5$，$E = 200\ \text{GPa}$，$L = 2\ \text{m}$。

13.28 立柱由三根外径 $D = 50\ \text{mm}$、内径 $d = 40\ \text{mm}$ 的圆管焊接组成，横截面如图所示。立柱下端四周牢固地与基座固结，上端自由。若要使立柱在轴向压力 $F = 100\ \text{kN}$ 作用下仍然安全，取材料 $E = 70\ \text{GPa}$，稳定安全因数 $n_{st} = 2$，$\lambda_p = 50$，求构件的允许高度。

13.29 立柱由四根 $80\ \text{mm} \times 80\ \text{mm} \times 6\ \text{mm}$ 的角形钢组合而成，其横截面如图所示。立柱长 $8\ \text{m}$，两端铰支。材料 $E = 210\ \text{GPa}$，$\lambda_p = 100$。轴向压力 $F = 300\ \text{kN}$。许用压应力 $[\sigma] = 160\ \text{MPa}$。若取 $n_{st} = 2.5$，试确定横截面的边宽 a。

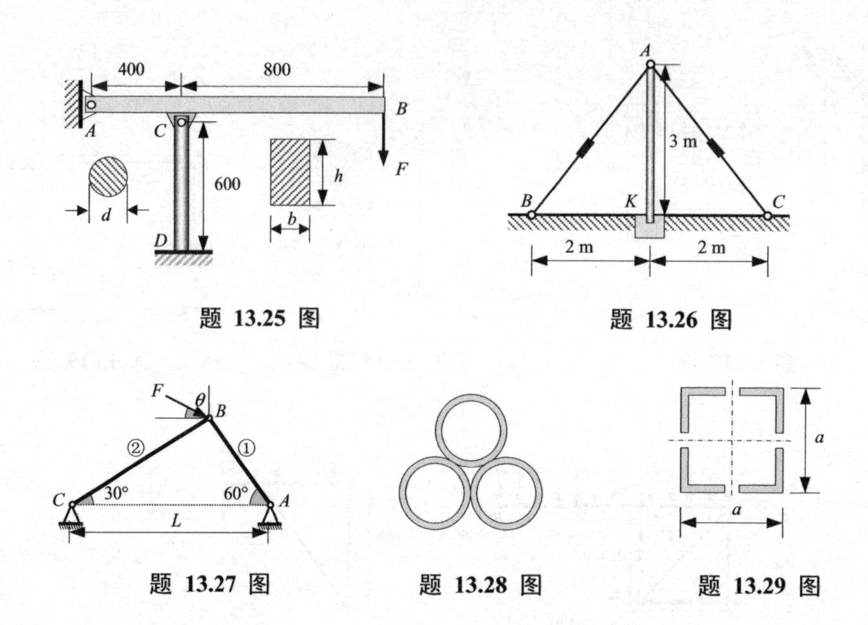

题 13.25 图　　题 13.26 图

题 13.27 图　　题 13.28 图　　题 13.29 图

13.30　图示的三根压杆的横截面均为20 mm×12 mm的矩形，压杆长度$L = 300$ mm。材料弹性模量$E = 70$ GPa，$\lambda_p = 50$，$\lambda_s = 20$，中柔度杆临界应力公式为$\sigma_{cr} = 382 - 2.18\lambda$ (MPa)，试计算三种情况下的临界荷载。

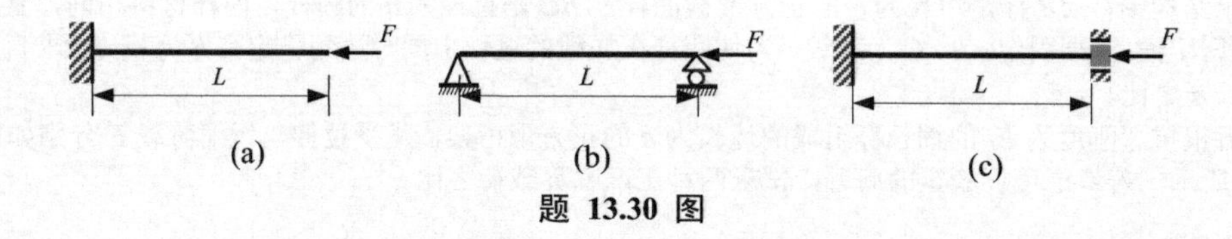

题 13.30 图

13.31　千斤顶丝杠有效直径 $d = 52$ mm，最大上升高度 $H = 500$ mm，材料弹性模量 $E = 206$ GPa，$\sigma_p = 200$ MPa。若取工作安全因素 $n_{st} = 3$，中柔度临界应力公式为 $\sigma_{cr} = 235 - 0.0068\lambda^2$ (MPa)，求许用压力。

13.32　图示的斜撑由20号槽钢制成。材料弹性模量 $E = 200$ GPa，$\sigma_p = 200$ MPa，$\sigma_s = 240$ MPa。中柔度临界应力公式为 $\sigma_{cr} = 304 - 1.12\lambda$ (MPa)，若 $F = 40$ kN，取安全因数 $[n_{st}] = 5$，试校核斜撑的稳定性。

13.33　立柱下端四周牢固地与基座固结，上端自由，横截面尺寸如图所示。若允许在顶端增加一根水平平面内可拉压的弹簧以增加抗失稳能力，那么弹簧应沿什么方位安置才合理？

13.34　在如图所示的简易起重机构中，AB 和 CB 的材料均为 Q235，$E = 200$ GPa，$[\sigma] = 160$ MPa。若两杆横截面均为圆形，重物 $F = 300$ kN，稳定安全因数 $n_{st} = 3$，试确定两杆各自的的直径。

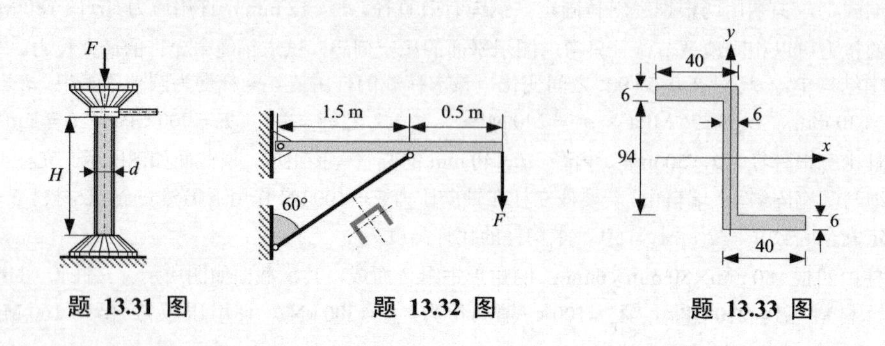

题 13.31 图　　题 13.32 图　　题 13.33 图

13.35　在如图所示的结构中，$q = 50\ \text{kN/m}$，BD、CD、ED 三根杆的材料均为 Q235 钢，$E = 200\ \text{GPa}$，$[\sigma] = 160\ \text{MPa}$。它们的横截面均为圆形。稳定安全因数 $n_{st} = 3$，试确定这三根杆各自的直径。

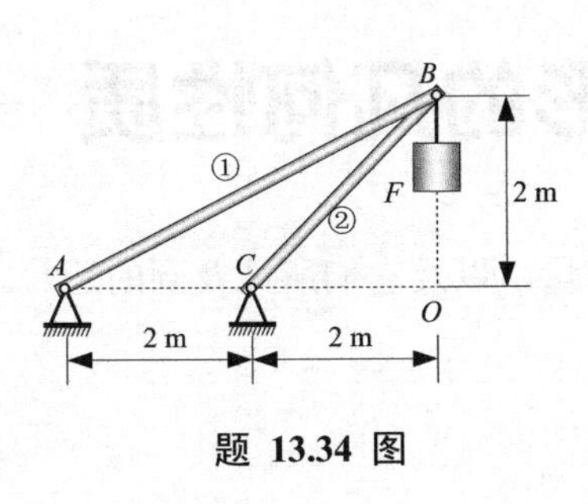

题 13.34 图

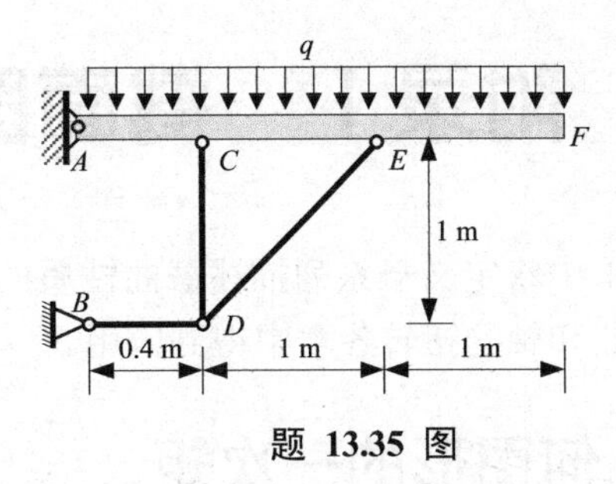

题 13.35 图

附录Ⅰ　截面图形的几何性质

在附录Ⅰ中将定义一系列描述截面性质的几何量，以及它们所涉及到的运算。这些知识将在梁的弯曲和轴的扭转各章中得到应用。

Ⅰ.1　几何图形的一次矩

杆件的截面是一个封闭的几何图形。在 x-y 平面内一般地考察任意的一个图形，如图Ⅰ.1。在图形内坐标为 (x, y) 的任意点处取一个微元面积 $\mathrm{d}A$，定义

$$S_y = \int_A x\,\mathrm{d}A, \quad S_x = \int_A y\,\mathrm{d}A \tag{Ⅰ.1}$$

分别为图形关于 y 轴和 x 轴的静矩（static moment），也称面积矩（moment of areas）。

根据定义可看出，静矩的量纲是长度的三次方，其数值是可正可负的，它不仅与图形的大小和形状有关，还跟图形与坐标系的相对位置有关。

图Ⅰ.1　平面图形

形心 C 是图形几何形状的中心。如果把截面看作是一个极薄的均质平板，那么截面的形心位置与重心位置重合。据此，根据理论力学的知识，截面形心的坐标 (x_C, y_C) 就可以表示为

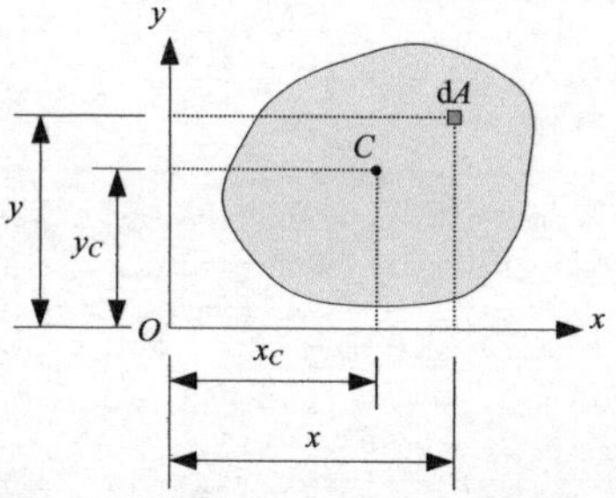

$$x_C = \frac{S_y}{A}, \quad y_C = \frac{S_x}{A} \tag{Ⅰ.2}$$

利用上式可得

$$S_y = Ax_C, \qquad S_x = Ay_C \tag{Ⅰ.3}$$

某些图形的形心位置是很容易确定的，计算这些图形的静矩时，利用上式就很方便，可以避免根据定义进行积分运算。

从式（Ⅰ.3）可看出，如果坐标轴中的某一根轴通过形心，则图形关于该轴的静矩为零。反之，若图形关于某轴的静矩为零，则该轴一定通过形心。

上面结论的必然推论是：图形关于它的对称轴的静矩为零。

如果图形 A 可以划分为两个图形 A_1 和 A_2，根据定积分的性质，可以得到

$$A = A_1 + A_2, \qquad S_{Ay} = S_{A_1y} + S_{A_2y}$$

上式还可以推广到多个图形的组合。这样，便可以导出组合图形的形心公式

$$x_C = \frac{\sum_i S_{yi}}{\sum_i A_i}, \qquad y_C = \frac{\sum_i S_{xi}}{\sum_i A_i} \tag{Ⅰ.4}$$

上式还可以推广到图形 A 是图形 A_1 扣除图形 A_2 的情况，即

$$x_C=\frac{S_{y1}-S_{y2}}{A_1-A_2}, \qquad y_C=\frac{S_{x1}-S_{x2}}{A_1-A_2} \tag{I.5}$$

通常把上述的方法称为负面积法。

【例 I.1】 图 I.2 中的曲线为 n 次抛物线，即 $y=x^n$。已知图线顶点 A 的坐标为 (b, h)，求图 I.2(a)、(b) 的两种情况下灰色区域的面积，以及形心 C 的 x 坐标 b_1，以及 b_2。

解：①对于图 I.2(a) 中的灰色区域，可取微元面积为如图 I.3 所示的微元竖条，从而将二重积分化为单重积分

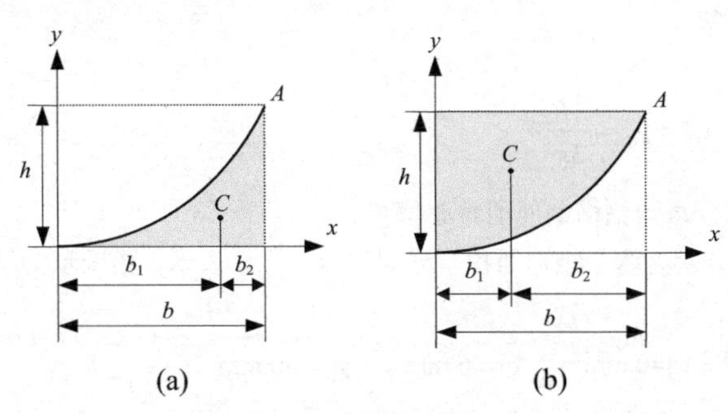

图 I.2　形心位置

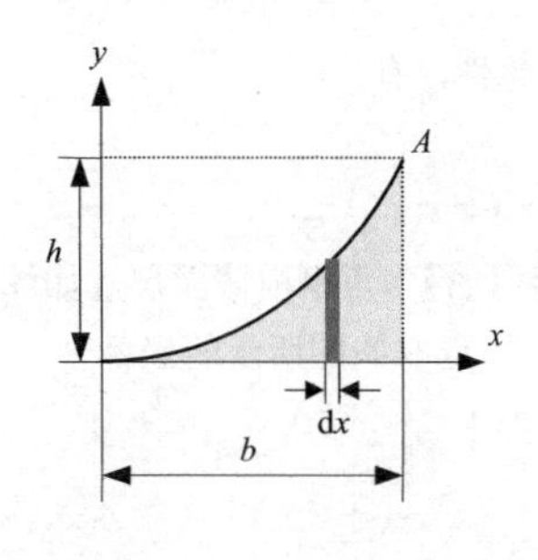

图 I.3　微元条面积

$$\mathrm{d}A=y\,\mathrm{d}x=x^n\,\mathrm{d}x$$

故有

$$A=\int_A \mathrm{d}A=\int_0^b x^n\,\mathrm{d}x=\frac{1}{n+1}b^{n+1}$$

注意到 $h=b^n$，故有

$$A=\frac{1}{n+1}bh$$

在计算静矩 S_y 时，注意到被积函数与 y 无关，因此也可以采用图 I.3 那样的微元竖条，并有

$$S_y=\int_A x\,\mathrm{d}A=\int_0^b x^{n+1}\,\mathrm{d}x=\frac{1}{n+2}b^{n+2}=\frac{1}{n+2}b^2h$$

故有形心坐标

$$b_1=\frac{S_y}{A}=\frac{n+1}{n+2}b, \qquad b_2=b-b_1=\frac{b}{n+2}$$

② 对于图 I.2(b) 中的灰色区域，可视其为一个 $b\times h$ 的矩形扣除上一小题中的阴影区域所得。故其面积

$$A=bh-\frac{bh}{n+1}=\frac{n}{n+1}bh$$

由于矩形关于 y 轴的静矩

$$S_{0y}=\frac{1}{2}b^2h$$

故灰色区域关于 y 轴的静矩

$$S_y=\frac{1}{2}b^2h-\frac{1}{n+2}b^2h=\frac{n}{2(n+2)}b^2h$$

并可得形心坐标

$$b_1=\frac{S_y}{A}=\frac{n+1}{2(n+2)}b, \qquad b_2=b-b_1=\frac{n+3}{2(n+2)}b$$

【例Ⅰ.2】 求图Ⅰ.4中半径为R四分之一圆的形心坐标。

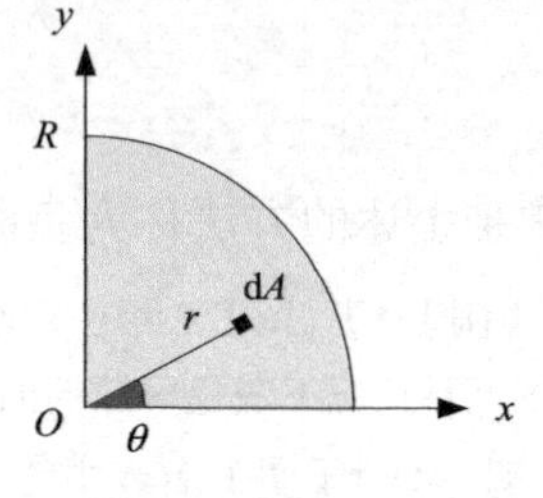

图 Ⅰ.4 四分之一圆

解：根据图形特点，积分采用极坐标为宜。极坐标中

$$\mathrm{d}A = r\,\mathrm{d}r\,\mathrm{d}\theta$$

故有

$$S_x = \int_A y\,\mathrm{d}A = \int_A r\sin\theta\, r\,\mathrm{d}r\,\mathrm{d}\theta$$

$$= \int_0^{\pi/2} \sin\theta\,\mathrm{d}\theta \cdot \int_0^R r^2\mathrm{d}r = \frac{1}{3}R^3$$

又有 $A = \frac{1}{4}\pi R^2$，故有

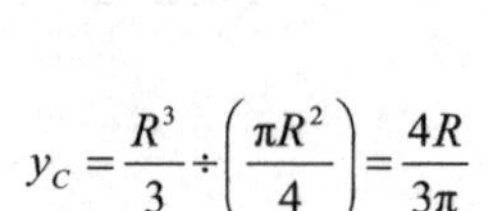

$$y_C = \frac{R^3}{3} \div \left(\frac{\pi R^2}{4}\right) = \frac{4R}{3\pi}$$

由于对称性，有

$$x_C = y_C = \frac{4R}{3\pi} \tag{Ⅰ.6}$$

【例Ⅰ.3】 角钢横截面尺寸如图Ⅰ.5所示，求角钢横截面的重心位置。

解： 选取如图所示的坐标轴，并将角钢分割为两个矩形面积，分别用A_1、A_2表示，由图示关系可得：

矩形Ⅰ

$$A_1 = 120\times 12 = 1440\ \mathrm{mm}^2,\quad x_1 = 6\ \mathrm{mm},\quad y_1 = 60\ \mathrm{mm}$$

矩形Ⅱ

$$A_2 = (80-12)\times 12 = 816\ \mathrm{mm}^2,\quad x_2 = 12+34 = 46\ \mathrm{mm},\quad y_2 = 6\ \mathrm{mm}$$

根据重心坐标公式，就可求得角钢横截面的重心位置为

$$x_c = \frac{1}{A}\sum_{i=1}^{n} x_i A_i = \frac{A_1x_1 + A_2x_2}{A} = \frac{1440\times 6 + 816\times 46}{1440+816} = 20.5\ \mathrm{mm}$$

$$y_c = \frac{1}{A}\sum_{i=1}^{n} y_i A_i = \frac{A_1y_1 + A_2y_2}{A} = \frac{1440\times 60 + 816\times 6}{1440+816} = 40.5\ \mathrm{mm}$$

【例Ⅰ.4】 求图Ⅰ.6所示图形的形心位置。

解：图形可视为边长为$2a$的正方形扣除直径为$2a$的半圆所得，故可用负面积法计算。半圆的形心位置可直接引用上一例题的结论。

由于对称性，形心必定在左右对称轴上。故只需确定竖向位置。

以下边缘为基准，图形的形心位置

$$y_C = \left[(2a)^2\times a - \frac{1}{2}\pi a^2 \times \frac{4a}{3\pi}\right] \div \left[(2a)^2 - \frac{1}{2}\pi a^2\right] = \frac{20a}{3(8-\pi)} \approx 1.37a$$

故形心位于距左边缘a、距下边缘$1.37a$的位置上。

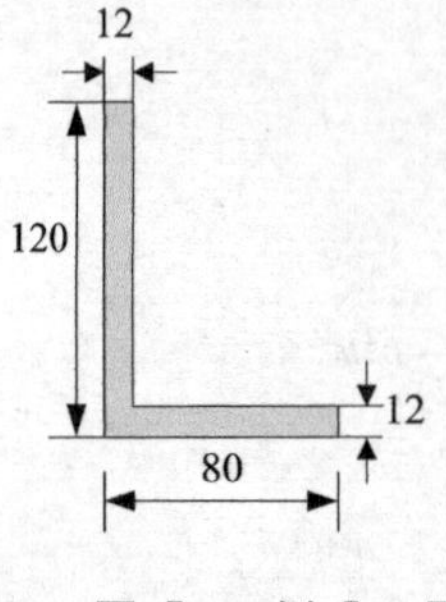

图 Ⅰ.5 例 Ⅰ.3 图

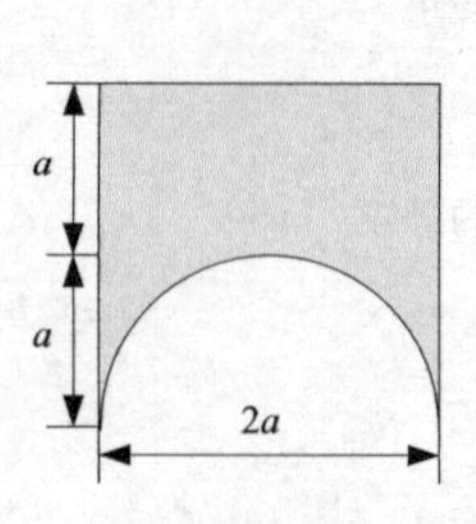

图 Ⅰ.6 例 Ⅰ.4 图

I.2　几何图形的二次矩

利用图 I.7，可以定义图形以下的几种二次矩。

惯性矩（moment of inertia）

$$I_y = \int_A x^2\,\mathrm{d}A,\qquad I_x = \int_A y^2\,\mathrm{d}A \tag{I.7}$$

惯性积（product of inertia）

$$I_{xy} = \int_A xy\,\mathrm{d}A \tag{I.8}$$

极惯性矩（polar moment of inertia）

$$I_\mathrm{P} = \int_A (x^2+y^2)\,\mathrm{d}A = \int_A r^2\,\mathrm{d}A \tag{I.9}$$

容易看出，上述二次矩的量纲是长度的四次方。惯性矩和极惯性矩是恒正的，而惯性积则是可正可负的。

可以看出，惯性矩 I_y 的大小取决于图形的形状和面积，以及图形与 y 轴的位置关系，而与 x 轴无关。类似地，惯性矩 I_x 与 x 轴有关而与 y 轴无关；惯性积 I_{xy} 与两个坐标轴都有关；而极惯性矩 I_P 则与坐标原点有关。

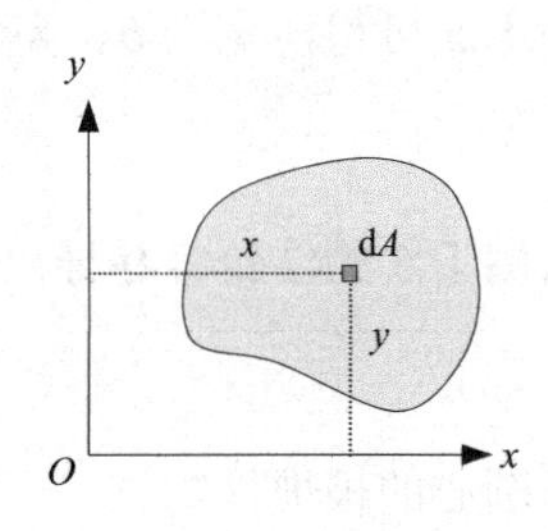

图 I.7　平面图形

根据定义，有

$$I_\mathrm{P} = I_y + I_x \tag{I.10}$$

【例 I.5】 图 I.8 中坐标系是 $b\times h$ 的矩形的对称轴，求图形关于 x 轴的惯性矩。

解： 在求图形关于 x 轴的惯性矩时，注意到定义 $I_x = \int_A y^2\mathrm{d}A$ 中被积函数与 x 无关，因此可采用如图的微元横条面积

$$\mathrm{d}A = b\mathrm{d}y$$

故

$$I_x = \int_A y^2\mathrm{d}A = \int_{-h/2}^{+h/2} by^2\mathrm{d}y = \frac{1}{12}bh^3$$

【例 I.6】 求图 I.4 中半径为 R 的四分之一圆关于两个坐标轴的惯性矩。

解： 采用极坐标系

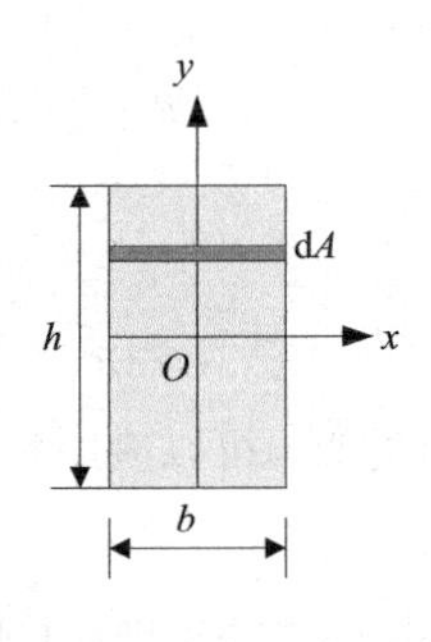

图 I.8　例 I.5 图

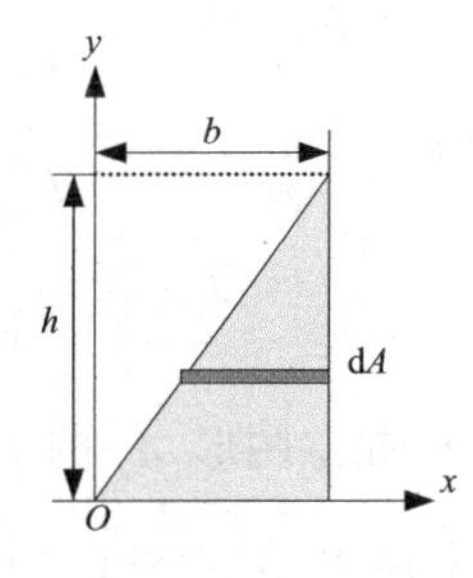

图 I.9　例 I.6 图

$$I_x = \int_A y^2 \mathrm{d}A = \int_0^{\pi/2}\int_0^R r^2 \sin^2\theta\, r\mathrm{d}r\mathrm{d}\theta = \int_0^{\pi/2} \sin^2\theta \mathrm{d}\theta \cdot \int_0^R r^3 \mathrm{d}r = \frac{1}{16}\pi R^4$$

同理
$$I_y = \frac{1}{16}\pi R^4。$$

【例Ⅰ.7】 求图Ⅰ.9中的三角形关于 x 轴的惯性矩 I_x。

解：三角形斜边的方程为 $y=\frac{h}{b}x$，即 $x=\frac{b}{h}y$。注意到 I_x 的定义式中被积函数与 x 无关，因此可采用如图的微元横条面积

$$\mathrm{d}A = \left(b - \frac{b}{h}y\right)\mathrm{d}y$$

故有
$$I_x = \int_0^h y^2 \left(b - \frac{b}{h}y\right)\mathrm{d}y = \frac{1}{12}bh^3$$

由例Ⅰ.5可得，宽为 b、高为 h 的矩形关于水平对称轴和竖直对称轴的惯性矩分别为

$$I_x = \frac{1}{12}bh^3, \quad I_y = \frac{1}{12}b^3h \tag{Ⅰ.11}$$

根据例Ⅰ.5的结论容易导出，直径为 D 的实心圆关于过圆心的 x 轴的惯性矩

$$I_x = \frac{1}{64}\pi D^4 \tag{Ⅰ.12}$$

关于圆心的极惯性矩

$$I_{\mathrm{P}} = \frac{1}{32}\pi D^4 \tag{Ⅰ.13}$$

还可以导出，外径为 D、内径为 d 的空心圆关于过圆心的 x 轴的惯性矩

$$I_x = \frac{1}{64}\pi(D^4 - d^4) = \frac{1}{64}\pi D^4(1-\alpha^4) \tag{Ⅰ.14}$$

式中，$\alpha = \frac{d}{D}$。同样，其极惯性矩

$$I_{\mathrm{P}} = \frac{1}{32}\pi D^4(1-\alpha^4) \tag{Ⅰ.15}$$

上述式（Ⅰ.11）～式（Ⅰ.15）将在轴的扭转和梁的弯曲计算中频繁地加以引用。

容易看出，对于圆，任何过圆心的轴都是形心惯性主轴。可以证明，对于正多边形，任何过形心的轴也都是图形的形心惯性主轴。

如果图形 A 可以划分为若干个图形 A_i，与面积矩类似，有

$$I_{Ax} = \sum_i I_{A_i x} \tag{Ⅰ.16a}$$

$$I_{Ay} = \sum_i I_{A_i y} \tag{Ⅰ.16b}$$

$$I_{Axy} = \sum_i I_{A_i xy} \tag{Ⅰ.16c}$$

$$I_{A\mathrm{P}} = \sum_i I_{A_i \mathrm{P}} \tag{Ⅰ.16d}$$

如果图形 A 是图形 A_1 扣除图形 A_2 的情况，那么与面积矩类似，可以应用负二次矩法进行计算。

【例Ⅰ.8】 求图Ⅰ.10中的图形关于水平对称轴的惯性矩。

解：图形可视为一个60×80的矩形与两个25×60矩形的差。而这三个矩形关于水平对称轴的惯性矩都可以利用式（Ⅰ.11）来进行计算。故有

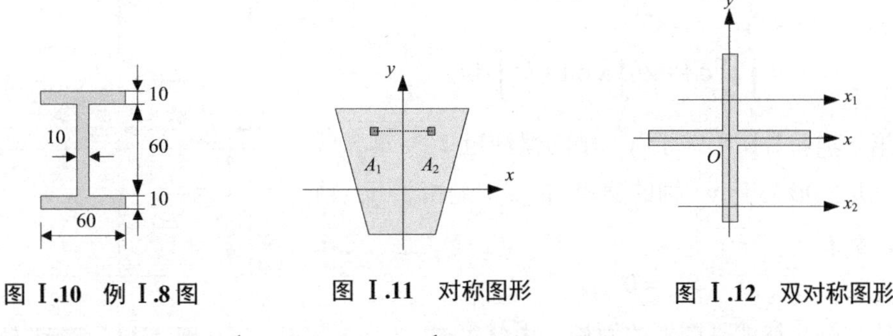

图 I.10　例 I.8 图　　图 I.11　对称图形　　图 I.12　双对称图形

$$I_x = \frac{1}{12} \times 60 \times 80^3 - 2 \times \frac{1}{12} \times 25 \times 60^3 = 1.66 \times 10^6 \text{ mm}^4$$

如果图形有一根对称轴，例如，图 I.11 所示的图形关于 y 轴对称，那么可以看出，y 轴把图形分为对称的 A_1 和 A_2 两部分。对于 A_1 区域中的任意一个微元面积 $\mathrm{d}A$，A_2 区域中都有另一个微元面积 $\mathrm{d}A$ 相对应，两者 y 坐标相同而 x 坐标相反。因此，

$$\begin{aligned} I_{xy} &= \int_A xy \,\mathrm{d}A = \int_{A_1} xy \,\mathrm{d}A + \int_{A_2} xy \,\mathrm{d}A \\ &= \int_{A_2} (-xy) \,\mathrm{d}A + \int_{A_2} xy \,\mathrm{d}A = 0 \end{aligned}$$

注意在这种情况下，无论 x 轴的位置在何处，惯性积均为零。

如果图形关于坐标系的惯性积 $I_{xy} = 0$，则这个坐标系的两根坐标轴称为图形的**惯性主轴**，通常也简称为主轴。图形对主轴的惯性矩称为**主惯性矩**。如果一根惯性主轴还通过图形的形心，那么这根主轴称为图形的**形心主轴**。图形对形心主轴的惯性矩称为**形心主惯性矩**。

例如图 I.12 的图形中，x、x_1、x_2 和 y 轴都是惯性主轴，它们当中，又只有 x 轴和 y 轴才是形心惯性主轴。

如果图形关于坐标系的一个轴对称，那么坐标系的两个轴都是图形的惯性主轴。其中对称轴过形心，因而这根对称轴同时又是形心惯性主轴。

如果图形关于坐标系的两个轴对称，那么显然这两个轴的交点就是形心，这两个轴都是图形的形心惯性主轴。

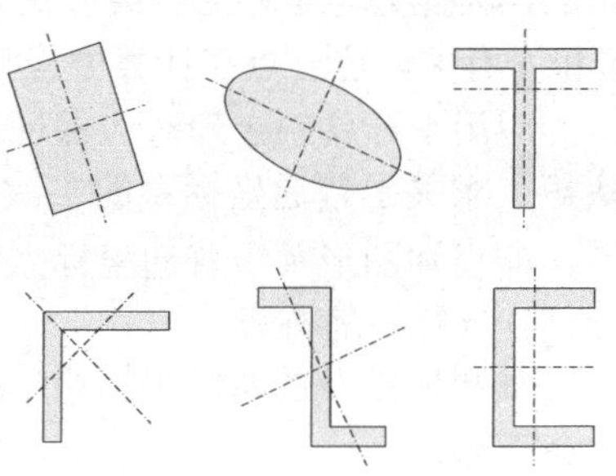

图 I.13　形心惯性主轴

图 I.13 是一些常见截面的形心惯性主轴的示意图。

I.3　平行移轴定理

本小节要解决的问题是，如果已知图形关于形心坐标系（即原点位于形心 C 处）的惯性矩和惯性积，如何求图形关于另一个平行坐标系的惯性矩和惯性积。

如图 I.14 所示，$(x,\ y)$ 是一个普通的坐标系。图形的形心 C 在这个坐标系中的坐标是 $(b,\ a)$。$(x_C,\ y_C)$ 是形心坐标系。两组坐标对应平行。

考虑图形中的任意微元面积 $\mathrm{d}A$，它在 $(x_C,\ y_C)$ 坐标系中的坐标是 x' 和 y'。这样，图形关于 y 轴的惯性矩

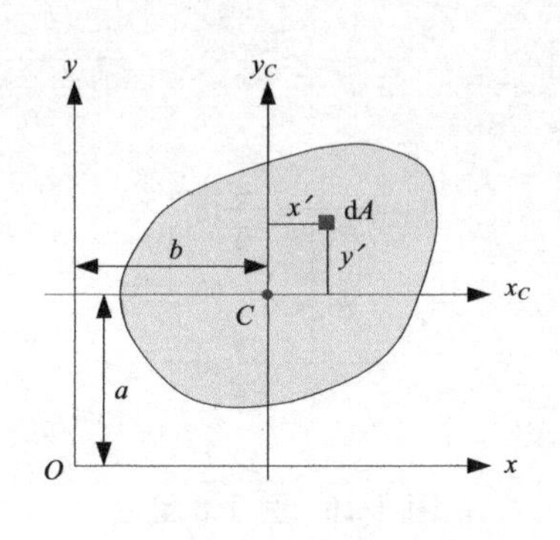

图 Ⅰ.14 平行移轴定理

$$I_y = \int_A x^2 \mathrm{d}A = \int_A (x'+b)^2 \mathrm{d}A$$

$$= \int_A x'^2 \mathrm{d}A + 2b\int_A x'\mathrm{d}A + b^2\int_A \mathrm{d}A$$

上式右端第一项就是图形关于 y_C 轴的惯性矩 I_{y_C}。第二项中的积分就是图形关于 y_C 轴的静矩 S_{y_C}。但是由于 y_C 轴是形心轴，故有

$$S_{y_C} = 0$$

第三项中的积分显然就是图形的面积。由此可得

$$I_y = I_{y_C} + b^2 A \qquad (Ⅰ.17a)$$

同理有

$$I_x = I_{x_C} + a^2 A \qquad (Ⅰ.17b)$$

$$I_{xy} = I_{x_C y_C} + abA \qquad (Ⅰ.17c)$$

$$I_{\mathrm{P}} = I_{\mathrm{P}_C} + (a^2+b^2)A \qquad (Ⅰ.17d)$$

式（Ⅰ.17）统称**平行移轴定理**(parallel-axis theorem)。

由于平行移轴公式中 a^2A 和 b^2A 恒为非负的，所以，可得到这样的结论：在一组平行线中，图形关于过形心的那条线（如果的确有一条线穿过形心的话）的惯性矩为最小；图形关于距离形心最远的那条线的惯性矩为最大。

在平行移轴公式中，惯性矩和极惯性矩中的平移附加项 a^2A、b^2A 和 $(a^2+b^2)A$ 都是恒正的，因此只与平移的距离有关。但惯性积的平移附加项 abA 不是恒正的，它与形心的坐标 a 和 b 有关，这一点在计算中应该加以注意。

应用平行移轴定理时应保证两组坐标系中有一组是形心轴。若已知图形关于形心轴的二次矩，求关于普通坐标系的二次矩，则可以直接套用式（Ⅰ.17）。有些情况下则是倒过来使用，即已知图形关于普通坐标系的二次矩，求关于形心轴的二次矩，这种情况下要注意附加项（a^2A 等）的符号。

如果所涉及的两组坐标系 $(x,\ y)$ 和 $(x',\ y')$ 都不是形心坐标系，那么可以采用以下两种计算方案：

① 从平行移轴定理的证明过程中可看出，这种情况可利用

$$I_y = I_{y'} + 2bS_{y'} + b^2A, \qquad I_x = I_{x'} + 2aS_{x'} + a^2A$$

等式子进行计算。

② 添加形心坐标系 $(x_C,\ y_C)$ 作为过渡，两次使用平行移轴定理进行计算。

【例Ⅰ.9】 求图Ⅰ.15 中的 T 形截面关于水平和竖直形心轴的惯性矩。

解： 本题中形心位置未给出，故应首先求形心位置。

显然图形左右对称，故竖直形心轴即对称轴。考虑水平形心轴位置，以下边沿为基准，将图形视为如图Ⅰ.16 的两个矩形的合成，便有

$$y = \frac{3a^2 \times 3.5a + 3a^2 \times 1.5a}{3a^2 + 3a^2} = 2.5a$$

故整体形心 C 距下边沿 $2.5a$。由此可得上下两个矩形形心 C_1 和 C_2 到 C 间的距离均为 a，如图Ⅰ.16 所示。

利用平行移轴定理，图形关于 x_C 轴的惯性矩

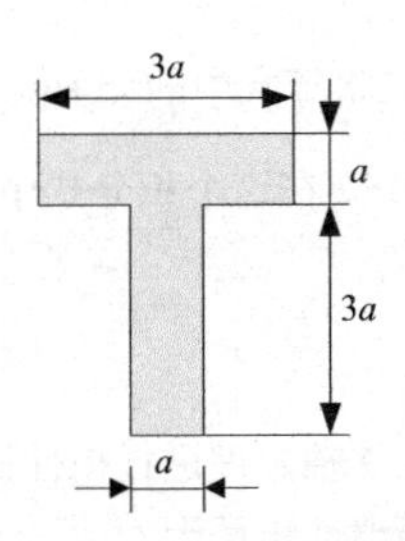

图Ⅰ.15 例Ⅰ.9图

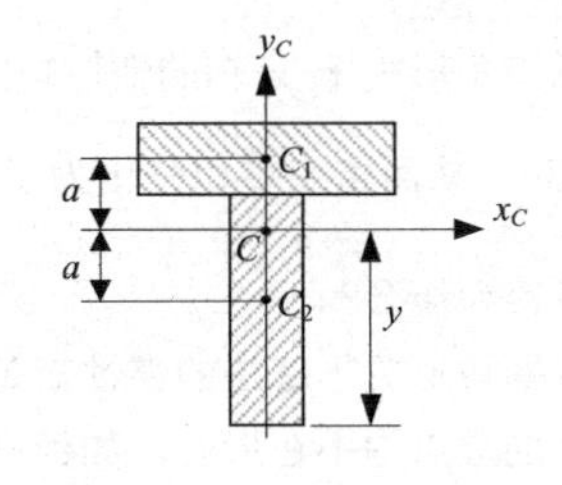

图Ⅰ.16 形心位置

$$I_{x_C}=\frac{1}{12}\times 3a\times a^3+3a^2\times a^2+\frac{1}{12}\times a\times(3a)^3+3a^2\times a^2=\frac{17}{2}a^4$$

计算图形关于 y_C 轴的惯性矩时，无需采用平行移轴定理

$$I_{y_C}=\frac{1}{12}a\times(3a)^3+\frac{1}{12}\times 3a\times a^3=\frac{5}{2}a^4$$

【例Ⅰ.10】 求图Ⅰ.17所示的图形关于 x、y 轴的惯性矩。

解：图形可视为边长为 $4a$ 的正方形扣除两个直径为 $2a$ 的半圆所得。

图形关于 x 轴的惯性矩

$$I_x=\frac{1}{12}(4a)^4-\frac{1}{64}\pi(2a)^4=\left(\frac{64}{3}-\frac{\pi}{4}\right)a^4\approx 20.55a^4$$

在求图形关于 y 轴的惯性矩时，必须求半圆关于 y 轴的惯性矩。如图Ⅰ.18所示，半圆关于自己的形心 C 轴的惯性矩

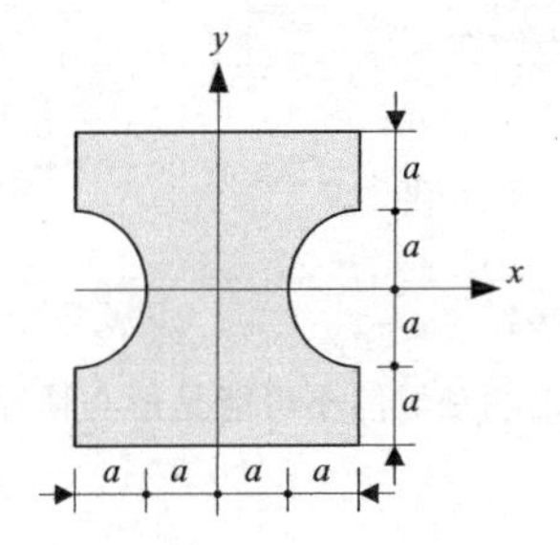

图Ⅰ.17 例Ⅰ.10图

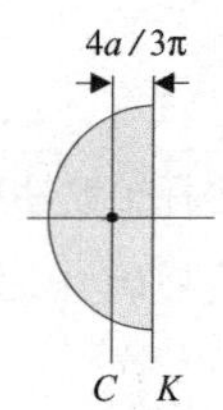

图Ⅰ.18 半圆

$$I_C=\frac{1}{2}\times\frac{1}{64}\pi(2a)^4-\frac{1}{2}\pi a^2\times\left(\frac{4a}{3\pi}\right)^2=\left(\frac{\pi}{8}-\frac{8}{9\pi}\right)a^4$$

而 C 轴与 y 轴的距离为 $\left(2-\frac{4}{3\pi}\right)a$，因此半圆关于 y 轴的惯性矩

$$I'_y=\left(\frac{\pi}{8}-\frac{8}{9\pi}\right)a^4+\frac{1}{2}\pi a^2\times\left(2-\frac{4}{3\pi}\right)^2a^2=\left(\frac{17}{8}\pi-\frac{8}{3}\right)a^4$$

这样，图形关于 y 轴的惯性矩

$$I_y=\frac{1}{12}(4a)^4-2\times\left(\frac{17}{8}\pi-\frac{8}{3}\right)a^4=\left(\frac{80}{3}-\frac{17}{4}\pi\right)a^4\approx 13.31a^4$$

附录Ⅰ 思考题

Ⅰ.1 在用积分法直接计算面积、惯性矩等几何量时，原则上应是重积分。在什么情况下积分可以化为单重的？

Ⅰ.2　如何计算组合图形的惯性矩？

Ⅰ.3　在用积分法计算图示三角形关于 x 轴的惯性矩时，可以将算式中的 $\mathrm{d}A$ 换为左图所示的横向微元条，并有 $\mathrm{d}A=\left(b-\dfrac{b}{h}y\right)\mathrm{d}y$，从而将二重积分化为了单重积分。在这个积分式中，可否将式中的 $\mathrm{d}A$ 换为右图所示的竖向微元条？为什么？

Ⅰ.4　说明同底等高的平行四边形关于底边的惯性矩是相等的。

Ⅰ.5　如果两组平行坐标系的原点均不在形心，如何利用平行移轴定理进行惯性矩和惯性积的计算？

Ⅰ.6　如图的三角形对哪一根轴的惯性矩最小？对哪一根轴的惯性矩最大？

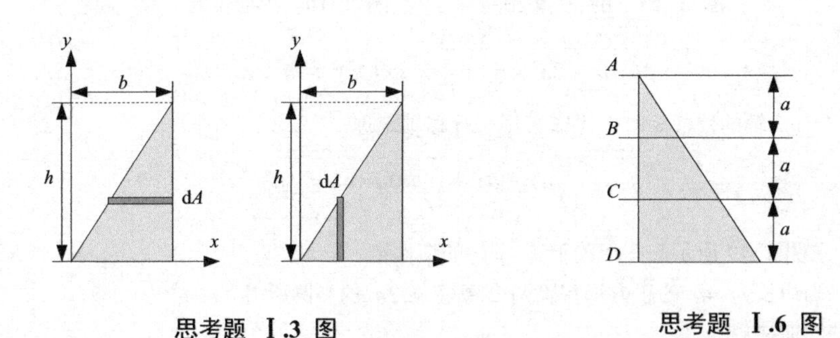

思考题 Ⅰ.3 图　　　思考题 Ⅰ.6 图

Ⅰ.7　下列图形中，对坐标轴惯性积为零的有哪些？

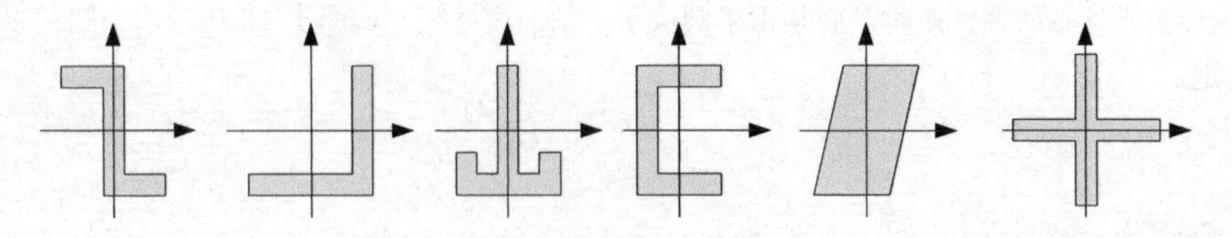

思考题 Ⅰ.7 图

Ⅰ.8　在上题各图形中，对坐标轴惯性积为负值的有哪些？

Ⅰ.9　下列图形中坐标系原点均在形心处，各图中所标出的轴显然不可能是形心惯性主轴的有哪些？

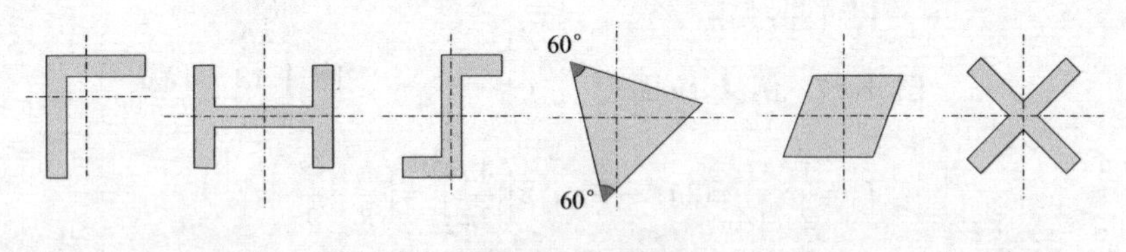

思考题 Ⅰ.9 图

附录Ⅰ 习题

Ⅰ.1　试确定题图中圆心角为 2α 的扇形截面的形心坐标。

Ⅰ.2　如图的截面由一个直径为 D 的半圆和一个矩形组成。如果图形的形心位于半圆的水平直径处，求矩形的高 a。

Ⅰ.3　求如图直径为 D 的半圆对过形心且平行于底边的轴的惯性矩 I 。

Ⅰ.4　已知如图直角三角形对 y_1 轴的惯性矩 I_{y1}，求图形对 y_2 轴的惯性矩 I_{y2}。

Ⅰ.5　求如图图形对 y 轴的惯性矩，其中圆孔直径为 $\dfrac{a}{2}$。

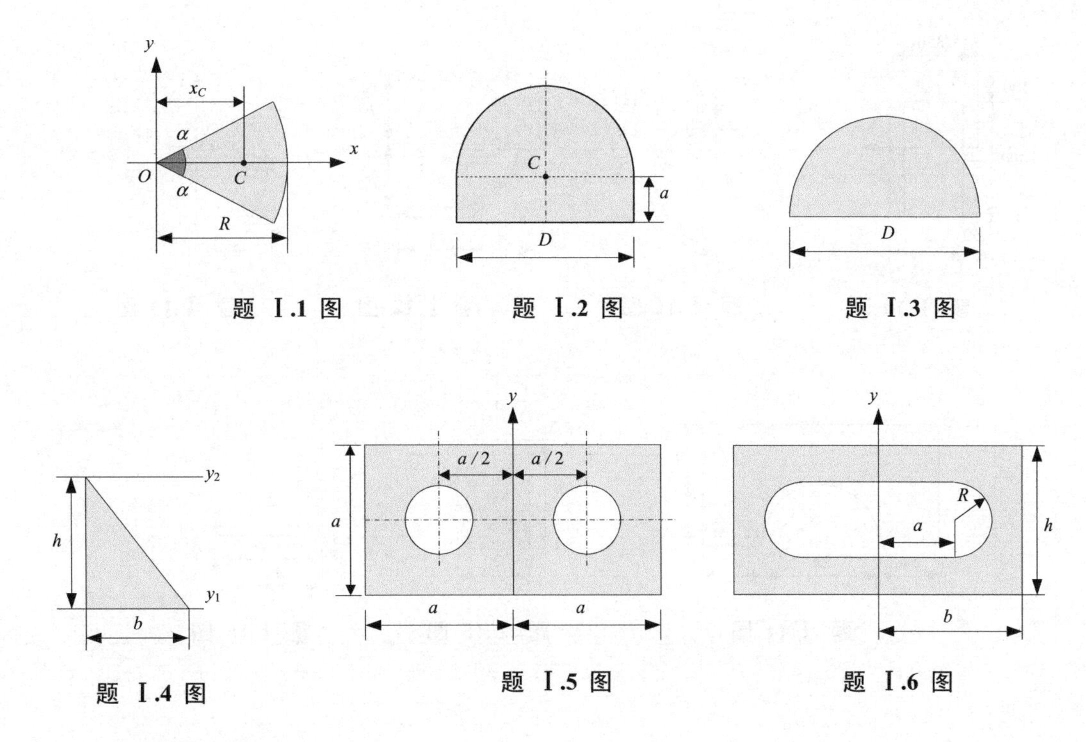

题 Ⅰ.1 图　　题 Ⅰ.2 图　　题 Ⅰ.3 图

题 Ⅰ.4 图　　题 Ⅰ.5 图　　题 Ⅰ.6 图

Ⅰ.6　求如图图形对 y 轴的惯性矩。

Ⅰ.7　图示截面的各部分壁厚均为 20 mm，求图形关于水平和竖直形心轴的惯性矩。

Ⅰ.8　求图示边长为 a 的正六边形关于水平形心轴的惯性矩。

Ⅰ.9　图示阴影部分是边长为 R 的正方形与半径为 R 的四分之一圆组合而成。C 为其形心，求图形关于水平形心轴的惯性矩。

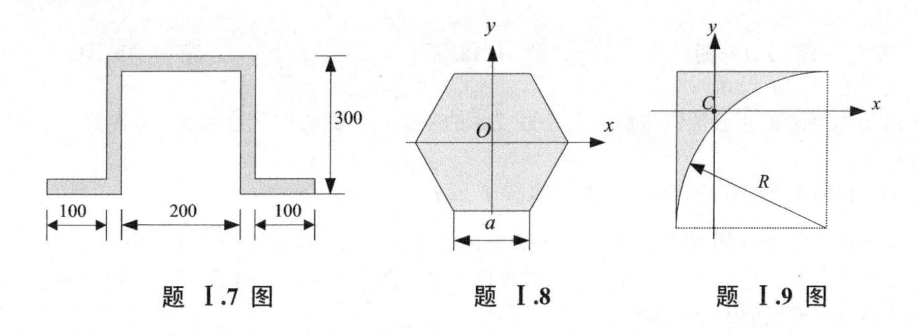

题 Ⅰ.7 图　　题 Ⅰ.8　　题 Ⅰ.9 图

Ⅰ.10　求图示截面关于水平形心轴 x 轴的惯性矩。

Ⅰ.11　求图示平均直径（即壁厚中线直径）为 d、厚度为 δ（d 比 δ 大很多）的截面的形心主惯性矩。

Ⅰ.12　图示图形为一壁厚均为 δ 的薄壁杆件截面（b 比 δ 大很多）。求其关于水平对称轴的惯性矩。

Ⅰ.13　图示直径为 $2a$ 的圆与直径为 a 的圆内切。C 是阴影部分的形心。y 轴通过 C 点及两圆的圆心，x 轴过 C 点并与 y 轴正交，求阴影部分关于 x 轴和 y 轴的惯性矩。

Ⅰ.14　图示截面由一个矩形和一个半圆构成。求其关于形心轴的惯性矩。

Ⅰ.15　求图示矩形关于过 A 点的主轴方位和主惯性矩。

Ⅰ.16　右图中 C 为图形形心。求图形关于两个形心轴的惯性矩和惯性积。

Ⅰ.17　计算所示图形对 x、y 轴的惯性矩 I_x、I_y 和惯性积 I_{xy}。

Ⅰ.18　如图的矩形对角线将其分为两个三角形。证明这两个三角形关于 xy 轴的惯性积相等，且等于该矩形关于 xy 轴的惯性积的一半。

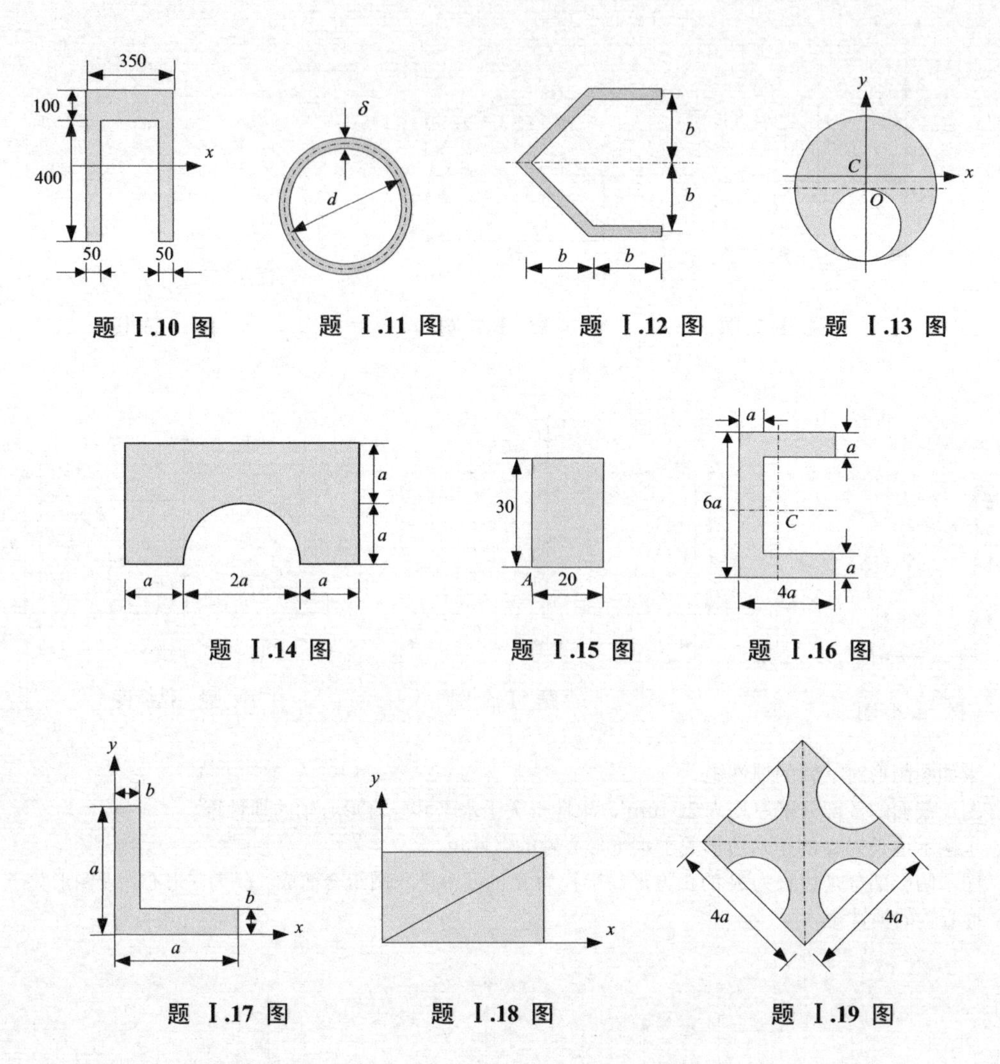

题 Ⅰ.10 图　题 Ⅰ.11 图　题 Ⅰ.12 图　题 Ⅰ.13 图

题 Ⅰ.14 图　题 Ⅰ.15 图　题 Ⅰ.16 图

题 Ⅰ.17 图　题 Ⅰ.18 图　题 Ⅰ.19 图

Ⅰ.19　图中边长为 $4a$ 的正方形四边截去直径为 $2a$ 的半圆，且圆心位于边中点。求图形关于水平形心轴的惯性矩。

Ⅰ.20　图示截面由两个№10 槽钢制成，要使图形 $I_x = I_y$，求间距 a。

Ⅰ.21　图示截面由一个№14b 的槽钢和一个№20b 的工字钢组成，求其形心主惯性矩。

Ⅰ.22　图示截面由一个三角形和一个半径为 R 的半圆构成。图中的尺寸 b 和 R 应满足何种关系，才能使图形关于图示坐标系的惯性积为零？

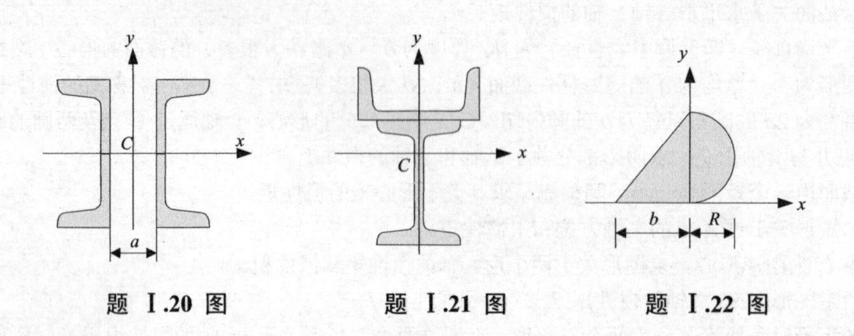

题 Ⅰ.20 图　题 Ⅰ.21 图　题 Ⅰ.22 图

附录Ⅱ　简单梁的挠度与转角

序号	梁的计算简图	挠度和转角	挠曲线函数
1	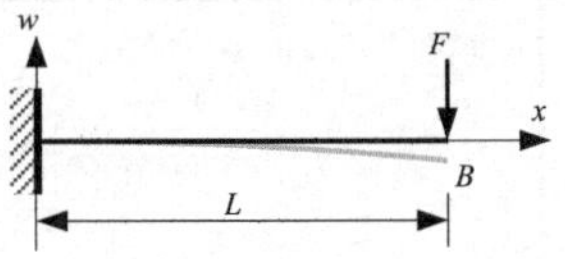	$w_B=-\frac{FL^3}{3EI}$ $\theta_B=-\frac{FL^2}{2EI}$	$w=-\frac{Fx^2}{6EI}(3L-x)$
2	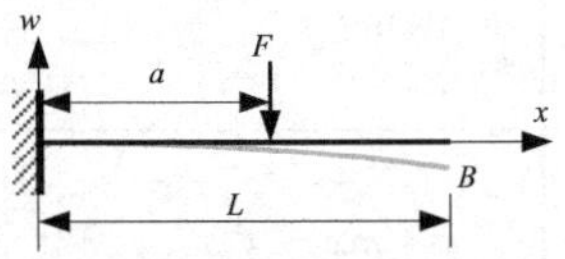	$w_B=-\frac{Fa^2}{6EI}(3L-a)$ $\theta_B=-\frac{Fa^2}{2EI}$	$w=-\frac{Fx^2}{6EI}(3a-x)(0\leqslant x\leqslant a)$ $w=-\frac{Fa^2}{6EI}(3x-a)(a\leqslant x\leqslant L)$
3	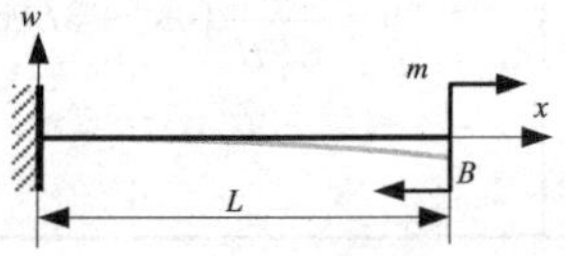	$w_B=-\frac{mL^2}{2EI}$ $\theta_B=-\frac{mL}{EI}$	$w=-\frac{mx^2}{2EI}$
4	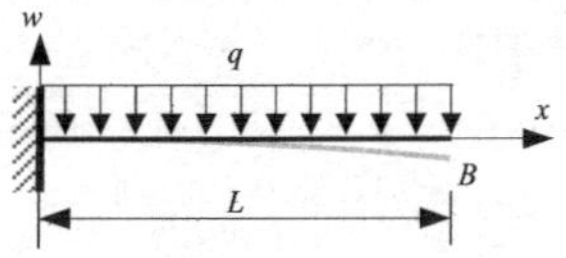	$w_B=-\frac{qL^4}{8EI}$ $\theta_B=-\frac{qL^3}{6EI}$	$w=-\frac{qx^2}{24EI}(x^2-4Lx+6L^2)$
5	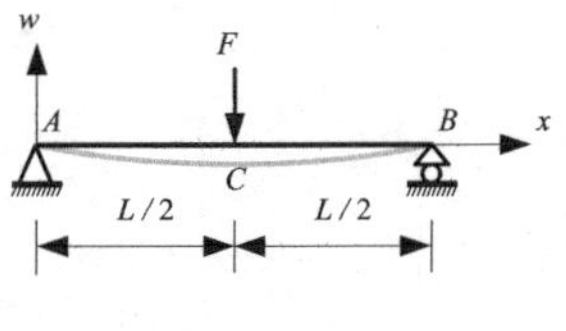	$w_C=-\frac{FL^3}{48EI}$ $\theta_A=-\theta_B$ $=-\frac{FL^2}{16EI}$	$w=-\frac{Fx}{48EI}(3L^2-4x^2)$ $(0\leqslant x\leqslant L/2)$
6	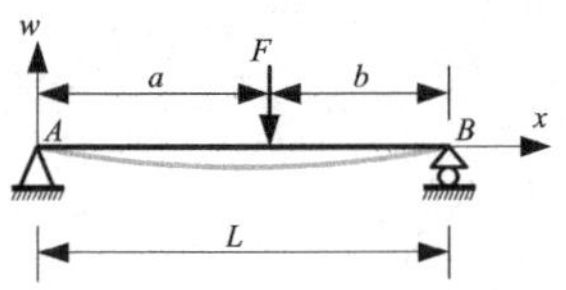	$w_{\max}=-\frac{Fb(L^2-b^2)^{3/2}}{9\sqrt{3}EIL}$ (在 $x=\sqrt{\frac{L^2-b^2}{3}}$ 处) $\theta_A=-\frac{Fab(L+b)}{6EIL}$ $\theta_B=\frac{Fab(L+a)}{6EIL}$	$w=-\frac{Fbx}{6EIL}(L^2-x^2-b^2)$ $(0\leqslant x\leqslant a)$ $w=-\frac{Fb}{6EIL}\left[\frac{L}{b}(x-a)^3-x^3+(L^2-b^2)x\right]$ $(a\leqslant x\leqslant L)$

续表

序号	梁的计算简图	挠度和转角	挠曲线函数
7	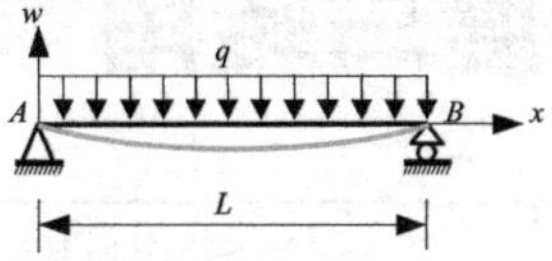	$w_{\max}=-\dfrac{5qL^4}{384EI}$ $\theta_A=-\theta_B$ $=-\dfrac{qL^3}{24EI}$	$w=-\dfrac{qx}{24EI}(L^3-2Lx^2+x^3)$
8	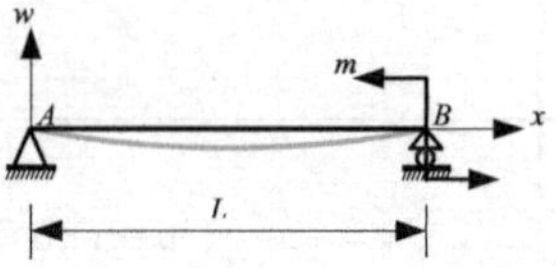	$x=\dfrac{L}{\sqrt{3}}$，$w_{\max}=-\dfrac{mL^2}{9\sqrt{3}EI}$ $x=\dfrac{L}{2}$，$w_C=-\dfrac{mL^2}{16EI}$ $\theta_A=-\dfrac{mL}{6EI}$ $\theta_B=\dfrac{mL}{3EI}$	$w=-\dfrac{mx}{6EIL}(L^2-x^2)$
9	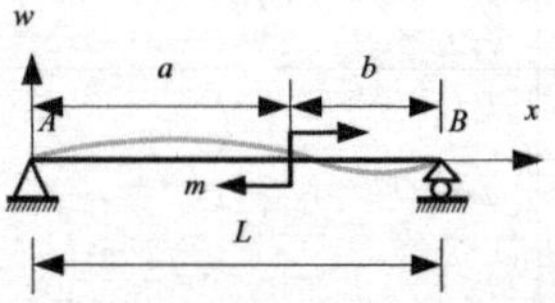	$\theta_A=\dfrac{m}{6EIL}(L^2-3b^2)$ $\theta_B=\dfrac{m}{6EIL}(L^2-3a^2)$	$w=\dfrac{mx}{6EIL}(L^2-3b^2-x^2)$ $(0\leqslant x\leqslant a)$ $w=\dfrac{m}{6EIL}[-x^3+3L(x-a)^2$ $+(L^2-3b^2)x]$ $(a\leqslant x\leqslant L)$

附录 Ⅲ　常用工程材料的力学性能

材料名称	密度 ρ/(kg /m^3)	弹性模量 E /GPa	泊松比 ν	屈服极限 σ_s/ MPa	强度极限 σ_b/ MPa	线胀系数 α/10^{-5} ℃$^{-1}$
普通钢	7850	190～210	0.25～0.33	220～240	380～470	1.0～1.5
合金钢	7860	190～210	0.25～0.33	340～420	490～550	1.0～1.5
灰铸铁	7190	80～150	0.23～0.27		180 (拉) 670 (压)	0.9
球墨铸铁	7280	160	0.25～0.29	412	588	0.9～1.2
铜合金	8740	120	0.36	435	585	1.6～2.1
铝合金	1800	45	0.41	250	345	1.8～2.4
混凝土(C20)	2320	14～35	0.16～0.18		1.6 (拉) 14.2 (压)	1
PVC	1440	3.1	0.4	45 (拉)	40 (拉) 70 (压)	13.5
尼龙	1140	2.8	0.4	45	75 (拉) 95 (压)	14.4
木材(顺纹)	470～720	9～12			75 (拉) 50 (压)	2.2～3.1

附录 Ⅳ 型钢表

表 1 热轧等边角钢（GB 9787—88）

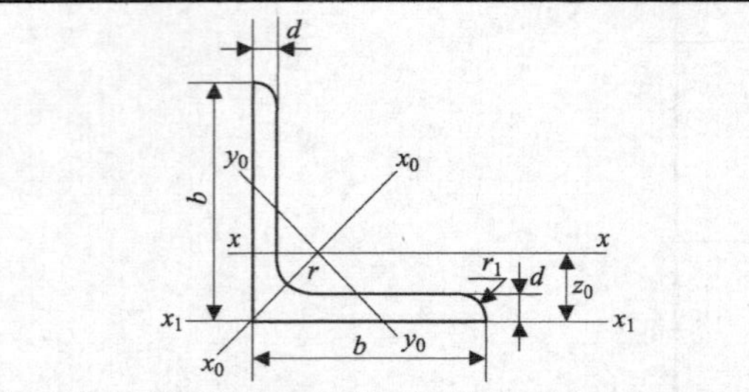

符号意义：b——边宽度； I——惯性矩；

d——边厚度； i——惯性半径；

r——内圆弧半径； W——抗弯截面系数；

r_1——边端内圆弧半径； z_0——重心距离。

角钢号数	尺寸/mm			截面面积/cm²	理论重量/(kg/m)	外表面积/(m²/m)	参考数值										
							x–x			x_0–x_0			y_0–y_0			x_1–x_1	z_0/ cm
	b	d	r				I_x/ cm⁴	i_x/ cm	W_x/ cm³	I_{x0}/ cm⁴	i_{x0}/ cm	W_{x0}/ cm³	I_{y0}/ cm⁴	i_{y0}/ cm	W_{y0}/ cm³	I_{x1}/ cm⁴	
2	20	3	3.5	1.132	0.889	0.078	0.40	0.59	0.29	0.63	0.75	0.45	0.17	0.39	0.20	0.81	0.60
		4		1.459	1.145	0.077	0.50	0.58	0.36	0.78	0.73	0.55	0.22	0.38	0.24	1.09	0.64
2.5	25	3		1.432	1.124	0.098	0.82	0.76	0.46	1.29	0.95	0.73	0.34	0.49	0.33	1.57	0.73
		4		1.859	1.459	0.097	1.03	0.74	0.59	1.62	0.93	0.92	0.43	0.48	0.40	2.11	0.76
3.0	30	3	4.5	1.749	1.373	0.117	1.46	0.91	0.68	2.31	1.15	1.09	0.61	0.59	0.51	2.71	0.85
		4		2.276	1.786	0.117	1.84	0.90	0.87	2.92	1.13	1.37	0.77	0.58	0.62	3.63	0.89
3.6	36	3		2.109	1.656	0.141	2.58	1.11	0.99	4.09	1.39	1.61	1.07	0.71	0.76	4.68	1.00
		4		2.756	2.163	0.141	3.29	1.09	1.28	5.22	1.38	2.05	1.37	0.70	0.93	6.25	1.04
		5		3.382	2.654	0.141	3.95	1.08	1.56	6.24	1.36	2.45	1.65	0.70	1.09	7.84	1.07

续表

角钢号数	尺寸/mm			截面面积/cm^2	理论重量/(kg/m)	外表面积/(m^2/m)	参考数值										
							$x-x$			x_0-x_0			y_0-y_0			x_1-x_1	z_0/ cm
	b	d	r				I_x/ cm^4	i_x/ cm	W_x/ cm^3	I_{x0}/ cm^4	i_{x0}/ cm	W_{x0}/ cm^3	I_{y0}/ cm^4	i_{y0}/ cm	W_{y0}/ cm^3	I_{x1}/ cm^4	
4.0	40	3	5	2.359	1.852	0.157	3.58	1.23	1.23	5.69	1.55	2.01	1.49	0.79	0.96	6.41	1.09
		4		3.086	2.422	0.157	4.60	1.22	1.60	7.29	1.54	2.58	1.91	0.79	1.19	8.56	1.13
		5		3.791	2.976	0.156	5.53	1.21	1.96	8.76	1.52	3.10	2.30	0.78	1.39	10.74	1.17
4.5	45	3		2.659	2.088	0.177	5.17	1.40	1.58	8.20	1.76	2.58	2.14	0.89	1.24	9.12	1.22
		4		3.486	2.736	0.177	6.65	1.38	2.05	10.56	1.74	3.32	2.75	0.89	1.54	12.18	1.26
		5		4.292	3.369	0.176	8.04	1.37	2.51	12.74	1.72	4.00	3.33	0.88	1.81	15.25	1.30
		6		5.076	3.985	0.176	9.33	1.36	2.95	14.76	1.70	4.64	3.89	0.88	2.06	18.36	1.33
5	50	3	5.5	2.971	2.332	0.197	7.18	1.55	1.96	11.37	1.96	3.22	2.98	1.00	1.57	12.50	1.34
		4		3.897	3.059	0.197	9.26	1.54	2.56	14.70	1.94	4.16	3.82	0.99	1.96	16.69	1.38
		5		4.803	3.770	0.196	11.21	1.53	3.13	17.79	1.92	5.03	4.64	0.98	2.31	20.90	1.42
		6		5.688	4.465	0.196	13.05	1.52	3.68	20.68	1.91	5.85	5.42	0.98	2.63	25.14	1.46
5.6	56	3	6	3.343	2.624	0.221	10.19	1.75	2.48	16.14	2.20	4.08	4.24	1.13	2.02	17.56	1.48
		4		4.390	3.446	0.220	13.18	1.73	3.24	20.92	2.18	5.28	5.46	1.11	2.52	23.43	1.53
		5		5.415	4.251	0.220	16.02	1.72	3.97	25.42	2.17	6.42	6.61	1.10	2.98	29.33	1.57
		6		8.367	6.568	0.219	23.63	1.68	6.03	37.37	2.11	9.44	9.89	1.09	4.16	46.24	1.68
6.3	63	4	7	4.978	3.907	0.248	19.03	1.96	4.13	30.17	2.46	6.78	7.89	1.26	3.29	33.35	1.70
		5		6.143	4.822	0.248	23.17	1.94	5.08	36.77	2.45	8.25	9.57	1.25	3.90	41.73	1.74
		6		7.288	5.721	0.247	27.12	1.93	6.00	43.03	2.43	9.66	11.20	1.24	4.46	50.14	1.78
		8		9.515	7.469	0.247	34.46	1.90	7.75	54.56	2.40	12.25	14.33	1.23	5.47	67.11	1.85
		10		11.657	9.151	0.246	41.09	1.88	9.39	64.85	2.36	14.56	17.33	1.22	6.36	84.31	1.93

续表

角钢号数	尺寸/mm			截面面积/cm²	理论重量/(kg/m)	外表面积/(m²/m)	参考数值										
							x–x			x_0–x_0			y_0–y_0			x_1–x_1	z_0/ cm
	b	d	r				I_x/ cm⁴	i_x/ cm	W_x/ cm³	I_{x0}/ cm⁴	i_{x0}/ cm	W_{x0}/ cm³	I_{y0}/ cm⁴	i_{y0}/ cm	W_{y0}/ cm³	I_{x1}/ cm⁴	
7	70	4	8	5.570	4.372	0.275	26.39	2.18	5.14	41.80	2.74	8.44	10.99	1.40	4.17	45.74	1.86
		5		6.875	5.397	0.275	32.21	2.16	6.32	51.08	2.73	10.32	13.34	1.39	4.95	57.21	1.91
		6		8.160	6.406	0.275	37.77	2.15	7.48	59.93	2.71	12.11	15.61	1.38	5.67	68.73	1.95
		7		9.424	7.398	0.275	43.09	2.14	8.59	68.35	2.69	13.81	17.82	1.38	6.34	80.29	1.99
		8		10.677	8.373	0.274	48.17	2.12	9.68	76.37	2.68	15.43	19.98	1.37	6.98	91.92	2.03
7.5	75	5	9	7.412	5.818	0.295	39.97	2.33	7.32	63.30	2.92	11.94	16.63	1.50	5.77	70.56	2.04
		6		8.797	6.905	0.294	46.95	2.31	8.64	74.38	2.90	14.02	19.51	1.49	6.67	84.55	2.07
		7		10.160	7.976	0.294	53.57	2.30	9.93	84.96	2.89	16.02	22.18	1.48	7.44	98.71	2.11
		8		11.503	9.030	0.294	59.96	2.28	11.20	95.07	2.88	17.93	24.86	1.47	8.19	112.97	2.15
		10		14.126	11.089	0.293	71.98	2.26	13.64	113.92	2.84	21.48	30.05	1.46	9.56	141.71	2.22
8	80	5	9	7.912	6.211	0.315	48.79	2.48	8.34	77.33	3.13	13.67	20.25	1.60	6.66	85.36	2.15
		6		9.397	7.376	0.314	57.35	2.47	9.87	90.98	3.11	16.08	23.72	1.59	7.65	102.50	2.19
		7		10.860	8.525	0.314	65.58	2.46	11.37	104.07	3.10	18.40	27.09	1.58	8.58	119.70	2.23
		8		12.303	9.658	0.314	73.49	2.44	12.83	116.60	3.08	20.61	30.39	1.57	9.46	136.97	2.27
		10		15.126	11.874	0.313	88.43	2.42	15.64	140.09	3.04	24.76	36.77	1.56	11.08	171.74	2.35
9	90	6	10	10.637	8.350	0.354	82.77	2.79	12.61	131.26	3.51	20.63	34.28	1.80	9.95	145.87	2.44
		7		12.301	9.656	0.354	94.83	2.78	14.54	150.47	3.50	23.64	39.18	1.78	11.19	170.30	2.48
		8		13.944	10.946	0.353	106.47	2.76	16.42	168.97	3.48	26.55	43.97	1.78	12.35	194.80	2.52
		10		17.167	13.476	0.353	128.58	2.74	20.07	203.90	3.45	32.04	53.26	1.76	14.52	244.07	2.59
		12		20.306	15.940	0.352	149.22	2.71	23.57	236.21	3.41	37.12	62.22	1.75	16.49	293.76	2.67

续表

角钢号数	尺寸/mm			截面面积/cm²	理论重量/(kg/m)	外表面积/(m²/m)	参考数值										
							$x-x$			x_0-x_0			y_0-y_0			x_1-x_1	z_0/ cm
	b	d	r				I_x/ cm⁴	i_x/ cm	W_x/ cm³	I_{x0}/ cm⁴	i_{x0}/ cm	W_{x0}/ cm³	I_{y0}/ cm⁴	i_{y0}/ cm	W_{y0}/ cm³	I_{x1}/ cm⁴	
10	100	6	12	11.932	9.366	0.393	114.95	3.10	15.68	181.98	3.90	25.74	47.92	2.00	12.69	200.07	2.67
		7		13.796	10.830	0.393	131.86	3.09	18.10	208.97	3.89	29.55	54.74	1.99	14.26	233.54	2.71
		8		15.638	12.276	0.393	148.24	3.08	20.47	235.07	3.88	33.24	61.41	1.98	15.75	267.09	2.76
		10		19.261	15.120	0.392	179.51	3.05	25.06	284.68	3.84	40.26	74.35	1.96	18.54	334.48	2.84
		12		22.800	17.898	0.391	208.90	3.03	29.48	330.95	3.81	46.80	86.84	1.95	21.08	402.34	2.91
		14		26.256	20.611	0.391	236.53	3.00	33.73	374.06	3.77	52.90	99.00	1.94	23.44	470.75	2.99
		16		29.267	23.257	0.390	262.53	2.98	37.82	414.16	3.74	58.57	110.89	1.94	25.63	539.80	3.06
11	110	7	12	15.196	11.928	0.433	177.16	3.41	22.05	280.94	4.30	36.12	73.38	2.20	17.51	310.64	2.96
		8		17.238	13.532	0.433	199.46	3.40	24.95	316.49	4.28	40.69	82.42	2.19	19.39	355.20	3.01
		10		21.261	16.690	0.432	242.19	3.39	30.60	384.39	4.25	49.42	99.98	2.17	22.91	444.65	3.09
		12		25.200	19.782	0.431	282.55	3.35	36.05	448.17	4.22	57.62	116.93	2.15	26.15	534.60	3.16
		14		29.056	22.809	0.431	320.71	3.32	41.31	508.01	4.18	65.31	133.40	2.14	29.14	625.16	3.24
12.5	125	8	14	19.750	15.504	0.492	297.03	3.88	32.52	470.89	4.88	53.28	123.16	2.50	25.86	521.01	3.37
		10		24.373	19.133	0.491	361.67	3.85	39.97	573.89	4.85	64.93	149.46	2.48	30.62	651.93	3.45
		12		28.912	22.696	0.491	423.16	3.83	41.17	671.44	4.82	75.96	174.88	2.46	35.03	783.42	3.53
		14		33.367	26.193	0.490	481.65	3.80	54.16	763.73	4.78	86.41	199.57	2.45	39.13	915.61	3.61

续表

角钢号数	尺寸/mm			截面面积/cm^2	理论重量/(kg/m)	外表面积/(m^2/m)	参考数值										
							x–x			x_0–x_0			y_0–y_0			x_1–x_1	z_0/ cm
	b	d	r				I_x/ cm^4	i_x/ cm	W_x/ cm^3	I_{x0}/ cm^4	i_{x0}/ cm	W_{x0}/ cm^3	I_{y0}/ cm^4	i_{y0}/ cm	W_{y0}/ cm^3	I_{x1}/ cm^4	
14	140	10	14	27.373	21.488	0.551	514.65	4.34	50.58	817.27	5.46	82.56	212.04	2.78	39.20	915.11	3.82
		12		32.512	25.522	0.551	603.68	4.31	59.80	958.79	5.43	96.85	248.57	2.76	45.02	1099.28	3.90
		14		37.567	29.490	0.550	688.81	4.28	68.75	1093.56	5.40	110.47	284.06	2.75	50.45	1284.22	3.98
		16		42.539	33.393	0.549	770.24	4.26	77.46	1221.81	5.36	123.42	318.67	2.74	55.55	1470.07	4.06
16	160	10	16	31.502	24.729	0.630	779.53	4.98	66.70	1237.30	6.27	109.36	321.76	3.20	52.76	1365.33	4.31
		12		37.441	29.391	0.630	916.58	4.95	78.98	1455.68	6.24	128.67	377.49	3.18	60.74	1639.57	4.39
		14		43.296	33.987	0.629	1048.36	4.92	90.95	1665.02	6.20	147.17	431.70	3.16	68.24	1914.68	4.47
		16		49.067	38.518	0.629	1175.08	4.89	102.63	1865.57	6.17	164.89	484.59	3.14	75.31	2190.82	4.55
18	180	12	16	42.241	33.159	0.710	1321.35	5.59	100.82	2100.10	7.05	165.00	542.61	3.58	78.41	2332.80	4.89
		14		48.896	38.383	0.709	1514.48	5.56	116.25	2407.42	7.02	189.14	621.53	3.56	88.38	2723.48	4.97
		16		55.467	43.542	0.709	1700.99	5.54	131.13	2703.37	6.98	212.40	698.60	3.55	97.83	3115.29	5.05
		18		61.955	48.634	0.708	1875.12	5.50	145.64	2988.24	6.94	234.78	762.01	3.51	105.14	3502.43	5.13
20	200	14	18	54.642	42.894	0.788	2103.55	6.20	144.70	3343.26	7.82	236.40	863.83	3.98	111.82	3734.10	5.46
		16		62.013	48.680	0.788	2366.15	6.18	163.65	3760.89	7.79	265.93	971.41	3.96	123.96	4270.39	5.54
		18		69.301	54.401	0.787	2620.64	6.15	182.22	4164.54	7.75	294.48	1076.74	3.94	135.52	4808.13	5.62
		20		76.505	60.056	0.787	2867.30	6.12	200.42	4554.55	7.72	322.06	1180.04	3.93	146.55	5347.51	5.69
		24		90.661	71.168	0.785	3338.25	6.07	236.17	5294.97	7.64	374.41	1381.53	3.90	166.65	6457.16	5.87

注：截面图中的 $r_1=d/3$ 及表中 r 值，用于孔型设计,不作为交货条件。

表 2　热轧槽钢（GB 707—88）

符号意义：h——高度；　r_1——腿端圆弧半径；
b——腿宽度；　I——惯性矩；
d——腰厚度；　W——抗弯截面系数；
t——平均腿厚度；　i——惯性半径；
r——内圆弧半径；　z_0——y-y 轴与 y_1-y_1 轴间距。

型号	尺寸/mm						截面面积 /cm^2	理论重量 /(kg/m)	参考数值							
									x-x			y-y			y_1-y_1	
	h	b	d	t	r	r_1			W_x/ cm^3	I_x/ cm^4	i_x/ cm	W_y/ cm^3	I_y/ cm^4	i_y/ cm	I_{y1}/ cm^4	z_0/cm
5	50	37	4.5	7	7.0	3.5	6.928	5.438	10.4	26.0	1.94	3.55	8.30	1.10	20.9	1.35
6.3	63	40	4.8	7.5	7.5	3.8	8.451	6.634	16.1	50.8	2.45	4.50	11.9	1.19	28.4	1.36
8	80	43	5.0	8	8.0	4.0	10.248	8.045	25.3	101	3.15	5.79	16.6	1.27	37.4	1.43
10	100	48	5.3	8.5	8.5	4.2	12.748	10.007	39.7	198	3.95	7.8	25.6	1.41	54.9	1.52
12.6	126	53	5.5	9	9.0	4.5	15.692	12.318	62.1	391	4.95	10.2	38.0	1.57	77.1	1.59
14a	140	58	6.0	9.5	9.5	4.8	18.516	14.535	80.5	564	5.52	13.0	53.2	1.70	107	1.71
14b	140	60	8.0	9.5	9.5	4.8	21.316	16.733	87.1	609	5.35	14.1	61.1	1.69	121	1.67
16a	160	63	6.5	10	10.0	5.0	21.962	17.240	108	866	6.28	16.3	73.3	1.83	144	1.80
16	160	65	8.5	10	10.0	5.0	25.162	19.752	117	935	6.10	17.6	83.4	1.82	161	1.75
18a	180	68	7.0	10.5	10.5	5.2	25.699	20.174	141	1270	7.04	20.0	98.6	1.96	190	1.88
18	180	70	9.0	10.5	10.5	5.2	29.299	23.000	152	1370	6.84	21.5	111	1.95	210	1.84
20a	200	73	7.0	11	11.0	5.5	28.837	22.637	178	1780	7.86	24.2	128	2.11	244	2.01
20	200	75	9.0	11	11.0	5.5	32.837	25.777	191	1910	7.64	25.9	144	2.09	268	1.95

续表

型号	尺寸/mm						截面面积/cm²	理论重量/(kg/m)	参考数值							
									x-x			y-y			y_1-y_1	
	h	b	d	t	r	r_1			W_x/ cm³	I_x/ cm⁴	i_x/ cm	W_y/ cm³	I_y/ cm⁴	i_y/ cm	I_{y1}/ cm⁴	z_0/cm
22a	220	77	7.0	11.5	11.5	5.8	31.846	24.999	218	2390	8.67	28.2	158	2.23	298	2.10
22	220	79	9.0	11.5	11.5	5.8	36.246	28.453	234	2570	8.42	30.1	176	2.21	326	2.03
a	250	78	7.0	12	12.0	6.0	34.917	27.410	270	3370	9.82	30.6	176	2.24	322	2.07
25b	250	80	9.0	12	12.0	6.0	39.917	31.335	282	3530	9.41	32.7	196	2.22	353	1.98
c	250	82	11.0	12	12.0	6.0	44.917	35.260	295	3690	9.07	35.9	218	2.21	384	1.92
a	280	82	7.5	12.5	12.5	6.2	40.034	31.427	340	4760	10.9	35.7	218	2.33	388	2.10
28b	280	84	9.5	12.5	12.5	6.2	45.634	35.823	366	5130	10.6	37.9	242	2.30	428	2.02
c	280	86	11.5	12.5	12.5	6.2	51.234	40.219	393	5500	10.4	40.3	268	2.29	463	1.95
a	320	88	8.0	14	14.0	7.0	48.513	38.083	475	7600	12.5	46.5	305	2.50	552	2.24
32b	320	90	10.0	14	14.0	7.0	54.913	43.107	509	8140	12.2	59.2	336	2.47	593	2.16
c	320	92	12.0	14	14.0	7.0	61.313	48.131	543	8690	11.9	52.6	374	2.47	643	2.09
a	360	96	9.0	16	16.0	8.0	60.910	47.814	660	11900	14.0	63.5	455	2.73	818	2.44
36b	360	98	11.0	16	16.0	8.0	68.110	53.466	703	12700	13.6	66.9	497	2.70	880	2.37
c	360	100	13.0	16	16.0	8.0	75.310	59.118	746	13400	13.4	70.0	536	2.67	948	2.34
a	400	100	10.5	18	18.0	9.0	75.068	58.928	879	17600	15.3	78.8	592	2.81	1070	2.49
40b	400	102	12.5	18	18.0	9.0	83.068	65.208	932	18600	15.0	82.5	640	2.78	1140	2.44
c	400	104	14.5	18	18.0	9.0	91.068	71.488	986	19700	14.7	86.2	688	2.75	1220	2.42

表 3 热轧工字钢（GB 706—88）

符号意义：h——高度；　r_1——腿端圆弧半径；
b——腿宽度；　I——惯性矩；
d——腰厚度；　W——抗弯截面系数；
t——平均腿厚度；　i——惯性半径；
r——内圆弧半径；　S——半截面的静力矩。

型号	尺寸/mm						截面面积/cm²	理论重量/（kg/m）	参考数值						
									x-x				y-y		
	h	b	d	t	r	r_1			I_x/cm⁴	W_x/cm³	i_x/cm	I_x:S_x/cm	I_y/cm⁴	W_y/cm³	i_y/cm
10	100	68	4.5	7.6	6.5	3.3	14.345	11.261	245	49.0	4.14	8.59	33.0	9.72	1.52
12.6	126	74	5.0	8.4	7.0	3.5	18.118	14.223	488	77.5	5.20	10.8	46.9	12.7	1.61
14	140	80	5.5	9.1	7.5	3.8	21.516	16.890	712	102	5.76	12.0	64.4	16.1	1.73
16	160	88	6.0	9.9	8.0	4.0	26.131	20.513	1130	141	6.58	13.8	93.1	21.2	1.89
18	180	94	6.5	10.7	8.5	4.3	30.756	24.143	1660	185	7.36	15.4	122	26.0	2.00
20a	200	100	7.0	11.4	9.0	4.5	35.578	27.929	2370	237	8.15	17.2	158	31.5	2.12
20b	200	102	9.0	11.4	9.0	4.5	39.578	31.069	2500	250	7.96	16.9	169	33.1	2.06
22a	220	110	7.5	12.3	9.5	4.8	42.128	33.070	3400	309	8.99	18.9	225	40.9	2.31
22b	220	112	9.5	12.3	9.5	4.8	46.528	36.524	3570	325	8.78	18.7	239	42.7	2.27
25a	250	116	8.0	13.0	10.0	5.0	48.541	38.105	5020	402	10.2	21.6	280	48.3	2.40
25b	250	118	10.0	13.0	10.0	5.0	53.541	42.030	5280	423	9.94	21.3	309	52.4	2.40
28a	280	122	8.5	13.7	10.5	5.3	55.404	43.492	7110	508	11.3	24.6	345	56.6	2.50
28b	280	124	10.5	13.7	10.5	5.3	61.004	47.888	7480	534	11.1	24.2	379	61.2	2.49
32a	320	130	9.5	15.0	11.5	5.8	67.156	52.717	11100	692	12.8	27.5	460	70.8	2.62
32b	320	132	11.5	15.0	11.5	5.8	73.556	57.741	11600	726	12.6	27.1	502	76.0	2.61
32c	320	134	13.5	15.0	11.5	5.8	79.956	62.765	12200	760	12.3	26.3	544	81.2	2.61

续表

型号	尺寸/mm						截面面积/cm^2	理论重量/（kg/m）	参考数值						
									x-x				y-y		
	h	b	d	t	r	r_1			I_x/cm^4	W_x/cm^3	i_x/cm	$I_x:S_x/cm$	I_y/ cm^4	W_y/ cm^3	i_y/ cm
36a	360	136	10.0	15.8	12.0	6.0	76.480	60.037	15800	875	14.4	30.7	552	81.2	2.69
36b	360	138	12.0	15.8	12.0	6.0	83.680	65.689	16500	919	14.1	30.3	582	84.3	2.64
36c	360	140	14.0	15.8	12.0	6.0	90.880	71.341	17300	962	13.8	29.9	612	87.4	2.60
40a	400	142	10.5	16.5	12.5	6.3	86.112	67.598	21700	1090	15.9	34.1	660	93.2	2.77
40b	400	144	12.5	16.5	12.5	6.3	94.112	73.878	22800	1140	16.5	33.6	692	96.2	2.71
40c	400	146	14.5	16.5	12.5	6.3	102.112	80.158	23900	1190	15.2	33.2	727	99.6	2.65
45a	450	150	11.5	18.0	13.5	6.8	102.446	80.420	32200	1430	17.7	38.6	855	114	2.89
45b	450	152	13.5	18.0	13.5	6.8	111.446	87.485	33800	1500	17.4	38.0	894	118	2.84
45c	450	154	15.5	18.0	13.5	6.8	120.446	94.550	35300	1570	17.1	37.6	938	122	2.79
50a	500	158	12.0	20.0	14.0	7.0	119.304	93.654	46500	1860	19.7	42.8	1120	142	3.07
50b	500	160	14.0	20.0	14.0	7.0	129.304	101.504	48600	1940	19.4	42.4	1170	146	3.01
50c	500	162	16.0	20.0	14.0	7.0	139.304	109.354	50600	2080	19.0	41.8	1220	151	2.96
56a	560	166	12.5	21.0	14.5	7.3	135.435	106.316	65600	2340	22.0	47.7	1370	165	3.18
56b	560	168	14.5	21.0	14.5	7.3	146.635	115.108	68500	2450	21.6	47.2	1490	174	3.16
56c	560	170	16.5	21.0	14.5	7.3	157.835	123.900	71400	2550	21.3	46.7	1560	183	3.16
63a	630	176	13.0	22.0	15.0	7.5	154.658	121.407	93900	2980	24.5	54.2	1700	193	3.31
63b	630	178	15.0	22.0	15.0	7.5	167.258	131.298	98100	3160	24.2	53.5	1810	204	3.29
63c	630	180	17.0	22.0	15.0	7.5	179.858	141.189	102000	3300	23.8	52.9	1920	214	3.27

注：截面图和表中标注的圆弧半径 r 和 r_1 值，用于孔型设计，不作为交货条件。

附录 V　习题参考答案

习 题 2（刚体静力学的基本概念）

2.1　$s=-\frac{4}{7}\sqrt{14}$。

2.2　从略。

2.3　$\boldsymbol{n}=\frac{1}{\sqrt{3}}(\boldsymbol{i}+\boldsymbol{j}+\boldsymbol{k})$。

2.4　从略。

2.5　$F=5\sqrt{2}\ \text{kN}$，$\alpha=64.9^\circ$，$\beta=55.6^\circ$，$\gamma=135^\circ$。

2.6　$(\cos\varphi,\ \sin\varphi,\ 0)$。

2.7　$(\sin\theta\cos\varphi,\ \sin\theta\sin\varphi,\ \cos\theta)$

2.8　$$\boldsymbol{F}=\frac{F_1-F_2\cos\theta}{\sin^2\theta}\boldsymbol{e}_1+\frac{F_2-F_1\cos\theta}{\sin^2\theta}\boldsymbol{e}_2$$。

2.9~2.11　从略。

习 题 3（汇交力系）

3.1　161 N。

3.2　$F_2=173.2\ \text{kN}$，$\gamma=95^\circ$。

3.3　$F_A=\frac{\sqrt{5}}{2}F$，$F_D=\frac{1}{2}F$。

3.4　25.7 kN。

3.5　$F_1:F_2=0.644$。

3.6　$\beta=\alpha+\arctan\left(\frac{1}{3\tan\alpha}\right)$。

3.7　$F_A=22.4\ \text{kN}$，$F_C=28.3\ \text{kN}$。

3.8　$F_{BE}=-16.2\ \text{kN}$。

3.9　$F_A=10.6\ \text{kN}$，$F_B=5.3\ \text{kN}$，$F_C=9.2\ \text{kN}$。

3.10　$F_R=10.2\ \text{kN}$，$\alpha=93.6^\circ$，$\beta=100.7^\circ$，$\gamma=169.6^\circ$

习 题 4（力偶系）

4.1　(a) FL，(b) 0，(c) $FL\sin\alpha$，(d) $-Fa$，(e) $F(L+r)$，(f) $FL\sin\alpha$。

4.2　(a) $F_A=F_B=\frac{M}{L}$，(b) $F_A=F_B=\frac{M}{L}$，(c) $F_A=F_B=\frac{M}{L\cos\theta}$。

4.3　$F_A=F_B=1.5\ \text{kN}$。

4.4　$F_{AB}=5\ \text{N}$，$M_2=3\ \text{N}\cdot\text{m}$。

4.5　$F_A=F_C=\frac{\sqrt{2}M}{4a}$。

4.6　$F_{OE}=4$，$m_{OE}(\boldsymbol{F})=5$。

4.7　$F_{1x}=8.48\ \text{N}$，$F_{1y}=-4.24\ \text{N}$，$F_{1z}=3.18\ \text{N}$，$m_x(\boldsymbol{F}_2)=-120\ \text{N}\cdot\text{mm}$，$m_y(\boldsymbol{F}_2)=240\ \text{N}\cdot\text{mm}$，$m_z(\boldsymbol{F}_2)=320\ \text{N}\cdot\text{mm}$。

4.8　$m_x(\boldsymbol{F})=-F(h\sin\alpha+a\cos\theta\cos\alpha)$，$m_y(\boldsymbol{F})=Fa\sin\theta$，$m_{AB}(\boldsymbol{F})=Fa\sin\theta\sin\alpha$。

4.9　$m(\boldsymbol{F})=-Fh\cos\alpha$，$m(\boldsymbol{G})=\frac{G}{2}(b\cos\alpha-h\sin\alpha)$。

4.10 $\boldsymbol{F}=\left(-\frac{10\sqrt{6}}{3}\boldsymbol{i}-\frac{5\sqrt{3}}{3}\boldsymbol{j}+5\boldsymbol{k}\right)$ N， $\boldsymbol{m}_O(\boldsymbol{F})=500\left(\boldsymbol{i}-\sqrt{2}\boldsymbol{j}+\frac{1}{3}\sqrt{6}\boldsymbol{k}\right)$，

$\boldsymbol{m}_O(\boldsymbol{F})=500\sqrt{2}$ N·mm。

4.11 $\boldsymbol{F}_R'=\frac{F}{2}(\sqrt{3}\boldsymbol{i}-2\boldsymbol{j}-\boldsymbol{k})$， $\boldsymbol{m}_O=\frac{FL}{2}\left[\boldsymbol{i}+(\sqrt{3}+1)\boldsymbol{j}-(2+\sqrt{3})\boldsymbol{k}\right]$。

4.12 $\boldsymbol{F}_R'=3\boldsymbol{j}+\boldsymbol{k}$， $\boldsymbol{M}_O=13\boldsymbol{i}-4\boldsymbol{j}-9\boldsymbol{k}$。

4.13 $\boldsymbol{F}_R'=\boldsymbol{0}$， $\boldsymbol{M}_O=\frac{\sqrt{2}}{2}Fa(\boldsymbol{i}+\boldsymbol{j}+\boldsymbol{k})$。

4.14 $M_x=0.899M$， $M_y=0.555M$， $M_z=1.279M$。

4.15 $M_R=284.6$ N·m， $\alpha=132.7°$， $\beta=106.3°$， $\gamma=132.7°$。

习 题 5（任意力系）

5.1 (a) $F_{Ax}=\frac{\sqrt{3}}{3}qL$， $F_{Ay}=\frac{1}{6}qL$， $F_B=\frac{2}{3}qL$； (b) $F_{Ax}=0$， $F_{Ay}=2qL$， $m_A=\frac{5}{2}qL^2$；

(c) $F_{Ay}=-\frac{3}{4}qL$， $F_C=\frac{7}{4}qL$； (d) $F_{By}=\frac{4}{3}qL^2$， $F_{Bx}=\frac{qL}{2}$， $F_{By}=\frac{2}{3}qL+\frac{\sqrt{3}qL}{2}$。

5.2 $F_A=F_C=\frac{\sqrt{2}M}{3a}$。

5.3 $F_A=\frac{\sin\alpha}{\sin(\alpha+\beta)}F$， $F_A=\frac{\sin\beta}{\sin(\alpha+\beta)}F$， $\tan\varphi=\frac{\cos\beta}{\sin\beta}-\frac{2\cos(\alpha+\beta)}{\sin(\alpha+\beta)}$。

5.4 $\tan\theta=\frac{1}{3}$。

5.5 $P\geqslant 333.3$ kN， $x\leqslant 6.75$ m。

5.6 $F_{AD}=5.77$ kN， $F_{AB}=-2.31$ kN， $F_{AC}=1.73$ kN。

5.7 $F=500$N， $\varphi=143°$。

5.8 $F_{CE}=200$N， $F_{Ax}=86.6$ N， $F_{Ay}=150$ N， $F_{Az}=100$ N， $F_{Bx}=0$， $F_{Bz}=0$。

5.9 $a=350$ mm。

5.10 $F_1=-F$， $F_2=0$， $F_3=F$， $F_4=0$， $F_5=-F$， $F_6=0$。

5.11 (a) $F_{Ax}=20\sqrt{3}$ kN， $F_{Ay}=60$ kN， $m_A=220$ kN·m， $F_C=40\sqrt{3}$ kN。

(b) $F_{Ax}=0$， $F_{Ay}=-4.17$ kN， $F_B=35$ kN， $F_D=9.17$ kN。

(c) $F_{Ax}=0$， $F_{Ay}=-51.25$ kN， $N_B=105$ kN， $F_D=6.25$ kN。

5.12 $F_{Ax}=0$， $F_{Ay}=0$， $F_{Bx}=-50$ kN， $F_{By}=100$ kN。

5.13 $a+\frac{FL^2}{kb^2}$。

5.14 $\theta=0$。

5.15 $M=\frac{FR}{r_2}r_1$。

5.16 $x=\frac{L}{2}-\frac{F_1a}{F_1+F_2}$。

5.17 $G=2F\left(1-\frac{r}{R}\right)$。

5.18　$F_{Ox}=-F$，$F_{Oy}=2F$。

5.19　$F_{Bx}=600\ \text{N}$，$F_{By}=1800\ \text{N}$。

5.20　$\theta=46.3^\circ$。

5.21　$F_{Ax}=qa$，$F_{Ay}=qa$，$M_A=qa^2$。

5.22　$F_A=6.75\ \text{kN}$，$F_{Cx}=0$，$F_{Cy}=2.25\ \text{kN}$，$F_{Ex}=-4.5\ \text{kN}$，$F_{Ey}=15\ \text{kN}$。

5.23　$\boldsymbol{F}'_{\text{R}}=(313.6\boldsymbol{i}-891\boldsymbol{j})\ \text{kN}$，$M_O=-243.3\ \text{kN}\cdot\text{m}$，$d=0.256\ \text{m}$。

5.24　$\boldsymbol{F}_R=2F\boldsymbol{j}+F\boldsymbol{k}$，$M=Fb/\sqrt{5}$，右手力螺旋。

5.25　从略。

5.26　$\boldsymbol{F}_{\text{R}}=4F\boldsymbol{k}$。

5.27　$x_C=2.15\ \text{m}$，$y_C=1.20\ \text{m}$，$z_C=0.60\ \text{m}$。

5.28　$x_C=510\ \text{mm}$，$y_C=1411\ \text{mm}$，$z_C=720\ \text{mm}$。

5.29　$a=\dfrac{\sqrt{2}}{2}r$。

5.30　距上端 202 mm。

5.31　从略。

5.32　$F_1=\dfrac{\sqrt{2}}{2}F$，$F_2=-\dfrac{1}{2}F$，$F_3=\dfrac{1}{2}F$。

5.33　$F_{HB}=-15\ \text{kN}$，$F_{GB}=12.99\ \text{kN}$，$F_{GH}=-4.33\ \text{kN}$，
$F_{EH}=-12.5\text{kN}$，$F_{GE}=4.33\ \text{kN}$，$F_{GD}=8.66\ \text{kN}$。

5.34　$F_1=21.83\ \text{kN}$，$F_2=16.73\ \text{kN}$，$F_3=-20\ \text{kN}$，$F_4=-43.66\ \text{kN}$。

5.35　$F_1=-2F$，$F_2=-\dfrac{3}{4}F$，$F_3=-\dfrac{\sqrt{5}}{4}F$，$F_4=2F$。

5.36　$F_{CD}=-\dfrac{\sqrt{3}}{2}F$。

5.37　$F_1=-\dfrac{4}{9}F$，$F_2=-\dfrac{2}{3}F$，$F_3=0$。

5.38　$F_{AB}=0.4296F$。

5.39　从略。

习 题 6（杆件的内力）

6.1　(a) $|F_{\text{N}}|_{\max}=2\ \text{kN}$，(b) $|F_{\text{N}}|_{\max}=3\ \text{kN}$，(c) $|F_{\text{N}}|_{\max}=2\ \text{kN}$，(d) $|F_{\text{N}}|_{\max}=2\ \text{kN}$。

6.2　(a) $|F_{\text{N}}|_{\max}=qa$，(b) $|F_{\text{N}}|_{\max}=qa$。

6.3　(a) $|T|_{\max}=4m$，(b) $|T|_{\max}=2ta$，(c) $|T|_{\max}=ta$，(d) $|T|_{\max}=3ta$。

6.4　(a) $F_{\text{S1}}=qL$，$M_1=-\dfrac{1}{2}qL^2$，$F_{\text{S2}}=\dfrac{1}{2}qL$，$M_2=-\dfrac{1}{8}qL^2$。

(b) $F_{\text{S1}}=\dfrac{3}{2}qL$，$M_1=-\dfrac{1}{8}qL^2$，$F_{\text{S2}}=\dfrac{3}{2}qL$，$M_2=-\dfrac{5}{8}qL^2$。

(c) $F_{\text{S1}}=-10\ \text{kN}$，$M_1=20\ \text{kN}\cdot\text{m}$，$F_{\text{S2}}=-10\ \text{kN}$，$M_2=10\ \text{kN}\cdot\text{m}$。

(d) $F_{\text{S1}}=-qa$，$M_1=-\dfrac{1}{2}qa^2$，$F_{\text{S2}}=\dfrac{1}{4}qa$，$M_2=-\dfrac{1}{2}qa^2$。

(e) $F_{S1}=-qa$， $M_1=-\frac{1}{2}qa^2$， $F_{S2}=-\frac{3}{2}qa$， $M_2=-\frac{1}{2}qa^2$，

$F_{S3}=-\frac{3}{2}qa$， $M_3=-2qa^2$。

(f) $F_{S1}=\frac{1}{6}q_0L$， $M_1=0$， $F_{S2}=\frac{1}{24}q_0L$， $M_2=\frac{1}{16}q_0L^2$，

$F_{S3}=-\frac{1}{3}q_0L$， $M_3=0$。

6.5 (a) $F_{N1}=-\frac{1}{2}F$， $F_{S1}=\frac{1}{2}\sqrt{3}F$， $M_1=-FL$，

$F_{N2}=-\frac{1}{2}F$， $F_{S2}=\frac{1}{2}\sqrt{3}F$， $M_2=-\frac{1}{2}FL$。

(b) $F_{N1}=\frac{1}{2}\sqrt{2}qa$， $F_{S1}=\frac{1}{2}\sqrt{2}qa$， $M_1=-\frac{3}{2}qa^2$，

$F_{N2}=\frac{1}{2}\sqrt{2}qa$， $F_{S2}=\frac{1}{2}\sqrt{2}qa$， $M_2=-\frac{1}{2}qa^2$。

(c) $F_{N1}=-\sqrt{2}qa$， $F_{S1}=0$， $M_1=-qa^2$，

$F_{N2}=-\sqrt{2}qa$， $F_{S1}=\sqrt{2}qa$， $M_2=-2qa^2$。

6.6 (a) $F_{N1}=\frac{1}{2}\sqrt{2}F$， $F_{S1}=\frac{1}{2}\sqrt{2}F$， $M_1=\frac{1}{2}\sqrt{2}FR$，

$F_{N2}=F$， $F_{S2}=0$， $M_2=FR$。

(b) $F_{N1}=F$， $F_{S1}=F$， $M_1=FR$， $F_{N2}=F$， $F_{S2}=-F$， $M_2=FR$。

(c) $F_{N1}=-F$， $F_{S1}=0$， $M_1=-FR$， $F_{N2}=0$， $F_{S2}=F$， $M_2=0$，

$F_{N3}=F$， $F_{S3}=0$， $M_3=FR$。

6.7 (a) $|F_S|_{max}=\frac{1}{2}q_0L$，$|M|_{max}=\frac{1}{6}q_0L^2$。 (b) $|F_S|_{max}=\frac{3}{4}q_0L$，$|M|_{max}=\frac{7}{24}q_0L^2$。

(c) $|F_S|_{max}=\frac{1}{3}q_0L$，$|M|_{max}=\frac{\sqrt{3}}{27}q_0L^2$。 (d) $|F_S|_{max}=\frac{3}{2}qa$，$|M|_{max}=\frac{9}{8}qa^2$。

6.8 (a) $|F_S|_{max}=\frac{7}{4}qa$，$|M|_{max}=\frac{49}{64}qa^2$。 (b) $|F_S|_{max}=\frac{2}{3}F$，$|M|_{max}=\frac{1}{3}Fa$。

(c) $|F_S|_{max}=\frac{1}{4}qL$，$|M|_{max}=\frac{3}{32}qL^2$。 (d) $|F_S|_{max}=qa$，$|M|_{max}=\frac{1}{2}qa^2$。

(e) $|F_S|_{max}=\frac{3}{2}qa$，$|M|_{max}=qa^2$。 (f) $|F_S|_{max}=\frac{3}{4}qa$，$|M|_{max}=\frac{3}{4}qa^2$。

(g) $|F_S|_{max}=\frac{7}{6}qa$，$|M|_{max}=\frac{5}{6}qa^2$。 (h) $|F_S|_{max}=3qa$，$|M|_{max}=\frac{9}{2}qa^2$。

6.9 (a) $|F_S|_{max}=2F$，$|M|_{max}=2Fa$。 (b) $|F_S|_{max}=3F$，$|M|_{max}=3Fa$。

(c) $|F_S|_{max}=qL$，$|M|_{max}=\frac{7}{8}qL^2$。 (d) $|F_S|_{max}=qa$，$|M|_{max}=2qa^2$。

(e) $|F_S|_{max}=\frac{1}{2}qL$，$|M|_{max}=\frac{7}{8}qL^2$。 (f) $|F_S|_{max}=2qa$，$|M|_{max}=qa^2$。

(g) $\left|F_S\right|_{max}=\frac{1}{2}qL$，$\left|M\right|_{max}=\frac{3}{8}qL^2$。 (h) $\left|F_S\right|_{max}=qa$，$\left|M\right|_{max}=qa^2$。

6.10 (a) $\left|F_S\right|_{max}=2qa$，$\left|M\right|_{max}=qa^2$。 (b) $\left|F_S\right|_{max}=qa$，$\left|M\right|_{max}=qa^2$。

(c) $\left|F_S\right|_{max}=\frac{7}{3}qa$，$\left|M\right|_{max}=2qa^2$。 (d) $\left|F_S\right|_{max}=\frac{3}{2}qa$，$\left|M\right|_{max}=\frac{9}{8}qa^2$。

(e) $\left|F_S\right|_{max}=qa$，$\left|M\right|_{max}=\frac{1}{2}qa^2$。 (f) $\left|F_S\right|_{max}=\frac{5}{4}qa$，$\left|M\right|_{max}=\frac{1}{2}qa^2$。

(g) $\left|F_S\right|_{max}=\frac{5}{4}qa$，$\left|M\right|_{max}=2qa^2$。 (h) $\left|F_S\right|_{max}=2qa$，$\left|M\right|_{max}=qa^2$。

6.11 和 6.12 从略。

6.13 (a) $\left|F_S\right|_{max}=\frac{1}{2}qa$，$\left|M\right|_{max}=\frac{1}{2}qa^2$。 (b) $\left|F_S\right|_{max}=F$，$\left|M\right|_{max}=Fa$。

(c) $\left|F_S\right|_{max}=\frac{5}{2}qa$，$\left|M\right|_{max}=2qa^2$。 (d) $\left|F_S\right|_{max}=qa$，$\left|M\right|_{max}=\frac{1}{2}qa^2$。

(e) $\left|F_S\right|_{max}=qa$，$\left|M\right|_{max}=qa^2$。 (f) $\left|F_S\right|_{max}=2qa$，$\left|M\right|_{max}=\frac{3}{2}qa^2$。

6.14 (a) $\frac{dM}{dx}=-m_0$。 (b) $\frac{dT}{dx}=-t$。

(c) $\frac{dF_N}{dx}=-q$，$\frac{dM}{dx}=\frac{1}{2}hq$。 (d) $\frac{dM}{dx}=hq$。

6.15 (a) $\left|F_N\right|_{max}=qa$，$\left|F_S\right|_{max}=qa$，$\left|M\right|_{max}=\frac{1}{2}qa^2$。

(b) $\left|F_N\right|_{max}=qa$，$\left|F_S\right|_{max}=qa$，$\left|M\right|_{max}=qa^2$。

(c) $\left|F_N\right|_{max}=\frac{1}{2}qa$，$\left|F_S\right|_{max}=qa$，$\left|M\right|_{max}=\frac{1}{2}qa^2$。

(d) $\left|F_N\right|_{max}=F$，$\left|F_S\right|_{max}=F$，$\left|M\right|_{max}=Fa$。

(e) $\left|F_N\right|_{max}=\frac{1}{2}qa$，$\left|F_S\right|_{max}=qa$，$\left|M\right|_{max}=\frac{1}{2}qa^2$。

(f) $\left|F_N\right|_{max}=\frac{1}{2}qa$，$\left|F_S\right|_{max}=qa$，$\left|M\right|_{max}=qa^2$。

6.16 (a) $\left|F_N\right|_{max}=\frac{1}{2}qa$，$\left|F_S\right|_{max}=\frac{1}{2}qa$，$\left|M\right|_{max}=\frac{1}{8}qa^2$。

(b) $\left|F_N\right|_{max}=qa$，$\left|F_S\right|_{max}=qa$，$\left|M\right|_{max}=qa^2$。

6.17 (a) $\left|F_N\right|_{max}=F$，$\left|F_S\right|_{max}=F$，$\left|M\right|_{max}=FR$。

(b) $\left|F_N\right|_{max}=F$，$\left|F_S\right|_{max}=F$，$\left|M\right|_{max}=FR$。

(c) $\left|F_N\right|_{max}=qa$，$\left|F_S\right|_{max}=qa$，$\left|M\right|_{max}=\frac{3}{2}qa^2$。

6.18 $\left|M\right|_{max}=\frac{F(2L-a)^2}{8L}$，$\left|F_S\right|_{max}=\frac{2L-a}{L}F$。

6.19 (a) $T=FL$，$F_S=F$，$M=FL$。

(b) $T=\frac{1}{2}qL^2$，$F_S=2qL$，$M=\frac{3}{2}qL^2$。

(c) $F_N=F$，$F_{Sy}=F$，$F_{Sz}=F$，$M=FL$。

(d) $T = F\left(L + \frac{b}{2}\right)$， $F_S = F$， $M = (t + 2F)L$。

6.20 $|F_N|_{max} = \sqrt{2}P$， $|F_S|_{max} = P$， $|M|_{max} = \frac{1}{2}PL$。

6.21 $|F_N|_{max} = \frac{\sqrt{2}}{2}F$， $|F_S|_{max} = \frac{1}{4}(1 + 2\sqrt{2})F$， $|M|_{max} = \frac{3}{2}Fa$。

6.22 $\frac{(n+1)FL}{8n}$（n 为奇数）， $\frac{(n+2)FL}{8(n+1)}$（n 为偶数）。

6.23 $P = \frac{8}{5}F$， 80 %。

6.24 $P = (\sqrt{2} - 1)\frac{F}{a}\sqrt{L^2 + a^2}$， 82.8 %。

6.25 不能，1.3 m。

习 题 7（变形固体的基本概念）

7.1 $\alpha = 31.0°$。

7.2 $\sigma = 59.1$ MPa， $\tau = 10.4$ MPa。

7.3 $F = 62.5$ kN， $\alpha = 33.7°$。

7.4 F， $\frac{3}{2}$。

7.5 $F_N = 72$ kN， $M_z = -1.08$ kN·m。

7.6 $T = 7.79$ kN·m。

7.7 $\varepsilon_x = 0.01$， $\varepsilon_y = -0.02$， $\gamma_{xy} = 0$。

7.8 $\varepsilon_x = 10^{-3}$， $\varepsilon_y = 2\times10^{-3}$， $\gamma_{xy} = -10^{-3}$。

7.9 $\varepsilon_{max} = 4.14\times10^{-3}$， $\varepsilon_{av} = -5.72\times10^{-4}$， $\Delta L = -0.114$ mm。

7.10 $E = 41$ GPa， $d_{min} = 9.95$ mm。

7.11 $\Delta A = 33.75\ \text{mm}^2$， $\Delta V = 225\ \text{mm}^3$。

7.12 $\nu = 0.3$。

7.13 $\nu = 0.25$。

7.14 $E = 200$ GPa， $\sigma_s = 250$ MPa， $\sigma_b = 450$ MPa， $\delta = 28\%$。

7.15 $E = 66.7$ GPa， $\sigma_p = 200$ MPa， $\sigma_s = 330$ MPa， $\varepsilon = 8.8\times10^{-3}$， $\varepsilon_p = 3.6\times10^{-3}$， $\varepsilon_e = 5.2\times10^{-3}$。

7.16～7.19 从略。

习 题 8（杆件的拉伸与压缩）

8.1 $d_1 \geqslant 17.8$ mm， $d_2 \geqslant 14.6$ mm。

8.2 $d \geqslant 19.9$ mm， $b \geqslant 84.1$ mm。

8.3 $[F] = 2.64$ kN。

8.4 $\sigma_{(1)} = 127$ MPa， $\sigma_{(2)} = 63.7$ MPa。

8.5 $d \geqslant 22.6$ mm。

8.6 $\sigma = 32.7$ MPa。

8.7 $\sigma_{(1)} = 82.9$ MPa， $\sigma_{(2)} = 131.8$ MPa。

8.8 (1) $\alpha = 48.2°$， (2) $\sigma_1 = \sigma_2 = 89.4$ MPa。

8.9 $\sigma = 6.2$ MPa。

8.10 $h_1 \leqslant \frac{[\sigma]}{\gamma}$， $h_2 \leqslant 0.306\frac{[\sigma]}{\gamma}$， $h_3 \leqslant 0.14\frac{[\sigma]}{\gamma}$。

8.11 $\theta = 54°\ 44'$。

8.12 $\theta = 54°\ 44'$。

8.13 $\theta = 45°$。

8.14 $d = 15$ mm。

8.15 $d = 32$ mm。

8.16 $E = 208.9$ GPa。

8.17 $\Delta_{max} = \frac{7FL}{16EA}$ (↓)， $\Delta_{min} = \frac{5FL}{16EA}$ (↓)。

8.18 $v_D = \frac{2Fa}{EA}$ (↓)。

8.19 $L = 150$ mm。

8.20 (1) $L = 1200$ mm， (2) 16.1 mm。

8.21 $\sigma = 144.3$ MPa， $v_C = 4.4$ mm (↓)。

8.22 $u_A=\dfrac{\sqrt{2}Fa}{EA}\ (\rightarrow)$，$v_A=0$。

8.23 $v_D=2\left(\sqrt{2}+1\right)\dfrac{Pa}{EA}\ (\downarrow)$，$u_D=0$。

8.24 $L=\dfrac{A[\sigma]-F}{\rho gA}$，$\Delta L=\dfrac{A^2[\sigma]^2-F^2}{2EA^2\rho g}$。

8.25 $\dfrac{F}{k}\ (\downarrow)$。

8.26 $\Delta L=\dfrac{FL}{E\delta(b_2-b_1)}\ln\left(\dfrac{b_2}{b_1}\right)$。

8.27 $[F]=41.9\ \text{kN}$。

8.28 (a) $R_A=R_B=F$，$F_{\text{N max}}=F$。

(b) $R_A=\dfrac{qa}{4}$，$R_B=\dfrac{3qa}{4}$，

$\left|F_{\text{N}}\right|_{\max}=\dfrac{3qa}{4}$。

8.29 $F_{\text{N1}}=\dfrac{\sqrt{2}-1}{2}F$，$F_{\text{N2}}=\dfrac{3-\sqrt{2}}{2}F$，

$F_{\text{N3}}=\dfrac{2-\sqrt{2}}{2}F$（均为拉力）。

8.30 $\sigma_{(1)}=6.2\ \text{MPa}$，$\sigma_{(2)}=61.5\ \text{MPa}$。

8.31 $E=72\ \text{GPa}$。

8.32 $\sigma_{(1)}=-\dfrac{2}{5}E\alpha T$，$\sigma_{(2)}=\dfrac{1}{5}E\alpha T$。

8.33 $\sigma_{(1)}=-75\ \text{MPa}$，$\sigma_{(2)}=-45\ \text{MPa}$。

8.34 $\sigma_{\max}=-125\ \text{MPa}$。

8.35 $u(x)=\dfrac{1}{2}\alpha T_0\left(\dfrac{x^2}{L}-x\right)$。

8.36 (1) $F_{\text{N1}}=\dfrac{4EA\delta}{(16+\sqrt{2})a}$，

$F_{\text{N2}}=\dfrac{\sqrt{2}EA\delta}{(16+\sqrt{2})a}$。

(2) $F_{\text{N1}}=\dfrac{16EA\alpha\Delta T}{16+\sqrt{2}}$，

$F_{\text{N2}}=\dfrac{4\sqrt{2}EA\alpha\Delta T}{16+\sqrt{2}}$。

8.37 $\delta=\dfrac{[\sigma]}{2E}L$，$[F]=[\sigma]A$，20 %。

8.38 斜杆 49.5 MPa，竖杆 42.9 MPa。

8.39 $\sigma_{\text{bs}}=\dfrac{8FL}{ab(2d+b)}$，$\tau=\dfrac{4FL}{ab(2d+b)}$。

8.40 $\tau=47.7\ \text{MPa}$，$\sigma_{\text{bs}}=62.5\ \text{MPa}$。

8.41 $\tau=5\ \text{MPa}$，$\sigma_{\text{bs}}=12.5\ \text{MPa}$。

8.42 $F=75.4\ \text{kN}$。

8.43 $\delta\geqslant 9\ \text{mm}$，$L\geqslant 90\ \text{mm}$，$h\geqslant 48\ \text{mm}$。

8.44 $\sigma^{\text{t}}=143.2\ \text{MPa}$，$\tau=71.6\ \text{MPa}$，

$\sigma_{\text{bs}}=114.6\ \text{MPa}$。

8.45 $D:h:d=1.225:0.333:1$。

8.46 $\tau=8.8\ \text{MPa}$。

8.47 $\tau=36.6\ \text{MPa}$，$\sigma_{\text{bs}}=33.7\ \text{MPa}$。

8.48 $\sigma^{\text{t}}=153\ \text{MPa}$，$\tau=146\ \text{MPa}$，

$\sigma_{\text{bs}}=230\ \text{MPa}$。

8.49 $d\geqslant 9.5\ \text{mm}$，7.8 %。

习 题 9（轴的扭转）

9.1 从略。

9.2 $\tau_A=24\ \text{MPa}$，$\tau_C=48\ \text{MPa}$。

9.3 (1) $T_{\max}=1.273\ \text{kN}\cdot\text{m}$；

(2) $d\geqslant 43.2\ \text{mm}$。

9.4 (1) $\tau_{\max}=\dfrac{16Lt}{\pi d^3}$；(2) $\varphi=\dfrac{16tL^2}{G\pi d^4}$。

9.5 (1) $\tau_B=\tau_A=99.5\ \text{MPa}$，

$\tau_C=49.7\ \text{MPa}$；

(2) $\varphi=1.78^\circ$。

9.6 $d\geqslant 67.6\ \text{mm}$。

9.7 $\tau_1=49.4\ \text{MPa}$，$\tau_2=21.3\ \text{MPa}$，

$\theta_1=1.77^\circ/\text{m}$，$\theta_2=0.44^\circ/\text{m}$。

9.8 $E=216.3\ \text{GPa}$，$G=81.6\ \text{GPa}$，

$\nu=0.33$。

9.9 $\tau_{\max}=116.4\ \text{MPa}$，$\tau_{\min}=28.1\ \text{MPa}$。

9.10 (1) $\tau_{\max}=70.7\ \text{MPa}$；

(2) 6.25 %。

9.11 (1) $d_{AB}\geqslant 83.1\ \text{mm}$，$d_{BC}\geqslant 75.1\ \text{mm}$；

(2) $d\geqslant 75.1\ \text{mm}$。

9.12 $\tau_1=\dfrac{4mD_1}{\pi d^2(3D_1^2+2D_2^2)}$，

$\tau_2=\dfrac{4mD_2}{\pi d^2(3D_1^2+2D_2^2)}$。

9.13 5.24 kW，
$d_2 \geqslant 14.7$ mm，$d_3 \geqslant 25.2$ mm。

9.14 $d_2 \geqslant 107.3$ mm。

9.15 $1\ \text{kN}\cdot\text{m/m} \leqslant t \leqslant 2\ \text{kN}\cdot\text{m/m}$。

9.16 $\varphi_{AB} = \dfrac{64mL}{G\pi d^4}$，$\varphi_{AC} = \dfrac{96mL}{G\pi d^4}$。

9.17 从略。

9.18 $\tau = \dfrac{T}{2\pi R_0^2 \delta}$。

9.19 $s \leqslant 236.9$ mm。

9.20 $w_A = \dfrac{192(1+\nu)ma^2}{E\pi(D^4 - d^4)}$。

9.21 $Q = \dfrac{4\sqrt{2}}{3\pi d}$，$r_C = \dfrac{3\sqrt{2}\pi d}{32}$。

9.22 $\varphi = \dfrac{32mL}{3\pi G}\left(\dfrac{d_1^{\ 2} + d_1 d_2 + d_2^{\ 2}}{d_1^3 d_2^3}\right)$。

9.23 $\varphi = \dfrac{2Lm(d_1 + d_2)}{G\pi d_1^2 d_2^2 \delta}$。

9.24 $\tau_{\max} = 42.4$ MPa，$\varphi_{\max} = 0.2°$。

9.25 (1) $d \geqslant 59.6$ mm；(2) $\varphi_{AB} = 0.81°$。

9.26 (a) $m_A = -m_B = \dfrac{1}{3}m$，

(b) $m_A = m_B = \dfrac{1}{2}ta$。

9.27 $d_1 \geqslant \sqrt[3]{\dfrac{16m}{9\pi[\tau]}}$，$d_2 \geqslant 2\sqrt[3]{\dfrac{16m}{9\pi[\tau]}}$。

9.28 3∶1。

9.29 (1) $\varphi_{BC} = -\dfrac{3ma}{4GI_P}$；(2) $\varphi_{AB} = \dfrac{ma}{2GI_P}$。

9.30 正方形 57.7 MPa，矩形 85.1 MPa，
圆形 42.6 MPa，环形 29.5 MPa。

9.31 $b \geqslant 59.5$ mm。

习 题 10（梁的弯曲应力）

10.1 (1) $\sigma_{\max} = \dfrac{Ed}{D+d}$，

(2) $D \geqslant \dfrac{Ed}{\sigma_s} - d$。

10.2 $\sigma = 320$ MPa。

10.3 $[F] = 32.5$ kN。

10.4 $\sigma_{\max} = 12.1$ MPa。

10.5 №25a。

10.6 (1) $\sigma_{\max} = 96.4$ MPa；
(2) $F = 50.6$ kN。

10.7 (a) $\sigma_{\max} = 64.7$ MPa；
(b) $\sigma_{\max} = 73.3$ MPa。

10.8 $d_1 \geqslant 27.8$ mm，$d_2 = d_3 \geqslant 40.0$ mm。

10.9 16.3 MPa，10.2 MPa。

10.10 $W_x = 0.625a^3$，$W_y = 0.541a^3$。

10.11 $\sigma_{\max}^{c} = 25.2$ MPa，$\sigma_{\max}^{t} = 68.3$ MPa。

10.12 $\sigma_{\max}^{t} = 60.3$ MPa，$\sigma_{\max}^{c} = 45.2$ MPa。

10.13 $[F] = 6.49$ kN。

10.14 (1) $[q] = 9$ kN/m；(2) $a = 612$ mm。

10.15 $D \approx 3.455a$。

10.16 $\sigma_{\max} = \dfrac{8\sqrt{3}qL^2}{a^3}$。

10.17 $b = 510$ mm。

10.18 $F = 2.25qa$。

10.19 $L_0 = 1.707L$。

10.20 (1) 距边沿 $a = 621$ mm，
$\sigma_{\max} = 0.06$ MPa。
(2) 从略。

10.21 $a = \dfrac{1}{3}L$。

10.22 $a = \dfrac{1}{6}L$。

10.23 (1)、(2) 从略。
(3) 最大 75kg。

10.24 $\dfrac{M_1}{M_2} = \dfrac{14}{13}$。

10.25 $h_2 = \dfrac{L}{2}\sqrt{\dfrac{3q}{b[\sigma]}} = \dfrac{1}{2}h_1$，

$L_2 = L_1 = \dfrac{1}{2}L$。

10.26 $\dfrac{a}{L} = \dfrac{2}{9}$，$\dfrac{h_1}{h_2} = \dfrac{2}{3}$。

10.27 $\tau_{\max} = 26.8$ MPa，$\tau_A = 13.1$ MPa，
$\tau_B = 21.9$ MPa。

10.28 $[F] = 2400$ N。

10.29 $\sigma_{\max} = 6.7$ MPa，$\tau_{\max} = 1$ MPa。

10.30 $b = 140$ mm，$h = 210$ mm。

10.31 $h(x)=\sqrt{\dfrac{3q}{b[\sigma]}}x$。

10.32 $h(z)=\sqrt{\dfrac{2\gamma Bz^3}{b[\sigma]}}$，$\gamma$为重度，$B=2\text{ m}$。

10.33 $b(x)=\begin{cases} b_0 & \left(0\leqslant x\leqslant\sqrt{\dfrac{b_0h^2[\sigma]}{3q}}\right) \\ \dfrac{3qx^2}{[\sigma]h^2} & \left(\sqrt{\dfrac{b_0h^2[\sigma]}{3q}}\leqslant x\leqslant L\right)\end{cases}$。

10.34 $F=18.4\text{ kN}$。

10.35 $\Delta L=\dfrac{qL^3}{2Ebh^2}$。

10.36 $\Delta AB=0.016\text{ mm}$，$\Delta CD=0.0042\text{ mm}$。

习 题 11（梁的弯曲变形）

11.1 (a) $\theta_B=\dfrac{qL^3}{3EI}$，$w_B=\dfrac{5qL^4}{24EI}$ (↑)。

(b) $\theta_B=\dfrac{ma}{EI}$，$w_B=\dfrac{ma^2}{2EI}$ (↑)。

11.2 $\theta_{\max}=\dfrac{q_0L^3}{45EI}$，$w=-\dfrac{5q_0L^4}{768}$ (↓)。

11.3 $\theta(a)=\dfrac{ma}{6EI}$。

11.4 $w(a)=\dfrac{ma^2}{2EI}$ (↑)。

11.5 $w_A=-\dfrac{2qL^4}{bh^3}$ (↓)。

11.6 $F\leqslant 136\text{ N}$。

11.7 $w=2.13\text{ mm}$ (↓)。

11.8 $w_{\max}=-\dfrac{8FL^3}{EbH^3}$ (↓)。

11.9 № 56a。

11.10 $w_C=-6.67\text{ mm}$ (↓)，$w_D=-11.15\text{ mm}$ (↓)。

11.11 (a) $\theta_B=\dfrac{FL^2}{16EI}+\dfrac{mL}{3EI}$，

$w_C=-\left(\dfrac{FL^3}{48EI}+\dfrac{mL^2}{16EI}\right)$ (↓)。

(b) $\theta_B=\dfrac{FL^2}{4EI}$，$w_C=\dfrac{11FL^3}{48EI}$ (↑)。

11.12 $\Delta L=3\text{ mm}$，$w_C=-6.19\text{ mm}$ (↓)。

11.13 $w_C=-\dfrac{Fa^3}{EI}$ (↓)。

11.14 $F=0.349\text{ N}$，$a=0.80\text{ mm}$。

11.15 $\theta_C=-\dfrac{2qa^3}{3EI}$，$w_C=-\dfrac{11qa^4}{12EI}$ (↓)。

11.16 $\rho\leqslant\dfrac{3E(D^2+d^2)}{2500gL^3}$。

11.17 $w_{\max}=20\text{ mm}$。

11.18 $\dfrac{15qa^4}{2048EI}$ (↑)。

11.19 $D=82\text{ mm}$。

11.20 $\theta_0=\dfrac{25qL^3}{12EI}$。

11.21 $w_A=-\dfrac{3ma^2}{4EI}$ (↓)。

11.22 $w_B=-\dfrac{25Fa^3}{12EI}$ (↓)。

11.23 (1) $\dfrac{1}{100}$；(2) $\dfrac{1}{100}$。

11.24 (1) $\dfrac{a}{L}=2$；(2) $\varDelta=\dfrac{2qL^4}{3EI}$。

11.25 $\dfrac{h}{b}=\sqrt{3}$。

11.26 $w=-\dfrac{1}{2R}\left(L^2-\dfrac{EI}{qR}\right)$ (↓)。

11.27 $v_A=\dfrac{qL^4}{4EI}$ (↑)，$v_B=\dfrac{3qL^4}{8EI}$ (↓)。

11.28 $\theta_A=-\dfrac{17qL^3}{48EI}$，$w_C=-\dfrac{7qL^4}{24EI}$ (↓)。

11.29 $w_D=-\dfrac{Fa^3}{3EI}$ (↓)。

11.30 $w_A=-\dfrac{4qa^4}{3EI}$ (↓)。

11.31 $v_C=\dfrac{qa^2}{2EA}+\dfrac{7qa^4}{24EI}$ (↓)。

11.32 $w_C=\dfrac{208qL^4}{3E\pi d^4}(\downarrow)$。

11.33 $u=\dfrac{32mh^2}{E\pi d^4}$，$\theta=\dfrac{120mh}{E\pi d^4}$。

11.34 $\dfrac{7Fa^3}{30EI}$。

11.35 $F=\dfrac{3}{8}qL\left(1+\dfrac{3aI}{AL^3}\right)^{-1}$。

11.36 $w=-\dfrac{Fa^3}{144EI}(\downarrow)$。

11.37 (1) $R=\dfrac{5}{4}F$；(2) 50 %，39 %。

11.38 $w_C=\dfrac{qa^4}{5EI}(\uparrow)$。

11.39 $F_N=\delta\left(\dfrac{a}{EA}+\dfrac{L^3}{3EI}\right)^{-1}$。

11.40 $w_{max}=-\dfrac{ma^2}{4EI}(\downarrow)$。

11.41 $M_A=M_B=-\dfrac{1}{12}qL^2$。

11.42 $w_{max}=1.39\ \text{mm}(\downarrow)$。

11.43 $F=24\ \text{N}$。

11.44 从略。

11.45 承载能力提高到原来的 2.5 倍左右，刚度提高到原来的 10 倍左右。

习 题 12（复杂应力状态分析及其应用）

12.1 (a) $\sigma_x=40\ \text{MPa}$，$\sigma_y=0$，$\tau_{xy}=-20\ \text{MPa}$。
(b) $\sigma_x=0$，$\sigma_y=0$，$\tau_{xy}=25\ \text{MPa}$。

12.2 (a) $\sigma=47.3\ \text{MPa}$，$\tau=7.3\ \text{MPa}$。
(b) $\sigma=20\ \text{MPa}$，$\tau=0$。
(c) $\sigma=0.5\ \text{MPa}$，$\tau=20.5\ \text{MPa}$。
(d) $\sigma=62.5\ \text{MPa}$，$\tau=-21.7\ \text{MPa}$。

12.3 31.4 kN。

12.4 $\sigma_x=120\ \text{MPa}$，$\tau_{xy}=-40\sqrt{3}\ \text{MPa}$。

12.5 (a) $\alpha_1'=-38^\circ$：$-71.2\ \text{MPa}$；$\alpha_2'=52^\circ$：$11.2\ \text{MPa}$。
(b) $\alpha_1'=19.3^\circ$：$57\ \text{MPa}$；$\alpha_2'=-70.7^\circ$：$-7\ \text{MPa}$。
(c) $\alpha_1'=19.3^\circ$：$-27.0\ \text{MPa}$；$\alpha_2'=-70.7^\circ$：$37.0\ \text{MPa}$。

12.6 (a) $\sigma_1=69.6\ \text{MPa}$，$\sigma_2=9.9\ \text{MPa}$。
(b) $\sigma_1=67.4\ \text{MPa}$，$\sigma_2=5.9\ \text{MPa}$。

12.7 上：$\sigma_1=60\ \text{MPa}$，$\sigma_2=\sigma_3=0$；
中：$\sigma_1=30.2\ \text{MPa}$，$\sigma_2=0$，$\sigma_3=-0.2\ \text{MPa}$；
下：$\sigma_1=3\ \text{MPa}$，$\sigma_2=0$，$\sigma_3=-3\ \text{MPa}$。

12.8 $\sigma_1=29.3\ \text{MPa}$，$\sigma_2=0$，$\sigma_3=-2.3\ \text{MPa}$。

12.9 (a) $\sigma_1=84.7\ \text{MPa}$，$\sigma_2=20\ \text{MPa}$，$\sigma_3=-4.7\ \text{MPa}$，$\tau_{max}=44.7\ \text{MPa}$。
(b) $\sigma_1=50\ \text{MPa}$，$\sigma_2=40\ \text{MPa}$，$\sigma_3=-40\ \text{MPa}$，$\tau_{max}=45\ \text{MPa}$。
(c) $\sigma_1=130\ \text{MPa}$，$\sigma_2=30\ \text{MPa}$，$\sigma_3=-30\ \text{MPa}$，$\tau_{max}=80\ \text{MPa}$。

12.10 $\varepsilon_x=300\times10^{-6}$，$\varepsilon_y=-33.3\times10^{-6}$，$\gamma_{xy}=346\times10^{-6}$。

12.11 从略。

12.12 $\varepsilon_x=380\times10^{-6}$，$\varepsilon_y=250\times10^{-6}$，$\gamma_{xy}=-650\times10^{-6}$。

12.13 $\dfrac{F(1-\nu)}{2Ebh}$。

12.14 $m=\dfrac{E\pi d^3\varepsilon_{45^\circ}}{16(1+\nu)}$。

12.15 $P=105.3\ \text{kW}$。

12.16 $\Delta\varepsilon_{0^\circ}=38.0\ \mu\varepsilon$，$\Delta\varepsilon_{45^\circ}=35.2\ \mu\varepsilon$，$\Delta\varepsilon_{90^\circ}=-11.4\ \mu\varepsilon$。

12.17 $\varepsilon_{max}=\dfrac{3F(1+\nu)}{2bhE}$。

12.18 $\sigma_1=\sqrt{2}\tau$，$\sigma_3=-\sqrt{2}\tau$。

12.19 $\varepsilon_\alpha=\dfrac{\sigma}{E}\left[1-\dfrac{E}{4G}(1-\cos 2\alpha)\right]$。

12.20 $\sigma_1=0,\ \sigma_2=-19.8\ \text{MPa},$
$\sigma_3=-60\ \text{MPa}$。
$\Delta l_1=3.76\times10^{-3}\ \text{mm}$，
$\Delta l_2=0$，$\Delta l_3=-7.64\times10^{-3}\ \text{mm}$。

12.21 $\sigma_1=53.8\ \text{MPa},\quad \sigma_2=0,$
$\sigma_3=-26.2\ \text{MPa}$。

12.22 $\Delta V=-\dfrac{3FL^2}{16Eh}(1-2\nu)$。

12.23 (1) $610\ \mu\varepsilon$，
(2) $\sigma_1=122.4\ \text{MPa}$，
$\sigma_3=-8.1\ \text{MPa}$。

12.24 $T=0.13\ \text{kN}\cdot\text{m}$。

12.25 从略。

12.26 $\sigma_{\max}=133.1\ \text{MPa}$。

12.27 $\varepsilon_{\max}=3333\ \mu\varepsilon$，$e=5\ \text{mm}$。

12.28 $\sigma_{\max}^{t}=2.3\ \text{MPa}$，$\sigma_{\max}^{c}=3.6\ \text{MPa}$。

12.29 $\sigma_{\max}^{t}=47.6\ \text{MPa}$，$\sigma_{\max}^{c}=51.6\ \text{MPa}$。

12.30 7.7°。

12.31 $\sigma_{\max}^{t}=2.4\ \text{MPa}$，$\sigma_{\max}^{c}=4.3\ \text{MPa}$。

12.32 $\sigma_{\max}^{t}=90.9\ \text{MPa}$，$\sigma_{\max}^{c}=104.5\ \text{MPa}$。

12.33 1.33。

12.34 $\sigma^{c}=67.1\ \text{MPa}$。

12.35 (1) 7.16；(2) 从略。

12.36 (1) $\dfrac{2\sqrt{2}F}{\pi d_0^2}$，0。
(2) $\dfrac{2F}{\pi d^2}\left(\dfrac{2L}{d}+1\right)$，$\dfrac{4F}{\pi d^2}$。

12.37 19.8 m。

12.38 $a\geqslant 20\ \text{mm}$，$L\geqslant 200\ \text{mm}$，
$c\geqslant 146.9\ \text{mm}$。

12.39 $-36\ \text{MPa}$。

12.40 $\sigma_{\max}=15.3\ \text{MPa}$。

12.41 $F=5\ \text{kN}$，$\beta=30^\circ$。

12.42 矩形 $\sigma_{\max}=9.98\ \text{MPa}$，
圆 $\sigma_{\max}=10.66\ \text{MPa}$。

12.43 $e\leqslant 15.44\ \text{mm}$。

12.44 $\sigma_{\max}=\dfrac{4FL}{b^3}$。

12.45 $b\geqslant 35.6\ \text{mm}$，$d\geqslant 52.4\ \text{mm}$。

12.46 $\sigma_{\max}^{t}=40.5\ \text{MPa}$，$\sigma_{\max}^{c}=37.5\ \text{MPa}$。

12.47 $b\geqslant 39.1\ \text{mm}$。

12.48 $\sigma_A=\dfrac{5F}{ab}$，$\sigma_B=-\dfrac{F}{ab}$，
$\sigma_C=-\dfrac{7F}{ab}$，$\sigma_D=-\dfrac{F}{ab}$。

12.49 $[F]=1.62\ \text{kN}$。

12.50 $\sigma_{\max}=132.6\ \text{MPa}$。

12.51 $[F]=4.86\ \text{kN}$。

12.52 $e=\dfrac{37a}{198}$。

12.53 从略。

12.54 (a) $\sigma_{\text{eq1}}=57\ \text{MPa}$，$\sigma_{\text{eq2}}=58.8\ \text{MPa}$，
$\sigma_{\text{eq3}}=64\ \text{MPa}$，$\sigma_{\text{eq4}}=60.8\ \text{MPa}$。
(b) $\sigma_{\text{eq1}}=25\ \text{MPa}$，$\sigma_{\text{eq2}}=31.3\ \text{MPa}$，
$\sigma_{\text{eq3}}=50\ \text{MPa}$，$\sigma_{\text{eq4}}=43.3\ \text{MPa}$。
(c) $\sigma_{\text{eq1}}=11.2\ \text{MPa}$，
$\sigma_{\text{eq2}}=29.8\ \text{MPa}$，
$\sigma_{\text{eq3}}=82.5$，$\sigma_{\text{eq4}}=77.5\ \text{MPa}$。
(d) $\sigma_{\text{eq1}}=37\ \text{MPa}$，$\sigma_{\text{eq2}}=43.8\ \text{MPa}$，
$\sigma_{\text{eq3}}=64\ \text{MPa}$，$\sigma_{\text{eq4}}=55.7\ \text{MPa}$。

12.55 (a) $\sigma_{\text{eq3}}=100\ \text{MPa}$，$\sigma_{\text{eq4}}=91.7\ \text{MPa}$。
(b) $\sigma_{\text{eq3}}=60\ \text{MPa}$，$\sigma_{\text{eq4}}=52.9\ \text{MPa}$。
(c) $\sigma_{\text{eq3}}=20\ \text{MPa}$，$\sigma_{\text{eq4}}=20\ \text{MPa}$。

12.56 $\sigma_{\text{eq3}}=\dfrac{16\sqrt{10}}{\pi d^3}qL^2$，$w_C=\dfrac{29qL^4}{24EI}$。

12.57 $\sigma_{\text{eq3}}=69.4\ \text{MPa}$。

12.58 $d\geqslant 39.7\ \text{mm}$。

12.59 $\sigma_{\text{eq3}}=113.6\ \text{MPa}$。

12.60 $\sigma_{\text{eq3}}=105.4\ \text{MPa}$。

12.61 $\sigma_{\text{eq3}}=\dfrac{32Fa}{\pi d^3}\sqrt{1+4\left(1+\dfrac{d}{8a}\right)^2}$。

12.62 (1) $\sigma_{\text{eq3}}=42.7\ \text{MPa}$。
(2) $\varepsilon_x=4.07\times10^{-4}$，
$\varepsilon_y=-1.22\times10^{-4}$，
$\varepsilon_{45^\circ}=2.26\times10^{-4}$。

12.63 $\sigma_{A\,\text{eq3}}=80.7\ \text{MPa}$。

12.64 $\sigma_{\text{eq3}}=88.7\ \text{MPa}$。

12.65 $\sigma_{eq3}=27.43\dfrac{qa^2}{d^3}$。

12.66 从略。

12.67 120°。

12.68 $\sigma_{eq3}=26.0$ MPa。

12.69 $\sigma_{eq3}=84.1$ MPa

习 题 13（弹性压杆稳定）

13.1 $F_{cr}=\dfrac{4\beta}{L}$。

13.2 (a) $F_{cr}=(3-\sqrt{5})\dfrac{\beta}{2L}$。(b) $F_{cr}=\dfrac{3\beta}{L}$。

13.3 $F_{cr}=\dfrac{k_1k_2}{k_1+k_2}L$。

13.4 $F_{cr}=\dfrac{4\beta}{L}$。

13.5 $a\leqslant 187.5$ mm。

13.6 $d\geqslant 22.2$ mm。

13.7 $F_{cr}=\dfrac{EI\pi^2}{(2L)^2}$。

13.8 2.8 kN。

13.9 200 kN。

13.10 $d_{St}\geqslant 62.9$ mm，$d_{Al}\geqslant 62.2$ mm。

13.11 $[F]=216.7$ kN。

13.12 $d\geqslant 39.6$ mm。

13.13 52.5 kN。

13.14 $[F]=37.6$ kN。

13.15 76.5 kN。

13.16 $[F]=15.1$ kN。

13.17 $a=57.4$ mm，$[F]=45.7$ kN。

13.18 $h:b=1.4$。

13.19 37.7 kN。

13.20 75.8℃。

13.21 2.58 kN/m。

13.22 $n_s=2.15$，$n_{st}=4.19$。

13.23 1.36。

13.24 $\dfrac{1}{4}\sqrt{2}$。

13.25 $n=2.4$，$n_{st}=1.85$。

13.26 16.2 kN。

13.27 6.2 kN。

13.28 1110 mm。

13.29 $a=192.8$ mm。

13.30 (a) 5.5 kN，(b) 22.1 kN，(c) 69.0 kN。

13.31 137.9 kN。

13.32 $n_{st}=6.5$。

13.33 与 x 轴正向成 15°。

13.34 $d_1\geqslant 73.1$ mm，$d_2\geqslant 126.2$ mm。

13.35 $d_{CD}\geqslant 33.9$ mm，$d_{ED}\geqslant 62.1$ mm，$d_{BD}\geqslant 33.9$ mm。

附 录 Ⅰ 习 题（截面图形的几何性质）

Ⅰ.1 $x_C=\dfrac{2R\sin\alpha}{3\alpha}$。

Ⅰ.2 $a=0.41D$。

Ⅰ.3 $I\approx 0.0069D^4$。

Ⅰ.4 $I_{y2}=I_{y1}+\dfrac{1}{6}bh^3$。

Ⅰ.5 $I_y=0.5624a^4$。

Ⅰ.6 $I_y=\dfrac{2}{3}hb^3-\dfrac{4}{3}Ra^3-\pi R^2\left(\dfrac{R^2}{4}+\dfrac{8}{3}Ra+a^2\right)$。

Ⅰ.7 $I_x=2.471\times10^8\ \text{mm}^4$，$I_y=2.779\times10^8\ \text{mm}^4$。

Ⅰ.8 $I_x=\dfrac{5}{16}\sqrt{3}a^4$。

Ⅰ.9 $I_x\approx 7.545\times10^{-3}R^4$。

Ⅰ.10 $I_x=1.73\times10^9\ \text{mm}^4$。

Ⅰ.11 $\dfrac{\pi}{8}d^3\delta$。

Ⅰ.12 $I=\left(\dfrac{2}{3}\sqrt{2}+2\right)b^3\delta$。

Ⅰ.13　$I_x=\dfrac{29}{192}\pi a^4$，$I_y=\dfrac{15}{64}\pi a^4$。

Ⅰ.14　$I=1.909a^4$。

Ⅰ.15　$\alpha_1'=-30.5°$：$2.70\times10^4\ \text{mm}^4$；

$\alpha_2'=59.5°$：$2.33\times10^5\ \text{mm}^4$。

Ⅰ.16　$I_x=56a^4$，$I_y=17a^4$，$I_{xy}=0$。

Ⅰ.17　$I_x=\dfrac{1}{3}\left[a^4-(a-b)^2(a^2+ab+b^2)\right]$，

$I_x=I_y$，$I_{xy}=\dfrac{1}{4}(2a^2-b^2)b^2$。

Ⅰ.18　从略。

Ⅰ.19　$\left(\dfrac{80}{3}-\dfrac{9\pi}{2}\right)a^4$。

Ⅰ.20　$a=43.1\ \text{mm}$。

Ⅰ.21　$4448\ \text{cm}^4$，$778\ \text{cm}^4$。

Ⅰ.22　$b=2R$。

参 考 文 献

[1] 杜庆华，余寿文，姚振汉.弹性理论.北京：科学出版社，1986.

[2] 范钦珊.工程力学教程（Ⅰ）、（Ⅱ）.北京：高等教育出版社，1998.

[3] 刘鸿文.材料力学（Ⅰ）、（Ⅱ）.第4版.北京：高等教育出版社，2004.

[4] 钱伟长，叶开沅.弹性力学 .北京：科学出版社，1956.

[5] 单辉祖.工程力学 .北京：高等教育出版社，2003.

[6] 铁摩辛柯，盖尔.材料力学 .胡人礼译.北京：科学出版社，1976.

[7] 铁摩辛柯，古地尔.弹性力学 .徐芝纶等译.北京：人民教育出版社，1964.

[8] Atkins R J，Fox N.An Introduction to the Theory of Elasticity .London：Longman，1980.

[9] Beer F P.Mechanics of Materials .3rd Edition（影印版）.北京：清华大学出版社，2003.

[10] Fung Y C.Foundations of Solid Mechanics .New Jersey：Prentice-Hall，Inc.，1965.

[11] Gere J.Mechanics of Materials .5th Edition（影印版）.北京：机械工业出版社，2003.

[12] Hibbeler R C.Statics .11th Edition.Singapore：Prentice-Hall，Inc.，2007.

[13] Schnell W，Gross D，Hauger W.Technische Mechanik .6.Auflage.Berlin： Springer-Verlag，1998.

[14] Spencer A J M.Continuum Mechanics.London：Longman，1980.